光学和光子学的术语及概念
Terminology and Conception of Optics and Photonics
(下卷)

麦绿波 等 著

科学出版社

北 京

内 容 简 介

本书系统介绍光学和光子学术语及概念的书籍,全书共十八章,术语及概念的内容包括:通用基础;视觉光学与色度学;几何光学;波动光学;量子光学;紫外和射线;激光;微光;红外;太赫兹;光通信;微纳光学;光学测量;光学材料;光学工艺;光学零部组件;光电器件与显示装置;光学仪器。各章又分别包含了多个层次类别的术语及概念,例如:第1章的通用基础包括光辐射波段、光的本征特性、光的传播与作用特性、辐射度学和光度学、光谱学、大气光学性质、海洋与水的光学性质、光学学科、自然界的光学现象等方面的术语及概念;第2章的视觉光学与色度学包括视觉基础、屈光系统、感光系统、视觉心理、眼损伤、眼镜光学、色觉、标准色度系统、其他表色系统、色度学应用等方面的术语及概念;第3章的几何光学包括几何光学基础、光线与光束、光线传输、光学系统要素、光学系统成像、棱镜光学性能、光学系统光束限制、像差、光学系统设计等方面的术语及概念;等等。

本书是光学和光子学领域里具有学习性、手册性、启发性和指导性特点的专业书籍,适用于光学和光子学领域的科学研究、高等教育、产品研发、产品制造、产品试验和检测、学术交流、技术管理、技术服务、技术文件撰写等,适合科学研究人员、产品设计人员、教师、本科生、研究生、测试人员、制造人员、技术管理人员和技术服务人员等阅读。

图书在版编目(CIP)数据

光学和光子学的术语及概念/麦绿波等著. —北京:科学出版社,2025.1
ISBN 978-7-03-077657-0

Ⅰ.①光… Ⅱ.①麦… Ⅲ.①光学–基本知识②光子–基本知识 Ⅳ.①O43
②O572.31

中国国家版本馆 CIP 数据核字(2023)第 252887 号

责任编辑:刘凤娟 孔晓慧 / 责任校对:彭珍珍
责任印制:张 伟 / 封面设计:麦绿波 徐 惠 无极书装

科学出版社出版
北京东黄城根北街 16 号
邮政编码:100717
http://www.sciencep.com
北京建宏印刷有限公司印刷
科学出版社发行 各地新华书店经销
*
2025 年 1 月第 一 版 开本:720×1000 1/16
2025 年 1 月第一次印刷 印张:107 1/4 插页:6
字数:2 080 000
定价:499.00 元(全 2 卷)
(如有印装质量问题,我社负责调换)

目 录

下 卷

上　　卷

第 13 章　光学测量术语及概念

　　光学测量的分类可以按被测对象分或按测量技术分，两种分法各有其道理，按光学测量技术分适用于教学，按被测对象分适用于科研、生产等。按测量技术可分为基本光学测量技术、光学准直与自准直技术、光学测角技术、光学干涉测量技术、偏振光分析法测量、光学系统成像性能评测、光度测量等。本章的光学测量术语及概念采用按被测对象进行分类，主要包括光学测量基础、测量结果评定、辐射度及光度测量、光学材料测量、光学元件测量、光电器件测量、热成像系统测量、光纤特性测量、激光参数测量、光学系统参数和像质测量共十个方面的术语及概念。

　　光学测量的术语概念包括测量基础术语的概念和测量方法的概念，多数为测量方法的概念，光学测量是理性和感性密切结合的知识领域，测量方法主要是表达测量的原理和过程，如果仅仅用文字表达是很难写得清楚的，或者说光学测量只看文字内容是很难看得明白的，因此，为了写清楚光学测量方法的术语概念，本章所写的光学测量术语概念尽量给出测量原理图、结果计算公式等来进行表达，使测量术语的概念表达更清楚，更利于读者阅读理解。即使测量术语的概念中给出了图和公式等要素，对于光学测量的操作而言，也不算详尽的表达，因为所写的测量概念内容并未都包含测量条件、试样制备、测量仪器要求、测量操作步骤等全部内容。如想进一步了解测量的详细内容，可参看相应的测量或测试方法标准、规范等。在本章中，有一部分术语概念给出了相关的标准信息。

　　在本书中，大部分测量方法术语都有相应的技术性能或参数术语，而在这些术语中已把相应的技术性能或参数概念说清楚了，因此，在本章的测量术语中就不再专门给出相应技术性能或参数术语的概念。

　　本章所需的辐射度学、光度学的基本术语及概念在本书的"第 1 章　通用基础术语及概念"中已包括，本章不再重复纳入，只是纳入了一些辐射度和光度测量基准方面的术语及概念。本章中的辐射度及光度测量内容也包括了一些色度的测量内容。由于与测量密切相关的标准光源在"第 17 章　光电器件与显示装置术语及概念"中包括，本章就不再重复纳入。本章中的某些测量方法 (如焦距、放大率等) 对于本章中的多个章节 (例如光学元件、光学系统等) 都是需要的，一旦这类术语概念在本章中的某一节中已写入，在其他需要的章节中就不再重复写入。当本章中某个性能或参数的测量有几种测量方法时，原则上对各具体测量方法采用简化名称 (如焦距法、剪断法、刀口法等) 的表达方式，以避免术语名称太长，而在术语概念叙述的开头前面加带尖括号的注明内容，给出测量的具体性能或参数，同时在术语索引名称后也加上带尖括号的注明内容，以明确各简化测量方法的测量事项。

13.1　光学测量基础

13.1.1　光学测量 optical measurement

基于光学原理和测量方法对光学材料、零部组件和系统的性能参数，以及其他光学参数和非光学参数实施测量的一种操作或技术。通常用测量不确定度表示测量结果的可信度。

13.1.2　瞄准轴 sighting axis

〈光学测量〉与测量目标的被瞄准点重合一致的人眼中心视轴，或目视光学仪器的光轴或目镜中心光轴，或光电仪器探测器靶面的中心垂轴。

13.1.3　对准 aim

〈光学测量〉使瞄准轴与目标中心重合一致的过程，或使瞄准分划线与目标中心或目标中心线重合一致的过程，也称横向对准或瞄准。

13.1.4　对准误差 aim error

光学仪器在测量者认为对准状态下，而目标物对瞄准光轴在垂直于光轴方向的实际横向偏离距离 (近目标) 或对瞄准光轴的实际偏离夹角 (远目标)。对准误差是目标对光轴的横向偏离误差。人眼直接对准的误差，依照对准方式的不同而有所差别，一般能做到误差范围为 $10'' \sim 120''$。常用的几种分划对准方式的对准误差表见表 13-1。借助目视测量望远镜的对准误差，随望远光学系统的角放大率的倍数增大而线性减小，但又受入瞳口径衍射成像的限制，最高可做到 $1''$ 左右量级。借助光电显微镜或光电望远镜对准，以及电子细分技术，其光电对准误差目前已做到 $0.1'' \sim 0.02''$。当对准的目标为近目标时，用显微镜对准；当对准的目标为远目标时，用望远镜对准。

表 13-1　对准误差

对准方式	示意图	人眼对准误差	备注
压线对准 (单线 与 单线 重合)		$60'' \sim 120''$	两条实线重合时，设线宽分别为 b_1、$b_2(')$，则误差置信区间半宽度 $\delta_e = 0.5(b_1 + b_2)(')$。实线与虚线重合时，设虚线宽为 b_1，$b_2 \leqslant b_1 < b_2 + 1$ 时，则 $\delta_e = 1'$

续表

对准方式	示意图	人眼对准误差	备注
游标对准 (一直线在另一直线延长线上)		15″	线宽不宜大于 1′,分界线应细而整齐
夹线对准 (一条稍粗直线位于两平行细线中间)		10″	三线严格平行。两平行线中心间距最好等于粗直线宽度的 1.6 倍
叉线对准 (一条直线位于叉线中心)		10″	直线应能与叉线构成平分角的关系
狭缝夹线对准,或狭缝叉线对准		10″	直线与狭缝严格平行,具有较好的对中或狭缝与叉线对中关系

13.1.5 调焦 focus

〈光学测量〉将分划图案与目标图案调整到同一轴向位置,或调整目镜看清分划板或看清物镜成的像,或调整物镜使成像清晰的光学调整行为或过程,也称为纵向对准或定焦。广义的调焦可定义为使光学系统成像清晰或成像到预定位置的光学调整行为或过程,这里所指的光学系统可以是光学成像仪器、光学组部件或人的眼睛。目视或目视测量仪器的调焦方法主要有清晰度法和 (摆头) 消视差法两种。

13.1.6 清晰度法 definition method

〈光学测量基础〉目视调焦中,以眼睛判断光学系统成像清晰为准的方法。成像清晰通常是以图像的边缘锐度和图像显示要素的光能集中程度来判断。

13.1.7 消视差法 parallactic displacement eliminating method

〈光学测量基础〉通过观察者左右移动视线,观察系统所成像与调焦标志 (或目镜分划板) 之间是否存在错动来进行调焦的方法,也称为摆头消视差法。消视差法是一种常用的减小调焦误差的方法。当光学系统所成的像尚未与调焦标志重合,两者之间有一段轴向距离时,人眼在出瞳位置左右摆动,可以看到像与调焦标志左右错动的现象。根据错动量的大小和方向适当调焦，直到人眼不能察觉出错动为止。

13.1.8　调焦误差 focus error

因纵向对准目标的仪器分划与目标分划像沿瞄准轴的轴向未完全重合产生的误差，也称纵向对准误差或定焦误差。调焦误差是沿轴向偏离的纵向误差。人眼直接调焦的误差，依照清晰度法和 (摆头) 消视差法这两种调焦方式，无限远目标人眼的调焦误差为 $1.2 \times 10^{-1} \mathrm{m}^{-1}$ (清晰度法)，$1 \times 10^{-2} \mathrm{m}^{-1} \sim 7 \times 10^{-2} \mathrm{m}^{-1}$ (消视差法)，近处目标人眼的调焦误差为 10mm。借助目视测量望远镜对无限远目标的调焦误差为 $10^{-3} \mathrm{m}^{-1} \sim 10^{-4} \mathrm{m}^{-1}$，借助目视显微镜对近处目标的调焦误差为 $1 \mu \mathrm{m} \sim 10 \mu \mathrm{m}$，借助数字图像序列分析等原理自动定焦的光电仪器，对无限远目标调焦误差为 $10^{-3} \mathrm{m}^{-1} \sim 10^{-5} \mathrm{m}^{-1}$，对近处目标调焦误差为 $0.001 \mu \mathrm{m} \sim 1 \mu \mathrm{m}$。

人眼和借助目视仪器和光电测量仪器的对准误差和调焦误差的比较结果见表 13-2。

表 13-2　直接用人眼和用仪器的对准误差与调焦误差的对比

调焦方式		误差		
		人眼	目视仪器	光电仪器 (数字图像序列分析原理)
对准	无限远处	$10'' \sim 60''$	$1.7'' \sim 10''$	$0.1'' \sim 0.02''$
	近处 (250mm)	$12 \mu \mathrm{m} \sim 72 \mu \mathrm{m}$	$0.21 \mu \mathrm{m} \sim 1.2 \mu \mathrm{m}$	$0.01 \mu \mathrm{m} \sim 0.05 \mu \mathrm{m}$
调焦	无限远处	$10^{-1} \mathrm{m}^{-1} \sim 10^{-2} \mathrm{m}^{-1}$	$10^{-3} \mathrm{m}^{-1} \sim 10^{-4} \mathrm{m}^{-1}$	$10^{-3} \mathrm{m}^{-1} \sim 10^{-5} \mathrm{m}^{-1}$
	近处 (250mm)	10 mm	$1 \mu \mathrm{m} \sim 10 \mu \mathrm{m}$	$0.001 \mu \mathrm{m} \sim 1 \mu \mathrm{m}$

13.1.9　光电自动定焦 photoelectric automatic focusing

利用成像原理、特定算法、光电技术及设备，自动确定焦点精确位置的测量技术或方法。光电自动定焦的方法主要有基于照相测距原理的自动定焦 (简称为照相测距原理定焦) 方法和基于数字图像清晰度分析原理的自动定焦 (简称为数字图像清晰度定焦) 方法，照相测距原理定焦方法主要应用于照相系统等，数字图像清晰度定焦方法主要应用于望远系统、显示系统等。数字图像清晰度定焦方法主要有基于图像清晰度、图像模糊度特性、图像频谱分析等类别的方法。

13.1.10　照相测距原理定焦 photographic ranging principle focusing

用照相物镜对已知物距的物体进行成像，根据照相镜头的几何参数、光学性能参数、物距，应用成像公式计算定焦点位置的测量技术或方法。镜头几何参数和光学性能参数的精度足够高时，照相测距原理定焦的精度取决于物距的长度及其位置精度，物距长度越长且其位置精度越高，定焦的精度就越高。

13.1.11 数字图像清晰度定焦 digital image definition focusing

对数字图像进行像素间能量关系计算，获得的焦点位置的测量技术或方法。通常有图像梯度能量法和图像拉普拉斯能量法的图像清晰度自动定焦方法。图像梯度能量法和图像拉普拉斯能量法是采用沿光轴方向扫描轴上不同位置的图像，分别以图像梯度能量最大或图像拉普拉斯能量最大的图像的位置为定焦面。图像梯度能量法的算法是水平方向像素间能量差平方与垂直方向像素间能量差平方总求和；图像拉普拉斯能量法的算法是水平方向像素间能量差与垂直方向像素间能量差的和的平方进行总求和。对图像梯度能量法和图像拉普拉斯能量法沿光轴方向分别作能量归一化的离焦曲线，两者进行比较，图像梯度能量法的曲线比较圆滑，而图像拉普拉斯能量法的曲线跃动性稍大些，说明拉普拉斯能量法对图像噪声较灵敏。应用现有的光电器件与数字图像处理技术，定焦精度已经比较容易达到亚微米量级。

13.1.12 共焦 confocal

用一定角度放置的半透半反射镜将通过定焦光路反射回的光反射到其前面设置了光阑的光电探测器进行接收，定焦光路的调焦过程将使光电探测器获取轴向"钟"型能量响应曲线，由"钟"的顶部位置来决定定焦面的技术或方法。

13.1.13 差动共焦 differential confocal

在共焦光路中加入分光棱镜，将光信号分为两路，针孔分别放置在两路光的物镜像焦平面前后对称的位置上，将传统共焦光路的轴向"钟"型响应曲线改变为"S"型，通过测量透过针孔的两路光强的差值(系统聚焦误差信号)，来实现精确定焦平面的测量方法，也称为差分共焦，原理见图 13-1 所示。差动共焦利用两路轴向反向离焦的共焦探测器进行光强信号的差动探测，可获得纳米级轴向测量灵敏度的一种具有高轴向分辨力的新型光学成像与探测技术。

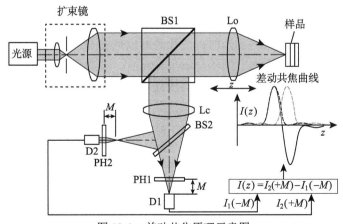

图 13-1　差动共焦原理示意图

在图 13-1 差动共焦光路中，光源发出的短波长照明光束经过扩束镜扩束后形成均匀准直或平行照明光束，透过分光镜 BS1 后经物镜 Lo 聚焦为能量集中的照明光斑，对被测样品提供点照明，样品将光束反射回光路中，经过分光镜 BS1 反射后被会聚透镜 Lc 会聚，会聚光束被分光镜 BS2 分为两束光，被分别位于会聚透镜焦点前、后 M 距离处的针孔 PH1 和 PH2，经其滤波后由探测器 D1 和 D2 分别接收。当对样品进行轴向扫描 (移动) 时，两探测器 D1 和 D2 分别可获得反向离焦的共焦曲线，对探测器 D1 和 D2 接收到的焦前和焦后在调焦移动过程的能量进行记录可得到差动共焦曲线，利用差动共焦曲线可对样品进行纳米级分辨力的轴向定焦、成像和检测。差动共焦技术主要是利用两支光路对反向离焦的能量差别的灵敏度来精确定焦。定焦的位置为两个探测器能量同时为相等的点。

13.1.14　准直 collimation

〈光学测量〉点光源置于聚焦光学系统的光轴焦点处，光学系统射出轴向平行光的状态。准直是光束的一种平行状态。光的准直状态可用透射式的正焦距光学系统产生和凹型反射光学系统用点光源置于焦点上产生，透射式的负焦距光学系统和凸面反射光学系统不能用点光源产生准直状态光束，因为负透镜和凸面反射镜没有实焦点。

13.1.15　自准直 auto-collimation

光学系统发出的平行光经平面反射系统原路返回的现象。自准直是光路的一种对准现象。当正透镜焦平面上光源发出的平行光垂直照射到平面反射镜上经平面反射镜原路返回时的现象，或照射到有一定楔角的楔形镜上经楔形镜原路返回时的现象。自准直的光学系统通常需要有产生准直光的分划及光源和观察 (或测量) 准直光的分划及目镜。

13.1.16　光圈 fringe

用干涉法检验光学零件面形时，受检表面反射光与样板表面反射光互相干涉而产生的干涉条纹，又称为牛顿环 (Newton rings)。在单色光下呈现明暗相间的单色条纹，在白光下干涉条纹为彩色，其中红色较醒目，因此生产条件下常以红色条纹为准计光圈的数目。牛顿环可用于检验零件表面面形误差。面形曲率半径误差导致干涉圆环产生，面形不规则导致干涉条纹非流畅变形或不规则变形。

13.1.17　光圈数 number of fringe

应用光波干涉原理反映两个光学表面曲率差别程度的度量数值，用符号 N 表示。相邻两个光圈间的空气层矢高差为半个波长，被检零件表面与参考表面之间为中心接触的为高光圈，边缘接触的为低光圈。高光圈说明，凸面零件的曲率偏大或半径偏小，凹面零件的曲率偏小或半径偏大；低光圈说明，凸面零件的曲率偏小或半径偏大，凹面零件的曲率偏大或半径偏小。手压相互接触的被检零件或参考件的中间，光圈向外扩展的，为高光圈，光圈向里收缩的，为低光圈。

13.1.18 不规则 irregularity

应用光波干涉原理检验零件表面面形误差时，被检光学表面与参考光学表面之间产生对称性不规则或局部不规则的现象。对称性不规则是球面表面的光圈为椭圆光圈的现象，这种现象称为像散光圈；局部不规则是直线干涉条纹或圆弧干涉条纹的局部凸起、凹陷、扭曲等的现象。不规则在球面光学表面、平面光学表面等都是可能发生的现象。

13.1.19 不规则度 degree of irregularity

应用光波干涉原理反映两个光学表面局部变化的不规则程度的度量数值，用符号 ΔN 表示。当两个干涉表面中的一个表面为无误差的基准表面时，干涉反映出的不规则度问题就是另一个表面单独的不规则度。对称性不规则用椭圆参数来表达；局部不规则是用直线条纹或圆弧条纹上在条纹间距方向的不规则变化量尺度与条纹间距的比来表示，如不规则变化尺度为 4mm，条纹间距为 20mm，不规则度为 $\Delta N = 0.2$。在局部不规则性中，零件面形在边缘部分突然下去的称为塌边，又称为亏边，零件面形在边缘部分突然变高的称为翘边，又称为勾边，当这些问题不太严重时，都会在干涉条纹的不规则图形中表现出来。

13.1.20 示值误差 indicating error

仪器的示值与被测量的［约定］真值之差。一般用于评定必须以示值零点为测量起点的仪器。示值误差通常是仪器示值刻度值偏离标准位置的误差。

13.1.21 线性误差 linearity error

线性仪表和元件的特性曲线与规定直线之间的最大偏差，又称为线性度误差。线性误差是预定为直线的曲线对直线的偏离，其结果是非线性。

13.1.22 读数误差 reading error

由于观测者读取仪器示值不准确所造成的测量误差。读数误差有两种情况，一种情况是粗心读错示值带来的读数误差，另一种情况是在示值刻度之间估读不准确带来的误差，多数读数误差是后者情况。

13.1.23 空回误差 error of backlash

〈光学测量〉测微器或传动装置中由于存在间隙而造成的正反向无效行程量所带来的误差。空回误差是测微读数手轮转动带动其示值变化，但其带动的对象因空回而未随之等量运动所导致的"行程缺失"。

13.1.24　估读误差 interpolation error

读数时对指针 (或指示标记) 在两相邻标记间的相对位置判断不准确所造成的读数误差，也称为插值误差。估读误差是测量装置、测量方法和测量人员等因素综合的结果，表面上表现为人的主观因素。

13.1.25　瞄准误差 sighting error

〈光学测量〉由于瞄准测量目标不准确所造成的测量误差。当瞄准的目标的形状没有明显的可参考基准线时，容易带来较大的瞄准误差。采用图 13-1 中的某些瞄准方式，可减小瞄准误差。

13.1.26　基线长 base length

〈光学测量〉在双瞳光学系统中，在视线垂直方向上度量两个入射光瞳中心之间的距离，又称为基线长度。基线是决定双目距离测量仪器测距精度的重要参数之一，仪器的基线越长，仪器的测距精度就越高，反之亦然。

13.1.27　有效基线 effective baseline

双筒光学仪器的基线长与光学系统放大率的乘积。有效基线决定体视光学仪器的测距精度。因此，高精度的双筒光学测距仪需要具有长基线和大倍率。

13.1.28　漂移 drift

仪器输入–输出特性随时间的慢变化的现象。漂移通常表现为，观察或目标对象在视场中的位置随时间缓慢变化的现象，这变化包括变大、变小或一会儿大一会儿小。存在漂移时，将导致被测量增加了测不准的因素。

13.1.29　测量范围 measuring range

按规定准确度进行测量的被测量范围，或按规定准确度的测量仪器的测量能力范围。从被测量的对象角度，测量范围是要能测量的对象最大整体尺度大小。从仪器的角度，测量范围是符合仪器规定精度的使用测量范围。当被测对象的测量范围小于仪器的测量范围时，可以准确测量；反之，难以准确测量。

13.1.30　示值范围 indicating range

仪器所能显示的最大量值和最小量值的范围。示值范围不一定等于测量范围，有的仪器示值范围与测量范围一致，有的仪器示值范围比测量范围略大一些 (示值超出测量范围的部分是达不到测量准确度的部分)。

13.1.31 望远镜照准差 telescope sighting error

望远镜在正、倒镜位置观察时，其瞄准点的不重合程度。照准差主要是望远镜的物镜光轴和目镜光轴两者未共轴造成的。存在照准差的望远系统作为测量或观瞄仪器时，将会带来对准或瞄准的系统误差。

13.1.32 行差 error of run

利用测微器对一个分划间距进行细分，被细分了的分划值与测微器相应的真实分划值不相符合所产生的误差。

13.1.33 格值 scale unit; value of a scale division

示值中两相邻标记所对应的量值之差，又称为分格值或分划值。格值通常是测量仪器测量标尺的最小间隔单元，是测量仪器明确读数的最小量值依据。

13.1.34 波长准确度 wavelength accuracy

仪器波长指示器上所指示的波长值与实际波长值之差。波长准确度的获得有两种方式，一种方式是通过仪器供应商的仪器说明书给出的波长准确度获得，另一种方式就是用所要求准确度的计量仪器测试所标明波长仪器的波长获得。

13.1.35 波长重复性 wavelength repeatability

仪器波长指示器多次指示同一波长值时所给出的实际波长值的变化量。波长值的变化量可以用多次指标值的平均值表示，也可以用均方根误差 (标准误差) 表示等。

13.1.36 照度均匀性 uniformity of illumination

均匀性目标物成像在光学系统像面上各处照度的一致性程度。用像面上任意部分的照度与中心部分的照度之比值来度量；用有效像面上的最大照度 (通常为中心部分) 与最小照度之差表示；用有效像面上均方根照度表示。

13.1.37 测光导轨 photometric bench

由直线导轨、测距标尺、滑车、光度计台、灯架和光阑等组成的光度测量装置，简称为光轨。测光导轨主要用于按照距离平方反比法则测量发光强度和校准光度计。

13.1.38 目标发生器 target generator

产生标准的物方光学特性的装置。目标发生器产生的目标主要是作为基准目标，为仪器进行校准、为测试进行比对等。目标发生器产生的目标有标准的辐射强度目标、辐射照度目标、辐射亮度目标、颜色目标、图像目标等种类。目标发生器有产生静态目标的静态目标发生器，还有能产生动态目标的动态目标发生器。

13.1.39   图像分析器 image analyzer

对图像进行采集、数字化处理、算法处理、分析等，并给出分析结论的光电信息装置。图像分析器一般由图像采集、图像处理与分析、图像存储、图像通信、图像显示等部分组成。利用图像进行测量的自动光电测量设备，基本上都需配备图像分析器。

13.1.40   超精密差动光电定焦头 ultra precision differential photoelectric fixed focus head

应用差动共焦原理设计制造的具有极高精密度的光电定焦头。超精密差动光电定焦头的定焦精度可达到 3 nm~5nm。

13.1.41   光电测头 photoelectric head

光电测量设备实施测量工作中感知被测参量的核心部分。光电测头一般由光学接收、光电传感、信息传输等部分组成。其是测量的前置部分或靠近测量部位的部分。光电测头有非接触式的和接触式的，大部分是非接触式的。

13.1.42   标准平面镜 standard flat mirror

作为基准或参考基准的高平面度、高光洁度 (低表面粗糙度)、低表面缺陷的平面镜。标准平面镜根据使用要求不同有不同的表面精度要求，通常标准平面镜的表面波像差不大于 $\lambda/10$，精度很高的标准平面镜的表面波像差不大于 $\lambda/20$。

13.1.43   干涉条纹数 interference fringe number

定量描述干涉测量事项波前差的一种参数。在双程干涉仪中，一个条纹表示两测量对比面所造成的光程差 (或波前畸变量) 为二分之一相干光源波长，一条亮或一条暗干涉条纹的宽度为相邻一明一暗干涉条纹中心之间的距离。干涉条纹计数为相邻的亮纹中心到亮纹中心或相邻暗纹中心到暗纹中心为一条计算。

13.1.44   线性 linearity

一个成像系统对输入信号强度均衡响应的特性。或者一个成像系统对输入信号强度的响应量符合数学线性方程的增量或减量关系。

13.1.45   线性范围 linear range

一个成像系统对输入信号强度均衡响应的范围。如果当一个成像系统对输入信号强度的响应在测量准确度之内是线性时，这个成像系统被认为是在线性范围内工作的。线性范围通常限制或排除了输入信号的最小和最大强度，有些探测器对输入信号的最小和最大值两端的小范围响应是非线性的。

13.1.46　等晕系统 isoplanatic system

与变化的点源在物平面上的位置无关的点扩散 (展) 函数的成像系统。等晕系统是成像质量比较好的光学系统，其在轴外的成像质量与轴上的成像质量相等或相近。测量光学系统通常需要采用等晕系统。

13.1.47　等晕区 isoplanatic region

点扩散函数认为是恒定的像空间的成像系统区域。对点扩散函数恒定的评估由所要求的光学传递函数测量准确度决定。如果成像器件是抽样或扫描件 (例如当该器件包含光纤元件或隧道电子倍增平台或视频系统的一部分时)，则等晕区由一个实空间区域和一个空间频率 (傅里叶空间) 的限定频率区域规定。在规定的允差范围内，点扩散函数的傅里叶变换可以认为是恒定的区域。

13.1.48　相干照明 coherent illumination

光源系统照明的物面上的所有点的复振幅叠加结果是由各叠加点源的强度相加和干涉项共同决定的照明状态，见图 13-2 所示。相干照明的任意两点发出的光辐射既进行强度相加，也要受到干涉项调制。单色的严格点光源的照明都是相干照明。

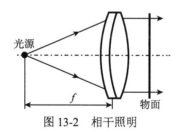

图 13-2　相干照明

13.1.49　非相干照明 incoherent illumination

空间上足够宽的光源上由于各点源 (如 S_1、S_2、$\cdots$、S_n) 各自独立作用，任意两点发出的光辐射可进行强度相加，而干涉项为零的照明，见图 13-3 所示。宽光谱光源和大面积光源的照明通常是非相干照明。

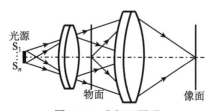

图 13-3　非相干照明

13.1.50　成像状态 imaging state；I-state

所有影响点扩散函数的参数的集合。成像的参数主要有测量参数、被测样品、最大像高、成像比例、参考平面、参考标记、参考角、光谱分布和角响应分布、像高、子午和弧矢方位、调焦标准、测量平面、测量准确度、空间频率参考面、空间频率范围等与传递函数测量有关的主要参数。

13.1.51　调制传递函数标准镜头 standard lens of MTF

标准光学传递函数 (OTF) 测试仪器使用的调制传递函数 (MTF) 和相位传递函数 (PTF) 标准值比对的透镜。该标准透镜的一面是半径为 25mm 的球面，另一面为平面，厚度等于 10mm。MTF 标准镜头是，在规定的工作波长、空间频率范围、视场范围和相对孔径等成像参数下，精心设计光学结构形式 (或型式) 和参数，精选和精测折射率光学材料，确保加工和严格控制公差下制造出与设计 MTF 值高度吻合，并经过相关计量专家鉴定定值确认后的特殊用途的镜头。该镜头用于对光学传递函数测量仪器定期的校准和比对。目前，在可见光、红外波段已拥有多种不同规格的单片平凸型标准物镜、高斯型标准物镜和望远系统标准镜头等系列供选用。

13.1.52　点衍射标准球面器 point diffraction standard spherical device

使光源通过高精密度的小孔产生衍射而形成标准球面波的装置。该标准球面器提供的标准球面，实际上存在偏离理想球面的一个理论误差，其误差大小需控制在应用领域所要求的范围内。经理论计算和分析，该小孔直径控制在 3~5 个波长以下，就能做到球面面型误差在一个波长的 10^{-5} 量级。

13.1.53　正弦空间频率 sine spatial frequency

〈光学测量〉垂直光传播的直线方向上，光透过强度按正弦周期分布的周期的倒数，用符号 r 表示。正弦空间频率是傅里叶空间中的变量，它可以用直线或角度来表示，空间频率的单位名称为每毫米或每毫弧度 (每度)。

13.1.54　点扩散函数 point spread function (PSF)

点源像的归一化辐照度分布，用符号 $PSF(u,v)$ 表示，也称为点扩展函数，用公式 (13-1) 表达：

$$PSF\,(u,v) = \frac{F\,(u,v)}{\iint_{-\infty}^{\infty} F\,(u,v)\,\mathrm{d}u\mathrm{d}v} \tag{13-1}$$

式中：$F(u,v)$ 为像点光辐照度分布；u、v 为空间位置变量。

13.1.55 光学传递函数 optical transfer function (OTF)

成像系统点扩散函数的傅里叶变换,用符号 $OTF(r, s)$ 表示,用公式 (13-2) 表达:

$$OTF(r, s) = \iint_{-\infty}^{\infty} PSF(u, v) \exp\left[-\mathrm{i}2\pi(ur + vs)\right]\mathrm{d}u\mathrm{d}v \tag{13-2}$$

式中:r、s 为与空间位置 (u, v) 相关的空间频率变量。光学传递函数的测量必须使成像系统在等晕区域和线性范围内工作。光学传递函数有 3 种定义方式:余弦基元定义法;点基元定义法;光瞳函数定义法。光学传递函数是一个复函数,在零空间频率时,它的模量值为 1。光学传递函数是以调制传递函数 $MTF(r, s)$ 作为模值,以相位传递函数 $PTF(r, s)$ 作为相值组合而成的,是空间频率上的二维复函数。光学传递函数是一种定量评价光学系统成像质量 (或成像清晰度性能) 的综合性指标。

13.1.56 调制传递函数 modulation transfer function (MTF)

〈光学测量〉光学传递函数 $OTF(r, s)$ 的模量,用符号 $MTF(r, s)$ 表示。调制传递函数反映的是目标像随空间频率关系的对比度降低程度。

13.1.57 相位传递函数 phase transfer function (PTF)

光学传递函数 $OTF(r, s)$ 的幅角,用符号 $PTF(r, s)$ 表示。在零空间频率时相位传递函数等于零。相位传递函数的值与点扩散函数的参考坐标系原点位置有关,原点位置的位移会使相位传递函数产生一个对 r 和 s 成线性变化的附加项。$PTF(r, s)$ 实质上反映的是成像的不对称性。

13.1.58 单色光学传递函数 monochromatic optical transfer function

某一单波长 λ 的辐射成像的光学传递函数 $OTF(r, s)$,用符号 $OTF_\lambda(r, s)$ 表示。单色光学传递函数通常是测量单色调制传递函数,通过几个特征颜色的调制传递函数来分析光学系统的色差和色差的校正。

13.1.59 复色光学传递函数 polychromatic optical transfer function

复叠有限波带的辐射成像的光学传递函数 $OTF(r, s)$,用符号 $OTF_P(r, s)$ 表示。为使 $OTF_P(r, s)$ 有意义,必须规定光谱权函数 $F(\lambda)$。权函数 $F(\lambda)$ 由设备的复合光谱特性,即辐射的光谱分布、设备的光谱透射比、滤光器或探测器的光谱灵敏度等因素综合确定。权函数 $F(\lambda)$ 必须与应用相关的成像设备的光谱特性相匹配。

13.1.60 线扩散函数 line spread function

非相干线源像的归一化辐照度分布 [可以表示为点扩散函数 $PSF(u, v)$ 的卷积,$PSF(u, v)$ 带有一个长度包含在等晕区内的无限窄线 $\delta(u)$] 或线源像在垂直线源像长度方向的照度或亮度分布的数学描述，用符号 $LSF(u)$ 表示，也称为线扩展函数，用公式 (13-3) 表达：

$$LSF(u) = \int_{-\infty}^{\infty} PSF(u, \upsilon)\,\mathrm{d}\upsilon \tag{13-3}$$

对平行于 υ 轴的窄线，$\delta(u)$ 为德尔塔函数，用公式 (13-4) 表达：

$$LSF(u) = \iint_{-\infty}^{\infty} PSF(u', \upsilon)\,\delta(u - u')\,\mathrm{d}u'\mathrm{d}\upsilon = \int_{-\infty}^{\infty} PSF(u, \upsilon)\mathrm{d}\upsilon \tag{13-4}$$

式中：u' 为平行于 υ 的 u 变量的平移变量。线扩散函数仅存在于一个等晕区内。一维光学传递函数 $OTF(r)$ 是线扩散函数 $LSF(u)$ 的傅里叶变换。

13.1.61　一维光学传递函数 one-dimensional optical transfer function

在规定方向一维方位角的光学传递函数 $OTF(r, s)$ 的一维表达形式，用符号 $OTF(r)$ 表示。多数情况下传递函数通常是一维形式，此时空间频率变量 r 和 s 简化为单一的空间频率变量 r' 和一个方位变量 Ψ，这里 Ψ 是成像状态的一部分，用公式 (13-5) 表达：

$$OTF(r, s) = OTF(r', \Psi) \tag{13-5}$$

为方便起见，$OTF(r', \Psi)$ 写为 $OTF(r)$。按惯例，子午传递函数对应子午方向 $\Psi = 90°$，弧矢传递函数对应弧矢方向 $\Psi = 0°$。

13.1.62　刃边扩散函数 edge spread function

刃边像的辐照度分布，用符号 $ESF(u)$ 表示，也称为刃边扩展函数，用公式 (13-6) 表达：

$$ESF(u) = \int_{-\infty}^{u} LSF(u')\,\mathrm{d}u' \tag{13-6}$$

刃边平行于 υ 轴。

13.1.63　调制传递系数 modulation transfer coeffecient

某个空间频率 r_0 的调制传递函数 $MTF(r, s)$ 值，用符号 $T(r_0)$ 表示。在特殊情况下，当物是某一空间频率 r_0 的正弦光栅时，并在线性范围和等晕区内，调制传递系数 $T(r_0)$ 为像的调制度与物的调制度之比。

13.1.64　相位传递值 phase transfer value

某一空间频率 r_0 的相位传递函数 $PTF(r, s)$ 值，用符号 $P(r_0) = \theta$ 表示。在线性范围和等晕区内，当一个正弦图样的像相对于几何光学 (高斯光学) 像的位置产生横向位移时，这一位移与像周期之比再乘以 2π 弧度，就是相位传递值。

13.1.65 波像差函数 wavefront aberration function

对一个给出的物点发出的波长 λ 的光，经过光学系统以后到达出瞳面上的波阵面，与一个以像点为中心的参考球面之间的光程差在 (x, y) 维度的分布关系，用符号 $W_\lambda(x, y)$ 表示。波像差函数提供一个经出瞳的波阵面相位变化的测量。

13.1.66 光瞳函数 pupil function

一个光学系统出瞳面上波阵面的复振幅分布，用符号 $P_\lambda(x, y)$ 表示，用公式 (13-7) 表达：

$$P_\lambda(x, y) = \begin{cases} A_\lambda(x, y)\exp\left[-\mathrm{i}\dfrac{2\pi}{\lambda}W_\lambda(x, y)\right] & \text{（出瞳内）} \\ 0 & \text{（出瞳外）} \end{cases} \tag{13-7}$$

式中：x, y 为参考球面上以像点为中心的笛卡儿坐标；$A_\lambda(x, y)$ 为点的振幅；$W_\lambda(x, y)$ 为点的波像差函数。当采用该定义的一个光学系统出瞳对所讨论的像点有效时，这时的波像差是由物点发出的辐射单色波长 λ 的光通过光学系统所产生。

13.1.67 振幅点扩散函数 amplitude point spread function

点源像复振幅的相对分布，用符号 $A_{\mathrm{p},\lambda}(u, \upsilon)$ 表示，也称为振幅脉冲响应 (amplitude impulse response) 或振幅点扩展函数。采用一个适当的归化常数后，振幅点扩散函数是光瞳函数 $P_\lambda(x, y)$ 的傅里叶变换，用公式 (13-8) 表达：

$$A_{\mathrm{p},\lambda}(u, \upsilon) = \iint_{-\infty}^{u} P_\lambda(x, y)\exp\left[-\mathrm{i}\frac{2\pi}{\lambda R}(ux, \upsilon y)\right]\mathrm{d}x\mathrm{d}y \tag{13-8}$$

式中：u, υ 为以物点的几何光学像点为原点的笛卡儿坐标；u、υ 轴分别取为与 x、y 轴平行；R 为所选像点的参考球面半径。

点扩散函数和振幅点扩散函数的关系用公式 (13-9) 表达 (式中的星号代表复共轭)：

$$P_\lambda(x, y) = A_{\mathrm{p},\lambda}(u, \upsilon) A_{\mathrm{p},\lambda}^*(u, \upsilon) \tag{13-9}$$

13.1.68 自相关积分 autocorrelation integral

评价单色照明光瞳函数的自相关所运用的数学方法，也称为杜费积分 (Duffieux integral)。除了成像系统有特别大的孔径比或视场角的情况之外，二维光学传递函数可表示为光瞳函数 $P_\lambda(x, y)$ 的自相关积分，用公式 (13-10) 表达：

$$OTF_\lambda(r, s) = \frac{1}{S}\iint_G P_\lambda(x, y)P_\lambda^*(x - \lambda Rr, y - \lambda Rs)\,\mathrm{d}x\mathrm{d}y \tag{13-10}$$

式中：S 为瞳域 (面积)；G 为积分域。公式 (13-10) 中的一些符号的含义见图 13-4 所示。

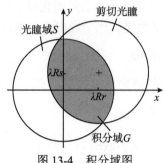

图 13-4   积分域图

13.1.69   特定传递函数系数值 specific transfer function coefficient value

从被评价光学系统的调制传递函数曲线上选择的，以其对应调制传递函数频率来评价光学系统像质的特别确定的调制传递函数的数值，用符号 k 表示，其位置表示见图 13-5 所示。例如，对于一般电影物镜，其特定传递函数系数值 $k = 0.5$，要求在调制传递曲线上该值对应的频率 r_k 应不低于 40mm^{-1}。对于相同的特定传递函数系数值，光学系统在其调制传递曲线上对应该值的频率越高，说明光学系统的像质就越好。

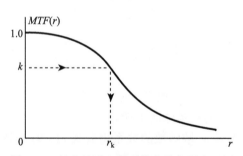

图 13-5   特定传递函数系数值的位置表示图

13.1.70   特征空间频率 characteristic spatial frequency

从被评价光学系统的调制传递函数曲线上选择的，以其对应调制传递函数值来评价光学系统像质的特别确定的调制传递函数的频率，用符号 r_{ch} 表示，其位置表示见图 13-6 所示。例如，对于 135 相机镜头，选择 10mm^{-1} 和 30mm^{-1} 作为特征频率 r_{ch}，以这两个频率在被测镜头调制传递函数曲线上对应的调制传递函数值 $MTF(r_{ch})$ 来评价镜头的像质，在相同的频率下，调制传递函数曲线上对应该频率的传递函数值越大，说明光学系统的像质就越好。

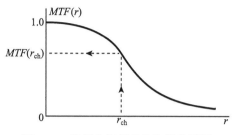

图 13-6　特征空间频率的位置表示图

13.1.71　组合调制传递函数面积值 composite modulation transfer function area value

将接收系统 (光电探测器、胶片或人眼等) 及物方图样的调制传递特性考虑在一起，由被评价的光学系统的调制传递函数曲线与接收系统的调制传递函数阈值曲线所包围形成的面积，用符号 $MTFA$ 表示，其形状表示见图 13-7 所示。组合调制传递函数面积值能更符合实际地反映光学系统依靠成像信息多寡决定的成像质量的情况。

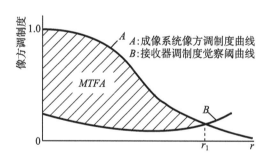

图 13-7　组合调制传递函数面积值的位置表示图

13.1.72　组合极限空间频率 composite limit space frequency

由被评价的光学系统的调制传递函数曲线与接收系统的调制传递函数阈值曲线相交点所对应的空间频率，用符号 r_1 表示，也称为极限分辨率，其位置表示见图 13-8 所示。在光学系统分辨力测量中测得的分辨力就是极限分辨率 r_1。图中给出了午时某望远镜像方调制度函数 (高目标对比度接近 1.0) 和黄昏某望远镜像方调制度函数 (低目标对比度接近 0.6) 以及相应时间段的人眼阈值曲线，可构成两个时段的组合调制传递函数面积值并得到它们相应的组合极限空间频率。

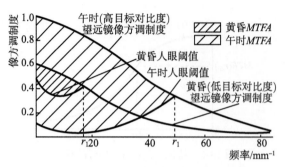

图 13-8　组合极限空间频率的位置表示图

13.1.73　主观质量因子 subjective quality factor

在综合了镜头、扩印 (尺寸为 x) 和人眼视觉系统的频率响应特性的基础上，提出来的一评价人眼能感知的镜头成像清晰度的质量指标，用符号 SQF 表示，其相关参数关系的表示见图 13-9 所示，按公式 (13-11) 计算：

$$SQF = k \int_{10}^{40} CSF(r) \cdot MTF(r) \cdot \mathrm{d}\,(\lg r) \tag{13-11}$$

$$k = 100\% / \int_{10}^{40} CSF(r) \cdot \mathrm{d}\,(\lg r) \tag{13-12}$$

式中：k 为归一化常数；$CSF(r)$ 为人眼的对比敏感度函数 (或称为人眼的调制传递函数)；$MTF(r)$ 为被评价镜头的调制传递函数；r 为在视网膜面上的空间频率；$\lg r$ 为对数空间频率；积分下限和上限的 10 及 40 为对应人眼视觉系统的调制传递函数在 $10\mathrm{mm}^{-1}$ ~$40\mathrm{mm}^{-1}$(视网膜) 的区域具有较高峰值的频率值范围。

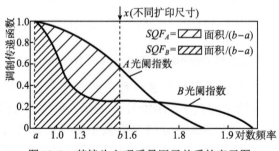

图 13-9　某镜头主观质量因子关系的表示图

认为人眼对比敏感度在积分区间内为常数 1，可由公式 (13-11) 和公式 (13-12) 得到简化的相应公式 (13-13) 和公式 (13-14)：

$$SQF = k \int_{10}^{40} \frac{1}{r} |MTF(r)| \mathrm{d}r \tag{13-13}$$

$$k = 100\% / \int_{10}^{40} \frac{1}{r} \cdot dr \qquad (13-14)$$

有的厂家将镜头的质量按 SQF 的百分数分为若干等级，例如，将 $SQF100\sim$ $SQF49$ 的数值分成 8 个等级，SQF 值在 49 以下的成像质量是不能接受的。

13.1.74 物方图样 object pattern

能被测试系统成像的物方辐射量相关的空间分布。物方图样是测量光学系统在物空间的目标图或目标物。

13.1.75 像方图样 image pattern

与物方图样相应的，能在成像系统的输出端探测到的像方辐射量的空间分布。像方图样是经被测光学系统和/或测量光学系统对目标图或目标物成像后的目标图的像或目标物的像。

13.1.76 物矢量 object vector

按物方的目标特征所赋予物的特定方向，或按物方图样特征性方向确定的矢量，也称为目标矢量或物方图样矢量。在光学系统物像分析中：通常将垂直于光轴的物矢量定为箭头向上的矢量；物矢量也可看成指向物方图样中点的矢量。

13.1.77 像矢量 image vector

经光学系统对物方目标成像，与目标矢量共轭的像矢量，或经光学系统对物方图样矢量成像的共轭像方图样矢量，也称为目标像矢量或像方图样矢量。像矢量也可看成指向像方图样中点的矢量。在光学系统物像分析中：目标像的矢量由光学系统中的成像透镜和棱镜的倒像总次数确定，奇数次倒像的目标像矢量与目标的矢量相反，偶数次的目标像矢量与目标像矢量一致；对应图样物矢量的图样像的矢量由成像光学系统的倒像关系确定，倒像道理同前项。

13.1.78 物场 object field

物方图样或物体的允许范围或存在的范围。物场中心与像场中心应相互对应。物场是一个三维的物空间，既包括光学系统的光轴轴向位置范围，也包括垂直光轴的平面范围。

13.1.79 像场 image field

测试中由系统形成的可探测到的像方图样或像体的范围。像场是一个三维的像空间，既包括光学系统的光轴轴向位置范围，也包括垂直光轴的平面范围。

13.1.80　分析区域 analysed area

在测定光学传递函数时所分析的像场那部分区域。分析区域主要是垂直于光轴的横截面像区域，也包括横截面像区域沿光轴移动形成的区域。

13.1.81　参考轴 reference axis

能够唯一标定的以一个适当的特性来定义的一条直线。参考轴的方向规定为从物场中心到像场中心的辐射传播方向为正。参考轴通常是一个组件的旋转对称轴，或是测试系统中某一个实际部位 (例如镜筒、安装法兰) 的对称轴。对于具体系统，参考轴通常就是光轴 (为所有光学元件的公共对称轴的理想系统的光轴) 的机械轴。

13.1.82　参考标记矢量 reference mark vector

垂直于参考轴并指向试样的一个参考标记的矢量。被测试样图样通常在垂直于参考轴的平面上，参考标记矢量在被测试样的表面上。

13.1.83　参考角 reference angel

由参考标记矢量和参考轴所组成的平面与由图样矢量和参考轴所组成的平面之间的夹角，用符号 Φ 表示。这样定义的参考轴的坐标系是一个右旋坐标系。

13.1.84　数据基准面 datum surface

具有形状、方位和位置的像面。数据基准面由指定的焦面位置来表示或由用来比较和引证测量结果的机械装置来表示；除了特别指明外，数据基准面称为数据平面。垂直于参考轴的数据基准面称为数据基准平面，由指定的焦面位置来表示或由用来比较和引证测量结果的机械装置来表示。

13.1.85　参考面 reference surface

正交于参考轴的，作为计算或比较的基准面。在测量中所有的轴向位置参数都以参考面作为依据。这个面通常是一个参考平面，参考平面与被测系统 (例如安装法兰或安装特殊用途的夹具) 的一个物理特征有关。参考面是一个曲面时，称为参考曲面。

13.1.86　径向方位 radial azimuth

当狭缝、刃边物或光栅线条的方向为物方或像方图样矢量的方向时的方位。其他方位由角 Ψ 来给定。

13.1.87　切向方位 tangential azimuth

当狭缝、刃边物或光栅线条的方向与物方或像方图样矢量的方向成直角时的方位。其他方位由角 Ψ 来给定。

13.1.88 成像比尺 image scale

傍轴极限时像高与物高之比，也称为放大率 (magnification)。在无限远物与有限距像共轭的情况中，成像比尺为零。当物和像都是无限远共轭时，成像比尺就是系统的角放大率，角放大率为 $\tan\omega'$ 与 $\tan\omega$ 之比。

13.1.89 局部成像比尺 local image scale

在一个给定的成像位置上，局部小像元素尺寸与物元素尺寸之比，也称为局部放大率 (local magnification)。局部成像比尺由物场方位决定。

13.1.90 粗大误差 abnormal error

在测量过程中，由于测错、读错、算错、仪器失常、环境干扰等因素产生的误差，也称为过失误差，简称为粗差。带有粗大误差的测量值将明显超过其他测量值，是一种不正常的测量值，不应将其纳入到正常的测量值中一起统计计算，应将其从测量值中剔除。

13.1.91 伪分辨 spurious resolution

超过分辨极限的黑白条纹，看起来似乎仍然分辨的现象。伪分辨实际是成像光学像差引起的线物所成像未聚焦为线的散开现象，或黑白条纹翻转出现假的高分辨条纹。

13.1.92 黑白条纹翻转 black and white stripes flipping

分辨率板所成的条纹像在高分辨率区域 (即条纹间隔很小的区域) 中出现条纹相位翻转，黑条纹转为白条纹而白条纹转为黑条纹的现象。例如，当某光学系统在高频段的相位传递函数相移 180° 时，分辨率图案的高频段就会出现黑白图像的翻转。

13.1.93 弥散圆 circle of confusion

物点成像时，由于有限尺寸孔径的光学系统衍射效应，使成像光束不能会聚于一点，在像平面上形成的一个较小面积的圆像斑。当成像系统有像差时，将会增大最小弥散圆的尺寸。

13.1.94 最小弥散圆 circle of least confusion

物点成像时，具有最小面积的圆像斑。弥散圆是光学系统对物点所成的像，其面积会随调焦位置的变化而变大或变小，在没有像差时，像方焦面位置的像为最小弥散圆。

13.1.95　瑞利极限 Rayleigh limit

〈光学测量〉光学系统成完善像的最大的波像差的允许量，其值为波长的 1/4。这个瑞利极限不同于衍射的瑞利极限，不是一个衍射现象，而是成像质量的允许偏差量。

13.1.96　清晰度 definition

〈光学测量〉物体成像的清晰程度的视觉感觉。它取决于所成像的衬度和分辨力高低。清晰度不是一个指标，是一种对图像效果的感觉。

13.1.97　鬼像 ghost image

〈光学测量〉在光学系统像面上出现的不期望的影像，也称为幻像。鬼像通常是光学系统表面反射或结构光滑表面反射形成的不期望出现的干涉性影像。鬼像将会对光学测量的准确性和精度带来干扰。

13.2　测量结果评定

13.2.1　量 quantity

对现象、物质 (物体) 或能量特性的概念的定量表达。其大小可用一个数和一个参照对象表示。量可指一般概念的量或特定量，例如："半径" 是一般概念的量，"圆 A 的半径" 是特定量；"波长" 是一般概念的量，"钠的 D 谱线的波长" 是特定量。参照对象可以是一个测量单位、测量程序、标准物质或其组合。

13.2.2　量制 system of quantities

彼此间由非矛盾方程联系起来的一组量。各种序量，如洛氏 C 标尺硬度，通常不认为是量制的一部分，因它仅通过经验关系与其他量相联系。

13.2.3　序量 ordinal quantity

由约定测量程序定义的量。该量与同类的其他量可按大小排序，但这些量之间无代数运算关系。例如，"洛氏硬度 HRC 标尺"、"里氏标尺地震强度" 和 "腹痛从 0 到 5 等级上的主观级别" 等都是序量。序量只能写入经验关系式，它不具有测量单位或量纲。序量的差或比值没有物理意义。序量按为自身定义序量值标尺排序。

13.2.4　国际量制 International System of Quantities(ISQ)

与联系各量的方程一起作为国际单位制基础的量制。国际量制在 ISO/IEC80000 系列标准《量和单位》中发布。国际单位制 (SI) 建立在国际量制 (ISQ) 的基础上。

13.2.5 基本量 base quantity

在给定量制中约定选取的一组不能用其他量表示的量。基本量可认为是相互独立的量，因其不能表示为其他基本量的幂的乘积。例如，国际量制 (ISQ) 中的一组基本量在 ISO/IEC80000 系列标准《量和单位》中给出。

13.2.6 导出量 derived quantity

量制中由基本量定义的量。例如，在以长度和质量为基本量的量制中，质量密度为导出量，定义为质量除以体积 (长度的三次方) 所得的商。

13.2.7 量纲 dimension of a quantity

给定量与量制中各基本量的一种依从关系，它用与基本量相应的因子的幂的乘积去掉所有数字因子后的部分表示。因子的幂是指带有指数 (方次) 的因子。每个因子是一个基本量的量纲。基本量量纲的约定符号用单个大写正体字母表示。导出量量纲的约定符号用定义该导出量的基本量的量纲的幂的乘积表示。量 Q 的量纲表示为 dimQ。在导出某量的量纲时不需考虑该量的标量、向量或张量特性。在给定量制中：同类量具有相同的量纲；不同量纲的量通常不是同类量；具有相同量纲的量不一定是同类量。在国际量制 (ISQ) 中，七个基本量和量纲符号为：长度 (L)；质量 (M)；时间 (T)；电流 (I)；热力学温度 (Θ)；物质的量 (N)；发光强度 (J)。在国际量制中，力的量纲表示为 $dimF = LMT^{-2}$。量 Q 的量纲为 $dimQ = L^{\alpha}M^{\beta}T^{\gamma}I^{\delta}\Theta^{\varepsilon}N^{\xi}J^{\eta}$，其中的指数称为量纲指数，可以是正数、负数或零。

13.2.8 量纲为一的量 quantity of dimension one

在其量纲表达式中与基本量相对应的因子的指数均为零的量，又称为无量纲量 (dimensionless quantity)。术语 "无量纲量" 使用广泛，且由于历史原因而被保留，因为在这些量的量纲符号表达式中所有的指数均为零。而 "量纲为一的量" 反映了以符号 1 作为这些量的量纲符号化表达的约定。量纲为一的量的测量单位和值均是数，但是这样的量比一个数表达了更多的信息。某些量纲为一的量是以两个同类量之比定义的和，例如平面角、立体角、折射率、相对渗透率、质量分数、摩擦系数、马赫数等。实体的数是量纲为一的量，例如线圈的圈数、给定样本的分子数等。

13.2.9 测量单位 measurement unit

根据约定定义和采用的标量，任何其他同类量可与其比较使两个量之比用一个数表示，是用于量化物理量、化学量、生物量等的标准量，也称为计量单位 (measurement unit，unit of measurement)，简称为单位 (unit)。测量单位具有根据约定赋予的名称和符号。同量纲量的测量单位可具有相同的名称和符号，即使这些量不是同类量。例如, 焦耳每开尔文和 J/K 既是热容量的单位名称和符号也是熵的单位名称和符号, 而热容量和熵并非同类量。然而, 在某些情况下, 具有专门名称的测量单位仅限于特定种类的量。如测量单位 "秒的负一次方"(s^{-1}) 用于频率时称为赫兹, 用于放射性核素的活度时称为贝可 (Bq)。量纲为一的量的测量单位是数。在某些情况下这些单位有专门名称, 如弧度、球面度和分贝; 或表示为商, 如毫摩尔每摩尔等于 10^{-3}, 微克每千克等于 10^{-9}。对于一个给定量, "单位" 通常与量的名称连在一起, 如 "质量单位" 或 "质量的单位"。

13.2.10　测量单位符号 symbol of measurement unit

表示测量单位的约定符号, 也称为计量单位符号 (symbol of unit of measure)。例如: m 是米的符号; A 是安培的符号。

13.2.11　单位制 system of units

对于给定量制的一组基本单位、导出单位、其倍数单位和分数单位及使用这些单位的规则的体系, 又称为计量单位制 (system of measurement units)。例如: 国际单位制 (SI); CGS(centimetre-gram-second) 单位制。

13.2.12　一贯导出单位 coherent derived unit

对于给定量制和选定的一组基本单位, 由比例因子为 1 的基本单位的幂的乘积表示的导出单位。基本单位的幂是按指数增长的基本单位。一贯性仅取决于特定的量制和一组给定的基本单位。例如: 在米、秒、摩尔是基本单位的情况下, 如果速度由量方程 $v = dr/dt$ 定义, 则米每秒是速度的一贯导出单位; 如果物质的量的浓度由量方程 $c = n/V$ 定义, 则摩尔每立方米是物质的量浓度的一贯导出单位, 而千米每小时和节都不是该单位制的一贯导出单位。导出单位可以对于一个单位制是一贯的, 但对于另一个单位制就不是一贯的, 例如, 厘米每秒是 CGS 单位制中速度的一贯导出单位, 但在 SI 中就不是一贯导出单位。

13.2.13　一贯单位制 coherent system of units

在给定量制中, 每个导出量的测量单位均为一贯导出单位的单位制。一个单位制可以仅对涉及的量制和采用的基本单位是一贯的。对于一贯单位制, 数值方程与相应的量方程 (包括数字因子) 具有相同形式。

13.2.14　国际单位制 (SI) International System of Units (SI)

由国际计量大会 (CGPM) 批准采用的基于国际量制的单位制, 包括单位名称和符号、词头名称和符号及其使用规则。国际单位制建立在 ISQ 的 7 个基本量的基础上, 基本量和相应基本单位的名称和符号分别为: 长度 (米, m); 质量 [千克(公斤), kg]; 时间 (秒, s); 电流 (安 [培], A); 热力学温度 (开 [尔文], K); 物质

的量 (摩 [尔], mol); 发光强度 (坎 [德拉], cd)。SI 的基本单位和一贯导出单位形成一组一贯的单位, 称为"一组一贯 SI 单位"。关于国际单位制的完整描述和解释, 见国际计量局 (BIPM) 发布的 SI 小册子的最新版本, 在 BIPM 网页上可获得。量的算法中, 通常认为"实体的数"这个量是基本单位为一、单位符号为 1 的基本量。倍数单位和分数单位在基本单位前加上 SI 词头。

13.2.15 法定计量单位 legal unit of measurement

国家法律、法规规定使用的测量单位。国家规定的法定计量单位由国家标准 GB 3100~3102 给出具体的技术规定, 其中, GB 3102 由 13 个子标准构成, 分别规定了空间和时间的量和单位、周期及其有关现象的量和单位、力学的量和单位、热学的量和单位、电学和磁学的量和单位、光及有关电磁辐射的量和单位、声学的量和单位、物理化学和分子物理学的量和单位、原子物理学和核物理学的量和单位、核反应和电离辐射的量和单位、物理科学和技术中使用的数学符号、特征数、固体物理学的量和单位。

13.2.16 基本单位 base unit

对于基本量, 约定采用的测量单位。在每个一贯单位制中, 每个基本量只有一个基本单位。例如: 在 SI 中, 米是长度的基本单位。在 CGS 制中, 厘米是长度的基本单位。基本单位也可用于相同量纲的导出量, 例如, 当用面体积 (体积除以面积) 定义雨量时, 米是其 SI 中的一贯导出单位。对于实体的数, 数为一, 符号为 1, 可认为是任意一个单位制的基本单位。

13.2.17 导出单位 derived unit

导出量的测量单位。例如: 在 SI 中, 米/秒 (m/s)、厘米/秒 (cm/s) 是速度的导出单位。千米/时 (km/h) 是 SI 制外的速度单位, 但被采纳与 SI 单位一起使用。节 (等于海里/时) 是 SI 制外的速度单位。

13.2.18 制外测量单位 off-system measurement unit

不属于给定单位制的测量单位, 也称为制外计量单位, 简称为制外单位。例如: 电子伏 (约 1.60218×10^{-19} J) 是能量的 SI 制外单位; 日、时、分是时间的 SI 制外单位。

13.2.19 倍数单位 multiple of a unit

给定测量单位乘以 10 的幂大于 1 的整数得到的测量单位。例如: 千米是米的十进倍数单位; 小时是秒的非十进倍数单位。SI 基本单位和导出单位的十进倍数单位的 SI 词头在其标准中已给出。SI 词头仅指 10 的幂, 不可用于 2 的幂。例如 1024bit (2^{10}bit) 不应用 1kilobit 表示, 而是用 1kibibit 表示。

13.2.20　分数单位 submultiple of a unit

给定测量单位除以 10 的幂大于 1 的整数得到的测量单位。例如：毫米是米的十进分数单位；对于平面角，秒是分的非十进分数单位。SI 基本单位和导出单位的十进分数单位的 SI 词头在其标准中已给出。

13.2.21　量值 quantity value

用数和参照对象一起表示的量的大小，又称为量的值 (value of a quantity)，简称为值 (value)。例如：给定杆的长度的量值 5.34m 或 534cm；给定物体的质量的量值 0.152kg 或 152g；给定样品的摄氏温度的量值 −5℃。根据参照对象的类型，量值可表示为：一个数和一个测量单位的乘积 (例如长度为 5.34m)；量纲为一，测量单位 1，通常没有单位 (例如折射率为 1.52)；一个数和一个作为参照对象的测量程序 [例如，给定样品的洛氏 C 标尺硬度 (150kg 负荷下) 为 43.5HRC(150kg)]；一个数和一个标准物质 [例如，在给定血浆样本中任意镥亲菌素的物质的量浓度 (世界卫生组织国际标准 80/552) 为 50 国际单位/I]。数可以是复数 [例如，在给定频率上给定电路组件的阻抗 (其中 j 是虚数单位) 为 $(7+3j)\Omega$]。一个量值可用多种方式表示 (例如，铜材样品中镉的质量分数为 3μg/kg 或 3×10^{-9})；对向量或张量，每个分量有一个量值 [例如，作用在给定质点上的力用笛卡儿坐标分量表示为 $(F_x; F_y; F_z)=(-31.5; 43.2; 17.0)$N]。

13.2.22　量的真值 true quantity value; true value of quantity

与量的定义一致的量值，简称为真值 (true value)。在描述关于测量的"误差方法"中，认为真值是唯一的，实际上是不可知的。在"不确定度方法"中认为，由于定义本身细节不完善，不存在单一真值，只存在与定义一致的一组真值，然而，从原理上和实际上，这一组值是不可知的。另一些方法免除了所有关于真值的概念，而依靠测量结果计量兼容性的概念去评定测量结果的有效性。在基本常量的这一特殊情况下，量被认为具有一个单一真值。当被测量的定义的不确定度与测量不确定度其他分量相比可忽略时，认为被测量具有一个"基本唯一"的真值。这就是 GUM 和相关文件采用的方法，其中"真"字被认为是多余的。

13.2.23　约定量值 conventional quantity value

对于给定目的，由协议赋予某量的量值，又称为量的约定值 (conventional value of a quantity)，简称为约定值 (conventional value)。标准自由落体加速度 (以前称标准重力加速度) 的约定值为 $g_n= 9.80665$m/s^2；约瑟夫森常量的约定量值为 $K_{J-90} = 483597.9$GHz/V。有时将术语"约定真值"用于此概念，但不提倡这种用法。有时约定量值是真值的一个估计值。约定量值通常被认为具有适当小 (可能为零) 的测量不确定度。

13.2.24 量的数值 numerical quantity value; numerical value of quantity

量值表示中的数, 而不是参照对象的任何数字, 简称为数值 (numerical value)。对于量纲为一的量, 参照对象是一个测量单位, 该单位为一个数字, 但该数字不作为量的数值的一部分, 例如, 在摩尔分数等于3mmol/mol中, 量的数值是3, 单位是 mmol/mol。单位 mmol/mol 等于数字 0.001, 但数字 0.001 不是量的数值的一部分, 量的数值是3。对于具有测量单位的量 (即不是序量的那些量)Q 的数值 {Q} 常表示成 {Q} = Q/[Q], 其中 [Q] 表示测量单位。例如, 对于量值 5.7kg, 量的数值为 $\{m\}=(5.7kg)/kg=5.7$。同一个量值可表示为5700g, 这种情况下, 量的数值为 $\{m\}=(5700g)/g=5700$。

13.2.25 量方程 quantity equation

给定量制中各量之间的数学关系。它与测量单位无关, 例如: $Q_1 = \xi Q_2 Q_3$, 其中 Q_1、Q_2 和 Q_3 表示不同的量, 而 ξ 为数字因子; $T = (1/2)mv^2$, 其中 T 为动能, m 为质量, v 为特定质点的速度; $n = It/F$, 其中 n 为物质的量, I 为电流, t 为电解的持续时间, F 为法拉第常数。

13.2.26 单位方程 unit equation

基本单位、一贯导出单位或其他测量单位间的数学关系。例如: 在量方程的例子中, $[Q_1]$、$[Q_2]$ 和 $[Q_3]$ 分别表示 Q_1、Q_2、Q_3 的测量单位, 当这些测量单位均在一个一贯单位制中时, 其单位方程为 $[Q_1]= [Q_2] [Q_3]$; $J = kg \cdot m^2/s^2$, 其中 J、kg、m 和 s 分别为焦耳、千克、米和秒的符号。

13.2.27 单位间的换算因子 conversion factor between units

两个同类量的测量单位之比。例如: km/m=1000, 即 1km=1000m。测量单位可属于不同的单位制, 例如: h/s=3600, 即 1h=3600s; (km/h)/(m/s)=(1/3.6), 即 1km/h=(1/3.6)m/s。

13.2.28 数值方程 numerical value equation

基于给定的量方程和特定的测量单位, 联系各量的数值间的数学关系, 又称为量的数值方程 (numerical value equation of quantity)。用量方程中例子来说明, 例如: $\{Q_1\}$、$\{Q_2\}$ 和 $\{Q_3\}$ 分别表示 Q_1、Q_2 和 Q_3 的数值, 当它们都以基本单位或一贯导出单位表示时, 其数值方程为 $\{Q_1\} = \xi \{Q_2\} \{Q_3\}$; 对一个质点动能的量方程 $T = (1/2)mv^2$ 中, 如果 m =2kg, v =3m/s, 则以焦耳为单位的 T 的数值为 9 的数值方程为 $\{T\} =(1/2)\times 2 \times 3^2$。

13.2.29　量-值标尺 quantity-value scale

给定种类量的一组按大小有序排列的量值，又称为称测量标尺 (measurement scale)。例如，摄氏温度 (°C) 的标尺、时间的标尺和洛氏 C 硬度的标尺等。

13.2.30　序量-值标尺 ordinal quantity-value scale

序量的量-值标尺，又称为序值标尺 (ordinal value scale)。例如，洛氏 C 硬度标尺、石油燃料辛烷值的标尺等。序量-值标尺可根据测量程序通过测量建立。

13.2.31　约定参考标尺 conventional reference scale

由正式协议规定的量-值标尺。约定参考标尺是针对某种特定量，约定地规定的一组有序的、连续或离散的量值，用作该种量按大小排序或规律排列的参考。例如：华氏温度 (°F) 的标尺；以及人眼对波长间隔为 10nm 的可见光光谱光视效率；酸碱度的 pH 值等。

13.2.32　标称特性 nominal property

不以大小区分的现象、物体或物质的特性。例如人的性别、油漆样品的颜色、ISO 两个字母的国家代码等。标称特性具有一个值，它可用文字、字母代码或其他方式表示。“标称特性值”不要与“标称量值”混淆。

13.2.33　测量 measurement

通过实验获得并可合理赋予某量一个或多个量值的过程。测量不适用于标称特性 (不以大小区分的现象、物体或物质的特性，例如人的性别、油漆样品的颜色等)。测量意味着量的比较并包括实体的计数。测量的先决条件是对测量结果预期用途相适应的量的描述、测量程序以及根据规定测量程序 (包括测量条件) 进行操作的经校准的测量系统。

13.2.34　测得的量值 measured quantity value

代表测量结果的量值，也称为量的测得值 (measured value of a quantity)，简称为测得值 (measured value)。对重复示值的测量，每个示值可提供相应的测得值。用这一组独立的测得值可计算出作为结果的测得值，如平均值或中位值，通常它附有一个已减小了的与其相关联的测量不确定度。当认为代表被测量的真值范围与测量不确定度相比小得多时，量的测得值可认为是实际唯一真值的估计值，通常是通过重复测量获得的各独立测得值的平均值或中位值。当认为代表被测量的真值范围与测量不确定度相比不太小时，被测量的测得值通常是一组真值的平均值或中位值的估计值。在测量不确定度表示指南 (GUM) 中，对测得的量值使用的术语有“测量结果”和“被测量的值的估计”或“被测量的估计值”。

13.2.35　测量结果 measurement result

通常表示为单个测得的量值 (或通过必要计算而得出的量值) 及其测量不确定度的一组量值。测量结果是与其他有用的相关信息一起赋予被测量的一组量值。当认为测量不确定度可忽略不计时，测量结果可用单个测得的量值表示。赋予被测量的值应按情况解释为平均示值、未修正的结果或已修正的结果等。

13.2.36　测量精密度 measurement precision

在规定条件下 (重复性、期间精密度、复现性测量条件)，对同一被测对象重复测量所得示值或测得值间的一致程度，简称为精密度 (precision)。精密度常以不精密度的数字表示，如标准差、方差或偏导标准差，它表达的是测量不确定度的一个分量。精密度用于定义测量重复性、期间测量精密度、测量复现性。精密度不同于测量准确度，两者不能混用。

13.2.37　测量准确度 measurement accuracy

被测量的测得值与其真值间的一致程度，简称为准确度 (accuracy)。准确度常以测得值与真值的偏离程度来度量。准确度不是一个量，不给出有数字的量值。当测量提供较小的测量误差时就说该测量是较准确的。"准确度" 不应与 "正确度"、"精密度" 相混淆，尽管它与这两个概念有关。

13.2.38　测量正确度 measurement trueness

多次重复测量所得量值的平均值与一个参考量值间的一致程度，简称为正确度。正确度不是一个量，不能用数值表示。正确度与系统测量误差有关，与随机测量误差无关。"正确度" 不能用 "准确度" 表示。反之亦然。

13.2.39　测量偏移 measurement bias

系统测量误差的估计值，简称为偏移 (bias)。测量偏移来自于测量仪器或设备自身的固定偏差，或者测量仪器或设备用于测量的标尺本身的固定偏差。测量偏移主要是测量设备的系统误差造成的。

13.2.40　极差 range

测量样本中的最大值与最小值之差。极差表现了测得值的变动范围，极差大表示测得值变动范围大，测得值的不确定度大，反之，极差小表示测得值变动范围小，测得值的不确定度小。评价测量数据离散程度最简单和最保守的方法就是使用极差来评定，它是测量中的小概率事件。

13.2.41　重复性测量条件 repeatability measurement condition

相同测量方法、相同操作者、相同测量系统、相同操作条件和相同地点，在短时间内对同一被测对象进行反复测量的一组测量条件，简称为重复性条件 (repeatability condition)。

13.2.42　测量重复性 measurement repeatability

在重复性测量条件下的测量精密度，简称为重复性 (repeatability)。测量重复性反映的是重复性测量的不确定范围。

13.2.43　复现性测量条件 reproducibility measurement condition

相同的测量方法、不同地点、不同操作者、不同测量系统，对同一被测对象进行反复测量的一组测量条件，简称为复现性条件 (reproducibility condition)。在测量技术规范中应给出改变的和未变的条件以及实际改变到什么程度。

13.2.44　测量复现性 measurement reproducibility

在复现性测量条件下的测量精密度，简称为复现性 (reproducibility)。测量复现性反映的是复现性测量的不确定范围。

13.2.45　期间精密度测量条件 intermediate precision measurement condition

除了相同的测量方法、相同地点，以及在一个较长时间内对同一被测对象进行反复测量的一组测量条件外，还可包括涉及改变的其他条件 (包括新的校准、测量标准器、操作者和测量系统等的改变) 在内的测量条件。对期间精密度测量条件应说明改变和未改变的条件是哪些，改变到什么程度。

13.2.46　实验标准偏差 experiment standard deviation

对同一被测量进行 n 次测量，表征测量结果分散性的量，用符号 s 表示，对 n 次测量中某单次测量值 x_k 的实验标准偏差，简称为实验标准差或标准差 (也有称其为均方差)，按公式 (13-15) 计算。

$$s(x_k) = \sqrt{\frac{\sum\limits_{i=1}^{n}(x_i - \bar{x})^2}{n-1}} \tag{13-15}$$

式中：x_i 为第 i 次测量的测得值；$\bar{x}$ 为 n 次测量所得一组测得值的算术平均值。

n 次测量的算术平均值 $\bar{x}$ 的实验标准差为 $s(\bar{x})$，按公式 (13-16) 计算。

$$s(\bar{x}) = \sqrt{\frac{\sum\limits_{i=1}^{n}(x_i - \bar{x})^2}{n(n-1)}} = \frac{s(x_k)}{\sqrt{n}} \tag{13-16}$$

当 n 次测量的测得值减真值 x_0 或测试样本数量很大时，其标准差 $s(x_{k0})$ 和 $s(x_{ka})$ 分别按公式 (13-17) 和公式 (13-18) 计算。

$$s(x_{k0}) = \sqrt{\dfrac{\sum\limits_{i=1}^{n}(x_i - x_0)^2}{n}} \tag{13-17}$$

$$s(x_{ka}) = \sqrt{\dfrac{\sum\limits_{i=1}^{n}(x_i - \bar{x})^2}{n}} \tag{13-18}$$

式中：x_0 为真值。

13.2.47　测量误差 measurement error; error of measurement

测得的量值减去参考量值，简称为误差 (error)。当涉及存在单个参考量值，如用测得值与测量不确定度可忽略的测量标准进行校准，或约定量值给定时，测量误差是已知的。假设被测量使用唯一的真值或范围可忽略的一组真值表征时，测量误差是未知的。测量误差不应与出现的错误或过失相混淆。

13.2.48　系统测量误差 systematic measurement error

在重复测量中保持恒定不变或按可预见的方式变化的测量误差的分量，又称为测量的系统误差 (systematic error of measurement)，简称为系统误差 (systematic error)。系统测量误差的参考量值是真值，或是测量不确定度可忽略不计的测量标准的测量值，或是约定量值。系统测量误差及其来源可以是已知的或未知的。对于已知的系统测量误差可以采用修正来补偿。系统测量误差等于测量误差减随机测量误差。

13.2.49　测量不确定度 measurement uncertainty

根据所用到的信息，表征赋予被测量的量值分散性的非负参数，也称为测量的不确定度 (uncertainty of measurement)，简称为不确定度 (uncertainty)。测量不确定度一般由若干分量组成，其中一些分量可根据一系列测量值的统计分布，按测量不确定度的 A 类评定进行评定，并可用标准差表征，而另一些分量则可根据基于经验或其他信息获得的概率密度函数，按测量不确定度的 B 类评定进行评定，也用标准偏差表征。测量不确定度包括由系统影响引起的分量，例如与修正量和测量标准所赋量值有关的分量以及定义的不确定度。有时对估计的系统影响未作修正，而是当作不确定度分量处理。此参数可以是诸如称为标准测量不确定度的标准偏差 (或其特定的倍数)，或者是说明了包含概率的区间的半宽度。

13.2.50　标准测量不确定度 standard measurement uncertainty

以标准偏差表示的测量不确定度，也称为测量的标准不确定度 (standard uncertainty of measurement)，简称为标准不确定度 (standard uncertainty)。

13.2.51　定义的不确定度 definitional uncertainty

由于被测量定义中细节量的有限所引起的测量不确定度分量。定义的不确定度是在任何给定被测量的测量中实际可达到的最小测量不确定度。所描述的细节中的任何改变导致另一个定义的不确定度。在 ISO/IEC Guide 98-3 2008,D3.4 和 IEC60359 中，概念"定义的不确定度"称为"本征不确定度"。

13.2.52　测量不确定度的 A 类评定 Type A evaluation of measurement uncertainty

对在规定条件下测得的量值用统计分析的方法进行测量不确定度分量的评定，简称为 A 类评定。规定的条件是指重复性测量条件、期间精密度测量条件或复现性测量条件。A 类评定可大致看作为偶然误差的评定。

13.2.53　测量不确定度的 B 类评定 Type B evaluation of measurement uncertainty

用不同于测量不确定度的 A 类评定的方法对测量不确定度分量进行的评定，简称为 B 类评定。B 类评定基于：权威机构发布的量值；有证标准物质的量值；校准证书；仪器的漂移；经检定的测量仪器的准确度等级；根据人员经验推断的极限值等。B 类评定可大致看作为系统误差的评定。

13.2.54　合成标准不确定度 combined standard uncertainty

由在一个测量模型中各输入量的标准测量不确定度获得的输出量的标准测量不确定度。在测量模型中的输入量之间存在相关情况时，合成标准不确定度的计算必须考虑协方差因素。

13.2.55　相对标准不确定度 relative standard uncertainty

标准不确定度除以测得值的绝对值。平均值的相对标准不确定度为相对标准不确定度除以测量次数的开方。

13.2.56　扩展测量不确定度 expanded measurement uncertainty

合成标准不确定度与一个大于 1 的数字因子的乘积，也称为扩展不确定度 (expanded uncertainty)。这个因子的数值取决于测量模型中输出量的概率分布类型及所选取的包含概率范围。对于概率分布类型为正态分布情形，因子为 1、2 和 3

分别对应的包含概率为 68%、95.5% 和 99.7%。扩展不确定度在 INC-1(1980) 建议的第 5 段中曾称为 "总不确定度"，在 IEC 文件中简称为 "不确定度"。在本定义中的术语 "因子" 是指包含因子。例如一个正态分布包含因子为 1 的测量量的测量不确定度为 ±0.02，包含因子为 2 的相应的扩展不确定度为 ±0.04。

13.2.57　目标测量不确定度 target measurement uncertainty

根据测量结果的预期用途，规定作为上限的测量不确定度，又称为目标不确定度 (target uncertainty)。目标不确定度通常取高的包含概率，即包含因子取 2 或 3。

13.2.58　包含区间 coverage interval

基于可获得的信息确定的包含被测量一组值的区间。被测量值以一定概率在该区间内。包含区间可由扩展测量不确定度导出。包含区间不一定以所选的测得值为中心。不应把包含区间称为置信区间，以避免与统计学概念混淆。

13.2.59　包含概率 coverage probability

在规定的包含区间内包含被测量的一组值的概率。包含概率替代了曾经使用过的 "置信水平"，不应把包含概率称为置信水平。

13.2.60　包含因子 coverage factor

用合成标准不确定度计算相应包含概率的不确定度所需乘的系数，通常用符号 k 表示。在相同的测量值分布中，包含概率不同，k 值不同，例如，测量值的分布为正态分布，包含概率分别为 0.50、0.68、0.954、0.997，相应的包含因子为 0.675、1、2、3；测量量值的分布 (如正态、三角、梯形、矩形、反正弦、两点等分布) 不同时，相同概率的包含因子是不同的。

为了获得扩展不确定度，对合成标准不确定度乘大于 1 的数。对于正态分布，获得扩展不确定度时，k 取 2 或 3，未明确时 k 取 2。

13.2.61　测量模型 measurement model

测量中涉及的所有输入量与输出量 (或已知量) 间的数学关系。测量模型的通用形式是方程，有两个或以上输出量的较复杂情况下，测量模型将包含一个以上的方程。

13.2.62　测量函数 measurement function

在测量模型中，由输入量的已知量值计算得到的值是输出量的测得值时，输入量与输出量之间的函数关系。测量函数也用于计算测得值的测量不确定度。

13.2.63　仪器的测量不确定度 instrumental measurement uncertainty

由所用测量仪器或测量系统引起的测量不确定度的分量。仪器的测量不确定度可通过对测量仪器或测量系统的校准得到。仪器的不确定度通常按 B 类测量不确定度评定，属于 B 类不确定度。

13.2.64　零的测量不确定度 null measurement uncertainty

测得值为零时的测量不确定度。零的测量不确定度与零位或接近零的示值有关，它包含被测量小到不知是否能检测的区间或仅由于噪声引起的测量仪器的示值区间。零的测量不确定度的概念也适用于当对样品与空白进行测量并获得差值时。

13.2.65　不确定度报告 uncertainty report

包括测量不确定度的分量及其计算和合成，对测量不确定度的综合陈述。不确定度报告应包括测量模型、估计值、测量模型中与各个量相关联的测量不确定度、协方差、所用的概率密度分布函数的类型、自由度、测量不确定度的评定类型和包含因子。

13.2.66　校准 calibration

按相关标准在规定的条件下，为确定计量器具或测量系统的示值误差或实物量具或标准物质所代表值的误差所进行的一组操作。校准结果可用于评定计量仪器、测量系统或实物量具的示值误差，或给任何标尺上的标记赋值。校准的结果可以用综述、校准函数、校准图、校准曲线或校准表格的形式表示。某些情况下，它可以包括对具有测量不确定度的示值的修正，加修正值或乘修正因子。校准不应与测量系统的调整及常错误称作的"自校准"相混淆，也不要与检定相混淆。通常，只把上述定义中的第一步认为是校准。

13.2.67　校准等级关系 calibration hierarchy

从规定的计量参照对象到最终测量系统之间校准的顺序，其中每一级校准的输出取决于前一级校准的输出。沿着校准的顺序测量不确定度必然逐级增加。校准等级关系的要素是按测量程序操作的一台或多台测量标准和测量系统。本定义中，参照对象可定义为其实际复现的测量单位或测量程序、测量标准。如果两个测量标准的比较用于核查、用于对量值进行修正或对其中一个测量标准赋予测量不确定度时，则测量标准间的比较可以看作是一种校准。

13.2.68　计量溯源性 metrological traceability

测量结果通过文件规定的不间断的校准链 (每个链接点均对测量不确定度有贡献)，将其与规定的参照对象联系起来的特性。本定义中，参照对象可定义为其实际实现的测量单位，或包括无序量的测量单位的测量程序，或测量标准。计量溯源性要求建立校准等级关系。参照对象的技术规范必须包含其用于确定校准等级关系的时间，以及关于参照对象的其他有关计量信息，例如在校准等级关系中是什么时候实施第一次校准的。对于在测量模型中具有一个以上输入量的测量，每个输入量本身应该是计量溯源的，并且校准等级关系可以形成一个分支结构或网络。为每个输入量建立计量溯源性所作的努力应该是与对测量结果的贡献相适应的。测量结果的计量溯源性不保证测量不确定度对给定目的是适当的，也不保证没有错误。国际实验室认可组织 (ILAC) 认为确认计量溯源性的要素是向国际测量标准或国家测量标准的不间断的溯源链、形成文件的测量不确定度、测量程序、认可的技术能力、向 SI 的计量溯源性以及校准间隔 (见 ILAC P-10:2002)。缩写词 "溯源性" 有时是指 "计量溯源性"，有时也用于其他概念，诸如 "样品可追溯性"、"文件可追溯性" 或 "仪器溯源性" 等，其含义是指某项目的历程 ("轨迹")。所以，如果会有任何混淆的风险时，最好使用 "计量溯源性" 全称。

13.2.69　计量溯源链 metrological traceability chain

用于将测量结果与参照对象联系起来的测量标准和校准的顺序，又称为溯源链 (traceability chain)。计量溯源链是通过校准等级关系规定的。计量溯源链用于建立测量结果的计量溯源性。

13.2.70　向测量单位的计量溯源性 metrological traceability to a measurement unit

参照对象是实际实现的测量单位定义时的计量溯源性，又称为向单位的计量溯源性 (metrological traceability to a unit)。"向 SI 的溯源性" 表达方式是指溯源到国际单位制测量单位的计量溯源性。

13.2.71　检定 verification

提供客观证据证明一个给定项目是否满足规定要求的确认活动。例如：确认对于量值和涉及的测量程序，测量部分的质量小到 10mg 的一项给定的标准物质是如同声称的那样均匀的；确认某测量系统达到声称的性能特性或法定要求；确认可以满足目标测量不确定度。应用时，应考虑测量不确定度。项目可以是，例如，一个过程、测量程序、材料、化合物或测量系统。规定的要求可以是，例如，满足制造厂的技术规范。按 VIML 的规定，在法制计量和合格评定中，通常检定还包含对测量系统的检查、贴标记和发布检定证书。检定不应该与校准相混淆。不是每次检定是一次确认。在化学中，对包含的实体或活性的一致性检定，要求有对该实体或活性的结构或特性的描述。

13.2.72 确认 validation

对规定的要求适合于预期用途的认定。例如，平常用于测量氮在水中浓度的测量程序也可以确认为用于氮在人体血清中浓度的测量。

13.2.73 测量结果的计量可比性 metrological comparability of measurement results

对于计量溯源到同一参照对象的给定种类的量，测量结果可比较的特性，简称为计量可比性 (metrological comparability)。例如，测量从地球到月球的距离以及从巴黎到伦敦的距离，当两者都计量溯源到相同的测量单位，如米时，它们的测量结果是计量可比的。测量结果的计量可比性不必要求被比较的测量值及其测量不确定度在同一数量级上。

13.2.74 测量结果的计量兼容性 metrological compatibility of measurement results

对规定的被测量的一组测量结果的特性，该特性为任何一对两个不同的测量结果的测量值之差的绝对值小于该差值的标准测量不确定度的某个选定倍数。当它代表了判断两个测量结果是否归于同一被测量的准则时，测量结果的计量兼容性代替了传统的"落在误差内"的概念。如果在一组认为是不变的被测量的测量中，测量结果与其他结果不兼容，既可能是测量不正确 (如其评定的测量不确定度太小) 也可能是在测量期间被测量有变化。测量间的修正影响测量结果的计量兼容性，如果测量完全不修正，差值的标准测量不确定度等于它们各自标准不确定度的平方和平均的平方根值，当协方差为正时小于此值，而协方差为负时大于此值。

13.2.75 测量模型中的输入量 input quantity in a measurement model

为计算被测量的测得值而必须测量的量，或其值可以用其他方式获得的量，简称为输入量 (input quantity)。例如，当被测量是在规定温度下某钢棒的长度，实际温度、在实际温度下的长度以及该棒的线热膨胀系数是一个测量模型中的输入量。测量模型中的输入量往往是测量系统的输出量。示值、修正和影响量可能是一个测量模型中的输入量。

13.2.76 测量模型中的输出量 output quantity in a measurement model

用测量模型中的输入量的值计算得到的测得值的量，简称为输出量 (output quantity)。测量模型就是应用测量所得的值计算测量结果的数学公式或数学模型。

13.2.77 影响量 influence quantity

在直接测量中不影响实际测量的量，但会影响示值与测量结果之间关系的量。例如：用安培计直接测量交流电流的恒定幅度时的频率；在直接测量人体血浆中血红蛋白浓度时，胆红素物质的量浓度；测量物质的量分数时，质谱仪离子源的背景压力。间接测量涉及各直接测量的合成，每项直接测量都可能受到影响量的影响。在 GUM 中，"影响量"是按 VIM 的第 2 版定义的，不仅覆盖影响测量系统的量，而且包含影响实际测量的量。另外，在 GUM 中此概念不限于直接测量。

13.2.78 修正 correction

对估计的系统误差的补偿。补偿可以取不同形式，例如加一个值或乘一个因子，或从表上推断。

13.2.79 自由度 degrees of freedom

在方差的计算中，和的项数减去和的限制数。当用测量所得的 n 组数据按最小二乘法拟合的校准曲线确定 t 个被测量时，自由度 $v = n - t$，如果另有 r 个约束条件，则自由度 $v = n - t + r$。自由度反映了相应实验标准偏差的可靠程度。在重复性测量条件下，用 n 次独立测量确定一个被测量时，其自由度为 $v = n - 1$。

13.2.80 协方差 covariance

两个随机变量各自的误差之积的期望，是两个随机变量相互依赖性的度量，用 $V(X, Y)$ 或 $COV(X, Y)$ 表示，其计算公式为公式 (13-19)。

$$V(X, Y) = E\left[(X - \mu_x)(Y - \mu_y)\right] \tag{13-19}$$

式中：X 和 Y 分别为两个相互依赖的变量；μ_x 和 μ_y 分别为两个变量的中值。上式定义的协方差是在无限多次测量条件下的理想概念。有限次测量时两个随机变量的单个估计值的协方差估计值用 $s(x, y)$ 表示，按公式 (13-20) 计算。

$$s(x, y) = \frac{1}{n - 1} \sum_{i=1}^{n} (x_i - \bar{X})(y_i - \bar{Y}) \tag{13-20}$$

式中：n 为测量的次数；x 和 y 分别是两个相互依赖的测量的变量；x_i 和 y_i 分别是 x 和 y 两个相互依赖的第 i 次测量的量；$\bar{X}$ 和 $\bar{Y}$ 分别是两组测量量的平均。

13.2.81 相关系数 correlation coefficient

两个随机变量间的协方差除以各自方差之积的正平方根，是两个随机变量之间相互依赖性的度量，用 $\rho(X, Y)$ 表示，按公式 (13-21) 计算。

$$\rho(X, Y) = \rho(Y, X) = \frac{V(X, Y)}{\sqrt{V(X, X)V(Y, Y)}} = \frac{V(X, Y)}{\sigma(X)\sigma(Y)} \tag{13-21}$$

式中：X 和 Y 分别是两个相互依赖的变量；$\sigma(X)$ 和 $\sigma(Y)$ 分别是两个变量的方差正平方根。上式定义的相关系数是在无限多次测量条件下的理想概念。有限次测量时相关系数的估计值用 $r(y, x)$ 表示，计算公式为公式 (13-22)。

$$r(x, y) = r(y, x) = \frac{s(x, y)}{s(x)\, s(y)} \tag{13-22}$$

式中：$s(x, y)$ 为 x 和 y 的协方差估计值；$s(x)$ 和 $s(y)$ 分别为 x 和 y 的方差估计值。对于多变量概率分布，通常给出相关系数矩阵，该矩阵的主对角线元素为 1。相关系数是一个 $[-1, +1]$ 间的纯数。

13.3　辐射度及光度测量

13.3.1　总光通量基准 primary standard of total luminous flux

经国家法定授权，复现总光通量单位量值的装置，在国家内作为总光通量测量标准定值依据的最高标准，又称为原级总光通量标准。总光通量基准主要由发光强度副基准和分布光度计组成，通过测量光源的发光强度分布测出其总光通量量值。

13.3.2　光度基准 primary standard of photometry

经国家法定授权，复现光度基本单位——坎德拉的量值的装置，在国家内作为光度量测量标准定值依据的最高标准，又称为原级光度标准。在 20 世纪 70 年代以前，国际上采用铂凝固点黑体作光度基准。坎德拉新定义通过后，将以辐射的绝对测量乘以辐射的光效能为基础建立光度基准。

13.3.3　光亮度基准 primary standard of luminance

经国家法定授权，复现光亮度单位量值的装置，在国家内作为光亮度测量标准定值依据的最高标准，又称为亮度基准或原级光亮度标准。光亮度的单位名称为坎德拉每平方米 (cd/m^2)。光亮度基准主要由光强副基准灯组、标准漫反射白板和测光导轨组成。

13.3.4　光照度基准 primary standard of illuminance

经国家法定授权，复现光照度单位量值的装置，在国家内作为光照度测量标准定值依据的最高标准，又称为照度基准或原级光照度标准。光照度的单位是流明每平方米 (lm/m^2)，单位名称为勒克斯 (lx)，$1\ lx = 1\ lm/m^2$。照度是反映表面被光照强度的单位，其物理意义是照射到单位面积上的光通量。

13.3.5 曝光量基准 primary standard of luminous exposure

经国家法定授权，复现曝光量单位量值的装置，在国家内作为曝光量测量标准定值依据的最高标准，又称为原级曝光量标准。曝光量用符号 H 表示，由公式 (13-23) 定义：

$$H = \int E(t)\mathrm{d}t \tag{13-23}$$

式中：$E(t)$ 为照度；t 为时间。

曝光量基准由光强度标准灯、曝光快门、色温转换滤光器及感光片等组成，见图 13-10 所示。图中：1 为曝光窗；2 为曝光快门；3 为滤光器；4 为减光片；5 为光强度标准灯；l 为曝光窗到标准灯的距离。

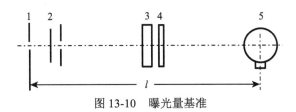

图 13-10 曝光量基准

13.3.6 辐射出射度基准 primary standard of radiant exitance

经国家法定授权，复现辐射出射度单位量值的装置，在国家内作为辐射出射度测量标准定值依据的最高标准，又称为原级辐射出射度标准。辐射出射度基准主要由运转在常温下的黑体和红外辐射计组成。

辐射出射度是表面上一点处的辐射出射度，是离开包含该点的面元的辐射通量 $\mathrm{d}\Phi_\mathrm{e}$ 除以该面元面积 $\mathrm{d}A$ 之商，用符号 M_e 表示，单位为 $\mathrm{W/m^2}$，按公式 (13-24) 计算：

$$M_\mathrm{e} = \frac{\mathrm{d}\Phi_\mathrm{e}}{\mathrm{d}A} \tag{13-24}$$

13.3.7 全辐射亮度基准 primary standard of total radiance

经国家法定授权，复现全辐射亮度单位量值的装置，在国家内作为全辐射亮度测量标准定值依据的最高标准，又称为原级全辐射亮度标准。全辐射亮度基准主要是工作在不同温度下，发射率和温度已知的黑体炉。多种等离子黑体和同步加速器辐射源也可作为紫外区的全辐射亮度基准。

13.3.8 光谱辐射亮度基准 primary standard of spectral radiance

经国家法定授权，复现光谱辐射亮度单位量值的装置，在国家内作为光谱辐射亮度测量标准定值依据的最高标准，又称为原级光谱辐射亮度标准。光谱辐射亮度基准由基准辐射源 (黑体炉、等离子体或同步辐射源) 和光谱辐射计组成。

13.3.9 全辐射照度基准 primary standard of total irradiance

经国家法定授权，复现全辐射照度单位量值的装置，在国家内作为全辐射照度测量标准定值依据的最高标准，又称为原级全辐射照度标准。全辐射照度基准主要由两类基准装置构成：一种是基准辐射源，即工作在不同温度下、发射率已知的黑体炉和配套装置；一种是基准辐射计，主要是各种空腔型绝对辐射计，通过电参量替代复现功率响应度，结合光阑面积复现全辐射照度量值。

13.3.10 光谱辐射照度基准 primary standard of spectral irradiance

经国家法定授权，复现光谱辐射照度单位量值的装置，在国家内作为光谱辐射照度测量标准定值依据的最高标准，又称为原级光谱辐射照度标准。光谱辐射照度基准由基准辐射源、光阑和光谱辐射计组成 (绝对型辐射计亦可复现单色辐射的辐射照度单位量值)。

13.3.11 光度副基准 secondary photometry standard

经国家法定授权，通过光度基准校准而建立的复现光度基本单位——坎德拉的量值的标准装置。在量值溯源图中，其级别仅低于原级标准，又称为次级光度标准。按光度量分，有发光强度副基准、光照度副基准、光亮度副基准和总光通量副基准，主要用于保持由基准复现的光度单位的量值。

13.3.12 光度工作基准 working photometry standard

经国家法定授权，通过光度基准或光度副基准直接校准，用于日常校准光度测量仪器的测量标准。在量值溯源图中，光度工作基准级别仅低于光度基准和光度副基准，但高于其他光度标准。相应的有总光通量工作基准、光亮度工作基准和光照度工作基准。工作基准主要用于日常检定和校准工作。

13.3.13 选择性辐射体 selective radiator

在所考虑的光谱区，发射率随辐射波长和 / 或温度变化的热辐射体。发射率是物体的辐射出射度与相同温度相同波长下绝对黑体的辐射出射度的比值。除了理想镜面 (发射率为 0) 和绝对黑体 (发射率为 1) 外，几乎所有的物体都是选择性辐射体，它们的发射率将会随物质的介电常数、表面粗糙度、温度、波长、观测方向等条件的不同而变化，其数值介于 0~1 之间。

13.3.14 非选择性辐射体 non-selective radiator

在所考虑的光谱区，光谱发射率不随波长变化的热辐射体。绝对黑体和白体是非选择性的辐射体，即其他辐射体的发射率将不会随波长的变化而变化。

13.3.15 目视光度测量 visual photometry

用人眼对两个光刺激作定量比较的光度测量，也称为目视光度测量法。目视光度测量是人主观比较的光度测量，会因测量者的不同而有所不同。

13.3.16 物理光度测量 physical photometry

使用经过视见函数 $V(\lambda)$ 修正的物理探测器代替人眼进行的光度测量，也称为物理光度测量法。物理光度测量法是用物理响应装置 (探测器) 给出光度测量的量值，不同于目视光度测量法是用人眼来感受光度的量值。物理光度测量是客观性测量，测量的准确度取决于测量仪器校正的精度。

13.3.17 壁稳氩弧 wall-stabilized argon arc

在一个大气压下，两电极间充以稳定的氩气而激发的，使轴向温度达到 $10^4 \mathrm{K}$ 以上，处于局部热力学平衡条件下的等离子体弧辐射的光弧，也称为小氩弧 (argon mini-arc)。

13.3.18 小氩弧 argon mini-arc

辐射波长在 152nm~335nm 范围的壁稳氩弧。小氩弧具有高的稳定性和重复性，可作为辐射亮度的传递标准。

13.3.19 氢弧 hydrogen arc

在一个大气压下，在弧柱中充以稳定的氢，使弧温度达到 $10^4 \mathrm{K}$ 以上，处于局部热力学平衡时发出波长为 130nm~360nm 光学波的连续辐射的光弧。

13.3.20 标准辐射源 standard radiant source

辐射特性 (工作温度和发射率或辐射亮度) 已知，并可用于校准其他辐射源或辐射探测器的辐射源。

13.3.21 标准密度片 standard density tablet

具有不同光密度值的计量标准器，也称为光密度片 (photographic step density tablet)。由摄影胶片制成的标准密度片，用以检定黑白和彩色透射密度计；由照相纸制成的标准密度片，用以检定黑白和彩色反射密度计。

13.3.22 反射因数 reflectance factor

〈光学测量〉在入射辐射的光谱组成、偏振状态和几何分布指定条件下，待测反射体在指定的圆锥所限定的方向反射的辐通量 (或光通量) 与完全相同照射 (或照明) 条件下理想漫反射体在同一方向反射的通量之比，用符号 R 表示，单位为 1。

被一个小立体角的射束照射 (或照明) 的镜面反射体，如果给定的圆锥包含了源的镜反射像，则反射因数可能远远大于 1。如果圆锥的立体角接近 2πsr，则反射因数接近相同照明条件下的反射比; 如果圆锥立体角接近于零，则反射因数接近于相同照明条件下的辐亮度 (或光亮度) 因数。

13.3.23　辐亮度系数 radiance coefficient

介质面元在指定方向上的辐亮度除以该介质上的辐照度之商，用符号 q_e 表示，单位为 sr^{-1}。

在美国使用的双向反射分布函数 (BRDF) 的概念与这个术语相近似。

13.3.24　反射计测值 reflectometer value

由特定反射计测得的值，用符号 R' 表示。由于反射计测值 R' 与其几何特性、施照体、探测器的光谱响应度 (若装有滤光器还应考虑它的影响) 和所用参考标准有关，对给出的反射计测值 R' 需说明所用反射计的技术规格。

13.3.25　点源 point radiant source

〈光学测量〉辐射源的尺寸与它到辐照面的距离相比较足够小，使之在计算和测量时可以忽略不计的辐射源。在所有方向均匀发射的点源被称为各向同性点源或均匀点源。

13.3.26　面源 areal radiant source

由无数个等强度或不等强度的点源组成的发光面。面源有平面面源和曲面面源。面源的亮度与面积相关，同样的发光强度，光源的面积越大，亮度越低。

13.3.27　发射率测量 emissivity measurement

在相同温度环境下，测试普朗克辐射体的辐亮度，再测定热辐射体在指定方向上的辐亮度，用热辐射体辐射亮度除以普朗克辐射体的辐亮度而获得发射率的测量方法。发射率用符号 ε 表示。

13.3.28　有效全吸收测量 effective total absorption measurement

在规定的条件下，测量入射通量，再测量被测样品的吸收通量，用吸收通量除以入射通量而获得有效全吸收的测量方法。有效全吸收用符号 α 表示。被测样品的吸收测量，可以通过测量透过测量样品的透射通量和从样品反射回来的反射通量之和，再用入射通量减透射和反射通量的和获得。(本条中的 "通量" 指 "辐射通量" 或 "光通量"，下同。)

13.3.29 光谱乘积 spectral production

入射通量的光谱分布与探测器的光谱响应度在每一波长上的乘积，也称为仪器的光谱乘积，用符号 Π 表示，按公式 (13-25) 计算：

$$\Pi = S \cdot s \tag{13-25}$$

式中：S 为入射通量的光谱分布；s 为探测器的光谱响应度。光谱乘积反映探测器对光谱辐射的响应能力。

13.3.30 光谱失配修正因数 spectral mismatch correction factor

〈光学测量〉当光度计所测光源的相对光谱功率分布与校准光度计时所用光源不相同时，用于修正由于光度计的相对光谱响应度与标准光度观察者的光谱光视效率函数不一致所产生的误差，与物理光度计的读数相乘的因数，用符号 F^* 表示，也曾称为色修正因数。对这类光度计，修正因数可按公式 (13-26) 计算：

$$F^* = \frac{\int P(\lambda) V(\lambda)\,\mathrm{d}\lambda \cdot \int P_\mathrm{A}(\lambda) S_\mathrm{rel}(\lambda)\,\mathrm{d}\lambda}{\int P(\lambda) S_\mathrm{rel}(\lambda)\,\mathrm{d}\lambda \cdot \int P_\mathrm{A}(\lambda) V(\lambda)\,\mathrm{d}\lambda} \tag{13-26}$$

式中：$S_\mathrm{rel}(\lambda)$ 为光度计的相对光谱响应度；$V(\lambda)$ 为光度计模拟的视见函数；$P(\lambda)$ 为被测光源的相对光谱功率分布；$P_\mathrm{A}(\lambda)$ 为 CIE 标准照明 A 的相对光谱功率分布。光谱失配因数主要用于光度计。

13.3.31 分光光度测量 spectrophotometric measurement

测定各波长相应的光度量 (包括辐射量) 的函数关系的方法。分光光度测量方法首先要对光谱进行光谱分离 (分谱)，并使各光谱具有相同辐射量，再对试样进行测量。

13.3.32 光谱光度测量 spectral luminosity measurement

在确定的几何条件下，对材料或元件的反射、吸收和透射等量随波长分布的测量。测量结果是光度量随波长的分布曲线。

13.3.33 光谱光度测色法 spectrophotometric colorimetry

通过测定被测光的相对光谱功率分布或物体的光谱反射比或光谱透射比求出三刺激值和色品坐标的方法，也称分光光度测色法。

13.3.34 光源颜色特性测量 color characteristics measurement of light resource

测量光源发光所具有的色温、色坐标、显色指数、色容差等颜色特性的测量方法的总和。光源颜色特性测量不是一个测量方法，是由分别测量光源各种颜色特性的诸多测量方法所组成的一系列测量方法，分别包括色温测量方法、色坐标测量方法、显色指数测量方法、色容差测量方法等。

13.3.35　荧光材料颜色测量 color measurement of fluorescent material

用相应的光源对荧光材料进行激发照射，测量荧光材料相应颜色的方法。荧光材料颜色测量常用的方法分别有单色光激发测量法和复合光照射测量法。

13.3.35.1　单色光激发法 monochromatic light excitation method

通过单色仪给样品以某一特定波长 μ 的单色光激发照射，然后用分析单色仪来测量可见波段各波长 λ 的辐亮度因数 $\beta(\lambda,\mu)$，根据不同的入射波长 μ 测得相应的辐亮度因数 $\beta(\lambda,\mu)$，可以计算对应入射辐射光谱分布为 $S(\mu)$ 时荧光材料在波长 λ 的反射和发射的相对光谱分布 $R(\lambda)$，从而得到荧光材料的三刺激值的测量方法。

13.3.35.2　复合光照射法 composite light illumination method

采用复合光源作激发光源直接照明，通过已知特定光谱分布 $S(\mu)$ 照射条件下荧光色度值的荧光白板，调整设备激发光源的紫外光比例大小，使设备输出色度值与荧光标准白板一致，随后，测得待测荧光材料在该条件下的光谱辐亮度因数 $\beta(\lambda)$，计算三刺激值的测量方法。该颜色测量结果只局限于特定光谱分布 $S(\mu)$ 照射下的客观效果，无法推算在另一光源下此荧光材料的颜色特性。

13.3.36　白度测量 whiteness measurement

用分光测量方法测出试样的光谱辐亮度因数，用公式计算出试样的三刺激值(或用光电色度计直接测出三刺激值)，用选定的白度公式计算出白度值的测量方法。CIE(1982) 对应 2° 视场 CIE 标准观察者和 10° 视场 CIE 标准观察者的白度和白色泽分别按公式 (13-27)、公式 (13-28)、公式 (13-29)、公式 (13-30) 计算：

$$W = Y + 800\,(x_n - x) + 1700\,(y_n - y) \tag{13-27}$$

$$T_W = 1000\,(x_n - x) + 650\,(y_n - y) \tag{13-28}$$

$$W_{10} = Y_{10} + 800\,(x_{n,10} - x_{10}) + 1700\,(y_{n,10} - y_{10}) \tag{13-29}$$

$$T_{W10} = 1000\,(x_{n,10} - x_{10}) + 650\,(y_{n,10} - y_{10}) \tag{13-30}$$

式中：W 为对应 2° 视场 CIE 标准观察者的白度；Y 为对应 2° 视场 CIE 标准观察者的光反射比；x、y 为对应 2° 视场 CIE 标准观察者的试样的色品坐标；x_n、y_n 为对应 2° 视场 CIE 标准观察者的完全反射漫射体的色品坐标；T_W 为对应 2° 视场 CIE 标准观察者的白色泽；W_{10} 为对应 10° 视场 CIE 标准观察者的白度；Y_{10} 为对应 10° 视场 CIE 标准观察者的光反射比；x_{10}、y_{10} 为对应 10° 视场 CIE 标准观察者的试样的色品坐标；$x_{n,10}$、$y_{n,10}$ 为对应 10° 视场 CIE 标准观察者的完全反射漫射体的色品坐标；T_{W10} 为对应 10° 视场 CIE 标准观察者的白色泽。

白度的测量可概括对高 (光) 反射比和低色纯度的漫射表面色特性的度量。对于不同的应用领域，白度的测量曾经出现过十余种不同的白度计算公式，如单波段白度公式、多波段白度公式、以明度和纯度表示的白度公式、与色差概念有关的白度公式、CIE(1982) 白度公式等。目前常用的有蓝光白度 (也叫 ISO 白度、R_{457} 白度)、CIE 白度 (也叫甘茨白度)、亨特白度等。

13.3.37　物体色测量 object color measurement

通过测量被测颜色样品的三刺激值或通过被测量颜色样品与参比色对比获得三刺激值来测得样品颜色的方法。物体色测量的方法主要有客观的光电积分测色法和主观的目视比较测色法。

13.3.37.1　光电积分测色法 photoelectric integral colorimetry

〈物体色测量〉采用图 13-11 所示的光电积分测色仪，对 X、Y、Z 三刺激值对应的三个探测器分别加修正滤光器，使仪器的总光谱灵敏度 (光源、光学系统、探测器三者的综合响应) 符合公式 (13-31) 的关系 (以测量 D65 照明体，10° 标准色度观察者下的物体色度值用公式 (13-31) 表示)：

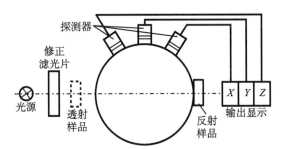

图 13-11　光电积分测色法测量原理图

$$\begin{cases} K_1 S_A(\lambda) \tau_x(\lambda) \gamma(\lambda) = S_D(\lambda) \bar{x}_{10}(\lambda) \\ K_2 S_A(\lambda) \tau_y(\lambda) \gamma(\lambda) = S_D(\lambda) \bar{y}_{10}(\lambda) \\ K_3 S_A(\lambda) \tau_z(\lambda) \gamma(\lambda) = S_D(\lambda) \bar{z}_{10}(\lambda) \end{cases} \tag{13-31}$$

式中：K_1、K_2、K_3 为比例常数；$S_A(\lambda)$ 为仪器光源的相对光谱功率分布；$S_D(\lambda)$ 为标准照明体 D65 的相对光谱功率分布；$\tau_x(\lambda)$、$\tau_y(\lambda)$、$\tau_z(\lambda)$ 为仪器中拟合人眼色觉特性的修正滤光器的光谱透射比；$\gamma(\lambda)$ 为探测器未加修正滤光器时的光谱响应值；$\bar{x}_{10}(\lambda)$、$\bar{y}_{10}(\lambda)$、$\bar{z}_{10}(\lambda)$ 为 CIE 1964 标准色度观察者色匹配函数。测量反射色时，使用黑体和工作标准白板对仪器进行校准 (需要高精度测量时，采用与样品光谱反射比相近的反射工作标准色板对仪器进行校准)；测量透射色时，以空气层作为标准 (需要高精度测量时，采用与样品光谱透射比相近的透射工作标准色板或参比液对仪器进行校准)。仪器校准后，开机进行自动测量，测得反射物体或透射物体的三刺激值和色品坐标的测量方法。

13.3.37.2　目视比较测色法 visual comparison colorimetry

〈物体色测量〉将被测样品放入目视色度计的样品视场中，将由标准滤色片组合的标准色放入参比视场中，正常色觉者目视观察比较两个视场，调节参比视场的标准滤色片，使样品视场和参比视场的颜色和亮度达到匹配，记录与被测样品相匹配的标准滤色片的色号获得样品色的测量方法，测量装置及原理见图 13-12所示。

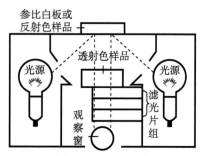

图 13-12　目视比较测色法测量原理图

测量时，当被测样品与标准滤色片不完全匹配时，记录两者之间的颜色差异。目视比较测色法使用的目视色度计有加法色度计和减法色度计，主要使用的目视色度计有罗维朋比色计、啤酒色度仪、赛波特比色计、石油产品色度测定器等，这些都是减法目视色度计。

13.4　光学材料测量

13.4.1　折射率测量 refractive index measurement

对入射到材料试样中光线的入射角、出射角进行测量，并根据试样的几何形状参数，应用光的折射定律计算出试样折射率的测量方法。折射率测量的方法主要有 V 棱镜测量法、最小偏向角法、阿贝折光法、自准直法、直角照射法等方法。

13.4.1.1　V 棱镜测量法 method of V prism measurement

〈折射率测量〉基于应用 V 棱镜座作为测试器具，用零位角标准玻璃块校准 V棱镜测试仪的零位角，然后将 V 棱镜中的标准玻璃块换成被测试样，测试出出射光线相对零位角所偏转的角度 θ，用偏转角 θ 计算出试样折射率的一种折射率测量方法，也称为王氏 V 棱镜折光法，原理见图 13-13 所示，折射率按公式 (13-32) 计算：

$$n = \left(n_0^2 + \sin\theta \sqrt{n_0^2 - \sin^2\theta}\right)^{1/2} \tag{13-32}$$

式中：n 为被测试样的折射率；n_0 为 V 棱镜块的折射率；θ 为放入试样的 V 棱镜对入射光的偏转角。V 棱镜折射率测试方法属于比较测量法，通过角度变化与 V 棱镜座的折射率 n_0 进行比较。V 棱镜座的缺口角度为 90°，校准用的标准块和试样放入 V 棱镜座时，需要涂相近的折射率液，以填补空隙。此法的优点是制作简单，测试速度快，精度适中 ($\Delta n = \pm 2 \times 10^{-5} \sim \pm 5 \times 10^{-5}$)。

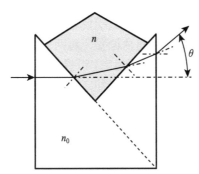

图 13-13　V 棱镜测量法测量原理图

13.4.1.2　最小偏向角法 method of measuring minimum deviation angle

〈折射率测量〉用前置镜对准入射光线方向并记录其在测角仪度盘上的角度位置，将等边三角棱镜试样放入光路中，使入射光线从三角棱镜试样一边腰入射，旋转前置镜接收经三角棱镜出射的光线，转动棱镜改变入射角 i_1，在前置镜中观察出射光束的出射角 i_2 的变化，直到调整看到入射光线与出射光线为最小夹角，并测量该角度值，应用三角棱镜顶角和这个最小夹角计算出试样折射率的一种折射率测量方法，也称为精密测角法 (precision goniometry)，折射率按公式 (13-33) 计算：

$$n = \frac{\sin\dfrac{\alpha + \delta_0}{2}}{\sin\dfrac{\alpha}{2}} \tag{13-33}$$

式中：n 为被测试样折射率；α 为棱镜试样的顶角，(°)；δ_0 为最小偏向角，(°)。最小偏向角法测量折射率的光路原理图见图 13-14 所示。

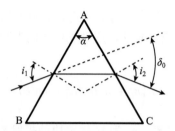

图 13-14　最小偏向角法测量原理图

　　最小偏向角的测量方法主要有单值法、两倍角法、互补法和三像法等。单值法为测量单边最小偏向角计算出折射率的方法；两倍角法为在三角棱镜的两边腰分别测量出最小偏向角，然后取平均值计算折射率，由此减少测量不确定度的方法；互补法是以入射光入射三角棱镜的一个入射面，转动三角棱镜找到该面入射的最小偏向角位置，然后大角度旋转三角棱镜使原入射光对上次的出射面入射，转动三角棱镜找到该面入射的最小偏向角位置，对两个面的最小偏向角出射光方向的夹角求平均角度，以平均角度计算折射率，以提高偏向角的测量准确度的方法，这个互补是指对称面分别入射测量间的互补；三像法是对三角棱镜的三个顶角分别测量最小偏向角折射率，然后取平均值，由此可使测量不确定度减小的方法。

　　当试样严格对称时，通常入射角等于出射角。最小偏向角法是一种精密的折射率测量方法，通常用 1″ 的测角仪测定棱镜试样的最小偏向角。该方法的优点是测量精度高 ($\Delta n = \pm 5 \times 10^{-6}$)，且可以不用已知折射率的标准样；缺点是需要高价格的精密测角仪器、试样加工要求高、操作复杂、测试环境要求高。

13.4.1.3　阿贝折光法 Abbe refractometry

　　〈折射率测量〉将被测试样贴置于测试装置的折射棱镜表面，用平行光束平行于试样与折射棱镜的贴合界面照射两者的贴合界面，用望远镜接收经折射棱镜全反射临界角 i_0 折射出的光束，以接收光束视场明暗的分界线为基准测量出射光的角度 θ(出射面的入射角为 i_r)，将测试的角度等参数代入公式计算获得试样折射率的一种测量方法，阿贝折光法的折射率按公式 (13-34) 计算：

$$n = \sin\alpha \sqrt{n_0^2 - \sin^2\theta} \pm \cos\alpha\sin\theta \tag{13-34}$$

式中：n 为被测试样折射率；n_0 为折射棱镜折射率；α 为折射棱镜光线出射面的锐角；θ 为出射光束的折射角。阿贝折光法测量折射率的光路原理图见图 13-15 所示。在图 13-15 中，ABC 为测试装置的折射棱镜，AC 为试样与折射棱镜的贴合界面，折射棱镜的折射率应大于被测试样折射率，两介质界面需涂贴合液体。阿贝折光法的测试装置也可制造成为直接读出试样折射率值的仪器。阿贝折光法的测量精度不算高 ($\Delta n = \pm 1 \times 10^{-4}$)。

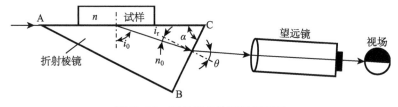

图 13-15 阿贝折光法测量原理图

13.4.1.4 自准直法 collimating method

〈折射率测量〉使平行光束入射直角棱镜试样的斜面,调整直角棱镜试样的入射角度 i,直到入射面折射的光束经直角棱镜试样的直角面反射后原路返回,测出光束在入射斜面上的入射角,将测试的角度和直角棱镜试样顶角代入公式计算获得试样折射率的一种测量方法,自准直法的折射率按公式 (13-35) 计算:

$$n = \frac{\sin i}{\sin \theta} \tag{13-35}$$

式中:n 为被测试样折射率;i 为直角棱镜试样入射面的入射角;θ 为直角棱镜试样的顶角。自准直法测量折射率的光路原理图见图 13-16 所示。在图 13-16 中,ABC 为被测直角三角棱镜试样,光线从试样的 AB 面入射并折射,转动直角棱镜使折射光线从 AC 面垂直原路反射回来。自准直法的测量精度为 10^{-5} 数量级,属于比较高的。该方法一般用于折射率值较大的材料的折射率测量。

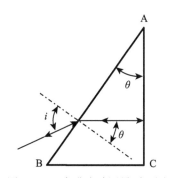

图 13-16 自准直法测量原理图

13.4.1.5 直角照射法 method illuminated with right angle

〈折射率测量〉用平行光束对三棱镜样品顶角的垂直底面进行垂直照射,分别测出三棱镜底面出射的两支光束与三棱镜底面法线 (与垂直入射光束同方向) 的夹角,再分别算出这两支出射光束与照射光束的夹角,用公式计算获得折射率的测量方法,折射率按公式 (13-36) 计算:

$$\frac{\sin t'_c}{\sqrt{n^2 - \sin t'_c} - 1} + \frac{\sin t'_b}{\sqrt{n^2 - \sin t'_b} - 1} + \frac{\sin t'_a}{\sqrt{n^2 - \sin t'_a} - 1}$$

$$= \frac{\sin t'_c}{\sqrt{n^2 - \sin t'_c} - 1} \cdot \frac{\sin t'_b}{\sqrt{n^2 - \sin t'_b} - 1} \cdot \frac{\sin t'_a}{\sqrt{n^2 - \sin t'_a} - 1} \tag{13-36}$$

直角照射法的光路原理以及各角度的关系见图 13-17(a) 所示。图中各计算相关的角度之间的关系符合公式 (13-37)~ 公式 (13-42)。

$$\varphi_A = 180° - t'_a = t'_b + t'_c \tag{13-37}$$

$$\varphi_B = 180° - t'_b = t'_a + t'_c \tag{13-38}$$

$$\varphi_C = 180° - t'_c = t'_a + t'_b \tag{13-39}$$

$$t'_a = \frac{\varphi_B + \varphi_C - \varphi_A}{2} \tag{13-40}$$

$$t'_b = \frac{\varphi_A + \varphi_C - \varphi_B}{2} \tag{13-41}$$

$$t'_c = \frac{\varphi_A + \varphi_B - \varphi_C}{2} \tag{13-42}$$

从图 13-17(a) 可看出，$i_b = \angle B$，$i_c = \angle C$，$t_b + i'_b = \angle B$，$t_c + i'_c = \angle C$，且存在 $\angle A + \angle B + \angle C = 180°$，故有以下公式 (13-43) 的恒等关系，将以上各角度关系和角度之间的折射定律关系代入公式 (13-43)，可得到公式 (13-36) 的恒等关系。

$$\tan A + \tan B + \tan C = \tan A \cdot \tan B \cdot \tan C \tag{13-43}$$

使用同等准确度的测角仪测试，直角照射法测试折射率准确度要高于最小偏向角法，测量精度高 ($\Delta n = \pm 3 \times 10^{-6}$)，但直角照射法的公式不适宜人工计算，需要应用软件进行计算，适合建立为自动测量装置。

公式 (13-43) 的恒等关系可以用以下公式关系证明。由图 13-17 (b) 的关系可建立 $\angle B$、$\angle C$、$\angle A_1$、$\angle A_2$ 和 $\angle A$ 的正切表达公式 (13-43a)、公式 (13-43b)、公式 (13-43c)、公式 (13-43d) 和公式 (13-43e)，将公式 (13-43c) 和公式 (13-43d) 代入公式 (13-43e) 得公式 (13-43f)。

$$\tan B = \frac{AD}{BD} \tag{13-43a}$$

$$\tan C = \frac{AD}{CD} \tag{13-43b}$$

$$\tan A_1 = \frac{BD}{AD} \tag{13-43c}$$

$$\tan A_2 = \frac{CD}{AD} \tag{13-43d}$$

$$\tan A = \tan(A_1 + A_2) = \frac{\tan A_1 + \tan A_2}{1 - \tan A_1 \cdot \tan A_2} = \frac{\dfrac{BD}{AD} + \dfrac{CD}{AD}}{1 - \dfrac{BD}{AD} \cdot \dfrac{CD}{AD}}$$

$$= \frac{AD \cdot BC}{AD \cdot AD - BD \cdot CD} \tag{13-43e}$$

将公式 (13-43e)、公式 (13-43a) 和公式 (13-43b) 代入公式 (13-43) 左边得公式 (13-43f)，代入公式 (13-43) 右边得公式 (13-43g)。

$$\frac{AD \cdot BC}{AD \cdot AD - BD \cdot CD} + \frac{AD}{BD} + \frac{AD}{CD} = \frac{AD^3 \cdot BC}{(AD^2 - BD \cdot CD) \cdot BD \cdot CD} \tag{13-43f}$$

$$\frac{AD \cdot BC}{AD \cdot AD - BD \cdot CD} \cdot \frac{AD}{BD} \cdot \frac{AD}{CD} = \frac{AD^3 \cdot BC}{(AD^2 - BD \cdot CD) \cdot BD \cdot CD} \tag{13-43g}$$

因为公式 (13-43f) 与公式 (13-43g) 的右边是相等的，故两公式的左边也是相等的，这两个公式的左边分别对应了公式 (13-43) 的左边和右边，说明公式 (13-43) 的左边和右边是相等的，所以公式 (13-43) 的两边是恒等的，由此证明了公式 (13-43) 的成立。

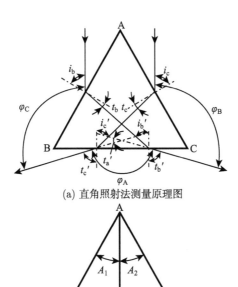

(a) 直角照射法测量原理图

(b) 证明公式 (13-43) 恒等的图

图 13-17　直照法测量原理和公式证明图

13.4.2　均匀性测量 homogeneity measurement

〈光学材料〉根据光波通过折射率不均匀的测试件时产生波面变形等物理现象来检验光学玻璃折射率均匀程度的测量方法，又称为光学材料均匀性测量 (homogeneity measurement of optical material)。光学材料均匀性测量常用的有星点和分辨力测定法 (又称为平行光管法)、干涉法、全息干涉法、偏光仪法等。干涉法是目前各方法中测试精度最高的方法，应用数字干涉仪测量平行光通过被测样品后的波面变形量计算获得样品通光面折射率增量的分布，通过专用软件计算获得光学材料的均匀性，具体方法主要有对楔形样品测量的四步法和对平行样品测量的二步法及一步法，测量原理图见图 13-18 所示，测量技术细节见 ISO 19740：2018。

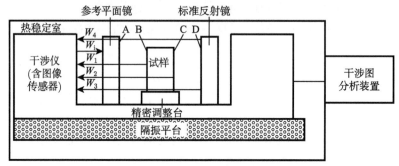

图 13-18　光学材料均匀性测量原理图

图 13-18 中：W_i 为入射光波前；W_1 为由参考平面镜的 A 面反射的波前与样品 B 面反射的波前产生干涉的干涉图的波前误差；W_2 为由参考平面镜的 A 面反射的波前与试样 C 面反射的波前产生干涉的干涉图的波前误差；W_3 为由参考平面镜的 A 面反射的波前与穿过试样经标准反射镜 D 面反射后再穿过试样的波前产生干涉的干涉图的波前误差；W_4 为由参考平面镜的 A 面反射的波前与无试样时经标准反射镜 D 面反射回的波前产生干涉的干涉图的波前误差。

四步法测量为：对于楔形样品，用数字干涉仪分别测量样品前表面和后表面的波前干涉图，然后分别测量穿过样品经反射镜反射回来再穿过样品的波前干涉图和无样品时经反射镜反射回来的波前干涉图，对数字干涉图用专门的公式计算出折射率的峰谷 (PV) 值和标准差值。四步法适用的干涉仪类别为菲佐 (或菲索) 干涉仪和泰曼–格林干涉仪。四步法测试某局部位置 (x, y) 的波差所对应的光学材料均匀性的折射率差值 Δn 按公式 (13-44) 计算：

$$\Delta n(x, y) = \frac{1}{2 \times 10^3 t_0} [n_0(W_3 - W_4) - (n_0 - 1)(W_2 - W_1)] \tag{13-44}$$

式中：n_0 为光学材料的名义折射率；t_0 为测试样品的平均厚度。四步法由于采用楔形样品进行测量,测量过程可使试样表面的部分面形误差进行相互抵消,因此,可以适当降低楔形样品表面的加工精度。

二步法测量为:对于平行平面样品,用数字干涉仪分别测量穿过样品经反射镜反射回来再穿过样品的波前干涉图和无样品时经反射镜反射回来的波前干涉图,对数字干涉图用专门的公式计算出折射率的峰谷 (PV) 值和标准差值。二步法适用的干涉仪类别为菲佐干涉仪和泰曼–格林干涉仪。二步法测试某局部位置 (x,y) 的波差所对应的光学材料均匀性的折射率差值 Δn 按公式 (13-45) 计算:

$$\Delta n\,(x,y) = \frac{n_0}{2 \times 10^3 t_0}\,(W_3 - W_4) \tag{13-45}$$

一步法测量为:对于平行平面样品,用数字干涉仪测量穿过样品经反射镜反射回来再穿过样品的波前干涉图,对数字干涉图用专门的公式计算出折射率的峰谷 (PV) 值和标准差值。一步法适用的干涉仪类别为马赫–曾德尔干涉仪。一步法测试某局部位置 (x,y) 的波差所对应的光学材料均匀性的折射率差值 Δn 按公式 (13-46) 计算:

$$\Delta n\,(x,y) = \frac{n_0}{1 \times 10^3 t_0}\,(W_3 - W_4) \tag{13-46}$$

以上光学材料均匀测量方法既可适用于可见光的光学材料,也可以适用于红外光学材料以及其他光谱光学材料的均匀性测量。

13.4.3 条纹度测量 striae measurement

用准直光源照射样品,用光学系统对样品中的条纹进行成像,并测量条纹的面积和灰度,按要求的算法 (定量的或定性的) 计算出测量结果,获得条纹度的测量方法,又称为光学材料条纹度测量 (striae measurement of optical material)。条纹度测量有定性和定量两种方法,定性测量用投影光学系统测量,定量测量用纹影光学系统测量,它们的原理图见图 13-19 所示,测量技术细节见 ISO 19741:2018。投影的定性测量结果为由条纹面积和灰度关系建立的等级关系表达 (如 0 级、1 级、2 级、3 级等);纹影的定量测量结果用条纹面积百分比乘以条纹的平均灰度的数值表达。

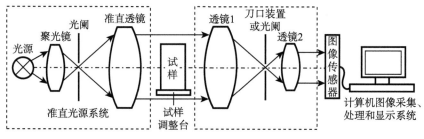

图 13-19　光学材料条纹度测量原理图

以上光学材料条纹度测量方法既可适用于可见光的光学材料，也可以适用于红外光学材料以及其他光谱光学材料的条纹度测量。

13.4.4　杂质测量 impurity measurement

用漫射光源照射样品，用成像系统对样品气泡、结石等杂质进行成像，计算杂质数量，并计算单位体积内的杂质横截面积，获得杂质的测量方法，又称为光学材料杂质测量 (bubbles and inclusions measurement of optical material)。杂质测量原理见图 13-20 所示，测量技术细节见 ISO 19742：2018。图 13-20 中：试样中的 A 和 B 分别是光学材料试样中的两个杂质 (如气泡、结石等)，成像探测器中的 A′ 和 B′ 分别是杂质 A 和 B 的像。

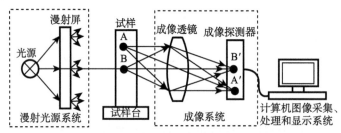

图 13-20　光学材料杂质测量原理图

以上光学材料杂质测量方法既可适用于可见光的光学材料，也可以适用于红外光学材料以及其他光谱光学材料的杂质测量。

13.4.5　色散系数测量 dispersion coefficient measurement

〈光学材料〉用阿贝系数计算的光谱折射率所对应各波长的单色光源，分别测量出被测量光学材料样品阿贝系数表达所应用的各相应波长的折射率，应用相应阿贝系数计算公式将这些折射率代入计算，获得色散系数的测量方法，又称为阿贝系数测量。中部色散系数按公式 (13-47) 计算：

$$v_d = \frac{n_d - 1}{n_F - n_C} \tag{13-47}$$

式中：v_d 为中部色散系数；n_d 为波长为氦黄谱线 (587.6nm) 的光学材料折射率；n_F 为波长为氢蓝谱线 (486.1nm) 的光学材料折射率；n_C 为波长为氢红谱线 (656.3nm) 的光学材料折射率。

根据光学零件使用性能的需要，对光学材料的色散有多种针对性的表达，可以采用多种相对色散系数来表达，这些相对色散分别有：$\dfrac{n_F - n_D}{n_F - n_C}$；$\dfrac{n_F - n_e}{n_F - n_C}$；$\dfrac{n_G - n_F}{n_F - n_C}$；$\dfrac{n_C - n_r}{n_F - n_C}$；$\dfrac{n_h - n_g}{n_F - n_C}$。这些系数是表达光学材料性能的重要参数，是光学

系统设计时需要考虑的数据。色散系数的测量，本质上是测量折射率，通过折射率来计算色散系数。

13.4.6 平均色散测量 average dispersion measurement

分别测出试样的氢蓝谱线 (486.1nm) 和氢红谱线 (656.3nm) 的折射率，再计算两个波长折射率之差的测量方法；或用阿贝折射仪测量，在色散值刻度圈上读出值 z，从色散表上根据 n_D 值查出 A 和 B 值，根据 z 值查出 σ 值，按公式 (13-48) 计算出平均色散的测量方法。

$$n_F - n_C = A + B\sigma \tag{13-48}$$

氢蓝谱线 (486.1nm) 的折射率 n_F 和氢红谱线 (656.3nm) 的折射率 n_C 可采用折射率测量的方法，用具有相应谱线光源的单光谱进行折射率测量获得。

13.4.7 热膨胀系数测量 measurement of thermal expansion coefficient

设置温度变化区间，分别测量被测试样在升温前和升温后两温度状态时在长度方向的线尺寸变化，计算试样单位长度的单位温度的线尺寸变化，获得该温度段的平均热膨胀系数的测量方法。平均热膨胀系数用符号 $\alpha_{\Delta T}$ 表示，按公式 (13-49) 计算：

$$\alpha_{\Delta T} = \frac{1}{l} \cdot \frac{\Delta l}{\Delta T} \tag{13-49}$$

式中：l 为试样总长度；Δl 为试样升温前后的长度变化；ΔT 为试样升温前后的温度范围。试样升温的范围通常采用 20℃~100℃、20℃~200℃ 或 20℃~T 区间来测量平均热膨胀系数。热膨胀系数也可以用真膨胀系数表示，真膨胀系数用符号 α_T 表示，通过作出温度关系实验曲线 $\Delta l/l = f(T)$，在曲线的温度横坐标上某温度的点引出长度变化与总长度的比值。

热膨胀系数长度变化量测量的方式主要为杠杆接触测量法和非接触测量法两大类。杠杆接触测量法：将物体的膨胀量用一个传递杆通过接触方式传递，再用各种检测器测量这种膨胀量的大小，常用的具体测量方法主要包括千分表法、光杠杆法、机械杠杆法、电感法、电容法等。非接触测量法：不采用传递元件对物体的膨胀量进行接触方式传递，而是用非接触检测器测量这种膨胀量的大小，常用的具体测量方法主要包括直接观测法、光干涉法、X 射线衍射法、光栅法、密度测量法等。

13.4.8 应力双折射光程差测量 stress birefringence optical path difference measurement

采用 1/4 波片 (即 $\lambda/4$ 波片) 偏光仪，使测试仪器的起偏器的主方向为垂直于水平的方向、1/4 波片的主方向为水平方向，将被测试样品 (试样) 某测试点的主方向调成与水平方向成 45°，旋转检偏器，直到该测试点的干涉条纹变到全黑，从读数盘上读出总相位差或总光程差的测量方法，又称为单 1/4 波片法、Senarmont 法，1/4 波片偏光仪的组成见图 13-21 所示。试样应力双折射光程差的表示，采用的单位为 nm/cm，因此，样品测试结果的表达需要用测出 (或计算出) 的总光程差除以试样厚度得出单位厚度的光程差。1/4 波片偏光仪实际上测出的是应力双折射导致的 o 光和 e 光的相位差，光程差是根据已知准确的光源波长计算出来的。检偏器所旋转的相位 (一个圆周为 2π) 等于试样双折射相位差的二分之一。

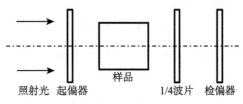

照射光　起偏器　　　　样品　　　　　1/4波片　检偏器

图 13-21　1/4 波片偏光仪的组成图

试样的应力双折射光程差也可以采用双 1/4 波片偏光仪应用双 1/4 波片法进行测试。

13.4.9　光弹系数测量 measurement of photoelastic coefficient

将试样放置在光弹性仪的试样台上，在垂直于试样通光的方向施加可精确度量的力，测量试样产生双折射相位差 (寻常光与非寻常光折射率差引起的)，将试样长度、测量的相位、施加的压力和测量光源波长代入公式计算，获得试样光弹性系数的测量方法，也称为压力光学系数法。光弹性系数 k 按公式 (13-50) 计算：

$$k = \frac{\lambda_0 \varphi}{2\pi L p} \tag{13-50}$$

式中：L 为试样通光长度，cm；φ 为试样双折射相位差；p 为对试样施加的压强；λ_0 为测量光源波长。

光弹系数测量的光弹性仪的组成见图 13-22 所示，其组成主要包括光源 (包括单色光源和白光光源)、一对偏振镜 (一个起偏器和一个检偏器)、一对 1/4 波片、光源透镜、投影透镜和屏幕。

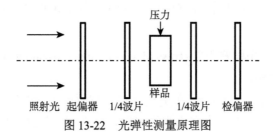

压力

照射光　起偏器　1/4波片　　样品　　1/4波片　检偏器

图 13-22　光弹性测量原理图

当对试样在垂直于光波传播方向施加压力后，试样将会产生双折射现象，双折射的强弱正比于应力的大小。压力产生双折射现象也称为光弹效应。

13.4.10　光谱吸收特性测量 measurement of spectral absorption characteristics

对测试物质进行气化，让光谱仪的连续光谱穿过气化物质，使处于基态和低激发态的原子或分子吸收具有连续分布的某些波长的光而跃迁到各激发态，形成了按波长排列的暗线或暗带组成的光谱，通过成像的暗线或暗带对应的光谱位置判定物质成分的测量方法。温度高的光源发出白光，通过温度较低的试样物质气体后，能形成这些气体的吸收光谱。光谱吸收特性主要用于测量光学材料试样组成化学元素成分的测量方法，也称为质谱测量方法。

13.4.11　光吸收系数测量 measurement of optical absorption coefficient

基于试样光吸收会影响试样的光透过率或改变试样的温度的原理，针对试样吸收系数的大小，选择合适的测量原理对试样的光吸收系数进行测量的方法。光吸收系数测量的方法主要有透射比法和量热法。

13.4.11.1　透射比法 transmission ratio method

〈光吸收系数测量〉采用白光透过率测量仪，测出试样的白光透过率，再将试样的折射率 (如果不知道试样的折射率，需测出试样折射率)、长度和透过率代入光吸收系数公式计算，获得试样光吸收系数的测量方法。光吸收系数 k 按公式 (13-51) 计算：

$$k = \frac{1}{L} \left\{ 2\ln\left[1 - \left(\frac{n_d - 1}{n_d + 1} \right)^2 \right] + \ln\left[1 - \left(\frac{n_d - 1}{n_d + 1} \right)^4 \right] - \ln T \right\} \tag{13-51}$$

式中：L 为试样长度，cm；n_d 为试样的 d 谱线折射率或试样的中部折射率；T 为试样的白光总透过率。光吸收系数表达的是试样每厘米长度的光吸收系数。

对于光吸收系数大于 0.002 或折射率低于 1.75 的材料，可忽略公式 (13-51) 中二次反射项的影响，将公式 (13-51) 简化为公式 (13-52)：

$$k = \frac{1}{L} \left\{ 2\ln\left[1 - \left(\frac{n_d - 1}{n_d + 1} \right)^2 \right] - \ln T \right\} \tag{13-52}$$

从以上公式可看出，吸收系数的测量本质上是试样折射率和透射率的测量。透射比法适合吸收系数较大的材料的吸收系数测量；吸收系数小的材料适合用量热法测量其吸收系数。

13.4.11.2　量热法 calorimetry

〈光吸收系数测量〉由激光器、光闸、控制快门、光束整束系统、绝热样品室、样品架、差分热电偶、直流放大器、功率计、计算机等组成量热法测量装置，见图 13-23 所示，打开激光器，激光稳定发光后，打开光闸，将激光光束直径调整适当，然后关闭激光，取两根相同的圆柱试样，分别放在绝热样品室中各自的绝热双 V 形架上，被测试样品的双 V 形架在光束通过的路径上，参考样品的双 V 形架不在光束通过的路径上，并将差分热电偶的两个测热面分别紧贴两个试样圆柱面的主心位置，两个样品放置一定时间直到热电偶电压差为零，开启激光器使激光输出稳定后，打开光闸，用热电偶测量并通过计算机计算和记录被测样品的温度随时间上升的变化曲线，同时在被测样品后端用功率计测量通过被测样品的激光功率，过一定时间后，关闭光闸，用热电偶测量并通过计算机计算和记录被测样品的温度随时间下降的变化曲线，用第二个温度随时间上升的斜率区以及温度随时间下降的斜率区，按公式 (13-53) 计算，由此获得试样光吸收系数的测量方法。

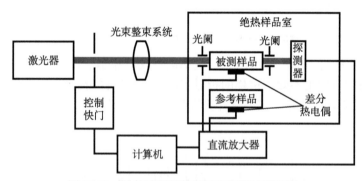

图 13-23　量热法测量装置组成和测试原理图

$$\beta = \frac{2n}{P_t \cdot (n^2 + 1)} \times \frac{mC_p}{L} \left(\frac{dT}{dt} \bigg|_{T_0\uparrow} \right) + mC_p \left(\frac{dT}{dt} \bigg|_{T_0\downarrow} \right) \tag{13-53}$$

式中：β 为被测试样品的吸收系数；m 为被测试样品的质量；C_p 为被测试样品的等压比热；P_t 为通过被测试样品的透射光功率；L 为被测试样品的长度；n 为被测试样品的折射率；$dT/dt|_{T_0\uparrow}$ 为被测试样品通光时的温度上升时的时间斜率 (升温速率)；$dT/dt|_{T_0\downarrow}$ 为被测试样品光关闭后的温度下降时的时间斜率 (降温速率)。光学材料量热法的测量装置组成和测试原理见图 13-23 所示。采用 10.6μm 的二氧化碳 (CO_2) 连续激光器或 1.06μm 的 YAG 连续激光器，输出功率为 5W~10W；材料样品的直径 ϕ 为 6mm~10mm，长度 L 为 50mm~100mm；样品架采用两片绝热塑料 V 形硬薄片拉开一定距离构成；绝热样品室应能很好地对环境绝热；光照升温测试时间可考虑为 1 分钟左右，具体时间应根据激光器功率调整；被测试样品的

光束入射的前端和光束出射的后端应设置光阑遮挡杂散光；绝热样品室内的装置最好涂黑色，避免其反射和散射杂光。公式 (13-53) 中，第一部分是通过透射功率和折射率来计算输入功率，第二部分是通过样品质量、等压比热和升温速率计算样品的热吸收功率，第三部分是通过样品质量、等压比热和降温速率计算样品的散热功率。量热法适用于测量弱吸收材料的吸收系数。

13.4.12　光散射系数测量 measurement of optical scattering coefficient

采用白光透过率测量仪，测出试样的白光透过率和散射率，再将试样的长度、透过率和散射率代入光散射系数公式计算，获得试样光散射系数的测量方法。光散射系数 h 按公式 (13-54) 计算：

$$h = -\frac{1}{L}\ln\left(\frac{I_t}{I_t + I_h}\right)$$
(13-54)

式中：L 为试样长度，cm；I_t 为透过试样的光强；I_h 为试样散射的光强。光散射系数表达的是试样每厘米长度的光散射光强。散射光强主要是试样中有散射颗粒所导致，如激光晶体材料就存在散射颗粒。散射系数的测量本质上是试样透射率和散射率的测量。

13.4.13　着色度测量 chromaticity measurement

用分光光度仪测量试样在短波波段的光谱透射比曲线，在曲线上分别以透射比为 80% 和 5% 的点或 70% 和 5% 的点确定相应的波长，用透射比为 80% 和 5% 的点或 70% 和 5% 的点对应的波长标志试样着色度的测量方法，用符号 λ_{80}/λ_5 或 λ_{70}/λ_5 表示，也称为外透着色度，原理见图 13-24 所示。

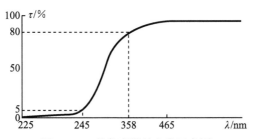

图 13-24　着色度测量定义示意图

例如某材料 80% 透射比的点对应的波长为 358nm，5% 透射比的点对应的波长为 245 nm，该材料的 λ_{80}/λ_5 为 358/245。着色度是光学玻璃短波透射特性的表达指标，包括外透着色度和内透着色度，外透着色度包括试样外表面反射损失，内透着色度不含外表面反射损失，两个特性的测试方法是一样的，只是外透着色度用于折射率 $n \geqslant 1.85$ 的材料，采用 70% 和 5% 的点对应的波长 λ_{70}/λ_{5} 来标定。通常每一种牌号或几种牌号的玻璃材料都有自己的着色度标准波长指标，普通材料对标准波长的偏差允许范围为 ±10nm，高透射材料对标准波长的偏差允许范围为 ±5nm。着色度这个指标主要是评价材料的光谱透过特性，与色有一点关系，但不是评价材料传统意义上的颜色成分，其评价的透射比指标是在近紫外波段。

13.4.14　量子效率测量 quantum efficiency measurement

〈荧光材料〉将样品 (固体、液体、粉末及薄膜等荧光材料) 放置在积分球 (相当于样品腔) 内，氙灯发射出的连续光谱经过单色仪分光后再通过光纤引入到积分球内的样品上，荧光样品受到激发后会发出荧光，荧光光谱通过光纤被后端的光谱探测系统 (背照式制冷 CCD 探测器) 接收，由此获得荧光材料量子效率的测量方法，测量原理见图 13-25 所示。图 13-25 中：光源系统由激发光源和单色仪组成；样品系统由积分球和样品池组成；检测系统由分光镜、检测器、放大器和信号处理单元组成，检测系统分离测试所需要的信号，实现光信号与电信号之间的转换，并将每个测量波长的光强度转换为光子数，执行数据处理；加热系统由加热单元和加热控制单元组成。本方法适用于用峰值波长 400nm~480nm LED 芯片激发时，发射 400nm~780nm 波段范围的白光，LED 对荧光粉外量子效率、内量子效率的测试。外量子效率的测定范围为 0.6~0.9，内量子效率的测定范围大于 0.9。量子效率分为外量子效率 (external quantum efficiency) 和内量子效率 (internal quantum efficiency)：外量子效率是指发光材料受到激发时发出的荧光所对应总光子数与激发时所照射到荧光粉样品上的总光子数比值，用于衡量荧光粉对入射光源的转换效率；内量子效率是指发光材料受到激发时发出的荧光所对应总光子数与激发时所吸收的总光子数比值，用于衡量荧光粉对吸收光源的转换效率。

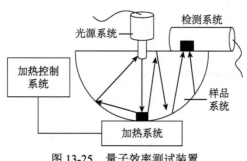

图 13-25　量子效率测试装置

13.5 光学元件测量

13.5.1 面形误差测量 measurement of surface shape error

对光学零件表面形状偏离理想形状的程度，应用光线影像、干涉等原理进行测量的方法。面形误差测量主要有傅科刀口影像法、细丝检测法、波面干涉法、波切法和玻璃样板法等。

13.5.1.1 傅科刀口影像法 Foucault knife edge shadow method

〈面形误差测量〉用刀口遮住被测光学零件成像光束的像方光线会聚点前或后一部分光线，通过观察遮挡后的阴影图分布，来检查光学零件误差的测量方法，也称为刀口法或阴影法。傅科刀口影像法既可以用于检测反射光学零件 (如反射镜等) 的面形误差，也可以用于检测透射光学零件 (如透镜等) 的像质误差。对于理想成像的反射光学零件或透射光学零件，光学零件对于物点所成的像点应是严格聚焦为一个点，刀口无论置于会聚点上、会聚点内或会聚点外，像方观察区域将被亮暗区域形成的分界直线明显分开；当刀口置于会聚点内 (相对会聚点靠近光学零件) 或刀口前置，刀口和暗区在同一侧 (刀口遮挡透镜的下半部分)，明暗界线与刀口移动的方向相同，当刀口置于会聚点外 (相对会聚点远离光学零件) 或刀口后置，刀口和暗区不在同一侧 (刀口遮挡透镜的上半部分)，明暗界线与刀口移动的方向相反，面形为理想状态时，亮区为均匀亮，暗区为均匀暗，见图 13-26 的 (a) 和 (b) 所示。当光学零件存在像差或面形误差时，刀口遮挡后的亮区和暗区不是直线分界，且亮区有阴影部分，暗区有亮的部分，见图 13-27 所示。

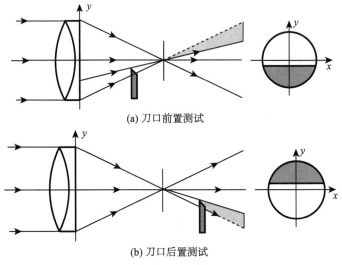

(a) 刀口前置测试

(b) 刀口后置测试

图 13-26　傅科刀口影像测量原理图

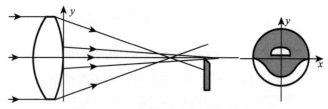

图 13-27　有像差的光学零件阴影图

　　傅科图在检验非球面误差时用处不大，为了测验非球面误差，使用一块不同带宽的开缝光阑就可计算各个带区的横向像差量，还可以检查开缝后面镜面部分是否规则。

13.5.1.2　细丝检测法 threadlet test method

　　〈面形误差测量〉在靠近被检反射镜表面的各种环状带区的法线与光轴相交的位置放置一根不透明细丝，通过轴向移动细丝，观察被检验反射面在均匀的明亮背景下变暗的环带线，记录这些暗环带对应的特定环带法线的特定交点带进行面形误差判断的测量方法。细丝法的测量原理见图 13-28 所示，其阴影图见图 13-29 所示。细丝法可用于做更精密的非球面检验。

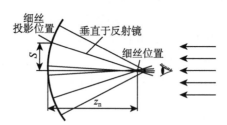

图 13-28　细丝检测法原理及阴影图

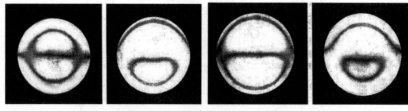

图 13-29　细丝检测法的阴影图

13.5.1.3　波面干涉法 wavefront interference method

　　〈面形误差测量〉对被测试样表面的波面应用干涉技术进行干涉，形成干涉条纹，经过干涉条纹进行计算和分析得到被测试样表面形状误差分布情况的测量方法。波面干涉法主要有剪切干涉法、参考面对比双光束干涉法等。提取面形误差的方法有条纹法和移相干涉法等。剪切干涉法：对试样表面的相干波面进行横向剪切、径向剪切、旋转剪切或反转剪切移动，形成移动前波面和移动后波面，用移动前的试样波面与移动后的试样波面进行干涉来检测光学零件表面误差的方法；参考面对比双光束干涉法：使试样表面的相干波面与标准镜的参考波面进行干涉来检测光学零件表面误差的方法；条纹法：用目视或面阵探测器接收条纹，据条纹间距与形状获取面形误差的方法；移相干涉法：在试件表面与参考面之间，利用移相器主动引入已知相位差的同时，采样相应干涉图按移相算法获取数字化表达光学零件面形表面误差的方法。波面干涉法使用的仪器和装置主要有剪切干涉仪、菲佐干涉仪、泰曼–格林干涉仪、马赫–曾德尔干涉仪、对板、样板、平晶等。

13.5.1.4 光切法 light-section method

〈面形误差测量〉用细缝光像照射被测物体表面，检测被测物体表面面形和微观形状、粗糙度等的测量方法。具体的测量方法通常是：将细缝光像以 45° 左右的角度投影到被测物体表面上，然后在镜面反射方向观察细缝光像的投影像；用细缝状光像作为刀刃，沿被测物体表面，从侧面观察细缝光像的"刀刃"被被测物体表面所改变的形状。

13.5.1.5 玻璃样板法 glass template method

〈面形误差测量〉利用样板的标准面和被检面接触，由干涉牛顿环的形状、数量以及加压条纹的移动方向判断光学零件表面面形误差的测量方法。玻璃样板法是光学零件表面误差检验的常规性干涉检测法，样板的标准面可以是平面或球面，平面零件用平面样板检验，球面零件用球面样板检验，平面零件的干涉条纹为直线条纹，球面零件的干涉条纹为牛顿环，测试的装置和干涉条纹见图 13-30 所示。

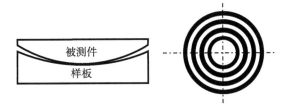

图 13-30 玻璃样板法装置和干涉条纹

13.5.2 表面疵病测量 measurement of surface defects

用检验光照射被测光学零件表面，通过对被测光学表面的麻点、划痕、坑、破边等表面疵病进行观察 (或成像)、分析和统计，给出表面疵病数量、大小等数值的测量方法。表面疵病测量方式主要有目视测试法和光电仪器成像法。

13.5.3　曲率半径测量 curvature radius measurement

应用干涉、自准直、几何结构等原理，采用接触或非接触等方式，对光学零件球面的曲率半径进行测量的方法。曲率半径测量的方法主要有光学球面干涉仪法、自准直显微镜法、自准直望远镜法和球径仪测量法等。

13.5.3.1　光学球面干涉仪法 optical spherical interferometer method

〈曲率半径测量〉用具有标准球面参考镜的干涉仪的球面参考镜与被测球面进行干涉，通过参考球面与被测球面球心重合、干涉图样均匀亮场定位共焦干涉位置，以及被测球面顶点平移至参考面球心、干涉图样呈猫眼形状找到猫眼位置，测量两个位置之间的距离来获得被测球面曲率半径的测量方法。如果测试装置中标准球面参考镜球心位置是已知标识出来的，只需找到被测试样球面与标准球面参考镜球面为同心圆的位置，就可得到被测球面的曲率半径。光学球面干涉仪法测量方法要求标准球面参考镜的半径要大于被测试样的半径；测量凸面曲率半径时，被测试样放置在标准球面参考镜的球面球心内，见图 13-31 所示；测量凹面曲率半径时，被测试样放置在标准球面参考镜的球面球心外，见图 13-32 所示；测量时标准球面参考镜为固定状态，标准球面参考镜的球面球心位置最好为已知的。

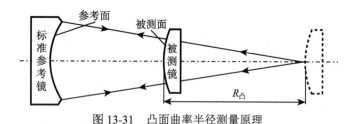

图 13-31　凸面曲率半径测量原理

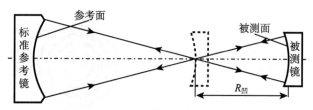

图 13-32　凹面曲率半径测量原理

13.5.3.2　自准直显微镜法 auto–collimation microscope method

〈曲率半径测量〉采用自准直显微镜，调焦目镜看清目镜分划板 2，整体沿轴向移动自准直显微镜 (或整体移动被测试样) 直到看到光源分划板 1 的自准直像，整体微量移动显微镜 (或整体微量移动被测试样) 直到看到清晰无视差的自准直像或清晰的分划板 1 图案的自准直像 (即显微物镜物距点与被测试样球心 C 重合)，

再整体移动显微镜 (或整体移动被测试样) 观察被测试样表面，直到看到清晰无视差的自准直像或清晰的分划板 1 图案的自准直像 (即看清试样表面定点 A)，两个自准直成像的位置间的距离为被测面的半径，由此获得曲率半径的测量方法。自准直显微镜法测量凸面曲率半径的原理见图 13-33 所示，测量凹面曲率半径的原理见图 13-34 所示。自准直显微镜法适合测试小的曲率半径，测量范围通常为几毫米到 1m 以内。自准直显微镜法为非接触测量法。自准直显微镜加上导轨等附件后就成为了自准直球径仪。该方法的测量原理和图用的是双分划板的自准直目镜，这个方法也可以用单分划板的自准直目镜来测量，只需在测量过程中按单分划板的自准直目镜的分划对准关系对准即可。

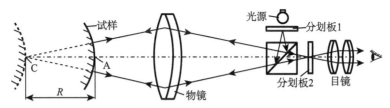

图 13-33 自准直显微镜法凸面半径测量原理图

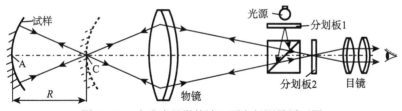

图 13-34 自准直显微镜法凹面半径测量原理图

13.5.3.3 自准直望远镜法 auto–collimation telescope method

〈曲率半径测量〉采用目镜、分划板和光源为一体化可移动的自准直望远镜，将被测试样放置在望远物镜前方一个确定距离，调焦目镜看清分划板，向远离物镜的方向整体移动目镜 (分划板和光源在一体上同步移动), 使其离开物镜的像方焦面直到看到分划板的自准直像，整体微量移动目镜，直到看到清晰无视差的自准直像或清晰的分划板图案的自准直像，根据物镜焦距、被测试样放置的位置和目镜移动离开望远物镜焦面的距离，按公式 (13-55) 计算得出被测面的半径 R 的测量方法。

$$R = \frac{f'^2}{x'} + f' - d \tag{13-55}$$

式中：f' 为望远物镜的焦距；x' 为目镜分划面离开望远物镜像方焦面的距离；d 为被测试样曲面顶点到望远物镜主面的距离 (可以根据物镜焦距、顶焦距及试样顶点离物镜顶点的距离求得)。公式 (13-55) 计算出的值为正值时为凸面镜的曲率半径，为负值时为凹面镜的曲率半径。自准直望远镜法测量凸面曲率半径的原理见图 13-35 所示，测量凹面曲率半径的原理见图 13-36 所示，图中的 C 为被测试样的曲面球心，也是望远物镜自准直的物点。自准直望远镜法适合测试大的曲率半径，测量范围通常可达几十米。自准直望远镜法为非接触测量法。该方法的测量原理和图用的是单分划板的自准直目镜，这个方法也可以用双分划板的自准直目镜来测量，只需在测量过程中按双分划板的自准直目镜的分划对准关系对准即可。

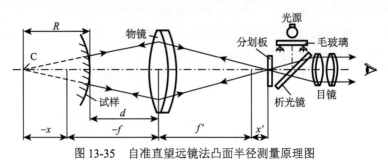

图 13-35　自准直望远镜法凸面半径测量原理图

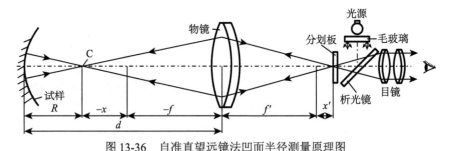

图 13-36　自准直望远镜法凹面半径测量原理图

13.5.3.4　球径仪测量法 measurement method of spherometer

〈曲率半径测量〉在机械式球径仪三个等间距支点上放置标准平板对矢高探头进行校零，把矢高探头降下，将测试样球面相对平衡地放置在球径仪的三个钢球支点上，升起矢高探头轻轻接触被试样表面，读出试样的矢高，将试样测出的矢高、球径仪三支点的半径、三个支点的钢球半径代入公式计算得到试样曲率半径的测量方法，也称为机械式球径仪曲率半径测量方法。机械式球径仪测量的试样半径 R 按公式 (13-56) 计算：

$$R = \frac{z}{2} + \frac{y^2}{2z} \pm r \tag{13-56}$$

式中：z 为测量出的试样矢高；y 为球径仪三个支点钢球球心所在水平面圆的半径；r 为三个支点钢球的半径 (试样为凹面时为加号，试样为凸面时为减号)。机械式球径仪测量试样曲率半径的测量原理见图 13-37 所示。机械式球径仪测量方法为接触法，被测对象的曲率半径不能小于等于 y。

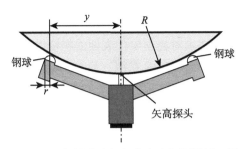

图 13-37 机械式球径仪曲率半径测量原理图

13.5.4 非球面测量 aspherical measurement

应用补偿原理,以非接触的方式对光学零件的非球面进行测量的方法。非球面测量的方法主要有光学补偿法和计算全息图补偿法。

13.5.4.1 光学补偿法 optical compensation method

〈非球面测量〉采用光学球面干涉仪,在干涉仪的测量臂上采用补偿器,把平面波前转换成同被测非球面理论形状一致的非球面波形,此波前受被测非球面实际面形的调制后产生一定的波前变形,沿原路返回与标准面相干涉,通过对干涉条纹的判读可高精度地测出非球面面形误差的测量方法。

13.5.4.2 计算全息图补偿法 computing hologram compensation method

〈非球面测量〉制作出预定波面(理论非球面)的计算机全息图,用一束光照射该全息图时,把平面波前转换成同被测非球面理论形状一致的非球面波形,此波前受被测非球面实际面形的调制后产生一定的波前变形,沿原路返回与参考的标准波面相干涉,通过对干涉条纹的判读可高精度地测出非球面面形误差的测量方法,测量原理见图 13-38 所示。全息法是用计算机全息图生成预定的波面,起到光学补偿器相同的作用。

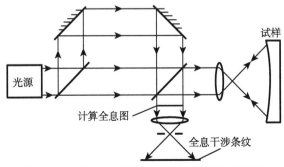

图 13-38 计算全息图补偿法非球面测量原理图

13.5.5　粗糙度测量 roughness measurement

应用微表面状态测试技术对光学零件表面的粗糙度进行定量测量的方法。粗糙度测量的方法主要有高度分布函数法、自协方差函数法、功率谱密度函数法等。

13.5.5.1　高度分布函数法 height distribution function method

〈粗糙度测量〉在光学试样表面某一维方向 x 的规定的评价长度内，用微轮廓探测头测出沿长度方向的表面微高度分布函数 $Z(x)$，用对 $Z(x)$ 的取样长度的相关积分表达的表面粗糙度测量方法。高度分布函数状态和曲线见图 13-39 所示。

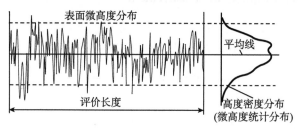

图 13-39　高度分布函数

用微高度分布函数评价表面粗糙度的方法分别有：评价长度 L 内的表面粗糙度算术平均偏差 R_a；取样长度 L 内 5 个最大的轮廓峰高与 5 个最大的轮廓谷深的平均值之和 R_z；评价长度 L 内表面粗糙度算术均方根偏差 R_q。三个表达值分别按公式 (13-57)、公式 (13-58) 和公式 (13-59) 计算：

$$R_a = \frac{1}{L} \int_0^L |Z(x)| \, \mathrm{d}x \tag{13-57}$$

$$R_z = \frac{1}{5} \sum_{+i=1}^{5} Z_{+i}(x) + \frac{1}{5} \sum_{-i=1}^{5} Z_{-i}(x) \tag{13-58}$$

$$R_q = \sqrt{\frac{1}{L} \int_0^L Z^2(x) \mathrm{d}x} \tag{13-59}$$

式中：$+i$ 为轮廓峰高的取样顺序号；$-i$ 为轮廓谷深的取样顺序号；$Z_{+i}(x)$ 为取样长度内 5 个最大的轮廓峰高；$Z_{-i}(x)$ 为取样长度内 5 个最大的轮廓谷深。

13.5.5.2　自协方差函数法 self-covariance function method

〈粗糙度测量〉在光学试样表面某一维方向 x 的规定的评价长度内，用微轮廓探测头测出沿长度方向的表面微高度分布 $Z(x)$，用 $Z(x)$ 的自协方差函数表达的表面粗糙度测量方法。$Z(x)$ 的自协方差函数按公式 (13-60) 计算：

$$R(f) = \lim_{L \to \infty} \frac{1}{L} \int_0^L Z(x)Z(x+f)\mathrm{d}x \qquad (13\text{-}60)$$

式中：$R(f)$ 为自协方差函数；L 为采样长度；f 为采样间隔；x 为采样维度方向的自变量；$Z(x)$ 为采样长度内的微高度分布。

13.5.5.3 功率谱密度函数法 power spectral density function method

〈粗糙度测量〉在光学试样表面某一维方向 x 的规定的评价长度内，用微轮廓探测头测出沿长度方向的表面微高度分布 $Z(x)$，用 $Z(x)$ 的功率谱密度函数表达的表面粗糙度测量方法。表面粗糙度的功率谱密度函数表达，是将空域的表面微高度量转换为用频率变量来表达，其优点是不仅包含了表面垂直方向的高度信息，同时还包含了重要的横向空间频率分布信息。因为相同高度不同频率的光学表面粗糙度对光学性能的影响是不同的，所以以用功率谱密度函数表达可提出更精准的表面粗糙度要求。另外，功率谱密度函数表达还能把不同测量设备或者同一设备、不同测量条件下得到的结果用适当的平均算法拼接起来，得到足够大频率范围、全面表征的表面微观形貌的结果。用表面高度扫描方法测量出光学表面的连续高度分布函数后，一维 x 方向的功率谱密度函数可按公式 (13-61) 计算：

$$PSD(f_x) = K_0 \left| \int_0^L \mathrm{e}^{-\mathrm{i}2\pi f_x \cdot x} Z(x)\mathrm{d}x \right|^2 \qquad (13\text{-}61)$$

式中：$PSD(f_x)$ 为频域的功率谱密度；f_x 为测量光学表面高度分布在取样长度 L 范围的频率变量；L 为光学表面测量的取样长度范围，L 可以为测试试样的最大口径或边长；$Z(x)$ 为对取样长度 L 内的高度分布函数；x 为取样方向的一维长度变量；K_0 为功率谱密度的权重系数。

当光学表面的高度分布测量值为离散数值时，一维 x 方向的功率谱密度函数可按公式 (13-62) 计算：

$$PSD(f_n) = K_0 \left| \sum_{n=0}^N \mathrm{e}^{-\mathrm{i}2\pi f_n \cdot x(n)} Z(n) \cdot \Delta x(n) \right|^2 \qquad (13\text{-}62)$$

式中：$PSD(f_n)$ 为频域的功率谱密度；f_n 为测量光学表面高度分布在取样长度 L 范围的频率变量，$f_n = n/d$；d 为光学表面高度测量取样的最小间隔；n 为在取样长度 L 范围内取样测量点的序数，$n = 0, 1, 2, \cdots, N$；L 为光学表面测量的取样长度范围，L 可以为测试试样的最大口径或边长；$Z(n)$ 为取样长度 L 内以取样点序数 n 为变量的高度分布函数；$x(n)$ 为以取样点序数 n 为变量的一维长度变量；$\Delta x(n)$ 为以取样点序数 n 为变量的 x 方向的 $x(n)$ 变量的微增量 (或变量步长)；K_0 为功率谱密度的权重系数。

13.5.6　焦距和顶焦距测量 focal length and vertex focal length measurement

应用透镜放大率的原理和几何关系，采用非接触方式，对光学透镜的焦距和顶焦距进行测量的方法。焦距的测量方法主要有放大率法、附加接筒法，顶焦距测量采用显微镜定位特征面进行测量。

13.5.6.1　放大率法 magnification method

〈焦距和顶焦距测量〉在平行光管物镜的焦面上放置间隔尺寸已知的平行双线分划板，将被测透镜置于平行光管物镜前面，使平行光管物镜焦面上被光源照亮的分划板平行双线成像到被测透镜的焦面上，测出被测物镜焦面的物镜分划板平行双线像的间隔距离，按公式 (13-63) 计算，得出被测物镜焦距的测量方法。

$$f' = f'_c \frac{y'}{y} \tag{13-63}$$

式中：f' 为被测物镜的焦距；f'_c 为平行光管物镜的像方焦距 $(f'_c = -f_c)$；y' 为被测物镜焦面上分划板平行双线像的间隔尺寸；y 为平行光管物镜焦面上分划板平行双线的间隔尺寸。放大率法测量正透镜的原理见图 13-40 所示，l'_F 为被测物镜的像方顶焦距或截距；负透镜的原理见图 13-41 所示，分划板平行双线像的间隔尺寸 y' 可用 1 倍显微物镜的测量显微镜进行测量。

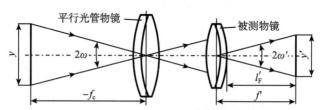

图 13-40　放大率法正透镜焦距测量原理图

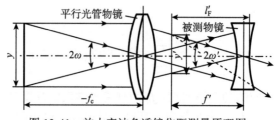

图 13-41　放大率法负透镜焦距测量原理图

当被测透镜为负透镜时，测量显微镜的工作距离必须大于负透镜的焦距 (否则看不分划板像)，负透镜测量的按公式 (13-64) 计算：

$$f' = -f'_c \frac{y'}{y} \tag{13-64}$$

以上的焦距测量的放大率法属于用人眼测量的放大率法；如果用液晶屏的显示分划图形取代放置于平行光管焦面上的分划板，用 CCD 摄像机及图像卡采集被测系统所成的分划像，再经计算机图像处理和计算便直接输出被测物镜的焦距值，这样的方法称为基于数字图像处理的放大率法。基于数字图像处理的放大率法具有自动化、重复性好、精度高等特点。当用放大率法测得被测透镜的焦距后，用透镜的主面与顶面的尺寸可计算获得透镜的顶焦距。

13.5.6.2 附加接筒法 additional tube method

〈焦距和顶焦距测量〉以被测物镜作为显微物镜装在显微物镜位置上，以双线刻度宽度为 y_0 的玻璃分划尺作为物，由被测物镜对其成像 (此时物距为 $-l_1$，像距为 l_1')，用测量目镜测出像的尺寸 y_1'，然后给显微镜加长筒距离 e(此时物距为 $-l_2$，像距为 l_2') 对玻璃分划尺的双线成像，用测量目镜测出像的尺寸 y_2'，按公式 (13-65) 计算，得出被测物镜焦距的测量方法，测量原理见图 13-42 所示。

$$f' = \frac{y_0 \cdot e}{y_2' - y_1'} = \frac{e}{\beta_2 - \beta_1} \tag{13-65}$$

式中：f' 为被测物镜的焦距；y_0 为玻璃分划尺双线刻度宽；y_1' 为被测物镜筒加长前所成玻璃分划尺双线像的宽度；e 为显微镜加长筒的尺寸；y_2' 为被测物镜筒加长后所成玻璃分划尺双线像的宽度；β_1 为被测物镜筒加长前的物像放大率；β_2 为被测物镜筒加长后的物像放大率。附加接筒法特别适用于显微物镜焦距的测量，但不能用于测量负透镜的焦距，测量装置可利用普通显微镜。

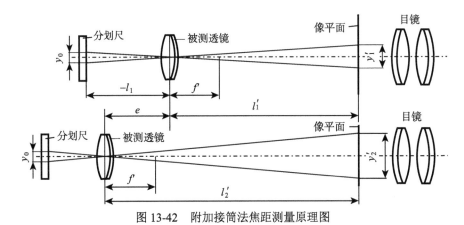

图 13-42　附加接筒法焦距测量原理图

13.5.6.3 精密测角法 method of angle precision measurement

〈焦距和顶焦距测量〉用光源照明标尺分划板，轴向移动被测透镜直到经纬仪能清晰地看到标尺分划板的像 (使标尺分划板置于被测透镜前焦平面上)，用经纬仪测量标尺分划板上指定平行双线标志间隔距离 y_0 对应像的角度 ω，按公式 (13-66) 计算，得出被测物镜焦距的测量方法，测量原理见图 13-43 所示。

$$f = \frac{y_0}{2\tan\omega} \tag{13-66}$$

式中：f 为被测物镜的前焦距；y_0 为标尺分划板上指定平行双线标志的间隔距离；ω 为标尺分划板上指定平行双线标志间隔距离 y_0 对应像的角度。

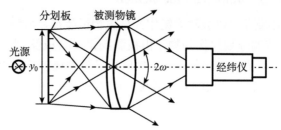

图 13-43　精密测角法焦距测量原理图

　　焦距测量除了以上的放大率法、附加接筒法和精密测角法外，还有特长焦距法、附加透镜法、节点法、远距离物体成像法等方法，各种方法有其特点和合适的测试对象。放大率法：测量的适合对象为望远镜物镜、照相机物镜、目镜、正透镜、负透镜；测量设备简单，操作方便，准确度较高，测量对象范围大，是最常用的测量方法。附加接筒法：测量的适合对象为显微镜；测量准确度与放大率法差不多，适用于短焦距镜的测量。精密测角法：测量的适合对象为平行光管物镜；测量准确度高，用于平行光管物镜焦距的标定。特长焦距法：测量的适合对象为焦距为几米到几百米的物镜；测量准确度不高，设备简单。附加透镜法：测量的适合对象为负透镜；测量准确度与放大率法相当。节点法：测量的适合对象为较长焦距的照相机物镜；测量准确度与放大率法相当，需要专用光学平台。远距离物体成像法：测量的适合对象为长焦距物镜；测量准确度不高，不需要专用测量设备。

13.5.6.4　顶焦距测量 measurement of vertex focal length

　　〈焦距和顶焦距测量〉应用焦距放大法测量的测试布置，用可轴向移动位置读数的显微镜，移动显微镜找到被测物镜对平行光管分划板所成的清晰成像面并记录位置，移动显微镜找到被测物镜顶面并记录位置，计算出两个位置间的距离的测量方法。被测透镜的顶面，可通过显微镜看清镜顶表面的灰尘来确定。

13.5.7　平面零件焦距测量 focal length measurement of plane parts

　　对平面光学零件测量其不期望存在的长焦距数值的测量方法，也称为平面零件最小焦距测量 (minimum focal length measurement of plane parts)。满意的平面零件加工完成后的焦距应该是无限大的或者绝对平面的，但由于加工的误差会使平面加工成有一定的曲率，由此形成一定的光焦度或存在焦距。平面零件焦距测量的方法主要有望远镜视度法、望远镜自准直法、干涉仪法等。

13.5.7.1　望远镜视度法 telescope diopter method

〈平面零件焦距测量〉由具有目标分划板的平行光管和具有视度测量功能的望远镜构成测量装置，用望远镜观察平行光管的目标分划板，调节望远镜视度直到看清平行光管的目标分划板，将被测平面零件放到平行光管和望远镜之间，调节望远镜视度直到看清平行光管的目标分划板，记录望远镜两次视度调节间的距离，按公式 (13-67) 计算获得平面零件焦距的测量方法，测量原理见图 13-44 所示。图中，目镜部分的虚线图形是目镜与其分划板作为一个整体移动了距离 x' 后的位置。

$$f' = -\frac{f_{\mathrm{T}}'^2}{x'} + d - f_{\mathrm{T}}' \tag{13-67}$$

式中：f' 为被测平面光学零件的焦距；f_{T}' 为望远镜物镜的焦距；x' 为望远镜分划移动的距离 (视度调节的距离)；d 为被测平面零件距望远镜物镜的距离。由于被测平面镜的焦距远远大于 f_{T}' 和 d，可以用公式 (13-67) 的近似公式 (13-68) 计算被测平面的距离。

$$f' = -\frac{f_{\mathrm{T}}'^2}{x'} \tag{13-68}$$

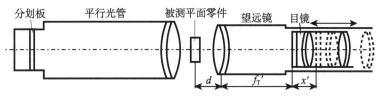

图 13-44　望远镜视度法测量原理图

13.5.7.2　望远镜自准直法 telescope self-collimation method

〈平面零件焦距测量〉由具有自准直功能的望远镜和一块高精度标准平面反射镜构成测量装置，用自准直望远镜对准平面反射镜，调节自准直望远镜视度直到看清自准直分划板的像，将被测平面零件放到平面反射镜和自准直望远镜之间，调节自准直望远镜视度直到看清自准直分划板的像，记录自准直望远镜两次视度调节间的距离，按公式 (13-67) 或公式 (13-68) 计算获得平面零件焦距的测量方法，测量原理见图 13-45 所示。图中，自准直目镜部分的虚线图形是自准直目镜与其分划板作为一个整体移动了距离 x' 后的位置。

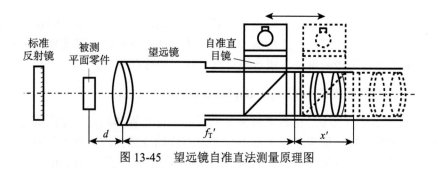

图 13-45　望远镜自准直法测量原理图

13.5.7.3　干涉仪法 interferometer method

〈平面零件焦距测量〉采用菲佐干涉仪、泰曼–格林干涉仪或马赫–曾德尔干涉仪中的一种干涉仪作为测量仪器 (干涉仪的基准反射镜采用平面反射镜，不采用球面镜)，在未放入被测平面镜前，将干涉仪调到无条纹的均匀亮场，然后将被测平面镜放入干涉仪的测试光路中，计数干涉仪视场中圆环的圈数或弯曲条纹的弯曲度 (即弯曲尺寸占条纹一个周期的份额，如 1/4 或 1/2 等)，按公式 (13-69) 计算获得平面零件焦距的测量方法。

$$f' = -\frac{D^2}{4N\lambda} \tag{13-69}$$

式中：f' 为被测平面光学零件的焦距；D 为被测平面光学零件有效孔径的直径；N 为被测平面光学零件有效孔径中的圆环干涉条纹数或弯曲干涉条纹的弯曲度 (条纹弯曲度用于度量不足一个圈条纹的情况)；λ 为干涉仪的光源波长。测量时，如果视场为无条纹的均匀视场或直线条纹，说明被测平面镜无焦距，只有出现同心圆条纹或弯曲条纹时，被测试平面镜才有焦距存在。

13.5.8　焦面位置确定 determination of focal plane position

应用成像清晰等原理，通过目视或光电探测器对需确定焦面位置的物镜进行焦面位置确定的方法。焦面位置确定的方法主要有清晰度法、消视差法、双光楔定焦法、双星点定焦法、离焦分划板自准直目镜定焦法和光电定焦法等。

13.5.8.1　清晰度法 definition method

〈焦面位置确定〉用需定焦面的物镜对平行光管焦面上的分划板成像，用带分划板图案的目镜 (其分划板位置可传递到导轨尺上) 去观察需定焦面的物镜所成的分划板像，先调焦目镜看清目镜自身的分划板图案，再轴向移动目镜直到同时清晰看到平行光管分划板和目镜分划板上的图案为止，以此时目镜分划板的位置作为需定焦面的物镜的焦面位置的方法。清晰度法的定焦误差 $\Delta x'$ 按公式 (13-70) 计算：

$$\Delta x' = \frac{0.29f'}{1000\Gamma} \times \frac{f'}{D} + \frac{4\lambda}{3} \times \left(\frac{f'}{D}\right)^2 \tag{13-70}$$

式中：$\Delta x'$ 为定焦误差，mm；f' 为需定焦面的物镜的焦距，mm；D 为需定焦面的物镜的通光直径，mm；Γ 为需定焦面的物镜和测试目镜组成的望远系统的视角放大率；λ 为测试光波的波长，mm。

13.5.8.2　消视差法 parallax elimination method

〈焦面位置确定〉用需定焦面的物镜对平行光管焦面上的分划板成像，用带分划板图案的目镜 (其分划板位置可传递到导轨尺上) 去观察需定焦面的物镜所成的分划板像，先调焦目镜看清目镜自身的分划板图案，人眼在目镜的出射光瞳面左右摆动，观察平行光管的分划板和目镜分划板上的图案相对移动的状况，轴向移动目镜直到平行光管分划板和目镜分划板上的图案两者无相对移动为止，以此时目镜分划板的位置作为需定焦面的物镜的焦面位置的方法。消视差法的定焦误差 $\Delta x'$ 按公式 (13-71) 计算：

$$\Delta x' = \frac{0.29\delta f'^2}{1000\Gamma\left(D - \dfrac{\Gamma\phi_e}{2}\right)} \tag{13-71}$$

式中：ϕ_e 为人眼瞳孔直径，mm；δ 为人眼对准误差，(') (分)。

13.5.8.3　双光楔定焦法 double optical wedge focusing method

〈焦面位置确定〉将两块完全一样的光楔以相反方向胶合在一起，作为焦平面定位器，两块光楔的等厚线位置为 PP，胶合光楔去接触需定焦面物镜对平行光管分划板所成的垂直线像为 AB，用人眼观察通过胶合光楔后的分划板像，当像 AB 在 PP 前，看到像 AB 由中间断开分离，见图 13-46(a) 所示，当像 AB 在 PP 后，看到像 AB 由中间断开分离，见图 13-46(b) 所示，轴向移动胶合光楔，使看到像 AB 为不分离垂直线，此时像 AB 与 PP 重合，见图 13-46(c) 所示，以此位置作为需定焦面的物镜的焦面位置的方法。由于人眼的线对准灵敏度比较高，因此，双光楔定焦法是精度比较高的定焦方法。

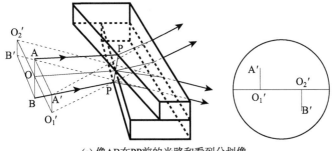

(a) 像AB在PP前的光路和看到分划像

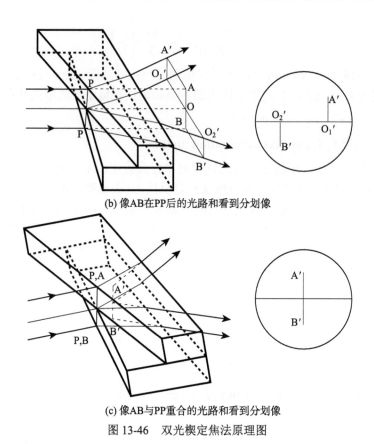

(b) 像AB在PP后的光路和看到分划像

(c) 像AB与PP重合的光路和看到分划像

图 13-46　双光楔定焦法原理图

13.5.8.4　双星点定焦法 double star point focusing method

〈焦面位置确定〉在平行光管焦平面的前和后，以相等距离分别各设置一个同样孔尺寸的星点，星点孔分别在相对光轴分开相等距离的分划板上，人眼通过具有自身分划板的目镜 (其分划板位置可传递到导轨尺上) 观察需定焦物镜所成的星点孔像，轴向移动目镜，比较目镜分划板上两个分离开的星点孔像的中心光能量，当在目镜分划板上看到两个星点孔像的中心能量完全相等时，以此位置作为需定焦面的物镜的焦面位置的方法，定焦原理见图 13-47 所示。由于人眼对同一视场

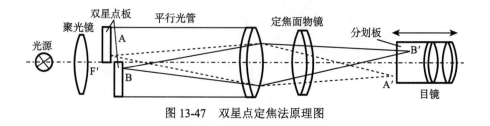

图 13-47　双星点定焦法原理图

内两个像点光亮度差别的判断灵敏度比较高，因此，双星点定焦法是精度比较高的定焦方法，但星点孔分划板的制作和对分划均匀照明的难度比较大。

13.5.8.5　离焦分划板自准直目镜定焦法 focusing method of defocus reticle self-collimating eyepiece

〈焦面位置确定〉在需定焦面的物镜前面放置一块平面反射镜，采用带有两块辅助离焦分划板的自准直目镜 (其分划板位置可传递到导轨尺上) 观察经需定焦面的物镜自准直返回的两个离焦分划板的像，需定焦面的物镜的焦面未在目镜分划板上时，看到的两个离焦分划板的自准直像为一个清楚而另一个模糊，轴向移动自准直目镜，直到两块辅助离焦分划板的自准直像同样清楚时，以此位置作为需定焦面的物镜的焦面位置的方法，定焦原理见图 13-48 所示。自准直目镜中的两块辅助离焦分划板将其光路折叠到目镜光轴上时，相当于等距离地分置于目镜相邻分划板的两边，两个分划板的图案也相对于光轴等距离分开。由于人眼对同一视场内两个像的清楚差别判断的灵敏度比较高，因此，离焦分划板自准直目镜定焦法是精度比较高的定焦方法，但相同分划板的制作和对分划均匀照明的难度比较大。

图 13-48　离焦分划板自准直目镜定焦法原理图

13.5.8.6　光电定焦法 photoelectric focusing method

〈焦面位置确定〉在平行光管的焦面上设置一块透光和不透光等间隔的扇形目标分划板，在需定焦面的物镜后焦面上放置一块透光和不透光顺序相反形状一样的对比分划板，在对比分划板后设置光电池接收器，当对比分划板未与目标分划板像重合时，光电池有接收光能量的电流读数，轴向移动对比分划板使目标分划板的图案像与对比分划板的图案重合，此时两图案的暗区与亮区重合，光电池无电流读数 (电流读数为零)，以此位置作为需定焦面的物镜的焦面位置的方法，定焦原理见图 13-49(a) 所示。目标分划板、对比分划板的图案，对比分划板轴向移动时光电池接收光能量的变化曲线分别见图 13-49(b) 所示。

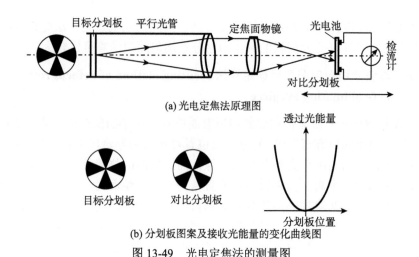

(a) 光电定焦法原理图

目标分划板　　　对比分划板

(b) 分划板图案及接收光能量的变化曲线图

图 13-49　光电定焦法的测量图

13.5.9　主点位置的确定 determination of main point position

　　将需确定主点的物镜夹持在平行光管导轨上的具有回转轴和轴向移动导轨的夹持器上，使需确定主点的物镜对平行光管分划板图案成像，轴向移动显微镜看清需确定主点的物镜焦平面上的像，转动夹持器，在显微镜中观察分划板图案像是否随着转动，如果像随着转动，在夹持器上沿减小转动量的轴向方向移动夹持物镜的导轨，直到夹持器转动时分划板图案像不随着转动为止，以此时回转轴位置作为需确定主点的物镜的像方主点位置的方法，主点位置确定原理见图 13-50 所示。在图 13-50 中：图 (a) 为物镜主点与回转轴有一段距离时的转动，分划板图案像随着回转轴的转动而转动；图 (b) 为物镜主点与回转轴重合时的转动，分划板图案像不随回转轴的转动而转动。该位置确定的方法实际上是在确定像方节点的位置，由于物镜在空气中，所以像方向节点与主点重合，当需要确定物镜的物方主点时，只要将物镜前后调转 180° 按以上方法测量即可。为了避免物镜像差对测量的影响，物镜转动的角度不宜太大，转动角度最好在 10°～15° 之间。

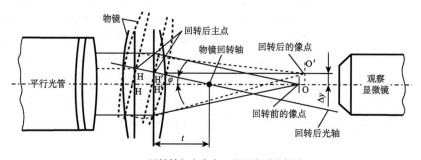

(a) 回转轴与主点有一段距离时的转动

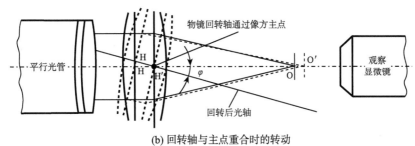

(b) 回转轴与主点重合时的转动

图 13-50　主点位置确定的原理图

13.5.10　棱镜测量 prism measurement

应用测角原理和自准直原理对棱镜的几何形状和误差进行的测量方法。棱镜测量的参数和方法有棱镜角度测量、棱镜光学平行度测量、平板平行度和楔角测量以及屋脊棱镜双像差测量等。

13.5.10.1　棱镜角度测量 prism angle measurement

用测角仪的准直望远镜对准棱镜被测角的一个表面直到照准 (准直望远镜的自准直像对中)，记录该位置的度盘角度值，转动准直望远镜去对准被测角的另一个表面直到照准，记录该位置的度盘角度值，用 180° 减度盘两个位置形成的角度值得到被测棱镜角度的测量方法，测量原理见图 13-51 所示。测角仪测量棱镜的角度按公式 (13-72) 计算：

$$\angle A = 180° - \varphi \tag{13-72}$$

式中：$\angle A$ 为棱镜的被测角度；φ 为测角仪测量的度盘角度值。测角仪的度盘测量角与棱镜的角度为补角关系。

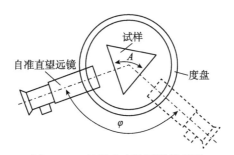

图 13-51　棱镜角度的测量原理图

13.5.10.2　棱镜光学平行度测量 prism optical parallelism measurement

使自准直望远镜射出的光垂直照射主截面水平放置的被测棱镜试样工作入射面，用自准直望远镜的分划标尺测量入射表面返回像与入射后经棱镜内部多次反射再折射出来像点之间对应的水平角度值和垂直角度值，用公式计算获得棱镜第一光学平行度和第二光学平行度的测量方法，也称为自准直法棱镜平行度测量方法。棱镜自准直法光学平行度测量用以下等腰直角棱镜直角面入射测量方法、等腰直角棱镜斜面入射测量方法和等腰屋脊棱镜测量方法作为典型测量方法，其他棱镜的第一光学平行度和第二光学平行度的测量原理与其是类似的。棱镜测量时，采用哪个面入射进行测量取决于棱镜的使用方式，例如，直角面入射使用的棱镜采用直角面入射测量方法，斜面入射使用的棱镜采用斜面入射测量方法。以下三个方法的计算公式未考虑自准直望远镜分划板读数减半的因素，如果自准直望远镜分划板读数角度为减半时，将以下三个测量方法公式中的自准直望远镜视场分划板的读数角度值乘以 2 即可。

1) 等腰直角棱镜直角面入射测量方法

使自准直望远镜射出的光垂直照射主截面水平放置的被测棱镜试样直角工作入射面，用自准直望远镜的分划标尺测量入射表面返回像与入射后经棱镜内部三次反射再折射出来像点之间对应的水平角度值和垂直角度值，用公式 (13-73) 计算水平角度值获得棱镜第一光学平行度，用公式 (13-74) 计算垂直角度值获得棱镜第二光学平行度，测量原理见图 13-52 所示。

$$\theta_{\mathrm{I}} = \frac{1}{2}\arcsin\left(\frac{\sin\Phi_{\mathrm{I}}}{n}\right) \approx \frac{\Phi_{\mathrm{I}}}{2n} \tag{13-73}$$

$$\theta_{\mathrm{II}} = \frac{1}{2}\arcsin\left(\frac{\sin\Phi_{\mathrm{II}}}{n}\right) \approx \frac{\Phi_{\mathrm{II}}}{2n} \tag{13-74}$$

式中：θ_{I} 为被测棱镜的第一光学平行度；Φ_{I} 为入射棱镜的直角面返回像与进入棱镜后反射折射出射的返回像间的水平方向的角度；n 为棱镜材料的折射率；θ_{II} 为被测棱镜的第二光学平行度；Φ_{II} 为入射棱镜的直角面返回像与进入棱镜后反射折射出射的返回像间的垂直方向的角度。公式 (13-73) 和公式 (13-74) 的近似等式部分是在 Φ_{I} 角和 Φ_{II} 角都很小的时候成立。将直角棱镜主截面直角的角偏差 $\delta_{90°}$ 或两个 45° 的角偏差 $\delta_{45°}$(或斜面偏差) 或两类偏差角混合的角偏差统称为角偏差 α。仅存在直角偏差 $\delta_{90°}$ 时，第一光学平行度与棱镜主截面角偏差 α 的关系按公式 (13-75) 计算，仅存在斜面偏差 $\delta_{45°}$ 时，第一光学平行度与棱镜主截面角偏差 α 的关系按公式 (13-76) 计算。如果直角棱镜的角偏差既有主截面直角的偏差 $\delta_{90°}$ 和斜面偏差 $\delta_{45°}$ 时，第一光学平行度是两种角偏差按公式 (13-75) 和公式 (13-76) 关系合成的共同贡献结果。第二光学平行度与棱差 γ_{A} 为等价关系，即 $\theta_{\mathrm{II}} = \gamma_{\mathrm{A}}$。

$$\theta_{\mathrm{I}} = \delta_{90°} = \alpha \tag{13-75}$$

$$\theta_{\mathrm{I}} = 2\delta_{45°} = 2\alpha \tag{13-76}$$

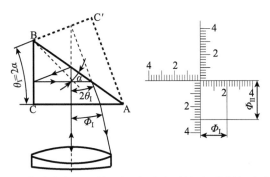

图 13-52　棱镜直角面入射测量原理图及其视场分划与准直像图

2) 等腰直角棱镜斜面入射测量方法

使自准直望远镜射出的光垂直照射主截面水平放置的被测棱镜试样斜面工作入射面，用自准直望远镜的分划标尺测量入射表面返回像与入射后经棱镜内部二次或五次反射再折射出来像点之间对应的水平角度值和垂直角度值，用公式 (13-77) 计算水平角度值获得棱镜第一光学平行度，用公式 (13-78) 计算垂直角度值获得棱镜第二光学平行度，测量原理见图 13-53 所示。

$$\theta_{\mathrm{I}} = \frac{1}{4}\arcsin\left(\frac{\sin\varPhi_{\mathrm{I}}}{n}\right) \approx \frac{\varPhi_{\mathrm{I}}}{4n} \tag{13-77}$$

$$\theta_{\mathrm{II}} = \frac{1}{2}\arcsin\left(\frac{\sin\varPhi_{\mathrm{II}}}{n}\right) \approx \frac{\varPhi_{\mathrm{II}}}{2n} \tag{13-78}$$

式中：θ_{I} 为被测棱镜斜面入射的第一光学平行度；$\varPhi_{\mathrm{I}}$ 为斜面入射的入射棱镜的直角面返回像与进入棱镜后二次反射折射出射的返回像间的水平方向的角度；n 为棱镜材料的折射率；θ_{II} 为被测棱镜斜面入射的第二光学平行度；$\varPhi_{\mathrm{II}}$ 为斜面入射的入射棱镜的直角面返回像与进入棱镜后二次反射折射出射的返回像间的垂直方向的角度。公式 (13-77) 和公式 (13-78) 的近似等式部分是在 $\varPhi_{\mathrm{I}}$ 角和 $\varPhi_{\mathrm{II}}$ 角都很小的时候成立。仅存在直角偏差 $\delta_{90°}$ 时，第一光学平行度与棱镜主截面角偏差 α 的关系按公式 (13-79) 计算，仅存在斜面偏差 $\delta_{45°}$ 时，第一光学平行度与棱镜主截面角偏差 α 的关系按公式 (13-80) 计算。如果直角棱镜的角偏差既有主截面直角的偏差 $\delta_{90°}$ 和斜面偏差 $\delta_{45°}$ 时，第一光学平行度是两种角偏差按公式 (13-79) 和公式 (13-80) 关系合成的共同贡献结果。第二光学平行度与棱差 γ_{A} 为等价关系，即 $\theta_{\mathrm{II}} = \gamma_{\mathrm{A}}$。

$$\theta_{\mathrm{I}} = 2\delta_{90°} = 2\alpha \tag{13-79}$$

$$\theta_{\mathrm{I}} = \delta_{45°} = \alpha \tag{13-80}$$

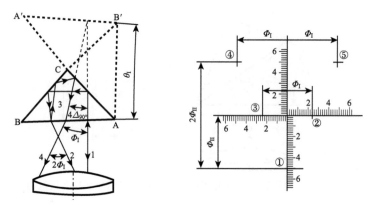

图 13-53　棱镜斜面入射测量原理图及其视场分划与准直像图

在图 13-53 中，光束从直角棱镜 AB 斜面 (弦面) 入射时，从自准直望远镜中可看到五个像点：像①是 AB 面的自准直像，即 AB 面反射的像；像②是由自准直望远镜右半部分发出入射 AB 面后，经 AC 面和 CB 面反射，再经 AB 面折射出来的像；像③是由自准直望远镜左半部分发出入射 AB 面后，经 CB 面和 AC 面反射，再经 AB 面折射出来的像；像④是由自准直望远镜右半部分发出入射 AB 面后，经 AC 面和 CB 面反射，AB 面反射，CB 面和 AC 面反射，再经 AB 面折射出来的像；像⑤是由自准直望远镜左半部分发出入射 AB 面后，经 CB 面和 AC 面反射，AB 面反射，AC 面和 CB 面反射，再经 AB 面折射出来的像。像②和像③不会随棱镜的摆动而动 (两个像固定不动)，像①、像④和像⑤会随棱镜的摆动而动，可以通过对中像①将像④和像⑤调入视场中部。像④和像⑤经过 5 次反射，由于 AB 面的反射率低，所以这两个像最暗。第一光学平行度的测量可测量像②与像③间的水平距离，或像①与像④或与像⑤间的水平距离按公式 (13-79) 计算后获得；第二光学平行度测量可测量像①与像③或与像④间的垂直距离，或像③与像④或像②与像⑤间的垂直距离按公式 (13-80) 计算后获得。对于直角角偏差 δ_{90} 正负可有两种判断方法：将自准直望远镜向正视度调节 (反时针旋转目镜)，若看到像④与像⑤(或像②与像③) 彼此靠近，则直角大于 90°，若双像离开，则小于 90°；用纸板在望远镜和被测棱镜之间从右往左移入光路中，若发现双像的右边一个像先消失，则直角大于90°，若左边一个像先消失，则小于 90°。

3) 等腰屋脊棱镜测量方法

使自准直望远镜射出的光垂直照射主截面水平放置的被测等腰屋脊棱镜试样一个腰面的工作入射面，用自准直望远镜的分划标尺测量入射表面返回像与入射后经棱镜内部反射再折射出来像点之间对应的水平角度值和垂直角度值，若仅存在角度偏差时棱差视场为两个像，若同时还有屋脊角偏差时视场为三个像，用公式 (13-81) 计算像①与像②(或像①与像③) 间的水平角度值获得棱镜第一光学平行度，用公式 (13-82) 计算像①与像②和像③的中值间的垂直角度值获得棱镜第二光学平行度，用公式 (13-83) 计算像②与像③间的垂直角度值获得等腰棱镜屋脊直角的偏差 (屋脊棱双像差)，测量原理见图 13-54 所示。

$$\theta_{\mathrm{I}} = \frac{1}{2}\arcsin\left(\frac{\sin\varPhi_{\mathrm{I}}}{n}\right) \approx \frac{\varPhi_{\mathrm{I}}}{2n} \tag{13-81}$$

$$\theta_{\mathrm{II}} = \frac{1}{2}\arcsin\left(\frac{\sin\varPhi_{\mathrm{II}}}{n}\right) \approx \frac{\varPhi_{\mathrm{II}}}{2n} \tag{13-82}$$

$$S = 8n\delta_{90°} \cdot \cos\beta \tag{13-83}$$

式中：θ_{I} 为被测棱镜的第一光学平行度；$\varPhi_{\mathrm{I}}$ 为入射棱镜的直角面返回像①与像②(或像①与像③) 间的水平角度值；n 为棱镜材料的折射率；θ_{II} 为被测棱镜的第二光学平行度；$\varPhi_{\mathrm{II}}$ 为入射棱镜的直角面返回像①与像②和像③的中值间的垂直角度值；S 为视场中直角屋脊棱角偏差对应的像②与像③间的垂直角度值；$\delta_{90°}$ 为直角屋脊棱角偏差。

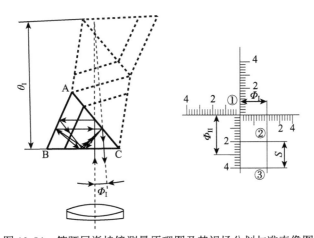

图 13-54 等腰屋脊棱镜测量原理图及其视场分划与准直像图

13.5.10.3 平板平行度和楔角测量 plate parallelism and wedge angle measurement

自准直望远镜射出的光照射被测试样 (平行平板或楔角平板) 工作表面，使试样第一表面和第二表面反射回来的像进入自准直望远镜的视场中部，旋转试样使试样两个表面所反射回像点的连线与测量分划板的平行，用分划板标尺测量两个像点对应的角度值，用公式计算获得平板楔角的测量方法，也称为自准直法平板平行度和楔角测量方法，测量原理见图 13-55 所示。

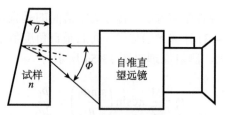

图 13-55　平板平行度和楔角测量原理图

自准直法平行度和楔角测量方法测量的角度按公式 (13-84) 计算:

$$\theta = \frac{1}{2}\arcsin\left(\frac{\sin\Phi}{n}\right) \tag{13-84}$$

式中: θ 为平行平板或楔角平板的两个平面的夹角 (被测角度); Φ 为平行平板或楔角平板两个表面返回光线的夹角或自准直像间隔值相应的角度; n 为平行平板或楔角平板材料的折射率。

13.5.10.4　屋脊棱镜双像差测量 measurement of roof prism double image error

将被测屋脊棱镜置于平行光管物镜前的承座上, 使棱镜入射面对向平行光管物镜, 用大倍率前置镜对着棱镜的出射面观察平行光管分划板分划线形成的双像所错开的距离, 读出分划对应双像差的角度值 S 的测量方法。如果要精确测量屋脊棱镜的双像差, 需要使用长焦距平行光管, 测量分划板的分划可细分角度值。屋脊棱镜双像差还可以用自准法或平面干涉仪的干涉法进行测量。

13.5.11　透射和反射测量 transmittance and reflectance measurement

应用入射光能量与反射能量和透射能量的比较关系测量光学试样透射比和反射比的测量方法。透射和反射测量主要有积分透射比测量、光谱透射比测量、低反射比测量和高反射比测量等方法。

13.5.11.1　积分透射比测量 integral transmittance measurement

用配置出射光阑 (光阑孔径应调到小于试样的孔径) 的白光平行光源系统照射被测试样 (光学系统或光学零部件), 用积分球接收器接收通过被测试样后的光束并测量光通量数值, 移出被测试样, 测量没有被测试样时的空测光通量数值, 按公式 (13-85) 计算, 得出被测试样积分透射比的测量方法。

$$\tau = \frac{\phi'}{\phi} \times 100\% = \frac{\int_{\lambda_1}^{\lambda_2} S(\lambda)V(\lambda)\tau(\lambda)\mathrm{d}\lambda}{\int_{\lambda_1}^{\lambda_2} S(\lambda)V(\lambda)\mathrm{d}\lambda} \times 100\% \tag{13-85}$$

式中：τ 为被测试样的积分透射比，%；ϕ' 为白光通过被测试样出射的总光通量；ϕ 为白光入射无被测试样的总光通量或空测的总光通量；$S(\lambda)$ 为规定色温下白光的相对光谱功率分布；$V(\lambda)$ 为人眼的光谱光视效率；$\tau(\lambda)$ 为被测试样对波长 λ 的光谱的透射比；λ_1、λ_2 为透射比指定的光谱波长范围。积分透射比测量原理见图 13-56 所示。

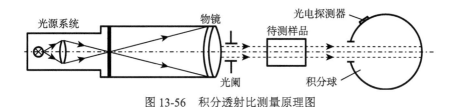

图 13-56 积分透射比测量原理图

13.5.11.2 光谱透射比测量 spectral transmittance measurement

用分色棱镜对全谱白光光源进行光谱分色，用光电探测器接收某一波长的光谱空测的光通量，再接收放入试样后通过试样该波长光谱的光通量，以试样光通量除以空测光通量求得某波长光谱的透射比，以同样的方法测出指定光谱范围各波长的试样光谱透射比，以波长范围为横坐标而透射比为纵坐标，绘出试样各波长相应的透射比的测量方法。各波长光谱的透射比按公式 (13-86) 计算：

$$\tau(\lambda) = \frac{\Phi'(\lambda)}{\Phi(\lambda)} \times 100\% \tag{13-86}$$

式中：$\tau(\lambda)$ 为被测试样对波长 λ 的光谱的透射比，%；$\Phi'(\lambda)$ 为波长 λ 的光谱通过被测试样出射的光通量；$\Phi(\lambda)$ 为波长 λ 的光谱入射无被测试样的光通量或空测的总光通量。以上方法是光谱透射比的测量原理，实际的光谱测量现在基本上是用以上原理设计制造的自动分光光度计进行测量，测量结果可直接绘制出指定波长范围的透射比曲线。

13.5.11.3 低反射比测量 low reflectance measurement

将光源发出的光经过滤光、会聚后射到被测试样测试表面，经被测试样反射后会聚进入光电探测器，获得试样表面的反射光能量，在试样位置将试样换成已知反射率的标准样品，测试出标准样品表面的反射光能量，应用公式计算获得试样反射率的测量方法，测量原理见图 13-57 所示。该测量方法为比较法的反射率测量法，会聚到反射表面的光斑直径应不能太大 (通常光斑直径小于 2mm)，可以用白光测量白光的反射率，也可用单色光测量各单色光谱或一个光谱区的反射率。

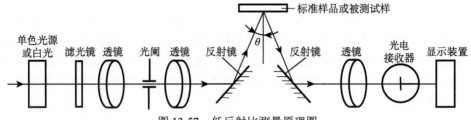

图 13-57　低反射比测量原理图

　　白光的低反射比测量的结果按公式 (13-87) 计算，单色或光谱的低反射比测量的结果按公式 (13-88) 计算：

$$R_S = R_B \frac{E_S}{E_B} \tag{13-87}$$

$$R_S(\lambda) = R_B(\lambda) \frac{E_S(\lambda)}{E_B(\lambda)} \tag{13-88}$$

式中：R_S 为被测试样的白光反射率；R_B 为标准样品的白光反射率；E_S 为光电探测器接收被测试样反射白光的光能量；E_B 为光电探测器接收标准样品反射白光的光能量；$R_S(\lambda)$ 为被测试样对波长 λ 光的反射率；$R_B(\lambda)$ 为标准样品对波长 λ 光的反射率；$E_S(\lambda)$ 为光电探测器接收被测试样反射波长 λ 光的光能量；$E_B(\lambda)$ 为光电探测器接收标准样品反射波长 λ 光的光能量。

13.5.11.4　高反射比测量–腔衰荡法 high reflectance measurement-cavity ring-down method

　　采用调制的方波连续激光，使其进入测试的高反射腔内，经多次反射后输出，将输出的同频率调制方波周期信号与入射方波信号进行振幅及相位的对比，获得反射腔反射率的测量方法。腔衰荡法主要用于激光谐振腔的镀膜的高反射比测量，测量原理关系见图 13-58 所示。

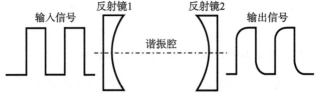

图 13-58　腔衰荡法反射率测量原理图

13.5.11.5　高反射比测量–差动平衡法 high reflectance measurement-differential motion balancing method

　　将激光光源经发散、滤光、会聚后射到反射和透射光束能量校准为精准相等的分束镜上，用光电池 1 直接接收反射光束，透射光束射到标准反射镜或测试试样上，标准反射镜或测试试样将光束反射到光电池 2，两个光电池按差动平衡电桥原理连接，用检流计检测的电流数值，经仪器软件计算获得反射率的测量方法。差动平衡法的测量原理见图 13-59 的 (a) 和 (b) 所示，图 13-59(a) 为反射率测量的光路原理图，图 13-59(b) 为差动平衡的光电器件连接及差动平衡电桥原理图，可调电阻箱 R_1 和 R_2 构成 "差动" 平衡式电桥电路。测量用的激光器可采用氦氖激光器。

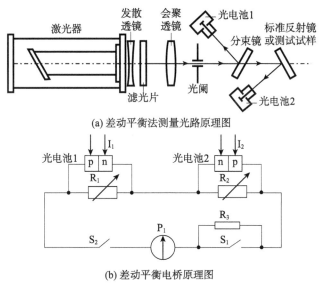

(a) 差动平衡法测量光路原理图

(b) 差动平衡电桥原理图

图 13-59　高反射比差动平衡法测量原理图

13.5.12　透镜中心偏差测量 lens centering error measurement

应用机械同轴结构夹具对放入其中的标准透镜进行中心校准，用被测透镜替换标准透镜，观察被测透镜反射光线或透射光线对光轴的偏离来判断透镜中心偏的测量方法。透镜中心偏差测量的方法主要有自准直中心偏差法和焦点位移法等。

13.5.12.1　自准直中心偏差法 method of auto-collimation centering error

〈透镜中心偏差测量〉将标准透镜放入透镜几何中心轴定心夹具，用自准直显微镜 (测量小曲率半径试样) 或自准直望远镜 (测量大曲率半径试样) 对标准透镜校准，使自准直光学系统的自准直像调到视场分划板中心，然后取出标准透镜，将被测透镜放置于透镜几何中心轴定心夹具中，用自准直显微镜 (测量小曲率半径试样) 或自准直望远镜 (测量大曲率半径试样) 观察经被测透镜第一表面返回的自准直像，用分划板测量返回自准直像离分划板中心的距离获得透镜中心偏差的测量方法，测量光路原理见图 13-60 的 (a) 和 (b) 所示。当被测透镜在几何中心轴定心夹具中旋转时，具有中心偏差的透镜返回的自准直像将会绕视场分划板中心旋转。图 13-60(a) 和 (b) 分别为正透镜和负透镜的测量原理图。

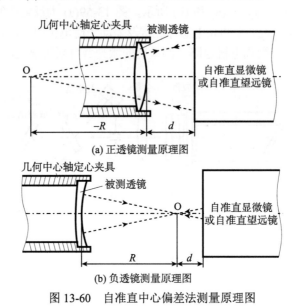

(a) 正透镜测量原理图

(b) 负透镜测量原理图

图 13-60　自准直中心偏差法测量原理图

13.5.12.2　焦点位移法 method of focal point displacement

〈透镜中心偏差测量〉将标准透镜放入透镜几何中心轴定心夹具，校准测量显微镜与透镜几何中心轴定心夹具的同轴性，然后取出标准透镜，将被测透镜放置于透镜几何中心轴定心夹具中，用与透镜几何中心轴定心夹具中心轴平行的准直平行光照射被测透镜，用测量显微镜测量被测透镜平行光束会聚焦点的相对几何中心轴的偏移量得到透镜光学中心偏的测量方法，测量光路原理见图 13-61 所示。

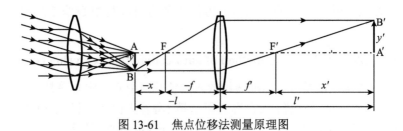

图 13-61　焦点位移法测量原理图

13.5.13　薄膜测量 film measurement

对光学薄膜的性能参数和质量特性应用相应的原理进行测量的方法。薄膜测量的参数及其测试方法主要有厚度和折射率测量、椭圆偏振法、干涉法、棱镜耦合法、附着力测试、拉力法、划痕法、超声波法、冲击波法、中度摩擦测试、重摩擦测试、超强摩擦测试、纳米压痕法、膜层质量检验和导电性测量等。

13.5.13.1 厚度和折射率测量 thickness and refractive index measurement

〈薄膜测量〉应用物理量测量方法，如椭圆偏振法、干涉法或棱镜耦合法等，测出薄膜厚度和折射率相关的参数，再应用相关公式计算出光学薄膜厚度和折射率的方法。

13.5.13.2 椭圆偏振法 elliptic polarization test

〈薄膜厚度和折射率测量〉将被测薄膜置于椭偏仪的测试工作台上，椭偏仪产生的椭圆偏振的一束光以已知的合适角度入射到样品表面，通过检查分析入射光和反射光偏振状态，以及起偏器和检偏器调整为特定状态的角度，作相关计算，获得薄膜厚度及其折射率的测量方法。另外，基于在 p 和 s 两相互正交偏振方向上复反射率幅值 r_p 和 r_s 的测量，算出反射比率 ρ、相位差 Δ、椭圆偏振角 ψ，通过数学参数间的相关关系算法可计算出镀膜折射率 n、消光系数 k、厚度 d 的测量方法。反射比率 ρ、相位差 Δ、椭圆偏振角 ψ 分别按公式 (13-89)、公式 (13-90)、公式 (13-91) 计算：

$$\rho = \frac{r_p}{r_s} = \frac{|r_p|\,e^{i\delta_p}}{|r_s|\,e^{i\delta_s}} = \tan\psi \cdot e^{i(\delta_p - \delta_s)} \tag{13-89}$$

$$\Delta = \delta_p - \delta_s \tag{13-90}$$

$$\psi = \arctan\left|\frac{r_p}{r_s}\right| \tag{13-91}$$

13.5.13.3 干涉法 interferometry test

〈薄膜厚度和折射率测量〉用相干光干涉形成等厚干涉条纹，从干涉条纹图案中测出条纹错位条纹数、条纹错位量、条纹间距，应用公式计算获得膜层厚度和折射率的方法。膜层厚度和折射率计算，对于不透明膜层按公式 (13-92) 计算，对于透明膜按公式 (13-93) 计算：

$$d = \left(N + \frac{a}{b}\right)\frac{\lambda}{2} \tag{13-92}$$

$$d = \left(N + \frac{a}{b}\right)\frac{\lambda}{2(n-1)} \tag{13-93}$$

式中：d 为膜层厚度；n 为折射率；N 为条纹错位条纹数；a 为条纹错位量；b 为条纹间距；λ 为干涉光源的波长。干涉图案的计算参数 N、a 和 b 可通过测微目镜或 CCD 图像处理系统测得。

13.5.13.4　棱镜耦合法 prism coupling test

〈薄膜厚度和折射率测量〉薄膜样品表面放置一块等腰直角棱镜作为耦合棱镜，将入射光导入被测薄膜，检测分析不同入射角的反射光，确定波导膜耦合角，从而求得薄膜厚度和折射率的测量方法，也称为准波导法。

13.5.13.5　附着力测试 adhesion text

〈薄膜测量〉通过采用相关的物理方法，如拉力法、划痕法、超声波法、冲击波法等方法，检验膜层对基底附着能力大小的检验方法。

13.5.13.6　拉力法 tensile test

〈薄膜附着力测试〉用 2cm 宽剥离强度不低于 2.74N/cm 的透明胶带纸牢牢地粘在膜层表面，然后以垂直于膜层表面方向的力迅速拉起，清洁表面检查是否有脱膜现象的薄膜附着力测试方法。该检验方法是膜层附着力满足要求的定性检验，不检验膜层的附着力大小。

对于膜层实际附着力检验，在一个有一定面积的圆柱棒的平端面涂上强力胶，紧密黏合在试样的膜面上，待胶固化后，将试样基片在底座上夹紧，用拉力机夹住圆柱棒，对拉力机设置稍小于膜层附着力的拉力 (根据经验预估)，开机拉圆柱棒，如膜层未拉脱，增加拉力，用与上个试样相同批的试样同样的方法用圆柱棒与其黏合进行拉试，直到膜层被拉脱为止，以刚好拉脱膜层的拉力除以圆柱面积得到膜层单位面积的附着力值。

13.5.13.7　划痕法 scratch test

〈薄膜附着力测试〉用尖端圆滑的钢针划过薄膜表面，逐渐增大钢针上的垂直载荷，直到薄膜黏附失效为止的薄膜附着力测试方法。当垂直载荷达到临界值时，薄膜在压痕顶端的剪切力 F 作用下从基片上剥离，此时薄膜单位面积的剪切力按公式 (13-94) 计算：

$$f = \frac{kAH}{\sqrt{R^2 - A^2}} \tag{13-94}$$

式中：k 为一个在 0.2~1.0 之间的比例常数；R 为钢针尖端半径；A 为钢针尖端与表面的接触半径，而 $A = \sqrt{F_c/\pi H}$；H 为衬底材料的硬度。F_c 为薄膜黏附失效时的最小载荷，称为临界载荷。

13.5.13.8　超声波法 ultrasonic test

〈薄膜附着力测试〉利用电磁式或压电式换能器，在薄膜中产生超声波振动，利用超声波作用使薄膜从基片上脱离的薄膜附着力测试方法。单位面积的附着力 f 按 (13-95) 计算：

$$f = \frac{F}{A} = Pda \tag{13-95}$$

式中：F 为膜层脱落的作用力；A 为膜层脱落的作用面积；P 为膜层的密度；d 为膜层的厚度；a 为加速度的临界振幅 (即薄膜从基片上脱离时超声波的振幅)。

13.5.13.9 冲击波法 shock-wave test

〈薄膜附着力测试〉对试样从基底端作用一个压力冲击波，冲击波在基片里沿着垂直薄膜表面的方向传播到薄膜的外表面，在薄膜的外表面处发生反射，反射波为张力波，从薄膜表面向基片传播，当反射的张力波的峰值大于薄膜附着力时，使薄膜发生脱落的薄膜附着力测试方法。产生冲击波的方式有多种，其中比较典型的是用激光层裂法或者脉冲激光法产生冲击波，测试原理见图 13-62 所示。

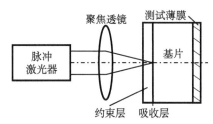

图 13-62 激光层裂冲击波法原理图

13.5.13.10 中度摩擦测试 moderate friction test

〈薄膜耐磨性测试〉将试样放入湿热箱内，温度升到 50℃±2℃，湿度为 95％～100％，保持 24 小时，在取出 1 小时内，用标准型手持式擦拭具的摩擦头，外裹叠层厚度为 6 层的清洁干燥脱脂布，保持与膜层表面垂直的压力 4.9N，对膜层进行摩擦，行程长度约为摩擦头直径的 2 倍，沿同一轨迹摩擦 50 次 (25 个来回)，检查膜层是否有擦痕等损伤的薄膜耐磨性测试方法。该检验方法是膜层抗中度摩擦能力满足要求的检验，不测量膜层抗中度摩擦能力大小。

13.5.13.11 重摩擦测试 heavy friction test

〈薄膜耐磨性测试〉用标准型手持式擦拭具的摩擦头，保持与膜层表面垂直的压力 9.8N，对膜层进行摩擦，行程长度约为摩擦头直径的 3 倍，沿同一轨迹摩擦 40 次 (20 个来回)，检查膜层是否有擦痕等损伤的薄膜耐磨性测试方法。该检验方法是膜层抗重摩擦能力满足要求的检验，不测量膜层抗重摩擦能力大小。

13.5.13.12 超强摩擦测试 super friction test

〈薄膜耐磨性测试〉用挡风屏刮水器，刮头对膜层压力为 0.196N，对浸入标准摩擦液的膜层刮 60000 次 (30000 个来回) 的摩擦，检查膜层是否有擦痕等损伤的薄膜耐磨性测试方法。该检验方法是膜层抗超强摩擦能力满足要求的检验，不测量膜层抗超强摩擦能力大小。

13.5.13.13 纳米压痕法 nano indentation method

〈薄膜耐磨性测试〉采用纳米压痕测量仪，借助于对纳米压头的加载和卸载过程中压痕对负荷和压入深度的关系测量薄膜的硬度和弹性模量等力学性能的薄膜耐磨性测试方法。

13.5.13.14 膜层质量检验 film quality inspection

用 60W~100W 的磨砂白炽灯或两根 15W 的冷白荧光灯照射光学零件膜层表面，眼睛到镀膜件的观察距离不超过 450mm，在黑色背景下借助反射光对膜面的光整、外观、环境和溶液污染、表面疵病以及蒸发点和针孔进行目视检查的检验方法。

膜面光整检验：应用以上检验条件观察镀膜件表面是否存在起皮、脱膜、裂纹和起泡等缺陷。

外观检验：应用以上检验条件观察镀膜件表面是否存在蚀点、污点、褪色、条纹和闷光等缺陷。

环境和溶液污染检验：应用以上检验条件观察镀膜件表面是否存在蚀点、污点、褪色、条纹和闷光等缺陷；当发现有污染时，应检查污染区域的光谱性能。

表面疵病检验：应用以上检验条件观察镀膜件表面是否存在擦痕和麻点等缺陷；有规定时，可使用 4 倍 ~10 倍的放大镜进行检验。

蒸发点和针孔检验：应用以上检验条件观察镀膜件表面是否存在蒸发点和针孔等缺陷；有规定时，可使用 4 倍 ~10 倍的放大镜进行检验。

13.5.13.15 导电性测量 electrical conductivity measurement

〈薄膜测量〉对于体电阻用欧姆表在镀制了导电膜的工件电极两端测量其电阻值的膜层导电性测量方法；对于方电阻用四探针测量仪在镀制了导电膜的工件的四个电极测量其电阻值的膜层导电性测量方法。

13.5.14 激光损伤阈值测量 laser damage threshold measurement

对激光光束进行衰减和扩束 (或扩束和衰减) 后，经高反低透分束镜将透射光射入光能量波动监测的光电接收器，反射光射入分束镜，分束镜将反射光反射进入光束诊断系统，透射光经全反射镜反射穿过高透低反分束镜照射在被测试样表面，高透低反分束镜又将照射试样的光反射到垂直入射试样光束方向上的观察显微镜中，通过诊断系统的衰减器调整，使照射到试样表面的光能与进入诊断系统的相同，用光束单次作用试样表面或重复作用试样表面，增加激光作用能量 (从低能量开始)，移动试样使光束作用到新表面位置，在显微镜中观察每次激光的作用，直到看到规定的损伤程度，以刚进入百分之百损伤的激光能量和光束主要参数作为试样激光损伤阈值的测量方法，测量原理见图 13-63 所示。

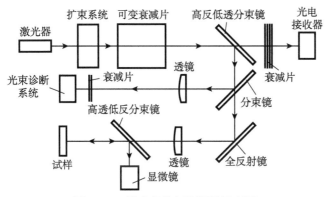

图 13-63 激光损伤阈值测量原理图

激光损伤阈值有两种阈值测量和评价模式：一种是 1 对 1(1 on 1) 的激光损伤阈值，即在试样的表面的一个位置只作用一次的阈值；另一种是多对 1(n on 1) 的损伤阈值，即在试样的表面的一个位置作用多次 (n 次) 的阈值。1 对 1(1 on 1) 的激光损伤阈值的测试，采用两维方向可移动的试样夹持台，在一个选定的激光能量在试样表面一个维度方向 (如水平方向) 进行多个位置的作用，对下一个激光能量向另一个维度 (如垂直方向) 移动，然后按上一个能量同样的方式进行试样表面多个位置的作用，直到刚出现每次作用百分之百损伤为止。多对 1(n on 1) 的激光损伤阈值的测量，采用两维方向可移动的试样夹持台，用一个选定的激光能量在试样表面一个维度方向 (如水平方向) 对多个位置的每一个位置进行规定次数的多次作用，对下一个激光能量向另一个维度 (如垂直方向) 移动，然后按上一个能量同样的方式对试样表面多个位置的每一个位置进行规定次数的多次作用，直到刚出现每次作用百分之百损伤为止。对于激光损伤的测量，应作出损伤统计概率曲线，以便合理和准确评价。激光损伤阈值除能量值外，还需要给出光束的主要参数，如激光波长、光斑形状及大小、脉冲持续时间等。

13.5.15 偏振比测量 polarization ratio measurement

采用激光光源，对激光光束进行扩束和衰减 (或衰减和扩束) 后，使其通过起偏器和 1/4 波片变成圆偏振光，使圆偏振光通过被测试样后，将通过试样的偏振光束由偏振分束棱镜分为偏振方向相垂直的两束线偏振光，分别由两个光电接收器接收，由两个光电接收器分别测得的光能量之比得出偏振比的测量方法，测量原理见图 13-64 所示。该方法为偏振光叠加的 "同时" 测量方法，即两支光路同时测量两个相互垂直的偏振态，当然也可以采用两支光电接收器分别测量的 "非同时" 测量方法。

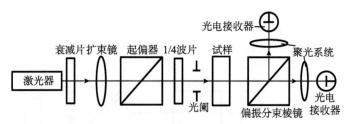

图 13-64 偏振比测量原理图

13.5.16 消光比测量 extinction ratio measurement

用功率稳定的线偏振光照射被测试样，在被测试样后设置光电接收器，接收通过试样的线偏振光能量，旋转被测试样的主偏振方向直到光电接收器接收到最大光能量，然后再次旋转被测试样的主偏振方向直到光电接收器接收到最小光能量，按公式 (13-96) 计算获得消光比的测量方法。

$$P_{er} = 10\log_{10}\frac{P_{\max}}{P_{\min}} \tag{13-96}$$

式中：P_{er} 为被测试样的消光比,dB；$P_{\max}$ 为通过被测试样后光电接收器接收到的最大光能量；$P_{\min}$ 为通过被测试样后光电接接收器接收到的最小光能量。光电接收器接收到最大光能量时，试样的偏振主方向与线偏振光源的偏振主方向一致；光电接收器接收到最小光能量时，试样的偏振主方向与线偏振光源的偏振主方向垂直。消光比是线偏振元件的主要性能，由于两个偏振方向通过光能的差别很大 (数量级的)，因此，消光比采用分贝作为单位。

13.5.17 散射损耗测量 scattering loss measurement

采用具有对试样或标准样品的透射光和反射光全部吸收功能 (光阱) 的积分球装置 (在积分球内的透射光和反射光的传播方向分别设置有光阱)，将试样置于积分球中部测量其经光源照射后的散射光能量，再将标准样品放在积分球中相同的位置，测量标准样品经光源照射后的散射光能量，用试样的散射光能量除以标准样品的散射光能量而获得试样散射损耗的测量方法。散射损耗测量的测量装置及测量原理见图 13-65 所示。

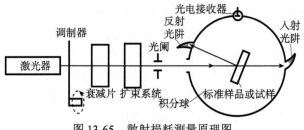

图 13-65 散射损耗测量原理图

13.6 光电器件测量

13.6.1 发光强度测量 luminous intensity measurement

〈光发射器件〉以坎德拉为单位对光电探测器 PD 进行校准，在光电探测器光阑 D_1 前端放置两级用于消除寄生辐射的光阑 D_2 和 D_3(不应限制立体角)，被测发光二极管 D 与探测器光阑之间的距离为 d，应能使在光阑处观察光源时的立体角 (A/d^2) 小于 0.01sr，通过转动被测发光二极管的照射角度，测量得出被测发光二极管的最大发光强度值和/或最小发光强度值和/或轴向强度值的测量方法，测量原理框图见图 13-66 所示。对于脉冲测试，电流发生器应给出规定要求的幅度、脉冲宽度和重复频率的电流脉冲。光电探测器的上升时间应远小于脉冲宽度，并且应为脉冲测试仪器。

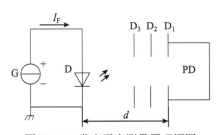

图 13-66 发光强度测量原理框图

13.6.2 辐射强度测量 radiant intensity measurement

〈光发射器件〉将被测红外发射二极管 D 定位，利用电流发生器 G 对被测红外发射二极管施加规定的电流，在辐射计 RM 前放置光阑 D_1(面积为 A)，以瓦每球面度 (W/sr) 为单位对辐射计进行校准，在辐射计光阑 D_1 前端放置两级用于消除寄生辐射的光阑 D_2 和 D_3(不应限制立体角)，被测红外发射二极管与辐射计光阑之间的距离为 d，应能使在光阑处观察光源时的立体角 (A/d^2) 小于 0.01sr，通过转动被测红外发射二极管的照射角度，测量得出被测红外发射二极管的最大辐射强度值和/或最小辐射强度值和/或轴向强度值的测量方法，测量原理框图见图 13-67 所示。对于脉冲测试，电流发生器应给出规定要求的幅度、脉冲宽度和重复频率的电流脉冲，光辐射计的上升时间应远小于脉冲宽度，并且应为脉冲测试仪器。

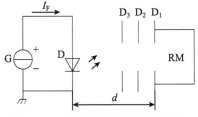

图 13-67 辐射强度测量原理框图

13.6.3　峰值发射波长测量 peak-emission wavelength measurement

用单色仪对光发射器件发出的辐射进行分色，分别测量出各波长辐射的功率，直到测到最大值，以此来确定光发射器件最大功率对应的波长的测量方法。光发射器件的峰值发射波长的测量主要有单峰值发射波长测量和多峰值发射波长测量等方法。

13.6.3.1　单峰峰值发射波长测量 peak-emission wavelength measurement for single peak

〈光发射器件〉将被测发光二极管 (或红外发射二极管或单模激光二极管)D 定位，利用电流发生器 G 对被测发光二极管 (或红外发射二极管或单模激光二极管)施加规定的电流，被测发光二极管 (或红外发射二极管或单模激光二极管) 输出的光辐射经过透镜 L 聚焦后，进入单色仪 M 产生单波长辐射，在辐射计光阑 D_1 前端放置两级用于消除寄生辐射的光阑 D_2 和 D_3，采用带有光阑 D_1 的辐射计 RM 进行测量，调整单色仪的波长，直到辐射计达到最大读数，记录相应的波长，获得发光二极管 (或红外发射二极管或单模激光二极管) 的峰值发射波长的测量方法，测量原理框图见图 13-68 所示。

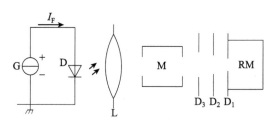

图 13-68　单峰峰值发射波长测量原理框图

13.6.3.2　多峰峰值发射波长测量 peak-emission wavelength measurement of multimode peaks

〈光发射器件〉将被测多模激光二极管 D 定位，利用电流发生器 G 对被测多模激光二极管施加规定的电流，被测多模激光二极管输出的光辐射经过透镜 L 聚焦后，进入单色仪 M 产生单波长辐射，在辐射计光阑 D_1 前端放置两级用于消除寄生辐射的光阑 D_2 和 D_3，采用带有光阑 D_1 的辐射计 RM 进行测量，调整单色仪的波长，使辐射计显示出各个峰值，取各峰值中的峰值最高点对应的波长为多模激光二极管的峰值发射波长的测量方法，测量原理框图见图 13-68 所示。

13.6.4　光谱辐射带宽测量 spectral radiation bandwidth measurement

用光谱辐射计测出光发射器件的峰值功率分布曲线，以规定比例的峰值功率确定光发射器件的光谱带宽的测量方法。光发射器件的光谱辐射带宽的测量主要有单峰光谱辐射带宽测量和多峰光谱辐射带宽测量等方法。

13.6.4.1 单峰光谱辐射带宽测量 spectral radiation bandwidth measurement for single peak

〈光发射器件〉在单色仪上，对被测发光二极管 (或红外发射二极管或单模激光二极管) 的光谱辐射功率对应的波长在峰值波长附近进行调整，找到辐射计的读数值达到峰值波长 (最大示值) 的一半的波长，记录峰值波长 (最大示值) 一半对应的波长 λ_2 和波长 λ_1 两个波长值，计算 λ_2 与 λ_1 两个波长之差，由此获得发光二极管 (或红外发射二极管或单模激光二极管) 的光谱辐射带宽的测量方法，辐射功率与波长对应的单峰光谱辐射带宽关系见图 13-69 所示。图中，λ_F 为峰值波长，$\lambda_2 - \lambda_1 = \Delta\lambda$ 为光谱辐射带宽。

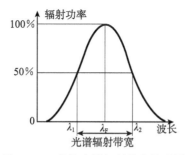

图 13-69　单峰光谱辐射带宽关系图

13.6.4.2 多峰光谱辐射带宽测量 spectral radiation bandwidth measurement of multiple peaks

〈光发射器件〉在单色仪上，对被测多模激光二极管的光谱辐射功率对应的波长，逐渐从长波调节至短波，找到辐射计的读数值达到最高峰值规定的百分比 (通常为 50％峰值) 的第一个波长 λ_2，然后将单色仪从短波调节至长波，找到辐射计的读数值达到最高峰值规定的百分比 (通常为 50％峰值) 的另一个波长 λ_1，计算 λ_2 与 λ_1 两个波长之差，由此获得多模激光二极管的光谱辐射带宽的测量方法，辐射功率与波长对应的多峰光谱辐射带宽关系见图 13-70 所示。图中，λ_F 为峰值波长，$\lambda_2 - \lambda_1 = \Delta\lambda$ 为光谱辐射带宽。

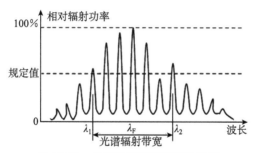

图 13-70　多峰光谱辐射带宽关系图

13.6.5　纵模数测量 number measurement of longitudinal modes

〈光发射器件〉采用多峰光谱辐射带宽的测量方法 (13.6.4.2) 测出被测多模激光二极管光谱辐射带宽，计算多峰光谱辐射带宽内 (包含带宽边界峰值) 的所有辐射峰的波长数量，以这个数值作为纵模数，由此获得多模激光二极管纵模数的测量方法。

13.6.6　半强度角和角偏差测量 half-intensity angle and misalignment angle measurement

〈光发射器件〉在定位的被测光发射器件上施加规定电流，将被测器件 D 的机械轴 Z 轴与光探测器 PD 轴对准 (即 $\theta = 0°$)，在光探测器上测量被测器件 D 的输出信号 I_0，设为 $I_0 = 100\%$，并使用光探测器测量每个倾斜角度时的输出信号 I，绘制出相对强度 I/I_0 与倾斜角 θ 的关系曲线，应用曲线标出被测光发射器件的测量参数，最大强度值为 I_{max}，半强度角 $\theta_{1/2}$ 为输出信号 $I = I_{max}/2$ 时机械轴 Z 轴与 PD 轴之间的夹角，角偏差为 I_{max} 与 I_0 之间的夹角，由此获得光发射器件半强度角和角偏差的测量方法，测量原理见图 13-71 所示。

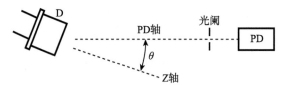

图 13-71　半强度角和角偏差测量原理图

13.6.7　反向电流测量 reverse current measurement

〈光敏器件〉在规定的温度条件下，按图 13-72(a) 所示的装置布置并连接光电二极管反向电流测量装置，将测试插座安装在已校准的光学基座上，测试插座应离标准光源一定的距离，插接被测光电二极管 D 的测试电路按图 13-72(b) 连接，把被测器件插入并固定在测试插座上，采用被校准过的标准光源或单色光源实施规定的照度 (或辐照度)，施加规定的电路偏置，在电流表上读出光电二极管反向电流值，由此获得光电二极管反向电流的测量方法。

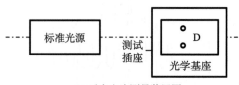

(a) 反向电流测量装置图

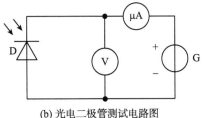

(b) 光电二极管测试电路图

图 13-72　光电二极管反向电流测量的原理图

13.6.8　集电极电流测量 collector current measurement

〈光敏器件〉在规定的温度条件下，按图 13-73(a) 所示的装置布置并连接光电晶体管集电极电流测量装置，将测试插座安装在已校准的光学基座上，测试插座应离标准光源一定的距离，插接被测光电晶体管 T 的测试电路按图 13-73(b) 连接，把被测器件插入并固定在测试插座上，采用被校准过的标准光源或单色光源实施规定的照度 (或辐照度)，施加规定的电路偏置，在电流表上读出光电晶体管集电极电流值，由此获得光电晶体管集电极电流的测量方法。

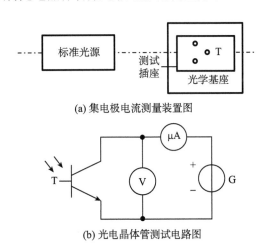

(a) 集电极电流测量装置图

(b) 光电晶体管测试电路图

图 13-73　光电晶体管集电极电流测量的原理图

13.6.9　集电极–发射极饱和电压测量 collector-emitter saturation voltage measurement

〈光敏器件〉将光辐射源 S 稳定在辐射照度 E_e 或光照度 E_V 的规定值，按图 13-74 所示布置被测光电晶体管 T 的测量电路，调整集电极电流发生器 G(电流源)，使被测器件的集电极电流调至规定值，测量被测光电晶体管的集电极和发射极之间的电压，由此获得光电晶体管集电极–发射极饱和电压的测量方法。

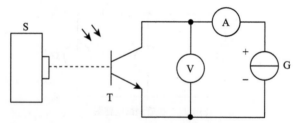

图 13-74　集电极–发射极饱和电压测量的原理图

13.6.10　暗电流测量 dark current measurement

在没有光照的条件下，测量光敏器件在施加工作电压时电流输出的光敏器件的暗电流测量方法。光敏器件的暗电流测量主要有光电二极管暗电流测量、光电晶体管集电极-发射极暗电流测量、光电晶体管发射极-集电极暗电流测量和光电晶体管发射极-基极暗电流测量等方法。

13.6.10.1　光电二极管暗电流测量 dark current measurement for photodiode

〈光敏器件〉在规定的温度条件下，按图 13-75 所示的电路图布置并连接被测光电二极管 D 的测量电路，使被测光电二极管完全避光 (即 $E_e = 0$ 或 $E_V = 0$)，将被测器件的电压从零逐渐增大至最高工作电压，测量出电流值，获得光电二极管暗电流的测量方法。图中 R 为限流电阻。

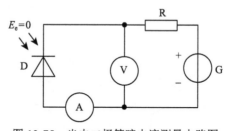

图 13-75　光电二极管暗电流测量电路图

13.6.10.2　光电晶体管集电极–发射极暗电流测量 dark current measurement for phototransistor collector-emitter

〈光敏器件〉在规定的温度条件下，按图 13-76 所示的电路图布置并连接被测光电晶体管 T 的测量电路，使被测光电晶体管完全避光 (即 $E_e = 0$ 或 $E_V = 0$)，将被测光电晶体管的电压从零逐渐增大至反向击穿电压，测量出电流值 I_{ce0}，获得光电晶体管集电极–发射极暗电流的测量方法。

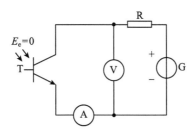

图 13-76　光电晶体管集电极–发射极暗电流测量电路图

13.6.10.3　光电晶体管发射极–集电极暗电流测量 dark current measurement for phototransistor emitter-collector

〈光敏器件〉在规定的温度条件下，按图 13-77 所示的电路图布置并连接被测光电晶体管 T 的测量电路，使被测光电晶体管完全避光 (即 $E_e = 0$ 或 $E_V = 0$)，将被测光电晶体管的电压从零逐渐增大至反向击穿电压，测量出电流值 I_{ec0}，获得光电晶体管发射极–集电极暗电流的测量方法。

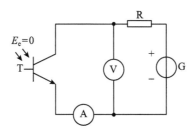

图 13-77　光电晶体管发射极–集电极暗电流测量电路图

13.6.10.4　光电晶体管发射极–基极暗电流测量 dark current measurement for phototransistor emitter-base

〈光敏器件〉在规定的温度条件下，按图 13-78 所示的电路图布置并连接被测光电晶体管 T 的测量电路，使被测光电晶体管完全避光 (即 $E_e = 0$ 或 $E_V = 0$)，将被测光电晶体管的电压从零逐渐增大至规定电压，测量出电流值 I_{eb0}，获得光电晶体管发射极基极暗电流的测量方法。

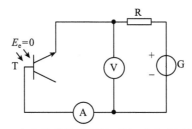

图 13-78　光电晶体管发射极–基极暗电流测量电路图

13.6.11 电流传输比测量 current transfer ratio measurement

〈光电耦合器件〉在规定的温度条件下，按图 13-79 所示的电路图布置并连接被测光电耦合器件 P 的测量电路，调节电流源 G_1，使发射二极管获得规定的输入电流，调节电压源 G_2，使光电二极管获得规定的反向电压或者光电晶体管获得规定的集电极-发射极电压，用电流表 A_2 测试输出电流，按照公式 (13-97)、公式 (13-98) 或公式 (13-99) 分别计算出光电耦合器件电流传输比的测量方法。图中：P 为被测光电耦合器件；I_I 为输入电流，即发射二极管的正向电流 I_F；I_O 为输出电流，即光电二极管的反向电流 I_R 或者光电晶体管的集电极电流 I_C；V_0 为光电二极管的反向电压 V_R 或光电晶体管的集电极–发射极电压 V_{CE}；A_1 和 A_2 为电流表；G_1 为电流源；G_2 为电压源。

$$h_{F(ctr)} = \frac{I_O}{I_I} \tag{13-97}$$

式中：$h_{F(ctr)}$ 为电流传输比；I_O 为输出电流；I_I 为输入电流。

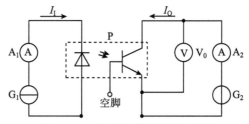

图 13-79   电流传输比测量电路图

对于带二极管输出的光电耦合器，用公式 (13-98) 计算电流传输比：

$$h_{F(ctr)} = \frac{I_R}{I_F} \tag{13-98}$$

式中：I_R 为二极管反向电流；I_F 为二极管正向电流。

对于带晶体管输出的光电耦合器，用公式 (13-99) 计算电流传输比：

$$h_{F(ctr)} = \frac{I_C}{I_I} \tag{13-99}$$

式中：I_C 为集电极电流；I_I 为输入电流。

13.6.12 输入-输出电容测量 input-to-output capacitance measurement

〈光电耦合器件〉在规定的温度条件下，按图 13-80 所示的电路图布置并连接被测光电耦合器件 P 的测量电路，将光发射各引出端和光电探测各引出端分别连接在一起，引线应尽可能短，采用合适的电容表 E，选择 1MHz 或规定的频率挡，测量光发射引出端和光电探测引出端之间的电容值，由此获得光电耦合器件输入-输出电容的测量方法。

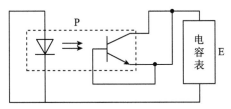

图 13-80 输入-输出电容测量电路图

13.6.13 输入-输出隔离电阻测量 isolation resistance measurement between input and output

〈光电耦合器件〉在规定的温度条件下，按图 13-81 所示的电路图布置并连接被测光电耦合器件 P 的测量电路，将光发射各引出端和光电探测各引出端分别连接在一起，引线应尽可能短，在光电发射端和光电探测端施加规定的测试电压 60s(或规定时间)，分别测量电压值 V 和电流值 I，按公式 (13-100) 计算，由此获得光电耦合器件输入-输出隔离电阻 R_{iso} 的测量方法。图中，G 为电压源。

$$R_{iso} = \frac{V}{I} \tag{13-100}$$

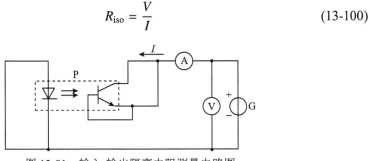

图 13-81 输入-输出隔离电阻测量电路图

13.6.14 集电极–发射极饱和电压测量 collector-emitter saturation voltage measurement

〈光电耦合器件〉按规定的电路连接光电耦合器件，对输入电流和集电极电流分别调到规定值，在电流表上读出光电耦合器件集电极–发射极饱和电压的测量方法。光电耦合器件集电极–发射极饱电压测量的方法主要有直流法和脉冲法等。

13.6.14.1 直流法 direct current method

〈光电耦合器件〉在规定的温度条件下，按图 13-82 所示的电路图布置并连接被测光电耦合器件 P 的测量电路，将输入电流调至规定值，并在电流表 A_1 上读出，将集电极电流调至规定值，并在电流表 A_2 上读出，在电压表 V 上测出光电耦合器件集电极-发射极饱和电压 $V_{CE(sat)}$ 的测量方法。图中，G_1 和 G_2 为电流源。

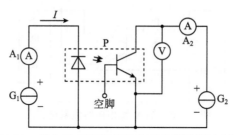

图 13-82　集电极-发射极饱和电压直流法测量电路图

13.6.14.2　脉冲法 pulse method

〈光电耦合器件〉在规定的温度条件下，按图 13-83 所示的电路图布置并连接被测光电耦合器件 P 的测量电路，将开关 S_1 断开，被测光电耦合器件暂时不插入测试插座，通过短路接头将阴极和阳极短接，调节电源 G_1 改变电流，直到电流表读数 A_1 为输入正向电流规定值 I_F；将开关 S_2 断开，被测光电耦合器件暂时不插入测试插座，通过短路接头将阴极和阳极短接，调节电源 G_2 改变电流，直到电流表读数 A_2 为集电极电流规定值 I_C；将被测光电耦合器插入测试插座，S_1、S_2 闭合，开关 S_3 由信号发生器 G_3 控制，脉冲宽度推荐值为 $300\mu s$，占空比推荐值为 $\leqslant 2\%$，在示波器上观察到开通时波形的平坦部分稳定值，由此获得光电耦合器件集电极-发射极饱和电压 $V_{CE(sat)}$ 的测量方法。

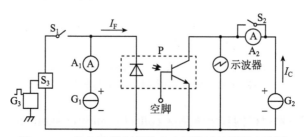

图 13-83　集电极-发射极饱和电压脉冲法测量电路图

13.6.15　光电耦合器件开关时间测量 switching time measurement of photocoupler

〈光电耦合器件〉在规定的温度条件下，按图 13-84 所示的电路图布置并连接被测光电耦合器件 P 的测量电路，电源电压 G_2 施加在光电耦合器的输出端，脉冲信号发生器 G_1 产生的脉冲加在光电耦合器的输入端，增加脉冲幅度，直到获得规定的输入电流或输出电流；观察示波器采集的波形；输入电流达到规定值的

10%作为开通延迟时间的起点，输出电流达到规定值的 10% 作为开通延迟时间的结束点，计算出开通延迟时间；输出电流从 10% 规定值上升至 90% 规定值所需的时间为上升时间；开通时间 t_{on} 为开通延迟时间与上升时间之和；输入电流下降至规定值 90% 为关断延迟时间的起点，输出电流下降至规定值的 10% 为关断延迟时间的结束点，计算出关断延迟时间；输出电流从 90% 规定值下降至 10% 规定值所需的时间为下降时间；关断时间 t_{off} 为关断延迟时间与下降时间之和；由此获得光电耦合器件开关时间的测量方法。图中，G_2 为电压电源 (V_{CC})，V_{in} 和 V_{out} 同时连接到示波器，V_{in}/R_1 为输入电流，V_{out}/R_2 为输出电流。

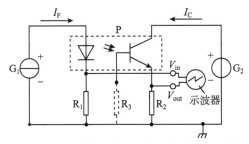

图 13-84　光电耦合器件开关时间测量电路图

13.6.16　连续负载后响应度变化测量 dependence measurement of responsivity with time due to load

〈激光探测器〉用最高 100% 至少 80% 的最大允许辐照度，对中照射探测器表面 (若辐照覆盖的探测器表面小于 80%，则要附加进行整个探测器表面均匀性的检测) 后，分别测量并计算连续负载前和后的响应度 s_b 和 s_a，按公式 (13-101) 计算得出被测探测器连续负载后响应度变化的测量方法。负载后响应度变化反映的是探测器响应度的不可逆相对变化。对连续激光功率和重复脉冲激光平均功率测量用的探测器以及对脉冲激光能量测量用的探测器的连续负载条件分别为：

(1) 对连续激光功率和重复脉冲激光平均功率测量用的探测器，采用仅在探测器工作波段发射的连续激光器或其他连续辐射源，照射时间为 100h；

(2) 对脉冲激光能量测量用的探测器，采用 1000 个激光脉冲。两个脉冲之间的间隔时间不小于探测器的下降时间常数。(最大允许的辐照度与检测激光的脉冲持续时间有关)

$$F_1 = \left(\frac{s_a}{s_b} - 1 \right) \times 100\% \tag{13-101}$$

式中：F_1 为探测器连续负载后响应度的变化；s_b 为探测器连续负载前的响应度；s_a 为探测器连续负载后的响应度。

13.6.17　贮存后响应度变化测量 dependence measurement of responsivity with time due to storage

〈激光探测器〉采用合适的激光器作为光源，分别照射被测激光探测器和标准激光探测器(或者仪器)并测量两个探测器的输出 I_0 和 Y_0，计算两者的比值 s_0(即探测器的响应度)，然后，将被测探测器置于规定的温湿度环境(如温度 40℃± 2℃，相对湿度至少 95%)，规定的持续时间(如 10 天)后，用激光器测量被测激光探测器和标准激光探测器(或者仪器)的输出 I_1 和 Y_1，计算两者的比值 s_1，按公式 (13-102) 计算出被测探测器贮存后的响应度变化的测量方法，测量原理见图 13-85 所示。测试时，若激光器输出不稳定，可增加分束器和监测仪器进行监测。

$$F_2 = \left(\frac{s_1}{s_0} - 1\right) \times 100\% \tag{13-102}$$

式中：F_2 为探测器贮存后响应度的变化；I_0 为贮存前被测激光探测器对激光照射的响应输出；Y_0 为贮存前标准激光探测器对激光照射的响应输出；s_0 为贮存前被测探测器的响应度 ($s_0 = I_0/Y_0$)；I_1 为贮存后被测激光探测器对激光照射的响应输出；Y_1 为贮存后标准激光探测器对激光照射的响应输出；s_1 为贮存后被测探测器的响应度 ($s_1 = I_1/Y_1$)。

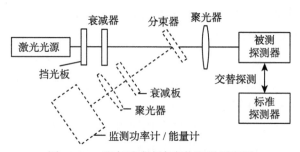

图 13-85　贮存后响应度变化测量原理图

13.6.18　响应度空间变化测量 spatial dependence measurement of responsivity

〈激光探测器〉采用合适的激光器作为光源，选择被测探测器光敏面上的中心点和由中心向上、向下、向左、向右四个方向的至少五个检测点，分别测量并计算激光照射被测探测器的各检测点时的响应度，计算边缘各检测点与中心检测点的响应度相对偏差(即响应度的变化)，周边各点与中心点响应度偏差绝对值最大者为被测探测器响应度的空间变化，也可采用按公式 (13-103) 计算各边缘检测点响应度相对偏差的标准偏差作为被测探测器响应度的空间变化，也称为探测器探测面响应非均匀性 (responsivity non-uniformity)，由此获得探测器响应度空间变化的测量方法。

$$F_3 = \frac{1}{\bar{s}} \sqrt{\frac{1}{n-1} \sum_{i=1}^{n} (s_i - \bar{s})^2} \times 100\% \qquad (13\text{-}103)$$

式中：F_3 为探测器响应度的空间变化 (非均匀性)；s_i 为探测器表面上边缘第 i 个检测点的响应度；$\bar{s}$ 为探测器表面各检测点响应度的平均值。

测量时，被测最外边缘四个点处激光光束直径的外沿与探测器光敏面边缘的距离不小于光敏面直径的 1/3。光束直径 (在 1/e 峰值处测出) 须为探测器接收面直径或对角线的 1/5，但不小于 1mm 或 20 倍校准所用电磁辐射的波长。

13.6.19 响应度照射期间变化测量 dependence measurement of responsivity during irradiation

〈激光探测器〉以四倍于探测器下降时间常数的间隔时间，在稳定的激光辐照度下，分别照射被测激光探测器和标准激光功率/能量计，照射被测探测器 1 小时 (如果产品规定有限工作时间，检测应在两倍规定时间进行)，按公式 (13-104) 计算，获得激光探测器响应度照射期间变化的测量方法。在辐照期间，重复测量响应度 n 次 ($n \geqslant 3$)。连续激光用的探测器是用允许的最大辐射功率，脉冲激光能量测量用的探测器则用允许的最大脉冲能量。

$$F_4 = \frac{1}{\bar{s}} \sqrt{\frac{1}{n-1} \sum_{i=1}^{n} (s_i - \bar{s})^2} \times 100\% \qquad (13\text{-}104)$$

式中：F_4 为在照射期间被测探测器响应度的变化；i 为被测探测器测量的序号；s_i 为辐照期间被测探测器第 i 次测量的响应度，为被测探测器输出与标准功率/能量计之比，即 I_i/Y_i；$\bar{s}$ 为辐照期间被测探测器响应度的平均值；n 为测量的总次数。

13.6.20 响应度随温度变化测量 dependence measurement of responsivity in temperature environment

〈激光探测器〉将被测探测器置于符合要求的温度环境试验箱中预热后，等候被测探测器与试验箱环境之间达到热平衡，分别测量被测探测器在规定的高温 (如 40℃)、低温 (如 −20℃) 环境温度下的响应度 s_H 和 s_L，按公式 (13-105) 计算，获得探测器响应度随温度的可逆性相对变化的测量方法，测量原理见图 13-86 所示。测试时，若激光器输出不稳定，可增加分束器和监测仪器进行监测。

$$F_5 = \pm \left| \frac{s_H - s_L}{s_H + s_L} \right| \times 100\% \qquad (13\text{-}105)$$

式中：F_5 为探测器响应度随温度变化；s_H 为高温时探测器的响应度；s_L 为低温时探测器的响应度。

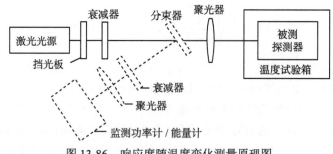

图 13-86 响应度随温度变化测量原理图

13.6.21 响应度随入射角变化测量 dependence measurement of responsivity on the angle of incidence

〈激光探测器〉采用非偏振的光辐射，测量被测探测器在规定的辐射方向 5° 圆锥度内的响应度，一般可按每一度测一个响应度值 (共测 10 个值)，从中比较找出最大响应度 s_{max} 和最小响应度 s_{min}，按照公式 (13-106) 计算，获得探测器响应度随入射角变化的测量方法。若探测器配有可使被测辐射偏离规定辐照方向小于 5° 的调整手段，则应检查响应度的相对变化是否在规定的调整不确定度内。

$$F_6 = \pm \left| \frac{s_{max} - s_{min}}{2\bar{s}} \right| \times 100\% \tag{13-106}$$

式中：F_6 为探测器响应度随入射角变化；s_{max} 为不同辐射角度下探测器的响应度的最大值；s_{min} 为不同辐射角度下探测器的响应度的最小值；$\bar{s}$ 为不同辐射角度下探测器响应度的平均值。

13.6.22 响应度随辐射功率或能量变化测量 dependence measurement of responsivity on radiant power or radiant energy

〈激光探测器〉应在产品规定的辐射功率或能量应用范围内，选择辐射功率或能量最大范围的 30%、80% 作为测试点，分别测量这两个测试点下被测探测器的响应度 s_L 和 s_H，按公式 (13-107) 计算，获得探测器响应度随辐射功率或能量的变化的测量方法，也称为响应度随辐射功率或能量非线性测量方法。在测量时，应保持光束空间分布和直径不变。若仪器配有可修正非线性的自校准手段，产品应提供表征探测器输出与辐射功率 (辐射能量) 关系的非线性修正曲线、函数或表格，则应测量其剩余的误差。

$$F_7 = \pm \left| \frac{s_H - s_L}{s_H + s_L} \right| \times 100\% \tag{13-107}$$

式中：F_7 为探测器响应度随辐射功率或能量的变化 (非线性)；s_H 为 80% 辐射下探测器的响应度；s_L 为 30% 辐射下探测器的响应度。

13.6.23 响应度随波长变化测量 wavelength dependence measurement of responsivity

〈激光探测器〉在规定的波长范围内，测量各规定波长相对光谱响应度与相应波长规定响应度比较，获得探测器响应度随波长变化的测量方法。如果产品以校准曲线、表格或函数关系的形式给出光谱响应度，应测量实际光谱响应度与规定的光谱响应度之间的最大相对偏差。响应度随波长变化的比较可以采用绝对比较 (测量响应度与规定响应之差) 或相对比较 (测量响应度与规定响应之比)。

13.6.24 响应度随偏振辐射入射角变化测量 dependence measurement of responsivity on the angle of incidence for polarized radiation

〈激光探测器〉采用 s 光或 p 光两种偏振方向的光辐射，分别测量被测探测器在不同偏振面的线偏振额定辐射方向 5° 圆锥度内 (或由调准误差确定的圆锥内)的响应度，一般可按每一度测一个响应度值 (共测 10 个值)，从中比较找出最大响应度 s_{max} 和最小响应度 s_{min}，按照公式 (13-108) 计算不同偏振辐射面响应度随入射角的变化，将最大值记为响应度随偏振辐射入射角变化，由此获得探测器响应度随偏振辐射入射角变化的测量方法。若探测器配有可使待测辐射偏离规定辐照方向小于 5° 的调整手段，应检查响应度的相对变化是否在规定的调整不确定度内。

$$F_{9i} = \pm \left| \frac{s_{max_i} - s_{min_i}}{2\bar{s}_i} \right| \times 100\% \tag{13-108}$$

式中：i 为 s 光或者 p 光；F_{9i} 为不同偏振辐射面探测器响应度随入射角变化；s_{max_i} 为不同偏振辐射面、不同辐射角度下探测器的响应度的最大值；s_{min_i} 为不同偏振辐射面、不同辐射角度下探测器的响应度的最小值；$\bar{s}_i$ 为不同偏振面、不同辐射角度下探测器响应度的平均值。

13.6.25 平均功率响应度随脉冲频率和占空比变化测量 dependence measurement of averaging power responsivity with pulse frequency and duty ratio

〈激光探测器〉在规定的脉冲激光重复率和占空比的范围内，测量脉冲激光与连续激光照射下的探测器响应度的最大相对偏差，由此获得探测器平均功率响应度随脉冲频率和占空比变化的测量方法。测量时，辐射功率取算术平均值。

13.6.26 光阴极光灵敏度测量 photocathode sensitivity measurement

〈微光像增强器〉在光阴极和相关电极之间加上规定的直流电压，用规定的输入光 (或辐射) 均匀地照射光阴极的规定输入面积，分别测得输出光电流和入射光通量 (或辐射通量)，分别按公式 (13-109) 和公式 (13-110) 计算光灵敏度 S(μA/lm)

和辐射灵敏度 S_e(mA/W)，由此获得微光像增强器光阴极光灵敏度的测量方法，测量原理见图 13-87 所示。输出光电流与入射光通量 (或辐射通量) 之比，即为光灵敏度 (或辐射灵敏度)。

$$S = \frac{I_1 - I_2}{A \cdot E} \times 10^6 = \frac{I_1 - I_2}{\Phi} \tag{13-109}$$

式中：I_1 为有光照时的光电流值，μA；I_2 为无光照时的暗电流值，μA；A 为光阑孔面积，mm^2；E 为输入面上的光照度，lx；Φ 为入射到输入面的光通量，lm。

$$S_e = \frac{I_1 - I_2}{A \cdot E_e} \times 10^3 = \frac{I_1 - I_2}{\Phi_e} \times 10^{-3} \tag{13-110}$$

式中：I_1 为有辐射时的光电流值，μA；I_2 为无辐射时的暗电流值，μA；A 为光阑孔面积，mm^2；E_e 为输入面上的辐射照度，W/cm^2；Φ_e 为入射到输入面的辐射通量，W。(详见 WJ 2091—92)

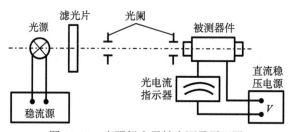

图 13-87　光阴极光灵敏度测量原理图

13.6.27　等效背景照度测量 equivalent background illumination measurement

〈微光像增强器〉分别测量光阴极有规定光照和无光照时荧光屏规定面积上的法向输出亮度，用两者之差除无光照射时的法向亮度，再乘以光阴极的入射照度，即按公式 (13-111) 计算出等效背景照度，由此获得像增强器的等效背景照度的测量方法，测量原理见图 13-88 所示。测量时，有光照时的法向输出亮度应为无光照时的 2~5 倍。

$$E_{EBI} = \frac{L_1}{L_2 - L_1} E \tag{13-111}$$

式中：E_{EBI} 为像增强器的等效背景照度，lx；L_1 为无光照时输出面的法向亮度，cd/m^2；L_2 为有光照时输出面的法向亮度，cd/m^2；E 为光阴极输入面上的光照度，lx。(详见 WJ 2091—92)

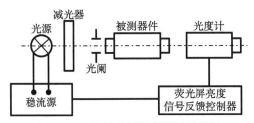

图 13-88 等效背景照度测量原理图

13.6.28 亮度增益测量 brightness gain measurement

〈微光像增强器〉用规定照度的光照射光阴极，在输出轴的方向上分别测量有光输入和无光输入时荧光屏的法向亮度，两者亮度之差与入射到光阴极面上的照度之比，即按公式 (13-112) 计算出亮度增益，由此获得微光像增强器亮度增益的测量方法，测量原理见图 13-89 所示。

$$G = \frac{L_2 - L_1}{E} \tag{13-112}$$

式中：G 为像增强器的亮度增益，$cd\cdot m^2/lx$；L_1 为无光照时输出面的法向亮度，cd/m^2；L_2 为有光照时输出面的法向亮度，cd/m^2；E 为输入面上的光照度，lx。(详见 WJ 2091—92)

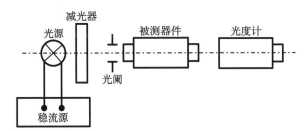

图 13-89 亮度增益测量原理图

13.6.29 分辨力测量 resolution measurement

〈微光像增强器〉给像增强器光阴极面的规定位置上输入规定的分辨力图案，用显微镜对输出面进行观察，以图案中可分辨的最高空间频率作为像增强器分辨力计算的图案，按公式 (13-113) 计算分辨力，由此获得像增强器的分辨力的测量方法，测量原理见图 13-90 所示。

$$N = \frac{f_1}{f_{OB}} f_c \tag{13-113}$$

式中：N 为像增强器的分辨力，lp/mm；f_1 为对应分辨力板上可分辨的最高空间频率，lp/mm；f_c 为平行光管物镜焦距，mm；f_{OB} 为成像物镜焦距，mm。(详见 WJ 2091—92)

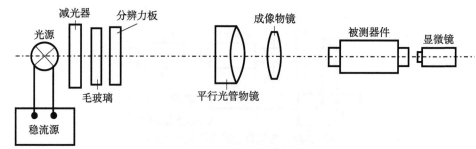

图 13-90 分辨力测量原理图

13.6.30 调制传递函数测量 modulation transfer function measurement

〈微光像增强器〉用显微镜将规定狭缝投射到像增强器光阴极面的规定区域，用调制度检测器在荧光屏上测定规定空间频率的调制度，经归一化处理，获得微光像增强器调制传递函数 (MTF) 的测量方法，测量原理见图 13-91 所示。测量时，狭缝经显微物镜 I 所成的像的宽度应小于 1μm，长度应不小于 1mm；显微物镜 II 应以固定放大倍数将荧光屏上的线扩散分布正确成像在频率分析器上；在空间频率为 2.5 lp/mm 处，试验系统的 MTF 应大于 95％，若小于该值，应考虑对试验结果进行修正。(详见 WJ 2091—92)

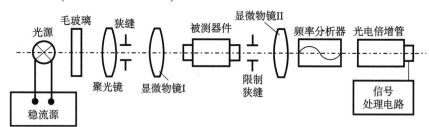

图 13-91 调制传递函数测量原理图

13.6.31 开启时间测量 turning on time measurement

〈微光像增强器〉用规定照度的光照射光阴极，并持续 1 分钟，接通像增强器的工作电源，从接通电源到荧光屏的亮度达到稳定值的规定百分数所需的时间为开启时间，由此获得微光像增强器开启时间的测量方法，测量原理见图 13-92 所示。

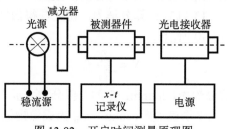

图 13-92 开启时间测量原理图

荧光屏亮度规定的百分数通常由像增强器的产品规范给出。(详见 WJ 2091—92)

13.6.32　恢复时间测量 recovery time measurement

〈微光像增强器〉用规定照度的光均匀照射光阴极，再用规定的强光脉冲照射光阴极，从光脉冲停止照射到荧光屏输出亮度达到稳定值的规定百分数所需的时间为恢复时间，由此获得微光像增强器恢复时间的测量方法，测量原理见图 13-93 所示。(详见 WJ 2091—92)

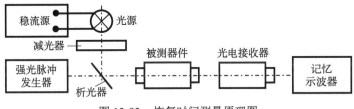

图 13-93　恢复时间测量原理图

13.6.33　复丝间固定图形噪声测量 measurement of fixed pattern noise between multifilaments

〈微光像增强器〉用规定照度的光照射光阴极，用光度计测量荧光屏上相邻复丝亮度差最大的相邻复丝的亮度，计算两者之差与其平均亮度之比的百分数，即按公式 (13-114) 计算，获得像增强器复丝间固定图形噪声的测量方法，测量原理见图 13-94 所示。测量时，显微光度计物方线视场直径应不大于复丝直径的 1/3 或相邻复丝间距的 1/3。本方法适用于微通道板像增强器的灵敏度测试。

$$N = \frac{L_{\max} - L_{\min}}{(L_{\max} + L_{\min})/2} \times 100\% \tag{13-114}$$

式中：N 为像增强器复丝间固定图形噪声；$L_{\max}$ 为相邻复丝间亮度差最大的最大亮度，cd/m^2；$L_{\min}$ 为相邻复丝间亮度差最大的最小亮度，cd/m^2。(详见 WJ 2091—92)

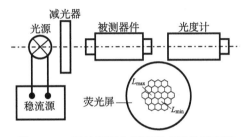

图 13-94　复丝间固定图形噪声测量原理图

13.6.34　复丝边界固定图形噪声测量 measurement of multifilament boundary fixed pattern noise

〈微光像增强器〉用规定照度的光照射光阴极，用光度计测量荧光屏上复丝边界图形最明显区域的复丝亮度和复丝边界亮度，计算两者之差与复丝亮度之比的百分数，即按公式 (13-115) 计算，获得像增强器的复丝边界固定图形噪声的测量方法，测量原理见图 13-95 所示。测量时，显微光度计物方线视场宽度应不大于复丝边界图形宽度。本方法适用于微通道板像增强器的灵敏度测试。

$$N = \frac{\bar{L}_0 - \bar{L}}{\bar{L}_0} \times 100\%$$
$$\tag{13-115}$$

式中:N 为像增强器复丝边界固定图形噪声;$\bar{L}_0$ 为相邻三复丝的亮度平均值,cd/m^2;$\bar{L}$ 为相邻三复丝边界的亮度平均值，cd/m^2。(详见 WJ 2091—92)

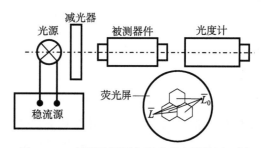

图 13-95　复丝边界固定图形噪声测量原理图

13.6.35　黑体响应率测量 blackbody responsivity measurement

〈红外探测器〉采用温度为 500K、带有调制盘的黑体作为辐射源，调节偏压电源，确定出被测探测器的偏置范围，但不得超过被测探测器连续工作时的最大偏置值，调节频谱分析仪的中心频率与调制频率 f 相同，将标准信号发生器的输出信号调至零，连接好前置放大器和探测器，用频谱分析仪读出前放输出信号 V_f;再根据不同测试放大器，确定系统的增益 G，V_f 除以 G 得到信号电压 V_s，按公式 (13-116)、公式 (13-117) 和公式 (13-118) 分别计算出黑体辐照度、入射到探测器上的辐射功率和黑体响应率，由此获得红外探测器黑体响应率的测量方法，测量原理见图 13-96 所示。测量时，将被测探测器置于黑体辐射源的光轴上，使辐射信号垂直入射到被测探测器上；被测探测器灵敏面的法线与辐射信号入射方向的夹角应小于 10°；调节黑体辐射入射孔径与被测探测器之间的距离，使入射到被测探测器整个灵敏面上的黑体辐射是均匀的，并且使被测探测器输出足够大的信号。

$$E = \alpha \frac{\varepsilon\sigma(T^4 - T_0^4)A}{\pi L^2}$$
$$\tag{13-116}$$

式中：E 为黑体辐照度，W/cm^2；α 为调制因子；ε 为黑体辐射源的有效发射率；σ 为斯特藩-玻尔兹曼常数；T 为黑体温度，K；T_0 为环境温度，K；A 为黑体辐射源的光阑面积，cm^2；L 为黑体辐射源的光阑到被测探测器之间的距离，cm。

$$P = A_0 E \tag{13-117}$$

式中：P 为入射到探测器上的辐射功率，W；A_0 为被测探测器的标称面积，cm^2；E 为黑体辐照度，W/cm^2。

$$R_{bb} = \frac{V_s}{P} \tag{13-118}$$

式中：R_{bb} 为红外探测器的黑体响应率，V/W；V_s 为信号电压，V；P 为入射到探测器上的辐射功率，W。本方法适用于单元和多元红外探测器的测量。

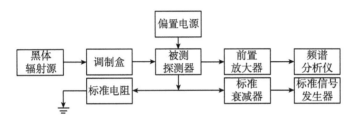

图 13-96　黑体响应率测量原理图

13.6.36　噪声测量 noise measurement

〈红外探测器〉采用偏置电源及频谱分析仪等作为测量装置，将偏置加在探测器上，将标准信号发生器的输出信号调至零，设置测试用带宽 Δf，用频谱分析仪测量噪声 υ_N，用阻值约等于被测探测器阻值的精密线绕电阻代替被测探测器，用频谱分析仪测量噪声 υ_n，改变频谱分析仪的中心频率，记录不同频率下的噪声 υ_n，根据不同测试放大电路，确定系统的增益 G，按公式 (13-119) 计算，获得红外探测器噪声的测量方法，测量原理见图 13-97 所示。

$$V_n = \frac{(\upsilon_N^2 - \upsilon_n^2 - \upsilon_{Ln}^2 \cdot R_d^2/R_L^2)^{1/2}}{G(\Delta f)^{1/2}} \tag{13-119}$$

式中：V_n 为红外探测器的噪声，V；υ_N 为包含被测探测器的测试系统的噪声，V；υ_n 为除去被测探测器后的测试系统的噪声，V；υ_{Ln} 为负载电阻的热噪声，V；R_L 为负载电阻，Ω；R_d 为探测器电阻，Ω；G 为测试系统的增益；Δf 为频谱分析仪带宽。本方法适用于单元和多元红外探测器的测量。

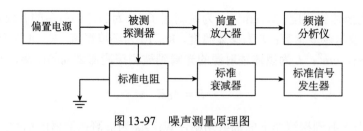

图 13-97　噪声测量原理图

13.6.37　光谱响应测量 spectral response measurement

〈红外探测器〉用灼热的能斯特灯或硅碳棒作为辐射源，辐射经调制盘后照射到单色仪上，用锁相放大器分别测量不同波长下已知光谱响应，以及光谱响应曲线平坦的参考探测器和被测探测器的输出信号 V_s、V_d，按公式 (13-120) 计算，获得红外探测器的相对光谱响应的测量方法，也称为标准探测器法测量，测量原理见图 13-98 所示。测量时，单色仪的出射狭缝应对准参考探测器和被测探测器。

$$R_\lambda = \frac{V_d \cdot S(\lambda)}{V_s} \tag{13-120}$$

式中：R_λ 为红外探测器的相对光谱响应；V_s 为参考探测器的输出信号，V；V_d 为被测探测器的输出信号，V；$S(\lambda)$ 为参考探测器的相对光谱响应。本方法适用于单元和多元红外探测器的测量。

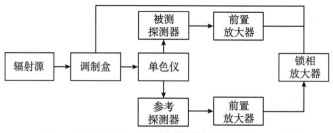

图 13-98　光谱响应测量原理图

13.6.38　黑体探测率测量 blackbody detectivity measurement

〈红外探测器〉采用温度为 500K、带有调制盘的黑体作为辐射源，按探测器黑体响应率的测量方法测得黑体响应率 R_{bb}，按探测器噪声的测量方法测得噪声 V_n，然后再按公式 (13-121) 计算，获得红外探测器黑体探测率的测量方法。

$$D_{bb}^* = \frac{R_{bb}}{V_n} \sqrt{A_n \cdot \Delta f} \tag{13-121}$$

式中：D_{bb}^* 为红外探测器的黑体探测率，$\text{cmHz}^{1/2}\text{W}^{-1}$；$R_{bb}$ 为黑体响应率，V/W；V_n 为探测器的噪声，V；A_n 为探测器的标称面积；Δf 为频谱分析仪的带宽。本方法适用于单元和多元红外探测器的测量。

13.6.39 光谱探测率测量 spectral detectivity measurement

〈红外探测器〉测量探测器的黑体探测率 D_{bb}^* 和相对光谱响应 R_λ,然后按公式 (13-122) 计算,获得红外探测器光谱探测率的测量方法。

$$D_\lambda^* = \frac{D_{bb}^*}{\sum\limits_\lambda F_\lambda \cdot R_\lambda} R_\lambda \tag{13-122}$$

式中:D_λ^* 为红外探测器的光谱探测率;D_{bb}^* 为黑体探测率;F_λ 为黑体光谱能量因子;R_λ 为红外探测器的相对光谱响应。本方法适用于单元和多元红外探测器的测量。

13.6.40 响应率不均匀性测量 responsivity non-uniformity measurement

〈红外探测器〉采用温度为 500K、带有调制盘的黑体作为辐射源,按探测器黑体响应率的测量方法测出探测器各像元的响应率 R_{bbi},计算探测器的平均像元响应率 $\bar{R}_{bb}$,按噪声测量方法测出探测器各像元的噪声,计算探测器的平均像元噪声,统计探测器像元响应率小于平均响应率 K 分之一 (K 一般为 50%) 的像元数 a,以及探测器像元噪声大于平均噪声 G 倍 (G 一般为 5) 的像元数 b,按公式 (13-123) 计算,获得红外探测器像元响应率不均匀性的测量方法。

$$UR = \frac{1}{\bar{R}_{bb}} \sqrt{\frac{1}{N-(a+b)} \sum_{i=1}^{N} (R_{bbi} - \bar{R}_{bb})^2} \times 100\% \tag{13-123}$$

式中:UR 为红外探测器像元响应率不均匀性;$\bar{R}_{bb}$ 为平均像元响应率;N 为红外探测器的总像元数;R_{bbi} 为红外探测器各像元的响应率;a 为红外探测器像元响应率小于平均响应率 K 分之一 (K 一般为 50%) 的像元数;b 为红外探测器像元噪声大于平均噪声 G 倍 (G 一般为 5) 的像元数。本方法适用于单元和多元红外探测器的测量。

13.6.41 有效像元率测量 operable pixel factor measurement

〈红外探测器〉按噪声测量方法测出探测器各像元的噪声,计算探测器的平均像元噪声,统计探测器像元响应率小于平均响应率 K 分之一 (K 一般为 50%) 的像元数 a,以及探测器像元噪声大于平均噪声 G 倍 (G 一般为 5) 的像元数 b,按公式 (13-124) 计算,获得红外探测器有效像元率的测量方法。

$$N_{ef} = \left(1 - \frac{a+b}{N}\right) \times 100\% \tag{13-124}$$

式中：N_{ef} 为红外探测器的有效像元率；N 为探测器的总像元数；a 为探测器像元响应率小于平均响应率 K 分之一 (K 一般为 50%) 的像元数；b 为探测器像元噪声大于平均噪声 G 倍 (G 一般为 5) 的像元数。本方法适用于单元和多元红外探测器的测量。

13.6.42　噪声等效功率测量 noise equivalent power measurement

〈红外探测器〉采用温度为 500K、带有调制盘的黑体作为辐射源，按探测器黑体响应率测量方法测出探测器的输出信号电压 V_s，按探测器噪声测量方法测出探测器的噪声电压 V_n，用功率计测量入射到探测器上的辐射功率 P，按公式 (13-125) 计算，获得红外探测器的噪声等效功率的测量方法。

$$NEP = \frac{P}{V_s/V_n} \tag{13-125}$$

式中：NEP 为红外探测器的噪声等效功率，W；P 为入射到探测器上的辐射功率，W；V_s 为探测器的输出信号，V；V_n 为探测器的噪声，V。本方法适用于单元和多元红外探测器的测量。噪声等效功率是探测器输出信号等于噪声电压或电流所需的入射信号功率，是探测器的最小可测功率。

13.6.43　脉冲响应时间测量 pulse response time measurement

〈红外探测器〉采用脉冲前、后沿均小于 1ns 的激光作为脉冲源，调节光路，使激光束垂直入射到被测探测器的光敏面/灵敏面上，调整激光光路中衰减片的衰减量，使被测探测器工作在线性范围内，在示波器或 X-Y 记录仪画出的响应曲线上直接读出规定百分比高度范围的上升时间和/或下降时间，由此获得红外探测器的脉冲响应时间的测量方法，测量原理见图 13-99 所示。

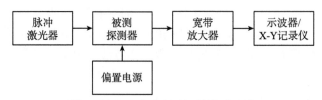

图 13-99　脉冲响应时间测量原理图

如果激光脉冲的上升、下降时间与测量的时间常数相比很短，并且被测脉冲的上升和下降都遵从指数规律，则被测探测器的上升时间常数为信号电压 (或电流) 上升至最大值的 0.63 时所需的时间；下降时间常数为信号电压 (或电流) 下降至最大值的 0.37 时所需的时间，见图 13-100(a) 所示。

如果被测脉冲的上升和下降不遵从指数规律，则被测探测器的上升时间常数为信号电压 (或电流) 从最大值的 10% 上升至最大值的 90% 时所需的时间；下降时间常数为信号电压 (或电流) 从最大值的 90%下降至 10%时所需的时间，见图 13-100(b) 所示。本方法适用于红外探测器、激光探测器脉冲响应时间测试。

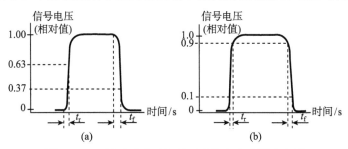

图 13-100 脉冲响应时间的百分比高度范围确定图

13.6.44 频率响应测量 frequency response measurement

〈红外探测器〉采用单模、偏振的连续激光器，通过激光调制电源和电光调制器后输出脉冲激光，调节光路，使激光光束垂直照射至被测探测器的光敏面或灵敏面上，调整激光光路中衰减片的衰减量，使被测探测器工作在线性范围内，施加偏置，改变激光调制电源的频率，用频谱分析仪测量被测探测器的响应，记录响应率下降至最大值的 0.707 时的调制频率，改变偏置值，重复测量响应频率，得出频率响应曲线族，获得红外探测器频率响应的测量方法，测量原理见图 13-101 所示。

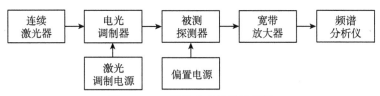

图 13-101 频率响应测量原理图

频率响应测量是为了获得探测器响应率对交变信号的响应特性。如果探测器的响应率与调制频率的关系满足公式 (13-126) 和公式 (13-127)，则时间常数为响应率下降至最大值的 0.707 时的角频率的倒数值，与该角频率对应的调制频率为响应率下降至最大值的 0.707 时的调制频率 (即截止频率)。

$$R(f) = \frac{R(0)}{\sqrt{1 + 4\pi^2 f^2 \tau^2}} \tag{13-126}$$

$$\tau = \frac{1}{2\pi f} = \frac{1}{\omega} \tag{13-127}$$

式中：$R(f)$ 为红外探测器在调制频率为 f 时的响应率；$R(0)$ 为红外探测器在调制频率为 0 时的响应率；τ 为时间常数，s；ω 为角频率，rad/s。

13.6.45　标称面积测量 nominal area measurement

〈红外探测器〉利用光学显微镜对被测探测器成像，通过电视摄像机和显示器将被测探测器的像显示出来，调节图像大小与分划板吻合，以被测探测器的光敏面边界作标记，分别在 x、y 方向调节，从图像数字转换器上读出被测探测器在 x 方向上的尺寸 a 和在 y 方向上的尺寸 b，当被测探测器为圆形时按公式 (13-128) 计算标称面积，当被测探测器为方形时按公式 (13-129) 计算标称面积，由此获得红外探测器标称面积的测量方法，测量原理见图 13-102 所示。标称面积为探测器光敏单元设计尺寸。

$$A_n = \frac{1}{4}\pi\left(\frac{a+b}{2}\right)^2 \tag{13-128}$$

$$A_n = a \times b \tag{13-129}$$

式中：A_n 为红外探测器的标称面积，cm^2；a 为 x 方向上被测探测器的尺寸，cm；b 为 y 方向上被测探测器的尺寸，cm。标称面积测量是一个广泛性和通用性的内容，这个测量方法也可应用于测量其他探测器的标称面积。

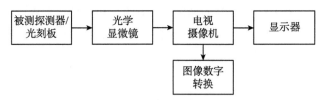

图 13-102　标称面积测量原理图

13.6.46　有效面积测量 effective area measurement

〈红外探测器〉采用黑体辐射源作为均匀光源，利用会聚光学系统对光束会聚，使得会聚光斑透过窗口、介质膜到达探测器光敏面；测量时，首先将几何尺寸已知的光电导样品装进测试台，调节光点扫描装置，得出标准图样，用被测探测器替换光电导样品，调节光点扫描装置，记录对应的信号电压 R 及其信号电压分布图样 $R(x,y)$，对于圆形探测器按公式 (13-130) 计算，对于矩形探测器按公式 (13-131) 计算，获得被测红外探测器有效面积的测量方法，测量原理见图 13-103 所示。有效面积为红外探测器光敏单元的实际工作面积。

$$A_e = \frac{\pi \iint_s r^2 R(r,\varphi)r\mathrm{d}r\mathrm{d}\varphi}{\iint_s R(r,\varphi)r\mathrm{d}r\mathrm{d}\varphi} \tag{13-130}$$

$$A_e = 2\sqrt{\frac{\iint_s (x - x_0)^2 R(x,y)\mathrm{d}x\mathrm{d}y}{\iint_s R(x,y)\mathrm{d}x\mathrm{d}y}} \cdot 2\sqrt{\frac{\iint_s (y - y_0)^2 R(x,y)\mathrm{d}x\mathrm{d}y}{\iint_s R(x,y)\mathrm{d}x\mathrm{d}y}} \tag{13-131}$$

式中：A_e 为红外探测器的有效面积，cm^2；$R(x,y)$ 为红外探测器的信号电压，V；r 为圆形红外探测器探测面上一点到中心点的距离，cm；φ 为圆形红外探测器探测面上一点的相位角；x、y 为矩形红外探测器探测面上一点分别到横向中心线和纵向中心线的距离，cm；x_0、y_0 为矩形红外探测器探测面上的横向中心线和纵向中心线的位置，cm；s 为红外探测器基片面积，cm^2。当用高斯分布的激光作为测量光源时：用公式 (13-130) 计算的圆面积还需要乘以 2；用公式 (13-131) 计算的方面积还需要乘以 4。有效面积测量是一个广泛性和通用性的内容，这个测量方法也可应用于测量其他探测器的有效面积。

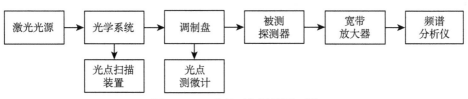

图 13-103　有效面积测量原理图

13.6.47　零偏压结电容测量 junction capacitance measurement with non-biasing

〈红外探测器〉将测试电路放入屏蔽盒，选择标准电容 C_2，确定合适的量程，信号发生器的频率置于 250000Hz，调节直流电压，使被测探测器两端的电压小于 0.2mV，反复调节信号发生器的输出和标准电阻 R_3 和 R_4，直到满足频谱分析仪的指示小于或等于 $2\mu V$，被测探测器两端的交流电压小于或等于 3mV，记录 C_3、R_3 和 R_4，按公式 (13-132) 计算，获得红外探测器的零偏压结电容 C_0 的测量方法，零偏压结电容测量原理见图 13-104(a) 所示，光照面分别为 p 型和 n 型时的测量电路分别见图 13-104(b)、图 13-104(c) 所示。(在全书中，图中的字母符号用于表示电阻、电容、电源等物体时，它们在图中为正体；而在公式中用了相同的符号表示这些实体的变量时，它们在公式中为斜体。尽管它们的符号相同，但它们表示的含义是不同的，因此通过正体和斜体使它们得以区分。在图中，用于表示变量的符号，例如电压等，采用斜体。)

零偏压结电容为红外探测器两端的电压变化接近于零时所测得的电容。

$$C_0 = C_2 \times \frac{R_3}{R_4} \tag{13-132}$$

式中：C_0 为红外探测器的零偏压结电容，pF；C_2 为桥路标准电容，pF；R_3、R_4 为桥路电阻，Ω。

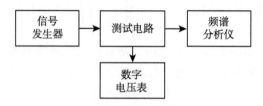

(a) 零偏压结电容测量方框图

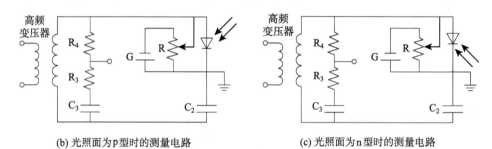

(b) 光照面为 p 型时的测量电路 　　　　　　　(c) 光照面为 n 型时的测量电路

图 13-104　零偏压结电容测量

13.6.48　零偏压结电阻测量 junction resistance measurement with non-biasing

〈红外探测器〉利用信号发生器作为信号源，将标准电阻箱和被测探测器串联接入电路，测量时，首先将信号发生器置零，选择标准电阻箱的阻值，使得被测探测器两端的直流电压小于等于 2nV，然后将信号发生器的频率置于 1000Hz，调节输出电压，通过数字多用表测量被测探测器的输出电压，使得被测探测器两端的直流电压小于等于 2mV，从频谱分析仪上记录被测探测器和标准电阻箱两端的电压值，按公式 (13-133) 计算，获得红外探测器零偏压条件下的结电阻的测量方法，测量原理见图 13-105 所示，测量电路见图 13-106 所示。零偏压结电阻为探测器两端的电压变化接近于零时所测得的电阻。在测量电路图 13-106 中，坡莫合金变压器的次级输出阻抗远小于 R_0，虚部远大于 R_0，R_L 远小于 R_0。

$$R_0 = \frac{V_2}{V_1 - V_2} R_L \tag{13-133}$$

式中：R_0 为零偏压条件下红外探测器的结电阻，Ω；V_1 为负载电阻和被测红外探测器结电阻上的交流电压，V；V_2 为被测红外探测器两端的交流电压，V；R_L 为标准电阻箱的电阻，Ω。

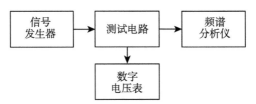

图 13-105   零偏压结电阻测量原理图

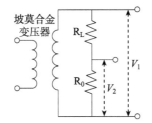

图 13-106   零偏压结电阻测量电路图

13.6.49   热释电探测器的电容测量 pyroelectric detector capacitance measurement

〈热释电探测器〉将信号发生器置为 1000Hz，输出电压 1V，确定自耦调压器的两个绕组比，调节标准电容 C_3 和分压电阻 R_3，使频谱分析仪的示值小于等于 0.1mV，按公式 (13-134) 计算，获得热释电探测器的电容的测量方法，测量原理见图 13-104 所示，测量电路见图 13-107 所示。

$$C_n = \frac{W_2}{W_1}C_3 \tag{13-134}$$

式中：C_n 为热释电探测器的电容，pF；W_1、W_2 为自耦调压器的绕组阻抗，Ω；C_3 为标准电容，pF。热释电探测器的电容为热释电探测器两电极间的电容。

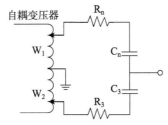

图 13-107   热释电探测器电容测量电路图

13.6.50   直流电阻测量 direct current resistance measurement

〈热释电探测器〉采用稳压电源输出电压，选择阻值与被测探测器阻值同数量级的标准电阻 R_L(负载电阻) 与被测探测器串联接入电路，调节直流电压，用数字

电压表测量总电压 U_1 和被测探测器的电压 U_2，按公式 (13-135) 计算，获得热释电探测器直流电阻的测量方法，测量原理见图 13-108 所示，测量电路图见图 13-109 所示。直流电阻为热释电探测器两端的直流电压与直流电流之比。

$$R_d = \frac{U_2}{U_1 - U_2}R_L \qquad (13\text{-}135)$$

式中：R_d 为热释电探测器的直流电阻，Ω；U_1 为总电压，V；U_2 为被测探测器的电压，V；R_L 为标准电阻 (负载电阻)，Ω。

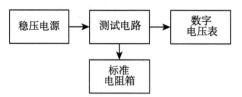

图 13-108　直流电阻测量原理图

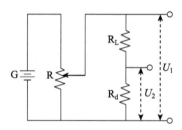

图 13-109　直流电阻测量电路图

13.6.51　高阻抗测量 high resistance measurement

〈热释电探测器〉将微电流放大器 (用静电管做第一级) 的输入端保护电路短接，选择负载电阻 R_L，使数字电压表读数为零，调节稳压源的输出至 U_0，打开静电管保护开关，调节负载电阻 R_{L1}，使其两端的电压仍为 U_0，短路静电管保护开关，用约等于被测探测器阻值的电阻 R_N 代替被测探测器 R_π，重复 R_{L1} 的测量步骤，记录 R_{L2}，按公式 (13-136) 计算，获得探测器直流高阻抗的测量方法，测量电路图见图 13-110 所示。高阻抗值为等于或大于 $10^{10}\Omega$ 的热释电探测器的电阻。

$$R_\pi = \frac{R_{L1}}{R_{L2}}R_N \qquad (13\text{-}136)$$

式中：R_π 为探测器的直流高电阻，Ω；R_{L1}、R_{L2} 为微电流放大器的负载电阻，Ω；R_N 为替代电阻，Ω。

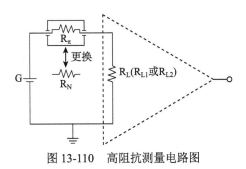

图 13-110　高阻抗测量电路图

13.7　热成像系统测量

13.7.1　显示尺寸测量 display size measurement

〈热成像系统〉对用目镜观察的热成像系统显示器,采用配有横向移动机构和读数标尺的显微镜对热成像系统显示器的表面进行调焦,看清显示器的表面,准确调整显微镜的对准高度至显示器 (通常为圆形) 的水平直径高度,水平移动显微镜对准显示器的一个边缘并记录该位置的标尺刻度值 a,然后水平移动显微镜到显示器的另一端对准其边缘并记录该位置的标尺刻度值 b,按公式 (13-137) 计算,获得热成像系统显示器尺寸的测量方法;对非目镜观察的热成像系统显示器,可利用经校准的直尺或有移动轨道标尺的读数显微镜测量显示器线视场的测量方法。

$$d = b - a \tag{13-137}$$

式中：d 为热成像系统显示器的尺寸或直径,mm；a 为显示器在水平直径一端的显微镜读数值,mm；b 为显示器在水平直径另一端的显微镜读数值,mm。

13.7.2　噪声等效温差测量 noise equivalent temperature difference measurement

〈热成像系统〉控制计算机与发射源连接,控制红外源温度 (控制背景板温度),由外接标准电子滤波器输出端产生峰–峰信号等于均方根噪声的低空间频率图案的靶标-背景辐射亮度温差,目标靶置于背景板前方的准直透镜的焦平面上,被测红外探测器接收红外信号并经处理电路处理后传递到显示器上,识别目标并评价信号,按公式 (13-138) 计算,获得热成像系统噪声等效温差的测量方法,测量原理见图 13-111 所示。

$$NETD = \frac{\Delta T}{V_s / V_N} \tag{13-138}$$

式中：$NETD$ 为热成像系统噪声等效温差；ΔT 为热成像系统入瞳处目标与背景的表观温差；V_s 为热成像系统在固定温差下的信号；V_N 为均方根噪声。

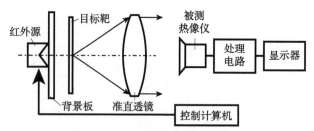

图 13-111　噪声等效温差测量原理图

13.7.3　最小可分辨温差测量 minimum resolvable temperature difference (MRTD) measurement

〈热成像系统〉测试的目标靶板选用目标图案为高、宽、带间距之比为 7:1:1 的四杆图 (目标靶上有四杆孔)，其图案形状见图 13-112 所示，并将其放置在均匀背景中，目标和背景的温差 ΔT 应调到高于规定的空间频率 f_1 下进行观察，调低目标和背景温差 ΔT，观察者刚好能分辨出四条带目标图案时，记录目标图案的热杆温差，再降低目标温度直到冷杆出现，观察者刚好能分辨出四条带目标图案时，记录目标图案的冷杆温差，用热杆温差与冷杆温差的平均值乘以被测仪器的校正系数，由此获得热成像仪的空间频率 f_1 的最小可分辨温差的测量方法。在标准的不同周期测试图案中，图案刚能被观察者分辨的最低靶标-背景辐射亮度温差为最小可分辨温差。测量时，观察时间不加限制并且亮度和增益调到最佳。准确的测量是由 4 位观察者中的 3 位可看到每杆面积的 75% 和两杆间隔面积的 75% 时的温差来确定的。最小可分辨温差的测量，通常采用由 4 种频率组成的一组图案作为靶标。

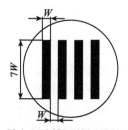

图 13-112　最小可分辨温差测量的目标靶板图

13.7.4　最小可探测温差测量 minimum detectable temperature difference (MDTD) measurement

〈热成像系统〉将圆形靶标放置在均匀背景中，目标和背景的温差 ΔT 应调到高于规定的空间频率的值进行观察，观察者刚好能分辨靶标形状时，获得热成像系统该空间频率的最小可探测温差的测量方法。最小可探测温差是小圆形靶标与其均匀背景间观察者刚好发现该靶标的温差。最小可探测温差测量的靶标为一组规定直径的圆形图案,角直径 d_1、d_2 和 d_3 的选择与特征频率 f_0 符合公式 (13-139) 的关系:

$$
\begin{cases}
d_1 = \dfrac{0.1}{f_0} = 0.2DAS \\[2mm]
d_2 = \dfrac{0.5}{f_0} = 1.0DAS \\[2mm]
d_3 = \dfrac{2.5}{f_0} = 5.0DAS
\end{cases}
\tag{13-139}
$$

式中: f_0 为特征频率 $1/(2DAS)$; DAS 为探测器对热成像系统所用物镜的张角,mrad。在实际中,对热成像系统产品测试时,最小可探测温差需要对视场的 3 个区域进行分别测试,即区域 1、区域 2 和区域 3。

13.7.5　瞬时视场角测量 instantaneous field of view (IFOV) measurement

〈热成像系统〉测量热成像系统所用探测器中相邻两个探测元的中心距以及红外光学系统的焦距,按公式 (13-140) 计算,获得热成像系统瞬时视场角的测量方法。

$$
IFOV = \arctan(a/f) \tag{13-140}
$$

式中: $IFOV$ 为热成像系统瞬时视场角; a 为相邻两个探测元的中心距; f 为红外光学系统焦距。瞬时视场角为探测两个单元所对应的角视场。瞬时视场角本质上是对应热成像系统对物方的分辨能力,瞬时视场角越小,热成像系统的空间分辨能力就越高。

13.7.6　信号传递函数测量 signal transfer function (STF) measurement

〈热成像系统〉采用圆形图案作为信号传递函数测量的目标靶,放置于离轴准直仪焦面处,目标靶温差 ΔT_i 从小到大逐渐增大,经被测红外热成像系统成像,光电信号由监视器和计算机接收,每次均使被显示靶标像的亮度增加 $\sqrt{2}$ 倍,记录每次测试对应于目标靶温差 ΔT_i 的电压差值的 ΔV_i,直至覆盖亮度值的全范围 $L_{min} \sim L_{max}$,绘制出 $\log L$-ΔT 关系曲线,见图 13-113 所示,按公式 (13-141) 计算,获得热成像系统信号传递函数的测量方法,测量的光路原理见图 13-114 所示。

$$
STF = \frac{N\displaystyle\sum_{i=1}^{N}\Delta V_i\Delta T_i - \displaystyle\sum_{i=1}^{N}\Delta V_i\displaystyle\sum_{i=1}^{N}\Delta T_i}{N\displaystyle\sum_{i=1}^{N}(\Delta V_i)^2 - N\displaystyle\sum_{i=1}^{N}(\Delta T_i)^2} \tag{13-141}
$$

式中：STF 为热成像系统信号传递函数；N 为测量点的总个数；ΔT_i 为第 i 次测得的热成像系统入瞳处目标和背景的表观温度差；ΔV_i 为第 i 次测得的对应于 ΔT_i 的电压差值；i 为测量次数的序号。

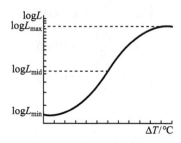

图 13-113　信号传递函数曲线

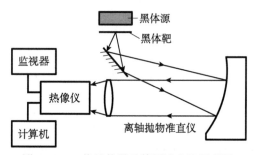

图 13-114　信号传递函数测试光路原理图

　　测量时还需注意：将热像仪"电平"控制设定于中间值，"增益"控制设定于最高值；目标在视场中的尺寸应超过系统瞬时视场的 10 倍；为消除边缘衍射的影响，选取视场中的圆孔靶 2/3 的区域，计算所选区域所有像元灰度的平均值；逐步控制黑体靶与背景的温差 ΔT_i，记录每一个 ΔT_i 下的信号平均值；应注意 ΔT_i 应该至少 10 倍于噪声等效温差 (NETD)，并且在响应度函数线性区内，ΔT 要尽可能大。在图 13-113 曲线中，信号传递函数曲线以 $\log L$ 为纵坐标、$\Delta T(℃)$ 为横坐标，输入信号规定为靶标与其均匀温度背景间的温差，输出信号规定为靶标图案对数亮度 ($\log L$)。增益、亮度、灰度指数和直流恢复控制设置给定时，系统的光亮度输出对标准测试靶标中靶标-背景温差输入的函数关系，即是信号传递函数。从分析热成像系统增益动态范围和电平动态范围的角度，应测量电平为固定 (中间值) 时，增益有 3 个改变 (小、中、大) 的 3 条 STF 曲线，以及测量增益为固定 (中间值) 时，电平有 3 个改变 (小、中、大) 的 3 条 STF 曲线。

　　响应度函数是目标尺寸固定，输出随着目标输入强度变化的函数。信号传递函数是响应度曲线线性段的斜率。信号传递函数是评价红外热成像设备性能的重要指标，能够反映系统的增益、线性度、动态范围、饱和特性及均匀性等特性。

13.7.7　调制传递函数测量 modulation transfer function (MTF) measurement

〈热成像系统〉测量周期性目标输入热成像系统成像后的输出对比度，以输出像的对比度与输入目标物的对比之比，获得热成像系统的调制传递函数的测量方法。热成像系统的调制传递函数的测量方法主要有狭缝法 (方法一) 和刀口靶标法 (方法二) 等。

13.7.7.1　狭缝法 slit method

〈热成像系统调制传递函数测量〉调制传递函数测量靶标采用投影宽度不超过 0.2DAS 的狭缝图案，其投影高度应至少为 10 条扫描线，狭缝取向应垂直于扫描方向；将狭缝靶标置于准直仪焦平面上，用线性读数辐射计狭缝探头扫描输出的显示扩散像；对系统和狭缝探头耦合光学部件进行调焦，使取样狭缝平行于显示狭缝像，使扫描探头垂直于狭缝取向的方向扫描扩散像，记录包括背景辐射的狭缝线扩散函数；关闭狭缝或靶标辐射源，扫描背景，记录背景辐射信号；两次扫描信号相减，并将所得结果进行傅里叶变换计算出总调制传递函数；以已知准直系统、测量中继透镜、靶标狭缝和辐射计狭缝的调制传递函数对计算的总调制传递函数进行校正并归一化，即按公式 (13-142) 计算，获得热成像系统调制传递函数的测量方法。

$$MTF_1 = \frac{MTF_2}{MTF_3 \times MTF_4 \times MTF_5 \times MTF_6} \tag{13-142}$$

式中：MTF_1 为被测热成像系统的调制传递函数；MTF_2 为测得的总调制传递函数；MTF_3 为准直系统的调制传递函数；MTF_4 为测量中继透镜的调制传递函数；MTF_5 为靶标狭缝的调制传递函数；MTF_6 为辐射计狭缝的调制传递函数。

13.7.7.2　刀口靶标法 cutting edge target method

〈热成像系统调制传递函数测量〉测量时，计算机控制高精度温控器和靶轮，目标黑体和背景黑体产生稳定的差分信号 ΔT，经靶标、反射镜和离轴抛物面镜反射后形成无限远的温差信号被待测热成像系统接收；在待测热成像系统中，标准辐射准直系统提供的红外入射能量经过光学系统聚焦在探测器上，在监视器上形成一幅灰度图像；计算机先采集从待测热成像系统传来的电信号，然后差分接收到的刀口信息，并将所得结果进行傅里叶变换计算出总调制传递函数；以已知准直系统、靶标、图像采集系统的调制传递函数对计算的总调制传递函数进行校正并归一化，即按公式 (13-143) 计算，获得热成像系统调制传递函数的测量方法。

$$MTF_1 = \frac{MTF_2}{MTF_3 \times MTF_4 \times MTF_5} \tag{13-143}$$

式中：MTF_1 为被测热成像系统的调制传递函数；MTF_2 为测得的总调制传递函数；MTF_3 为准直系统的调制传递函数，若准直仪孔径比成像系统孔径更大且焦距更长，则可以忽略；MTF_4 为靶标的调制传递函数；MTF_5 为图像采集系统的调制传递函数。如果靶标的反射率足够高，且数据采集电路性能足够好，则 MTF_4 和 MTF_5 可以忽略。

　　双黑体红外热像仪主要参数校准装置原理见图 13-115 所示，其由标准辐射准直系统、系统控制与输出系统、待测系统以及图像数据采集与存储系统四部分组成。标准辐射准直系统提供标准的差分信号给被测热成像系统，图像数据采集与存储系统接收处理来自待测系统的电压信号并给出最终的测试结果。通过刀口靶进行微分运算获得扩展响应函数 (ESF)，然后再进行傅里叶变换得到 MTF。刀口靶目标有两个优点：①目标制作简单；②无需对 MTF 进行修正。

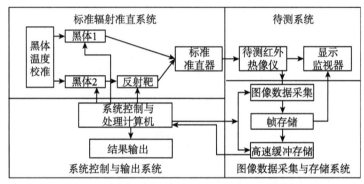

图 13-115　刀口靶标法调制传递函数测量的校准装置原理图

13.7.8　光谱响应测量 spectral responsivity measurement

　　〈热成像系统〉测量时，将不同的光谱滤光片置于环境背景孔径板与热成像系统入射孔径之间，改变靶标温差，直至在传感器输出端测得适配信号，记录相应信号和温差，换上其余的光谱滤光片并改变靶标温差，直到测得与第一峰值滤光片相同的输出，记录相应的信号和温差，在所有滤光片测试后，计算每单位波长的高温靶标能量密度与滤光片透射比之积对波长的积分，归一化后，得到以归一化输出为纵坐标，输入波长为横坐标的光谱响应曲线，由此获得热成像系统光谱响应的测量方法。光谱响应测量靶标是一大小约为视场最小尺寸 5% 的高温辐射源 (200℃~600℃) 小孔图案和一组经校准的、与被测试热成像系统光谱相匹配的窄带滤光片，其中心光谱间隔 0.5μm，半宽度 0.1μm。热成像系统的光谱响应规定为以入射辐射波长为变量的探测器相对输出信号函数。

13.7.9 视场测量 field of view (FOV) measurement

〈热成像系统〉测量时，将热成像系统安装在校准的旋转/倾斜工作台上，对准焦面上设置了热中心分划标志的红外平行光管，在方位向 (或水平方向) 旋转工作台，依次使十字线中心位于显示器视场的两侧边缘，记录工作台转过的角度，测出水平视场，垂直视场通过垂直方向的俯仰角度调整测出，由此获得热成像系统视场的测量方法。视场测量的靶标通常采用定位线条结构，例如十字线 (线条结构和宽度需能保证测试精度)。视场规定为入瞳所张最大锥形或扇形光束角，该光束能透过仪器成像。

13.7.10 畸变测量 distortion measurement

〈热成像系统〉热成像系统对标准靶标在不同的视场区域成像，以不同区域的靶标像几何差异对比，测得热成像系统畸变的测量方法。热成像系统的畸变测量主要是测量增量畸变和平均畸变两个量，分别有测量两种畸变量的测量方法。畸变测量的靶标为一方孔图案，其边长近似为最小视场尺寸的 5%。

13.7.10.1 增量畸变测量 incremental distortion measurement

〈热成像系统〉将热成像系统安装在校准的旋转/倾斜工作台上，转动工作台，依次使方孔靶标清晰成像在热像仪视场中心测试点 C、区域 1(直径为最小视场尺寸 20% 所定义的中心圆区域) 外边缘、区域 2(直径为最小视场尺寸的中心圆区域减除区域 1 的空心环区域) 外边缘、区域 3(不含区域 1 和区域 2 的剩余区域) 外边缘，用读数显微镜在热成像系统的显示器上分别测量靶标图像的水平尺寸和垂直尺寸，按公式 (13-144) 计算，获得热成像系统增量畸变的测量方法。

$$DIS_i = \left(\frac{S_i}{S_c} - 1 \right) \times 100\% \tag{13-144}$$

式中：DIS_i 为增量畸变；S_i 为各区域外边缘图像尺寸/物空间靶标尺寸，mm/mm；S_c 为中心区域图像尺寸/物空间靶标尺寸，mm/mm。符号说明中的 "/" 是两个尺寸比的含义。

13.7.10.2 平均畸变测量 average distortion measurement

〈热成像系统〉首先使方孔靶标清晰成像在热成像系统视场中心测试点 C，测量中心比例因子 S_c，再用十字线靶标取代方孔靶标，将十字线靶标中心置于场中心，记录工作台坐标，转动工作台，使十字线靶标中心分别位于区域 1、2、3 的外边缘，记录相应的工作台坐标，按公式 (13-145) 计算，获得热成像系统平均畸变的测量方法。

$$DIS_a = \left(\frac{S_a}{S_c} - 1 \right) \times 100\% \tag{13-145}$$

式中：DIS_a 为平均畸变；S_a 为场中心到区域外边缘的距离/场中心到区域外边缘工作台角坐标差，mm/rad；S_c 为中心区域图像尺寸/物空间靶标尺寸，mm/mm。

13.7.11　均匀性测量 uniformity measurement

〈热成像系统〉测量靶标采用高温度均匀性大面积黑体辐射源，用被测热成像系统对高温度均匀性大面积黑体辐射源进行成像，选择一带有狭缝探头的线性读数辐射计和一耦合光学系统，在热成像系统的或热成像系统外接的显示器的水平和垂直两个方向扫描测量信号，关闭探头，测量背景(暗电流)信号，以扫描信号减去背景信号并分析数据，以此判断被测热成像系统是否满足均匀性要求的测量方法。均匀性以观察均匀背景来测量，可直接在显示屏上或在视频通道上进行。或者是在被测试系统入瞳孔径处张一布帘，验证它在显示器上的影响不随其位置移动而变化。

13.7.12　直流恢复测量 direct current recovery (DCR) measurement

〈热成像系统〉利用选行 TV 示波器测出图 13-116 所示的 3 行视频输出信号参数，当公式 (13-146) 中，$\delta \leqslant 0.05$ 时，即视场内存在大尺寸热目标时，遍及整个视场代表环境背景的平均景物电平恒定，表明具有直流恢复功能；当公式 (13-147) 中，$\delta \leqslant 0.05$ 时，即视场内存在大尺寸热目标时，其任一侧的背景电平不同于其上或下背景电平，表明不具有直流恢复能力，由此获得热成像系统直流恢复的测量方法。直流恢复应纳入热成像系统视频信号处理电路，并应能通过控制面板，在包括视频装定时间在内最多 0.5s 迅速转换。直流恢复测量靶标是由一块均匀热板 ($\varepsilon \geqslant 95\%$) 和一块均匀背景板 ($\varepsilon \geqslant 95\%$) 两块均匀平板组成，见图 13-117 所示，均匀背景板的尺寸应足够大，其准直仪投影像应充满或接近充满热成像系统的视场，均匀热板 (靶板) 应有较高温度，其与背景板温差 $\Delta T \geqslant 20°C$。

$$\frac{V_{L_1} + V_{L_2}}{V_1 + V_3} = 1 \pm \delta \tag{13-146}$$

$$\frac{V_{ave}}{(V_1 + V_3)/2} = 1 \pm \delta \tag{13-147}$$

其中：

$$V_{ave} = \left[(V_H \cdot X) + (V_{L_1} + V_{L_2})(Y - X)/2 \right] / Y \tag{13-148}$$

式中：V_{L_1} 为第二取样行靶标前背景电平，V；V_{L_2} 为第二取样行靶标后背景电平，V；V_1 为第一取样行背景电平，V；V_3 为第三取样行背景电平，V；V_{ave} 为平均景物电平，V；V_H 为第二取样行靶标电平，V；X 为第二取样行靶标电平宽度，mm；Y 为第三取样行背景电平宽度，mm。

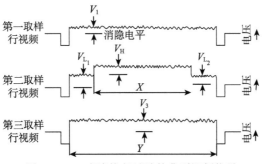

图 13-116 直流恢复试验的典型视频信号

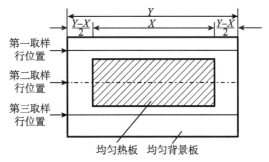

图 13-117 直流恢复试验靶标图案

13.7.13 低频响应测量 low frequency responsivity (LFR) measurement

〈热成像系统〉利用选行电视 (TV) 示波器测出图 13-116 所示中的第 2 行视频输出信号，此时靶标 x 向尺寸应不大于水平视场的 10%，增大靶标 x 向尺寸，直至靶标最小视频电压信号下降到公式 (13-149) 的关系，从示波器上直接测量视频输出电压 V_{tc}，其关系为公式 (13-150)，测量 V_{tc} 的时间间隔 t_c 按公式 (13-151) 计算，低频响应按公式 (13-152) 计算，由此获得热成像系统低频响应的测量方法。被测热成像系统的低频响应规定为大目标响应下降 3dB 的电频率，低频响应测量的靶标类似于直流恢复试验靶标，但其 x 向尺寸可变。

$$V_m \leqslant 0.1\,(V_H - V_{L_1}) + V_{L_1} \tag{13-149}$$

$$V_{tc} = 0.37\,(V_H - V_{L_1}) + V_{L_1} \tag{13-150}$$

$$t_c = t_2 - t_1 \tag{13-151}$$

$$LFR = 1/(2\pi t_c) \tag{13-152}$$

式中：LFR 为低频响应，s^{-1}；V_m 为靶标最小视频电压信号，V；V_H 为对靶标前沿的响应，V；V_{L_1} 为背景的响应电平，V；V_{tc} 为视频输出电压，V；V_H 为对靶标前沿的响应，V；t_c 为时间 t_2 与时间 t_1 之差，s。被测热成像系统的低频响应大于目标响应下降 3dB 的电频率。

13.8　光纤特性测量

13.8.1　基准测量法 reference test method(RTM)

对某一种类光纤或光缆的某一指定特性是严格按照这个特性的定义来测量的，并给出精确、可重复和与实际使用相一致的结果的测量方法。本节中的光纤称谓是指光纤或光缆。以下被测量的光纤分为 A 类和 B 类，A 类为多模光纤，B 类为单模光纤。

13.8.2　替代测量法 alternative test method(ATM)

对某一种类光纤或光缆的某一指定特性是以与这个特性的定义在某种意义上一致的方法来测量的，能给出可重复的并与基准测试法的测量结果和实际使用相符合的测量方法。

13.8.3　光衰减测量 light attenuation measurement

测量光经光纤传输前后的功率，用相关公式计算，获得光纤衰减的测量方法，也称为损耗测量。光纤衰减 (或损耗) 测量有剪断法、插入损耗法、后向散射法和谱衰减模型法四种基本测量方法。

13.8.3.1　剪断法 cut-back method

〈光纤衰减和衰减系数测量〉首先测量整根光纤的输出功率 $P_2(\lambda)$，保持注入条件不变，离注入端约 2m 处剪短光纤，测量该处光纤的输出光功率 $P_1(\lambda)$，按公式 (13-153) 和公式 (13-154) 计算，获得光纤的衰减 $A(\lambda)$ 和衰减系数 $\alpha(\lambda)$ 的测量方法，也称为截断法，测量原理见图 13-118 所示。本测量方法直接基于光纤衰减定义，是测量光纤衰减特性的基准试验方法 (RTM)。测量时，在整个测量过程中要保持光激励系统状态不变，应保证相同的光源和探测器，当观测到光源波动时，应调整光源的输出功率，或对 $P_1(\lambda)$ 和 $P_2(\lambda)$ 的读数进行相应的修正。在稳态条件下，约 2m 光纤的衰减可忽略不计。

$$A(\lambda) = 10\lg\frac{P_1(\lambda)}{P_2(\lambda)} \tag{13-153}$$

$$\alpha(\lambda) = \frac{A(\lambda)}{L} = \frac{10}{L}\lg\frac{P_1(\lambda)}{P_2(\lambda)} \tag{13-154}$$

式中：$A(\lambda)$ 为光纤的衰减，dB；$P_2(\lambda)$ 为光纤末端出射光功率，W 或 mW；$P_1(\lambda)$ 为截断光纤后截留段末端出射的光功率，W 或 mW；$\alpha(\lambda)$ 为光纤的衰减系数，dB/km；L 为被测光纤长度，km。

图 13-118　截断法测量衰减原理图

本方法的优势在于测量准确度高，误差小于 0.1dB，缺点在于测量过程中需要剪断光纤，属于破坏性的测量方法。

13.8.3.2　插入损耗法 insertion loss method

〈光纤衰减和衰减系数测量〉首先对输入参考光功率 $P_1(\lambda)$ 进行校准 (通常校准到 0 电平使前端的损耗为 0)，然后接入被测光纤，调整耦合接头使其达到最佳耦合，此时记录光纤输出光功率为最大值 $P_2(\lambda)$，按公式 (13-155) 计算总衰减值 $A(\lambda)$(即相距 L 的两个横截面 1 和 2 之间在波长 λ 处的衰减)，再按公式 (13-156) 计算，获得光纤的衰减系数 $\alpha(\lambda)$ 的测量方法，测量原理见图 13-119 所示。图中的光源为卤钨灯、激光器或发光二极管 (LED) 等光源。实际上，公式 (13-155) 和公式 (13-156) 与公式 (13-153) 和公式 (13-154) 在表达形式上是一样的。

$$A(\lambda) = \left| 10\lg \frac{P_1(\lambda)}{P_2(\lambda)} \right| \tag{13-155}$$

$$\alpha(\lambda) = \frac{A(\lambda)}{L} \tag{13-156}$$

图 13-119　插入损耗法测量衰减原理图

本方法是一种光纤衰减和带宽等传输特性的测试法，先测量和记录直接从发射系统来的光功率，后探测发射系统连接被测光纤后的光功率并加以比较获得，也称介入损耗法。插入损耗法是光纤衰减的替代测量方法，其基本原理类似于截断法，但 $P_1(\lambda)$ 在截断法中是光注入系统的输出光，而在插入损耗法中表示的是输入参考电平 (单位为 dB)。插入损耗法的测量精度不如截断法的高，但是对被测光纤和固定在光纤端头上的终端连接器具有非破坏性的优点。这一方法适合现场测量，主要用于对链路光缆的测量。插入损耗法不能分析整个光纤长度上的衰减特征，但是，当已知 $P_1(\lambda)$ 时，可以测量出在变化的环境中 (如温度或应力变化) 光纤衰减连续变化的特征。

13.8.3.3　后向散射法 back scattering method

〈光纤衰减和衰减系数测量〉由光发射器发出的光，经过光束分束器后进入被测光纤，光射入光纤后在光纤各点产生的瑞利散射光返回到光束分束器，光束分束器将返回的散射光分到探测器中，经过信号处理系统处理，输出得到后向回波强度的波形图，经软件处理后得到光纤衰减系数的测量方法，测量原理见图 13-120 所示。

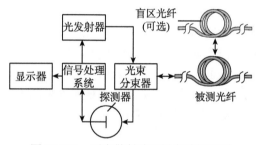

图 13-120　后向散射法测量衰减原理图

光纤系统中，后向散射法是将大功率的窄脉冲注入光纤，然后在同一端检测沿光纤轴向向后返回的散射光功率。图 13-121(a) 中，光要回到入口端面 1，Z_2 点的背向散射光要比 Z_1 点的背向散射光多走了 $2(Z_2 - Z_1)$ 的路程。由于光纤损耗的存在，就使得入口处探测到 Z_2 点的散射光的强度小于 Z_1 点的散射光。由于任何一处都存在瑞利散射，不同位置的散射光返回入射端经过的路程不同，受到的损耗也不同。后向散射光的波形能给出光纤的损耗信息，光纤中有些部分损耗很大，经过了这些部分的后向散射光的强度较其他回波就有一个突然的下降。分析这些突然下降点的位置即可确知在光纤中损耗大的位置。另外，若光纤中存在杂质或缺陷，光经过此处时散射突然增大，后向散射光也将突然跳跃。通过脉冲信号输入进光纤中，从后向回波强度的波形图上，可以得到光纤的传输信息。典型后向回波强度的波形见图 13-121(b) 所示：a 区为输入反射端，是由于耦合部件和光纤前端面引起的菲涅耳反射脉冲曲线；b 区为恒定斜率区，是由于光脉冲沿具有均匀损耗的光纤段传播时的背向瑞利散射曲线；c 区称为高损耗区，是由于接头或耦合不完善或存在缺陷引起的损耗区；d 区为介质缺陷区，是由于光纤断裂破坏所引起并且能够根据损耗峰大小反映出损坏的程度；e 区为输出端反射区，是由光纤末端引起的菲涅耳反射脉冲。

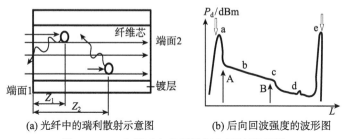

(a) 光纤中的瑞利散射示意图　　(b) 后向回波强度的波形图

图 13-121　光纤后向瑞利散射和回波强度图

本方法是利用与传输光相反方向的瑞利散射光功率来确定光纤损耗系数的方法，也称为背向散射法。由于光纤中的散射是无法消除的，尤其是瑞利散射，它在整个空间都有功率分布，所以存在沿光纤轴向向前或向后的散射，瑞利散射光功率与传输光功率成正比。

13.8.3.4　谱衰减模型法 spectral attenuation model method

〈光纤衰减测量〉首先用检测器检测参考光束，记录光源功率，并记录光纤远端所有波长点的输出功率 $P_2(\lambda)$，然后在靠近光纤输入端约 2m 处剪断光纤，在该处重新测量所有波长点的输出光功率 $P_1(\lambda)$ 和参考光束的相应光功率，之后保证光源激励条件相同，利用参考光束的光源波动修正 $P_2(\lambda)$ 和 $P_1(\lambda)$，最后利用衰减公式计算每个波长光纤衰减的测量方法，测量原理见图 13-122 所示。测量衰减谱，光源的选择很重要，测量装置的光源应选用宽谱灯，使用滤光片轮选择波长，单一波长的衰减测试应使用窄谱的激光器光源。在测量光纤的衰减谱时，单一波长衰减测量装置不适用，因为用这种装置，对每一个波长都需要更换一次光源来进行一次光纤衰减测试。

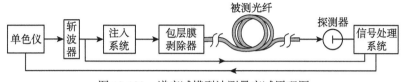

图 13-122　谱衰减模型法测量衰减原理图

13.8.4　带宽测量 bandwidth measurement

采用测量多模光纤的模式基带响应等方法，用相关公式计算，获得光纤带宽的测量方法。光纤带宽的测量方法主要有冲击响应法、时间响应法和频率响应法等。多模光纤的总带宽由总色散决定，总色散由模式色散和波长色散组成。

13.8.4.1   冲击响应法 impulse response method

〈光纤带宽测量〉由脉冲发生器激励产生光经过光纤后被探测器接收，分别记录被试光纤的输出光脉冲 $P_2(t)$ 和参考光纤的输出光脉冲 $P_1(t)$，按公式 (13-157) 计算得到冲击响应 $g(t)$，按公式 (13-158) 将冲击响应 $g(t)$ 转换为频率响应 $G(\omega)$，绘制幅-频特性曲线，曲线上 −3dB(光功率) 点为被试光纤的带宽，由此获得光纤带宽的测量方法，测量原理见图 13-123 所示。

$$P_2(t) = P_1(t) * g(t) \tag{13-157}$$

$$G(\omega) = \int_{-\infty}^{+\infty} g(t)\exp(-\mathrm{i}\omega t)\mathrm{d}t \tag{13-158}$$

式中：∗ 为卷积符号；i 为虚数 ($\sqrt{-1}$)；ω 为角频率，Hz；t 为时间，s。

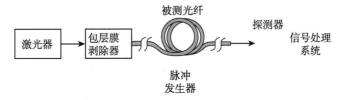

图 13-123   冲击响应法测量带宽原理图

13.8.4.2   时间响应法 time response method

〈光纤带宽测量〉由脉冲发生器激励产生光经过光纤和放大后被探测器接收，通过示波器显示测试前后的响应时间 τ_2 和 τ_1，按公式 (13-159) 计算，获得光纤带宽的测量方法，也称为时域法，测量原理见图 13-123 所示。时域分析是指控制系统在一定的输入下，根据输出量的时域表达式，分析系统的稳定性、瞬态和稳态性能来比较光纤输入、输出光脉冲的宽度从而测量光纤模式基带响应的一种方法。

$$B = \frac{440}{\sqrt{\tau_2^2 - \tau_1^2}} \tag{13-159}$$

式中：B 为光纤带宽，MHz；τ_2 和 τ_1 分别为测试前后的响应时间。

13.8.4.3   频率响应法 frequency response method

〈光纤带宽测量〉在测量系统中，接入一段光纤时，测出的频率响应为 $H_1(f)$，接入被测光纤时，测出的频率响应为 $H_2(f)$，光纤频率响应 $H(f_s)$ 和光带宽 f_s 符合公式 (13-160) 的关系，其对数形式 $T(f)$ 符合公式 (13-161)，根据幅值-频率函数确定光纤带宽的测量方法，也称为频域法，测量原理见图 13-124 所示。采用频率扫描信号或分离的正弦波信号输入，分析其输出信号或者采用输入光脉冲信号激励，对输出信号进行频谱分析，直接测量出幅值-频率函数 (幅度响应) 的方法。

$$H(f_s) = \frac{H_2(f)}{H_1(f)} \tag{13-160}$$

$$T(f) = 10\lg[H(f_s)] \tag{13-161}$$

图 13-124　频率响应法测量带宽原理图

13.8.5　截止波长测量 cut-off wavelength measurement

通过测量光纤的参数，用公式计算，或测量被测试光纤中传输的光功率随波长变化的光谱曲线与参考传输光功率的光谱曲线比较，获得光纤截止波长的测量方法。光纤截止波长的测量方法主要有光纤参数测试法、传输功率法和透射功率法等。

13.8.5.1　光纤参数测试法 optical fiber parameter test method

〈光纤截止波长测量〉对常规光纤，通过测量光纤芯半径 a 以及光纤芯与包层的折射率 n_1 和 n_2，按公式 (13-162) 计算，得到光纤截止波长 λ_c 的测量方法。本方法适合于获得光纤的理论截止波长。截止波长是光纤单模运行时的波长范围，常用 λ_c 来表示，只有满足 $\lambda > \lambda_c$ 时才能保证光纤实现单模传输。

$$\lambda_c = \frac{2\pi a \sqrt{n_1^2 - n_2^2}}{V_c} \tag{13-162}$$

公式 (13-162) 中的 V_c 为阶跃单模光纤实现单模传输的归一化截止频率, $V_c = 2.045$, 是贝塞尔方程的第一个实根。普遍性的 V_c 按公式 (13-163) 计算，式中的 NA 为数值孔径，当 $V_c > 2.405$ 时，光纤中会有多个不同传输模式。

$$V_c = \frac{2\pi a}{\lambda} NA \tag{13-163}$$

光纤截止频率的测量方法除了获取理论截止波长的光纤参数测试法外，实际的测量方法主要有传输功率法和透射功率法。

13.8.5.2   传输功率法 transmission power method

〈光纤截止波长测量〉 由卤灯输出的稳定白光 (其 FWHM 谱宽不超过 10nm)，用调制器对光源进行调制，用注入系统将宽谱光波注入到直线布置、中间绕有半径为 140mm 圆的 2m 长的被测光纤中，用探测器进行波长扫描测量包含预计截止波长在内的宽光谱传输功率谱的曲线 $P_s(\lambda)$(波长间隔不大于 10nm)，在中间有大圆的基础上，再分别在被测光纤两端各弯曲出一个半径为 40mm 的小圆环形成参考光纤，以同扫描 $P_s(\lambda)$ 相同的波长点记录在参考光纤状态下的参考光功率谱 $P_b(\lambda)$，按公式 (13-164) 计算传输功率谱 $A_b(\lambda)$，绘制出 $A_b(\lambda)$ 曲线，以 $A_b(\lambda)$ 曲线中 $A_b(\lambda) = 0.1\text{dB}$ 处的最长波长为截止波长 λ_c，由此获得光纤截止波长的测量方法，测量原理见图 13-125 中的图 (a)、图 (b) 和图 (c) 所示。本方法是基于测量被试光纤中传输的光功率随光波长变化的光谱曲线，同参考传输光功率的光谱曲线比较后得到光纤的截止波长。在本测量方法中，参考光纤弯曲的小环半径应小

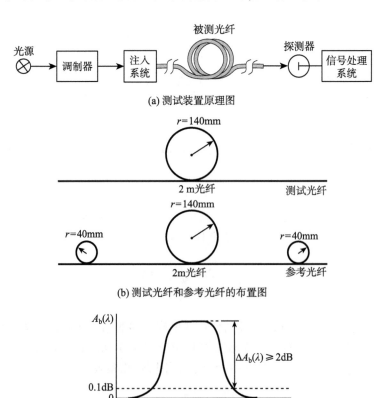

图 13-125   传输功率法测量截止波长原理图

到足以使 LP_{11} 模产生衰减，但又不能太小，以避免在更大波长处产生宏弯影响，参考光纤的布置方式规范了测试装置中的波长依赖性波动，因此可以正确表征高阶模在样品中的衰减，并精确测量截止波长的数值。确定截止波长时，$A_b(\lambda)$ 曲线上的最高点与截止波长点之差 $\Delta A_b(\lambda)$ 应不小于 2dB。传输功率法是光纤截止波长测量的基准测试方法 (RTM)。

$$A_b(\lambda) = 10\lg\left[\frac{P_s(\lambda)}{P_b(\lambda)}\right] \tag{13-164}$$

13.8.5.3 透射功率法 transmitted power method

〈光纤截止波长测量〉在规定条件 (固定长度和曲率) 下，利用一根短的被测光纤传输功率对比于基准传输功率随波长的变化，以确定单模光纤截止波长的测量方法。该方法可用相同的微弯光纤或用一根短多模光纤获得基准功率，推荐作为单模光纤截止波长的基准测试法。

13.8.6 色散测量 dispersion measurement

采用测量光纤的时延或相位延迟等方法，用相关公式计算，获得光纤色散的测量方法。光纤色散测量的方法主要有相移法、时域群时延谱法、微分相移法和干涉法等。

13.8.6.1 相移法 phase-modulation method

〈光纤色散测量〉用角频率为 ω 的正弦信号调制的光波，经长度为 L 的单模光纤传输后，其时延取决于光波长 λ_0，不同时延产生不同的相位 φ，用波长为 λ_1 和 λ_2 的受调制光波，分别通过被测光纤，产生的时延差为 ΔT，相移为 $\Delta\varphi$，按公式 (13-165) 计算长度为 L 的光纤总色散，按公式 (13-166) 计算光纤色散系数 $D(\lambda)$，由此获得光纤色散的测量方法，测量原理见图 13-126 所示。测量不同波长正弦调制信号的相移变化，将其转换后得到光波在光纤中传播的相对时延，用指定的拟合公式由相对时延谱拟合导出光纤的波长色散特性。本方法可用典型的激光器光源或经过分光的 LED 作光源，是测量所有 B 类单模光纤色散的基准试验方法。

$$D(\lambda)L = \frac{\Delta T}{\lambda_1 - \lambda_2} \tag{13-165}$$

$$D(\lambda) = \frac{\Delta\varphi}{L\omega(\lambda_1 - \lambda_2)} \tag{13-166}$$

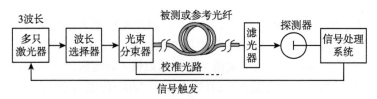

图 13-126　相移法测量色散原理图

13.8.6.2　时域群时延谱法 time domain group delay spectroscopy

〈光纤色散测量〉直接测量已知长度的光纤在不同波长脉冲信号下的群时延，用指定的拟合公式由相对时延谱拟合导出光纤的波长色散特性的测量方法。光源采用光纤拉曼激光器的测量系统，用同步锁模和 Q 开关的掺钕钇铝石榴石激光器 (Nd:YAG 激光器) 泵浦一段合适长度 (约 200m) 的单模光纤，用光栅单色仪这类器件进行滤光；它能产生短持续时间的光脉冲，其半幅全时宽度 (FDHM) 应小于 400ps；光脉冲应有足够的强度、足够的空间稳定性和时间稳定性，其测量原理见图 13-127 所示。光源采用不同波长的注入式多个激光器组，多个激光器组的持续时间应足够短 (FDHM 小于 400ps)，在测量期间，应保持强度稳定并可稳定触发，其测量原理见图 13-128 所示。采用光纤拉曼激光器光源或多个激光器组光源的时域群时延谱法是测量 A1 类多模光纤色散的基准测试方法。

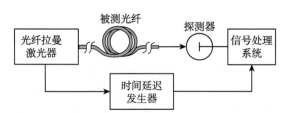

图 13-127　光纤拉曼激光器光源的时域群时延谱法测量色散原理图

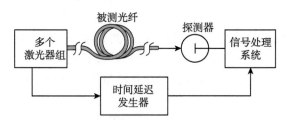

图 13-128　多个激光器组光源的时域群时延谱法测量色散原理图

13.8.6.3　微分相移法 differential phase shift method

〈光纤色散测量〉将光源经调制的光耦合进被试光纤，将光纤输出的第一个波长光的相位与输出的第二个波长光的相位进行比较，由微分相移、波长间隔和光纤长度确定这两个波长间隔内平均波长色散系数的测量方法。本方法假定这两个测量波长的平均波长的波长色散系数等于这两个测量波长间隔内的平均波长色散系数,通过对色散数据曲线拟合可获得诸如零色散波长 λ_0 和零色散斜率 S_0 这两个参数。

　　测量光源采用多个激光器组时,每次测量要求有两个波长的激光器,测量原理见图 13-129 所示;测量期间,在偏置电流和调制频率下及激光器所处的环境温度内,每个光源的中心波长和调制输出相位都应保持稳定;可采用具有温控的输出功率稳定的单纵模或多纵模激光器。测量光源采用 LED 时,应采用一只或多只 LED,测量原理见图 13-130 所示,一般应通过单色仪等装置对输出光谱进行滤光,以获得谱线半宽度 (FWHM) 为 1nm~5nm 的谱线。

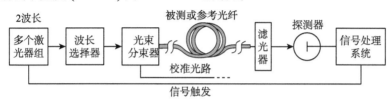

图 13-129　多个激光器组光源的微分相移法测量色散原理图

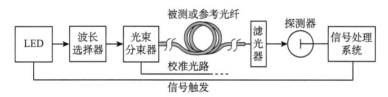

图 13-130　LED 光源的微分相移法测量色散原理图

13.8.6.4　干涉法 interferometry

　　〈光纤色散测量〉将被测试样放入测量装置并选择适当的波长 λ_1,移动线性定位器,找出并记录干涉图形最大时的位置 x_1,选择下一个波长 λ_2,移动线性定位器,找出并记录干涉图形最大时的位置 x_2,重复进行这一步骤,选择适当数量的波长 λ_i,并记录相应的干涉图形最大时的位置 x_i,得到时延数据,由此获得光纤色散的测量方法,以参考光纤为参考和以空气光路为参考的干涉法波长色散测量的原理分别见图 13-131 和图 13-132 所示。

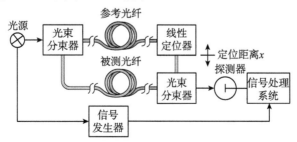

图 13-131　光纤参考光路的干涉法色散测量原理图

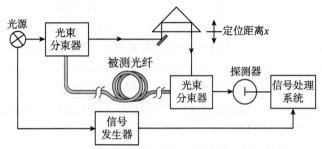

图 13-132　空气参考光路的干涉法色散测量原理图

用马赫-曾德尔 (Mach-Zehnder) 干涉仪测量被测样品和参考光路的与波长相关的时延谱,参考光路可以是一个空气光路或一个已知群时延谱的单模光纤。该方法是以假定光纤纵向是均匀的为前提, 用数米长的光纤的试验结果外推到长光纤的色散,但这一假定不是在每一种情况下都适用,干涉法适用于 1000nm~1700nm 波长范围内测定 1m~10m 短段 B 类单模光纤的色散特性。

13.8.7　数值孔径测量-远场光分布法 numerical aperture measurement-far-field light distribution method

〈光纤数值孔径测量〉用光源将光从一端耦合进光纤,而从光纤的另一端辐射出去,在距光纤的射出端面距离 L 处测得光斑直径 D,按公式 (13-167) 计算,获得光纤数值孔径的测量方法,测量原理见图 13-133 所示。本方法是通过测量短段光纤远场辐射图确定光纤数值孔径 NA 的方法,是测定多模光纤数值孔径的基准试验方法,用作仲裁测试。

$$NA = \sin\theta_m = \sin\{\arctan[D/(2L)]\} \tag{13-167}$$

式中:θ_m 为从光纤端面进入光纤的最边缘光线与光轴的夹角。

图 13-133　远场光分布法数值孔径原理图

13.8.8　模场直径测量 mode field diameter measurement

采用对远场或近场光强分布测试等方法,用相关公式计算,获得光纤模场直径的测量方法。光纤模场直径测量的方法主要有直接远场扫描法、近场可变孔径法、近场扫描法、光时域反射计法和刀口扫描法等。

13.8.8.1　直接远场扫描法 direct far field scanning method

〈光纤模场直径测量〉采用合适的相干或非相干光源 [例如半导体激光器或经充分滤光的白光源，需要时，可采用单色仪和干涉滤光器选择波长，光源谱线的半幅全宽 (FWHM) 应不大于 10 nm]，光注入装置必须足以激励起基模 (可采用光学透镜系统或尾纤来激励被试光纤)，试样采用长度为 2m± 0.2m 的单模光纤，光检测器光敏面离光纤输出端面的距离不小于 10mm，旋转扫描平台的扫描步长不大于 0.5°，通过测量光纤远场辐射分布，根据柏特曼 (Petermann II) 远场定义，按公式 (13-168) 计算，获得单模光纤模场直径的测量方法，测量原理见图 13-134 所示。本方法是测量单模光纤模场直径的基准测试方法 (RTM)，适用于工作在 1310nm 波段或 1550nm 波段的 B 类单模光纤。对 B1 类光纤，最大扫描半角应不小于 20°；对于 B2 类和 B4 类光纤，最大扫描半角应不小于 25°。

$$2W_0 = \frac{\lambda \sqrt{2}}{\pi} \left[\frac{\int_0^{\pi/2} P_F(\theta)\sin\theta\cos\theta\,d\theta}{\int_0^{\pi/2} P_F(\theta)\sin^3\theta\cos\theta\,d\theta} \right]^{1/2} \tag{13-168}$$

式中：$2W_0$ 为光纤模场直径；$P_F(\theta)$ 为远场光强分布；λ 为测量波长，μm；θ 为光纤远场测量角，rad。公式中积分的实际上限只要取某个 θ_{max} 即可。

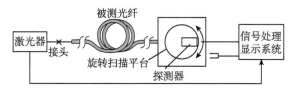

图 13-134　直接远场扫描法模场直径测量原理图

13.8.8.2　远场可变孔径法 far-field variable aperture method

〈光纤模场直径测量〉采用合适的相干或非相干光源 [采用单色仪和干涉滤光器选择波长，光源谱线的半幅全宽 (FWHM) 应不大于 10 nm]，光注入装置必须足以激励起基模 (可采用光学透镜系统或尾纤来激励被试光纤)，试样采用长度为 2m±0.2m 的单模光纤，由不同尺寸圆形孔径组成的装置 (如孔径轮，不同尺寸的孔径轮应足够多) 离光纤输出端的距离一般为 20mm~50mm 处，测量光功率穿过不同尺寸孔径轮的二维远场分布，按公式 (13-169) 计算，或按公式 (13-169) 的等价公式 (13-171) 计算，获得光纤模场直径的测量方法，测量原理见图 13-135 所示。

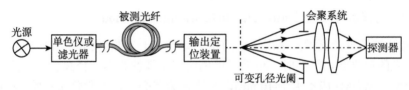

图 13-135　远场可变孔径法模场直径测量原理图

该方法是测量单模光纤模场直径的替代测试方法 (ATM)，适用于工作在 1310nm 波段或 1550nm 波段的 B 类单模光纤。

$$2W_0 = \frac{\lambda}{\pi D}\left[\int_0^\infty \alpha(x)\frac{x}{\sqrt{x^2 + D^2}}\mathrm{d}x\right]^{-1/2} \tag{13-169}$$

$$\alpha(x) = 1 - P(x)/P_{\max} \tag{13-170}$$

$$2W_0 = \frac{\sqrt{2}\lambda}{\pi}\left[\int_0^\infty \alpha(\theta)\sin 2\theta \mathrm{d}\theta\right]^{-1/2} \tag{13-171}$$

$$\theta = \arctan(x/D) \tag{13-172}$$

$$\alpha(\theta) = 1 - P(\theta)/P_{\max} \tag{13-173}$$

式中：$2W_0$ 为光纤模场直径；λ 为测量波长，μm；D 为孔径光阑所在平面到光纤端面的距离，mm；x 为孔径光阑的半径，mm；$\alpha(x)$ 为以 x 为变量的互补孔径功率传输函数，按公式 (13-170) 计算；$P(x)$ 为透过远场孔径光阑为 x 的光功率；$P_{\max}$ 为透过最大孔径光阑的光功率；θ 为光纤远场测量角，rad，按公式 (13-172) 计算；$\alpha(\theta)$ 为以 θ 为变量的互补孔径功率传输函数，按公式 (13-173) 计算；$P(\theta)$ 为透过远场测量角为 θ 的孔径光阑的光功率。

13.8.8.3　近场扫描法 near-field scanning method

〈光纤模场直径测量〉采用合适的相干或非相干光源 (采用单色仪和干涉滤光器选择波长，光源谱线的半幅全宽应不大于 10 nm)，光注入装置必须足以激励起基模 (可采用光学透镜系统或尾纤来激励被试光纤)，试样采用长度为 2m ± 0.2m 的单模光纤，被测光纤输出端面的光强度分布用平面场透镜放大，监视器观测近场图的对准和聚焦，光强度分布成像在扫描探测器 (如视像管或 CCD 等) 感光面上，测出输出光强的分布，按公式 (13-174) 计算，获得光纤模场直径的测量方法，测量原理见图 13-136 所示。用连续光源照射光纤输入端面，在光纤输出端逐点测量输出面上径向各点的光强度，得到径向的光强度分布并用高斯拟合，根据模场直径的定义，可通过计算机软件计算直接测量模场半径的测量方法。

$$2W_0 = 2\left[2\frac{\int_0^\infty rf^2(r)\mathrm{d}r}{\int_0^\infty r\left(\frac{\mathrm{d}f(r)}{\mathrm{d}r}\right)^2\mathrm{d}r}\right]^{1/2} \tag{13-174}$$

式中：$2W_0$ 为模场直径；r 为径向坐标，μm；$f^2(r)$ 为近场光强分布。该方法是测量单模光纤模场直径的替代测试方法 (ATM)，适用于工作在 1310nm 波段或 1550nm 波段的 B 类单模光纤。

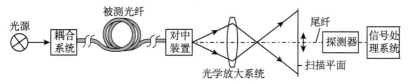

图 13-136 近场扫描法模场直径测量原理图

13.8.8.4 光时域反射计法 optical time domain reflectometry(OTDR)

〈光纤模场直径测量〉测量装置采用光时域反射计、光开关、参考光纤 A 和参考光纤 B，光时域反射计的中心波长偏差应在 ±2 nm 以内，用光开关将光时域反射计双波长的激光引出进行双向后向散射测量，参考光纤 A 和 B 为预先测定过单/双波长模场直径的单模光纤，参考光纤与被测光纤的接头 A(或 B) 应保持稳定，从参考光纤 A 注入 λ_j 波长的光，测量接头 A 的损耗，结果记为 $L_A(\lambda_j)$，再从参考光纤 B 注入 λ_j 波长的光，测量接头 B 的损耗，结果记为 $L_B(\lambda_j)$，按公式 (13-175) 计算，获得光纤模场直径的测量方法，测量原理见图 13-137 所示。

$$W_S(\lambda_j) = W_A(\lambda_j)10^{\frac{g_j[L_A(\lambda_j)-L_B(\lambda_j)]+f_j}{20}} \tag{13-175}$$

式中：$W_S(\lambda_j)$ 为被测光纤在波长 λ_j 上的模场直径；λ_j 为某一测量波长；$W_A(\lambda_j)$ 为参考光纤 A 在波长 λ_j 上预先测得的模场直径；$L_A(\lambda_j)$ 为从参考光纤 A 注入光测量接头 A 在 λ_j 波长上的损耗；$L_B(\lambda_j)$ 为从参考光纤 B 注入光测量接头 B 在 λ_j 波长上的损耗；g_j 为与波长和光纤结构相关的修正因子；f_j 为与波长和光纤结构相关的修正因子。该方法不适合用于测量结构未知光纤的模场直径，适用于工作在 1310nm 波段或 1550nm 波段的 B 类单模光纤。

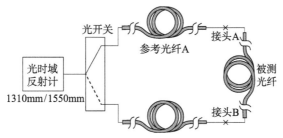

图 13-137 光时域反射计法模场直径测量原理图

13.8.8.5　刀口扫描法 knife-edge scanning method

〈光纤模场直径测量〉采用合适的相干或非相干光源 [采用单色仪和干涉滤光器选择波长，光源谱线的半幅全宽 (FWHM) 应不大于 10 nm]，光注入装置必须足以激励起基模 (可采用光学透镜系统或尾纤来激励被试光纤)，试样采用长度为 2m± 0.2m 的单模光纤，采用可移动刀口装置，刀口长度应覆盖探测器光面，在刀口后面固定一具有大光敏面的探测器，保证探测器光敏面覆盖被测光斑，可用不同口径的光阑插入光路来验证探测器光敏面采集光束的完整性，当光阑口径小于或等于 0.8 倍探测器光敏面口径，探测器测得光强为不加光阑得到光强的 95％以上，即认为探测器对光束的采集是完整的，如以总功率的 10％和 90％之间的距离作为光束的宽度，该光束宽度为 1/e² 峰值功率直径除以 1.56，由此获得光纤模场直径的测量方法，测量原理见图 13-138 所示。

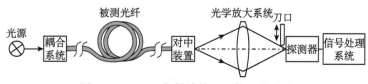

图 13-138　刀口扫描法的刀口装置示意图

13.8.9　透光率变化测量 change measurement of optical transmittance

通过监测光在光纤中传输时经机械试验、环境试验，使光传输的功率发生的变化，用相关公式计算，获得光纤透光率变化的测量方法。光纤透光率变化的测量方法主要有传输功率监测法和后向散射监测法等。

13.8.9.1　传输功率监测法 transmission power monitoring method

〈光纤透光率变化测量〉采用激光器或 LED 作为光源 (通常对光源进行调制并用滤光器进行波长选择)，测量期间光分路器保持恒定的分光比，选择合适长度的被测光纤，其最短长度的衰减变化应与测试装置的分辨率相适应，参考光纤应与被测光纤为相同类型，监测透光率变化的探测器应具有高的分辨率，试验前先测出被测光纤输出的初始光功率 P_{0t}，采用图 13-139 所示测试装置还应测出参考光纤输出的初始光功率 P_{0r}，在加入机械试验、环境试验或其他试验期间，相继测量从被测光纤输出的光功率 $P_{nt}(n =1，2，3，\cdots)$，采用图 13-139 所示测试装置还应测出参考光纤输出的光功率 $P_{nr}(n =1，2，3，\cdots)$，对于采用图 13-139 所示的测试装置时，按公式 (13-176) 计算得出测试结果，对于采用图 13-140 所示的测试装置时，按公式 (13-177) 计算得出测试结果，由此获得光纤经机械试验和环境试验导致透光率变化的测量方法。

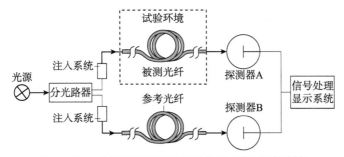

图 13-139　传输功率监测法试验装置 (采用参考试样)

图 13-140　传输功率监测法试验装置 (采用稳定化光源)

　　测量光纤透光率变化的传输功率监测法可以有图 13-139 所示和图 13-140 所示的两种测量装置。图 13-139 所示装置是一种适合实验室和工厂条件下使用的测试装置，用于监测光纤和光缆在机械试验和环境试验期间产生的透光率变化的典型试验装置，该装置能提供透光率变化的测量，通过与参考试样的比较，从而校正光源本身变化对测试结果的影响。图 13-140 所示装置是一种适合现场、实验室和工厂条件下使用的，是需长期监测透光率变化的典型试验装置，该装置可用光反馈使光源稳定。

$$\Delta D_n = 10\lg\frac{P_{nt} \times P_{0r}}{P_{0t} \times P_{nr}} \tag{13-176}$$

$$\Delta D_n = 10\lg\frac{P_{nt}}{P_{0t}} \tag{13-177}$$

式中：ΔD_n 为机械或环境试验期间透光率变化，dB；P_{0t} 机械或环境试验前被测光纤输出的初始光功率，mW 或 μW；P_{0r} 机械或环境试验前参考光纤输出的初始光功率，mW 或 μW；P_{nt} 为机械或环境试验期间被测光纤输出的光功率，mW 或 μW；P_{nr} 为机械或环境试验期间参考光纤输出的光功率，mW 或 μW。

13.8.9.2　后向散射监测法 back scattering monitoring method

　　〈光纤透光率变化测量〉将被测光纤与耦合器件对中，背向散射功率用信号处理器分析，并以对数刻度进行记录，在对应于被测光纤 (或光缆) 始端和末端的曲线上选择 A 和 B 两点 (如有必要，可进行双向测试)，试验前分别记录 A 点和 B 点

的初始功率电平 P_{A0} 和 P_{B0} (dBm)，机械或环境试验期间记录 A 点和 B 点的一系列功率电平 P_{An} 和 P_{Bn} (dBm)，按公式 (13-178) 计算，获得光纤经机械试验和环境试验导致透光率变化 ΔD_n 的测量方法，测量原理见图 13-141 所示。

为进行比较，按规定在测量前、测量期间每间隔一段时间和测量后记录所选两点之间的衰减值和曲线形状；考虑到衰减不均匀性的影响，在测量前、测量期间每间隔一段时间和测量后所选两点应尽量在同一位置；对于平滑的背向散射曲线，由测量各阶段的背向散射曲线可得出在试验不同阶段的衰减变化值。

$$\Delta D_n = (P_{A0} - P_{B0}) - (P_{An} - P_{Bn}) \tag{13-178}$$

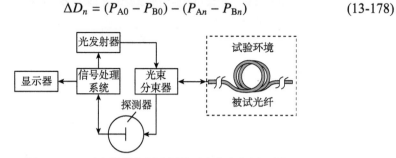

图 13-141　后向散射监测法测量透光率变化原理图

13.8.10　宏弯损耗测量 macro bend loss measurement

采用对光在光纤中传输的宏弯曲前和宏弯曲后的功率损耗对比等方法，测得光纤宏弯损耗的测量方法。光纤宏弯损耗的测量方法主要有传输功率监测法和剪断法等。

13.8.10.1　传输功率监测法 transmission power monitoring method

〈光纤宏弯损耗测量〉测量装置可采用光纤透光率变化测量方法中传输功率监测法的测量装置，被测光纤的长度需为已知长度，测量的波长为 1550nm 及 1625nm，测量时将被测光纤松绕在芯轴上，避免光纤过度扭转，松绕圈数芯轴直径和测量波长按产品规范的规定，首选的松绕圈数为 100 圈，芯轴直径为 60mm，通过测量光纤从直的状态到弯曲状态所引起的衰减增加量，由此获得光纤宏弯损耗的测量方法。传输功率监测法是光纤宏弯损耗的直接测量方法，不需用光纤固有衰减来修正。芯轴之外的光纤和用于参考的光纤截留段不应有引起测量结果变化的任何弯曲，建议以不小于 280mm 的弯曲直径来收集剩余的光纤。

13.8.10.2　剪断法 cut-back method

〈光纤宏弯损耗测量〉采用光纤衰减测量方法中截断法的测量装置，被测光纤的长度需为已知长度，测量的波长为 1550nm 及 1625nm，测量时将被测光纤松绕在芯轴上，避免光纤过度扭转，松绕圈数芯轴直径和测量波长按产品规范的规定，首选的松绕圈数为 100 圈，芯轴直径为 60mm，通过测量光纤在弯曲状态下的总衰减量，应用光纤的固有衰减对测量值进行修正，由此获得光纤宏弯损耗的测量方法，也称为截断法。芯轴之外的光纤和用于参考的光纤截留段不应有引起测量结果变化的任何弯曲，建议以不小于 280mm 的弯曲直径来收集剩余的光纤。

13.8.11 偏振模色散测量 polarization mode dispersion (PMD) measurement

采用测量两正交偏振模之间的差分群时延等方法，用相关公式计算，获得偏振模色散的测量方法。偏振模色散的测量方法主要有斯托克斯参数测定法、干涉法和固定分析器法等。

13.8.11.1 斯托克斯参数测定法 Stokes parameter evaluation(SPE)

〈光纤偏振模色散测量〉采用窄带光源 (如可调波长激光器)、可设置三种线偏振态偏振系统 (0°、45° 和 90°) 和能测量每个波长各选定输入偏振态的输出斯托克斯矢量的偏振计，测量窄带光源通过一个波长范围时变化的响应，测量出每一个输出光的斯托克斯矢量，采用三种数学方法之一，求出差分群延时 (DGD)，如采用琼斯矩阵本征分析方法按公式 (13-179) 计算，由此获得偏振模色散的测量方法，测量原理见图 13-142 所示 (窄带光源)。偏振模色散 (PMD) 是由差分群时延 (DGD) 来表达的，差分群时延是两个相互正交的主偏振态之间的群时延的时间差；当一准单色光均匀激励相互正交的两个主偏振态时，将发生由于偏振模色散引起的最大脉冲展宽。斯托克斯参数测定法采用三种数学分析和计算方法，分别为琼斯矩阵本征分析 (JME)、庞加莱球分析 (PSA) 或偏振态 (SOP) 三种数学方法，其中琼斯矩阵本征分析 (JME) 和庞加莱球分析 (PSA) 是基准测试方法 (RTM)；可用的测量装置分别有窄带光源测量装置和宽带光源测量装置，宽带光源测量装置中包含有迈克尔逊干涉仪。

$$\Delta\tau(\omega_0) = \frac{|\arg(\rho_1/\rho_2)|}{\Delta\omega} \tag{13-179}$$

式中：$\Delta\tau(\omega_0)$ 为光纤光中心频率 ω_0 的差分群时延，ps；ω_0 为光源中心波长对应的频率；ρ_1、ρ_2 为琼斯频率转换矩阵的两个本征值；$\Delta\omega$ 为波长增量对应的频率增量；$\arg\left(me^{i\theta}\right) = \theta$，$m$ 和 θ 都是实数，且 $|\theta| < \pi$，"arg" 是复数的复角主值。

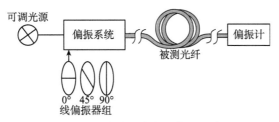

图 13-142　窄带光源的斯托克斯参数测定法测量原理图

13.8.11.2   干涉法 interferometry

〈光纤偏振模色散测量〉对测量装置进行校准，可采用已知偏振模色散的高双折射光纤进行校准，也可以采用多个已知高双折射光纤的链接进行校准，起偏器与检偏器为正交状态，测量时将光源通过偏振器耦合至光纤输入端，光纤输入端耦合至干涉仪输入端，用光探测器接收干涉仪的干涉条纹，经信息处理系统处理，软件按相关干涉分析法的公式计算，如按传统干涉分析法 (TINTY) 的公式 (13-180) 计算，由此获得光纤偏振模色散的测量方法，测量原理见图 13-143 所示。

干涉法有迈克尔逊式干涉仪、马赫-曾德尔干涉仪和带偏振扰动器干涉三种测量装置，测量结果获得的数学计算方法有传统干涉分析法 (TINTY) 和通用干涉分析法 (GINTY)。测量时，为了得到足够的条纹对比度，应使两个臂中的光功率基本相同。干涉法基于线偏振的宽带光源进行测量的方法，形成电磁场的交互作用决定于输出光的干涉图样 (干涉图)。一定波长范围内的偏振模色散时延和基于干涉图样条纹包络的光源光谱相关。

$$\Delta\tau = \frac{2\Delta L}{c_0} \tag{13-180}$$

式中：$\Delta\tau$ 为光纤的差分群时延，ps；ΔL 为两个相邻的伴峰之间的光时延线距离，km；c_0 为真空中的光速，m/s。偏振模色散 (PMD) 系数为 $\Delta\tau/L$，L 为光纤长度，km。对于传统干涉分析法 (TINTY)，在弱偏振模耦合情况下，干涉条纹是分离的峰，两个伴峰相对于中心主峰的延迟就是被测器件的差分群时延。

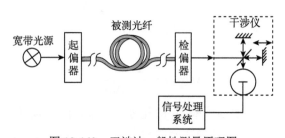

图 13-143   干涉法一般性测量原理图

13.8.11.3   固定分析器法 fixed analyzer method

〈光纤偏振模色散测量〉测量在指定波长或光频率增量范围内，在光路中有检偏器、无检偏器和检偏器与检偏器处于初始状态的正交方向上的三种状态下，功率与波长 (或光频率) 之间的函数关系，经信息处理系统处理，软件按相关固定分析器法的公式计算，如按极值计数法的公式 (13-181) 计算，由此获得光纤偏振模色散的测量方法，测量原理装置分别见图 13-144(窄带光源) 所示和图 13-145(宽带光源) 所示。固定分析器法有窄带光源和宽带光源两种测量装置，测量结果获得的数学计算方法有极值计数法、傅里叶变换分析法和余弦傅里叶变换分析法三种计算方法。固定分析器法可使用两种光源，它依赖于偏振计的类型，窄带光源 (如可调波长激光器) 可用于一个偏振分析仪，对有光放大的链路，窄带光源的偏振度相对于放大器在波长范围里的自发辐射造成的限制能维持较高水平；采用高功率的宽带光源时，在偏振分析仪前应通过一个窄带滤波偏振器构成的光谱分析仪或用傅里叶变换进行光谱分析的干涉仪，它们可以置于待测链路前，也可以置于待测链路后，滤波器的谱宽要设置到符合计算的要求。对放大链路，宽带光源要能够像窄带光源一样能够抵御链路对偏振度的影响。

$$\Delta\tau = \frac{kE\lambda_1\lambda_2}{2(\lambda_2 - \lambda_1)c} \tag{13-181}$$

式中：$\Delta\tau$ 为光纤的差分群时延，ps；k 为模耦合系数，随机偏振模耦合时其值为 0.82，弱偏振模耦合时为 1.0；E 为在波长窗口 ($\lambda_1 \sim \lambda_2$) 之间的极值数目；λ_1、λ_2 为波长窗口两端的波长，nm；c 为真空中的光速，m/s。采用极值计数分析法时，要分别测出通过检偏器时的功率 P_A 和移除检偏器 (或旋转检偏器 90°) 后的功率 P_B。

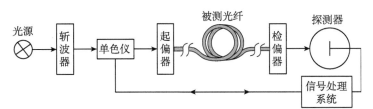

图 13-144　窄带光源的固定分析器法测量原理图

图 13-145　宽带光源的固定分析器法测量原理图

13.8.12　微分模时延测量 differential mode delay (DMD) measurement

由窄谱光源 (或加光滤波器光源)、输入光学系统 (扫描尾纤、输入端定位系统、高次模滤波器和包层模剥除器)、输出光学系统 (光学检测系统、信号记录系统、延时设备) 和信号处理系统组成测量设备，调节光检测系统的时间刻度使之与从试样取数据时的时间刻度匹配，确保能捕捉到完整的光脉冲，测量光脉冲波形，确定在峰值幅度的 25% 处的时间宽度 ΔT_{PULSE}，根据 ΔT_{PULSE}、光源谱宽 $\delta\lambda$

和光纤色散 $D(\lambda)$，按公式 (13-182) 计算 ΔT_{REF}，探测光斑以不大于 2μm 的步进从 R_{INNER} 向 R_{OUTER} 移动扫描，测量径向偏置 R 上的响应，找出 R_{INNER} 和 R_{OUTER} 之间所有的输出光脉冲中最短主峰边界时间，记为 T_{FAST}，找出 R_{INNER} 和 R_{OUTER} 之间所有的输出光脉冲中最长拖尾峰边界时间，记为 T_{SLOW}，按公式 (13-183) 计算，由此获得光纤微分模时延 DMD 的测量方法，测量原理见图 13-146 所示。(光纤端面上径向扫描时，径向偏移位置的内极限为 R_{INNER}，径向偏移位置的外极限为 R_{OUTER}。) 该方法测试原理可概括为：激光器光源通过一根单模扫描尾纤出射光来激励被试多模光纤，尾纤在被试光纤端面上扫描时，可确定在所规定的径向扫描位置光脉冲时延值，光纤中最快模式和最慢模式之间的光脉冲时延差可用于确定微分模时延。微分模时延测量的光纤为梯度型折射率分布的 A1 类多模光纤。渐变折射率多模光纤微分模时延是表征这种光纤模式结构的一个参数，该参数可用于评价使用激光器光源时多模光纤的带宽性能。

$$\Delta T_{\text{REF}} = \sqrt{\Delta T_{\text{PULSE}}^2 + \Delta t_{\text{chrom}}^2} = \sqrt{\Delta T_{\text{PULSE}}^2 + \left(4 \cdot \delta\lambda \cdot D(\lambda) \cdot L \sqrt{\ln 2}\right)^2} \qquad (13\text{-}182)$$

$$DMD = (T_{\text{SLOW}} - T_{\text{FAST}}) - \Delta T_{\text{REF}} \qquad (13\text{-}183)$$

式中：ΔT_{REF} 为被测光纤输出端每个模的 25% 幅值全宽时间；Δt_{chrom} 为光纤的色散值；L 为被测光纤的长度。

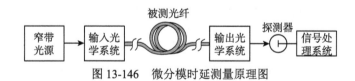

图 13-146　微分模时延测量原理图

13.8.13　折射率分布测量 refractive index profile measurement

通过测量光纤经光反射和折射的相关参数，用相关公式计算，获得光纤折射率分布的测量方法。折射率分布测量的方法主要有菲涅耳反射法、透射近场扫描法和折射近场法等。

13.8.13.1　菲涅耳反射法 Fresnel reflection method

〈光纤折射率分布测量〉将激光束聚焦到光纤的端面上，使光斑在光纤端面上扫描，测得反射率的变化，通过测试入射光功率 P_{i} 和从被测光纤表面反射回来的反射光功率 $P_{\text{r}}(r)$，应用反射系数 R 与折射率间关系的菲涅耳原理，按公式 (13-184) 计算，或按公式 (13-185) 和公式 (13-186) 计算，获得光纤折射率分布 $n(r)$ 的测量方法，测量原理见图 13-147 所示。该方法是通过测量光纤端面上径向各点

的反射比 (或反射系数) 从而测出光纤折射率分布的测量方法。菲涅耳反射法是利用折射率不同则反射率不同的原理来测得光纤径向折射率分布的方法。

$$R(r) = \frac{P_r(r)}{P_i} = \left[\frac{n(r) - n_0}{n(r) + n_0} \right]^2 \qquad (13\text{-}184)$$

$$F = \frac{P_r(r)}{P_c} = \left\{ \frac{[n(r) - n_0](n_2 + n_0)}{[n(r) + n_0](n_2 - n_0)} \right\}^2 \qquad (13\text{-}185)$$

$$n(r) = \frac{(n_2^2 - n_0^2)(\sqrt{F} - 1)}{(n_2 + n_0) - (n_2 - n_0)\sqrt{F}} + n_2 \qquad (13\text{-}186)$$

式中：r 为距光纤芯中心的径向距离；$R(r)$ 为光纤端面 r 处的反射率；$n(r)$ 为光纤端面 r 处的折射率；n_2 为光纤包层的折射率；n_0 为光纤周围介质 (空气或匹配液) 的折射率；P_i 为入射到被测光纤上的入射光功率；$P_r(r)$ 从被测光纤表面反射回来的反射光功率；P_c 为被测光纤包层的反射光功率；F 为光纤反射光功率与包层反射光功率之比。

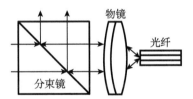

图 13-147 菲涅耳反射法测量原理图

13.8.13.2 透射近场扫描法 transmitted near–field scanning method

〈光纤折射率分布测量〉用扩展光源照射光纤输入端面，而在光纤输出端面上逐点测量径向各点的光的出射度，测出光纤折射率分布以及其他几何特性参数的测量方法。此法被推荐作为多模光纤几何参数和折射率分布测定的替代测试法。

13.8.13.3 折射近场法 refraction near-field method

〈光纤折射率分布测量〉用探测器测量半球形液体池未插入光纤的光辐射功率 P_0，把光纤的一段插入盛有匹配液的半球形液体池中 (半球形液体池可使不同入射角的反射率损耗相同)，使光源的光导入光纤，光通过匹配液盒出射的光束经挡板遮挡后，导模和泄漏模被遮挡住，形成只含折射光线的一个空心光锥 (朗伯光源的条件下，该空心光锥的功率符合朗伯定律)，空心光锥的光经椭球反射镜反射到探测器，测出插入光纤后各光纤半径入射光的输出功率 $P(r)$，按公式 (13-187) 计算，获得光纤折射率差分布 $\Delta n(r)$ 的测量方法，测量原理见图 13-148 所示。

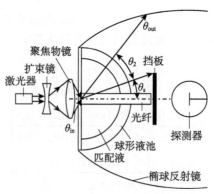

图 13-148　折射近场法测量原理图

该方法本质上是以大数值孔径的单色光锥顶沿光纤输入端面直径进行扫描，并测量其折射光功率的变化，从而测得光纤折射率分布的方法，被推荐为折射率分布的基准测试法。图 13-148 中，θ_{in} 为测量光纤的入射角，θ_{out} 为入射光经光纤和匹配液后的折射角。由于折射率差 $\Delta n(r)$ 的大小只与 $\sin\theta_{out}$ 有关，但 $\sin\theta_{out}$ 很难求取，可利用测量光功率的变化来间接测量光折射模外锥角 θ_{out}，从而得到折射率差 $\Delta n(r)$。

$$\Delta n(r) = \frac{n(l)}{2\pi I_0} \cdot [P_0 - P(r)] \tag{13-187}$$

式中：r 为距光纤芯中心的径向距离；I_0 为光源辐射功率；$n(l)$ 为匹配液的折射率；$n(r)$ 为光纤在径向位置 r 处的折射率。

13.8.14　色散系数测量-相移法 dispersion coefficient measurement-phase shift method

〈光纤色散系数测量〉用频率稳定的振荡器产生正弦波信号调制波长可变的光源，光信号经被测光纤传输后，用光电探测器接收，再经信号处理系统进行数据分析，按公式 (13-188) 计算出波长间的相位差，按公式 (13-189) 计算平均时延，再按公式 (13-190) 计算，获得光纤色散系数的测量方法，测量原理见图 13-149 所示。该方法是测量不同波长发射的正弦调制光信号在被测光纤内的相对相移，以确定光纤的色散系数的测试方法，推荐为色散系数的基准测量方法。

$$\Delta\varphi(\lambda) = 2\pi f \Delta t \times 10^6 \tag{13-188}$$

$$\tau = \frac{\Delta\varphi(\lambda)}{2\pi f L} \times 10^{-6} \tag{13-189}$$

$$D(\lambda) = \frac{d\tau}{d\lambda} = \frac{\Delta\varphi(\lambda) \times 10^{-6}}{2\pi f(\lambda - \lambda_0) L} \tag{13-190}$$

式中：$\Delta\varphi(\lambda)$ 为光纤出射端接收的两个调制波的相位差；f 为光源的频率；L 为被测光纤的长度；Δt 为波长为 λ 的光对于波长为 λ_0 的光传播时延差；τ 为平均时延差；$D(\lambda)$ 为光纤的色散系数。

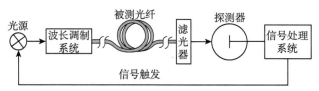

图 13-149　相移法色散测量原理图

13.8.15　偏振特性测量 polarization performance measurement

应用偏振相应的光学原理，对光纤的偏振特性进行测量的方法。光纤的偏振特性测量方法主要有偏振度测量、偏振方向测量等方法。

13.8.15.1　偏振度测量 polarization degree measurement

〈光纤偏振特性测量〉使光源的光通过起偏器成为偏振光并耦合进入被测光纤中，在光纤的出射端设置检偏器，在检偏器后面设置探测器，旋转检偏器，由探测器接收信号找到最大出射功率 P_{max}，再旋转检偏器，由探测器接收信号找到最小出射功率 P_{min}，按公式 (13-191) 计算，获得光纤偏振度 DOP 的测量方法，测量原理见图 13-150 所示。

$$DOP = \frac{P_{max} - P_{min}}{P_{max} + P_{min}} \tag{13-191}$$

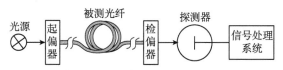

图 13-150　偏振度测量原理图

13.8.15.2　偏振方向测量 polarization direction measurement

〈光纤偏振特性测量〉采用光纤偏振度测量的装置 (图 13-150)，在未放进被测光纤的光路中，旋转检偏器，由探测器接收信号找到最大出射功率，以此时检偏器的角度标识确定起偏器的主方向角 θ_1，然后接入被测光纤，旋转检偏器，由探测器接收信号找到最大出射功率，由此时检偏器的角度标识确定偏振光通过光纤的偏振主方向角 θ_2，按公式 (13-192) 计算，获得光纤相对偏振方向 (光纤旋性或旋光能力)$\Delta\theta$ 的测量方法。

$$\Delta\theta = \theta_1 - \theta_2 \tag{13-192}$$

13.8.16　非线性系数测量 non-linear coefficient measurement

通过测量输入光纤光的相移或光谱展宽等参数，用相关公式计算，获得光纤非线性系数的测量方法。光纤非线性系数测量的方法主要有脉冲单频法和连续波双频法。非线性系数为综合表征介质非线性效应的量，其值正比于非线性材料的非线性折射率系数、光频率，反比于模场的有效面积。

13.8.16.1　脉冲单频法 pulse single frequency method

〈光纤非线性系数测量〉将不同峰值功率 P_{peak} 的光经过偏振控制系统并注入到被测光纤中，在示波器上获得若干个峰的输出光谱，根据输出光谱中峰的个数 M，按公式 (13-193) 计算相移 φ，设置单一输出功率的，非线性系数按公式 (13-194) 计算，设置多个输入功率的，非线性系数通过将绘制的相移和峰值功率关系曲线的拟合斜率 *slope* 代入公式 (13-195) 计算，由此获得光纤非线性系数的测量方法，测量原理见图 13-151 所示。

$$\varphi = \pi(M - 0.5) \tag{13-193}$$

$$nLc = \frac{n_2}{A_{\text{eff}}} = \frac{\varphi\,\lambda}{2\pi L_{\text{eff}} \cdot P_{\text{peak}}} \tag{13-194}$$

$$nLc = \frac{n_2}{A_{\text{eff}}} = \frac{slope \cdot \lambda}{2\pi L_{\text{eff}}} \tag{13-195}$$

式中：φ 为相移，rad；M 为输出光谱中峰的个数；nLc 为光纤的非线性系数；n_2 为光纤的非线性折射率系数；A_{eff} 为光纤的有效面积，m^2；λ 为测试光源的波长，m；L_{eff} 为被测光纤的有效长度，m；P_{peak} 为输入峰值功率，W；*slope* 为绘制的相移和峰值功率关系曲线的拟合斜率。

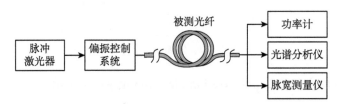

图 13-151　脉冲单频法非线性系数测量原理图

13.8.16.2　连续波双频法 continuous wave double frequency method

〈光纤非线性系数测量〉采用两个波长的连续波光源，先将不同功率的光 P_i 依次注入被测光纤，根据光谱仪显示相应输出光谱，确定光谱曲线的旁瓣 I_1 与主瓣 I_0 之比 R_i，按公式 (13-196) 计算出相应的相移 φ_i(通过贝塞尔函数比求逆来计算)，由测得的注入光功率 P_i 和旁瓣与主瓣比值 R_i 的关系，绘制 P_i-φ_i 关系曲线，拟合

得到曲线的斜率 *slope*，按公式 (13-197) 计算，获得光纤非线性系数的测量方法，测量原理见图 13-152 所示。由于非线性效应，注入光纤的两个波长的光会产生新的频率分量，使输出脉冲展宽，从而使信号产生一定的相移，通过测试可获得注入光功率电平与相移定量的关系，由测量的参数可计算出光纤的非线性系数。

$$R_i = \frac{I_1}{I_0} = \frac{J_1{}^2\left(\dfrac{\varphi_i}{2}\right) + J_2{}^2\left(\dfrac{\varphi_i}{2}\right)}{J_0{}^2\left(\dfrac{\varphi_i}{2}\right) + J_1{}^2\left(\dfrac{\varphi_i}{2}\right)} \tag{13-196}$$

$$nLc = \frac{n_2}{A_{\text{eff}}} = \frac{slope \cdot \lambda}{4\pi L_{\text{eff}}} \tag{13-197}$$

式中：I_1 为光谱曲线的旁瓣；I_0 为光谱曲线的主瓣；R_i 为旁瓣 I_1 与主瓣 I_0 之比；$J_0(\varphi_i/2)$、$J_1(\varphi_i/2)$ 和 $J_2(\varphi_i/2)$ 为零阶贝塞尔函数、一阶贝塞尔函数和二阶贝塞尔函数；nLc 为光纤的非线性系数；φ_i 为相移，rad；n_2 为光纤的折射率；A_{eff} 为光纤的有效面积，m^2；n_2/A_{eff} 为非线性系数；λ 为两个注入波长的平均值，m；L_{eff} 为被测光纤有效长度，m；*slope* 为绘制 P_i-φ_i 关系曲线拟合得到曲线的斜率；P_i 为注入的光功率，W。

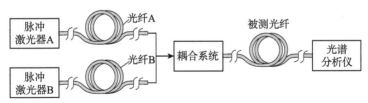

图 13-152　连续波双频法非线性系数测量原理图

13.9　激光参数测量

13.9.1　激光波长及光谱测量 laser wavelength and optical spectrum measurement

采用光谱类测量仪器，对输入光谱类仪器的激光进行光谱测量，测出光谱曲线，找到峰值功率的波长并确定其半宽度，以此获得激光波长及其半宽度的测量方法。激光波长及光谱测量的方法主要有单色仪测量法、摄谱仪测量法和光谱仪测量法等。

13.9.1.1　单色仪测量法 method of monochromator measurement

〈激光峰值波长测量〉用单色仪作为测量设备，打开光闸，发射激光，让激光束照射到单色仪狭缝上，转动波轮鼓，记录单色仪所显示的波长和相应的光能量，找出最大光能量对应的波长获得激光峰值波长的测量方法。

13.9.1.2　摄谱仪测量法 method of spectrograph measurement

〈激光峰值波长测量〉用摄谱仪作为测量设备，使光闸与被测光脉冲同步，打开摄谱仪，记录接收的激光信号，找出最大光能量对应的波长获得激光峰值波长的测量方法。

13.9.1.3　光谱仪测量法　method of spectrometer measurement

〈激光峰值波长及半宽度测量〉用摄谱仪作为测量设备，激光器发出的激光通过激光导入装置 (含衰减器、光闸、滤光片) 导入光谱测量设备中，根据被测激光器光谱范围设置测量设备的扫描范围、扫描分辨率和扫描灵敏度，调节被测激光器在规定工作电流下工作，测量设备在所设置的波段内扫描，记录光谱数据，得到相对光谱强度与波长分布曲线 (I-λ 曲线)，以最大相对光谱强度对应的波长获得峰值波长，以最大相对光谱强度的 50% 处对应的最大光谱间隔获得光谱宽度，以光谱宽度中心点对应的波长算得激光中心波长的测量方法。

13.9.2　激光功率和能量测量 laser power and energy measurement

用功率计或能量计对激光束的相关参数进行测量 (有些测量还需用示波器测量相关参数)，用相关公式计算，获得激光功率和能量的测量方法。激光功率和能量的测量主要有连续功率测量、平均功率测量、脉冲能量测量、脉冲功率测量和峰值功率测量等方法。

13.9.2.1　连续功率测量 continuous power measurement

〈激光测量〉采用激光功率计作为测量设备，激光功率计的探头对准激光器的输出光束，并设置功率计探测波长，保持适当测试距离，调节被测激光器在规定工作电流下工作，待激光器稳定工作后，按规定时间间隔中进行规定的 n 次功率测量，按公式 (13-198) 计算，获得激光连续功率的测量方法。

$$P = \frac{1}{\tau_s} \cdot \frac{1}{\tau_z} \cdot \frac{1}{n} \sum_{i=1}^{n} P_i \tag{13-198}$$

式中：P 为激光的连续功率；n 为测量次数；τ_s 为衰减器透射比 (必要时使用)；τ_z 为窄带滤光片透射比 (必要时使用)；i 为测量的序号；P_i 为第 i 次测量的功率。

13.9.2.2　平均功率测量 average power measurement

〈激光测量〉采用激光能量计作为测量设备，激光能量计的探头对准激光器的输出光束，并设置能量计探测波长，保持适当测试距离，调节被测激光器在规定工作电流下工作，待激光器稳定工作后，测量 n 次激光脉冲能量，并测得激光的脉冲重复频率，按公式 (13-199) 计算获得激光平均功率的测量方法。

$$P_{av} = \frac{1}{\tau_s} \cdot \frac{1}{\tau_z} \cdot \frac{f_p}{n} \sum_{i=1}^{n} Q_i \tag{13-199}$$

式中：P_{av} 为激光的平均功率；f_p 为脉冲激光器的重复频率；Q_i 为测量第 i 次激光脉冲的能量。当激光重复频率比较高时，激光平均功率也可用以上激光连续功率的测量方法测量。

13.9.2.3 脉冲能量测量 pulse energy measurement

〈激光测量〉采用激光能量计作为测量设备，激光能量计的探头对准激光器的输出光束，并设置功率计探测波长，保持适当测试距离，调节被测激光器在规定工作电流下工作，待激光器稳定工作后，测量 n 次激光脉冲能量，按公式 (13-200) 计算获得激光脉冲能量的测量方法。

$$Q = \frac{1}{\tau_s} \cdot \frac{1}{\tau_z} \cdot \frac{1}{n} \sum_{i=1}^{n} Q_i \tag{13-200}$$

式中：Q 为激光脉冲的平均能量；Q_i 为测量第 i 次激光脉冲的能量。对于高重频激光器脉冲能量测试，采用功率计测试，然后用获得的激光脉冲平均功率除以激光脉冲的重复频率得到激光脉冲能量。

13.9.2.4 脉冲功率测量 pulse power measurement

〈激光测量〉采用激光能量计测出激光脉冲能量，再用光电探测器及示波器测出激光脉冲持续时间，以激光脉冲能量除以激光脉冲持续时间，得到激光脉冲功率的测量方法。

13.9.2.5 峰值功率测量 peak power measurement

〈激光测量〉采用激光能量计测出激光脉冲能量，再用光电探测器及示波器测出激光脉冲持续时间范围内的功率,提取激光脉冲持续时间范围内的最大功率,得到激光峰值功率的测量方法。

13.9.3 脉冲重复频率测量 pulse repetition rate measurement

〈激光测量〉用光电探测器及示波器作为测量设备，使激光脉冲进入光电探测器，并使光电探测器在线性范围内工作，调节示波器，使示波器屏出现二个稳定的激光脉冲波形，记录两相邻脉冲之间的时间间隔 T_i，测量 n 次时间间隔，按公式 (13-201) 计算获得激光脉冲重复频率的测量方法。

$$f_p = \frac{1}{\frac{1}{n} \sum_{i=1}^{n} T_i} \tag{13-201}$$

式中：f_p 为激光脉冲重复频率；T_i 为测量第 i 次激光两相邻脉冲之间的时间间隔；n 为测量次数。

13.9.4　脉冲宽度测量 pulse width measurement

〈激光测量〉用光电探测器及示波器作为测量设备，使激光脉冲进入光电探测器，并使光电探测器在线性范围内工作，示波器屏幕显示激光脉冲时间波形，读取单激光脉冲上升和下降到峰值功率 50％点之间的时间间隔，多次测量，取时间间隔平均值，由此获得激光脉冲宽度的测量方法。仅适用于纳秒级以上脉冲宽度的测量 (即不适用于很窄脉冲的测量)。

13.9.5　脉冲波形测量 pulse waveform measurement

〈激光测量〉用光电探测器及示波器作为测量设备，使激光脉冲进入光电探测器，并使光电探测器在线性范围内工作，示波器屏幕显示激光脉冲波形，直接在示波器上读取激光脉冲波形并存储数据，获得激光脉冲波形的测量方法。仅适用于纳秒级以上脉冲宽度的测量。

13.9.6　光束宽度/直径测量 beam width/diameter measurement

对激光束的横截面能量或功率分布进行测量,根据光束宽度/直径的有关定义,用相关的公式计算,获得激光光束宽度/直径的测量方法。激光光束直径或宽度的测量方法主要有套孔法、刀口法、CCD 法、空心探针法、漫反射成像法等。

13.9.6.1　套孔法 hole energy method

〈激光束宽/直径测量〉在激光束光轴上的直径测量位置 z 处，用激光能量计或功率计在不加光阑时测量激光的能量或功率，将可调直径光阑置于光轴 z 处，沿垂直于光轴的 $x,\ y$ 方向反复调整光阑的位置 (一般情况下，先在比较小的电流下调整光阑)，待基本上满足功率计收集的光为最大能量或功率时 (即光阑套正光束)，再加大电流到测试对应的电流，调整光阑直径，当光阑直径调整到通过光阑的激光能量或功率为不加光阑时的 86.5％时，用这个光阑直径值按公式 (13-202) 计算获得激光光束直径的测量方法。

$$d = d' \sqrt{-\frac{2}{\ln(1-T)}} = d' \sqrt{-\frac{2}{\ln 0.135}} = 0.9988d' \qquad (13\text{-}202)$$

式中：d 为激光光束直径；d' 为通过光阑的激光能量或功率为无光阑时的 86.5％的光阑直径；T 为激光光阑的能量或功率透过率，$T = 86.5\%$。套孔法只适用于激光光束直径的测量，不适合激光光束宽度的测量。由于光阑边缘衍射效应造成的接收光能或功率损失，光束 86.5％ 能量或功率的实际直径比测量为 86.5％ 能量或功率时的要小一些。

13.9.6.2 刀口法 knife edge method

〈激光束宽/直径测量〉在激光束光轴上的直径测量位置 z 处，用激光能量计或功率计在不加刀口时测量激光的能量或功率，将可调刀口置于光轴 z 处，沿垂直于光轴的 x 方向移动刀口，逐渐遮挡输出光斑，进入能量计或功率计的能量或功率逐渐减小，记录能量计或功率计读数为无刀口遮挡时的84%及16%的能量或功率对应的几何位置 x_1 及 x_2，同理测量出 y 方向的几何位置 y_1 及 y_2，分别按公式 (13-203) 和公式 (13-204) 计算获得激光束两个垂直方向的光束宽度或直径的测量方法。刀口法的测量原理见图 13-153 所示。

$$d_x = 2|x_1 - x_2| \tag{13-203}$$

$$d_y = 2|y_1 - y_2| \tag{13-204}$$

式中：d_x、d_y 分别为激光光束在 x 方向、y 方向的光束宽度或直径；x_1、x_2 分别为刀口沿 x 方向移动，在能量计或功率计读数为无刀口遮挡时的84%及16%的能量或功率对应的几何位置；y_1、y_2 分别为刀口沿 y 方向移动，在能量计或功率计读数为无刀口遮挡时的84%及16%的能量或功率对应的几何位置。刀口法既适用于激光光束直径的测量，也适用于激光光束宽度的测量。刀口测量由于是从两边进行测量，因此两刀口位置中间的激光光束能量只是84%的一半。用84%的光束测量能量来确定实际的86.5%的光束能量是因为刀口效率的光能损失。

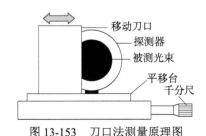

移动刀口
探测器
被测光束
平移台
千分尺

图 13-153　刀口法测量原理图

13.9.6.3 CCD 法 CCD method

〈激光束宽/直径测量〉激光器处于正常工作状态，使激光束入射光斑直径小于 CCD 感光面直径，将 CCD 探头垂直光轴置于 z 处，启动光束分析仪，选择适当的衰减量并充分利用 CCD 动态范围，在 CCD 感光不饱和时，测量 z 点截面的光束能量或功率强度分布，直接得到光束宽度或光束直径的测量方法。CCD 法既适用于激光光束直径的测量，也适用于激光光束宽度的测量。CCD 测量的光束能量或功率强度分布，可根据激光光束直径或宽度定义的公式用软件计算获得。

13.9.6.4　空心探针法 hollow probe method

〈激光束宽/直径测量〉采用光束质量分析仪，探测面垂直于光轴方向放置，将光通过探测孔径，适当调节系统增益，获得适当强度的光斑，记录光斑数据，从仪器上直接读取光束尺寸数据的测量方法。空心探针法既适用于激光光束直径的测量，也适用于激光光束宽度的测量。

13.9.6.5　漫反射成像法 diffuse imaging method

〈激光束宽/直径测量〉在远远大于瑞利长度的位置，使用 CCD 相机对漫反射屏的光斑进行拍照，拍照时确保屏上的光斑全部在 CCD 相机的成像范围内，通过调节衰减装置使 CCD 相机感光不出现饱和，然后对图片进行灰度分析来确定激光光束直径或宽度的测量方法。光斑图片上每个点都可以得到一个灰度值，绘制出灰度-像素曲线，最大灰度值对应最大光强，最小灰度值对应最小光强，光强分布通过图片上每个像素点的灰度分布来表征，通过像素曲线可计算出光斑尺寸。漫反射成像法既适用于激光光束直径的测量，也适用于激光光束宽度的测量。

13.9.7　束散角测量 divergence angle measurement

通过测量激光束的截面尺寸 (横向尺寸) 和纵向尺寸，用相关的公式计算，获得激光光束束散角的测量方法。激光光束束散角的测量方法主要有聚焦镜法、两点光束宽度计算法、空心探针法等。

13.9.7.1　聚焦镜法 focusing lens method

〈激光束散角测量〉在光路适当位置放置长焦距的聚焦透镜 (正透镜)，应用激光光束直径或宽度的测量方法在聚焦镜的焦平面上测量光斑直径，按公式 (13-205) 计算获得激光光束束散角的测量方法。

$$\Theta = \frac{d}{f'} \tag{13-205}$$

式中：Θ 为激光光束束散角；d 为在聚焦透镜焦平面上的激光光斑直径；f' 为聚焦透镜的焦距。

当激光光束不同维度的束散角不同时，需要分别知道 x 方向和 y 方向的束散角时，按以上方法在聚焦透镜焦平面分别测量 x 方向和 y 方向的光束宽度，按公式 (13-206) 和公式 (13-207) 计算，可分别获得 x 方向和 y 方向的激光光束束散角。

$$\Theta_x = \frac{d_x}{f'} \tag{13-206}$$

$$\Theta_y = \frac{d_y}{f'} \tag{13-207}$$

式中：Θ_x、Θ_y 分别为激光光束在 x 方向和 y 方向的束散角；d_x、d_y 分别为在聚焦透镜焦平面上的激光光斑在 x 方向和 y 方向的宽度。

13.9.7.2 两点光束宽度计算法 two points beam width calculation method

〈激光束散角测量〉在激光束腰同一侧的光轴上，用光束宽度测量方法测量光轴上两个点 z_1、z_2 处的 x 方向和 y 方向的光束宽度，当测量点离激光器出口较近时，分别按公式 (13-208) 和公式 (13-209) 计算激光束在 x 方向和 y 方向的束散角，当测量点离激光器出口较远时，分别按公式 (13-210) 和公式 (13-211) 计算激光束在 x 方向和 y 方向的束散角，由此获得激光光束束散角的测量方法。

$$\Theta_x = \left| \frac{d_{x1}^2 - d_{x2}^2}{z_1^2 - z_2^2} \right| \tag{13-208}$$

$$\Theta_y = \left| \frac{d_{y1}^2 - d_{y2}^2}{z_1^2 - z_2^2} \right| \tag{13-209}$$

$$\Theta_x = \left| \frac{d_{x1} - d_{x2}}{z_1 - z_2} \right| \tag{13-210}$$

$$\Theta_y = \left| \frac{d_{y1} - d_{y2}}{z_1 - z_2} \right| \tag{13-211}$$

式中：Θ_x、Θ_y 分别为激光光束在 x 方向和 y 方向的束散角；d_{x1}、d_{y1} 分别为在光轴 z_1 点位置测量的激光光斑在 x 方向和 y 方向的宽度；d_{x2}、d_{y2} 分别为在光轴 z_2 点位置测量的激光光斑在 x 方向和 y 方向的宽度。

13.9.7.3 空心探针法 hollow probe method

〈激光束散角和束腰参数测量〉分别在激光束腰同一侧光轴上的三个适当位置 z_1、z_2、z_3 处，用空心探针法的激光光束宽度测量方法测出三个位置的激光光束宽度 d_1、d_2、d_3，分别代入公式 (13-212) 联立方程，解出 A、B、C 三个值，再将 A、B、C 三个值分别代入公式 (13-213)、公式 (13-214)、公式 (13-215)，解算出激光光束束散角、束腰位置和束腰直径的测量方法。

$$\begin{cases} d_1^2 = A + B \cdot z_1 + C \cdot z_1^2 \\ d_2^2 = A + B \cdot z_2 + C \cdot z_2^2 \\ d_3^2 = A + B \cdot z_3 + C \cdot z_3^2 \end{cases} \tag{13-212}$$

$$\Theta = \sqrt{C} \tag{13-213}$$

$$z_0 = \frac{-B}{2C} \tag{13-214}$$

$$d_0 = \sqrt{A - \frac{B^2}{4C}} \qquad (13\text{-}215)$$

式中：z_1、z_2、z_3 分别为束腰同一侧光轴上的三个光束宽度的测量位置；d_1、d_2、d_3 分别为光轴上 z_1、z_2、z_3 三个点处的光束宽度；A、B、C 为联立方程的三个未知数；Θ 为激光光束束散角；z_0 为激光光束束腰位置；d_0 为激光光束束腰直径。

13.9.8　能量/功率密度分布椭圆度测量 ellipticity measurement of energy/power density distribution

〈激光测量〉在激光光束光轴上的直径测量位置 z 处，采用以上激光光束宽度的测量方法，分别测量出激光光束在 x 方向和 y 方向的能量/功率分布函数二阶矩宽度，按公式 (13-216) 计算，获得激光光束能量/功率密度分布椭圆度的测量方法。

$$\varepsilon = \frac{d_{\sigma y}(z)}{d_{\sigma x}(z)} \qquad (13\text{-}216)$$

式中：ε 为能量/功率密度分布椭圆度；$d_{\sigma y}(z)$ 为在光轴测量位置 z 处的激光能量/功率分布函数二阶矩在 y 方向的光束宽度；$d_{\sigma x}(z)$ 为在光轴测量位置 z 处的激光能量/功率分布函数二阶矩在 x 方向的光束宽度。激光光束能量/功率密度分布椭圆度是最小光束宽度和最大光束宽度之比，规定 x 方向为主轴，即 $d_{\sigma x}(z) \geqslant d_{\sigma y}(z)$，规定 $\varepsilon > 0.87$ 时，椭圆分布的光斑可以称为圆斑。

13.9.9　光束横截面积测量 beam cross-sectional area measurement

〈激光测量〉在激光束光轴上的直径测量位置 z 处，采用以上激光光束直径和宽度的测量方法，分别测量出激光光束占 $u\%$ 能量/功率的直径、能量/功率分布函数二阶矩直径及在 x 方向和 y 方向的二阶矩宽度，按公式 (13-217)、公式 (13-218) 和公式 (13-219) 计算，分别获得激光光束占 $u\%$ 能量/功率的圆横截面积、能量/功率分布函数二阶矩圆横截面积和椭圆横截面积的测量方法。光束 $u\%$ 能量/功率的圆横截面积是内含能量/功率 $u\%$ 的最小面积。

$$A_u = \frac{\pi \cdot d_u^2}{4} \qquad (13\text{-}217)$$

$$A_\sigma = \frac{\pi \cdot d_\sigma^2}{4} \qquad (13\text{-}218)$$

$$A_{\sigma xy} = \frac{\pi \cdot d_{\sigma x} d_{\sigma y}}{4} \qquad (13\text{-}219)$$

式中：A_u 为激光光束占 $u\%$ 能量/功率的圆横截面积；d_u 为激光光束占 $u\%$ 能量/功率的直径；A_σ 为激光光束能量/功率分布函数二阶矩圆横截面积；d_σ 为激光光束

能量/功率的二阶矩直径；$A_{\sigma xy}$ 为激光光束能量/功率分布函数二阶矩椭圆横截面积；$d_{\sigma x}$、$d_{\sigma y}$ 分别为激光光束能量/功率分别在 x 方向和 y 方向的二阶矩宽度。

13.9.10 束腰位置测量 beam waist position measurement

〈激光测量〉在激光光轴方向距离激光器外表面适当位置 z_f 处放置长焦距的聚焦透镜，测得激光束腰被聚焦后的像方空间最小光斑 (即像方束腰光斑) 到聚焦透镜的距离 l'，按公式 (13-220) 计算，获得激光束腰位置的测量方法。

$$z_0 = -\frac{l' f'}{l' - f'} + z_f \qquad (13\text{-}220)$$

式中：z_0 为束腰距激光器外表面的距离 (z_0 为负值时束腰在激光器外表面的左边，为正值时在外表面的右边)；f' 为聚焦透镜的焦距；l' 为像方束腰到聚焦透镜的距离 (即束腰像距)；z_f 为聚焦透镜距离激光器外表面的距离 (在激光器外表面的右边)。当束腰在谐振腔内，且光束穿过的反射镜比较厚时，束腰的位置还要在计算出的距离中增加一穿过反射镜的平板玻璃的位移量。

13.9.11 平均功率密度测量 average power density measurement

〈激光测量〉应用激光光束直径测量方法，分别测出光束 $u\%$ 功率和功率分布函数二阶矩 (简称为功率二阶矩) 对应的直径，计算直径对应面积，按公式 (13-221) 和公式 (13-222) 计算，获得 $u\%$ 功率面积的平均功率密度和功率二阶矩面积的平均功率密度的测量方法。

$$E_u = \frac{P_u}{A_u} \qquad (13\text{-}221)$$

$$E_\sigma = \frac{P_\sigma}{A_\sigma} \qquad (13\text{-}222)$$

式中：E_u 为 $u\%$ 功率面积的平均功率密度，W/m^2；P_u 为 $u\%$ 功率，W；A_u 为 $u\%$ 功率的面积，m^2；A_σ 为功率二阶矩的面积，m^2；E_σ 为功率二阶矩面积的平均功率密度，W/m^2；P_σ 为功率二阶矩面积的功率，W。

13.9.12 平均能量密度测量 average energy density measurement

〈激光测量〉应用激光光束直径测量方法，分别测出光束 $u\%$ 能量和能量二阶矩对应的直径，计算直径对应面积，按公式 (13-223) 和公式 (13-224) 计算，获得 $u\%$ 能量的平均能量密度和能量二阶矩面积的平均能量密度的测量方法。

$$H_u = \frac{Q_u}{A_u} \qquad (13\text{-}223)$$

$$H_\sigma = \frac{Q_\sigma}{A_\sigma} \tag{13-224}$$

式中：H_u 为 $u\%$ 能量面积的能量密度，J/m^2；Q_u 为 $u\%$ 能量，J；A_u 为 $u\%$ 能量的面积，m^2；H_σ 为能量二阶矩面积的能量密度，J/m^2；Q_σ 为能量二阶矩面积的能量，J；A_σ 为能量二阶矩的面积，m^2。

13.9.13　近场分布测量 near–field distribution measurement

〈激光测量〉采用激光光束宽度/直径测量的 CCD 法、探针扫描法、漫反射法等之一，采集激光器输出端面附近的光束辐射近场的光斑分布图像，获得激光束近场分布的测量方法。

13.9.14　光束质量测量 beam quality measurement

应用 CCD 光束传输比法、聚焦透镜光束传输比法、β 因子法、BQ 因子法、BPF 因子法等方法测量激光束的束腰直径、束散角等参数，用相关的光束质量评价公式计算，获得激光光束质量评价参数的测量方法。

13.9.14.1　CCD 光束传输比法 CCD beam propagation ratio method

〈激光光束质量测量〉根据入射激光的波长，设置光束质量分析仪的探测波长，调节激光使其经过光束衰减后进入光束质量分析仪，仪器自动调整成像透镜的距离，使光斑成像在 CCD 的焦面上，通过 CCD 系统在不同的焦点和不同的光斑位置扫描，记录光斑的分布图和数据，测试激光光斑，计算出二阶矩的束腰直径和束散角参数，按公式 (13-225) 计算，获得激光光束传输比的测量方法。光束传输比也称为 M^2 因子，它与激光光束参数积成正比，是光束参数积逼近理想高斯光束衍射极限程度的度量。

$$M^2 = \frac{\pi}{\lambda} \cdot \frac{d_{\sigma 0}\Theta_\sigma}{4} \tag{13-225}$$

式中：M^2 为激光光束传输比；λ 为激光波长，μm；$d_{\sigma 0}$ 为激光束腰直径，mm；Θ_σ 为激光束散角，mrad。

13.9.14.2　聚焦透镜光束传输比法 focusing lens beam propagation ratio method

〈激光光束质量测量〉在激光光路适当位置放置长焦距的聚焦透镜，测得激光束被聚焦后的像方空间最小光斑直径 (即像方束腰直径 d_0')，同时测出像方束腰 (聚焦镜成像的束腰) 到聚焦镜的距离 l'，按公式 (13-226) 计算物方束腰直径 d_0(激光本身的束腰直径)，用以上束散角测量的聚焦镜法计算束散角 Θ，按以上公式 (13-225) 计算，获得激光光束传输比的测量方法。

$$d_0 = \frac{d_0' f'}{l' - f'} \tag{13-226}$$

式中：d_0 为物方束腰直径 (激光本身的束腰直径)；d_0' 为像方束腰直径 (聚焦镜成像的束腰直径)；f' 为聚焦镜的焦距；l' 为像方束腰到聚焦镜的距离 (即束腰像距)。

13.9.14.3 β 因子法 β factor method

〈激光光束质量测量〉对被测激光光束和参考光束分别按下述方法进行测量，将面阵探测器置于光束变换系统的焦面上，利用与被测光束同轴的指示光调整光斑图像至面阵探测器接收图像的中心区域，关闭指示光，选择合适倍率的光束衰减器，使得测试装置输出图像峰值光强处于动态范围的 2/3 以上 (但不饱和)，采集背景图像，计算平均本底帧和噪声标准差，采集被测激光光束和参考光束的激光远场光斑强度分布图像，扣除本底帧和噪声标准差，以光斑强度分布一阶矩质心为中心，计算出被测光束直径或光束宽度，计算参考光束的光束直径或光束宽度，按公式 (13-227) 计算，获得激光光束质量评价 β 因子的测量方法。β 因子的测量原理见图 13-154 所示 (图中的虚线框为可选项)。

$$\beta = \frac{\Theta_{u,\text{real}}}{\Theta_{u,\text{ref}}} = \frac{d_{u,\text{real}}}{d_{u,\text{ref}}} \qquad (13\text{-}227)$$

式中：β 为光束质量的一种评价因子；$\Theta_{u,\text{real}}$ 为被测光束远场束散角，$\Theta_{u,\text{ref}}$ 为参考光束衍射极限角；$d_{u,\text{real}}$ 为被测光束的远场光束直径或宽度，$d_{u,\text{ref}}$ 为参考光束衍射极限角对应的远场光束直径或宽度。

图 13-154 β 因子测量原理图

β 因子是以被测光束的远场发散角与参考光束的衍射极限角的比值作为光束质量评价因子的，适用于持续时间不小于 0.25s、功率不小于 10kW 或脉冲能量不小于 500J 的高能激光光束质量的评价。

13.9.14.4 BQ 因子法 BQ factor method

〈激光光束质量测量〉对被测激光光束和参考光束分别采用 β 因子测量方法，测量出参考光束衍射极限角内的桶中功率比和被测光束在参考光束衍射极限角内的桶中功率比，按公式 (13-228) 计算，获得激光光束质量评价 BQ 因子的测量方法。

$$BQ = \sqrt{\frac{u_{\text{ref}}}{u_{\text{real}}}} \qquad (13\text{-}228)$$

式中：BQ 为光束质量的一种评价因子；u_{ref} 为参考光束衍射极限角内的桶中功率比；u_{real} 为被测光束在参考光束衍射极限角内的桶中功率比。

BQ 因子是以参考光束与被测光束在衍射极限角内桶中功率比之比的平方根值作为光束质量评价因子的，适用于持续时间不小于 0.25s、功率不小于 10kW 或脉冲能量不小于 500J 的高能激光光束质量的评价。

13.9.14.5　BPF 因子法 BPF factor method

〈激光光束质量测量〉将通过光束变换系统的激光束用分束器分为两束，然后将功率探测器 1 和小孔分别置于光束变换系统后的两束光的焦面上，功率探测器 2 紧贴小孔放置，选择合适倍率的光束衰减器，使得功率探测器接收功率处于线性范围且未饱和，记录功率探测器 1 的输出功率，计算总功率 P_t，记录功率探测器 2 的输出功率，计算被测激光在圆形参考光束衍射极限角内的功率 P_h，按公式 (13-229) 计算，获得激光光束质量评价 BPF 因子的测量方法。BPF 因子的测量原理见图 13-155 所示 (图中的虚线框为可选项)。

$$BPF = \frac{u_{\text{ref}}}{u_{\text{real}}} = 1.19 \frac{P_h}{P_t} \tag{13-229}$$

式中：BPF 为光束质量的一种评价因子；P_t 为激光光束总功率，P_h 为被测激光在圆形参考光束衍射极限角内的功率。

图 13-155　BPF 因子测量原理图

BPF 因子是以被测光束与圆形参考光束在衍射极限角内桶中功率比之比值作为光束质量评价因子的，适用于持续时间不小于 0.25s、功率不小于 10kW 或脉冲能量不小于 500J 的高能激光光束质量的评价。

13.9.15　光束参数积测量 beam parameter product (BPP) measurement

〈激光测量〉应用以上激光光束直径和束散角测量方法，测出激光光束能量/功能分布函数二阶矩的束腰直径和束散角，按公式 (13-230) 计算，获得光束参数积的测量方法。

$$BPP = \frac{d_{\sigma 0} \cdot \Theta_{\sigma}}{4} \tag{13-230}$$

式中：BPP 为激光光束参数积；$d_{\sigma 0}$ 为激光光束能量/功能分布函数二阶矩的束腰直径；Θ_{σ} 为激光光束能量/功能分布函数二阶矩的束散角。

13.9.16 波前畸变测量 wavefront deformation measurement

〈激光测量〉采用波前传感器，对激光束的实际波前与参考波前 (通常是平面和球面) 进行干涉，分析给出波前畸变偏离量的测量方法。波前畸变偏离量用表面法线方向的波长数度量。

13.9.17 电光转换效率测量 measurement of electro-optical conversion efficiency

〈激光测量〉给激光器施加规定的工作电流，用光功率计测量激光稳定输出时的功率，用电流表、数字多用表、钳形表或带有电流电压放大器的示波器选择合适量程或幅值，并调整电流表、数字多用表、钳形表零点，测量激光稳定工作时与激光输出直接相关的电流和电压，按公式 (13-231) 计算，获得激光电光转换效率的测量方法。

$$\eta_{\mathrm{L}} = \frac{P_{\mathrm{F}}}{I_{\mathrm{F}} \times V_{\mathrm{F}}} \times 100\% \tag{13-231}$$

式中：η_{L} 为激光的电光转换效率；P_{F} 为激光稳定输出时的光功率；I_{F} 为激光器稳定工作时与激光输出直接相关的电流；V_{F} 为激光器稳定工作时与激光输出直接相关的电压。

13.9.18 激光装置效率测量 measurement of laser device efficiency

〈激光测量〉给激光器施加规定的工作电流，用光功率计测量激光稳定输出时的功率，用电流表、数字多用表、钳形表或带有电流电压放大器的示波器选择合适量程或幅值，并调整电流表、数字多用表、钳形表零点，测量激光稳定工作时激光输出直接相关设备以及必要的辅助设备 (冷却系统、泵浦系统等) 的电流和电压，按公式 (13-232) 计算，获得激光装置效率的测量方法。

$$\eta_{\tau} = \frac{P_{\mathrm{F}}}{\sum\limits_{i=1}^{n} I_i \times V_i} \times 100\% \tag{13-232}$$

式中：η_{τ} 为激光装置的电光转换效率；P_{F} 为激光稳定输出时的功率；i 为激光装置全部用电设备的序号；I_i 为激光器稳定工作时第 i 个用电设备的电流；V_i 为激光器稳定工作时第 i 个用电设备的电压。

13.9.19 斜率效率测量 slope efficiency measurement

〈激光测量〉将激光的工作电流调到正常工作状态，从被测激光器的功率-电流曲线 (即 P-I 曲线或输出功率-泵浦功率 P-P_{p} 曲线) 的线性区取电流测量点，将激光的工作电流调到线性区中间以上某个百分比的正常工作电流 (如工作电流的

90%)，用功率计和电流表分别测量此时的激光功率和电流，再将激光的工作电流调到线性区中间以下某个百分比的正常工作电流 (如工作电流的 30%)，用功率计和电流表分别测量此时的激光功率和电流，使激光处于正常工作状态，然后将激光的工作电流调到正常工作测量激光功率随电流的变化曲线，按公式 (13-233) 计算，获得激光斜率效率的测量方法。

$$\eta_s = \frac{P_1 - P_2}{I_1 - I_2} \tag{13-233}$$

式中：η_s 为激光斜率效率；P_1 为电流调到正常工作 90% 时的激光功率；P_2 为电流调到正常工作 30% 时的激光功率；I_1 为电流调到线性区中间以上 90% 的正常工作电流；I_2 为电流调到线性区中间以下 30% 的正常工作电流。

13.9.20　输出不稳定度测量 output instability measurement

〈激光测量〉使激光器处于工作状态，在规定的一个时间期间，用功率计对激光进行规定次数的均匀间隔的功率测量，按公式 (13-234)、公式 (13-235)、公式 (13-236) 计算，获得激光输出不稳定度的测量方法。

$$\bar{P} = \frac{1}{n} \sum_{i=1}^{n} P_i \tag{13-234}$$

$$\Delta P_\sigma = \sqrt{\frac{1}{n-1} \sum_{i=1}^{n} (P_i - \bar{P})^2} \tag{13-235}$$

$$\varDelta_p = \frac{2\Delta P_\sigma}{\bar{P}} \tag{13-236}$$

式中：n 为规定时间内测量激光功率的总次数；i 为规定时间内测量激光功率的次数的序号；$\bar{P}$ 为规定时间内的激光平均功率；P_i 为第 i 次测量的激光功率值；ΔP_σ 为激光功率的标准差；$\varDelta_p$ 为激光的输出不稳定度。

13.9.21　光束指向稳定度测量 beam pointing stability measurement

〈激光测量〉对激光束强度进行适当衰减，使光束质量分析仪的 CCD 工作在动态范围 (在不饱和状态)，用一焦距适当的聚焦镜将激光束成像到光束质量分析仪感光面直径内，在一规定时间内，按设定的时间间隔测量光束能量 (或功率) 强度分布重心在 (x, y) 坐标系中位置 (x_i, y_i)，由各测量点光束能量 (或功率) 强度分布重心坐标 (x_i, y_i) 计算出它们的平均位置 (x_0, y_0) (计算公式为能量/功率分布函数质心一阶矩公式)，计算各测量点到平均位置 (x_0, y_0) 的距离 r_i(计算公式为其相应的横坐标平方与纵坐标平方和的平方根)，用公式 (13-237) 计算各测量点相对平均位置指向方向的角偏差,再按公式 (13-238) 计算,获得激光光束指向稳定度的测量方法。激光光束指向稳定度也可以称为激光光束指向不稳定度,两种称谓的含义是相同的。

$$\Delta\theta_i = \frac{r_i}{f'} \tag{13-237}$$

$$\Delta\theta_{2\sigma} = 2\sqrt{\frac{1}{n-1}\sum_{i=1}^{n}\Delta\theta_i^2} \tag{13-238}$$

式中:$\Delta\theta_i$ 为各测量点的相对平均方向的角偏差,mrad;i 为规定时间内测量各测量点的次数的序号;f' 为聚焦镜的焦距,mm;n 为规定时间内测量激光功率的总次数;$\Delta\theta_{2\sigma}$ 为激光光束指向稳定度,mrad。

激光光束指向稳定度除了用上面的总角度偏差表示外,还可以用方向分量的角度偏差表示,即 x 方向和 y 方向角度偏差分量 $\Delta\theta_{xi}$ 和 $\Delta\theta_{yi}$ 表示,按公式 (13-239)、公式 (13-240)、公式 (13-241)、公式 (13-242) 计算,得到 x 方向和 y 方向光束指向稳定度值 $\Delta\theta_{2\sigma x}$ 和 $\Delta\theta_{2\sigma y}$。

$$\Delta\theta_{xi} = \frac{x_i - x_0}{f'} \tag{13-239}$$

$$\Delta\theta_{2\sigma x} = 2\sqrt{\frac{1}{n-1}\sum_{i=1}^{n}\Delta\theta_{xi}^2} \tag{13-240}$$

$$\Delta\theta_{yi} = \frac{y_i - y_0}{f'} \tag{13-241}$$

$$\Delta\theta_{2\sigma y} = 2\sqrt{\frac{1}{n-1}\sum_{i=1}^{n}\Delta\theta_{yi}^2} \tag{13-242}$$

13.9.22　光束位置稳定度测量 beam positional stability measurement

〈激光测量〉对激光束强度进行适当衰减,使光束质量分析仪的 CCD 工作在动态范围 (在不饱和状态),选择在光轴上的测量位置 z',并使光束质量分析仪感光面落于位置 z' 处,光束在感光面的直径内,在一规定时间内,按设定的时间时隔测量光束能量 (或功率) 强度分布重心在 (x, y) 坐标系中位置 (x_i, y_i),由各测量点光束能量 (或功率) 强度分布重心坐标 (x_i, y_i) 计算出它们的平均位置 (x_0, y_0) 或 $(\bar{x}, \bar{y})$(计算公式同 13.9.21 条中相类似算法),用公式 (13-243) 和公式 (13-244) 计算,获得激光光束位置稳定度的测量方法。激光光束位置稳定度也可以称为激光光束位置不稳定度,两种称谓的含义是相同的。

$$\Delta_x(z') = 4\sqrt{\frac{1}{n-1}\sum_{i=1}^{n}(x_i - \bar{x})^2} \tag{13-243}$$

$$\varDelta_y(z') = 4\sqrt{\frac{1}{n-1}\sum_{i=1}^{n}(y_i - \bar{y})^2} \tag{13-244}$$

式中：$\varDelta_x(z')$ 为激光光束 x 方向位置稳定度；$\varDelta_y(z')$ 为激光光束 y 方向位置稳定度。激光光束 x 方向和 y 方向位置稳定度是在光轴 z' 位置平面上的位置稳定度，用长度单位表示。

13.9.23　超短脉冲脉宽测量 pulse width measurement of ultra-short pulse

应用自相关法、频率分辨光学开关法、自参考光谱相位相干直接电场重建法等方法测量与激光超脉冲相关的参数，用相关公式计算，获得激光超短脉冲脉宽的测量方法。

13.9.23.1　自相关法 autocorrelation method

〈激光超短脉冲脉宽测量〉使被测激光射入自相关仪，将入射激光分成两束，让其中一束光通过一个延迟线，然后把两束光合并，通过一块倍频晶体 (或双光子吸收/发光介质)，改变延迟生成一系列信号，这个信号的强度对延迟的函数即为脉冲自相关信号，对自相关仪的固定臂进行移动，使脉冲图由小变到最大时 (即将要变小时停止)，脉冲图见图 13-156 所示，按公式 (13-245) 计算，获得激光超短脉冲脉宽的测量方法。

$$\tau_{\mathrm{H}} = C \times \frac{2x}{0.3s} \times \varGamma \tag{13-245}$$

式中：τ_{H} 为超短脉冲激光脉宽 (也称为超短脉冲激光的半高全宽度 FWHM)，ps；x 为自相关仪固定臂移动距离，mm；$\varGamma$ 为自相关脉冲波形光谱宽度，ms；s 为在移动自相关仪固定臂时自相关脉冲波形最高峰移动的距离；C 为激光脉冲的波形系数，高斯型脉冲 $C = 0.707$，双曲正割脉冲 $C = 0.648$，单边指数 $C = 0.5$。

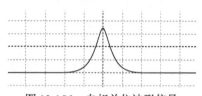

图 13-156　自相关仪波形信号

自相关宽度是脉冲的自相关曲线的半高度处所对应的时间间隔。自相法利用超短脉冲激光的非线性效应，将时间尺度的变化转换为空间距离的改变，从而实现脉冲宽度的测量。自相关法分为条纹分辨自相关法和强度自相关法，强度自相关法又分为有背景和无背景的自相关法。

13.9.23.2 频率分辨光学开关法 frequency-resolved optical gating (FROG) method

〈激光超短脉冲脉宽测量〉将入射光分为有相对延时 τ 的两束光，作为探测光 $E(t)$ 和光开关 $E(t-\tau)$，探测光与光开关在非线性晶体中相互干涉产生信号光 $E_{\mathrm{sig}}(t,\tau)$，做傅里叶反演后可以得到 $I_{\mathrm{FROG}}(\omega,\tau)$(此为实际探测到的信号光强度)，对此结果的迭代运算可同时得出激光脉冲宽度和光谱信息的测量方法，简称为 FROG 法。频率分辨光学开关法用偏振光开关的装置示意图见图 13-157 所示。频率分辨光学开关法测量，迭代得到的光谱及相位信息见图 13-158(a) 所示，迭代得到的电场及相位信息见图 13-158(b) 所示，电场分布的半高宽即为脉宽信息。频率分辨光学开关法与自相关法的区别是，采用克尔开关取代二阶非线性自相关器，实现脉冲相位测量的方法。

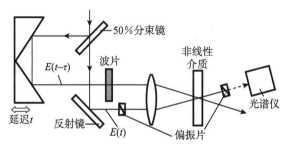

图 13-157 频率分辨光学开关法装置图

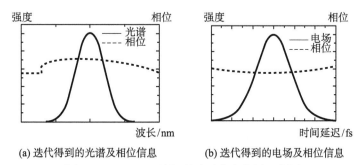

(a) 迭代得到的光谱及相位信息   (b) 迭代得到的电场及相位信息

图 13-158 FROG 法测量脉冲宽度装置示意图

13.9.23.3 自参考光谱相位相干直接电场重建法 self-referencing spectral phase coherence direct electric field reconstruction method(SPIDER)

〈激光超短脉冲脉宽测量〉将待测光分成两束，让其中一束通过一块色散器件 (相当于光谱相位调制器)，将其展宽至几十皮秒；另外一束通过一个迈克尔逊干涉仪 (相当于线性时域相位调制器)，然后再让它们聚焦在倍频晶体上发生干涉，产生的干涉光谱的交流部分 (包含脉冲的相位信息)，用光谱仪和 CCD 进行探测，直接对光谱相干的干涉条纹做傅里叶变换，获得激光脉冲相位的测量方法，简称为 SPIDER 法。自参考光谱相位相干直接电场重建法的测量装置见图 13-159 所示，干涉光谱信号示意图见图 13-160 所示，输入脉冲的光谱强度和计算出的光谱相位图见图 13-161 所示，傅里叶变换得到的脉冲时域波形图见图 13-162 所示，其半高宽即为脉宽信息。

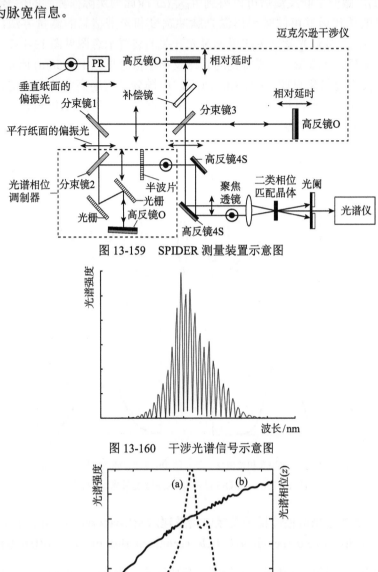

图 13-159　SPIDER 测量装置示意图

图 13-160　干涉光谱信号示意图

图 13-161　光谱相位图

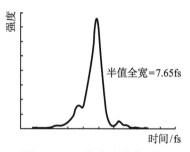

图 13-162 脉冲时域波形图

13.9.24 近场调制度测量 near-field modulation measurement

〈激光测量〉用激光功率计，按以上相关方法分别测量出激光近场空间光强的峰值功率和激光平均功率，按公式 (13-246) 计算，获得激光近场调制度的测量方法。

$$M = \frac{I_{\max}}{I_{\mathrm{av}}} \tag{13-246}$$

式中：M 为激光近场调制度；$I_{\max}$ 为激光近场空间光强的峰值功率；I_{av} 为激光平均功率。

13.9.25 频谱信噪比测量 spectrum SNR measurement

〈激光测量〉用激光作为单色仪的光源，测量激光频谱信号中主峰功率值和次峰功率值，按公式 (13-247) 计算，获得激光频谱信噪比的测量方法。

$$S_{\mathrm{p}} = \frac{P_1}{P_2} \tag{13-247}$$

式中：S_{p} 为激光频谱信噪比；P_1 为激光频谱信号主峰功率；P_2 为激光频谱次峰功率。

13.9.26 线偏振度测量 measurement of linear polarization degree

〈激光测量〉使激光束通过检偏器，用功率计/能量计接收通过检偏器的激光束，转动检偏器使激光功率/能量达到最大值并测量其功率值，再转动检偏器使激光功率/能量达到最小值并测量其功率值，按公式 (13-248) 计算，获得激光线偏振度的测量方法。线偏振度是表征激光偏振纯度的物理量。激光线偏振度也可用能量进行测量，测量方法和测量结果与用功率测量的是一样的。

$$P = \frac{P_{\max} - P_{\min}}{P_{\max} + P_{\min}} \times 100\% \tag{13-248}$$

式中：P 为激光线偏振度；$P_{\max}$ 为激光通过检偏器的最大功率；$P_{\min}$ 为激光通过检偏器的最小功率。线偏振度也可以用分数或小数表示。

13.9.27　最大测程测量 maximum range measurement

〈激光测量〉在激光测距仪发射光路中插入衰减片，使激光发射的能量被衰减，对固定的近距离标准靶板进行测距，不断增加衰减片数量直到找出稳定测距临界状态，以所插入的所有衰减片的衰减分贝值用专门的公式计算，获得激光测距仪最大测程距离的测量方法，也称消光比法。该方法属于模拟测量方法，既可用于室内测量，也可用于野外测量。

13.9.28　最小测程测量 minimum range measurement

〈激光测量〉将激光测距仪的测距目标选择大目标并置于最小测程上，对放置在最小测程距离上的标准靶板进行实际测距，如能正确测出距离时，进一步移近测距仪或标准靶板的距离，直到刚刚能测到最近的距离为止，如不能正确测出距离时，进一步移远测距仪或标准靶板的距离，直到能测到最近的距离为止，由此获得最小测程的测量方法。

13.9.29　测距分辨力测量 range resolution measurement

〈激光测量〉准备前、后两个目标靶板，后目标靶板面积应不小于前目标靶板(后需大一些)，将前目标靶板设置在规定距离，将后目标靶板置于前目标靶板之后，两者间距离小于测距分辨力距离，对前目标靶板进行测距，然后移开前目标靶板，对后目标靶板进行测距，得到的是前目标靶的距离 (因在测距分辨力内)，然后逐步向远离激光测距仪的方向后移后目标靶板的距离，直到能测到不同的距离为止，以此时后目标靶的位置与前目标靶的位置间的距离得到激光测距仪的测距分辨力的测量方法。激光测距分辨力也可以用衰减片按上述方法进行测量。

13.9.30　测距精度测量 measurement of ranging accuracy

〈激光测量〉分别设置标准目标于远、中、近距离之一，对标准目标用标准激光测距仪进行测距，确定目标的准确距离，再换为用被测试的激光测距仪进行规定次数的多次测距，得到系列测量距离值，将剩余的两种目标距离按同样的测试方法进行测试，按公式 (13-249) 计算，获得被测试激光测距仪远、中、近距离测距精度的测量方法。

$$\Delta_r(L) = \sqrt{\frac{1}{n} \sum_{i=1}^{n} (r_i - L)^2} \tag{13-249}$$

式中：$\Delta_r(L)$ 为被测试激光测距仪对目标距离为 L 的目标的测距精度；L 为标准目标设置的远、中、近的距离之一，即标准激光测距仪对标准目标测得的远、中、近的距离之一；r_i 为被测试激光测距仪对设置在 L 距离处的标准目标进行第 i 次测距测得的距离值；i 为对远、中、近标准目标之一的每一组重复测试的测试次数的序号；n 为对远、中、近标准目标之一的每一组重复测试的总次数。对于不分远、中、近距离来评价总精度时，可以有两种评价方法：一种是将远、中、近距离的测距精度进行平均作为总精度，这是一种折中的方法；另一种是取远、中、近距离的测距精度中不确定度误差最大的作为总精度，这是一种保守的方法。

13.10 光学系统参数和像质测量

13.10.1 放大率测量 magnification measurement

对望远镜、显微物镜、照相物镜 (含摄像物镜) 分别采用不同方法进行的光学系统放大率测量的方法。

13.10.1.1 望远镜放大率测量 telescope magnification measurement

在平行光管的焦平面上放置间隔已知的线对分划板，用光源照明分划板，使平行光管的光透过的准直光束进入正对的被测望远镜，用测量前置镜接收被测望远镜出射光束，用前置镜测量平行光管焦平面分划线对像的间隔距离，用公式 (13-250) 计算获得望远镜放大率的测量方法，测量原理见图 13-163 所示。

$$\Gamma = \frac{b' f_c'}{b f_0'} \tag{13-250}$$

式中：Γ 为望远镜放大率；b 为平行光管焦平面上分划板线对的间隔距离；b' 为前置镜测量的平行光管焦平面分划线对像的间隔距离；f_c' 为平行光管的焦距；f_0' 为前置镜的物镜焦距。测量的望远镜放大率是视角放大率，不是长度尺寸放大率。本方法的测量原理就是用望远镜目镜输出的视场角比望远镜物镜接收的物方视场角。以上所说的望远镜是广义的，指各类望远系统。

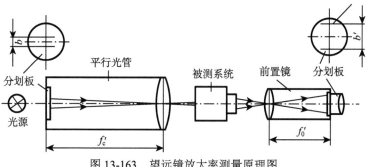

图 13-163 望远镜放大率测量原理图

13.10.1.2 显微物镜放大率测量 microscope objective magnification measurement

用光源照明间隔尺寸很小的线对分划板 (线对间隔尺寸已知)，线对分划板置于被测显微物镜的物面上 (物距为 l)，用被测显微物镜对分划板的线对成像 (像距为 l')，在被测显微物镜的像面上放置毛玻璃显像屏，用具有垂轴 (横向) 方向移动轨标尺的测量显微镜对毛玻璃屏上的分划板线对像的间隔距离进行测量，用公式 (13-251) 计算获得显微物镜放大率的测量方法，测量原理见图 13-164 所示。

$$\beta_X = \frac{y'}{y} \tag{13-251}$$

式中：β_X 为显微物镜放大率；y' 为分划板线对像的间隔距离；y 为分划板线对的间隔距离。测量的显微物镜放大率是垂轴放大率，即垂直于光轴方向的长度尺寸放大率。显微物镜放大率测量的方法可以应用于小目标尺寸物成大尺寸像的各种物镜的放大率测量。显微镜总的放大率为物镜放大率乘以目镜放大率，通常物镜放大率是总放大率的决定因素。

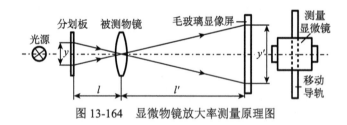

图 13-164 显微物镜放大率测量原理图

13.10.1.3 照相物镜放大率测量 camera objective magnification measurement

用光源照明间隔尺寸很大的线对系列图案板 (各线对间隔尺寸已知)，线对分划板置于被测照相物镜的物面上 (物距为 l)，用被测照相物镜对图案板上的线对系列成像 (像距为 l')，在被测照相物镜的像面上放置毛玻璃显像屏，用具有垂轴方向移动轨标尺的测量显微镜对毛玻璃屏上的图案板上的线对系列像中的某对适合线对的间隔距离进行测量，用公式 (13-252) 计算获得照相物镜放大率的测量方法，测量原理见图 13-165 所示。

$$\beta_z = \frac{y'}{y} \tag{13-252}$$

式中：β_z 为照相物镜放大率；y' 为图案板上被测量线对像的间隔距离；y 为被测量线对像对应的图案板上的线对间隔距离。照相物镜测量的放大率是垂轴放大率，实际所成像为缩小像，测得的是缩小率，即所成像的尺寸比物的尺寸小。照相物镜放大率测量的方法可以应用于大目标尺寸物成小尺寸像的各种物镜的放大率 (或缩小率) 测量，如光刻照相物镜、印刷制版照相物镜、胶片缩微照相物镜等。照相物镜的放大率不是固定的，是依赖于物距和焦距的。同样的物尺寸和同样的物距，焦距越长，像的尺寸越大；同样的物尺寸和同样的焦距，物距越大，像的尺寸越小；反之亦然。

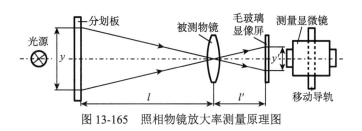

图 13-165　照相物镜放大率测量原理图

13.10.2　视场角测量 field angle measurement

对望远镜 (或望远系统)、显微镜和照相机 (含摄像机) 分别采用不同方法进行的光学系统视场角测量的方法。

13.10.2.1　望远镜视场角测量-广角平行光管法 telescope field angle measurement-wide angle collimator method

采用广角平行光管 (或视场仪) 测量，用被测望远镜观看广角平行光管焦平面上分划板上的刻度，在望远镜中读取能看到分划板上的最大刻度范围值，以能看到的分划板上的最大刻度范围值对应的角度值 2ω 作为望远镜的视场角，由此获得被测望远镜视场角度的测量方法，测量原理见图 13-166 所示。

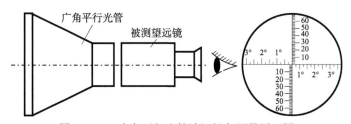

图 13-166　广角平行光管法视场角测量原理图

13.10.2.2　望远镜视场角测量-经纬仪法 telescope field angle measurement-theodolite method

被测望远镜的目镜端对着均匀亮屏 (或漫反射屏)，用经纬仪对被测望远镜物镜端进行观察，先后对准被测望远镜视场光阑的水平方向两个最外边缘端，在经纬仪上读取两个端点相应的角度值并相减求出两视场两端点对物镜的夹角 2ω，由此获得被测望远镜视场角的测量方法，测量原理见图 13-167 所示。

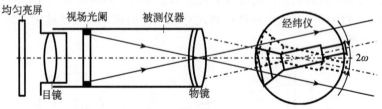

图 13-167　经纬仪法望远镜视场角测量原理图

13.10.2.3　显微镜视场角测量 microscope field angle measurement

用显微镜观察已知标尺物，以能看到的标尺刻度的最大间距范围与显微镜物距进行三角计算，即最大间隔的一半除以物距取其反正切值再乘以 2，得到被测显微镜视场角度的测量方法，测量原理见图 13-168 所示。

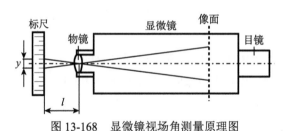

图 13-168　显微镜视场角测量原理图

显微镜的视场也可以用物方线视场表示，图 13-168 中的 y 即是显微镜的物方线视场。

13.10.2.4　照相机视场角测量 camera field angle measurement

在照相机 (含摄像机) 的焦平面上设置其视场光阑，光源照明视场光阑，在视场张角方向设置两台经纬仪，分别转动两台经纬仪直到看到被测照相机或摄像机的视场光阑的边缘 (或边框) 并读取角度值，再转动两台经纬仪形成相对位置，直到两台经纬仪平行瞄准并读取角度值，测量原理图见图 13-169 所示，视场角按公式 (13-253) 计算，由此获得视场角的测量方法。

$$2\omega = 180 - (\alpha_1 - \alpha_2) - (\beta_1 - \beta_2) \tag{13-253}$$

式中：ω 为照相机 (含摄像机) 半视场角；α_1、β_1 为两台经纬仪分别对准视场光阑边缘 (或边框) 时读取的角度值；α_2、β_2 为两台经纬仪相对面对准时读取的角度值。以上方法测量的是光阑边框的视场角，如果需要对角线视场角，只需要用边框线的尺寸、对角线与边框线尺寸的比例关系以及测量出来的边框视场角即可算出对角线视场角。

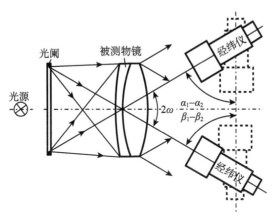

图 13-169　照相机视场角测量原理图

13.10.3　相对孔径测量 relative aperture measurement

用不同的测量方法分别对照相物镜和显微物镜的入瞳直径 D 进行测量，再用焦距测量的方法测出物镜的焦距，按公式 (13-254) 计算，获得相对孔径的测量方法。

$$\frac{1}{F} = \frac{D}{f'}$$

(13-254)

式中：F 为被测物镜的光圈，即相对孔径的倒数；D 为被测物镜入瞳直径；f' 为被测物镜的焦距。

13.10.3.1　照相物镜投影亮斑法入瞳直径测量 entry pupil diameter measurement of photographic objective lens by projection spot method

在被测照相物镜像方焦平面上设置一个小孔光阑板，用光束会聚角比较大的光源照射小孔光阑板，以保证照射光束能够充满被测照相物镜的入瞳口径，在被测照相物镜光束出射端的附近，垂直于光轴放置一块成像毛玻璃屏来接收被测照相物镜射出的轴向平行光束，测出毛玻璃屏上的光束亮斑直径来获得被测照相物镜入瞳直径的测量方法，测量原理见图 13-170 所示。对于该测量方法：在保证毛玻璃屏上的亮斑影像边界清晰的前提下，小孔的直径应尽量小；毛玻璃屏应尽量靠近被测照相物镜；为了测量方便，最好采用有长度测量分划刻度的毛玻璃屏。

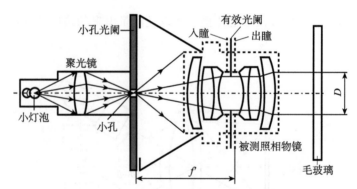

图 13-170　照相物镜投影亮斑法入瞳直径测量原理图

13.10.3.2 照相物镜测量显微镜法入瞳直径测量 entry pupil diameter measurement of photographic objective lens by measuring microscope method

在被测照相物镜的像方空间放置一块涂了白色漫反射涂料的漫反射屏或一张白纸，用光源照射白色漫反射屏或白纸 (也可借用环境的自然亮度，不用光源照明)，用具有横向 (垂轴方向) 移动导轨的测量显微镜从被测照相物镜的物方观察，经横向上下左右移动和轴向调焦找到并对准被测照相物镜入瞳直径的两个边缘，分别读出入瞳直径两个边缘的水平方向的两个读数，以两个读数之差获得被测照相物镜入瞳直径的测量方法，测量原理见图 13-171 所示。

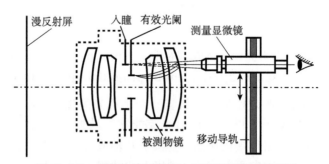

图 13-171　照相物镜显微镜法入瞳直径测量原理图

13.10.4 显微物镜数值孔径测量 microscopic objective lens numerical aperture measurement

采用不同的显微物镜数值测量的有效方法，测量出显微物镜的最大半孔径角 U_{max}，按公式 (13-255) 计算，获得显微物镜数值孔径的测量方法。显微物镜数值孔径测量的有效方法主要有小孔光阑法、数值孔径计法等方法。

$$NA = n\sin U_{\max} = n\sin\left(\arctan\frac{d}{2L}\right) \tag{13-255}$$

式中：NA 为被测显微物镜的数值孔径；n 为被测显微物镜的物方折射率；$U_{\max}$ 为被测显微物镜的最大半孔径角；d 为人眼通过显微物镜所成小孔像所能看到刻尺像对应刻尺的最大刻度间隔；L 为小孔到刻尺的距离。

13.10.4.1 小孔光阑法 pin hole diaphragm method

〈显微镜数值孔径测量〉在被测显微物镜沿光轴的物平面位置设置一小孔光阑，在距离小孔光阑垂直于光轴的 L 处放置一刻线尺，移动显微镜体对小孔光阑调焦通过显微镜目镜看清小孔光阑的像 (即使小孔光阑像成在显微镜的分划板上)，然后取出 (拿掉) 显微镜的目镜及分划板组，人眼通过小孔光阑像的孔观察刻线尺像最大读数间隔 d，按公式 (13-255) 计算，获得显微物镜数值孔径的测量方法，测量原理见图 13-172 中的 (a) 和 (b) 所示。

为避免人眼观察刻线尺像时，对小孔观察的位置变动带来误差，可在小孔像位置处另外设置一个实物限制光阑，以固定对小孔观察的位置。

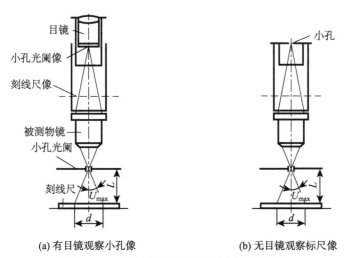

(a) 有目镜观察小孔像   (b) 无目镜观察标尺像

图 13-172 小孔光阑法数值孔径测量原理图

13.10.4.2 数值孔径计法 numerical aperture meter method

〈显微镜数值孔径测量〉用完整的被测显微镜 (含物镜和目镜) 对数值孔径计的狭缝进行调焦看清晰狭缝，对数值孔径计金属框内乳白玻璃上的十字线照明，使十字线经过玻璃半圆柱体斜面 AB 全反射后，透过狭缝由被测显微物镜成像在显微镜筒中，十字线相当于距离狭缝距离为 L 的目标，将显微镜的目镜取出 (拿掉)，用人眼通过显微物镜所成的狭缝像，看到显微镜镜筒内的亮斑和亮斑中间的十字线像 (金属框在零刻度位置时)，转动数值孔径计的金属框，十字线像将由中间位置向外移动，直到十字线像移到亮斑边缘，读出此时在玻璃半圆柱体上该位置的角度值 (刻度上的 E 位置)，然后向相反方向转动数值孔径计的金属框，直到十字线像移到亮斑的另一边缘，读出此时在玻璃半圆柱体上该位置的角度值 (刻度上的 F 位置)，取两角度位置的夹角的一半 U_k，按公式 (13-256) 和公式 (13-255) 计算，获得显微物镜数值孔径的测量方法，测量原理见图 13-173 所示。图 13-173(a)，显微镜对准狭缝，MM 为金属框的实际旋转轴，NN 为玻璃半圆柱体展开 (按反射棱镜模式) 时的金属框旋转轴；图 13-173(b) 为从显微镜目镜端小孔看到的亮斑及十字像的视场；图 13-173(c) 为图 13-173(a) 的玻璃半圆柱体展开后再逆时针转 90° 的图，金属框转动的角度为数值孔径计转动的全孔径角。

$$\sin U_{max} = n_k \sin U_k \tag{13-256}$$

式中：n_k 为玻璃半圆柱体的折射率；U_{max} 为被测显微物镜的最大半孔径角，数值孔径计的内标尺上可直接给出这个值；U_k 为金属框转动使十字像移到亮斑直径的两个边缘 [见图 13-173(b)] 时所对应的半圆柱体刻度盘上转动角度的一半，即图 13-173(c) 中 EF 间夹角的一半。

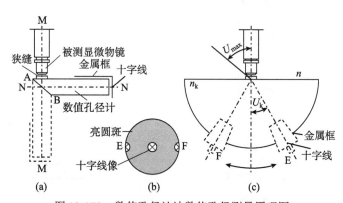

图 13-173　数值孔径计法数值孔径测量原理图

数值孔径计的组成结构见图 13-174 所示：主要部件为一块 12mm 厚的玻璃半圆柱体，其底面为与表面成 45° 的斜面，上表面的圆心附近有直径 8mm 左右的圆形镀铝面，其中间有一条宽 1mm 左右垂直于底边的狭缝，玻璃半圆柱体表面沿着圆周的有两个圆弧圈刻度线，内圈刻度线对应被测量显微物镜的物方半孔径角测量值，外圈刻度线对应被测量显微物镜的数值孔径测量值；玻璃半圆柱体装在金属底座上；金属底座上有可绕玻璃半圆柱体的圆心旋转的金属框，金属框对着玻璃半圆柱体柱面有一块刻有十字线的乳白玻璃，作为测量时的观察目标，金属框靠近玻璃半圆柱体表面处有一角度转动量的读数盘。

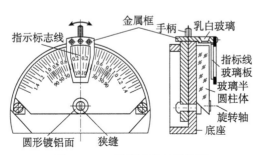

图 13-174　数值孔径计结构图

13.10.5　光轴平行性测量 optical axis parallelism measurement

通过用基准平行光照射双管望远系统，测量双管出射光间的夹角或分离距离，用相关公式计算，获得望远光学系统光轴平行性的测量方法。望远光学系统光轴平行性的测量方法主要有投影靶板法和大口径平行光管法等。

13.10.5.1　投影靶板法 projection target plate method

〈光轴平行性测量〉用多束平行的激光束沿被测光学系统各光路的光轴方向对各光路的入瞳进行照射，由一个放置在远处的靶板来接收从被测光学系统各出瞳射出的激光束，测量靶板上各激光束光斑间的相互间隔距离，与光学仪器各出瞳中心间的距离进行比较，根据被测光学系统端和靶板端两光轴间隔 (多个两光轴间隔) 的差异计算出光轴平行性角度的测量方法。光轴平行性的计算为两对应端的光轴间隔差除以被测光学系统与靶板间的距离取反正切的值为光轴平行度的角度，如果被测光学系统光轴平行性问题不是很大时，不需用正切三角函数求解光轴平行性角度值，用正切值作为弧度即可。该方法既可以用于野外测量，也可用于室内测量，测量原理见图 13-175 所示。

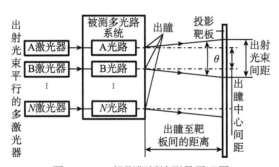

图 13-175　投影靶板法测量原理图

13.10.5.2 大口径平行光管法 large diameter parallel light pipe method

〈光轴平行性测量〉在大口径平行光管焦面上设置十字分划板,用光源照明十字分划板,经由平行光管物镜发出十字分划目标的平行光线,通过被测平行光系统 (如望远镜) 后,再经会聚透镜成像于毛玻璃屏上,通过观察和测量十字分划像的重合性或分离程度来确定各光路光轴平行性的测量方法,测量原理见图 13-176 所示。如果成像于毛玻璃屏上的十字分划像为重合时,说明被测系统各光路 (如望远镜的左右光路) 的光轴是平行的;如果十字分划像是分离的,说明被测系统的各光路的光轴是不平行的,可根据十字像分开的距离和成像于毛玻璃屏的会聚透镜的焦距用三角函数计算获得各光路光轴不平行性的夹角。当平行光管的口径要求很大时,大口径平行光管的物镜可采用反射式物镜来实现大口径的要求。大口径平行光管法和投影靶板法都适用于望远镜、光学测距仪、潜望镜等目视双筒望远系统的光轴平行性测量。

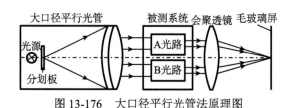

图 13-176   大口径平行光管法原理图

13.10.6 多光路光轴平行性测量 multiple optical axis parallelism measurement

用焦平面上有中心标志分划板的平行光管的基准平行光照射多光路系统,测量多光路系统的各路光对中心标志在其视场中的偏离,用相关公式计算,获得多光路系统光轴平行性的测量方法。多光路光轴平行性的测量方法主要有全口径覆盖法和分束法等。

13.10.6.1 全口径覆盖法 full aperture covering method

〈多光路光轴平行性测量〉采用口径直径能同时覆盖被测多光路系统中各光路口径的大口径平行光管,使焦平面放置了十字分划板 (或星点等) 的大口径平行光管发出的平行光束同时照射被测多光路系统中的各系统,调整承载被测多光路系统的试样台角度 (方位角或俯仰角),使十字分划像成像于被测多光路系统中的一个光路的视场中心,测量十字分划像对其他光路视场中心的偏离量,计算获得被测多光路系统光轴平行性的测量方法,测量原理见图 13-177 所示。图 13-177 中的 A 光路、B 光路、⋯、N 光路是多光路光学系统可能拥有各光路的代号,这些光路可以是纯光学系统的组合,或是光学系统及光电系统的组合,或是光电系统的组合。光电系统是指红外热成像系统、微光系统、激光系统等。

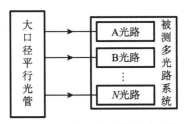

图 13-177 全口径覆盖法原理图

当被测多光路系统为可见光系统与红外热成像系统组合时，平行光管的物镜就不能采用可见光光学玻璃材料制作，要采用能同时透过可见光和红外波段光的红外材料制作，或采用反射式平行光管物镜；平行光管焦平面的目标靶板也需要采用可见光分划板与红外目标靶间可转换的目标靶板。

当被测多光路系统为接收光学/光电系统与发射光电系统 (如激光系统) 组合时，先按上述方法对准一个接收光学/光电系统的光轴，将目标靶板更换为显示或记录激光光斑的目标靶板，由发射光电系统发射激光束，再在对准光轴的接收光学/光电系统中观察并测量激光光斑在目标靶上对目标靶中心的偏离量，计算得出光路间的光轴平行性偏差。

13.10.6.2 分束法 beam splitting method

〈多光路光轴平行性测量〉采用小口径直径的平行光管，在平行光管前面设置平行光束分束组件，使光束分束组件中的每一个分束元件对准被测多光路系统中的一个接收或发射光路，使焦平面放置了十字分划板 (或星点等) 的小口径平行光管发出的平行光束同时照射被测多光路系统中的各系统，调整承载被测多光路系统测试台的角度 (方位角或俯仰角)，使十字分划像成像于被测多光路系统其中一个光路的视场中心，测量十字分划像对其他光路视场中心的偏离量，计算获得被测多光路系统光轴平行性的测量方法，测量原理见图 13-178 所示。图 13-178 中的 A 光路、B 光路只是一个例子，光路的数量可以是多光路光学系统可能拥有各光路的数量，这些光路可以是纯光学系统的组合，或是光学系统及光电系统的组合，或是光电系统的组合。当被测多光路系统为可见光系统与红外热成像系统组合，或者为接收光学/光电系统与发射光电系统 (如激光系统) 组合时，测量方法同上面的全口径覆盖法。

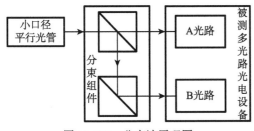

图 13-178 分束法原理图

13.10.7　出瞳直径测量 exit pupil diameter measurement

在光学仪器目镜方,对光学仪器孔径光阑的实像 (出瞳) 直径进行测量的方法。出瞳直径测量的方法主要有倍率计法、测量显微镜法等方法。

13.10.7.1　倍率计法 dynameter method

〈出瞳直径测量〉将需要测量出瞳直径的光学仪器对着明亮的方向 (如窗口等),用简易倍率计 (或倍率计) 的外套筒靠面靠在目镜框上, 轴向移动简易倍率计 (或倍率计) 的分划板组,直到出瞳与分划板相重合,用分划板的刻线尺对出瞳的直径直接进行读数,获得出瞳直径的测量方法。用简易倍率计进行出瞳直径测量的原理见图 13-179 所示,用倍率计进行出瞳直径测量的原理见图 13-180 所示。简易倍率计分划板的刻线间隔通常为 0.1mm。倍率计常用放大倍率为 1 倍的物镜。如果需要同时测出光学仪器的出瞳位置,在简易倍率计 (或倍率计) 的分划板与出瞳重合时,读出简易倍率计 (或倍率计) 外筒上刻尺的读数,即为被测光学仪器目镜端面到出瞳的距离。如果需要得到出瞳到目镜表面的距离,由于目镜端面到目镜表面的距离是已知的 (在光学仪器设计时已给出),把这个值引入计算就可得到目镜表面到出瞳的距离。

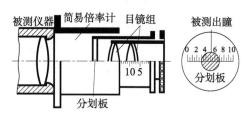

图 13-179　简易倍率计出瞳直径测量原理

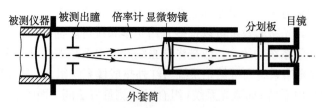

图 13-180　倍率计出瞳直径测量原理

13.10.7.2　测量显微镜法 measurement microscopy method

〈出瞳直径测量〉将需要测量出瞳直径的光学仪器对着明亮的方向 (如窗口等),调焦低倍测量显微镜的物镜,对出瞳进行成像,使出瞳像成在显微镜的分划板上,用显微镜分划板上的刻线尺对出瞳的直径直接进行读数,然后再除以显微镜物镜的放大倍数,由此获得出瞳直径的测量方法。(如果显微镜的分划板是乘了显微物镜放大倍数的标尺，测出的出瞳直径不需要除以显微物镜的放大倍数，只有与实际尺子一样刻度的分划板才需除以显微物镜的放大倍数。) 用显微镜测量的出瞳直径精度比倍率计的要高。如果出瞳直径完整的像全部进入显微镜的分划板的刻线尺内，可直接用显微镜分划板的刻线尺进行直接测量；如果出瞳直径完整的像大于显微镜的分划板刻线尺或大于显微镜的视场，就需要将显微镜装在横向移动可读数的轨道装置上，用显微镜先对准出瞳水平直径一个边缘并读取轨道上的读数，再横向移动对准出瞳水平直径的另一边缘并读取轨道上的读数，两个读数之差为出瞳直径。

13.10.8 眼点距离测量 eye distance measurement

对光学仪器轴外边缘视场成像光束的中心线在目镜像方与光轴交点的位置进行测量的方法。由于光学仪器限制轴外视场斜光束宽度的往往不是孔径光阑，而是零件边框或其他光阑，此时轴外最大视场斜光束的主光线经过系统后可能不再通过出瞳中心，因此，需要测出眼点位置，即实际光阑的像，或外边缘视场光束主光线在目镜像方与光轴的交点到目镜最后表面的距离 L_2'(眼点距离)，见图 13-181所示，以找到光学仪器全视场图像有效的观察位置。眼点距离测量的方法主要有小孔望远镜法和瞳孔仪法等。

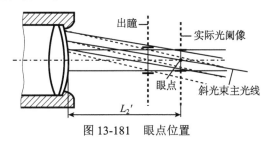

图 13-181 眼点位置

13.10.8.1 小孔望远镜法 keyhole telescope method

〈眼点距离测量〉用带有小孔外筒的大视场低倍望远镜，对被测光学仪器的目镜的出瞳位置附近沿轴向移动进行观察，直到小孔望远镜的分划板上能看到被测光学仪器的视场光阑像，即看到整个视场为止，此时小孔望远镜的外筒上的小孔位置就是被测光学仪器的眼点位置，由此确定出被测光学仪器眼点位置的测量方法，测量原理见图 13-182 所示。

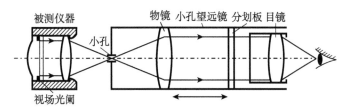

图 13-182 小孔望远镜眼点位置测量原理图

小孔望远镜法的小孔越小，眼点位置测量的精度越高，但孔太小时被测光学仪器视场所成的像就不清楚 (光能量不够)；为了获得清晰的光学仪器视场像，小孔就不能太小，这时小孔望远镜在轴向就有两个对称于眼点的位置上能看到被测光学仪器的整个视场，测出这两个全视场的观察的位置，进行相加除以 2 或对两个位置取中就可得到眼点的精确位置。

13.10.8.2　瞳孔仪法 pupil gauge method

〈眼点距离测量〉将瞳孔仪转盘上的小孔旋转到望远镜系统中，由物镜 1 和目镜构成一个低倍小孔望远镜，轴向移动小孔望远镜直到在瞳孔仪中看到被测光学仪器的视场光阑像，然后将瞳孔仪转盘上的物镜 2 转入光学系统，将小孔轮换出去，由此构成一个低倍显微镜 (显微物镜由物镜 1 和物镜 2 构成)，在瞳孔仪的导轨上轴向移动瞳孔仪新组成的显微镜，使显微物镜的物面调焦看清被测光学仪器的目镜表面，由于瞳孔仪前物镜物面至小孔面的距离 L_0 是已知的，导轨两次移动定位后的读数差值加上 L_0 就是被测光学仪器的眼点距离，由此得到被测光学仪器的眼点位置的测量方法，测量原理见图 13-183 所示。

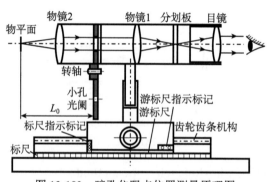

图 13-183　瞳孔仪眼点位置测量原理图

13.10.9　光学系统视度测量 measurement of optical system diopter

对光学仪器出射光束会聚的程度进行定量测量的方法。光学系统视度的测量主要有普通视度筒法、大量程视度筒法等测量方法。

13.10.9.1　普通视度筒法 ordinary dioptrometer method

〈视度测量〉用具有目标分划板图案的平行光管照射被测光学仪器，将普通视度筒的顶端靠近被测光学仪器的光束输出端 (或目镜端)，通过轴向推普通视度筒的推移钉，使普通视度筒的物镜轴向移动，直到从普通视度筒的目镜看到在普通视度筒的分划板上成了清晰的平行光管的目标分划板图案像，读取普通视度筒的物镜移动刻度量 Δ 所对应的视度，由此获得被测光学仪器视度的测量方法，测量原理见图 13-184 所示。图中的 L 为视度筒物镜到被测光学仪器所成的无限远目标像的距离。普通视度筒的物镜移动刻度值为零时，对应平行光成像在普通视度筒的分划板上。普通视度筒的测量范围通常为 ± 1.5 屈光度，而对于此目视光学仪器可调视度范围为 ± 5.0 屈光度，因此需要大量程的视度筒才能测量。

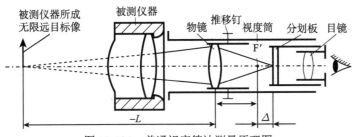

图 13-184　普通视度筒法测量原理图

13.10.9.2　大量程视度筒法 large range dioptrometer method

〈视度测量〉在普通视度筒的前端加一块已知焦距的视度透镜构成大量程视度筒，采用以上普通视度筒法的程序对被测光学仪器的视度进行测量的方法，测量原理见图 13-185 所示。大量程视度筒一般配备一套 10 块视度透镜，这 10 块视度透镜的视度值 (SD) 分别为 ± $1m^{-1}$、± $2m^{-1}$、± $3m^{-1}$、± $4m^{-1}$、± $5m^{-1}$，它们对应的焦距分别为 ±1m、±0.50m、± 0.333m、±0.25m、±0.2m。大量程视度筒的测量范围还可扩大到 ±$6.5m^{-1}$。

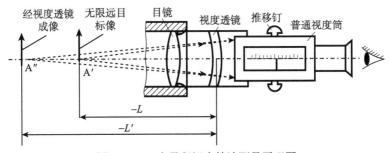

图 13-185　大量程视度筒法测量原理图

13.10.10　星点检验 star point test

在像质优良的复消色差准直物镜的平行光管焦面上，放置尺寸合适的小星孔板，经聚光照明后由平行光管射出覆盖被检试样全口径的平行光束，通过试样后，用架设的测量显微镜或测量望远镜及其调整机构，边观察边对准和前后调焦，直至观察到最佳焦面上的星点像并置中，通过前后微调焦，仔细观察焦前焦后星点像的中央亮斑及其衍射环形态的变化，与理想衍射星点像和典型像差星点像的光强分布相比较，判断给出被检试样的像质优劣及其星点图主要特征，确定被检试样像质好坏的检验方法，检验光路原理见图 13-186 所示。

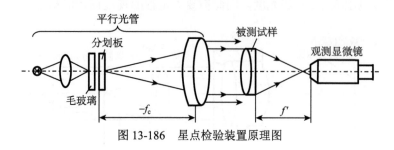

图 13-186　星点检验装置原理图

星点检验是检验和判断被检光学成像仪器成像性能优劣的一种直观、灵敏的检验手段，用以定性或半定量评价光学系统的成像质量。主要用于检验望远镜、照相镜头、显微物镜、光学平板等的像质，有助于从中发现光学材料选料中是否有不合格的缺陷，光学加工、装配和调校等环节中是否有明显的缺陷等。

当被检试样为短焦和中焦物镜时，采用测量显微镜观察星点像，该显微镜的数值孔径应大于被检试样的数值孔径并有优良的像质和适当的放大倍数；当被检试样为望远镜、长焦物镜和光学平板 (含棱镜) 时，采用测量前置镜观察星点像，该前置镜的有效口径应大于被检试样的有效口径并有优良的像质和适当的放大倍数。

星点检验用的星孔尺寸过小会使星点像光强过弱而难于观察，星孔尺寸过大会导致观察不到星点像的衍射像图案，故应注意合理选择星孔尺寸的大小。其允许的最大星孔直径与被检试样的衍射角和平行光管的物镜焦距有关，按公式 (13-257) 计算：

$$d_{\max} = \alpha_{\max} f'_c = (0.61\lambda/D) f'_c \tag{13-257}$$

式中：$d_{\max}$ 为允许的最大星孔直径；$\alpha_{\max}$ 为被检试样的最大衍射角；f_c 为平行光管的物镜焦距 $(-f_c = f'_c)$；λ 为检验光波的波长。

13.10.11　哈特曼检测法 Hartman test method

在靠近被测光学系统的入射或出射光瞳的位置放置带有孔阵列的光阑 (哈特曼光阑)，通过光源照射后，记录并测量孔阵列光阑像与理想孔阵列光阑像的位置偏差，或与理想孔阵列光阑像 (哈特曼平板) 比较，测量出被测光学系统面形误差造成的波前形变的测量方法，也称截面检验法，测试原理见图 13-187 所示。哈特曼检测法主要是用于检测大型反射镜面的面形误差，也可以用于检测光学系统除畸变外的其他几何像差。哈特曼检测法可以应用光电探测器对其图像进行成像，再由相应的算法软件处理，以实现自动测量。

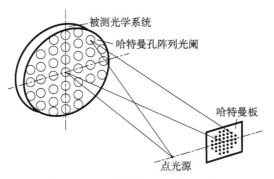

图 13-187　哈特曼检测法原理图

13.10.12　球差测量 spherical aberration measurement

　　由平行光管焦平面上的星孔分划板作为物发出平行光使被测试样 (物镜、望远系统等) 成像,用显微镜或前置镜观察星点像光能的集中程度,根据星点图判断被测试样球差大小的几何像差测量方法,球差测量的星点图见图 13-188 所示;用泰曼-格林干涉仪或菲佐干涉仪等干涉仪,使干涉光束透过试样后的波面与参考波面进行干涉,通过干涉图的圆环数量和形状判断被测试样球差大小的几何像差测量方法,球差测量的干涉图见图 13-189(a) 所示。

图 13-188　有球差的星点图

(a) 有球差的干涉图

(b) 带倾斜和球差的干涉图

图 13-189　球差波面的干涉图

用星点法测量球差的星点图，中心亮斑能量集中且外环圈数少，球差就小，反之亦然；干涉图与星点图对球差大小判断的道理是一样的；当图形出现不对称情况时，就说明存在其他像差情况或被试样存在中心偏带来的倾斜，见图 13-189(b) 所示。

星点图法和干涉法都不是球差数值的直接测量，是一种定性或半定量的测量方法，直接测量球差的方法是采用滤光镜对平行光管的光源滤光，用一套环状光阑放置在被测物镜前逐个使用，用显微镜测出每一个环带的光束的焦点位置，由这些焦点位置与基准光束焦点 (如近轴光束焦点) 之差求出不同口径环带焦点偏离量并作出球差曲线的测量方法。

13.10.13 彗差测量 coma measurement

由平行光管焦平面上的星孔分划板作为物发出平行光使被测试样 (物镜、望远系统等) 成像，用显微镜或前置镜观察星点像的光能分布，根据星点图判断被测试样彗差大小的几何像差测量方法，彗差测量的星点图见图 13-190 所示和图 13-191 所示；用泰曼-格林干涉仪或菲佐干涉仪等干涉仪，使干涉光束透过试样后的波面与参考波面进行干涉，通过干涉条纹的方向、数量和形状分布判断被测试样彗差大小的几何像差测量方法，彗差测量的干涉图见图 13-192 所示。

彗差属于轴外像差，用星点法测量时，需要对被测系统按测量的视场角旋转相应的角度进行观察和测量。如果轴上出现彗差，通常是被测系统存在中心偏等因素造成的。用星点法测量彗差的星点图，当彗差较小，波像差小于 0.1 个波长 (λ) 时，可看出衍射亮环相对中央亮斑有极小量偏心，同一衍射环的粗细、亮暗及对比度不一致，见图 13-190(a) 所示；随着彗差的增加，衍射亮环靠近中央亮斑的一侧变细变暗，而远离的一侧变亮变粗，且相对中央亮斑的偏心也随之加大，当第一衍射亮环已断开约 1/3 周时，其对应波像差约为 0.2 个波长 (λ)，见图 13-190(b) 所示；当彗差的波像差大于 0.5 个波长 (λ) 后，星点像开始出现彗星状，即有一椭圆形中央亮斑 (头部) 和由残留断开衍射环形成的扩展变暗的尾部，无论在焦前或焦后截面观察，明亮头部的指向不变且形状相似。当彗差较大，其波像差大于 1 个波长 (λ) 时，星点图呈现出明显的彗星形状，见图 13-191(a) 所示，星点图的波像差为 2.5 个波长 (λ) 左右时，其彗星的形状更突出，见图 13-191 (b) 所示。用干涉仪测量彗差的干涉图，图 13-192(a) 所示的为带有离焦和彗差，图 13-192(b) 所示的为带有倾斜和彗差。彗差的测量包括子午彗差和弧矢彗差，它们分别是对子午光线彗差和弧矢光线彗差的度量，通过轴外光线的方向、光线垂轴分离量和彗差形状状态进行判别。

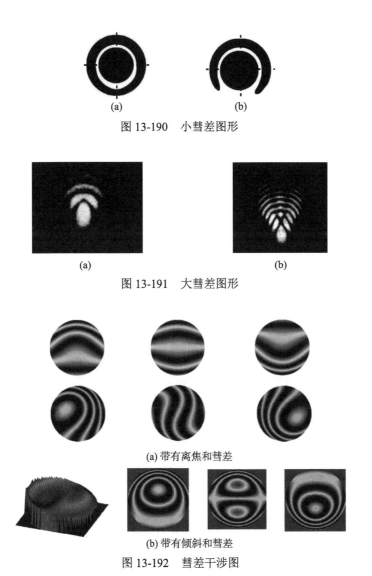

图 13-190 小彗差图形

图 13-191 大彗差图形

(a) 带有离焦和彗差

(b) 带有倾斜和彗差

图 13-192 彗差干涉图

13.10.14 像散测量 astigmatic measurement

由平行光管焦平面上的星孔分划板作为物发出平行光使被测试样 (物镜、望远系统等) 成像，用显微镜或前置镜观察星点像的光能分布，根据星点图判断被测试样像散大小的几何像差测量方法，像散测量的星点图见图 13-193 所示；用泰曼-格林干涉仪或菲佐干涉仪等干涉仪，使干涉光束透过试样后波面与参考波面进行干涉，通过干涉条纹方向、数量和形状分布判断被测试样像散大小的几何像差测量方法，像散测量的干涉图见图 13-194 所示。

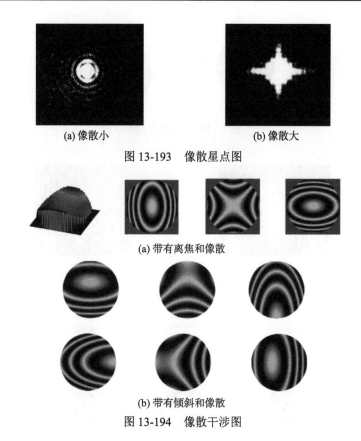

(a) 像散小　　　　　　　　　　　　　(b) 像散大

图 13-193　像散星点图

(a) 带有离焦和像散

(b) 带有倾斜和像散

图 13-194　像散干涉图

　　像散属于轴外像差，用星点法测量时，需要对被测系统按测量的视场角旋转相应的角度进行观察和测量。如果轴上出现像散，通常是被测系统存在光轴倾斜、中心偏或光学表面不规则等因素造成的。用星点法测量像散的星点图，当像散较小时，其星点象的特征是中央亮斑往往还是圆形的，但第一个衍射亮环出现四个暗缺 (断开四处) 或呈现四角形，见图 13-193(a) 所示；像散较大时，星点像的中央亮斑呈近似正方形，或再进一步延伸为明显的十字形状，周围衍射亮环断为四段，见图 13-193(b) 所示。用干涉仪测量的干涉图，图 13-194(a) 所示的为带有离焦和像散，图 13-194(b) 所示的为带有倾斜和像散。

13.10.15　畸变测量 distortion measurement

　　〈光学系统〉用正向节点滑轨法，在试样台上找到被测试样 (物镜等) 的像方节点的旋转轴，多个特定的不同旋转角度测定光学系统轴外像点的实际像高对于理想像高的偏差量来确定畸变的几何像差测量方法。畸变测量除了正向节点滑轨法测量外，还有精密测角法、全场数字图像测量法，也可以用目视法进行定性测量，用照相法拍照后测量畸变量进行定量测量，还可以用点衍射干涉法、线衍射干涉法、横向剪切干涉法等测量方法。剪切干涉条纹代表了波前斜率的变化，要重构二维波前，剪切干涉仪需要在两个正交方向上进行剪切测量。当二维交叉或棋盘光栅作为剪切光栅时可同时测量两个方向上衍射和剪切波前，见图 13-195 所示。在采集到剪切干涉图后，通过傅里叶变换、窗口滤波和差分泽尼克多项式拟合等方法可以复原被测波前。

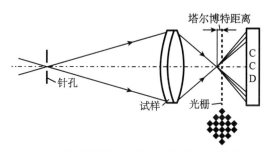

图 13-195　二维光栅剪切干涉法对波前畸变测量示意图

13.10.16　色球差测量 spherochromatic aberration measurement

采用红色滤光镜对平行光管的光源滤光，用一套环状光阑放置在被测物镜前逐个使用，用显微镜测出每一个环带的光束的焦点位置，由这些焦点位置与基准光束焦点 (如近轴光束焦点) 之差求出不同口径环带焦点偏离量并作出红色光球差曲线，同样的方法分别测出绿色 (或黄色) 和紫色 (或蓝色) 光的不同口径环带焦点偏离量及球差曲线的几何像差测量方法。

13.10.17　纵向色差测量 longitudinal chromatic aberration measurement

采用长波的红色滤光镜对平行光管的光源滤光，使被测透镜对平行光管的星孔物成像，用显微镜测出红色波长光束的焦点位置，将红色滤光镜替换为紫色 (紫蓝色) 滤光镜，用红色滤光时同样的方法测出紫色 (紫蓝色) 波长光束的焦点位置，以红色和紫色波长光束的焦点位置之差获得纵向色差的几何像差测量方法。

13.10.18　场曲测量 field curve measurement

用由照明光源、交叉斜十字分划标尺物屏、被测试样座、带读数标尺的滑轨座毛玻璃接像屏等组成的导轨光学系统，使被测试样 (如透镜) 对交叉斜十字分划标尺物屏成像在滑轨座毛玻璃接像屏上，沿导轨方向移动滑轨座毛玻璃接像屏直到看清交叉斜十字分划标尺像十字中心部分 (0 标尺部分)，以该位置作为基准位置，再移动滑轨座毛玻璃接像屏直到看清刻度 "1" 的标尺像并记录该位置，以同样方法分别逐个测出能看清刻度 "2"、"3" 等，直到测到视场边沿刻度对应的各个像面在导轨上的位置，根据测出的所成像各视场清晰像对应的轴向像面的导轨位置作出场曲曲线，获得被测试样场曲的几何像差测量方法。交叉斜十字分划标尺的图形见图 13-196 所示。

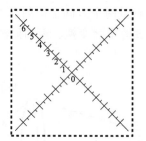

图 13-196　交叉斜十字分划标尺图形

13.10.19　分辨力测量 resolution measurement

〈光学系统〉在平行光管焦面上，放置分辨力板，经聚光均匀照明后由平行光管出射覆盖被检试样全口径的平行光束，通过试样后，用架设的测量显微镜或测量望远镜及其调整机构，边观察边对准和前后调焦，直至发现分辨力板图案像，边进一步微调，边观察确定图案像中不同组号或区域的那组刚好能分辨的图案，由那组刚好能分辨的图案的分辨率作为被测试样分辨力的光学系统分辨力测量方法，测量照相系统分辨力的光路原理见图 13-197 所示。测量分辨力的分辨率板图案有方形的和圆形的，见图 13-198 中的 (a) 和 (b) 所示。对于望远系统分辨力的测量，用测量前置镜代替测量显微镜作为观察测量系统。

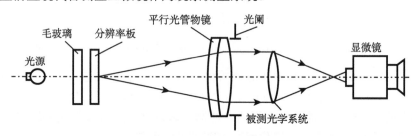

图 13-197　分辨力测量原理图

对于采用测量显微镜观察分辨力图案像的情形，该显微镜的数值孔径应大于被检试样的数值孔径；采用测量前置镜观察分辨力图案像的情形，该前置镜的有效口径应大于被检试样的有效口径。

分辨力测量是检验被检光学成像仪器成像性能优劣的一种简单、直观、方便、定量的像质检验手段，可广泛用于望远镜、照相镜头、显微物镜、光学平板 (含棱镜) 等产品的像质定量检验。另外，红外热像仪检验用的四杆靶图案、摄像系统评测用 ISO12233 综合测试卡图案、微光成像仪像质检验用的不同对比度分辨力图案、识别汉字符号和英文符号等专用分辨力图案，都是基于分辨力测量的实际应用。

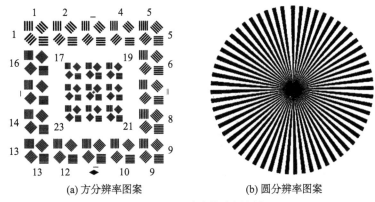

(a) 方分辨率图案　　　　　　(b) 圆分辨率图案

图 13-198　两种分辨率板图案

如果光学成像系统的像差大，必然导致其分辨力不好。除此以外，光学系统的相对口径大小，以及工作波长，也是决定其分辨力大小的关键因素。光学系统相对口径大、工作波长单一，将有较高的理论分辨力。

对于望远系统，分辨力以物方刚能分辨开的两发光点的角距离 α 表示分辨率，即以焦距为 f' 的望远物镜后焦面上两衍射斑的中心距 σ 对物镜后主点的张角 α 表示，按公式 (13-258) 计算：

$$\alpha = \frac{\sigma}{f'} = \frac{k\lambda}{D} \tag{13-258}$$

式中：k 为分辨力计算的判据系数，其随判据的不同而不同；D 为望远系统的入瞳直径，mm。系数 k 基于圆形光瞳衍射受限系统的双线分辨力的认定判据模式，分别有瑞利、道斯和斯派罗认定判据，三种判据的两像点合成的中心辐照度分别为 0.735、1.013 和 1.119，它们的双线合成辐照度分布曲线见图 13-199 所示，瑞利判据 $k = 1.22$，道斯判据 $k = 1.02$，斯派罗判据 $k = 0.947$。

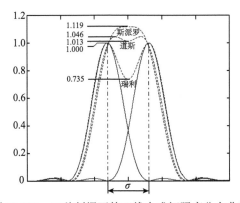

图 13-199　三种判据下的双线合成辐照度分布曲线

对于照相物镜，分辨力以像面上刚能分辨的两衍射斑中心距 σ 的倒数 (每毫米的线条数)N 表示，按公式 (13-259) 计算：

$$N = \frac{1}{\sigma} = \frac{1}{k\lambda F} \tag{13-259}$$

对于显微物镜，分辨力以物面处刚能分辨的两物点间距 ε 表示，ε 对应像间距为显微物镜所成像的间距 σ，按公式 (13-260) 计算：

$$\varepsilon = \frac{\sigma}{\beta} = \frac{k\lambda}{2NA} \tag{13-260}$$

式中：F 为照相物镜的光圈数或 F 数；β 为显微物镜的垂轴放大率，λ 取 0.56μm；NA 为显微物镜数值孔径。

测量光学仪器分辨力的分辨率图案除了以上类别外，还有：测量热像仪 "可探测温差" 的图案，其样式见图 13-200 所示；测量微光仪器的分辨率图案，其样式见图 13-201 所示；综合测试卡图案 (ISO12233)，其样式见图 13-202 所示；测试汉字符号识别的专用分辨力图案，其样式见图 13-203 所示。

图 13-200　热像仪温差测量图案的样式

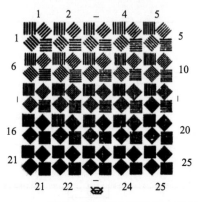

图 13-201　微光仪器分辨力测量图案的样式

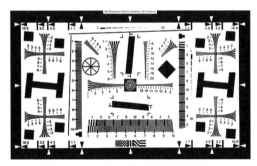

图 13-202　综合测试卡图案的样式

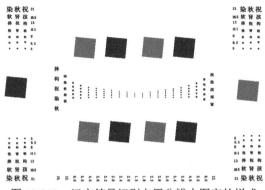

图 13-203　汉字符号识别专用分辨力图案的样式

分辨力测量是光学系统像质评价简单、方便的方法，但它只反映良好对比度条件下的极限分辨力，不反映不同对比度条件下各种频率线条目标的分辨力，因此，其像质评价有很大的局限性，且还受到一定程度的主观影响。

13.10.20　光学传递函数测量 measurement of optical transfer function

采用针孔、狭缝、刀口、光栅和散斑状等典型目标物，按要求的成像状态参数 (波长、视场、方位、相对口径、空间频率、物像共轭等)，基于对被测成像系统成像或扫描成像，经光电采集图像信号及傅里叶分析等处理，获取被测成像系统的光学调制传递函数的测量方法；也有基于被测系统的光瞳函数，对其两次傅里叶变换或自相关的处理，获取该系统光学调制传递函数的测量方法。光学传递函数的测量经历了多种原理应用的发展，应用各种原理和方式测量光学传递函数的方法汇总见图 13-204 所示。

自 20 世纪六七十年代以来，出现的光学传递函数测量方法种类繁多，按测量原理可分为两大类：一大类是对被测系统设置的针孔、狭缝、刀口或余弦状等典型目标物之一成像或扫描成像，经光电传感器采集其光电图像信号，进行傅里叶

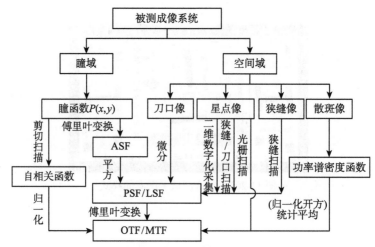

图 13-204　光学传递函数的测量方法汇总图

分析等处理，获取该系统空间频率域的光学调制传递函数；另一大类是对被测系统出瞳域的包含波像差信息在内的光瞳函数，直接进行两次傅里叶变换处理，或进行不同剪切错位量的自相关变换处理，获取该系统空间频率域的光学调制传递函数。新的占主流的测量方法是，采用较容易获得的针孔和刀口这两种典型目标物成像或扫描成像，经光电采集图像信号及其傅里叶分析处理，来获取被测成像系统的光学调制传递函数。

　　光学传递函数测量技术的发展历程，大致可分为三个阶段。第一个阶段为 20世纪六七十年代到八十年代，光学传递函数测量主要采用余弦状或矩形状光栅扫描狭缝像的机械扫描、光电采集及电学模拟信号处理的傅里叶分析原理的测量方式，其多为光机电一体的或微机控制光机电一体的专用测试设备，成本较高而使用效率较低，测试原理见图 13-205 所示，图中的 "采集处理系统" 由光电倍增管采集调制电信号再滤波、模数转化、显示输出等模块组成。

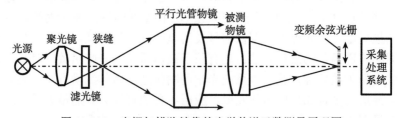

图 13-205　光栅扫描狭缝像的光学传递函数测量原理图

　　第二阶段是九十年代后，出现一种流行用刀口或鱼尾刀口扫描针孔像或狭缝像的傅里叶分析原理的商品化测量仪器，测试原理见图 13-206 所示，图中的 "采集处理系统" 由采集单个方位或同时采集两正交方位线扩散函数分布的光电倍增管、数字化傅里叶分析处理、显示输出等模块组成。这一阶段主要流行用这类仪器进行光学传递函数的测量。

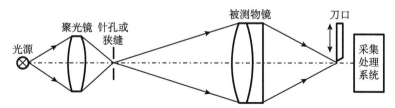

图 13-206 刀口扫描针孔或狭缝像的光学传递函数测量原理图

第三阶段是，随着高动态 CCD 优质大面阵的出现，诞生了一种在通用的光具座或模块化光学测试平台上直接采集针孔像或刀口像、非机械扫描方式的纯数字傅里叶分析原理的测量仪器，测试原理见图 13-207 所示，图中的 "图像采集与处理系统" 由 CCD 面阵、数字化傅里叶分析处理、显示输出等模块组成。

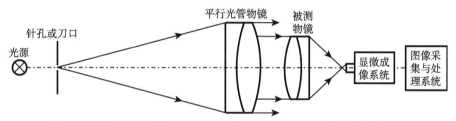

图 13-207 针孔或刀口像的数字傅里叶分析光学传递函数测量原理图

对 CCD 视频摄像系统采集诸如 ISO12233 综合测试卡上的多个目标刀口像的图像信号后，基于微分和数字化傅里叶分析的处理，同时给出多个视场、两个方位的调制传递函数曲线及其数值。基于类似的目标测试图案，也出现专门用于光学镜头生产快速检验的调制传递函数测量仪器。

光学传递函数测量用于成像质量评价具有客观定量并便于与设计指标值比较，与星点检验一样拥有丰富的像质信息量，测量方式易于做到数字化、自动化等优点。随着新型高性能光电探测器件及计算机技术等的不断进步，以及成像应用领域的不断扩展，将推动光学传递函数测量仪器的光机电结构趋于简化，以及数字化和自动化测量程度得到不断提升。

13.10.21 杂光系数测量 stray light coefficiency measurement; measurement of veiling glare index

采用面源法和点源法等方法对被测光学仪器的杂光系数进行测量的方法。杂光是由光学零件光学面上多次反射，光学零件表面疵病、光学材料内部杂质和非光学面引起的散射，以及金属零件表面、照相底片乳剂层或光电传感器表面层引起的散射等原因引起的非正常光的有害光线，也称为杂散光 (stray light)。成像仪器产生杂光的大小与分布，依赖于其光源目标大小及其亮背景的不同。依据所采用光源目标大小的不同，测量杂光系数的方法大致分为面源法和点源法两大类。目前，面源法仍然是测量杂光系数的广为流行且较为有效的方法。

13.10.21.1   面源法 areal source method

〈杂光系数测量〉采用黑体目标及其均匀扩展亮背景的积分球，被测光学系统依次对黑体目标和白目标成像在光电探测器上，经光电采集分别测出黑体目标和"白塞子"(或白目标) 像照度后，按公式 (13-261) 计算得到被测光学成像仪器杂光系数的测量方法，也称为黑斑法 (black spot method)。

面源法杂光系数测量的原理和装置见图 13-208 所示，采用有若干个照明灯照亮积分球的内壁，以模拟一个均匀扩展的亮背景，积分球壁上装有起消光作用的吸收腔以产生一定尺寸的圆形黑体目标 (黑体目标的位置根据测试需要，可以分别设置在被测仪器物方的轴上和轴外)，该黑体目标可更换为"白塞子"，由架在积分球出口处的被测光学成像仪器后端的光电探测器分别测出被测光学成像仪器所成的黑体目标像和"白塞子"像的照度。该光电探测器前方置有一小孔光阑，以限制光敏元件接收的黑斑大小，中间放置修正滤光片，以保证光电探测器光谱响应与被测仪器和实际工作光源的光谱响应基本一致，必要时还在其间加入一块毛玻璃，以保证光敏元件表面获得比较均匀的光照。

$$\eta = \frac{E_{\mathrm{G}}}{E_{\mathrm{G}}+E_0} = \frac{m_{\mathrm{B}}}{m_{\mathrm{W}}} \times 100\% \tag{13-261}$$

式中：η 为杂光系数；E_{G} 为黑体目标像的照度；$(E_{\mathrm{G}}+E_0)$ 为"白塞子"像的照度；E_0 为成像光束在像面上的照度；m_{B} 为黑体目标像的光电信号；m_{W} 为"白塞子"像的光电信号。

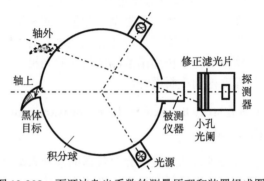

图 13-208   面源法杂光系数的测量原理和装置组成图

13.10.21.2 无限远面源目标法 areal source method of infinity target

〈杂光系数测量〉与面源法相类似，在测量望远镜、长焦距照相物镜之类的光学仪器的情形，采用在该积分球的出光口处加装一个焦距为该球内径大小的准直物镜，组成为一个球形平行光管，将被测望远镜正对准直物镜，且其入瞳应尽量靠近准直物镜，并在被测望远镜的出瞳处加装一个圆孔光阑，用以模拟望远镜实际使用时人眼瞳孔的限制，光电检测器前装有小孔光阑、修正滤光片和毛玻璃，通过光电检测器分别测得对应黑体目标像和"白塞子"像的照度值 m_B 和 m_W，按公式 (13-261) 计算获得被测望远仪器的杂光系数 η 的测量方法，测量原理和装置组成见图 13-209 所示。测量望远镜杂光用的圆孔光阑大小应根据该望远镜的实际使用条件决定，例如白天使用时眼瞳直径为 3mm 左右，晚上使用时为 8mm 左右。另外，小孔光阑的通光孔应位于暗区内，修正滤光片的光谱透射比曲线应根据人眼的光谱光视效率和光敏元件的光谱灵敏度曲线进行设计和选择。

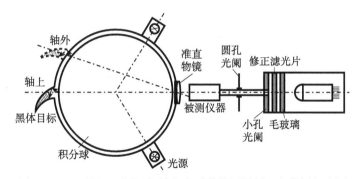

图 13-209 无限远面源目标法杂光系数的测量原理和装置组成图

13.10.21.3 点源法 point source method

〈杂光系数测量〉通过分别测量物方不同视场位置处点源目标产生的点扩散函数及其杂光扩散函数，按公式 (13-262) 求得视场内各点的杂光系数 η，进而可估算出不同物体和背景成像条件下像面的杂光分布的测量方法。

$$\eta = \frac{\displaystyle\iint_{-\infty}^{+\infty} GSF(x,y)\,\mathrm{d}x\mathrm{d}y}{\displaystyle\iint_{-\infty}^{+\infty} PSF_Z(x,y)\,\mathrm{d}x\mathrm{d}y} \qquad (13\text{-}262)$$

式中：η 为杂光系数；$GSF(x,y)$ 为杂光点扩散函数；$PSF_Z(x,y)$ 为受杂散影响的点扩散函数，$PSF_Z(x,y) = PSF(x,y) + GSF(x,y)$，$PSF(x,y)$ 为点扩散函数。

点源法的特点是，基于点基元成像的点扩散函数衍射原理，直接测得杂光点扩散函数 $GSF(x,y)$，可以按衍射成像线性叠加原理，容易算得任意物分布及其杂光背景的实际成像条件下的像面分布。显然，点源法较面源法更完备地解决了杂光对成像仪器的成像清晰度功能的分析与评价。但是，至今尚未见报道有成熟的直接测量杂光扩散函数的点源法杂光测量装置。

在考虑到实际成像光线扩散的范围有限，并假设杂光是比较均匀地充满整个像面的前提下，可记杂光投到像面上成像面积为 A，像面总面积为 S，令面积 A 趋于面积 S 时，点源法原理公式 (13-262) 定义的杂光系数 η 与面源法定义的杂光系数 η 趋于一致，即有简化的点源法原理公式 (13-263)。点源法杂光系数测量的原理和装置见图 13-210 所示。

$$\lim_{A \to S} \eta = \lim_{A \to S} \frac{E_G S}{E_G S + E_0 A} = \frac{E_G}{E_G + E_0} \times 100\% \tag{13-263}$$

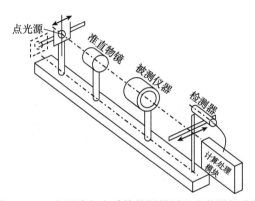

图 13-210　点源法杂光系数的测量原理和装置组成图

图 13-210 中，在一导轨上布置一个点光源和准直物镜，点光源固定在两维平面内可移动的台架上，并将点源平面置于准直物镜的焦面上，将被仪器固定在准直物镜光束传播方向前方的台架在上，在被测仪器后设置具有三个自由度可移动的检测器，将测量装置置于无环境反射光的暗室 (或暗箱) 中，用检测器沿轴向测量点光源亮像的点扩散函数及杂光，然后移开点光源测量该暗点的杂光点扩散函数，水平或垂直移动检测器在多个点测量暗背景的杂光点扩散函数，移动点光源使其分别成像在这些相同的暗点上，测量相应这些暗点的光源像的点扩散函数和杂光，测量的数据传入计算处理模块进行处理获得杂光系数的测量方法。测量轴上亮光源点扩散函数及杂光时，准直物镜、被测仪器、检测器同光轴，点光源在光轴上；测量轴外点杂光分布时，准直物镜和被测仪器同光轴，点光源置于准直物镜焦平面的规定轴外点，检测器在三自由度移动寻找被测仪器所成像的规定位置进行检测。

13.10.21.4　自动点源法 automatic point source method

〈杂光系数测量〉应用一种近似于点源法原理的方箱式装置 (见图 13-211 所示) 自动测量被测光学系统的杂光分布，经计算处理获得杂光系数的测量方法。图 13-211 所示装置的组成和特点：由亮室、暗室和控制台组成；亮室由前部 FP 和四周的亮屏 PP 组成，亮室和暗室之间有一小窗 W，被测仪器或其镜头 C 置于此并对向亮室的前部，以保证均匀光线对镜头入瞳的张角大于 140°；亮室前部可沿镜头光轴移动，以保持被测镜头成像的物像缩小比固定不变 (例如皆为 12:1)；当该亮室前部处的带状黑体目标旋转时，它的像依次扫过孔板上的 (6×9) 个小孔，每个小孔后光电池分别测量黑色目标覆盖其上时的照度 E_G 和没有覆盖时的照度 $(E_G + E_0)$，共计测得像面上 6 排 54 个方孔处的杂光系数 η；实验测试证明，这种装置对研究实际照相机内透镜、镜筒、胶片以及相机本体各表面反射杂光的影响，以及研究杂光分布随光圈的变化都是很有用的。由于方箱式点源法采用小尺寸的黑体目标，其测量的杂光信号弱，信噪比低，且其测量和计算难度较大，尚未见普及使用。

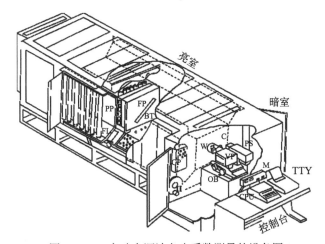

图 13-211　自动点源法杂光系数测量的设备图

13.10.22　瞄准精度测量 measurement of aiming accuracy

将瞄准位置检测装置中的光学同轴装置插入枪管或炮管中，由枪或炮自身的瞄准装置瞄准一定距离处的十字 (或其他图案) 靶标，观测靶标像在瞄准位置检测装置显示器中的位置，读取靶标像在水平方向和垂直方向与显示器中十字线中心的偏差，由此获得枪管或炮管轴与其瞄准装置瞄准线之间非同轴性的瞄准偏差，获得枪管或炮管瞄准精度的测量方法。本方法也可用于测量激光雷达等瞄准精度。

第 14 章　光学材料术语及概念

本章的光学材料术语及概念主要包括材料基础、材料性质、材料缺陷、光学玻璃、光学晶体、光学陶瓷、光学塑料、特种光学材料、原料、感光材料共十个方面的术语及概念。其中，"14.2　材料性质"章节包含了材料的本征特性、作用特性和感光材料特性等；"14.4　光学玻璃"章节包含了"可见光玻璃"、"红外波段玻璃"、"紫外波段玻璃"、"有色玻璃"和"特种功能玻璃"等，还包括了最新科研成就中的"人工智能计算玻璃"等新型功能材料；"14.8　特种光学材料"章节包含了最新研究方向里的隐身材料。在本章中，有些具有技术内涵的节标题可能会作为术语项写出其相应的概念，但不是所有的节标题都会作为术语项写出其相应的概念，例如，"14.4　光学玻璃"、"14.5　光学晶体"、"14.6　光学陶瓷"等章节给出了其术语及概念，而"14.1　材料基础"、"14.2　材料性质"、"14.3　材料缺陷"等仅作为章节的标题，没有将其作为术语项专门写出相应的概念。

14.1　材 料 基 础

14.1.1　光学材料 optical materials

用于制造光学器件且具有特定光学特性的无机物质和有机物质材料。光学材料包括光学玻璃、光学晶体、光学陶瓷、光学塑料等。光学材料的特性主要有透明、吸收、折射、反射、色散、偏振、热膨胀等。光学材料分为线性光学材料和非线性光学材料。光学材料制造的光学器件主要有透镜、棱镜、反射镜、滤光镜、窗口、偏振器、激光体、光学纤维、光学延迟线、光掩模基板、显示屏、光导器件、感光器件等。

14.1.2　线性光学材料 linear optical materials

在无特殊电场或力作用和在常规的光强作用下光学特性各向同性的光学材料。线性光学材料是一阶线性极化率的光学材料，具有光学特性的全面对称性、一致性和不随空间关系的变化而变化的性质。线性光学材料主要有光学玻璃、光学陶瓷、光学塑料等。线性光学材料在强光作用下或强电场作用下有可能会变为光学特性各向异性的非线性光学材料。

14.1.3 非线性光学材料 nonlinear optical materials

能产生非线性光学效应的光学材料，或各向异性的光学材料。非线性光学材料是具有较高二阶、三阶非线性极化率的光学材料，它们的折射率、色散、偏振等光学特性具有空间分布的非对称性和随着空间关系的变化而变化。光学材料非线性有两类，一类是材料特性本征的非线性，另一类是力、强光或强电场作用下的非线性。本征的非线性光学材料主要是非线性光学晶体和梯度光学玻璃等。力、强光或强电场作用产生非线性效应的材料包括非线性材料和线性材料。例如，强光作用非线性光学晶体产生倍频、和频、差频、光参量放大和多光子吸收等非线性效应。

14.1.4 各向同性 isotropy

光束通过光学介质的光学性质不随其通过的方向而改变的性质。各向同性是光学介质的一种性质，这个性质是光学材料的折射率不随光束的通过方向不同而改变，即光学材料的折射率无方向选择性。介质的原子或晶粒在空间排列不规则的材料通常是各向同性的，所有的气体、液体 (液晶除外) 以及非晶质物体都显示为各向同性。

14.1.5 各向异性介质 anisotropy medium

光束通过光学介质的光学性质随其通过的方向而改变的介质，也称为各向异性媒质。各向异性是光学介质的一种性质，这个性质是光学材料的折射率、色散等光学性质随光束的通过方向不同而改变，即光学材料的折射率、色散等有方向选择性，物质的光学性能在空间的分布是不均匀的或不一致的。介质的原子或晶粒在空间排列规则的材料通常是各向异性的，单轴晶体和双轴晶体通常显示为各向异性，具有双折射效应，例如石英、红宝石、冰等晶体 (单轴晶体) 以及云母、蓝宝石、橄榄石、硫磺等晶体 (双轴晶体)。

14.1.6 绝热近似 adiabatic approximation

将原子核的运动与其电子运动分开来考虑的简化处理方法，又称为玻恩–奥本海默近似。重粒子与轻粒子平衡时，其平均动能为同一个数量级，由于重粒子的质量远远大于轻粒子的，所以电子速度远大于原子核运动速度 (约 2 个数量级)，可近似地将原子运动与电子运动分开来考虑，认为原子核固定不动，通过近似处理可给出简化的电子运动方程式，或给出描述电子运动简化的薛定谔方程。绝热近似是忽略原子核影响而单独描述电子运动的近似。

14.1.7 原子价近似 valence approximation

将除了价电子以外的所有电子都看作与原子核一起形成固定的离子实的简化处理方法。原子价近似是描述非价电子状态的设定。

14.1.8   单电子近似 single electron approximation

对于多电子体系中 (如晶体中) 把每个电子的运动分别进行单独考虑的简化处理方法。单电子近似方法也称为哈特里-福克法。单电子近似的方法是，将其他电子在晶体各处对该电子的库仑作用按照它们的概率分布平均进行考虑，这种平均考虑是通过引入自洽电子场来完成的。

14.1.9   原子轨道 atom orbit

电子未摆脱原子的束缚，其波函数只在个别原子附近才有较大值，基本是绕原子运动的轨道。原子轨道是未摆脱原子束缚的电子运动轨道，这类电子是晶体中的内电子。晶体中的电子有两种不同类型的单电子波函数，一种是原子轨道，另一种是晶格轨道。原子轨道适合晶体中的内电子。

14.1.10   晶格轨道 lattice orbit

电子除了绕每个原子运动外，还在原子之间转移，其波函数延伸到整个晶体，在整个晶体中作共有化运动的轨道。晶格轨道是电子脱离原子束缚的运动轨道，这类电子是晶体中的外电子。晶格轨道适合晶体中的外电子。

14.1.11   布洛赫定理 Bloch theorem

若电子势函数具有周期性，则 $V(r + R_m) = V(r)$，晶体的薛定谔方程的解一般可以写成以公式 (14-1) 布洛赫函数形式的定理。

$$\Psi_k(r) = e^{i k \cdot r} u_k(r) \tag{14-1}$$

式中：$\Psi_k(r)$ 为电子波函数；k 为电子的波矢；$u_k(r)$ 为具有晶格周期性的函数；r 为电子的位矢；R_m 为晶格矢量。公式 (14-1) 的布洛赫函数是晶体中电子 (外电子) 运动的波函数。每个能带中 (n 为能带标号)，电子的空间波函数 $\Psi_{n,k}(r)$ 的数目共 N 个，N 为晶体总原胞数。

14.1.12   势函数 potential function

电子具有晶格的微观周期性对称势能，并在其极值两边分别为单调递增和单调递减的连续函数，见图 14-1 所示。图 14-1 中，r 为电子的位矢，$V(r)$ 为晶体中作用电子的势函数。

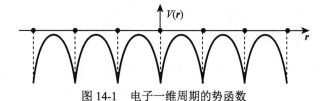

图 14-1   电子一维周期的势函数

周期性场中电子波函数可一般地表示为一个平面波与一个周期性因子的乘积，平面波矢量为实数矢量 k (即波矢)，k 可以用来标志电子的运动状态，不同 k 代表不同状态。

14.1.13 电子状态分布 electron state distribution

电子运动轨迹的统计结果。在平衡情况下，电子状态分布近似地由费米-狄拉克分布决定。在非平衡情况下也可以找到新的分布函数。

14.1.14 布里渊区 Brillouin zone

在波矢空间中取某一倒易阵点 (或倒格点) 为原点，作所有倒易点阵矢量的垂直平分面 (中垂面)，由这些面波矢空间划分形成的区域，见图 14-2 中的 (a) 和 (b) 所示。图 14-2(a) 中，k 为电子的波矢，布里渊区边界上的代表点都位于倒格矢 K_n 的中垂面上并满足平面方程 $k \cdot (K_n/K_n) = K_n/2$。布里渊区就是把倒空间划分成周期性和对称性的重复单元。布里渊区有第一布里渊区 (距原点最近的一个区域)、第二布里渊区 (距原点次近的若干个区域)、第三布里渊区 (距原点第三近的若干个区域) 等，见图 14-2 中的 (b) 所示。最靠近原点的一组面所围的闭合区称为第一布里渊区。各布里渊区体积相等，都等于倒易点阵的原胞体积；每个布里渊区的各部分平移倒格矢 K_n 后，可使其与另一个布里渊区重合；每个布里渊区都以原点为中心对称分布，且具有正格子和倒格子的点群对称性。第一布里渊区常称为简约布里渊区，其用起来最方便。为了寻找每个能带中的独立状态，只要把 k 限制在一个布里渊区中变动就行。

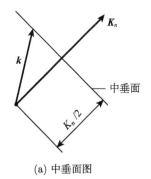

(a) 中垂面图

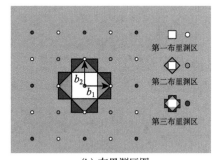

(b) 布里渊区图

图 14-2　布里渊区划分图

14.1.15 空穴 hole

热激发使价带电子中的一部分跳到导带，形成空状态的假想粒子，也称为电洞 (electron hole)。在固体物理学中，空穴指共价键上流失一个电子，最后在共价键上留下空位的现象。空穴的荷电量与电子相等，但符号相反，电荷符号为 $+q$。

14.1.16　硅氧四面体 silica tetrahedron

一个硅原子与周围四个氧原子所构成的硅酸盐玻璃的最基本单元，见图 14-3 所示。硅氧四面体之间按顶角相互连接的方式在三维范围形成无序网络结构的硅酸盐玻璃。硅氧四面体的每个面都是一个三角形，由三个原子构成，每个原子都由三个面共有。

[SiO₄]

图 14-3　硅氧四面体示意图

14.1.17　磷氧四面体 phosphorus-oxygen tetrahedron

一个磷原子与周围四个氧原子所构成的硅酸盐玻璃的最基本单元。磷氧四面体之间按顶角相互连接的方式在三维范围形成无序网络结构的磷酸盐玻璃。磷氧四面体的组成结构形式类似于硅氧四面体，见图 14-3 所示。

14.1.18　硼氧三角体 boron-oxygen triangle

一个硼原子与周围三个氧原子所构成的硼酸盐玻璃的最基本单元。硼氧三角体之间是按顶角相互连接的方式在三维范围形成无序网络结构的硼酸盐玻璃。硼氧三角体的几何结构类似于三角锥，硼原子在锥顶，三个氧原子为底三角，符合理想四面体的形状。硼氧三角体的结构非常稳定，具有非常高的热稳定性和化学稳定性。

14.1.19　桥氧 bridge oxygen

在玻璃原子系统的网络结构中，两个四面体共顶点的那个氧原子，或两个三角体共顶点的那个氧原子，见图 14-4 所示。

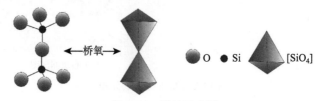

←桥氧→

图 14-4　桥氧示意图

14.1.20　非桥氧 non-bridge oxygen

在玻璃原子系统的网络结构中，两个四面体间非共顶点的氧原子，或两个三角体间非共顶点的氧原子。

14.1.21　点阵 lattice

与原子位置相一致的三维质点或粒子 (原子、离子或分子) 的排列，也称为晶格。图 14-5 为 NaCl 晶体点阵，该点阵属于立方面心点阵。

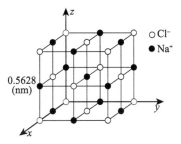

图 14-5　NaCl 晶体点阵示意图

点阵用于表达晶体结构的周期性，将重复排列的原子团 (原子) 或原子群用一个点来代表。点阵是一种数学上的抽象。理想的晶体的结构单元是单个原子，但大多数晶体的结构单元不是单个原子，而是由多个原子组成的原子团或原子群。晶体结构 = 点阵 + 原子团 (原子)。

14.1.22　阵点 point of lattice

组成晶体结构关系在晶格上周期重复排列的原子团 (原子)，见图 14-5 所示。晶体中的阵点也可称为粒子 (原子、离子或分子)。阵点是晶体的实质，点阵是晶体的形式。阵点也可看成将晶体中按一定周期重复出现的最基本的部分抽象而成的几何点。

14.1.23　单胞 unit cell

晶体中原子在空间周期重复排列的最大限度反映晶体对称性质的最少原子构成的重复单元，也称为原胞或晶胞 (crystall cell)。单胞是晶体的基本结构单元，通常具有平行六面体结构。单胞的平行六面体由边长 a、b、c 和边之间的夹角 α、β、γ 六个参数组成。单胞保留了整个晶格的所有特征，是代表晶体化学组成和对称性的最小单元。相邻的单胞之间没有任何间隙，所有单胞都是取向相同平行排列。单胞可分为立方、六方、四方、三方、正交、单斜、三斜七个晶体系统。

14.1.24　单胞参数 unit cell parameter

表达晶胞结构关系的三个晶轴的三个单位长度和三个晶轴间夹角的三个角度，共六个参数，分别用 a、b、c、α、β、γ 表示，也称为晶胞参数或点阵参数，见图 14-6 所示。根据单胞六个参数的差异可进行不同晶系的划分。

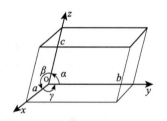

图 14-6　单胞参数的关系示意图

14.1.25　晶系 crystal system

按单胞的原子排布形成的边长间和边之间夹角间的相等和不相等关系所建立的一系列不同几何结构特征的晶体单胞系统，也称为晶体系统。单胞的边长、边之间夹角参数为边长 a、b、c 和夹角 α、β、γ 六个参数。用单胞的六个参数可将晶体分为七个晶系，即立方晶系、六方晶系、四方晶系、三方晶系、正交晶系、单斜晶系、三斜晶系。

14.1.26　布拉维点阵 Bravais lattice

由单胞的七个晶体系统和阵点的四种情况 (初基阵点、底心阵点、体心阵点和面心阵点) 组合形成的点阵结构关系。布拉维点阵共有 14 种，分别为简单三斜、简单单斜、底心单斜、简单正交 (斜方)、底心正交 (斜方)、体心正交 (斜方)、面心正交 (斜方)、三方、简单四方、体心四方、六方、简单立方、体心立方、面心立方等点阵。初基阵点是阵点只分布在 8 个顶点位置上；底心阵点是在初基阵点的基础上附加一对面中心阵点；体心阵点是在初基阵点的基础上在体中心附加了一个阵点；面心阵点是在初基阵点的基础上在每个面中心各附加了一个阵点。

14.1.27　阵点平面指数 lattice point plane indice

以平行于单胞或晶胞边棱的三个晶轴 (或三坐标轴) x，y，z 上的阵点平面所截取点的截距的倒数，通分后得到互质的三个分子数或截距的倒数比的最简化整数比 $h:k:l$，用符号 (hkl) 表达，又称为晶面指数 (crystal indice) 或米勒-布拉维指数 (Miller-Bravais index) 或米勒指数 (Miller indice) 或平面指数。阵点平面指数 (hkl) 的求取方式为：以晶体晶胞边棱的三个晶轴 x，y，z 作为三维空间坐标系；获取阵点平面在三个晶轴 x，y，z 上所截取的截距 (即平面与坐标轴的交点到原点的距离) pa、qb 和 rc，其中，a、b、c 分别是坐标轴 x，y，z 上的单位长度，p、q 和 r 称为标轴系数；取阵点平面在三个坐标轴的标轴系数 p、q 和 r 的倒数 $1/p$、$1/q$ 和 $1/r$，乘以适当因子通分母使分子成为三个互质数整数的同分母的分数形式 h/n、k/n、l/n，以三个数的连比 $\dfrac{h}{n}:\dfrac{k}{n}:\dfrac{l}{n}$，即 $h:k:l$ 得到点阵平面指数 (hkl)。在晶面的表示中：方括号 "[ ]" 表示坐标轴的矢量或垂直平面的矢量；圆括号 "（　）"

表示晶面平面；大括号 "{　}" 表示平面族。圆括号 "(　)" 表示的平面在没有指定平面位置时，也可以表示一系列的平行平面。这些符号应用的表达见图 14-7 所示：表示坐标轴的矢量为 [100]、[010] 和 [001]，表达垂直平面的矢量为 [110] 和 [111]；点阵平面的表达为 (100)、(010)、(001)、(110) 和 (111)；平行于平面 (110) 的一系列平面族为 {110}。

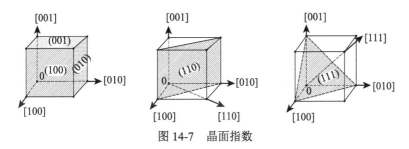

图 14-7　晶面指数

对于三方和六方晶体，为了表达清楚其底面三条对称轴的关系，在底面增加了一条对称轴 d，用四轴坐标系 $(hkil)$ 表达。四轴坐标系的优越性在于可以消除三轴坐标系标定直线或阵点平面指数的不规律性。

14.1.28　阵点平面 lattice point plane

晶体在三个坐标轴 x，y，z 上相应基元阵点所决定的平面，见图 14-8 所示。阵点平面是阵点平面指数 (hkl) 或 $(hkil)$ 表达的平面。几种平面形态的平面指数以及平面系列见图 14-8 所示。阵点平面指数 (hkl) 中为零的轴，是与阵点平面平行的轴。

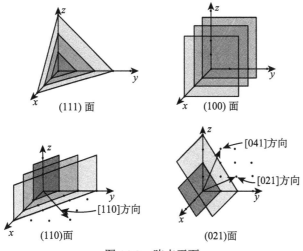

图 14-8　阵点平面

14.1.29　阵点平面族 lattice point plane family

由相邻的阵点平面组成平面系列。相邻的阵点平面是以基本单位的整数倍为间隔的相互平行的平面，这些平面族具有相同的阵点平面指数 (hkl)。

14.1.30　倒易点阵 reciprocal lattice

若有两种点阵，它们的基矢分别为 a、b、c 和 a^*、b^*、c^*，并且这两种中基矢间存在着公式 (14-2) 和公式 (14-3) 的关系：

$$a^* \cdot a = b^* \cdot b = c^* \cdot c = 1 \tag{14-2}$$

$$a^* \cdot b = a^* \cdot c = b^* \cdot a = b^* \cdot c = c^* \cdot a = c^* \cdot b = 0 \tag{14-3}$$

两种基矢的点乘是个标量，两者互为倒易的点阵，又称为倒易晶格。由公式 (14-3) 可看出，a^*、b^*、c^* 基矢分别垂直于 bc、ac 和 ab 平面，见图 14-9 所示。倒易点阵是一种数学抽象概念，是形象理解 X 射线对晶体衍射的几何学基础，它反映出晶体结构中物质和能量分布的一种信息，能论述晶体结构的许多细节。倒易点阵所占有的空间为倒易空间，其中每一个阵点和晶体点阵中各个相应的阵点平面间距存在着对应的倒易关系。倒易点阵与晶体原点阵有着共同的坐标原点，有相同的对称性。

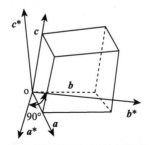

图 14-9　晶体点阵基矢与倒易点阵基矢的关系

14.1.31　倒易矢量 reciprocal vector

在倒易点阵中，由坐标原点指向倒易阵点 [(hkl)] 的矢量，用符号 H_{hkl} 表示，按公式 (14-4) 表达：

$$H_{hkl} = ha^* + kb^* + lc^* \tag{14-4}$$

14.1.32　面间距 interplanar spacing

在倒易点阵中，相邻两个阵点平面之间的最短距离，用符号 d_{hkl} 表示。面间距也可以通过求取倒易点阵中，坐标原点到最靠近坐标原点的阵点平面的最短距离获得。阵点平面间距 d_{hkl} 的面间距单位为 Å。

14.1.33 倒易点阵单位 reciprocal lattice units

在倒易点阵中,表达倒易点阵三轴坐标系的每个轴的最小单元或基本间隔,分别用符号 a^*、b^* 和 c^* 表示,分别由公式 (14-5)、公式 (14-6) 和公式 (14-7) 表达:

$$a^* = 1/d_{100} \tag{14-5}$$

$$b^* = 1/d_{010} \tag{14-6}$$

$$c^* = 1/d_{001} \tag{14-7}$$

在晶体点阵中,倒易点阵的 a^*、b^* 和 c^* 的单位为 Å^{-1}。

14.1.34 倒易性质 reciprocal property

在倒易点阵中,倒易矢量与阵点平面族和面间距,倒易点阵单位表达,以及晶体点阵与倒易点阵之间关系的基本性质。倒易性质共有四个基本性质:倒易矢量 H_{hkl} 必定垂直于晶体点阵中平面指数为 (hkl) 的阵点平面族,即与阵点平面族的法线方向相同,见图 14-10 中的 N_{hkl} 所示。

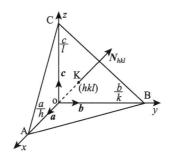

图 14-10　晶轴倒易点阵平面族

倒易矢量 H_{hkl} 的模 ($H_{hkl} = \sqrt{H_{hkl} \cdot H_{hkl}}$) 与晶体点阵平面族 (hkl) 的面间距 d_{hkl} 成反比,按公式 (14-8) 计算;倒易点阵的单位分别是面间距在倒易点阵坐标系三个轴上投影距离的倒数;晶体点阵与其倒易点阵间存在着交互变换的性质。

$$H_{hkl} = 1/d_{hkl} \tag{14-8}$$

14.1.35 点阵变换 lattice transformation

晶体由点阵坐标尺度表示变到倒易坐标尺度表示的结果,或由倒易坐标尺度表示变到点阵坐标尺度表示的结果,见图 14-11 中的 (a)、(b)、(c) 和 (d) 所示。

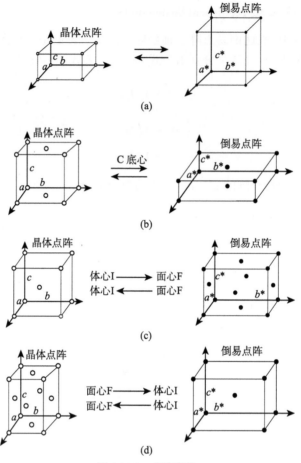

图 14-11   点阵变换

14.1.36   立方晶系 cubic syngony

晶胞的边长关系为 $a = b = c$，夹角关系为 $\alpha = \beta = \gamma = 90°$ 的晶体结构关系的系统，如 NaCl 晶体，见图 14-12 所示。立方晶系有简单立方 (8 点阵)、体心立方 (9 点阵)、面心立方 (14 点阵) 三种晶胞。

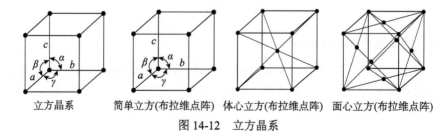

立方晶系   简单立方(布拉维点阵)   体心立方(布拉维点阵)   面心立方(布拉维点阵)

图 14-12   立方晶系

14.1.37 六方晶系 hexagonal syngony

晶胞的边长关系为 $a = b \neq c$，夹角关系为 $\alpha = \beta = 90°$，$\gamma = 120°$ 的晶体结构关系的系统，如 AgI 晶体，见图 14-13 所示。

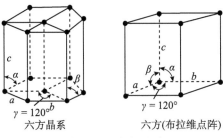

六方晶系　　　　　六方(布拉维点阵)

图 14-13　六方晶系

14.1.38 四方晶系 tetragonal syngony

晶胞的边长关系为 $a = b \neq c$，夹角关系为 $\alpha = \beta = \gamma = 90°$ 的晶体结构关系的系统，如 SnO_2 晶体，见图 14-14 所示。四方晶系有简单四方 (8 点阵)、体心四方 (9 点阵) 两种晶胞。

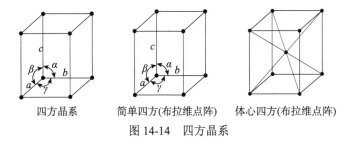

四方晶系　　　简单四方(布拉维点阵)　　体心四方(布拉维点阵)

图 14-14　四方晶系

14.1.39 三方晶系 trigonal syngony

晶胞的边长关系为 $a = b = c$，夹角关系为 $\alpha = \beta = \gamma \neq 90°$ 的晶体结构关系的系统，如 Al_2O_3 晶体，见图 14-15 所示。

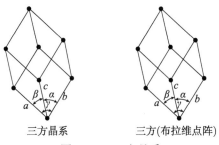

三方晶系　　　　　三方(布拉维点阵)

图 14-15　三方晶系

14.1.40　正交晶系 orthorhombic syngony

晶胞的边长关系为 $a \neq b \neq c$，夹角关系为 $\alpha = \beta = \gamma = 90°$ 的晶体结构关系的系统，如 $HgCl_2$ 晶体，也称为斜方晶系，见图 14-16 所示。正交晶系有简单正交 (8 点阵)、底心正交 (10 点阵)、体心正交 (9 点阵)、面心正交 (14 点阵) 四种晶胞。

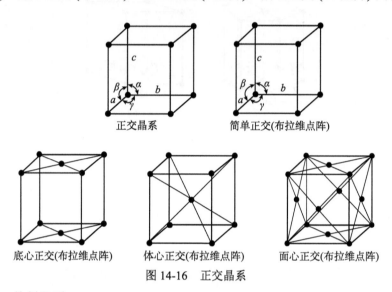

正交晶系　　　　　　简单正交(布拉维点阵)

底心正交(布拉维点阵)　　　体心正交(布拉维点阵)　　　面心正交(布拉维点阵)

图 14-16　正交晶系

14.1.41　单斜晶系 monoclinic syngony

晶胞的边长关系为 $a \neq b \neq c$，夹角关系为 $\alpha = \beta = 90°$，$\gamma \neq 90°$ 的晶体结构关系的系统，如 $KClO_3$ 晶体，见图 14-17 所示。单斜晶系有简单单斜 (8 点阵)、底心单斜 (10 点阵) 两种晶胞。

单斜晶系　　　　简单单斜(布拉维点阵)　　　底心单斜(布拉维点阵)

图 14-17　单斜晶系

14.1.42　三斜晶系 triclinic syngony

晶胞的边长关系为 $a \neq b \neq c$，夹角关系为 $\alpha \neq \beta \neq \gamma \neq 90°$ 的晶体结构关系的系统，如 $CuSO_4 \cdot 5H_2O$ 晶体，见图 14-18 所示。

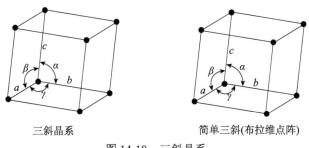

三斜晶系　　　　　　　　简单三斜(布拉维点阵)

图 14-18　三斜晶系

14.1.43　晶体光轴 crystal axis

光线通过双折射晶体不发生双折射现象的方向。晶体光轴不是一根具体的轴，是晶体具有特定性质的某个方向。对有钝隅的晶体，光轴为与钝隅的三个棱成相等角度的那个方向，见图 14-19 所示。有的晶体是单光轴的，即有单个特定方向；有的晶体是双光轴的，即有两个特定方向。

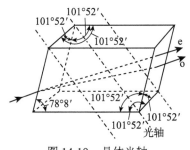

图 14-19　晶体光轴

14.1.44　钝隅 obtuse angles body

晶体中三个钝角面相邻构成的角，图 14-19 所示。对于存在钝隅的晶体，一个独立形状的晶体通常只有两个相对位置的角是钝隅，其他六个角的三个面角分别为一钝角和两个锐角。

14.1.45　晶体主平面 crystal main plane

入射晶体后折射的光线与晶体光轴组成的平面。由寻常光与晶体光轴组成的平面为寻常主平面或 o 主平面，由非寻常光与晶体光轴组成的平面为寻常主平面或 e 主平面。

14.1.46　晶体主截面 crystal main section

晶体光轴和晶体表面法线组成的平面。晶体在一个入射平面可以有系列平行的主截面，晶体三个不同方向的表面的法线或三个相互垂直表面的法线都能与晶体光轴构成自己的主截面，因此，晶体的主截面有多方向的，至少是三个方向的主截面，见图 14-20 所示。为简化晶体特性的研究和分析，通常选择入射面与晶体主截面重合。

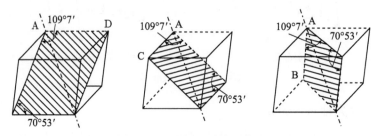

图 14-20　方解石晶体主截面

14.1.47　光率体 indicatrix

光线对晶体以各种入射角的方向入射，入射角方向的光线伴随着垂直于其的正常光和非常光的振动方向，入射光线以晶体中心为终点进行全方位角入射，入射光线两个相互垂直振动方向 (例如垂直于纸面和平行于纸面) 在中心点处的折射率表达所形成的折射率椭球体，见图 14-21 所示。光率体就是晶体对光线入射振动方向的折射率大小的轨迹图，或晶体全方位的 o 光偏振和 e 光偏振的折射率描绘。图 14-21(a) 为正光性的光率体，例如石英晶体，e 光的最大折射率大于 o 光的折射率，e 光的最小折射率等于 o 光的折射率，o 光为快轴，振动方向垂直于椭球长轴或光轴；图 14-21(b) 为负光性的光率体，例如方解石晶体，e 光的最大折射率等于 o 光的折射率，e 光的最小折射率小于 o 光的折射率，e 光为快轴，振动方向平行于椭球短轴。图中：N_o 为寻常光折射率；N_e 为非常光折射率。

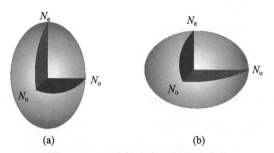

图 14-21　正光性和负光性的光率体

14.1.48　近程有序 short range order

光学材料在微观尺度范围的物质分子的排列是有规律性的状态。玻璃材料属于近程有序，但远程无序。

14.1.49　远程无序 long range disorder

光学材料在微宏观尺度范围的物质分子的排列是无规律性的状态。玻璃材料属于远程无序，但近程有序。

14.1.50　晶子学说 crystallon theory

认为玻璃是由微晶与无定形物质两部分组成的学术观点。微晶尺寸为 1.0nm~1.5nm，含量在 80% 以下，微晶取向无序。晶子学说是玻璃微观结构的理论学说，由列别捷夫 (W. M. Лебедев)1921 年提出。晶子学说揭示了玻璃中存在有规则排列区域，强调了玻璃结构的近程有序性、不均匀性和连续性。

14.1.51　无规则网络学说 random network theory

认为玻璃是由物质分子间无规律性排列构成的分子网络的学术观点。玻璃由近程有序的三角体和四面体等多面体顶角相连形成的三维空间连续网络，但排列是拓扑无序的，见图 14-22 的 (a) 和 (c) 所示，图 14-22 的 (b) 为规则的晶体离子结构，置于此以与无规网络结构进行对比。无规则网络学说是玻璃微观结构的理论学说，由查哈里阿森 (A. A. Zachariasen)1932 年提出。

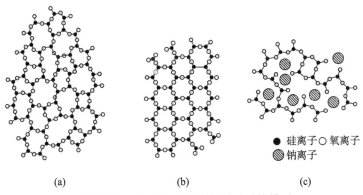

　　　　　(a)　　　　　　　　　　　(b)　　　　　　　　　　　(c)

图 14-22　无规则网络学说的玻璃结构模型

14.1.52　玻璃牌号 glass mark

用字母、数字等符号标识光学材料的属类、化学成分、特性等的命名标记。各国使用的玻璃牌号的命名通常有一些差别，如中国、德国、日本等的玻璃牌号是有一些差别的。中国光学玻璃牌号使用的字母及含义主要为：表示光学玻璃类型的字母，K 为冕牌，F 为火石；以光学玻璃主要化学元素符号表示牌号命名，P 为磷，F 为氟，Ba 为钡，La 为镧，Ti 为钛；光学牌号中附加密度特征或折射特征的字母，Q 为轻，Z 为重，T 为特等，例如，KF 为冕火石玻璃，QK 为轻冕玻璃等。

　　另外，有的公司还有自己的命名，如德国肖特 (Schott) 公司的光学玻璃牌号使用字母及含义主要为：F 为火石；K 为冕；B 为硼；BA 为钡；LA 为镧；P 为磷；Z 为锌；S 为重；L 为轻；SS 为超重；LL 为超轻等。玻璃牌号字母后紧跟的数字表示同类玻璃中的小类，数字从小到大一般对应折射率高低关系，即在同一大类中，数字越大折射率越高，例如，冕牌玻璃 K9 的折射率高于 K8 的。

14.1.53　玻璃代号 glass code

　　用 9 个数字及一个下圆点表达光学玻璃折射率、阿贝数和密度的数字串。玻璃代号是世界通用的光学玻璃特性的数字表达结构。玻璃代号的数字结构形式为AB.C，其中：A 为三位，表示折射率小数点后的三位；B 为三位，表示阿贝数的前三位；C 为三位，表示玻璃密度的前三位。例如，重火石的玻璃牌号 N-SF5(或 ZF2)的玻璃代号为 673323.286，说明该玻璃的折射率 $n_d = 1.637$，阿贝数 $v_d = 32.3$，密度 $\rho = 2.86\text{g/cm}^3$。

14.2　材料性质

14.2.1　折射率 refraction index

　　一定波长的光波从一种介质入射到另一种介质后，能使光传播速度发生改变的光学物质的性质，或光波入射到两种物质界面使其偏离入射方向程度的性质。介质的折射率等于光在真空中的传播速率与在介质中的传播速率之比。光学物质或材料的折射率对一定波长的光是一个常数，按公式 (14-9) 计算：

$$n_\lambda = \frac{c}{v_\lambda} = \frac{\sin I}{\sin I'} \tag{14-9}$$

式中：n_λ 为光学物质或材料对某波长 λ 的折射率；c 为光波在真空中传播的光速；v_λ 为波长 λ 的光波在光学物质或材料中的传播速度；I 为光波在入射介质中的入射角 ($I > 0$)；I' 为光波在折射介质中的折射角 (也有分别用 θ 和 θ' 作为入射角和折射角符号的)。光波入射和折射的关系见第 1 章的图 1-5 所示。大多数介质的折射率大于 1。光从光疏介质进入光密介质后光速变慢，反之变快；光从光疏介质进入光密介质后入射角大于折射角 (入射角大于零)，反之入射角小于折射角。中国、日本、德国 (肖特公司) 等采用 d 谱线波长 ($\lambda = 587.56\text{nm}$，氦黄线) 的折射率作为光学玻璃的折射率；有部分国家采用 D 谱线波长 ($\lambda = 589.29\text{nm}$，钠黄线) 的折射率作为光学玻璃的折射率。折射率是光学材料的主要性能之一。

14.2.2 色散 dispersion

〈材料〉对光辐射透明的介质其折射率随入射光的频率变化而变化的性质或现象。色散既是对光辐射透明介质的性质，也是光辐射通过该介质传播时的现象，色散性质使折射光按波长顺序以不同的折射角将不同颜色(或不同频率)的光在空间展开，可看到白光中所包含的各种颜色的光，色散还能造成不同频率的光在色散介质中以不同的速度传播。色散是将复色光分解为单色光展开排列(光谱)的现象。使复色光产生色散的光学器件主要是棱镜和光栅。光的色散有正常色散现象和反常色散现象。光在真空中传输没有色散产生。

14.2.3 正常色散 normal dispersion

随着光波长的增大介质折射率减小的色散。正常色散的折射率与波长之间存在公式 (14-10) 的科希 (或柯西) 公式关系：

$$n(\lambda) = a + \frac{b}{\lambda^2} + \frac{c}{\lambda^4} \tag{14-10}$$

式中：$n(\lambda)$ 为波长为 λ 的光的折射率；λ 为介质中传播的光波长；a、b、c 为表征材料特征的常数。

14.2.4 反常色散 abnormal dispersion

随着光波长的增大介质折射率增大的色散。介质在光谱吸收带附近时，折射率会发生突变，使在吸收带的长波边的折射率比短波边的折射率要大，且中间有明显的不连续，由此导致这些光谱出现反常色散。

14.2.5 平均色散 mean dispersion

光学介质色散折中程度的度量，或色散的中间水平值，用 F 谱线与 C 谱线的折射率之差计算，常用 $n_F - n_C$ 表示。

14.2.6 阿贝常数 Abbe constant

表示光学介质色散大小的数值，也称为色散系数、光学常数、阿贝数 (Abbe number)，用符号 ν_d 表示，按公式 (14-11) 计算：

$$\nu_d = \frac{n_d - 1}{n_F - n_C} \tag{14-11}$$

式中：ν_d 为阿贝常数；n_d 为光学介质对 d 谱线 ($\lambda = 587.56$nm，氦黄线) 的折射率；n_F 为光学介质对 F 谱线 ($\lambda = 486.13$nm，氢蓝线) 的折射率；n_C 为光学介质对 C 谱线 ($\lambda = 656.3$nm，氢红线) 的折射率。ν_d 值越小，色散程度越大，反之，色散越小。阿贝常数是光学材料的主要性能之一。

还有用 D 谱线 ($\lambda = 589.29\text{nm}$，钠黄线) 折射率计算的，其对应光学介质折射率为 n_D，以及 e 谱线 ($\lambda = 546.07\text{nm}$，汞绿线) 折射率计算的，其对应光学介质折射率为 n_e，它们测定和计算的阿贝常数 ν_D 和 ν_e 分别按公式 (14-12) 和公式 (14-13) 计算：

$$\nu_\text{D} = \frac{n_\text{D} - 1}{n_\text{F} - n_\text{C}} \tag{14-12}$$

$$\nu_\text{e} = \frac{n_\text{e} - 1}{n_\text{F} - n_\text{C}} \tag{14-13}$$

14.2.7　相对部分色散 relative partial dispersion

任意两波长的折射率之差与平均色散之比，又称为相对色散，用符号 $P_{x,y}$ 表示，按公式 (14-14) 计算：

$$P_{x,y} = \frac{n_x - n_y}{n_\text{F} - n_\text{C}} \tag{14-14}$$

式中：$P_{x,y}$ 为相对部分色散；x 为选择的谱线代号；y 为选择的谱线代号；n_x 为光学介质对 x 谱线的折射率；n_y 为光学介质对 y 谱线的折射率。

相对部分色散是表示光学介质指定波长范围色散大小或占比的数值。常用的相对部分色散为 $P_{\text{C,t}}$、$P_{\text{g,F}}$、$P_{\text{C,s}}$ 等，$P_{\text{C,t}}$ 和 $P_{\text{C,s}}$ 是红光至近红外区域的相对部分色散，$P_{\text{g,F}}$ 是蓝光区域的相对部分色散。

14.2.8　标准线 normal line

各光学玻璃以其相对部分色散为纵坐标和阿贝常数为横坐标的点分布围绕的基准斜直线，存在公式 (14-15) 的数学表达关系：

$$P_{x,y} \approx a_{x,y} + b_{x,y} \cdot \nu_\text{d} \tag{14-15}$$

式中：$P_{x,y}$ 为相对部分色散；x 为选择的谱线代号；y 为选择的谱线代号；$a_{x,y}$ 为对 x 和 y 谱线的标准线方程中的第一个常数；$b_{x,y}$ 为对 x 和 y 谱线的标准线方程中的第二个常数；ν_d 为阿贝常数。对于大部分光学玻璃，其相对部分色散和阿贝常数均位于标准线周围。例如用 K7 和 F2 光学玻璃标定的主要标准线方程有公式 (14-16)、公式 (14-17) 和公式 (14-18)：

$$P_{\text{g,F}} \approx 0.6438 + 0.00168\nu_\text{d} \tag{14-16}$$

$$P_{\text{C,t}} \approx 0.5450 + 0.00474\nu_\text{d} \tag{14-17}$$

$$P_{\text{C,s}} \approx 0.4029 + 0.00233\nu_\text{d} \tag{14-18}$$

14.2.9 相对偏差值 relative deviation value

各光学玻璃相对部分色散与标准线的偏差，用符号 $\Delta P_{x,y}$ 表示，其与相对部分偏差存在公式 (14-19) 的数学表达关系：

$$P_{x,y} = a_{x,y} + b_{x,y} \cdot \nu_d + \Delta P_{x,y} \tag{14-19}$$

式中：$\Delta P_{x,y}$ 为相对偏差值；$P_{x,y}$ 为相对部分色散；x 为选择的谱线代号；y 为选择的谱线代号；$a_{x,y}$ 为对 x 和 y 谱线的标准线方程中的第一个常数；$b_{x,y}$ 为对 x 和 y 谱线的标准线方程中的第二个常数；ν_d 为阿贝常数。光学玻璃的相对偏差 $\Delta P_{x,y}$ 是校正光学系统二级光谱的重要参数。

14.2.10 标准波长谱线 standard wavelength spectral line

标定光学材料折射率和色散所采用的标准波长。在可见光范围内，常用的标准波长主要有以下波长：

$$A' 线：\lambda = 768.1nm \quad 钾红$$

$$r 线：\lambda = 706.5nm \quad 氦红$$

$$C 线：\lambda = 656.3nm \quad 氢红$$

$$D 线：\lambda = 589.3nm \quad 钠黄$$

$$d 线：\lambda = 587.6nm \quad 氦黄$$

$$e 线：\lambda = 546.1nm \quad 汞绿$$

$$F 线：\lambda = 486.1nm \quad 氢浅青$$

$$g 线：\lambda = 435.8nm \quad 汞浅蓝$$

$$G' 线：\lambda = 434.1nm \quad 氢蓝$$

$$h 线：\lambda = 404.7nm \quad 汞紫$$

在比较不同玻璃的折射率时统一用：d 线标定折射率 n_d；平均色散常用 $(n_F - n_C)$；阿贝数常用 $(n_d - 1)/(n_F - n_C)$；相对部分色散如用 $(n_D - n_C)/(n_F - n_C)$。最基本的折射数值是 n_d、n_C 和 n_F。

14.2.11 吸收 absorption

〈光学材料〉光辐射通过光学材料时与介质发生相互作用，使光辐射的能量部分或全部转化为其他形式能量的现象。光学材料的吸收特性是导致透射光损耗的因素之一。光学材料的吸收会因材料不同和波段不同而不同。

14.2.12　吸收系数 absorption coefficient

〈光学材料〉与介质的光辐射透射比成指数关系的常数或与随波长不同而变化的光辐射透射比成指数关系的函数。介质的吸收系数与入射光能量无关，但与波长有关，其数学关系符合公式 (14-20) 和公式 (14-21) 的表达：

$$\tau(\lambda) = [1 - \rho(\lambda)]^2 \exp[-K(\lambda) \cdot l] \tag{14-20}$$

$$K(\lambda) = \frac{2 \ln [1 - \rho(\lambda)] - \ln \tau(\lambda)}{l} \tag{14-21}$$

式中：$\tau(\lambda)$ 为介质的光辐射透射比；$\rho(\lambda)$ 为介质的表面反射比；$K(\lambda)$ 为与波长有关的吸收系数；l 为介质厚度。从公式可看出，吸收系数越大，光辐射透射比就越小，说明光被吸收得越多。当入射光辐射为白光时，$K(\lambda)$ 和 $\rho(\lambda)$ 都为与波长无关的常数 K 和 ρ，公式 (14-20) 和公式 (14-21) 的计算结果在可见波段与波长无关。对于玻璃，吸收系数很小，一般 $K < 0.015$。吸收系数是介质单位厚度的吸收能力。

14.2.13　选择吸收 selective absorption

介质只吸收光束中某些波长的光而让其他波长的光透过或反射的性质或过程。介质的选择吸收性与介质原子或分子的固有能级关系有关。

14.2.14　光谱内透射比 internal spectrum transmittance

排除透明介质两表面反射和散射等因素后，只考虑透明介质内部吸收影响的透射状况，用符号 $\tau_{int}(\lambda)$ 表示，按公式 (14-22) 计算：

$$\tau_{int}(\lambda) = \frac{\tau(\lambda)}{[1 - \rho(\lambda)]^2} \times 100\% \tag{14-22}$$

式中：$\tau_{int}(\lambda)$ 为透明介质的光辐射的光谱内透射比，%；$\tau(\lambda)$ 为透明介质含两表面反射因素时的光辐射的光谱透射比；$\rho(\lambda)$ 为透明介质的表面光谱反射比。

14.2.15　透射光谱 transmitted spectrum

能穿过光学介质出射的光辐射谱线或谱段，也称为光透射光谱。透射光谱是光学介质对这些谱线或谱段是透明的，光学介质对这些谱线或谱段不能完全吸收的。光学介质对透射光谱的吸收越少，光学介质对这些谱线或谱段的透明度越高。

14.2.16　光谱透明区 spectrum transparency region

光学介质能透过的光辐射波长的范围或波段。光学介质的透明区有连续的光谱透明区，也有间断的光谱透明区，并且各透明区的透明程度 (透过率) 也不一定是相同的，有的透明区的透明度高，有的透明区的透明度低。

14.2.17 透明性 pellucidness

光学介质能通过光辐射量的性能。透明性好，光辐射通过光学介质的能量就多，反之能量就少。光学材料的透明性具有光谱选择性，对有些光谱透明性好，但对另外一些光谱透明性就不好。对于光学介质，在未提及光谱时说透明性，通常是指对白光的透明性。

14.2.18 反射比 reflectivity

〈光学材料〉透明介质的反射光能量与入射光能量之比，也称为反射率，用符号 ρ 表示，按公式 (14-23) 计算：

$$\rho = \frac{I_R}{I_0} \times 100\% = \left(\frac{n_D - 1}{n_D + 1}\right)^2 \times 100\% \tag{14-23}$$

式中：ρ 为介质的光辐射反射比，%；I_0 为入射光能量；I_R 为反射光能量；n_D 为透明介质的 D 谱线折射率。反射比是光学材料的主要性能之一。反射比和反射率的术语一直没有形成统一。在本质上它们似乎是等价的，但在实际中是有区别的，可以按以下情况分别使用。通过测试介质的入射光能量和反射光能量计算获得的，即按公式 (14-23) 的第一个等号后的前项计算的称为反射比，其反映的是介质测试的实际结果；而通过介质的折射率计算获得的，即按公式 (14-23) 的第二个等号后的项计算的称为反射率，其反映的是介质的理论结果，与实际测试结果不一定是相同的。

14.2.19 光学常数 optical constants

光学材料的折射率、平均色散、相对部分色散和色散系数 (阿贝数) 的统称。光学常数是光学材料主要特性的集中展现，它们决定了光学材料在各种不同光学系统中的用途，方便光学材料的选择和使用。

14.2.20 热光系数 thermo-optical coefficient

表征标准材料内部不存在温度梯度时，温度均匀的稳定变化影响光学材料光学特性的常数，也称为温差光学常数 (temperature differential optical constant)，用符号 V 表示，按公式 (14-24) 计算：

$$V = \frac{\beta}{n-1} - \alpha \tag{14-24}$$

式中：V 为热光系数 (K^{-1})；β 为折射率温度系数；α 为热膨胀系数；n 为折射率。温度变化对光学材料的折射率、尺寸等会带来改变。热光系数用于评价和计算光学材料特性受温度影响的程度，例如温度变化 ΔT，焦距为 f' 的光学透镜的焦距变化为 $\Delta f'$，根据它们之间的方程式关系 $\Delta f'/f' = -V\Delta T$，用热光学系数可计算出温度变化对焦距的变化量 $\Delta f'$。对于一定的波长，在一定的温度范围内，热光系数基本上是不变的。各种光学玻璃的值大约在 $-2 \times 10^{-5} \sim -1 \times 10^{-5}$ 范围内。V 的绝对值越小，温度对光学材料或零件的影响越小，反之越大；V 值取决于光学材料的折射率温度系数 β 和热膨胀系数 α；通过材料化学成分及结构的改变使 $\beta/(n-1) = \alpha$ 时，$V = 0$，光学材料的折射率特性不会随温度变化。

14.2.21　热光常数 thermo-optical constant

表征光学材料中温度变化不均匀且存在梯度时出现折射率变化和光学元件面形变化的常数，也称为光程温度系数，用符号 W 表示，按公式 (14-25) 计算：

$$W = \beta + \alpha(n-1) \tag{14-25}$$

式中：W 为热光常数 (K^{-1})；β 为折射率温度系数；α 为热膨胀系数；n 为折射率。温度变化对光学材料的折射率、尺寸等会带来改变。热光常数用于评价和计算光学材料或光学零件的波面畸变或光线受温度梯度变化影响的偏折程度，例如，某一光学平行平板的厚度为 Δt，温度分布中的温度梯度为 $g = \mathrm{d}T/\mathrm{d}h$，$T$ 为温度，h 为距光轴的距离，温度变化引起的光线偏折角 ε，可根据它们之间的方程式关系 $\varepsilon = -\Delta T g W$ 计算。W 值越小，温度对光学零件的影响越小，反之越大；W 值取决于光学材料的折射率温度系数 β 和热膨胀系数 α；通过材料化学成分及结构的改变，可获得 W 接近于零的光学材料，即光线不会随温度变化而偏折。

14.2.22　折射率温度系数 refractive index temperature coefficient

单位温度改变量的折射率变化量，或折射率变化量与温度变化量之比，用符号 β 表示，按公式 (14-26) 计算：

$$\beta = \frac{\mathrm{d}n}{\mathrm{d}T} \tag{14-26}$$

式中：β 为折射率温度系数；$\mathrm{d}n$ 为折射率变化量；$\mathrm{d}T$ 为温度变化量。折射率温度系数是折射率的温度变化率常数。

14.2.23　热性能 thermal property

由比热容、热导率和热膨胀系数组成的与热有关的光学材料性能参数。热性能是光学系统设计选择光学材料时要考虑的因素，特别是应用于高能量环境中的光学系统的光学材料。

14.2.24　比热容 specific heat

单位质量的光学材料升高一摄氏度所需要的热量，用符号 c_V 和 c_p 表示，按公式 (14-27) 计算：

$$c_\mathrm{V} = \frac{1}{m}\left(\frac{\mathrm{d}Q}{\mathrm{d}T}\right)_\mathrm{V} \quad 或 \quad c_\mathrm{p} = \frac{1}{m}\left(\frac{\mathrm{d}Q}{\mathrm{d}T}\right)_\mathrm{p} \tag{14-27}$$

式中：c_V 为定容比热容，J/(kg·K)；c_p 为定压比热容；m 为光学材料的质量；Q 为光学材料获得的热量；T 为对光学材料升温的温度。通常，光学材料用的比热容值都是指恒压的，而不是恒容的。实际应用中，多采用一段温度范围的平均比热容。

14.2.25 热导率 thermal conductivity

光学材料 (玻璃) 加热的热流传导能力参数，用单位时间的传递热量表达，按公式 (14-28) 计算：

$$\lambda = \frac{Q \cdot \delta}{t \cdot S \cdot \Delta T} = \frac{Q \cdot \delta}{S \cdot \Delta T} \quad (t = 1) \tag{14-28}$$

式中：λ 为热导率，J/(s·m·K) 或 W/(m·K)；Q 为传递的热量，J；t 为传递时间，s；S 为光学材料横截面积，m^2；δ 为光学材料棒料的长度，m；ΔT 为对光学材料升温的温差，℃。热导率是光学材料在温度梯度等于 1 时，单位时间内通过试样单位横截面积上的热量。光学材料内部的传热可通过热传导和热辐射来进行，低温时以导热为主，其大小主要取决于化学组成，高温时以辐射为主，所以热导率随温度的升高而增大。各种玻璃中，石英玻璃的热导率最大，其值为 1.340 W/(m·K)，硼硅酸盐玻璃的约为 1.256 W/(m·K) (较高)，普通钠钙硅玻璃的为 0.963 W/(m·K)，含有 PbO 和 BaO 的玻璃的为 0.796 W/(m·K)。在玻璃中添加 SiO_2、Al_2O_3、B_2O_3、CaO、MgO 等都能提高玻璃的导热性能。

14.2.26 热膨胀系数 coefficient of thermal expansion

单位温度变化导致的光学材料相对线长度变化量或相对体积变化量的常数，分别用 α 和 β 表示，按公式 (14-29)、公式 (14-30) 和公式 (14-31) 计算：

$$\alpha = \frac{1}{L}\frac{\partial L}{\partial T} \tag{14-29}$$

$$\beta = \frac{1}{V}\frac{\partial V}{\partial T} \tag{14-30}$$

α 还可以表示成

$$\alpha = A \times 10^{-6} + B \times 10^{-8}T + C \times 10^{-11}T^2 \tag{14-31}$$

式中：α 为光学材料的线热膨胀系数；L 为光学材料长度；T 为作用于光学材料的温度；β 为光学材料的体热膨胀系数；V 为光学材料的体积；A、B 和 C 分别为光学材料的常数，它们的量纲分别为温度的一次方、二次方和三次方的倒数。通常，$\beta = 3\alpha$。

14.2.27　热力学性能 thermodynamic property

由于温度变化的热力学作用，导致光学仪器的机械结构尺寸和光学材料性能变化的性能参数。热力学性能主要包括热机械常数、热光系数、热光常数，这些性能参数的大小决定了温度变化对光学系统成像质量影响的程度。

14.2.28　热机械常数 thermomechanical constant

反映大直径、大厚度反射镜由于温度变化导致边缘曲率变化的常数，也称为边缘效应常数，用符号 Ψ 表示，按公式 (14-32) 计算：

$$\Psi = \frac{Eq}{\alpha} = \frac{E}{\alpha}\frac{\lambda}{cd} \tag{14-32}$$

式中：Ψ 为热机械常数；E 为弹性模量；α 为热膨胀系数；q 为温度传导系数；λ 为导热系数；c 为比热容；d 为密度。

14.2.29　弹性模量 elasticity modulus

光学材料在受外力作用的应力与所导致变形量之间的比例常数。光学材料的弹性模量主要包括杨氏模量、刚度模量、体积模量、断裂模量和表观弹性极限。

14.2.30　杨氏模量 Young modulus

光学材料每单位面积上作用的垂直力与光学材料作用力方向长度变化之比。杨氏模量为施加的应力与所导致的形变量之间的比例常数，即应力与应变之比。例如，几种材料的杨氏模量：$BaTiO_3$ 的为 33.761GPa，KCl 的为 29.63GPa。杨氏模量一般采用共振法、静态法、声波法、敲击法等方法测定。

14.2.31　刚度模量 stiffness modulus

光学材料单位面积上所受的切向力与被剪切角 (单位为 rad) 之比。例如，几种材料的刚度模量：$BaTiO_3$ 的为 126.09GPa，KCl 的为 6.242GPa。

14.2.32　体积模量 bulk modulus

作用在光学材料上的压力与施压力所导致的光学材料体积变化量之比。例如，几种材料的体积模量：$BaTiO_3$ 的为 161.91GPa，KCl 的为 17.36GPa。

14.2.33　断裂模量 modulus of rupture

作用在光学材料上致使光学材料断裂的最大剪应力。断裂模量表达的是光学材料的极限强度。

14.2.34 表观弹性极限 apparent elastics limit

光学材料每单位面积上能承受不被破坏的最大作用力。光学材料所受的作用力在不超过表观弹性极限的情况下,力去掉以后,光学材料是可恢复到原状态的。

14.2.35 硬度 hardness

在一定条件下,光学材料抵抗另一物体压入的能力表征量。硬度通常用努氏硬度、维氏硬度、莫氏硬度表示。努氏硬度指采用长形金刚石角锥头 (锥角为 172.5° 和 130°) 测定的显微硬度;维氏硬度指采用等棱金刚石角锥头 (锥角为 136°) 测定的显微硬度;测试晶体样品需知晶轴方向,一般对准 [100] 或 [110] 方向。

14.2.36 比重 specific gravity

与水相同体积的光学材料的重量和水重量之比,或光学材料的密度与水密度之比。水在标准温度、压力状态下的密度为 $1g/mL$ 或 $1g/cm^3$。

14.2.37 化学稳定性 chemical stability

在规定的环境条件下和规定的时间内光学材料抵抗化学影响的能力。化学稳定性包括光学材料耐酸、耐碱、耐潮等的稳定性,即在这些环境中一定时间内抵抗酸、抵抗碱、耐潮、耐水、耐洗涤等的能力。

14.2.38 溶解度 solubility

光学材料被水或其他化学物质侵蚀程度的度量,即样品浸泡一定时间前后的重量差或被溶解的物质量大小。一般定义为在 100g (100mL) 水中溶解材料的克数。当光学材料溶解度值小于 10^{-3} 时,就认为属于难溶解物。

14.2.39 分子量 molecular mass

组成光学材料的各原子成分的原子质量的总和,也称为相对分子质量 (relative molecular mass)。分子量是光学材料相关表格参数的一项参数,反映光学材料的轻重程度。表格参数是所采用的光学材料需要知悉的参数清单。

14.2.40 内应力 internal stress

由于光学材料制造的工艺因素或外部力作用所导致的在没有这些因素作用后仍残存在光学材料内部的作用力。内应力使光学材料的内部的原子和分子的排列发生变化和内部组织发生不均匀的体积变化,使各向同性的光学材料产生不期望的双折射现象。

14.2.41　光弹性 photoelasticity

发生弹性变形的透明物质产生双折射的现象。光弹性的性质在取消了外力作用后，可恢复到介质原来的性质。在材料的光测弹性过程中，材料上某一点的折射率大小跟该点的应力状态直接相关。

14.2.42　光弹性系数 photoelastic coefficient

材料的折射率与应力或超声波等作用所产生的应变关系的系数，用符号 P 表示，它们之间符合公式 (14-33) 计算关系：

$$P = \frac{1}{\varepsilon}\left(\frac{1}{n^2} - \frac{1}{n_0^2}\right) \tag{14-33}$$

式中：P 为光弹性系数；ε 为相对纵向变形或应变；n 为有应变存在的折射率；n_0 为无应变的折射率。

对于玻璃材料，光弹性系数 P 由公式 (14-34) 中的两部分组成：

$$P = P^d + P^a \tag{14-34}$$

式中：P^d 为由密度变化引起的光弹性系数的改变；P^a 为由极化率变化引起的光弹性系数的改变。玻璃的光弹性系数通常用声光衍射法测定。

14.2.43　应力光学系数 stress-optical coefficient

表示应力与光程差关系的系数和应力与折射率变化关系的系数，分别用符号 B 和 C 表示，按公式 (14-35) 和公式 (14-36) 计算：

$$B = \frac{\Delta}{d(S_x - S_y)} \tag{14-35}$$

$$C = \frac{n - n_0}{S} \tag{14-36}$$

式中：B 为应力光学系数 (光程差的)，Pa^{-1}；Δ 为光程差；d 为材料厚度；S_x 为沿 x 轴的应力；S_y 为沿 y 轴的应力；C 为应力光学系数 (折射率的)，Pa^{-1}；n 为有应力存在的折射率；n_0 为无应力的折射率；S 为应力。玻璃的应力光学系数通常用偏光仪测定。

14.2.44　应力热光系数 stress thermo-optical coefficient

光学元件在温度波动中每单位长度受到热应力而引起的平均光程变化的表达常数。对于圆柱元件，厚度大大超过直径时，应力热光系数 P 按公式 (14-37) 计算：

$$P = \frac{\alpha E}{2(1 - \mu)}(C_1 + 3C_2) \tag{14-37}$$

对于圆片元件，厚度显著小于直径时，应力热光系数 R 按公式 (14-38) 计算：

$$R = \alpha (1 - n)\mu - \alpha E \frac{C_1 + C_2}{2} \qquad (14\text{-}38)$$

式中：P 为元件厚径比大的元件的应力热光系数；R 为元件厚径比小的元件的应力热光系数；α 为热膨胀系数；μ 为泊松系数；E 为弹性模量；C_1、C_2 分别为应力光学系数；n 为元件折射率。当玻璃的 P 和 R 的绝对值小时，有利于降低热应力引起的光学元件热畸变。

14.2.45　应力双折射热光系数 stress birefringence thermo-optical coefficient

光学元件在温度波动中每单位长度受到热应力而引起的双折射变化的表达常数。对于圆柱元件，厚度大大超过直径时，应力热光系数 Q 按公式 (14-39) 计算：

$$Q = \frac{\alpha E}{2(1 - \mu)}(C_1 - C_2) \qquad (14\text{-}39)$$

对于圆片元件，厚度显著小于直径时，应力热光系数 Q' 按公式 (14-40) 计算：

$$Q' = \alpha E \frac{C_1 - C_2}{2} \qquad (14\text{-}40)$$

式中：Q 为元件厚径比大的元件的应力双折射热光系数；Q' 为元件厚径比小的元件的应力双折射热光系数；α 为热膨胀系数；μ 为泊松系数；E 为弹性模量；C_1、C_2 分别为应力光学系数。当玻璃的 Q 和 Q' 的绝对值小时，有利于降低热应力引起的光学元件热畸变。

14.2.46　热致折射率梯度 thermal-induced refractive index gradient

在介质中由于温度不均匀而引起的介质空间分布的折射率连续性增大或连续性减小的状态。热致折射率梯度是由于外部强热源或强冷源因素的作用，或环境温度的突然性大幅度变化，对光学材料所引起其各部分导热率大小不同所致的折射率空间分布梯度状态，例如航空镜头就会出现这种状态，强激光照射光学材料也会出现这种状态。

14.2.47　光致变色 photochromism

化合物 A 在受到一定强度的波长为 λ_1 的光照射时，其分子结构会发生变化，生成结构和光谱性能不同的产物 B，而 B 在无光照下或波长为 λ_2 的光照射下或加热条件下，又可逆地生成化合物 A 的现象。光致变色的化合物有无机化合物和有机化合物两大类，无机光致变色化合物是将一些具有光致变色特性的化合物掺杂到某些离子晶体中制成，有机光致变色化合物主要有 WO_3、MoO_3、TiO_2 等过渡金属氧化物，金属卤化物、硫化锌等。

光致变色材料在光辐照时颜色改变，光辐照停止后又能逐渐恢复到初始透明状态的现象。其色变和透射比变化与辐照的光强和波长有关。这一现象的机理是光辐照时材料形成色心，光辐照停止时材料中的色心消失。光致变色的材料主要有光致变色玻璃、光致变色晶体、阴极射线变色材料等，主要应用于光开关、信息储存、显示、自显影照相、防阳光窗玻璃、眼镜片等。

14.2.48   光致变色疲劳 photochromic fatigue

通常在长时间的和/或反复的曝光与辐射之后，光致变色材料的透射特性将不再能适时地可逆变化的现象。

14.2.49   半波电压 half-wave voltage

电光晶体在外加电压作用下，使入射的线偏振光分解成为两个互相垂直相位差为 π 的偏振分量的作用电压。

14.2.50   饱和吸收 saturated absorption

介质对光吸收随光强度的增加而减少直至透明的现象。这是一种非线性效应。饱和吸收的机理是：当强激光作用原子时，吸收跃迁的激励率增大到能与弛豫率相比较时，造成吸收能级粒子数显著减少，从而造成辐射吸收显著减少的现象。

14.2.51   漂白效应 bleaching effect

在强光作用下，可饱和吸收体突然变为透明的效应或现象。漂白效应是一种对光束的通过变透明的效应。这个"白"是用于形容透明，相对"黑"而言，"黑"被看成不透明。

14.2.52   波前畸变 wavefront distortion

〈光学材料〉光波在传播穿过外形规整的介质时，由于介质本身的不均匀或其他因素而使波阵面发生变形的现象。波前畸变是一种不期望的波前变形，造成波前畸变的因素主要是介质折射率的不均匀性、介质内部存在杂质、介质面形加工的不规则性、介质表面疵病等。本条的波前畸变主要是用于指光学材料内部缺陷所带来的光波传播形态变化的光学效应。

14.2.53   磁光效应 magneto-optic effect

偏振光在光学介质中传播时，磁场作用光学介质后，出现的光偏振方向发生改变、光偏振态改变、光谱分裂、产生双折射等效应或现象，也称为法拉第效应(Farady effect)。磁光效应主要有法拉第效应、克尔磁光效应、塞曼效应和科顿-穆顿效应等。磁光效应材料主要有钇铁石榴石、掺镓钇铁石榴石和重火石玻璃等。

14.2.54 线性极化 linear polarization

光学介质的极化强度与光波电场强度一次项有关的现象。泡克耳斯效应就是一种线性极化效应，即折射率的改变和所加电场 (恒定或交变电场) 的大小成正比，是一种双折射率现象。这种效应只在铌酸锂 (LiNbO$_3$)、钽酸锂 (LiTaO$_3$)、硼酸钡 (BBO) 和砷化镓 (GaAs) 等缺少反演对称性的晶体或其他非中心对称的电场极化高分子和玻璃介质中出现。

14.2.55 非线性极化 nonlinear polarization

光学介质经强光、电场等作用后的极化强度与光波电场强度高次项有关的现象。克尔效应中，介质折射率的变化与电场二次方成正比，是一种非线性的电光感应双折射现象。把液体装在玻璃容器中，外加电场通过平行板电极作用在液体 (克尔盒) 上，在电场作用下分子规律排列，表现出像单轴晶体 (电场方向为晶体光轴方向) 的光学性质，光垂直于电场方向通过玻璃容器时，分解为两束线偏振光，一束的光偏振沿着电场方向，另一束的光偏振与电场方向垂直。

14.2.56 非线性极化系数 nonlinear polarization coefficient

光学介质经强光、电场等作用后的极化强度与光波电场的高次项有关的系数，用符号 d 表示，也称为非线性光学系数。非线性极化系数 d 与非线性极化率 χ 之间有密切的数值线性对应关系。从充分发挥非线性效应的角度，满足相位匹配时的非线性极化系数采用有效非线性光学系数 d_{eff}。

14.2.57 非线性吸收 nonlinear absorption

当光强足以引起该介质能级粒子数分布变化时，介质的吸收系数与入射光强呈非线性关系的吸收。饱和吸收现象就是一种典型的非线性吸收，吸收不是随着光强的增大而增大，而是到了饱和点时，突然就没有了吸收。

14.2.58 平方电光效应 quadratic electron-optic effect

在外加电场作用下，光学介质折射率的改变量与外加电场的平方成正比的效应，又称为克尔效应 (Kerr effect)。

14.2.59 线性电光系数 linear electro-optic coefficient

在外加电场作用下，光学介质折射率的改变与外加电场强度的一次方成正比的系数，也称为泡克耳斯系数 (Pockels coefficient)。线性电光系数是三阶张量。

14.2.60 动态消光比 dynamic extinction ratio

用电光晶体做光开关时，"开" 状态通过的光强与 "关" 状态漏过的光强的比值。它是一个表征电光晶体消光作用大小的量。

14.2.61　铁电畴 ferroelectric domain

铁电材料中自发极化取向一致的区域。在铁电体中，电畴是不会任意取向的，只能沿某几个特定的晶向取向，每种铁电体中铁电相的畴结构自发极化允许的取向取决于该铁电体中原型相的对称性，即在铁电体原型结构中与铁电体极化轴等效的轴向。

14.2.62　有效分凝系数 effective segregation coefficient

实际晶体生长过程是一种非平衡过程，液体 (熔体或溶液) 中会出现溶质的浓度梯度，这时长入晶体中的溶质浓度与液体中的溶质平均浓度之比值。

14.2.63　晶格分辨力 lattice resolution

在电子显微镜中，能清楚成像的晶格样品的最小晶面间距。晶格分辨力是电子显微镜分辨力性能的应用体现。电子显微镜的点分辨率是通过测定粒子间最小间距得到的，是实际分辨率；而晶格分辨率是通过相位差而形成的干涉条纹的间距，其距离要比实际能看到的更小；晶格分辨率比点分辨率更高。晶格分辨力既是电子显微镜分辨能力的体现，也是晶体内在微观结构特性的反映。

14.2.64　光密度 optical density

〈感光材料〉表征感光材料对投影在其上的影像光线的吸收和阻碍程度的性能参数，也称为光学密度。光密度反映感光材料经过曝光和冲洗后变黑的程度，越黑的地方光密度越大。根据感光材料的感光机理的不同，如分别有胶片和相纸感光，相应的光密度有透射光密度和反射光密度。光密度用符号 D 表示，按公式 (14-41) 和公式 (14-42) 计算：

$$D = -\lg T = -\lg \frac{\Phi_{\text{out}}}{\Phi_{\text{in}}} \tag{14-41}$$

$$D = -\lg R = -\lg \frac{\Phi_{\text{out}}}{\Phi_{\text{in}}} \tag{14-42}$$

式中：D 为光密度；T 为透射比；R 为反射比；Φ_{in} 为入射光通量；Φ_{out} 对于透射光密度为出射光通量，对于反射光密度为反射光通量。

14.2.65　感光特性曲线 sensitometric characteristic curve

〈感光材料〉表征感光材料对不同曝光量响应的光密度曲线。曝光量是照度对时间的积分。不同的感光材料 (如胶片等) 有不同的感光特性曲线。

14.2.66　感光特性参数 sensitometric characteristic parameter

〈感光材料〉表征感光的主要性能参数，包括最小密度、灰雾、感光度、反差系数、宽容度、最大密度、动力显影等。

14.2.67 最小密度 minimum density

〈感光材料〉感光材料未曝光,经过显影和定影后产生的密度,用符号 $D_{\min}$ 表示。最小密度为乳剂层引起的灰雾密度和支持体 (片基) 密度的总和。

14.2.68 灰雾 photographic fog

〈感光材料〉感光材料的乳剂层未曝光,经过显影和定影后产生的密度的现象。灰雾的定量表达采用灰雾度,用符号 D_0 表示。灰雾度是感光材料的本底密度。通常要求感光材料的灰雾度值小于 0.1。片基 (支持体) 的灰雾度一般大于乳剂层的灰雾度。

14.2.69 感光度 photosensibility

〈感光材料〉感光材料对光敏感的响应能力的表征,用符号 S 和 $S°$ 表示,按公式 (14-43) 和公式 (14-44) 计算:

$$S = \frac{k}{H_m} \tag{14-43}$$

$$S° = 1 + 10\lg\frac{k}{H_m} \tag{14-44}$$

式中:S 为感光度或算术感光度;$S°$ 为对数感光度;k 为系数;H_m 为感光特性曲线上一个特定参考点 m 对应的曝光量。感光材料的感光度越高,对光线的作用响应越灵敏,达到同样光密度的曝光量越小。感光度是衡量感光材料性能的最重要的指标之一。感光度也称为感光速度或胶片系统速度或胶片速度。

14.2.70 反差系数 contrast coefficient

〈感光材料〉表征感光材料所记录影像明暗对比关系的参数,用符号 γ 表示,按公式 (14-45) 和公式 (14-46) 计算:

$$\gamma = \frac{\Delta D}{\Delta \lg H} \tag{14-45}$$

$$\gamma = \max\left(\frac{\Delta D}{\Delta \lg H}\right) \tag{14-46}$$

式中:γ 为反差系数,特性曲线上直线部分的斜率,即斜率最大值;$\Delta \lg H$ 为景物明暗对比的景物反差;ΔD 为影像明暗对比的影像反差。

近年来,国际上普遍采用平均斜率代替反差系数,即选取感光特性曲线上的 m 点和 n 点线段的斜率作为感光材料的平均斜率,用符号 $\bar{G}$ 表示,按公式 (14-47) 计算:

$$\bar{G} = \frac{D_n - D_m}{\Delta \lg H_n - \Delta \lg H_m} \tag{14-47}$$

式中：D_m、D_n 分别为感光特性曲线上的 m 点和 n 点感光密度；H_m、H_n 分别为感光特性曲线上的 m 点和 n 点感光密度的曝光量。

平均斜率的数值一般略低于反差系数的数值。日常用的黑白胶卷的平均斜率为 0.62；航空摄影的胶片平均斜率要高一些，一般在 1.6 ~ 2.4 之间；X 射线胶片的反差系数可以超过 4；印刷制片用胶片的反差系数甚至要以超过 10。

14.2.71　宽容度 tolerance level

〈感光材料〉感光材料在一次曝光过程中能够记录景物反差的能力。宽容度大的感光材料可记录下明暗判别较大的景物。宽容度等于感光曲线处的直线段 (BC 段) 对应的曝光量的对数差，即能一次拍摄下 $\lg H_B$ 到 $\lg H_C$ 范围之间的景物。

14.2.72　最大密度 maximum density

〈感光材料〉感光材料经过充分曝光后能够到达的最大密度值。最大密度是感光特性曲线上的最高点的密度。最大密度、反差系数、宽容度三个参数是相关的，宽容度的增加受到了最大密度和反差系数的限制，因此，三个参数的选择需综合考虑。

14.2.73　动力显影 dynamic development

〈感光材料〉用不同的显影条件来弥补感光材料性能和拍摄条件不好等缺陷的方法。动力显影通过改变不同的显影条件以获得期望的感光特性效果，如延长显影时间和提高显影温度可提高感光度、反差系数和最大密度，但同时也提高了最小密度并降低了分辨率，需要综合权衡各因素的比重。

14.2.74　互易律 reciprocity

〈感光材料〉感光材料对光照的响应与光照强度 (照度) 或光照时间的单一因素无关，只与总曝光量有关的规律。总曝光量等于照度乘以曝光时间，当增加照度减少时间或增加时间减少照度总曝光量相等时，感光材料上的响应是相同的。互易律是光照度与光照时间之间的互易，相互支持性。

14.2.75　互易律失效 reciprocity failure

〈感光材料〉当超过某个范围的曝光照度和曝光时间时，感光材料的响应不再遵循互易律，其不仅与曝光量有关，还与曝光照度和曝光时间之一有关的现象。互易律失效是出现了违反互易律的现象，是在曝光照度上和曝光时间上显著超出常规范围的情况。互易律失效有两种类型，一种是高照互易律失效，另一种是低照互易律失效，前者发生的情况有高速摄影、激光打印等，后者发生的情况有天文照相等。互易律失效的另一种表现是间歇曝光效应，即总曝光量相同，一次曝光与多次曝光的效果是不一样的。

14.2.76 光谱灵敏度 spectrum sensitivity

〈感光材料〉感光材料对不同波长光敏感程度的度量，用符号 S_λ 表示，按公式 (14-48) 计算：

$$S_\lambda = \frac{1}{H_\lambda} \tag{14-48}$$

式中：S_λ 为波长为 λ 时的光谱灵敏度，m^2/J；H_λ 为产生某指定密度 D 所需接收的波长为 λ 光的能量 (D 通常取最小密度 D_{min} 加 1.0)，J/m^2。

14.2.77 分辨率 resolving power

〈感光材料〉感光材料记录影像细节的能力的表征，用周每毫米 (cycle/mm) 或线对每毫米 (lp/mm) 表示。分辨率是综合了调制传递函数、颗粒性和反差等分辨相关参数的参数。这里的分辨率不同于分辨力，它是细节的记录能力，不是细节的辨识能力。

14.2.78 调制传递函数 modulation transfer function

〈感光材料〉感光材料上记录的输出调制度与照射感光材料的输入调制度的比值。感光材料的调制传递函数需要对选取的各空间频率 ν 的调制传递函数作出连续曲线图来表示。

14.2.79 颗粒性 graininess

〈胶片均匀性质量〉感光材料上影像感光颗粒分布不均匀性程度的定性评价。感光材料上有些部位颗粒比较密集，有些部位比较稀疏，拍摄影像后看起来会使人产生颗粒感。颗粒性是人们观察感光材料影像的主观感觉。颗粒性的评价有消失放大率法、距离消失法等。

14.2.80 颗粒度 granularity

〈胶片均匀性质量〉感光材料上影像感光颗粒分布不均匀性程度的定量评价。颗粒度的定量评价方法主要是采用 48μm 孔径来测量感光材料上不同区域的光密度分布的均方根 (RMS)，按公式 (14-49) 计算：

$$G = \sigma(D) \times 1000 = \sqrt{\frac{\sum_{i=1}^{n}(D_i - \bar{D})^2}{n-1}} \times 1000 \tag{14-49}$$

式中：G 为影像感光颗粒度；$\sigma(D)$ 为微孔区光密度分布的均方根；D_i 为第 i 个微孔区的光密度值；$\bar{D}$ 为所有微孔区的平均光密度值；n 为感光材料上扫描的微孔总数量，要求 $n > 1000$。

14.2.81　化学邻界效应 chemical adjacency effect

〈感光材料〉显影化学过程对感光材料中影像分布的高低密度边界还原失真的效应，也称为化学领域效应、化学边缘效应、化学边界效应、Eberhard 效应。化学邻界效应使高密度边界的密度更高，低密度边界的密度更低。

14.2.82　力学性能 mechanical property

〈感光材料〉使感光材料具有适应使用环境的尺寸稳定性、抗划伤能力、抗吸水率、抗乳剂层熔点、抗卷曲度等物理性能。

14.2.83　衍射效率 diffraction efficiency

〈全息〉再现全息图时的衍射光强度与入射光强度的比值。影响衍射效率的因素有材料的化学成分、各组分的浓度、感光膜层的厚度、记录光强、物光与参考光的光强比等。

14.2.84　感光灵敏度 sensitometric sensitivity

〈全息〉全息记录材料具有最大衍射效率时所需要的曝光量，用符号 S 表示，按公式 (14-50) 计算。

$$S = \frac{\eta_{\max}}{E} \tag{14-50}$$

式中：S 为感光灵敏度，cm^2/mJ；$\eta_{\max}$ 为最大衍射效率；E 为达到最大衍射效率时的平均曝光量。

14.2.85　空间分辨率 spatial resolution

〈全息〉全息材料能记录的光强空间调制图案的最小周期，单位为线对每毫米 (lp/mm)。全息记录材料记录的是物光和参考光的干涉条纹，对空间分辨率要求很高，一般为 3000lp/mm，记录反射型全息图时要求达到 5000lp/mm。

14.2.86　动态范围 dynamic range

〈全息〉全息材料同一体积中存储多幅全息图时材料的存储潜力，用符号 $M^{\#}$ 表示，按公式 (14-51) 计算：

$$M^{\#} = \sum_{i=1}^{m} v_i = \sum_{i=1}^{m} \sqrt{\eta_i} \tag{14-51}$$

式中：$M^{\#}$ 为动态范围；同一位置存储的总全息图数量 v_i 为第 i 个全息图的光栅强度；η_i 为第 i 个全息图的衍射效率。动态范围直接决定了存储全息图的衍射效率及材料可达到的最大信息记录容量。在弱耦合条件下，光栅强度 $v_i = \sqrt{\eta_i}$。

14.2.87　光谱响应范围 spectral response range

〈全息〉全息材料能对光子产生吸收作用的光子波长组成的光谱范围。光聚合物材料通常采用光敏染料来增大感光光谱范围。

14.2.88　韦尔代常数 Verdet constant

表征使磁场中的偏振光的偏振面旋转的能力常数，也称为费尔德常数，用符号 V 表示，其相关关系用公式 (14-52) 表示：

$$\theta = VLB \tag{14-52}$$

式中：θ 为偏振面的旋转角，μrad；V 为韦尔代常数；L 为磁场内物质的长度；B 为磁场强度。

14.2.89　光学塑料耐磨性 abrasion resistance of optical plastics

在一定荷重和磨程条件下，以单位面积上的磨耗来表示光学材料抵抗机械摩擦能力的性能。光学材料耐磨性取决于材料的化学成分和结构的细密均匀性。所有光学塑料的耐磨性都比不过光学玻璃，只有光学塑料 CR39 的耐磨性最接近光学玻璃。热塑光学塑料中耐磨性最好的是丙烯酸类，其次是 NAS、聚苯乙烯，然后是聚碳酸酯。

14.3　材料缺陷

14.3.1　应力双折射 stress birefringence

各向同性的固体光学介质 (如玻璃) 在机械力作用下产生的双折射现象，也称为光弹效应。作用力为压力时，介质显示负单轴晶体的特性；作用力为拉力时，介质显示正单轴晶体的特性。光轴都平行于作用力方向。在柱体玻璃的上、下表面施加压力或拉力时，玻璃将呈现类似于单轴晶体的光学性质，光轴方向与外力方向平行，寻常光与非常光的折射率差 $(n_e - n_o)$ 与玻璃受到的应力成正比，见图 14-23 所示。

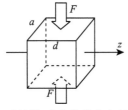

图 14-23　材料加力产生的应力双折射关系

若外力为 F (施加拉力时 $F > 0$, 施加压力时 $F < 0$), 柱体上下表面积为 $a \times d$, 相关参数可按公式 (14-53) 计算:

$$n_{\mathrm{e}} - n_{\mathrm{o}} = C'_{\mathrm{B}} \cdot \frac{F}{a \cdot d} \tag{14-53}$$

式中: C'_{B} 为一个大于零的物质常数; (F/ad) 为玻璃的内应力。当单色平面波沿 z 方向通过该玻璃后, 两个振动分量之间引入相位差 $\Delta\varphi$, 按公式 (14-54) 计算:

$$\Delta\varphi = \frac{2\pi}{\lambda_{\mathrm{o}}} d\,(n_{\mathrm{e}} - n_{\mathrm{o}}) = 2\pi \frac{C'_{\mathrm{B}}}{\lambda_{\mathrm{o}}} \cdot \frac{F}{a} \tag{14-54}$$

将公式 (14-54) 中的 $(C'_{\mathrm{B}}/\lambda_{\mathrm{o}})$ 写成 C_{B}, 称为 "光弹性系数" 或 "布儒斯特常数", 与波长 λ_{o} 有关。上式说明, 当玻璃受拉力时, $(n_{\mathrm{e}} - n_{\mathrm{o}}) > 0$, 相当于正单轴晶体; 当玻璃受压力时, $(n_{\mathrm{e}} - n_{\mathrm{o}}) < 0$, 相当于负单轴晶体。光学玻璃退火不足或光学元件装夹作用不合理时, 都会在玻璃内部产生较大的应力, 从而出现明显的双折射问题, 有损于玻璃或光学元件的光学性能。光学材料的生产和加工导致的应力双折射是不期望的, 属于光学材料加工的缺陷问题。

14.3.2　均匀性 homogeneity

〈光学材料〉光学介质内部在光束传输横截面上各点折射率分布 (或介电常数) 不一致或一致性发生变化的状态。折射率均匀性表达的是折射的不均匀性, 即折射率的不一致性。折射率变化越小, 光学均匀性越好。均匀性 (指不均匀性) 将使光线偏离原来的传播方向或在光学系统中产生散射而减弱成像亮度并造成有害的背景, 是光学材料的主要缺陷之一。

14.3.3　均匀性值 homogeneity value

光学零件内部在光束传输横截面上各点折射率分布 (或介电常数) 的变化程度的表达数值, 是均匀性的定量表达或度量, 可简称为均匀性 (在不易混淆时)。折射率均匀性值, 用光束传输横截面上的折射率分布最大值与最小值之差表示, 即折射率的峰谷值表示, 以及光束传输横截面上的折射率分布的标准偏差表示, 最好同时使用两个值表示。峰谷值表示的是光学材料折射率不均匀的极端情况, 标准差表示的是光学材料折射率不均匀在整个横截面上分布的平均性值。根据特定需要, 也可以分别使用折射率峰谷值或标准偏差来表示。

14.3.4　条纹 striae

光学材料中存在的微小尺度范围内折射率的剧烈变化所形成的条状、带状、线状等区域。光学材料熔炼不均匀的玻璃未能在光学玻璃中扩散匀化而形成的界限分明的细小条带状玻璃夹杂物。条纹在化学组成和物理性质上 (折射率、密度、黏度、热膨胀、机械强度、颜色等) 与玻璃主体有所不同。条纹将使光线偏离原来的传播方向或在光学系统中产生散射而减弱成像亮度并造成有害的背景，是光学玻璃的主要缺陷之一。

14.3.5 条纹度 striae value

光学零件在光束传输横截面上单位厚度内条纹面积所占有效通光面积的百分比数乘以条纹面积的平均灰度。条纹度是条纹的定量表达或度量。平均灰度为条纹微元面积乘以其灰度进行全部条纹面积积分，再除以条纹面积。

14.3.6 气泡 bubble

光学玻璃中的气体空穴。在未经机械成型作用的光学玻璃中，气泡多呈球形，也有扁平或椭圆形的。气泡尺寸介于 0.01mm~5mm 之间。玻璃中的气泡将使光线在光学系统中产生散射而减弱成像亮度并造成有害的背景，是光学玻璃的主要缺陷之一。

14.3.7 气泡度 bubble value

光学材料中或光学零件内部允许气泡存在的程度。气泡度用于表达在光学材料或光学零件内部允许存在气泡的大小和个数，或允许光学材料或光学零件光束通过方向 (观察方向) 的垂直横截面上允许气泡遮挡面积的大小。光学零件中的结石等杂质也可以算作气泡，并按气泡来计算，气泡度的标注、计算和给定等详见 GB 7661—87。

14.3.8 杂质 inclusion

玻璃体内非玻璃化的不透明和透明的夹杂物质，也称为结石 (stone)。杂质主要是来自于：玻璃液表面与坩埚接触处析出的析晶结石，如鳞石英、白硅石、白榴子；玻璃液侵蚀坩埚和搅拌形成的耐火材料结石；熔炼中未熔化的原料结石等。玻璃中的杂质将使光线在光学系统中产生散射而减弱成像亮度并造成有害的背景，还会降低光学零件的机械强度和热稳定性，易导致炸裂，是光学玻璃的主要缺陷之一。

14.3.9 杂质值 imperfection value

光学零件内部一立方厘米体积内包含的气泡、杂质数量的面积总和，是气泡和杂质的定量表达或度量，也用气泡度表示。光学介质中的气泡和杂质的面积总和越大，杂质值就越大。光学零件中的杂质值大将降低光学系统的传递函数等成像性能。

14.3.10　瑕疵 flaw

〈光学材料〉光学材料在制造或生产时留藏在光学材料中的结石、气泡等杂质或脏物等不期望的非光学材料成分的缺陷内容的总称。瑕疵是光学材料制造后留下的一种非材料成分的缺陷或异物缺陷，它会对光束的传输和成像质量带来不利影响。

14.3.11　晶体缺陷 crystal defect

晶体中偏离理想点阵的状态或结构。晶体缺陷包括点缺陷、位错缺陷、面缺陷、体缺陷、色心、解理、网络结构、镶嵌结构、溶质尾迹、生长条纹、孪晶等。

14.3.12　点缺陷 point defect

晶体的晶格中的质点 (原子) 位置偏离晶格构造规律的状况，也称为零维缺陷。点缺陷主要有四种类型：质点空位、缺位缺陷；质点挤入间隙的缺陷；进入杂质的缺陷；价带中电子被激发入导带的电荷缺陷。

14.3.13　位错 dislocation

晶体结构中一部分晶面沿一定线相对另一部分晶面发生滑移的状况，也称为线缺陷。位错是晶体中原子、分子或离子排列的线状缺陷。晶面滑移部分与未滑移部分在滑移面上的分界线称为位错线。

14.3.14　面缺陷 face defect

晶体中二维方向形成的晶面、层错、晶界和镶嵌结构等的状况。晶面是晶体表面结构不对称使点阵受到很大歪曲变形形成的缺陷。常见的缺陷表面为气相沉积时形成的台阶型表面。

14.3.15　堆垛层错 stacking fault

在某一原子上正常堆垛次序发生错乱的状况。堆垛层错的形成取决于结构类型。盘形空穴的坍塌及生长过程中的一些偶然因素，都可造成原子错落在层错的位置上，产生堆垛层错。当饱和度较大的原子堆积较快时，更易产生这类缺陷。

14.3.16　体缺陷 body defect

晶体中三维方向上产生的织构、生长层、孪晶、包裹体、沉淀相、空洞等状况。织构是在多晶聚合体中某些晶粒的排列取向倾向于集中在某一共同方向上的现象；生长层 (条纹) 是晶体在垂直于生长方向产生的层状不均匀性；孪晶 (双晶) 是与某种对称生长相联系的两个相同晶质的个体的连生体；包裹体是晶体中某些与基质晶体不同的物相所占据的区域。体缺陷多是在晶体生长过程中产生的工艺性的缺陷。

14.3.17 色心 color center

晶体或玻璃中的电子能态局部发生变化,构成杂质能级形成的并非本晶体或玻璃所特有的能吸收光谱的点阵缺陷。产生色心的原因主要有化学成分偏离、存在杂质,以及 γ 射线、X 射线、阴极射线、紫外线等辐射的辐照等。

14.3.18 解理 cleavage

某些晶体受应力作用时,能沿一定晶格面网断裂成光滑平面的固有性质。裂成的平面叫解理面。由于一系列平行的质点面 (由原子、离子或分子等质点组成的平面) 之间的联系力 (垂直于质点面方向的力) 相对较弱,解理常沿这些面产生。

14.3.19 网络结构 cellular structure

晶体生长过程中由于组分过冷导致固液界面层产生胞状组织,在垂直于生长方向的断面上通常呈六方形网络的结构。

14.3.20 镶嵌结构 mosaic structure

由于晶体的非均匀生长导致晶体内形成许多具有一定结晶学取向差异的微细区域的结构或结晶粒状结构。用显微镜可以观察到,它们由自形或半自形晶粒组成,晶粒彼此镶嵌呈直线状接触,大部分白云岩具有这种结构。

14.3.21 溶质尾迹 solute trail

在晶体生长过程中,由于某种原因,在晶体生长界面形成了一些溶质浓聚的低熔点熔体,它们在未来的结晶过程中进入晶体所留下的浓聚溶质的痕迹。

14.3.22 生长条纹 growth striation

在晶体生长过程中产生的平行于生长界面的层状组分起伏的条纹,又称为聚形条纹 (combination striation) 或晶面条纹 (crystal face stria, striation)。生长条纹是在晶体成长过程中,由两个单形的细窄晶面呈阶梯状生长反复交替出现而形成的,引入的因素主要是机械振动、加热功率起伏、晶体转轴与温场不对称等。生长条纹是晶体中常见的一种宏观缺陷,它会破坏晶体的均匀性,使晶体的物理、化学、光学、力学等性能出现周期性和间歇性的变化。

14.3.23 孪晶界 twin boundary

与某种对称操作相联系的两个相同晶体的连生体的分界面,也称为孪晶面。孪晶界分为共格孪晶界和非共格孪晶界两类。共格孪晶界上的原子同时位于两个晶体点阵的结点上,是两晶体所共有的、无畸变的完全共格对称界面,它的能量很低,很稳定。非共格孪晶界是孪生切变区与基体的界面不和孪生面重合时的界面，它是孪生过程中的运动界面，随非共格孪生面的移动，孪晶长大。非共格孪晶界是一系列不全位错组成的位错壁，孪晶界移动就是不全位错的运动。

14.3.24　核心 core

熔体中生长的晶体，小晶面生长区域在组分上与其他区域有明显差异，由此而造成应力和折射率变化较大的区域，形成具有一定对称分布的"花瓣"在晶体坯心附近的晶体。远离轴心的这类晶体称侧心。

14.4　光 学 玻 璃

14.4.1　玻璃 glass

由无机物质熔化形成的较高硬度的、较大脆性的、一定光谱范围透射比高的和各向同性的非晶态物质。光学玻璃是近程有序 (晶子)，远程无序结构的非晶态物质，或具有非晶和晶子结构的物质。

14.4.2　光学玻璃 optical glass

对折射率、色散、透射比、光谱透射比、光吸收等光学特性有特定要求，且光学性质均匀、物理和化学性质稳定的玻璃。光学玻璃包括氧化物玻璃、硫系化合物玻璃、玻璃碳、卤化物玻璃、金属玻璃等。按应用范围，光学玻璃分为无色光学玻璃和有色光学玻璃。

14.4.3　氧化物玻璃 oxide glass

玻璃物质的阴离子只有 O^{2-} 成分的玻璃。氧化物玻璃制造过程相对简单，制造成本也较低，玻璃结构紧密，化学稳定性好，其占玻璃种类的绝大部分。

14.4.4　非氧化物玻璃 nonoxide glass

玻璃物质的阴离子全部或部分为卤素离子硫、硒、碲等 VI 族阴离子的玻璃，或由 VI 族单质及多元化合物组成的玻璃。非氧化物玻璃是用其他阴离子代替氧离子的混合型玻璃，包括硫、硒、碲等元素的硫系玻璃和卤化物、氮氧化物、金属玻璃等多元系统的玻璃。非氧化物玻璃在特定领域有很重要的应用，如透光范围宽的氟锆酸盐玻璃 (0.2μm~8μm)、传输高功率激光的 As_2S_3 玻璃材料的传输光纤光导纤维，以及用作开关、存储材料、全息记录材料、软磁材料等的玻璃。

14.4.5　无色光学玻璃 colorless optical glass

在可见光光谱范围对各光谱高度透明且可见光波段光谱透过曲线基本平坦的光学玻璃。无色光学玻璃主要有冕牌玻璃和火石玻璃，冕牌玻璃的牌号一般带 K

字母，火石玻璃的牌号一般带 F 字母。冕牌玻璃和火石玻璃大致可用阿贝常数 $\nu_d = 50$ 作为分界线，$\nu_d > 50$ 为冕牌玻璃，$\nu_d < 50$ 为火石玻璃。无色光学玻璃分为普通光学玻璃和耐辐射光学玻璃两个系列。

14.4.6 有色光学玻璃 color optical glass

对可见光光谱范围具有特定光谱波段选择性吸收和透过，其外观或透过的光具有特定颜色的光学玻璃，也称为滤光玻璃。有色光学玻璃通过加入玻璃着色原料 (着色剂) 制成。有色光学玻璃按光谱特性可分为截止型、选择型和中性型；按着色剂作用可分为胶体着色和分子着色；按着色特征可分为硒镉着色、离子着色等。有色玻璃主要有透紫外玻璃 (ZWB)、透红外玻璃 (HWB)、紫色玻璃 (ZB)、蓝色 (青色) 玻璃 (QB)、绿色玻璃 (LB)、黄色 (金色) 玻璃 (JB)、橙色玻璃 (CB)、红色玻璃 (HB)、防护玻璃 (FB)、中性 (暗色) 玻璃 (AB)、透紫外白色玻璃 (BB) 等。

14.4.7 无铅无砷光学玻璃 unleaded and nonarsenic optical glass

在玻璃的组成成分中不含铅和砷有害化学物质的环保型光学玻璃。无铅无砷光学玻璃制造的重点是禁止使用含铅物质，对于用于澄清的砷，由其他澄清剂取代。无铅玻璃在保持原玻璃牌号折射率和阿贝数的同时，其他性质有显著变化。

14.4.8 冕类光学玻璃 crown optical glass

具有低折射率、低色散特性的无色光学玻璃。通常，冕牌玻璃在折射率 $n_d > 1.65$、阿贝常数 $\nu_d > 50$ 和 $n_d < 1.65$、阿贝常数 $\nu_d > 55$ 范围，为低色散光学玻璃。冕牌玻璃的种类主要有氟冕 (FK)、轻冕 (QK)、冕 (K)、磷冕 (PK)、钡冕 (BaK)、重冕 (ZK)、镧冕 (LaK)、特冕 (TK)、冕火石 (KF) 等种类的光学玻璃。

14.4.9 火石类玻璃 flint optical glass

具有高折射率、高色散特性的无色光学玻璃。通常，火石玻璃在折射率 $n_d > 1.65$、阿贝常数 $\nu_d < 50$ 和 $n_d < 1.65$、阿贝常数 $\nu_d < 55$ 范围，为高色散光学玻璃。火石玻璃的种类主要有冕火石 (KF)、轻火石 (QF)、火石 (F)、钡火石 (BaF)、重钡火石 (ZBaF)、重火石 (ZF)、镧火石 (LaF)、重镧火石 (ZLaF)、钛火石 (TiF)、特火石 (TF) 等种类的光学玻璃。

14.4.10 氟冕玻璃 fluorine crown glass

基础组成成分为氟化物和氟磷酸盐系统 $[RF\text{-}RF_2\text{-}RPO_3\text{-}R(PO_3)_3]$，折射率 $n_d < 1.60$，阿贝常数 $\nu_d > 70$，在 $n_d\text{-}\nu_d$ 图中位于左下角，玻璃牌号为 FK 的光学玻璃。氟冕玻璃属于低折射率低色散的无色光学玻璃。

14.4.11　轻冕玻璃 light crown glass

基础组成成分为氟硅酸盐和硼硅酸盐系统 (R_2O-B_2O_3-Al_2O_3-SiO_2-RF，R_2O-B_2O_3-SiO_2)，折射率 n_d < 1.50，阿贝常数 v_d 为 75~61，在 n_d-v_d 图中位于 FK 和 KF 之间，玻璃牌号为 QK 的光学玻璃。轻冕玻璃属于低折射率低色散的无色光学玻璃。

14.4.12　磷冕玻璃 phosphate crown glass

基础组成成分为氟化物和氟磷酸盐系统 (R_2O-RO-B_2O_3-Al_2O_3-P_2O_5)，折射率 n_d 为 1.50~1.65，阿贝常数 v_d > 60，在 n_d-v_d 图中位于 K、BaK 和 ZK 的左侧，玻璃牌号为 PK 的光学玻璃。磷冕玻璃属于低色散新品种的无色光学玻璃。磷冕玻璃以折射率 n_d = 1.54 为界，分为轻磷冕和重磷冕。

14.4.13　冕玻璃 crown glass

基础组成成分为碱硼硅酸盐系统 (R_2O-B_2O_3-SiO_2) 和碱铝硼硅酸盐系统 (R_2O-Al_2O_3-B_2O_3-SiO_2)，折射率 n_d 为 1.50~1.55，阿贝常数 v_d 为 65~55，在 n_d-v_d 图中位于 QK、PK、BaK、BaF 和 KF 之间的区域，玻璃牌号为 K 的光学玻璃。冕玻璃属于低色散的无色光学玻璃。冕玻璃是使用量最大的光学玻璃，其中的 K9 玻璃用量最大。

14.4.14　钡冕玻璃 barium crown glass

基础组成的成分系统为 [R_2O(Na_2O、K_2O)-BaO(ZnO、CaO)-B_2O_3-SiO_2)]，折射率 n_d 为 1.52~1.60，阿贝常数 v_d 为 65~55，在 n_d-v_d 图中位于 K 和 ZK 之间，玻璃牌号为 BaK 的光学玻璃。钡冕玻璃属可用作光学仪器分划板等的材料。

14.4.15　重冕玻璃 dense crown glass

基础组成成分为无碱硼硅酸盐系统 (R_2O-B_2O_3-SiO_2)，折射率 n_d 为 1.55~1.70，阿贝常数 v_d 为 65~50，在 n_d-v_d 图中位于 PK 和 ZBaF 之间，玻璃牌号为 ZK 的光学玻璃。重冕玻璃属于高折射率低色散的无色光学玻璃。

14.4.16　镧冕玻璃 lanthanum crown glass

基础组成成分有三种，折射率 n_d < 1.70 的基础组成成分是重冕玻璃基础上加入部分 La_2O_3，折射率 n_d 为 1.70~1.72 的基础组成分为 (R_2O-La_2O_3-B_2O_3) 系统 [R=Ca、Si、Ba、Zn、Cd (Cd 一般情况不宜使用) 等]，n_d > 1.72 的基础组成成分为 [La_2O_3-ThO_2 (Y_2O_3)-B_2O_3] 系统，折射率 n_d > 1.65，阿贝常数 v_d > 50，在 n_d-v_d 图中位于左上角，玻璃牌号为 LaK 的光学玻璃。镧冕玻璃属于高折射率低色散的无色光学玻璃。

14.4.17 特冕玻璃 long crown glass

基础组成成分为 (RF-RF$_3$-As$_2$O$_2$) 系统, 组成中含有氟化物 (包括含氟的磷酸盐玻璃和含氧的氟化物玻璃), 色散系数较大, 在 n_d-ν_d 图中位于 ZK 区, 玻璃牌号为 TK 的光学玻璃, 又称为长冕玻璃。特冕玻璃可用于消除光学系统中的二级光谱。这种玻璃生产有污染, 发展受到限制, 品种少。

14.4.18 冕火石玻璃 crown flint glass

基础组成成分为 (R$_2$O-PbO(TiO$_2$)-B$_2$O$_3$-SiO$_2$) 系统或 (R$_2$O-PbO(TiO$_2$)-B$_2$O$_3$-SiO$_2$-RF) 系统, 折射率 n_d 为 1.50~1.55, 阿贝常数 ν_d 为 60~50, 在 n_d-ν_d 图中位于 QK 和 QF 之间, 玻璃牌号为 KF 的光学玻璃。冕火石玻璃属于低色散的无色光学玻璃, 但由于其色散比冕玻璃的大, 也被称为高色散冕玻璃。由于铅有污染, 从环保的角度, 环保的火石玻璃趋向于用二氧化钛代替氧化铅。

14.4.19 轻火石玻璃 light flint glass

基础组成成分为 [Na$_2$O(K$_2$O)-PbO(TiO$_2$)-SiO$_2$] 系统或 (R$_2$O-PbO(TiO$_2$)-B$_2$O$_3$-SiO$_2$-TiO$_2$-RF) 系统, 折射率 n_d 为 1.53~1.60, 阿贝常数 ν_d 为 50~40, 在 n_d-ν_d 图中位于 BaF 和 TiF 之间, 玻璃牌号为 QF 的光学玻璃。轻火石玻璃属于高色散的无色光学玻璃。

14.4.20 火石玻璃 flint glass

基础组成成分为 [Na$_2$O(K$_2$O)-PbO(TiO$_2$)-SiO$_2$] 系统, 折射率 n_d 为 1.60~1.65, 阿贝常数 ν_d 为 40~35, 在 n_d-ν_d 图中位于 QF 和 ZF 之间, 玻璃牌号为 F 的光学玻璃。火石玻璃牌号中的 F$_4$ 的使用量最大。火石玻璃属于高色散的无色光学玻璃。

14.4.21 钡火石玻璃 barium flint glass

基础组成成分为 (R$_2$O-BaO-PbO(TiO$_2$)-B$_2$O$_3$-SiO$_2$) 系统, 折射率 n_d 为 1.50~1.65, 阿贝常数 ν_d 为 55~35, 在 n_d-ν_d 图中位于 BaK、QF、F 和 ZBaF 之间, 玻璃牌号为 BaF 的光学玻璃。钡火石玻璃的色散随 PbO(TiO$_2$) 和 BaO 的比值增加而上升。

14.4.22 重钡火石玻璃 dense barium flint glass

基础组成成分为 [BaO(ZnO)-PbO(TiO$_2$)-B$_2$O$_3$-SiO$_2$] 系统, 折射率 n_d 为 1.60~1.75, 阿贝常数 ν_d 为 55~30, 在 n_d-ν_d 图中位于 ZK 和 ZF 之间, 玻璃牌号为 ZBaF 的光学玻璃。重钡火石玻璃的色散随 PbO(TiO$_2$) 和 BaO 的比值增加而上升。

14.4.23 重火石玻璃 dense flint glass

基础组成成分为 [Na$_2$O(K$_3$O)-PbO(TiO$_2$)-SiO$_2$] 系统, 折射率 $n_d > 1.65$, 阿贝常数 $\nu_d < 35$, 在 n_d-ν_d 图中位于 ZBaF、LaF 和 ZLaF 的右侧, 玻璃牌号为 ZF 的光

学玻璃。重火石玻璃的折射率、色散和相对密度都随 PbO(TiO$_2$) 含量的增大而上升。这类玻璃因铅含量大，可用作防辐射玻璃。

14.4.24   镧火石玻璃 lanthanum flint glass

基础组成成分为 (RO-La$_2$O$_3$-B$_2$O$_3$-SiO$_2$) 系统 (RO=CdO、PbO(TiO$_2$)、ZnO、BaO 等)，折射率 n_d 为 1.70~1.80，阿贝常数 ν_d 为 50~30，在 n_d-ν_d 图中位于 ZBaF 和 ZLaF 之间，玻璃牌号为 LaF 的光学玻璃。镧火石玻璃属于高折射率高色散的无色光学玻璃。

14.4.25   重镧火石玻璃 dense lanthanum flint glass

基础组成成分为 (La$_2$O$_3$-Ta$_2$O$_5$(Nb$_2$O$_5$)-ZnO-B$_2$O$_3$) 系统或 (La$_2$O$_3$-Ta$_2$O$_5$(Nb$_2$O$_5$)-ThO$_2$-B$_2$O$_3$) 系统为佳，折射率 n_d > 1.80，阿贝常数 ν_d < 50，在 n_d-ν_d 图中位于 LaF 的上方，玻璃牌号为 ZLaF 的光学玻璃。B$_2$O$_3$-La$_2$O$_3$-Ta$_2$O$_5$-ThO$_2$-WO$_3$ (PbO) 系统也适用制备这类玻璃，但 ThO$_2$ 有放射性，一般不使用。重镧火石玻璃属于高折射率高色散的无色光学玻璃。重镧火石玻璃的化学稳定性差，使用时表面往往需镀膜保护。

14.4.26   钛火石玻璃 titanium flint glass

基础组成成分为 (R$_2$O-PbO(TiO$_2$)-B$_2$O$_3$-TiO$_2$-SiO$_2$-RF) 系统，折射率 n_d 为 1.53~1.62，阿贝常数 ν_d 为 46~30，在 n_d-ν_d 图中位于 QF、F 和 ZF 的下方，玻璃牌号为 TiF 的光学玻璃。钛火石玻璃属于低折射率高色散的无色光学玻璃。

14.4.27   特火石玻璃 special flint glass

基础组成成分为 (R$_2$O-Sb$_2$O$_3$-B$_2$O$_3$-SiO$_3$) 系统或 (PbO(TiO$_2$)-Al$_2$O$_3$-B$_2$O$_3$) 系统，折射率 n_d 为 1.53~1.68，阿贝常数 ν_d 为 53~37，在 n_d-ν_d 图中无固定区域，玻璃牌号为 TF 的光学玻璃，也称为短火石玻璃 (short flint glass)。特火石玻璃的化学稳定性差，使用时表面往往需镀膜保护。

14.4.28   铌钽火石玻璃 niobium-tantalum flint glass

铌火石玻璃、钽火石玻璃、重铌火石玻璃和重钽火石玻璃的总称。铌、钽是制备高折射率 (大于于 1.75 或 1.80)、高色散镧火石玻璃和重镧火石玻璃的重要成分。铌、钽的引入可以扩展玻璃生成区域，还可以改善玻璃的工艺性能。

14.4.29   热光稳定光学玻璃 thermostability optical glass

环境温度变化对玻璃的尺寸、折射率、应力等带来很小影响或几乎没有影响的光学玻璃，也称为抗热光畸变玻璃。这类玻璃的基础组成成分为 (BaO-B$_2$O$_3$-F) 和 (BaO-P$_2$O$_5$) 系统，一般要求热光系数 $W < 20 \times 10^{-7} \mathrm{K}^{-1}$，发展方向是在降低热

光系数 W 的同时，降低材料的应力热光系数 P、R 和应力双折射热光系数 Q、Q' 的数值。

14.4.30 特种玻璃 special glass

二氧化硅含量在 85％以上或 55％以下的硅酸盐玻璃、非硅酸盐氧化物玻璃 (如硼酸盐、硝酸盐、锗酸盐、铝酸盐、碲酸盐、钨酸盐、钼酸盐、铌酸盐、钽酸盐玻璃等) 以及非氧化物玻璃的统称。特种玻璃还包括新用途的新品种玻璃 (如光纤、红外、紫外、防辐射、声光、磁光、电光、光色、非线性、激光、光存储、光敏、滤光、吸收、透气、发光等玻璃) 和具有特殊性能 (如微晶、超导、半导体、催化、生物、金属、快离子导电等玻璃) 的玻璃等。

14.4.31 锗硒镓玻璃 germanium-selenium-gallium glass

由单质锗、硒和镓按一定配比熔制而成的透红外辐射的硫系化合物玻璃。与它的性能同类的玻璃还有锗硒汞玻璃、硅砷碲锑玻璃、锗砷硒玻璃。这些玻璃都是高折射率玻璃，折射率一般在 2.5 以上。

14.4.32 红外光学玻璃 infrared optical glass

对红外光谱具有很高透射比的红外滤光玻璃和无色透红外玻璃。红外滤光玻璃在红外波段透明性好，但在可见光波段是不透明的。无色透红外玻璃在可见光波段和红外波段都有很好的透明性。

14.4.33 紫外光学玻璃 ultraviolet optical glass

对紫外光谱 ($\lambda = 200nm \sim 380nm$) 具有很高透射比的紫外滤光玻璃和无色透紫外玻璃。紫外滤光玻璃在紫外波段透明性好，但在可见光波段是不透明的。无色透紫外玻璃在可见光波段和紫外波段都有很好的透明性。紫外滤光玻璃分为短波紫外玻璃 (磷酸盐玻璃) 和长波紫外玻璃 (硅酸盐玻璃)。

14.4.34 耐辐射光学玻璃 irradiation resistant optical glass

在 X 射线或 γ 射线的照射作用下具有一定的不易着色或变黑等耐受的稳定性的无色光学玻璃，也称为 N 玻璃。耐辐射光学玻璃的性能以辐射照射玻璃后的光学密度与照射前的玻璃光学密度增量来表征。耐辐射光学玻璃的吸收比普通光学玻璃的大，这类玻璃常用在有一定射线照射的场合。

14.4.35 防辐射玻璃 irradiation-proof glass

能吸收高能电磁辐射的无色光学玻璃。防辐射玻璃主要有防 γ 射线玻璃、防 X 射线玻璃、防中子玻璃等。防辐射玻璃可用于核工业、核医学等方面作为窥视窗、阻挡屏蔽材料。

14.4.36 硒镉着色玻璃 selenium cadmium colored glass

用 CdS 和 CdSe 胶体着色的有色玻璃，也称为硫硒化镉玻璃。硒镉着色玻璃的光谱特性用光谱透过界限波长、吸收曲线斜率和规定波长处的吸收率来表示。硒镉着色玻璃多用作信号灯玻璃、滤光玻璃、器皿玻璃和艺术玻璃等。

14.4.37 离子着色中性玻璃 neutral glass of ionic coloration

在可见辐射区域内能比较均匀地降低光源的光强度而不改变其光谱成分的有色光学玻璃。离子着色中性玻璃一般是在硼硅酸盐基础玻璃中加入着色剂铁、钴和镍的氧化物熔制而成。这类玻璃的牌号都属于 AB 类 (暗色玻璃)，多用作中性滤光片、减光镜等。

14.4.38 离子着色选择性吸收玻璃 selective absorbing glass of ionic coloration

由金属离子着色对光谱有选择性吸收的有色玻璃。离子着色选择性吸收玻璃是由铬、锰、铁、钴、镍、铜等过渡金属与镨、钕、铒等稀土金属离子在基础玻璃中以离子状态引起的着色。这类玻璃在有色光学玻璃中所占的品种比例最大，除暗色玻璃 (AB) 外，其他有色光学玻璃类型中均含这类玻璃。

14.4.39 乳白玻璃 opal glass

制备过程中向玻璃配料中引入乳白剂，玻璃冷却或热处理时按照所需乳白度来控制析出晶体的大小和数量及折射率的玻璃相和微小晶相组成的白色透光玻璃。乳白玻璃是外表呈白色或乳白色，内部产生漫射的一种玻璃。乳白玻璃的基础组成成分多为硅酸盐系统。乳白剂为低溶解度的氟化物、氮化物、氯化物、磷酸盐、硫酸盐等。采用 NaF 和 CaF_2 为乳白剂制成的乳白玻璃称蛋白玻璃；采用 TiO_2、SnO_2、Sb_2O_3、CeO_2 为乳白剂制成的乳白玻璃称低熔点玻璃，多用于搪瓷。

14.4.40 无色吸收紫外线玻璃 colourless ultraviolet absorbing glass

对紫外辐射充分吸收的同时高度透过可见辐射的光学玻璃。这类玻璃是在铅硅酸盐玻璃中引入二氧化铈或二氧化钛，并在氧化气氛中熔制而成，主要用于照相、电影与电视摄影、文物保护、照明和太阳能电池等需要滤掉紫外辐射的器具上。

14.4.41 色温变换玻璃 color temperature changing glass

通过色温降低或色温升高来改变光源透过玻璃的色温的玻璃。色温降低玻璃是在钾钡硅酸盐玻璃中加入元素硒、二氧化锰的琥珀色玻璃，以 SJB 表示牌号。色温升高玻璃具有负的变换值，是在钠钙硅酸盐玻璃中加入着色元素铜、钴、镍和锰等氧化物的蓝色玻璃，以 SSB 表示牌号。色温变换玻璃牌号的顺序号是以色温转换值麦勒德 (µrd) 表示，如 SJB_{130} 表示降低色温 130 麦勒德，SSB_{130} 表示升高色温 130 麦勒德。在摄影镜头前加适当色温变换玻璃，可使拍摄物色温变换到 5500K (日光型色温) 或 3300K (灯光型色温)。

14.4.42 光谱光视效率修正玻璃 modification glass for spectral luminous efficiency

为了使光电接收器的灵敏度与人眼的光谱光视效率一致，对光电接收器与光谱光视效率的差异进行修正的玻璃。这类玻璃是含铜、钒等的磷酸盐玻璃。

14.4.43 三原色滤光片 three-primary color glass

分别能把白光变成一定光谱波段的红、绿、蓝三种原色光的滤光有色光学玻璃。红、绿、蓝三种玻璃的牌号分别为 HB、LB、QB 等。这类玻璃广泛应用于电影、电视、印刷等方面。

14.4.44 稀土彩色玻璃 rare-earth colored glass

用稀土化合物着色的玻璃。稀土元素中除钇、镧、钆、镥、镱外都可作为着色剂。玻璃中加入铒呈红色，加入铈呈橙色，加入钕呈黄色，加入镨呈绿色，加入钕呈紫罗兰色，加入镨钕混合物呈天蓝色，加入铈钛混合物呈金黄色，加入钕硒混合物呈玫瑰色，加入钕镍呈淡红色，加入钕锰混合物呈紫色等。这类玻璃有很好的吸收选择性、吸收带窄，故玻璃的色调纯，透光性好。

14.4.45 激光防护玻璃 laser shielding glass

对激光波长的辐射具有强吸收或强反射，而对非激光波长的其余可见光具有较高透明度的防止激光损伤的玻璃。激光强吸收的玻璃是在基础玻璃 (如磷酸盐玻璃) 中掺入少量能吸收需防护激光波段的物质 (如铁能吸收 1060nm 波长激光) 熔制成。激光强反射的玻璃是在玻璃表面镀制对 532nm、694.3nm、1060nm 等波长激光的反射率大于 99.5％的金属膜制成。

14.4.46 微晶玻璃 glass-ceramics

由晶相和残余玻璃均匀分布组成的质地致密、无孔的混合体，也称为玻璃陶瓷。微晶玻璃是用一般的玻璃原料和一定量的晶核形成剂及增感剂一起熔制，并通过热处理或紫外照射使大量细小晶粒均匀析出成长而获得的。通常晶粒大小为 10nm 到几微米，晶粒量占总体量的 50％~90％。微晶玻璃按所用材料可分为技术微晶玻璃和矿渣微晶玻璃；按微晶化原理可分为光敏微晶玻璃和热敏微晶玻璃；按外观可分为透明微晶玻璃和不透明微晶玻璃；按基础组分可分为硅酸盐、铝硅酸盐、硼硅酸盐、硼酸盐、磷酸盐五类微晶玻璃；按性能可分为低膨胀微晶玻璃、高强度微晶玻璃、强介电微晶玻璃等。微晶玻璃容易成型，可采用压制、拉制、吹制、压延、离子浇铸等方法制作各种制品。微晶玻璃有比玻璃和陶瓷大得多的机械强度，有良好的机械加工性能，有很高的耐热性 (可耐 850℃~1000℃ 高温)，有很高的抗冲击性。微晶玻璃可用于制造导弹的雷达罩、天文望远镜、火箭喷管、化工管件，以及各种外形美观、坚固耐用的日用品等。

14.4.47　光敏微晶玻璃 photosensitive glass-ceramics

经紫外线或 X 射线辐照后玻璃中敏化剂促进晶核剂聚集并诱导析出微晶而着色，并且着色后不退的微晶玻璃。光敏微晶玻璃的基础组成成分是含金、银、铜的超微粒氧化物 (晶核剂) 和氧化铈 (敏化剂) 的锂铝硅酸盐玻璃。这类玻璃广泛应用于印刷电路板、射流元件、电荷存储管和光电倍增管的显示屏等。

14.4.48　透明微晶玻璃 transparent glass-ceramics

析出的晶粒尺寸小于可见光辐射波长，或晶体与周围玻璃的折射率差很小而能透过可见辐射的微晶玻璃。透明微晶玻璃的基础组成成分主要是硅酸盐玻璃 (如 Na_2O-Nb_2O_3-SiO_2)，晶核剂可采用 ZrO_2 或 TiO_2。透明微晶玻璃可用作光电元件、反射镜、指标元件、高温观察窗、化学输送管道、阀、泵等。

14.4.49　磁光玻璃 magneto-optical glass

一束偏振光沿外加磁场方向通过玻璃时可使光偏振面旋转的法拉第效应玻璃，也称为法拉第旋转玻璃。磁光玻璃的基础玻璃常用重火石玻璃和硫化砷玻璃。磁光玻璃有顺磁 (反旋) 玻璃和逆磁 (正旋) 玻璃两种，偏振面旋转的角度可用韦尔代常数相关公式计算。磁光玻璃可用于制作光闸、调制器和光开关，可以制成具有 Q 开关功能的激光工作物质和大孔径激光放大器的光学隔离器。

14.4.50　声光玻璃 acousto-optical glass

光按一定方向通过一个已输入超声波的玻璃后可产生衍射、反射、会聚或光频移动等声光效应的玻璃。声光玻璃用作调制器的效率按品质因数公式 (14-55) 计算：

$$M = \frac{n^6 P^2}{\rho v^3} \tag{14-55}$$

式中：M 为品质因素；n 为声光玻璃折射率；P 为光弹性系数；ρ 为玻璃密度；v 为输入超声波的声速。M 值越大则衍射光越强，而超声功率消耗越小。声光玻璃使用较多的有碲玻璃、重火石玻璃和石英玻璃。声光玻璃利用超声波控制光束的频率、强度和方向，在信息传输、显示和处理方面得到应用，主要用于调制器、偏转器、滤波器、光快门和光开关等方面。

14.4.51 电光玻璃 electro-optical glass

具有在电场作用下介质折射率随电场变化的电光效应的微晶玻璃。电光玻璃的基础组成成分为硅酸盐系统，加入其他氧化物改善透明度和析晶性，析出的电光晶体有 $NaNbO_3$、$BaTiO_3$、$NaKNbO_3$、$PbxCrxCay$、$BaNbO_3$ 等。电光玻璃可用于光调制、计算技术、显示装置等。

14.4.52 存储玻璃 memory glass

在电场或激光刺激下产生电阻、透光性、反射率、衍射等性能变化，刺激消失后仍保持变化后性能 (存储)，再经瞬时强电场和激光照射后回复到原始状态 (擦除) 的玻璃。这类玻璃包括元素玻璃 (如锗、硅、碲、硫和硼)、半导体玻璃 (硫系玻璃和硼化物玻璃)、氧化物玻璃 (SiO_2、Al_2O_3、Ta_2O_5 等)、氮化物玻璃 (Si_3N_4) 等。存储玻璃由电场作用的存储为电存储，光作用的为光存储，可用作阈值开关、电存储元件。

14.4.53 光电导玻璃 photoconductive glass

具有在受光照时电阻减小电导增大的光电导效应的半导体玻璃。光电导玻璃属硫族元素玻璃，能制成均匀性良好的薄膜玻璃 (如 Se-Te-As 系)，具有高的光电导率，可制作光电导摄像管的靶。

14.4.54 吸热玻璃 heat absorbing glass

能吸收大量红外辐射热而又保持良好可见辐射透射比的玻璃。吸热玻璃的基础组成成分为硅酸盐或磷酸盐系统，并引入具有较高吸热能力的物质，如氧化铁、氧化镍、氧化钴和硒等，也可在玻璃表面镀氧化锡、氧化锑、氧化铁、氧化钴等吸热氧化物薄膜。这类玻璃的氧化物都有着色作用，一般呈灰色、蓝色、绿色、古铜色等。吸热玻璃主要用于光线强度高而又需要隔热的场合。

14.4.55 透气玻璃 gas permeable glass

经分相热处理后，能用酸浸析出其成分的一部分，使其具有透气毛细孔而获得透气性能的玻璃。透气玻璃的牌号用 TQ 表示，可用于海水淡化、病毒过滤、色层分析、镁的分离、催化剂载体、光学仪器干燥等方面。

14.4.56 玻璃半导体 glass semiconductor

具有玻璃态结构的半导体。玻璃半导体有三类：以 IV 族元素为主要成分的非晶硅、锗等；以 VI 族元素为主要成分的碲-锗共熔体、硫砷、硒砷玻璃等；氧化物玻璃，如 V_2O_5-P_2O_5、V_2O_5-P_2O_5-BaO。有的玻璃半导体电阻率在光、电、热等作用下可改变 4~5 个数量级；有的透过比、折射率、反射率等在光、热作用下改变很大；有的化学性质 (溶解度、抗蚀性) 在光、热作用下显著改变等。玻璃半导体可用于存储器件、光记录、光电导、开关等。

14.4.57   荧光玻璃 fluorescence glass

在电磁辐射和离子射线等的激发下能发出荧光的玻璃。荧光玻璃在激发作用停止时，其所发射的荧光随之停止。荧光玻璃中产生荧光的物质可以是玻璃中的离子 (如锰、铈、铊) 或晶体 (如硫化镉、硒、银等)。

14.4.58   微通道板玻璃 micro channel plate glass

制造具有二次电子发射特性的空心玻璃纤维面板的玻璃材料。微通道板玻璃可用于量子位置灵敏探测器、超快速光电倍增器、电子光学转换管、像增强器、光谱测量和质谱测量等。

14.4.59   超声延迟线玻璃 ultrasonic delay line glass

作为延迟介质与压电换能器构成超声延迟线的玻璃。延迟机理为，电磁波通过换能器变成超声波，通过玻璃介质后再通过换能器变成电磁波输出。这种玻璃的组成成分用 K_2O 含量低的 $PbO-K_2O-SiO_2$ 系统，还可以加入 B_2O_3、BaO、ZrO_2、ZnO、TiO_2 中的几种。超声延迟线玻璃主要应用于雷达、电子计算机、彩色电视、录像机的解码电路中等。

14.4.60   光学石英玻璃 optical silica glass

可用水晶、硅石、硅化物为原料熔制，能同时透过紫外辐射、可见光、红外辐射的高纯度二氧化硅 (SiO_2) 的无色光学玻璃。光学石英玻璃的二氧化硅 (SiO_2) 纯度可达 99.9999%。一种全谱的光学石英玻璃的光谱透过范围为 185nm~3500nm。

14.4.61   熔融石英 fused quartz

熔化天然石英晶体制成的玻璃。熔融石英的纯度不如透明硅石。熔融石英有透明的和不透明的产品。其具有三维交叉链接结构，拥有耐高温 (1713℃)、导热系数低、热膨胀系数小 (几乎是所有耐火材料中最小的) 和极高的热震稳定性 (很少因温度剧变而破裂) 等特性，是理想的熔模铸造制型的耐火材料。

14.4.62   熔融硅石 fused silica

用纯二氧化硅 (SiO_2) 制成的玻璃，也称为透明硅石 (vitreous silica) 或熔硅石。熔融硅石有透明的和不透明的产品。其具有耐高温 (1710℃)、导热系数低、热膨胀系数小和极高的热震稳定性等特性。常用于做防火材料，如熔融硅石耐火砖和熔融硅石管，管子连续使用的温度可达 1000℃，内径从 1mm 到 125mm，长度达 6m。

14.4.63 封接玻璃 seal glass

用作玻璃、陶瓷、金属、铁氧体等材料间相互熔封的中间层玻璃，也称为焊料玻璃。这类玻璃的组成成分为 $PbO-B_2O_3-Al_2O_3-SiO_2$ 系统和 $PbO-B_2O_3-ZnO$ 系统。封接玻璃的特点是封接温度较低(小于500℃)，封接时可不产生火焰，避免构件氧化，在半导体元件制造中又发展了更低温度(小于350℃)的封接玻璃。

14.4.64 剂量玻璃 dose glass

能灵敏反映辐射场强度并用作 X 射线、γ 射线、β 射线、中子射线等射线剂量探测元件的玻璃。剂量玻璃的种类有辐射变色玻璃、辐射光致荧光玻璃、辐射热致荧光玻璃、中子剂量玻璃等。

14.4.65 导电玻璃 conductive glass

具有体积导电能力或表面导电能力的玻璃。导电玻璃有金属玻璃、玻璃态硅、玻璃态锗等。导电玻璃的表面导电能力是通过在玻璃表面镀金属导电膜实现的，即利用平面磁控技术，在玻璃上溅射氧化铟锡导电薄膜镀层，经高温退火处理形成的产品。导电玻璃可用于飞机、汽车的风挡玻璃，光学仪器的防霜外露零件，以及液晶显示、等离子显示、调谐指标管等器件中。

14.4.66 钢化玻璃 toughened glass

经物理和化学方法强化处理后具有良好机械性能和耐热、耐震性能的玻璃。物理处理采取高温急速均匀冷却；化学处理采取表面离子交换法和表面结晶法。钢化玻璃可用作防弹玻璃，作汽车、飞机、轮船、火车的门窗玻璃，还可作电视屏、观察窗、矿灯、眼镜片等。

14.4.67 环保玻璃 environmentally-safe glass

玻璃材料不含有害环境的和有放射性的化学元素的玻璃。玻璃中对环境有害的化学元素主要是铅、砷等，有放射性的元素主要是镧等。

14.5 光 学 晶 体

14.5.1 光学晶体 optical crystal

可制作光学零件的晶体。光学晶体具有双折射、偏振、吸收、干涉、色散、旋光、声光、电光、磁光、热光、光弹、非线性等特性，对紫外、可见、红外辐射有很宽的透射波段，有较大的折射率和色散变化范围，有较高的透射比，用途广泛，可用于制造透镜、棱镜、调制元件、偏光元件等。晶体的范围包括介电晶体、半导体晶体和导电晶体。

14.5.2　单轴晶体 uniaxial crystal

只有一根光轴，折射率椭球的 a 轴、b 轴和 c 轴间存在 $a = b \neq c$ 或 $\varepsilon_1 = \varepsilon_2 \neq \varepsilon_3$ 关系的晶体，其光率体形态见图 14-24(a) 所示。单轴晶体的 a 轴与 b 轴几乎具有相同的物理性质，它们与 c 轴的性质不同，有正单轴晶体和负单轴晶体，正单轴晶体存在 $N_e > N_o$，负单轴晶体存在 $N_o > N_e$，如石英晶体为正单轴晶体，其晶体形态见图 14-24(b) 所示。四方晶系、三方晶系和六方晶系都属于单轴晶体。单轴晶体有方解石、石英、磷酸二氢钾 (KDP) 等。晶体寻常光和非寻常光的折射也可用 n_o 和 n_e 表示。

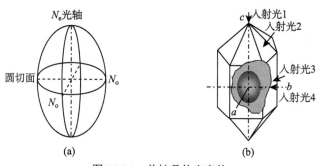

(a)　　　　　　　　　　　(b)

图 14-24　单轴晶体光率体

14.5.3　双轴晶体 biaxial crystal

有两个光轴，折射率椭球的 a 轴、b 轴和 c 轴间存在 $a \neq b \neq c$ 或 $\varepsilon_1 \neq \varepsilon_2 \neq \varepsilon_3$ 关系的晶体，其光率体形态见图 14-25 所示。折射率按从大到小表示分别为 N_g、N_m、N_p，即 $N_g > N_m > N_p$。三斜晶系、单斜晶系和正交晶系的晶体都是双轴晶体。双轴晶体有镁橄榄石、云母、蓝宝石、石膏等。

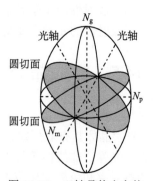

图 14-25　双轴晶体光率体

14.5.4 正晶体 positive crystal

在晶体内寻常光线速度 υ_o 大于非常光线速度 υ_e 的晶体，也称为正单轴晶体。当 $\upsilon_o > \upsilon_e$ 时为正晶体，在正晶体内：非常光 (e 光) 的折射率面是椭球面 (折射率椭球的长轴为旋转轴)，正常光 (o 光) 的折射率面是椭球中的短轴为直径的圆球面；寻常光线偏振方向的光的折射率 n_o 低，非常光线偏振方向的光的折射率 n_e 高，即 $n_o < n_e$。正晶体有石英等晶体。

14.5.5 负晶体 negative crystal

在晶体内寻常光线速度 υ_o 小于非常光线速度 υ_e 的晶体，也称为负单轴晶体。当 $\upsilon_o < \upsilon_e$ 时为负晶体，在负晶体内：非常光 (e 光) 的折射率面是椭球面 (折射率椭球的短轴为旋转轴)，正常光 (o 光) 的折射率面是圆球面 (其球的直径是椭球的长轴)；寻常光线偏振方向的光的折射率 n_o 高，非常光线偏振方向的光的折射率 n_e 低，即 $n_o > n_e$。负晶体有冰洲石等晶体。

14.5.6 石英晶体 quartz crystal

晶格基元都是由硅氧四面体 $[SiO_4]^{4-}$ 所组成的晶体。石英晶体根据四面体间结合方式的不同，分为石英晶体、鳞石英晶体、方石英晶体。

14.5.7 右旋石英晶体 right-handed quartz crystal

观察者正对光波传播方向 (光轴) 观察时，偏振光通过晶体后的偏振方向向右旋转的石英晶体。右旋石英晶体对偏振光的旋转方向是面对光传播方向时，偏振方向顺时针旋转。

14.5.8 左旋石英晶体 left-handed quartz crystal

观察者正对光传播方向 (光轴) 观察时，偏振光通过晶体后的偏振方向向左旋转的石英晶体。左旋石英晶体对偏振光的旋转方向是面对光传播方向时，偏振方向逆时针旋转。

14.5.9 光学各向同性晶体 optical isotropic crystal

光的传播速度在各个方向上均相等的晶体。光学各向同性晶体对任何偏振方向的光在各个方向传播的折射率均相等，例如立方晶系的晶体。

14.5.10 非线性光学晶体 nonlinear optical crystal

能产生非线性极化效应或光在其中传播的光频随电极化率调制而引起各种非线性光学现象或效应的晶体。非线性光学过程包括谐波产生 (倍频效应)、电光效应、光学混频、参量振荡、多光子吸收、拉曼散射、自聚焦和光弹效应。非线性光学晶体有磷酸二氢钾、硝酸二氢铵、铌酸锂、铌酸钡钠、淡红银矿、碘酸、碘酸锂、硒、碲、辰砂、硫化物、硒化物、碲化物、氟化物、GaAs:GaP、ZnS-ZnO 等。

14.5.11   氯化钠晶体 sodium chloride crystal

化学式为 NaCl 的立方晶系的晶体。该晶体的透射波段为 0.17μm~13μm，最高透射比可达 90% 以上，$n_D = 1.54416$，$dn/dT = -2.5 \times 10^{-5}°C^{-1}$，热导率 6.49W/(m·K) (298K 时)，努氏硬度 [110] 方向为 15.2kg/mm²，[100] 方向为 18.2kg/mm²，杨氏模量 38.96×10^9Pa，性脆，解理平行于 [100] 方向，熔点 801°C，易潮解，密度 2.165g/cm³，双折射光程差为 5nm/cm 以上，色散高。氯化钠晶体有天然和人工两种单轴晶体，主要用作色散棱镜、窗口和 X 射线反射晶体，制成零件需密封防潮。

14.5.12   氟化钠晶体 sodium fluoride crystal

化学式为 NaF 的立方晶系的晶体 (有时为四方晶系)。该晶体的透射波段为 0.15μm~12μm (厚度 5mm)，透射比高，$n_D = 1.32549$，$dn/dT = -1.6 \times 10^{-5}°C^{-1}$，热导率 9.21W/(m·K) (298K 时)，努氏硬度 60kg/mm²，杨氏模量 64.81×10^9Pa，熔点 997°C(立方晶系)、980°C(四方晶系)，密度 2.79g/cm³，溶解度 4.22g/100g 水 (18°C)。氟化钠晶体为无色透明光学晶体，有天然和人工两种单轴晶体，主要用作透镜、棱镜、窗口等。氟化锂晶体与氟化钠晶体相近。

14.5.13   氟化钙晶体 calcium fluoride crystal

化学式为 CaF_2 的立方晶系的晶体。该晶体的透射波段为 0.13μm~12μm (厚度 5mm)，透射比高，$n_D = 1.43384$，$dn/dT = -1.2 \times 10^{-5}°C^{-1}$，热导率 9.71W/(m·K) (298K 时)，努氏硬度 158.3kg/mm²，杨氏模量 75.79×10^9Pa，熔点 1360°C(立方晶系)，密度 3.18g/cm³ (20°C)，溶解度 0.0016g/100g 水 (18°C)。氟化钙晶体硬度高、机械强度高，有天然和人工两种单轴晶体，主要用作透镜、棱镜、窗口、红外材料等，可部分替代单晶体。

14.5.14   溴化钾晶体 potassium bromide crystal

化学式为 KBr 的立方晶系的晶体。该晶体的透射波段为 0.23μm~35μm (厚度 5mm)，2μm 处透射比高达 90% 以上，$n_d = 1.559965$，$n_F = 1.571791$，$n_C = 1.55397$，$dn/dT = -4.0 \times 10^{-5}°C^{-1}$，线膨胀系数 $43 \times 10^{-6}°C^{-1}$，热导率 4.81W/(m·K) (298K 时)，努氏硬度 6kg/mm²，杨氏模量 26.87×10^9Pa，熔点 730°C，密度 2.75g/cm³，溶解度 53.48g/100g 水 (0°C)，易溶于水和甘油，微溶于乙醇和乙醚溶液。溴化钾是一种无色透明的光学晶体，主要用作窗口、透镜、分光棱镜等。

14.5.15   碘化铯晶体 cesium iodide crystal

化学式为 CsI 的立方晶系的晶体。该晶体的透射波段为 0.2μm~50μm，$n_D = 1.785189$ (24°C)，$dn/dT = -8.5 \times 10^{-5}°C^{-1}$，线膨胀系数 $50 \times 10^{-6}°C^{-1}$，热导率 1.13W/(m·K) (298K 时)，努氏硬度 40kg/mm²，杨氏模量 5.298×10^9Pa，熔点 621°C，

密度 4.51g/cm^3，溶解度 44g/100g 水 (0℃)，易溶于水和乙醇溶液。碘化铯是一种无色透明的光学晶体，主要用作窗口、透镜等。

14.5.16　溴化铊-碘化铊晶体 thallium bromide-thallium iodide crystal

化学成分 42%TlBr 和 58%TlI 组成的立方晶系的晶体。该晶体晶格常数为 0.4125nm，透射波段为 0.6μm~40μm，$n = 2.62505$，线膨胀系数 $58×10^{-6}℃^{-1}$，热导率 0.54W/(m·K)，努氏硬度 40kg/mm^2，杨氏模量 $15.85×10^9$Pa，熔点 414.5℃，密度 7.371g/cm^3 (16℃)，溶解度 0.05g/100g 水 (18℃)。溴化铊-碘化铊晶体主要用作窗口、透镜等。这种晶体有剧毒。

14.5.17　硅单晶 silicon single crystal

化学式为 Si 的立方晶系的晶体。该晶体的透射波段为 1.2μm~7μm，$n = 3.42$ (4.2μm 波长处)，努氏硬度 1150kg/mm^2，熔点 1412℃，密度 2.33g/cm^3，不溶于水，有灰色光泽，不透明金刚石型结构，禁带宽度 1.12eV，具有半导体性能。硅单晶用途较广，不仅可用作红外窗口、透镜和整流罩，还可用于制造大功率晶体管、整流器、光集成电路及光电池等。

14.5.18　锗单晶 germanium single crystal

化学式为 Ge 的立方晶系的晶体。该晶体的透射波段为 1.8μm~23μm，$n = 4.02$ (4.3μm 波长处)，线膨胀系数 $6.1 × 10^{-6}℃^{-1}$，热导率 58.61W/(m·K)，努氏硬度 800kg/mm^2，熔点 936℃，杨氏模量 $102.66 × 10^9$Pa，密度 5.35g/cm^3，不溶于水，有银灰色金属光泽，不透明金刚石型结构，禁带宽度 0.66eV，具有半导体性能。锗单晶用途较广，不仅可用作红外窗口、透镜和整流罩，还可用于太阳能电池、高纯锗探测器、晶体管、整流器、高低频噪声及高速器件等。

14.5.19　Ⅲ-V 族化合物晶体 group Ⅲ-V compound crystal

由元素周期表中 ⅢA 和 VA 族元素组成的化合物晶体。这种晶体与锗、硅相近，但又有不同特点，在半导体晶体中占有重要位置，主要有 GaAs、AlP、AlAs、AlSb、GaP、GaSb、InP、InAs、InSb 晶体等，应用于霍尔器件、红外探测器、发光二极管、微波器件、激光器件、红外光源等。

14.5.20　砷化镓 gallium arsenide

化学式为 GaAs 的 Ⅲ-V 族化合物半导体材料中的一种晶体。这种晶体属闪锌矿结构，解理面为 [110]，熔点 1238℃，禁带宽度 1.4eV，在常温下呈灰黑色，具有金属光泽，在空气中不易氧化、风化和潮解。砷化镓材料应用于微波器件、体效应器件、红外光源、高效激光器、光显示、集成电路、太阳能电池、发光二极管 (LED) 等。

14.5.21　铝酸钇 yttrium aluminate

化学式为 $YAlO_3$ 的斜方晶系的晶体。该晶体的透射波段为 0.2μm~7μm，$n =$ 1.97(α) (589.3nm 波长处)，线膨胀系数 a 轴 $9.5 \times 10^{-6}°C^{-1}$，$b$ 轴 $4.3 \times 10^{-6}°C^{-1}$，$c$ 轴 $10.8 \times 10^{-6}°C^{-1}$，热导率 12.56W/(m·K)，努氏硬度 8.5~9.0 (kg/mm²)，熔点 1875°C，密度 5.35g/cm³，为畸变的钙钛矿型结构。铝酸钇适合用作固体激光工作物质基质晶体，掺钕铝酸钇脉冲激光输出波长为 1.064μm，连续激光输出波长为 1.079μm。

14.5.22　硫酸三甘肽 triglycine sulfate

化学式为 $(NH_2 \cdot H_2COOH)_3 \cdot H_2SO_4$ 的单斜晶系的晶体。该晶体的密度 1.69g/cm³，热释电系数 $1.5 \times 10^{-8}C/(cm^2 \cdot K) \sim 11 \times 10^{-8}C/(cm^2 \cdot K)$，自发极化强度 $2.6 \times 10^{-8}C/cm^2$。硫酸三甘肽晶体主要用于热释电红外探测设备的红外探测器元件制造。

14.5.23　铌酸锶钡 strontium barium niobate

化学式为 $Sr_{1-x}Ba_xNb_2O_6(x = 0.25 \sim 0.75)$，是 $SrNb_2O_6\text{-}BaNb_2O_6$ 固溶体单晶，属四方晶系的晶体。该晶体为钨青铜型结构，密度 5.2g/cm³~5.3g/cm³，莫氏硬度 5.5 (莫氏硬度没有单位，分为 10 个等级，1 级最软，10 级最硬)，熔点 1470°C，热释电系数 $6 \times 10^{-8}C/(cm^2 \cdot K) \sim 31 \times 10^{-8}C/(cm^2 \cdot K)$，自发极化强度 $18 \times 10^{-8}C/cm^2 \sim$ $29.2 \times 10^{-8}C/cm^2$，居里点 40°C~114°C。铌酸锶钡晶体可用作热电探测、电光调制及全息存储介质等。

14.5.24　碲镉汞 cadmium mercury telluride

化学式为 $(Hg_{1-x}Cd_x)Te$，是由碲化汞与碲化镉组成的固溶体，由三种元素构成的赝二元系半导体材料，属闪锌矿结构立方晶系。该晶体响应波段为 0.4μm~20μm，探测率为 $7.2 \times 10^{10}cm \cdot Hz^{1/2}/W$ (工作温度 77K，调制频率 10kHz)，密度 7.69g/cm³，熔点 780°C。碲镉汞晶体具有大的吸收系数、合适的禁带宽度，禁带宽度随组成变化的范围为 0eV~1.6eV，使红外的响应波长 λ 按关系式 $\lambda = hc/E_g$ 变化 (E_g 为禁带宽度，c 为光速，h 为普朗克常数)。碲镉汞晶体主要用于红外探测、激光二极管等，有毒性。

14.5.25　方解石 calcite

化学式为 $CaCO_3$ 的三角晶系的晶体，无色透明的也称为冰洲石 (iceland spar)。该晶体的结构单位是一菱面体，另一种结构为霞石型，$n_D = 1.658$。方解石是负性单轴晶体，光轴平行于结晶轴 c，是制作棱镜的主要材料。

14.5.26 电光晶体 electro-optic crystal

在外电场作用下，折射率将发生变化 (包括一次、二次电光效应) 的晶体。人工制造的电光晶体主要有磷酸二氢钾、立方晶系钙钛矿、铁电性钙钛矿及铌酸锂、闪锌矿、钨青铜等。电光晶体主要用于制作电光调制器、晶体光阀和电光开关 (包括 Q 开关) 等。

14.5.27 声光晶体 acousto-optical crystal

受声波刺激后能产生随时间变化的压缩和伸张使介质的折射率发生变化，光束通过折射率随时间变化的介质就产生折射或衍射的光学效应的晶体。声光晶体材料有 $a\text{-}HIO_3$、$PbMoO_4$、TeO_2、$PbMoO_5$、Ge、$a\text{-}HgS$、$Pb_5(GeO_4)(VO_4)_2$、Ti_3AsS_4 和 Te_2WO_4，主要用于声光偏转、声光调 Q 和声光调制等。

14.5.28 磁光晶体 magneto-optical crystal

在磁场作用下使通过介质的光辐射产生偏振方向偏转 (磁光效应) 或光谱线分裂 (塞曼效应) 等现象的晶体。磁光晶体主要用于调制器、移相器、旋转器、调 Q 开关、激光陀螺、激光雷达、红外探测、光通信等方面。

14.5.29 薄膜晶体 thin film crystal

在本体表面生长形成厚度约为 1μm 或 1μm 以下，其组成和结构与本体有很大差别的柱状结构的薄膜状单晶或多晶材料。薄膜晶体主要用于晶体管、集成电路、磁泡存储等电子器件和光学器件。

14.5.30 光色晶体 photochromic crystal

具有光照着色光照停止褪色的光色性的光存储晶体。光色晶体主要有碱金属卤化物 (KCl 等)、掺稀土元素的氟化物 (BaF_2:La；CaF_2:Sm、Eu 等)、掺过渡金属的钛酸盐 ($SrTiO_3$:Fe、Mo；$CaTiO_3$:Ni、Mo 等)，可用作激光信息存储，并可进行体存储。

14.5.31 光电导晶体 photoconductive crystal

具有吸收光子能量使价带中的电子能比禁带宽度大而跃迁到导带，价带中产生空穴，导带中增加电子，产生材料电阻减小电导增大现象的电导效应的多晶或单晶的晶体。本征光电导晶体有硫化铅、锑化铟、碲镉汞、碲锡铅等，其波段响应受限制，常用锗掺金、锗掺汞、锗掺铜来弥补。

14.5.32 发光晶体 luminescent crystal

能把各种不同形式的输入能量转化为光学辐射而产生发光现象的晶体。发光晶体有无机晶体和有机晶体两类。由于性能的需要，发光晶体需掺杂，有些杂质在晶体结构和缺陷等影响下形成发光中心，这些发光中心可改变晶体的电学性能、吸收、传递、转化能量等，从而对发光产生重大影响。

14.5.33   磷光晶体 phosphorescent crystal

移去激光照射光源后发光时间延续较长的晶体。磷光晶体在照射移去后的发光时间比荧光的长，其衰减规律与温度有关。磷光晶体可用于电致发光、发光二极管、荧光灯等方面。

14.5.34   闪烁晶体 scintillation crystal

由射线激发产生高效荧光脉冲发光的荧光晶体。闪烁晶体有无机闪烁晶体和有机闪烁晶体两种，可在闪烁计数器中用作探测元件。

14.5.35   倍频晶体 frequency doubling crystal

一类无反演对称中心的非线性光学晶体，也称为二次谐波产生晶体 (second-harmonic generation crystal)。当入射光功率密度足够高时，可使输出光是入射光的二次谐波。倍频晶体要求非线性光学系数要大、能实现相位匹配、透过波长范围要宽、抗激光损伤能力强等。

14.6   光 学 陶 瓷

14.6.1   光学陶瓷 optical ceramics

具有一定的透射光谱区域、折射率、色散等光学性能的陶瓷。光学陶瓷的材料有透明铁电陶瓷、透明氧化物陶瓷、透红外陶瓷等，主要用于光子计算机、激光技术、导弹窗、耐高温光学零件、新型光源等方面。

14.6.2   透明陶瓷 transparent ceramics

可通过可见辐射的光学陶瓷材料。透明陶瓷材料主要有 Al_2O_3、MgO、Y_2O_3、ZrO_2、ThO_2、$MgAl_2O_4$、$LiAlO_2$、Sr_2O_3、Gd_2O_3、HfO_2、CaF_2、MgF_2、LaF_3、$PLZT$、$PBZT$ 等，主要用于高压钠灯、光学窗口、透镜、铁电显示器、光阀、光信息存储、偏置应变存储显示器、染料激光波长选择器、全息存储输入器等方面。

14.6.3   透红外陶瓷 infrared transmitting ceramics

具有透过红外辐射性能的光学陶瓷。透红外陶瓷材料主要有 MgF_2、ZnS、CaF_2、MgO、Al_2O_3、$GaAs$、SrF_2、BaF_2、$ZnSe$、LaF_3、$CdTe$、$PLZT$ 等，主要用于红外透过窗、棱镜、滤光片基板、导弹整流罩、红外热像仪、红外温度计等方面。

14.6.4 半导体陶瓷 semiconductive ceramics

电导率介于导体与绝缘体之间的陶瓷材料。半导体陶瓷材料主要有钛酸钡瓷、钛酸锶瓷、氧化锌瓷、硫化镉瓷、氧化钨-氧化镉-氧化铅瓷、氧化钛-氧化铅-氧化镧瓷等，主要用于光敏、热敏、压敏电阻及热电元件。

14.6.5 激光陶瓷 laser ceramics

可作为激光工作物质的光学陶瓷。激光陶瓷材料主要有掺钕等的透明氧化钇陶瓷，比掺钕的激光玻璃导热大，比单晶易生长，而且可以制成大尺寸的、中等增益的高平均脉冲功率的激光工作物质。激光陶瓷可用作激光制导光源中的激光工作物质。

14.6.6 声光陶瓷 acousto-optic ceramics

能以超声波输入来控制光束频率、强度和方向的光学陶瓷。声光陶瓷材料主要有锆钛酸铅镧、铌酸锶钡等，主要用于光调制、光偏转器件等。

14.7 光 学 塑 料

14.7.1 光学塑料 optical plastics

具有一定折射率、色散、透过光谱等光学性能，可用于制造光学零件的高分子有机化合物。光学塑料由单体分子聚合而成，单体分子的骨架是碳原子，其他原子或基团与骨架的碳分子键合形成侧基，不同侧基构成不同种类的光学塑料。用于制造光学塑料的单体已超过 110 种，其折射率范围为 1.4177~1.6830，密度范围为 0.83g/cm^3~2.019 g/cm^3，阿贝数范围为 20~62，但常用的不到十种。光学塑料与玻璃相比具有价格便宜、制造加工容易、重量轻、韧性好等优点，但也存在膨胀系数大、硬度低、耐热及化学稳定性较差等缺点。光学塑料的品种主要有：烯丙基二甘醇碳酸酯 (CR-9)(n_d = 1.498；v = 53.6)；聚甲基丙烯酸甲酯 (n_d = 1.492；v = 57.8)；聚苯乙烯 (n_d = 1.591；v = 30.8)；苯乙烯甲基丙烯酸甲酯共聚体 (n_d = 1.533；v = 42.2)；甲基苯乙烯甲基丙烯酸甲酯共聚体 (n_d = 1.519；v = −)；聚碳酸酯 (n_d = 1.586；v = 29.9)；聚酯苯乙烯 (n_d = 1.54 ~ 1.57；v = 43)；苯乙烯丙烯腈共聚体 (SAN)(n_d = 1.569；v = 35.7)；聚环己基甲基丙烯酸酯 (n_d = 1.506；v = 57)；聚二甲基衣康酸酯 (n_d = 1.497；v = 62)；聚二甲基酞酸酯 (n_d = 1.566；v = 33.5)；玻璃树脂 (Type 100)(n_d = 1.495；v = 40.5)；NMA75-EtIPb 25 共聚体 (n_d = 1.504；v = −)；NMA50-EtIPb 50 共聚体 (n_d = 1.523；v = 45)；NMA25-EtIPb 75 共聚体 (n_d = 1.541；v = −)；EtIPb 100 (n_d = 1.567；v = −)；纤维素 (n_d = 1.47 ~ 1.50；v = 45 ~ 50)；聚甲基 α$^-$ 氢丙烯酸酯 (n_d = 1.517；v = 57)；聚烯丙基甲基丙烯酸

酯 (n_d = 1.519；v = 49)；聚乙烯环己烯二氧化物 (n_d = 1.530；v = 56)；聚乙烯二甲基丙烯酸酯 (n_d = 1.506；v = 54)；聚乙烯萘 (n_d = 1.680；v = 20)；聚甲戊烯 (TPX) (n_d = 1.466；v = 56.4)；透明聚酰胺 (n_d = 1.566；v = −)；等等。以上光学塑料中，色散等号后为横杠的，表示该材料的色散还没有明确的数据。

14.7.2　有机硬树脂 organic hard resin

主要成分为有机聚合体构成的塑料材料，已固化为基本不熔化和不溶解的状态，加热后不能再成形的光学塑料，也称为热固性硬树脂 (thermosetting hard resin)。

14.7.3　热塑性硬树脂 thermoplastic hard resin

主要成分为有机聚合体构成的塑料材料，通过加热可以被重复软化，通过冷却可以被硬化的光学塑料。这种物质可重复处于软化状态，通过浇铸、模压、成形等手段使镜片或镜片毛坯成形。

14.7.4　激光防护塑料 laser shielding plastics

采用添加激光吸收剂或镀膜反射的方法获得既能屏蔽特定波长的强激光，又能保持非激光波长较好透射性能的光学塑料。塑料激光防护镜具有重量轻、佩戴舒适、耐冲击、成型加工容易、成本低等优点。

14.7.5　塑料光导纤维 plastic optical fiber

由聚苯乙烯的纤维芯与聚甲基丙烯树脂的包层或聚甲基丙烯树脂的纤维芯与含氟聚合物的包层等透明塑料制成的光导纤维，简称为塑料光纤。塑料光导纤维有自聚焦型和全反射型两种。塑料光导纤维传输光能的损耗比无机光导纤维的大得多，但其可挠性和加工性好、价廉、质轻，可用于短距离通信。

14.7.6　聚 4-甲基戊烯-1 poly 4-methylpentene-1

由丙烯二聚制得 4-甲基戊烯-1 单体，通过定向聚合成为立体等规聚合物的光学塑料。聚 4-甲基戊烯-1 在可见光谱和 12.5μm 波长光谱的透射比为 90%，各光谱折射率近似相同，可见辐射 n =1.455，红外辐射 n =1.430，相对密度为 0.88，熔点 245℃(最高使用温度 180℃，长期使用温度 130℃)，化学稳定性好，模压成型收缩率较高 (1.5%~3%)，可用作耐热透镜、医疗器械、汽车用照明设备等。

14.7.7　聚苯乙烯 polystyrene (PS)

分子式为 ($C_6H_5CHCH_2$)$_n$ 的一种透明的无定形热塑性光学塑料，俗称为光学塑料的"火石玻璃"。聚苯乙烯的可见光透射比约为 88%，折射率 n_D = 1.590，色散 v_D = 30.9，可与丙烯酸系树脂配合制成消色差透镜，易染色和加工，吸湿性低、尺寸稳定、成本低，但其化学稳定性、耐紫外辐射性、耐老化性及耐腐蚀性都不及丙烯酸系树脂。

14.7.8 聚甲基丙烯酸甲酯 polymethylmethacrylate (PMMA)

分子式为 $[CH_2=C(CH_3)COOCH_3]_n$ 的由甲基丙烯酸甲酯聚合而成的塑料聚合物的光学塑料，俗称有机玻璃，或光学塑料中的"冕玻璃"。聚甲基丙烯酸甲酯的可见光透射比可达 92%，折射率 $n_D = 1.491$，其优点是容易模塑和机械加工，尺寸稳定性好、价格便宜，气候环境适应性好，温度适应范围为 −58℃~100℃，耐磨性是热塑塑料中较好的，膨胀系数是玻璃的 8~10 倍，但不影响一般光学应用。

14.7.9 聚甲基丙烯酸铅 poly-lead-methacrylate (PLDM)

化学式为 $[CH_2=C(CH_3)-OCO-Pb-OCO-(CH_3)C=CH_2]_n$，通过甲基丙烯酸铅三元共聚物单体进行聚合而成的光学塑料。聚甲基丙烯酸铅的可见光透射比约为 81% (50mm× 50mm× 2mm)，折射率 $n_D = 1.60996$，$n_C = 1.60471$，$n_F = 1.62356$，色散 $\nu = 32.4$，$n_F - n_C = 0.01885$，线膨胀系数 $104 \times 10^{-6}℃^{-1}$，热导率 0.2W/(m·K)，布氏硬度 37.1，密度 2.305g/cm^3 (25℃)，室温抗冲击强度 1.3kg·cm/cm^3，吸水性 0.013%，吸硫酸性 (2%) 0.011%，X 射线吸收系数 $\mu_e = 75.2$cm^{-1}。聚甲基丙烯酸铅用于眼镜、镜头 X 射线防护、电子轰击保护膜等方面。

14.7.10 烯丙基二甘醇碳酸酯 allyl diethylene glycol carbonate

由二甘醇光气化，丙烯醇酯化反应而成的光学塑料，也称为二甘醇双 (丙烯基碳酸酯)，商品名称为 CR39(Columbia resin)。烯丙基二甘醇碳酸酯的可见光透射比约为 88%~92%(厚度 3mm)，折射率 $n_D = 1.504$，$n_C = 1.501$，$n_F = 1.510$，色散 $\nu = 56$，线膨胀系数 $8 \times 10^{-5}℃^{-1}$ (−40℃~25℃)、11.4×10^{-5}(25℃~ 75℃)，热导率 0.2W/(m·K)，洛氏硬度 M95~M100, 熔点 414.5℃，密度 1.32g/cm^3 (25℃)，持续温度 100℃ 不变形，短期能耐 150℃，耐磨性是有机玻璃的 40 倍，能经受酸、碱和有机溶液浸泡。烯丙基二甘醇碳酸酯制成的光学零件重量轻、透明度高、耐摩擦、抗冲击性好，已广泛应用于眼镜片和光学零件的生产。

14.7.11 苯乙烯-丙烯酸酯共聚物 styrene-acrylic copolymer

由 70%苯乙烯和 30%丙烯酸酯的共聚物构成的一种热塑性光学塑料，代号为 NAS。苯乙烯-丙烯酸酯共聚物的可见光透射比可达 90%，折射率 $n =1.562$，其优点是耐磨性、光学透明性、耐水性、耐油性都好，韧性和冲击强度也高于聚苯乙烯，光学性能与苯乙烯-丙烯腈共聚物 (SAN) 基本相同，是一种比较重要的光学塑料。

14.7.12 透明聚酰胺 transparent polyamide

主链链节含有酰胺基 (—CONH—) 的聚合物的一种热塑性的光学塑料，化学名为聚对苯二酰三甲基己二胺,俗称明尼龙。透明聚酰胺的可见光透射比可达 85%

~92%，折射率 n =1.566，是一种无定形聚合物，其优点是透明性好、热稳定性好、冲击强度比有机玻璃高十倍、尺寸稳定性和耐老化性好、耐溶剂等，适于制作光学零件、X 射线仪窥窗等。

14.7.13　聚碳酸酯 polycarbonate

分子式为 $[OC_6H_4C(CH_3)_2C_6H_4OCO]_n$ 的光学塑料。可用作光学塑料的分子链中含有碳酸酯基的高分子化合物的总称。通常指双酚 A 聚碳酸酯。聚碳酸酯的可见光透射比可达 89%，折射率 $n_D = 1.586$，线膨胀系数 $6 \times 10^{-5}°C^{-1}$，保持较高机械强度的温度范围为 −135°C~120°C。其优点是工作温度范围宽，高温工作温度达120°C~130°C，热稳定性好、耐冲击强度高、延展性好、吸水率低、尺寸稳定性好等，是一种坚硬的光学塑料。

14.7.14　苯乙烯-丙烯腈共聚物 acrylonitrile-styrene copolymer (AS)

改性的聚苯乙烯结构，由丙烯腈、苯乙烯的共聚物构成的热塑性光学塑料，代号为 SAN。苯乙烯-丙烯腈共聚物的可见光透射比可达 90%(厚度 1cm)，折射率 $n_D = 1.567$，色散 $v = 35$，线膨胀系数 $7 \times 10^{-5}°C^{-1}$，高温工作温度达 75°C~90°C。苯乙烯-丙烯腈共聚物是一种形状稳定性良好并容易模塑的光学塑料，可制作照相机零件、光学透镜、仪表板窗口等。

14.7.15　甲基丙烯酸甲酯-苯乙烯树脂 methyl methacrylate-styrene resin

甲基丙烯酸甲酯与苯乙烯的共聚物构成的一种热塑性光学塑料。甲基丙烯酸甲酯-苯乙烯树脂的可见光透射比可达 90% 以上，折射率较高，$n = 1.56$，密度约 $1.18g/cm^3$，高温工作温度比有机玻璃高 10°C~20°C，物理和化学性能与有机玻璃相近。甲基丙烯酸甲酯-苯乙烯树脂可用作有一定透明度和强度要求的零件，主要用于制作光学镜片、窥镜、透明导管、汽车车灯、仪表零件等。

14.7.16　甲基丙烯酸甲酯-丁二烯-苯乙烯共聚物 methyl methacrylate-butadiene-styrene copolymer(MBS)

由甲基丙烯酸甲酯、丁二烯、苯乙烯三种单体组成的热塑性光学塑料。甲基丙烯酸甲酯-丁二烯-苯乙烯共聚物的可见光透射比可达 90%(厚度 32mm)，折射率 n =1.538，线膨胀系数 $(6 \sim 8) \times 10^{-5}°C^{-1}$，密度 $1.09g/cm^3$~$1.11g/cm^3$，高温工作温度比有机玻璃高 10°C~20°C，物理和化学性能与有机玻璃相近。甲基丙烯酸甲酯-丁二烯-苯乙烯共聚物耐无机酸碱及去污液、油脂等性能良好，不耐酮类、芳烃、脂肪烃和氯代烷等溶液，可用来制作仪器仪表窗、收音机和电视机罩壳、冷藏透明件等。

14.7.17　透明 ABS 树脂 transparent ABS (acrylonitrile-brtadiene-styrene) resin

由甲基丙烯酸甲酯、苯乙烯和丙烯腈的共聚物与聚丁二烯接枝橡胶混炼而成的丙烯腈-丁二烯-苯乙烯三元聚合物光学塑料，也称为透明苯乙烯-丙烯腈-丁二烯树脂。透明 ABS 树脂的可见光透射比为 85%，密度 $1.05g/cm^3$，洛氏硬度 M103，热变形温度 80℃，可制作汽车附件、仪器仪表零件、家庭设备、装饰器和透明物件。

14.7.18　光电导性树脂 photoconductive resin

由季胺型聚合物、苯乙烯磺酸盐低聚物、聚桂皮酸乙烯酯等树脂材料制成的具有光电导效应的光学塑料。光电导性树脂在无光照射时为绝缘体或半导体，而有光照射时产生光电流，主要用于照相感光纸、电子照相感光板、静电记录纸等。

14.7.19　塑料激光调 Q 开关片 plastic sheet for laser Q-switch

用特定激光波长能够透过的塑料薄膜作基体，加入 Q 开关染料作填充料的光学塑料片。在激光调 Q 技术的各种方法中，以用塑料激光调 Q 开关片最经济、效果最好。

14.7.20　偏振光塑料薄膜 polarized light plastic thin film

由聚乙烯醇碘络合物、硫酸碘喹咛、聚氯乙烯树脂加聚乙烯醇等作为材料的具有偏振性能的光学塑料薄膜。这些偏振光塑料薄膜一直用于有色眼镜、光学仪器、显像装置、液晶显示等方面。

14.7.21　感光塑料 photosensitive plastics

可将光信息转换成静止图像信息的光学塑料。就光化学反应效果而言，有曝光引起结构改变以致发生颜色变化的，如光色材料等；也有利用曝光而引起物理性质变化的，如平版印刷中用的感光塑料 (变成可溶性或不溶性)。

14.8　特种光学材料

14.8.1　饱和吸收体 saturable absorber

具有饱和吸收特性的光学介质，也称为可饱和吸收体。饱和吸收体对激光的吸收系数随入射光强的增大而减小，当达到饱和值时，其呈现出对激光的透明性质。利用饱和吸收特性可对激光腔内的损耗进行调制，吸收峰值需要覆盖激光晶体的发射峰值，吸收带宽越宽越好。饱和吸收体主要有饱和吸收染料、饱和吸收晶体和饱和吸收半导体。

14.8.2 声光材料 acousto-optic material

在外加声场作用下，折射率发生变化，成为各向异性的光学材料。超声波通过介质时会造成介质的局部压缩和伸长而产生随时间和空间的周期性弹性应变，使介质出现疏密相间的现象，如同相位光栅，光波通过声波扰动介质时，将发生偏转 (光束宽度比声波波长小时) 或衍射 (光束宽度比声波波长大得多时)。声光材料主要有液态和固态声光材料，固态声光材料主要有玻璃和晶体，一般玻璃声光材料只适用于声频低于 100MHz 的声光器件。常用的声光晶体有钼酸铅、钼酸二铅、二氧化碲、锗钒酸铅、硫化汞、氯化亚汞等。

14.8.3 光致变色材料 photochromic material

具有经光辐照后产生颜色或光透射比变小的可逆性特性的透明光学材料。该种材料设计为在太阳光谱波段内有效，主要为 300nm~450nm。材料的透射特性受环境温度的影响。光致变色材料主要有有机和无机化合物两大类。有机化合物主要有螺吡喃类 (键的异裂)、稠环芳香类 (氧化还原反应)、俘精酸酐类 (周环化反应)、二芳基乙烯类 (周环化反应)、偶氮苯类 (顺反异构) 等；无机化合物主要有过渡金属氧化物 (氧化钨、氧化钼、氧化钛等)、金属卤化物 (碘化钙和碘化汞混合晶体、氯化铜、氯化银等)、稀土配合物 (稀土离子与羧酸、邻菲咯啉的水溶液等) 等。

14.8.4 梯度折射率玻璃 gradient refractive index glass

光学玻璃经中子照射、化学气相沉积、离子交换等方法使其折射率在玻璃体积空间中呈非均匀性分布变化的玻璃。梯度折射率玻璃有三种类型：轴向折射率梯度，即折射率沿光轴连续变化，而垂直于光轴的平面折射率是相同的；径向折射率梯度，即折射率从光轴开始向外连续变化，圆柱形表面折射率是相同的；球面形折射率梯度，即折射率分布对称于某一点，具有相同折射率的面为球面。用这种玻璃制造光学零件，工序可大大简化，且零件体积小、像质好，可用于制作自聚焦透镜、阵列透镜等。

14.8.5 光子晶体 photonic crystal

由不同折射率的介质周期性排列而成的，具有光子带隙特性的人工设计和制造的微结构的晶体光学材料。光子晶体具有波长量级的周期性结构，拥有光子带隙 (photonic band gap，PBG) 特性，是一种光子禁带材料，当某一种频率的光落在禁带中时，这种光被禁止在该材料中传播，使频率在光子带隙内的光子不能通过光子晶体，能够调控具有相应波长的电磁波，具有波长选择的功能，可以有选择地使某个波段的光通过而阻止其他波长的光通过其中。通过使光学材料的折射率按高低折射率的交替关系排列形成周期性结构就可以产生光子带隙，构成光子晶体材料。光子晶体的光子带隙可以有一维的、二维的或三维的。

14.8.6 防弹玻璃 bullet proof glass

多层透明材料借中间层材料黏合，用以防止弹头或弹片击穿的夹层玻璃。防弹玻璃有玻璃夹层和玻璃塑料夹层两种，玻璃夹层玻璃由多层钢化玻璃和中间层材料组成，玻璃塑料夹层玻璃由钢化玻璃、透明塑料和中间层材料组成。

14.8.7 泡沫玻璃 foam glass

将玻璃微粉和发泡剂按一定比例混合后加热熔制和烧结而成的含大量气孔的玻璃。泡沫玻璃具有相对密度小、隔热、耐火、吸声、耐腐蚀、抗冻性、不老化变质、易加工等特性。泡沫玻璃按用途，可分为隔热、彩色、吸声、过滤等玻璃，按基础原料可分为普通、石英、珍珠等玻璃。

14.8.8 人工智能计算玻璃 artificial intelligence calculating glass (AICG)

在玻璃中按特定关系嵌入石墨烯和小气泡，对目标图像入射的光线进行反射以及线性和非线性折射及散射的神经网络物理计算，使本质相同形式不同的目标得以识别的玻璃。人工智能计算玻璃的特定识别能力是通过调整玻璃中的石墨烯和小气泡的数量、位置、大小等来训练形成的，一旦训练成功，即玻璃的杂质状态 (石墨烯和小气泡的数量、位置、大小等) 确定，它就具有了指定的识别能力。人工智能计算玻璃是一种光线与结构作用的物理智能，内部工作几乎不消耗能量，具有并行性的高速计算能力。人工智能计算玻璃具有人脸识别等应用前景。

14.8.9 发光搪瓷 luminescent enamel

搪瓷釉 (玻璃态硅酸盐) 中掺有发光物质搪烧在金属坯上的制品。发光搪瓷常用的发光物质有硫化锌、硫化镉、碱土金属 (钙、锶、钡) 硫化物，以及稀土元素化合物等。发光搪瓷广泛应用于夜间或暗室操作设备仪器的显示、特殊照明、标志牌、装饰性灯具等。

14.8.10 发光颜料 luminescent pigment

在紫外辐射激发下能发出荧光或磷光的颜料。发光颜料通常是对钙、钡、锶、锌的硫化物加入微量的激活剂 (如氯化铜) 及助熔剂 (如氯化钠) 后，经高温煅烧而成。发光颜料中的激活剂不是放射性元素的，其发光是暂时的；而当激活剂是放射性元素的，发光是永久的。发光颜料主要应用于仪表盘、路标、防火设备、紧急通道、发光装饰等方面。

14.8.11 负折射率材料 negative refractive index material

介电常数和磁导率同时为负的介质或材料。光线入射到负折射率材料界面时，折射光线和入射光线都在入射界面的同一侧；光探测器探测光源在负折射率材料中移动时，光源向探测器运动时为红移，远离为蓝移，出现逆多普勒效应；在负折射率材料中，电粒子会出现超光速运动，这种运动将产生电磁辐射，称为切连科夫辐射；光子流作用在负折射率材料上，光压由排斥力变为吸引力，出现反常光压现象。

14.8.12　隐身斗篷 invisibility cloak

通过合理设计光学或电磁参数，使光或电磁波像液体一样绕过物体而不改变其传播状态，或相当于使光波或电磁波能无遮挡进行传播和接收的装置或器件。隐身斗篷是一种基于负折射率材料设计的、使光线能绕行传播的、看不见的物理存在。光对隐身斗篷的照射不会在其身上发生反射、折射和吸收现象。

14.9　原　　料

14.9.1　原料 raw material

〈光学材料〉用于制备光学材料所需的各种物质。从用量和/或作用的角度，原料分为主要原料和辅助原料。在光学材料制备中，用量大和/或作用大的为主要原料，用量小和/或作用小的为辅助原料。

14.9.2　主要原料 main raw material

〈光学玻璃〉为玻璃的制造引入所需组成氧化物的原料。玻璃熔炼的主要原料有石英、长石、石灰石、纯碱、硼砂、硼酸、铅化合物、钡化合物等。按引入氧化物的性质，玻璃主要原料可分酸性氧化物原料、碱性氧化物原料、碱金属和碱土金属氧化物原料、多价氧化物原料。

14.9.3　辅助原料 auxiliary raw material

〈光学玻璃〉使玻璃获得某些必要的性质和/或加速熔制过程的原料。从对玻璃作用的角度，辅料可分为澄清剂、着色剂、乳浊剂、氧化剂、助熔剂 (加速剂)、还原剂、除水剂等。

14.9.4　酸性氧化物原料 acid oxide raw material

熔炼以酸性氧化物为主体的玻璃所需要的主要原料，包括二氧化硅、氧化硼、氧化铝、五氧化二磷等原料。氧化铝是两性氧化物：遇到强酸呈弱碱性，遇到强碱呈弱酸性。

14.9.5　二氧化硅 silicon dioxide

化学式为 SiO_2，相对分子质量 60.6，相对密度 2.4~2.65 的光学玻璃主原料。引入二氧化硅的原料是石英砂、砂岩、石英岩和石英等。二氧化硅为玻璃形成骨架，以硅氧四面体 [SiO$_4$] 为结构组元。二氧化硅能降低玻璃的热膨胀系数，提高玻璃的热稳定性、化学稳定性、软化温度、耐热性、硬度、机械强度、黏度和透紫外线性。

14.9.6　氧化硼 boron oxide

化学式为 B$_2$O$_3$，相对分子质量 69.62，相对密度 1.84 的光学玻璃主原料。引入氧化硼的原料是硼酸、硼砂和含硼矿物等。氧化硼为玻璃形成骨架，以硼氧三角体 [BO$_3$] 和硼氧四面体 [BO$_4$] 为结构组元，形成玻璃骨架。氧化硼能降低玻璃的热膨胀系数，提高玻璃的热稳定性、化学稳定性，增加玻璃的折射率，提高玻璃光泽度，改善玻璃力学性能。

14.9.7　氧化铝 aluminium oxide

化学式为 Al$_2$O$_3$，相对分子质量 101.96，相对密度 3.5~4.1 的光学玻璃主原料。引入氧化铝的原料是长石、瓷土、蜡石、氧化铝与氢氧化铝等。在硅酸盐玻璃中 Na$_2$O 与 Al$_2$O$_3$ 的分子比大于 1 时，以铝氧四面体 [AlO$_4$] 与硅氧四面体 [SiO$_4$] 为结构组元，形成玻璃骨架；当玻璃中 Na$_2$O 与 Al$_2$O$_3$ 的分子比小于 1 时，以铝氧八面体 [AlO$_8$] 为结构组元，形成玻璃骨架。氧化铝能降低玻璃的结晶倾向，提高玻璃的热稳定性、化学稳定性、硬度、机械强度和折射率。

14.9.8　五氧化二磷 phosphorus pentoxide

化学式为 P$_2$O$_5$，相对分子质量 141.94，相对密度 2.39 的光学玻璃主原料。引入五氧化二磷的原料是偏磷酸铝、偏磷酸钠、磷酸二氢铵、偏磷酸钙和骨灰等。五氧化二磷为玻璃形成骨架，以磷氧四面体 [PO$_4$] 为结构组元。五氧化二磷能提高玻璃的色散系数和透过紫外线的能力，但会降低玻璃的化学稳定性。单纯的磷酸盐玻璃极易水解。

14.9.9　碱性氧化物原料 basic oxide raw material

熔炼以碱性氧化物为主体的玻璃所需要的主要原料，包括引入氧化钠的原料、引入氧化钾的原料等。光学玻璃熔炼用的碱性氧化物原料主要有纯碱、碳酸钠、碳酸钾、碳酸锂、碳酸钙等。

14.9.10　氧化钠 sodium oxide

化学式为 Na$_2$O，相对分子质量 62，相对密度 2.27 的光学玻璃主原料。引入氧化钠的原料是碳酸钠、芒硝、氢氧化钠和硝酸钠等。氧化钠是玻璃网络外体氧化物，钠离子居于玻璃结构网络的空穴中。氧化钠能提供游离氧使玻璃结构中的 O/Si 比值增加，发生断键，可降低玻璃的黏度，使玻璃易于熔融，是良好的助熔剂。氧化钠能增加玻璃的热膨胀系数，降低玻璃的热稳定性、化学稳定性和机械强度，所以引入量不能过多，一般不超过 18%。

14.9.11　氧化钾 potassium oxide

化学式为 K_2O，相对分子质量 94.2，相对密度 2.32 的光学玻璃主原料。引入氧化钾的原料是钾碱 (碳酸钾)、硝酸钾等。氧化钾是玻璃网络外体氧化物，在玻璃中的作用与氧化钠类似。钾离子的半径比钠离子的大，钾玻璃的黏度比钠玻璃的大，能降低玻璃的析晶倾向，增加玻璃的透明度和光泽度，是引入光学玻璃的重要原料。含钾的玻璃具有较低的表面张力，硬化速度较慢，操作范围较宽。

14.9.12　氧化锂 lithium oxide

化学式为 Li_2O，相对分子质量 29.9，相对密度 2.0 的光学玻璃主原料。引入氧化锂的原料是碳酸锂、天然的含锂矿物等。氧化锂是玻璃网络外体氧化物，作用比氧化钠和氧化钾的特殊，当 O/Si 比值较小时，主要为断键作用，助熔作用强烈，为强助熔剂，当 O/Si 比值较大时，主要为积聚作用。锂离子的半径比钠、钾离子的半径小。以氧化锂代替氧化钠或氧化钾将使玻璃的热膨胀系数降低，结晶倾向变小，而过量加入氧化锂又将使结晶倾向增加。少量加入氧化锂可降低玻璃的熔制温度，提高玻璃的产量和质量。

14.9.13　碱土金属氧化物及二价金属氧化物原料 alkaline earth metal oxide and divalent metal oxide raw material

熔炼以碱土金属氧化物及其他二价金属氧化物为主体的玻璃所需要的主要原料，包括引入氧化钙的原料、引入氧化镁的原料、引入氧化钡的原料、引入氧化锌的原料、引入氧化铅的原料、引入氧化铍的原料、引入氧化锶的原料和引入氧化镉的原料等。

14.9.14　氧化钙 calcium oxide

化学式为 CaO，相对分子质量 56.8，相对密度 3.2~3.4 的光学玻璃主原料。引入氧化钙的原料是方解石、石灰石、白垩、沉淀碳酸钙等。氧化钙是二价的玻璃网络外体氧化物，在玻璃中起稳定剂的作用，即增加玻璃的化学稳定性和机械强度，但含量较高时，能使玻璃的结晶倾向增大，易使玻璃发脆，一般含量不超过 12.5%；高温时能降低玻璃的黏度，促进玻璃的熔化和澄清。

14.9.15　氧化镁 magnesium oxide

化学式为 MgO，相对分子质量 40.32，相对密度 3.58 的光学玻璃主原料。引入氧化镁的原料是白云石、菱镁矿等。氧化镁是二价玻璃网络外体氧化物。玻璃中以 3.5% 以下的氧化镁代替部分氧化钙，可使玻璃的硬化速度变慢，改善玻璃的成形性能。氧化镁还能降低结晶倾向和结晶速度，增加玻璃的高温黏度，提高玻璃的化学稳定性和机械强度。

14.9.16　氧化钡 barium oxide

化学式为 BaO，相对分子质量 153.4，相对密度 5.7 的光学玻璃主原料。引入氧化钡的原料是硫酸钡、硝酸钡和碳酸钡等。氧化钡是二价玻璃网络外体氧化物。氧化钡能增加玻璃的折射率、密度、光泽和化学稳定性，少量氧化钡能加速玻璃的熔化，含量过多将使澄清困难。氧化钡是光学玻璃熔炼的重要原料之一。

14.9.17　氧化锌 zinc oxide

〈光学材料〉化学式为 ZnO，相对分子质量 81.4，相对密度 5.6 的光学玻璃主原料。引入氧化锌的原料是锌氧粉和菱锌矿等。氧化锌是二价中间体氧化物，在一般情况下，以锌氧八面体 $[ZnO_6]$ 作为玻璃网络外体氧化物，当玻璃中的游离氧足够时，可以形成锌氧四面体 $[ZnO_4]$ 而进入玻璃的结构网络，使玻璃的结构更趋稳定。氧化锌能降低玻璃的热膨胀系数，提高玻璃的化学稳定性和热稳定性、折射率。在硒-镉着色的玻璃中，氧化锌能阻止硒的大量挥发，并有利于显色；在铅玻璃中，加入 2%~5% 的氧化锌，消除其主要缺陷——条纹的产生。

14.9.18　氧化铅 lead oxide

化学式为 PbO，相对分子质量 223.0，相对密度 9.3~9.5 的光学玻璃主原料。引入氧化铅的原料是铅丹和密陀僧等。氧化铅是二价中间体氧化物，在一般情况下为玻璃网络外体，当氧化铅含量高时，铅离子易极化变形，或降低其配位数而居于玻璃的结构网络中。氧化铅能增加玻璃的密度，提高玻璃的折射率，使玻璃具有特殊的光泽、良好的电性能。铅玻璃的高温黏度小，熔制温度低，易于澄清。铅玻璃的硬度小，便于研磨、抛光。

14.9.19　氧化铍 beryllium oxide

化学式为 BeO，相对分子质量 25.1，相对密度 3.02 的光学玻璃主原料。引入氧化铍的原料是氧化铍、碳酸铍、绿柱石和绿色结晶天然矿物等。氧化铍是二价中间体氧化物，在游离氧足够时，能以铍氧四面体 $[BeO_4]$ 参加玻璃结构网络。氧化铍能显著降低玻璃膨胀系数，提高玻璃的热稳定性和化学稳定性，增加 X 射线和紫外线的透过率，并能提高玻璃的折射率和硬度。氧化铍可用于照明玻璃、X射线窗、透紫外玻璃等的制造。

14.9.20　氧化锶 strontium oxide

化学式为 SrO，相对分子质量 103.63，相对密度 4.7 的光学玻璃主原料。引入氧化锶的原料是碳酸锶、天然菱锶矿和青天石等。氧化锶是二价网络外体氧化物。

氧化锶在玻璃中的作用介于氧化钙和氧化钡之间。氧化锶能吸收 X 射线，用于制造电视显像管的面板等。

14.9.21　氧化镉 cadmium oxide

化学式为 CdO，相对分子质量 128.41，相对密度 8.15 的光学玻璃主原料。引入氧化镉的原料是氧化镉、氢氧化镉和青天石等。氧化镉是二价中间体氧化物。氧化镉能增加玻璃中 La_2O_3、ThO_2 的含量，提高玻璃折射率，并使玻璃易熔，主要用于高折射率、低色散光学玻璃的生产。由于镉化物有毒性，要慎用。

14.9.22　四价金属氧化物原料 quadrivalent metal oxide raw material

熔炼以四价金属氧化物为主体的玻璃所需要的主要原料，包括引入氧化锗、氧化钛、氧化锆等原料。

14.9.23　二氧化锗 germanium dioxide

化学式为 GeO_2，相对分子质量 104.6，相对密度 6.24 的光学玻璃主原料。其外貌为白色粉末。二氧化锗为玻璃形成骨架，以锗氧四面体 $[GeO_4]$ 为结构组元。二氧化锗能提高玻璃的折射率、色散和密度，用于制造高折射率光学玻璃。锗酸盐玻璃比硅酸盐玻璃的熔融温度低，化学稳定性差。以二氧化锗代替二氧化硅可以提高玻璃的低温黏度，降低高温黏度。

14.9.24　二氧化钛 titanium dioxide

化学式为 TiO_2，相对分子质量 79.9，相对密度 3.8～4.3 的光学玻璃主原料。引入二氧化钛的原料是钛铁矿和金红石提取的二氧化钛等。二氧化钛是中间体氧化物，在硅酸盐玻璃中，一部分二氧化钛以钛氧四面体 $[TiO_4]$ 进入结构网络中，一部分以八面体处于结构网络外。二氧化钛能提高玻璃的折射率和化学稳定性，增加吸收 X 射线和紫外线的能力。二氧化钛用于制造高折射率的光学玻璃、吸收 X 射线和紫外线的防护玻璃和作为铝硅酸盐微晶玻璃的成核剂。

14.9.25　二氧化锆 zirconium dioxide

〈光学材料〉化学式为 ZrO_2，相对分子质量 123.22，相对密度 5.85 的光学玻璃主原料。引入二氧化锆的原料是斜锆石和锆英石等。二氧化锆是中间体氧化物。二氧化锆能提高玻璃的折射率、黏度、硬度、弹性和化学稳定性，降低玻璃的热膨胀系数。二氧化锆可用于制造良好化学稳定性和热稳定性的玻璃，特别是耐碱和高折射率的光学玻璃，也用作微晶玻璃的成核剂。

14.9.26　云母 mica；Maria glass

化学式为 $(K, Na, Ca)(Mg, Fe, Li, Al)_{2\sim3}(AlSi)_4O_{10}(OH, F)_2$，属含有结晶水的碱金属或碱土金属铝硅酸盐。云母为层状结晶，单斜晶系，本身具有六方对称，可取出 $a = 0.5nm$，$b = 0.9nm$ 的矩形单位，介电常数为 7 左右，体积电阻率 $10^{14}\Omega \cdot cm \sim 10^{16}\Omega \cdot cm$，莫氏硬度 $2 \sim 3.2$，底面解理完全。云母有天然云母和人工云母，常用天然云母有白云母和金云母，人工云母有多种方法合成的种类。

14.9.27　固化剂 curing agent

增进或调节固化反应使得材料变硬而不可逆的物质或混合物，也称为硬化剂。树脂固化是经过缩合、闭环、加成或催化等化学反应，使热固性树脂发生不可逆的变化的过程。固化剂是制作黏结剂、涂料、浇注料必不可少的添加物。

14.9.28　热固化黏合剂 thermo-setting adhesive

通过加热能实现固化的黏合剂。在光学领域里，环氧树脂是典型的热固性黏合剂，具有优异的热性能和力学性能，是 UV/热双重固化体系的优选树脂。

14.9.29　乳化剂 emulsifying agent

通过降低两相间的界面张力，促进和保证两种不完全混溶的液体或固体与液体分散的表面活性物质。乳化剂的作用原理是分散相以微滴（微米级）的形式分散在连续相中，并在微滴表面形成较坚固的薄膜或由于乳化剂给出的电荷而在微滴表面形成双电层，阻止微滴彼此聚集，从而保持均匀的乳状液。

14.9.30　乳液 emulsion

一种液体以细滴状分散在另一种液体中的非均相体系，也称为乳液聚合物或乳胶。工业乳液为乳化聚合物，是用不溶于水的溶液聚合物，通过加入表面活性剂制得，在高速搅拌下就产生了所需的聚合物乳液。它能用任何溶液聚合物(丙烯酸、醇酸、环氧、乙烯、硝酸纤维素酯)来制造。

14.9.31　添加剂 additive

加入聚合物中改进或改变一种或多种性能的物质。添加剂不是一种固定的化学物质，有起不同作用的各种添加剂，而且所用分量很小，是相对主体材料仅占少量组分的材料。

14.9.32　填料 filler

加入薄膜中改善其强度、耐久性、工作性能或其他性能,或降低薄膜成本的相对惰性的固体材料。

14.9.33　聚酯 polyester

分子链的重复结构单元是酯型的聚合物。聚酯属于高分子化合物，是由对苯二甲酸(PTA)和乙二醇(EG)经过缩聚产生聚对苯二甲酸乙二醇酯(PET)。聚酯树脂又包括聚对苯二甲酸乙二酯(PET)、聚对苯二甲酸丁二酯(PBT)和聚芳酯(PAR)等。

14.9.34   抗降解剂 antidegradant

用于抑制或延缓材料老化变质的添加剂。抗降解剂是防止材料由于受到氧化、臭氧、光照等作用发生降解的助剂,抗降解剂可作为抗氧化剂、抗臭氧剂和紫外/光稳定剂等产品的统称。

14.9.35   抗静电剂 antistatic agent(ASA)

少量加入材料中或其表面上,防止材料电荷积聚的物质。抗静电剂一般都具有表面活性剂的特征,结构上极性基团和非极性基团兼而有之,形成了纤维工业常用的胺的衍生物、季铵盐、硫酸酯、磷酸酯以及聚乙二醇的衍生物五种基本类型的 ASA。

14.9.36   抗氧剂 antioxidant

用于延缓因氧化而引起变质的物质。有机化合物的热氧化过程是一系列的自由基链式反应,在热、光或氧的作用下,有机分子的化学键发生断裂,生成活泼的自由基和氢过氧化物。氢过氧化物发生分解反应,也生成烃氧自由基和羟基自由基,这些自由基可以引发一系列的自由基链式反应,导致有机化合物的结构和性质发生根本变化。抗氧剂的作用是消除刚刚产生的自由基,或者促使氢过氧化物的分解,阻止链式反应的进行。

14.9.37   抗黏连剂 antiblocking agent

加入薄膜中或涂于薄膜上,防止薄膜在制造、储存或使用时黏连在一起的物质,也称为防黏连剂。其作用机理是,抗黏连剂和高分子原料不相容,且比高分子的熔点高,使熔融挤出时不会被熔化。抗黏连剂的粒径一般在 3μm~ 5μm,而薄膜的表层厚度约为 1μm,这样成膜后,这些防黏连剂在薄膜的表面形成许多的突起,使薄膜的表面变得粗糙,层与层之间能够存留一定量的空气,从而能防止层与层之间相互黏连。

14.9.38   硬化剂 hardening agent

通过参加反应,能促进或调节树脂或黏合剂固化反应的试剂,也称为固化剂或熟化剂或变定剂。树脂固化是经过缩合、闭环、加成或催化等化学反应,使热固性树脂发生不可逆的变化的过程。固化剂的品种对被固化物的力学、耐热、耐水、耐腐蚀等性能都会有不小影响。

14.9.39   增稠剂 thickener

增加液态聚合物体系黏度的物质。由两种以上的单体单元按有序分布的高分子所组成的共聚物,也称为周期共聚物 (periodic copolymer)。

14.10 感 光 材 料

14.10.1 感光材料 photosensitive material

光照射后其化学成分发生变化，经过相应的化学或物理处理，能对影像进行记录的材料，也称为光敏材料。感光材料包括胶卷、胶片、相纸等为化学感光材料，可分为卤化银体系和非卤化银体系两大类。

14.10.2 卤化银感光材料 silver halide photosensitive material

用卤化银作为感光物质的感光材料。卤化银感光材料的应用是将卤化银与明胶制成乳剂，涂敷在支持体上，做成胶卷、胶片、相纸等感光器材，用于场景摄影和照片晒印等。卤化银感光材料的重要性能指标为感光速度、光谱灵敏度、分辨率、反差等。

14.10.3 保护膜层 protective film layer

〈感光材料〉对感光乳剂进行保护和最贴近乳剂的最外层非感光性的一层或多层薄膜。保护膜层需具有的性能包括：对需要的光谱有良好的透过性，对不需要的光谱能阻抗其透过；有很好的透水性，以便冲洗加工液的良好渗透；有一定的机械强度，以免使用过程的机械性划伤和擦伤；有良好的抗静电能力，避免静电对胶片曝光。

14.10.4 乳剂层 emulsion layer

由卤化银微晶、明胶和其他化学添加剂组成的接收光线发生化学反应的感光层。乳剂层是感光材料的核心层，感光材料的许多重要性能就是由这一层决定的。乳剂层中的感光物质是卤化银，通过明胶将卤化银微晶均匀分散开。乳剂层的厚度在几微米到几十微米，可以是单层或多个性能组合的多层。

14.10.5 底层 bottom layer

乳剂层与支持体之间的黏结层。乳剂层与支持体之间的亲和性不好，两者不能直接很好地黏接在一起，因此需要一个黏结层将两者黏接在一起，底层正起到黏结层的作用。

14.10.6 支持体 support layer

对乳剂层起涂敷承载、防止结构性变形和机械强度支撑作用的基底骨架层，也称为支持层。用途不同，支持体的材料不同，胶片一般采用三醋酸纤维素薄膜或聚对苯二甲酸乙二醇酯薄膜，相纸采用纸基，照相干板采用玻璃板，印刷用的是PS版，计算机直接制版采用的是铝板。玻璃板和铝板支持体是用于大面积曝光的情况。

14.10.7　背面层 back layer

起抗黏连与抗静电作用附在支持体上与保护层相对的最外层。背面层的另外作用是要充当吸收透明支持体透过的杂散光，以免杂散光反射到乳剂上带来干扰，影响图像清晰度，而且还要防止胶片两面张力不同引起的过度卷曲。

14.10.8　卤化银颗粒 silver halide grain

卤化银感光材料中光辐射的独立感光接收单元。卤化银颗粒是感光材料性能的决定因素，它的尺寸决定着感光材料的感光度和分辨率，卤化银颗粒尺寸大的感光度高，但分辨率下降，这是一对矛盾性的性能，需要综合权衡。不同使用目的的感光材料的卤化银颗粒尺寸不同，其直径一般从不到 $0.1\mu m$ 到几微米。在感光材料上，每平方厘米大约含 $10^6 \sim 10^8$ 个卤化银颗粒。

14.10.9　彩色感光材料 color photosensitive material

用感红色层、感绿色层、感蓝色层乳剂共同构成感光层的感光材料。彩色感光材料有负片体系和反转体系，负片体系得到的是彩色负像，反转体系得到的是彩色正像。

14.10.10　彩色负片 color negative film

经摄影、显影和定影后得到与摄影景物彩色成补色图像的胶片。彩色负片是底片得到景物补色的负像，经过相纸转印得到原始景物的正像。

14.10.11　彩色反转片 color reversal film

经摄影、显影和定影后得到与摄影景物彩色相同色图像的胶片，也称反转型彩色片或幻灯用彩色片。彩色反转片是一种正片，可以直接使用 (如幻灯片)，其扩印采用正-正方式 (CB 照片)，或翻成中间底片以负-正方式扩印。反转片主要有两个用途，一是作幻灯片放映用，二是用于印刷制版，更多的情况是用于印刷制版。

14.10.12　非银盐感光材料 nonsilver photosensitive material

不采用卤化银作为感光物质的感光材料。非银盐感光材料按感光结果可分为影像型和浮雕型；按感光物质可分为物理感光、无机感光、有机感光和高分子感光等材料；按成像机理可分为无机盐体系、光分解体系、光敏变色体系、干银成像体系、自由基体系、光交联体系、光降解体系、光聚合体系等。

14.10.13　无机感光材料 inorganic photosensitive material

采用无机物质实施感光记录的感光材料。无机感光材料主要有银盐乳剂、金属重氮法、重铬酸盐、碘化铅、光色玻璃、电照相等材料或其方法使用的材料。

14.10.14 有机感光材料 organic photosensitive material

采用有机物质实施感光记录的感光材料。有机感光材料主要有重氮胶片、微泡照相、有机光色膜、感性光树脂、自由基照相、光致抗蚀胶、重铬酸盐明胶、光致聚合物等材料或其方法使用的材料。

14.10.15 物理感光 physical photosensing

应用电子器件或静电感应材料对光照射进行响应的图像记录方法。物理感光有 CCD、CMOS、静电成像等方法。

14.10.16 静电成像 static electricity imaging

对具有光导性质的图像载体进行充电使其表面充满静电，经过光照后使被照部分静电 (负电) 消失，留下光照的正电图像 (或潜影) 的方法。静电成像是一种光-电物理过程，典型的应用是复印机、打印机。

14.10.17 感光性高分子 photosensitive polymer

在一定的光照射下能发生化学反应物理变化的一种非银盐的高分子物质，也称为感光性高聚物、光反应性高聚物、感光性树脂。感光性高分子的范围包括产生光聚合、光交联、光分解、光改性作用的高分子树脂和光反应预聚体。用紫外光照射光交联型高分子材料，发生交联反应，生成不溶于有机溶剂的交联产物，当用适当溶剂 (显影液) 冲洗时，未感光部分被冲洗下来，感光部分因不溶解被保留下来，得到与底片相反的图像 (负图像)。这类光刻涂层材料称负性光刻胶。

14.10.18 重氮成像 diazonium imaging

在一定的光照射重氮盐时，使其发生分解放出氮气变成烯酮，水解后可生成羧基，从而使高分子溶于稀碱中，未曝光部分的重氮盐保留下来，在碱性条件下与偶合剂发生偶合反应生成有色的偶氮染料从而得到影像的方法。重氮成像属于光分解型高分子成像，所成的像为正像。感光性高分子的正负性光刻胶可以用于制造集成电路、照相底片、印刷、复印、缩微照相、激光光盘等很多方面。

14.10.19 光敏热显影成像 photosensitive thermal development imaging

感光材料包括有机酸银、卤化银、显影剂、稳定剂等，曝光后通过加热显现出影像的成像方法。光敏热显影成像的好处是可不需要通过显影、定影、水洗等湿加工过程，就能简单、迅速、不污染环境地得到影像，因此称为干银像。

14.10.20 光致抗蚀剂 photoresist

经过紫外线、激光、电子束、离子束、X 射线等照射，使其溶解度发生变化的抗蚀剂，也称为光刻胶。光刻胶一般由感光性高分子、溶剂、增感剂、增塑剂、稳定剂等组成。光刻胶有负性胶和正性胶，负性胶的刻蚀结果与掩模的图形相反 (曝光区被保留下来)，正性胶的刻蚀结果与掩模的图形相同 (曝光区被刻蚀掉)。

14.10.21　光致聚合 photopolymerization

利用某些烯类单体及其衍生物在光作用下发生聚合反应，生成长链高分子聚合物的过程或现象。光致聚合后，可使本身的溶解性、黏度、黏附性等物理化学性质改变，由此可用来作成像的感光材料。光致聚合的成像原理是曝光区的折射率增大和溶解度降低，未曝光区在显影时溶解速度大大高于曝光区，在感光材料上形成了浮雕调制或折射率调制的负性图像。光致聚合感光材料在全息存储、全息显示、全息干涉计量等方面有很好的应用。

14.10.22　光致交联 photocrosslinking

在光的作用下，感光性高分子发生分子链之间或高分子-单体混合物之间的关联反应而使分子量增大的过程或现象。光致交联的成像原理是曝光区的折射率增大和溶解度降低，未曝光区在显影时溶解速度大大高于曝光区，在感光材料上形成了浮雕调制或折射率调制的负性图像。重铬酸盐明胶 (DCG) 和重铬酸盐聚乙烯醇 (DC-PVA) 是典型的光致交联感光高分子材料，应用于印刷制版、全息照相等方面。

14.10.23　化学放大胶 chemical magnifying adhesive

一种为了提高光刻胶的量子效率，基于化学放大原理的光刻胶。其主要成分是聚合物树脂、光致酸产生剂以及相应的添加剂和溶剂。

14.10.24　敏化剂 sensitizing agent

把某种元素掺入基质中，增强激活离子吸收的元素。敏化过程中，增强激活离子吸收的作用叫敏化，掺入的元素叫敏化剂。

第15章　光学工艺术语及概念

本章的光学工艺术语及概念主要包括玻璃熔炼、晶体生长、零件成形加工、零件表面加工、零件定心磨边、精密光学零件加工、晶体零件加工、塑料零件加工、特殊表面加工、胶合、镀膜、光刻与刻划、装配及校正、激光加工、加工缺陷、工艺材料、工装工具共十七个方面的术语及概念。本章中，尽管在各章节标题中没有写"光学"或"工艺"等定语，但这些术语都有与其相关的属性，例如，"塑料零件加工"指的是"光学塑料零件加工工艺"，不是指各种塑料零件，因此，为了避免章节标题名称过长，采取了省略形式。对于本章中适用于多个章节的术语及概念，原则上将其放在适用范围章节的最前面章节中，而在下面的章节中就不再重复，例如，"上模"、"下模"放在"15.3　零件成形加工"一节中，尽管"15.4　零件表面加工"一节也需要这些术语及概念，但按照不重复的原则，在"15.4　零件表面加工"一节中就不再重复这些术语及概念。

15.1　玻　璃　熔　炼

15.1.1　光学工艺 optical producing technology; optical technology

将光学材料加工成光学零件、部件、整机产品的各种过程。光学工艺包括光学材料制造(玻璃熔炼、晶体生长、陶瓷熔炼等)、光学材料的冷加工(下料、粗磨、精磨、抛光、定心、磨边等)、光学材料的热加工(模压、浇铸等热熔模具成型)、镀膜、光刻、胶合、装配等。

15.1.2　玻璃形成区域图 region diagram of glass formation

通过试验确定的玻璃形成的组成范围几何坐标图形，可简称为玻璃三角图。玻璃形成区域图通常绘制成正三角形图，用三元组成图表示三元系统玻璃，或用三元组成表示四元系统玻璃，将不在图中的成分先给出一个组成的百分比，或者说是给出了玻璃形成的某成分固定百分比的其他三种成分比例关系的玻璃形成区域图，见图 15-1 所示。

图中的正三角形的三个边分别标出三个成分的比例，都以逆时针方向表示比例的增长，图中用粗线画出的不规则空白区为形成玻璃的范围区，三角形内所附的 n_D-ν_D 图中的各点组成都属于形成玻璃的范围之内。三角形范围内某一点表示一个组成，从该点引一条与欲知成分的零点的邻边平行的直线，直线所交该成分坐标数及另一坐标数就得到了两个成分的组成比例。对于四元系统玻璃，当改变图外成分的固定百分比时，又可另画一张图。

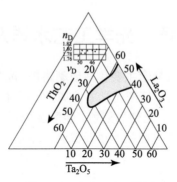

图 15-1　玻璃形成区域图

15.1.3　玻璃熔制 glass smelting

将玻璃配合料按硅酸盐 (或复合盐等) 形成、玻璃形成、澄清、均化和冷却五个工艺阶段制造出玻璃的工艺过程。玻璃熔制是将配合料经过高温加热形成均匀的、无气泡的、符合成型要求的玻璃液的过程，包括一系列物理的、化学的、物理化学的现象和反应，使各种原料的机械混合物变成了复杂的玻璃熔融液。

15.1.4　硅酸盐形成 silicate forming

配合粉料的各组分在高温 (800℃~900℃) 中发生一系列的物理和化学变化，完成主要固相反应，大量气体物质逸出，配合料变为由硅酸盐和二氧化硅组成的不透明烧结物的工艺过程。

15.1.5　玻璃形成 glass forming

硅酸盐形成后的继续加热 (1200℃~1250℃) 使烧结物开始熔融，硅酸盐与剩余的二氧化硅相互熔化，烧结物变为透明体的工艺过程。玻璃形成阶段已没有未起反应的配合料，但在玻璃中还存在着大量的气泡和条纹，且化学组成和性质尚未均匀一致。

15.1.6　澄清 clarification

在继续升高的温度 (1400℃~1500℃) 下，黏度逐渐下降，玻璃中的可见气泡慢慢跑出玻璃进入炉气的工艺过程。澄清时玻璃的黏度维护在 $\eta = 10\mathrm{Pa \cdot s}$ 左右。

15.1.7　均化 homogenization

长时间处于高温下的玻璃液热运动及相互扩散，条纹逐渐消失，玻璃液各处的化学组成与折射率逐渐趋向一致的工艺过程。均化可在低于澄清的温度下完成。

15.1.8 冷却 cooling

经过硅酸盐形成、玻璃形成、澄清、均化四个阶段使玻璃达到质量要求后，将玻璃液的温度冷却到200℃~300℃，使其黏度达到成形所需的数值的工艺过程。玻璃成形的黏度数值一般为 $\eta = 10^2 \text{Pa·s} \sim 10^3 \text{Pa·s}$。

15.1.9 玻璃成型 glass molding

将熔融的玻璃液转变为具有固定几何形状制品的过程。玻璃成型是玻璃液由黏性液态转变为可塑态，最后转变为脆性固态的过程。无色光学玻璃目前常用的成型方式有浇注成型、漏注成型两种。成型过程中，玻璃除了有机械作用外，还与周围介质进行连续热传导，由冷却到硬化的温度作用。

15.1.10 玻璃分相 phase separation of glass

二元系统或多元系统玻璃在一定温度和组成范围内，由于内部质点迁移，某些组分分别浓集(偏聚)，从而形成化学组成不同的两个相的全过程。分相区域一般为几纳米至几百纳米的亚微观结构范围。玻璃分相也是引起光学玻璃失透的重要原因。

15.1.11 玻璃析晶 crystallization of glass

在各向同性的熔体或玻璃态物质中析出晶态物质的现象。玻璃析晶有自发析晶和诱导析晶两种。自发析晶是不用成核剂而从熔体或玻璃态物质中形成临界晶核并继续生长的析晶过程。在光学玻璃生产中，自发析晶是严重缺陷之一。诱导析晶是利用非均匀成核原理在玻璃配合料中加入易析晶物促使析晶的方法。

15.1.12 坩埚 crucible

具有良好的抗浸蚀能力、高温结构强度、热稳定性和机械强度的熔制光学材料用的容器。用坩埚兼作发热体时，还需考虑坩埚的电导率。常用的熔制光学玻璃的坩埚有黏土坩埚、刚玉坩埚、石英坩埚、铂坩埚、二氧化锡坩埚和石墨坩埚等。坩埚经典的形状为截圆锥形。

15.1.13 坩埚熔炼法 pot melting method

用坩埚作为容器，对坩埚中的玻璃熔制配合料粉进行规定的加热，经历硅酸盐形成、玻璃形成、澄清、均化、冷却等工艺过程形成期望的玻璃的方法。熔炉根据燃料不同，大体可分成煤气加热炉、柴油加热炉、电热熔炉三种。电热熔炉又可分为电阻加热炉、中频加热炉和高频加热炉。

15.1.14 双坩埚法 double-pot process

将用化学方法精制的原料按给定比例混合起来，再将纤维芯用的玻璃料和纤维包层用的玻璃料分别放入内坩埚和外坩埚中，然后熔融炼制的方法。双坩埚法是炼制光导纤维的玻璃的方法，其内坩埚层和外坩埚层是同心的，两个坩埚的上下底是相通的截锥形坩埚，能保证拉制出具有纤维芯和包层为同心圆的光导纤维。拉制是在坩埚外部用高频感应加热到 900℃~1300℃ 下进行，坩埚一般用铂制成。

15.1.15 搅拌器 stirrer

按不同场合分别采用黏土耐火材料、刚玉、石英玻璃或铂制成的，在熔制光学玻璃时用来搅拌玻璃液，使之充分均匀的装置。搅拌器有指形搅拌器 (直棒式)、浆式搅拌器、框式搅拌器和螺旋搅拌器等。

15.1.16 破坩埚法 chunk glass method

使用黏土坩埚熔炼玻璃时，将炼好的整坩埚玻璃连同坩埚移至隔热罩内徐冷后，经破坩埚、粗选、槽沉、检验、切割、精密退火及精选得到光学玻璃毛坯的制造方法，又称为古典法。

15.1.17 浇注法 casting method

将玻璃液浇注到一定形状的模子中制造光学玻璃坯料的方法。浇注法分为高黏度浇注和低黏度浇注：高黏度浇注以坩埚中部为回转中心将玻璃倾入模中；低黏度浇注以坩埚口为回转中心，浇注黏度可略小，回转速度也可放慢，回转角度约 90°，使坩埚内大部分玻璃平稳流入模内。

15.1.18 连续熔炼法 continuous melting method

光学玻璃配合原料经过连续熔炉的熔化、澄清、均化和漏料等几个区段的连续熔炼的工艺方法。连续熔炼法各区段的加热方式可按需要分别采用煤气火焰加热，硅碳棒、硅钼棒辐射加热，高频加热，以及钼电极、特种铂合金电极直接通电加热等。

15.1.19 高频熔炼法 high frequency melting method

用高频电流加热熔炼玻璃的方法。分为磁场熔炼法和电场熔炼法两类。高频熔炼法具有升降温迅速、可制成优质玻璃和污染少等优点。其适用于熔制某些易析晶、对坩埚侵蚀大的特种玻璃，如稀土光学玻璃。

15.1.20 磁场熔炼法 magnetic melting method

使用高频磁场作用金属坩埚 (通常为铂坩埚) 并进行加热，玻璃达到熔融态时电阻率骤减，在高频磁场中磁力线切割玻璃熔体，使其内部产生感应电动势，从而产生涡流或磁滞损耗使玻璃发热、熔化、澄清，而进行玻璃熔炼的方法。磁场熔炼法的电流频率一般为几十千赫到几百千赫。

15.1.21 电场熔炼法 electrical melting method

坩埚放置于电极中 (多使用陶瓷坩埚)，坩埚内玻璃因介质损耗及电导损耗而发热，以此实现对玻璃加热而进行玻璃熔炼的方法。电场熔炼法的电流频率一般为 20MHz 左右。

15.1.22 熔融行为 melting behaviour

物料在加热作用下伴随的软化现象 (包括收缩、滴落和熔融物的燃烧等)。熔融是物质的一种不同于固态和气态的状态，是物质温度升高到熔点以上时出现的状态，该状态下物质的分子或离子间的作用力开始减弱，分子或离子开始以更自由的方式运动。

15.1.23 漏料成型法 leakage forming process

将熔炼好的玻璃液从坩埚或连续熔炼池炉中通过漏料管流出，然后用成型模制成一定规格和形状的坯料的方法。漏料成型法分为漏料拉棒、滴料压型、漏料成型三类。

15.1.24 滚压法 rolling process

用滚筒把浇出的玻璃液压成一定厚度玻璃板的方法。滚压法是当玻璃黏度约在 $10^3P \sim 10^5P$ (1P=0.1Pa·s) 时，将坩埚移出炉外，刮去表面条纹层，然后浇入滚压台，用滚筒将其压成薄板，送入退火炉退火，是光学玻璃坩埚熔炼的成型工艺之一。

15.1.25 热成型 thermal forming

具有一定重量的玻璃毛坯经热加工，用成型模具制得所需形状的玻璃坯料的过程。热成型的方法主要有槽沉法、压型法、黏烤法等。

15.1.26 精密退火 precision annealing

为消除玻璃的光学不均匀性和应力，达到要求的光学性能，将玻璃加热到退火的保温温度并保温到内部结构均匀后，再进行等速降温的严格控制工艺过程。精密退火是光学玻璃生产的主要工艺过程之一。

15.1.27 铂闪烁点 platinum sparkler

玻璃受铂夹杂物污染而产生的内部微点较强的定向散射发光点。高温下铂蒸气氧化后由气相转移进入玻璃并析出铂颗粒或含铂晶体，这些铂颗粒常呈针状晶体，双折射较强，具有较高反射率和金属光泽，不透明，对光散射有明显的方向性，观察时稍转动就出现闪烁现象。

15.1.28　烧结 sintering

在高温作用下玻璃或陶瓷坯体自发填充颗粒间空隙而致密化的过程。随着升温时间的延长，坯体中具有较大表面积、较高表面能的粉粒向表面能减少的方向变化，颗粒间相互结合，不断进行物质迁移、晶界移动、晶粒长大，排除气孔而产生收缩，使原来比较疏松的坯体变成具有一定强度的致密瓷体。烧结按烧结状态分为固相烧结和液相烧结。

15.1.29　X 元系统玻璃 X element system glass

由网络形成体化合物 (基础材料) 和起改性作用的网络中间体、网络外体化合物等组成的，能够反映玻璃主要组成成分种类数量的玻璃的称谓，简称为多元系统 (multi-element system)。"X 元系统玻璃"中的"X"取中文数字一、二、三、四、… 之一，例如，一元系统玻璃、二元系统玻璃、三元系统玻璃、四元系统玻璃等。中文数字代表组成玻璃的形成体材料 (基础材料) 和改性材料的主要化学成分的种类数量。玻璃的形成体材料通常有 SiO_2、P_2O_5、B_2O_3、Al_2O_3、S、Se 等。改性材料通常有碱金属、碱土金属、稀土金属、钛族元素、钒族元素、锌族元素、硼族元素、碳族元素、磷属元素、硫属元素、卤族元素等，用于改变玻璃的折射率、色散系数、透过波段、密度、硬度、稳定性、颜色等性能。一元系统玻璃主要有石英玻璃 (SiO_2)、硼玻璃 (B_2O_3) 等；二元系统玻璃主要有重火石玻璃 [$PbO(TiO_2)$-SiO_2]、镧系玻璃 (B_2O_3-La_2O_3) 等；三元系统玻璃主要有火石玻璃 (R_2O-PbO-SiO_2)、轻冕玻璃 (R_2O-B_2O_3-SiO_2)、重冕玻璃 (BaO-B_2O_3-SiO_2)、重镧火石玻璃 [B_2O_3-La_2O_3-$Nb_2O_5(TiO_2)$] 等；四元系统玻璃主要有冕玻璃 (R_2O-RO-B_2O_3-SiO_2)、钡冕玻璃 (R_2O-BaO-B_2O_3-SiO_2)、冕火石玻璃 (R_2O-PbO-B_2O_3-SiO_2)、镧冕玻璃 (RO-La_2O_3-B_2O_3-SiO_2) 等。

15.1.30　玻璃化转变 glass transition

无定形聚合物或部分结晶聚合物的无定形区，从黏性态或橡胶态转向硬而脆的状态，或从硬而较脆状态转向黏性态或橡胶态的可逆变化。

15.1.31　掺质浓度 dopant concentration

材料中掺质元素的含量，常以原子百分比或重量百分比表示，也称为掺杂浓度。基质材料的掺质浓度是掺质材料性能定量复现的定量依据。

15.2　晶　体　生　长

15.2.1　晶体生长 crystal growth

晶体原料在一定的条件上，通过形成晶核，围绕晶核实现材料相变的动态成长过程。晶体生长过程是在一定热力学条件下的相变过程，驱动力来源于热力学的不平衡，如温度、过饱和度等。晶体生长过程是生长基元，再从晶体周围环境相中不断通过固-液界面进入晶格座位的过程。

15.2.2　相 phase

晶体体系内具有同样化学成分、结构和性能的物质表现形态。相可以是固体相、液体相和气体相，简称为固相、液相、气相。

15.2.3　相面 phase surface

晶体的气相与液相或液相与固相之间的分界面。相面是由晶体的化学成分、结构、物理性能的相关参数决定的，例如晶体的物理性能温度可决定晶体的固相、液相、气相。

15.2.4　相变 phase transformation

晶体的结构、化学成分和物理性能之一发生了变化，所表现出的晶体从一个相状态变化到另一个相状态的现象。晶体的相变状态有气相到液相或液相到气相以及固相到液相或液相到固相。

15.2.5　复相 multiphase

两个相或三个相共存的状态，即同时存在气相与液相或液相与固相的状态。有些光学材料的制造和加工就是在复相状态下进行的，例如晶体的生长中同时存在液相和固相等。

15.2.6　相图 phase diagram

以温度参数坐标和某组元百分比参数坐标的二维图表示多元物质相态变化的曲线图。相图曲线中的分隔线称为"两相平衡线"，所划出的范围表示单相区 (双变量系统)，两个变量可以同时在一定范围内改变而无新相出现，还标出三相点、临界点等信息。常见的二组分系统相图有压力-组成图、温度-组成图、蒸汽压-液相组成图、溶解度图 (温度-组成)、低共熔混合物相图等。

15.2.7　相变驱动力 phase transformation driving power

晶体从气相、溶液相、溶体相物质生长成为晶体的推动因素。相变驱动力包括气相的蒸气过饱和度、液相的溶液过饱和度、溶体相的溶体过冷度。

15.2.8　晶核 crystal core

晶体生长所基于或依托的最小结晶实体。晶核是晶体生长的中心，可分为均相成核和异相成核两类。均相成核是由聚合物因热涨落形成的结晶中心；异相成核是由于某种高熔点异相体的存在使客体的表面形成结晶中心。聚合物结晶的晶核尺寸在高分子链方向为 7.5nm~30nm，在侧向为 0.4nm~2nm。

15.2.9　成核 forming core

在相变过程或晶体生长过程中，新相核或最小结晶实体发生或成长的过程。晶体成核时，晶核在母相中开始形成，在新相和母相之间有比较清晰的相界面。

15.2.10　均匀成核 homogeneous forming core

晶体组元物质相变过程中，形成所占有的空间各点出现新相的概率都是相同晶核的过程。均匀成核是很难发生的，实际中的成核过程多为非均匀成核。

15.2.11　非均匀成核 inhomogeneous forming core

晶体组元物质相变过程中，除了新相晶核形成外，还有一些晶核是由外来质点、容器壁以及原有晶体表面形成的，由此形成晶核的过程。

15.2.12　色心转型 color center conversing

通过物理量的作用改变色心类型的工艺过程。色心转型的工艺，通常是通过电子束辐照和激光辐照，使晶体原来的色心转型为新的色心。

15.2.13　掺质 dopant

掺入基质材料中的元素。在晶体基质材料中掺入一些化学元素，可改变晶体生长形态和晶体的性能，以生长出期望的晶体材料。

15.2.14　晶体生长输运过程 crystal growth transfer process

晶体生长的热量、质量和动量等的输运过程。晶体生长输运过程对晶体生长速率起到限制作用，并影响生长界面的稳定性。

15.2.15　热量输运 heat transport

晶体生长中热量由高温区传递至低温区，或热量沿着温度梯度相反的方向传递、控制热量传递的过程。热量输运起到晶体生长速率的限制作用，因此，晶体生长中提供一个适合稳定的温度场是从熔体中生长高质量晶体的一个关键因素。

15.2.16　质量输运 mass transport

晶体从溶液中生长时，溶液分子之间存在的浓度差，溶液分子在无序运动中较多地由较浓部分进入较稀部分，以形成溶液浓度逐渐趋于均匀的过程。

15.2.17 动量输运 momentum transport

生长晶体时，晶体驱动或包围晶体的流体旋转导致的内部摩擦作用的过程。动量输运可作为晶体生长理论研究和分析的一个因素和一个参数。

15.2.18 对流扩散 convective diffusion

液体中存在浓度差时发生的分子扩散和溶解于液体中的物体质点在液体宏观运动过程中被液体带动一起输运两种过程的总和。

15.2.19 对流传热 convective heat transfer

晶体生长中的热量的输运在许多方向与对流扩散相类似的方式进行的传输。对于对流传热，热量和扩散物质一样，可以看作是供对流和分子扩散的某些实体。

15.2.20 晶体生长理论模型 theoretical model of crystal growth

为解决晶体生长机制问题，从原子尺寸出发，提出的晶体生长界面结构的理论模型。晶体生长的理论模型主要有光滑界面模型、螺旋位错模型、粗糙界面模型、扩散界面模型、蛋白质晶体生长模型等。

15.2.21 光滑界面模型 smooth interfacial model

原子从稀薄环境向扭折处 (三面角位置，kink) 作三维扩散，吸附原子从生长晶面向扭折处作二维扩散，扭折的延伸，台阶的扩展，未铺满原子层的扩展和光滑面上二维成核等描述晶体生长过程的理论，也称为光滑界面理论。光滑界面理论也称为考塞尔界面理论，由考塞尔 1927 年提出，后经 Stransdi 和 Kaischew 等加以发展。

15.2.22 螺旋位错模型 spiral dislocation model

晶体生长过程中不再需要形成二维临界晶核，而在螺旋位错露头点处提供一个永不消失的台阶源，晶体将围绕螺旋位错露头点旋转生长，螺旋式的台阶源将不随原子或分子面网一层又一层铺设而消失，而是螺旋式的连续生长等的描述晶体生长过程的理论。螺旋位错理论模型是由弗兰克 (Frank)1949 年提出。

15.2.23 粗糙界面模型 rough interfacial model

只考虑晶体表面层与界面两层间的相互作用，液体原子与液体原子以及晶相原子与液体相原子均无相互作用，表面键能只考虑吸附原子之间最近邻的相互作用，单原子层内所包含的全部晶相与液体相原子都位于晶格座位上等的描述晶体生长过程的理论，又称为双层界面模型。粗糙界面模型理论是由杰克逊 (Jackson)1958 年提出。一般，相变熵值小于 2 的结晶物质的生长界面是粗糙的，而相变熵值大于 4 的结晶物质的生长界面是光滑的，而相变熵值在 2~4 的结晶物质是光滑的或粗糙的。

15.2.24　扩散界面模型 diffusion interfacial model

晶体属于正方晶系，晶和流的界面由无数层组成，每个生长基元看作正方块，界面晶格座位由晶相原子和液体相原子所占据，在整个生长过程中，晶相块仅能在晶相块上堆积，界面形状仅由晶相块形状决定等的描述晶体生长过程的理论，又称为多层界面模型。扩散界面理论模型由特姆金 (Temkin)1966 年提出。

15.2.25　蛋白质晶体模型 protein crystal model

以四方晶系的溶菌酶晶体为具体对象，以电子计算机为运算工具，模拟蛋白质晶体生长机理过程的理论。

15.2.26　单晶体生长 single crystal growth

只生长出一种晶体物质的晶体生长方法。单晶体生长的方法有从溶体中生长、从溶液中生长、从高温溶液中生长等方法。

15.2.27　熔体中生长 growth in melt

熔体 (熔化的物质或物体) 中引入籽晶，控制熔体中无晶核发生，然后在籽晶与熔体相界面处的熔体必须处于过冷状态，而熔体的其他部位则处于过热状态，在相界面处进行相变使籽晶逐渐长大的方法。溶体中生长晶体的速率一般快于溶液中生长晶体。熔体中生长晶体的方法主要有提拉法、垂直梯度法、泡生法、坩埚下降法、浮区熔化法、焰熔法等。

15.2.28　籽晶 seed crystal

具有与所需晶体相同晶向的种子小晶体，也称为晶种。用不同晶向的籽晶为种子可生长不同晶向的晶体。籽晶按方法可分为直拉单晶籽晶、区熔籽晶等；按产品可分为蓝宝石籽晶、SiC 籽晶等。

15.2.29　提拉法生长 Czochralski crystal growth

晶体同成分熔化而不分解，结晶物质不得与周围环境起反应，籽晶预热，将旋转着的籽晶引入熔体微熔，再缓慢地提拉，降低坩埚温度不断提拉，使籽晶直径变大，当晶体已经生长达到所需的长度后，升高坩埚温度，使晶体直径减小，直到晶体与液体拉脱为止，或将晶体提出脱离熔体界面，然后使晶体退火的晶体生长过程或方法，也称为直拉法生长或丘克拉斯基 (Czochralski) 法。提拉法是最广泛应用的方法，大多数激光晶体、半导体晶体都是用提拉法生长的。

15.2.30　泡生法生长 bubble growth

将籽晶浸入坩埚内的熔体中，当籽晶微熔后，然后降低炉温，或冷却籽晶杆使籽晶附近熔体过冷，晶体开始生长，熔体保持一定温度，晶体继续生长，并达到一定大小后，熔体已将耗尽，将晶体提出液面，然后再缓慢降温，使晶体退火的晶体生长过程或方法，也称为凯罗普洛斯 (Kyropoulos) 法。常用该方法生长碱卤化合物光学晶体、光折射晶体、铌酸钾晶体等。

15.2.31　坩埚下降法生长 growth by crucible descent method

采用与生长晶体、生长气氛和温度相适应的具有一定几何形状的坩埚容器，加热器能够满足所严格要求的温度梯度，有符合要求的测温和控温以及坩埚下降设备，将熔体事先进行过热处理，将温度降低到稍高于晶体熔化温度，使下降坩埚的尖端进入低温区，晶体生长开始，经过坩埚尖端的多晶体生长淘汰，使在坩埚尖端部分变为单晶体，然后维持单晶体的正常生长，熔体逐渐减少，直到熔体耗尽，晶体生长结束的晶体生长过程或方法，也称为布里奇曼-斯托克巴杰 (Bridgman-Stockbarger) 法。该方法生长晶体的操作简便，生长的尺寸也可很大、品种也可很多，也是培育籽晶的一种常用方法，闪烁大晶体都是用该方法生长的。

15.2.32　浮区熔化法生长 growth by floating zone melting

将多晶料棒靠紧籽晶，射频感应加热，造成一个熔化区，开始籽晶微熔，然后向上移动感应加热器，将熔化区缓慢地向下移动，单晶逐渐长大，稳定的熔区依靠其表面张力与地心重力来维持的晶体生长过程或方法。浮区熔化法最大的优点是不需要坩埚，从而避免了坩埚对晶体的污染，一般用来生长硅单晶。

15.2.33　焰熔法生长 flame fusion growth

精密设计火焰器，点燃含有结晶原料粉末的可燃气体，用该气体的火焰，喷射制备和精选籽晶，使晶体在籽晶处形成，应用晶体生长下降装置缓慢降低籽晶形成的晶体，形成晶体棒的晶体生长过程或方法，也称为维尔纳叶 (Verneuil) 方法。该方法的优点是不需要坩埚，广泛用于生长宝石和一些高熔点氧化物晶体。

15.2.34　溶液中生长 growth in liquid

在溶质和溶剂组成的溶液中，通过自发成核或放入粉末状晶种来促进晶体生长的过程或方法。溶液生长晶体的方法包括低温溶液 (如水、重水溶液、凝胶溶液、有机溶剂溶液等) 生长方法、高温溶液生长方法和热液生长方法等。

15.2.35　降温法生长 cooling growth

配制适合饱和度与 pH 值的溶液，将溶液过热处理 2h~3h 以保持溶液的稳定性，预热晶种至微温，按照降温程序降温，逐步使晶种恢复几何外形，然后使晶体正常生长至预定尺寸后抽出溶液, 将温度降至室温的晶体生长过程或方法。降温法是晶体生长最常用的方法。

15.2.36　蒸发法生长 evaporation growth

采用近似降温法的晶体生长装置, 将溶剂不断地蒸发移出, 以保持溶液处于过饱和状态, 用控制蒸发量的多少来维持溶液的过饱和度, 并调整溶液温度使晶体生长的过程或方法。

15.2.37　凝胶法生长 coagulation glue growth

使 A、B 两种生长液同时向凝胶介质中扩散, 进行复分解反应, 自发成核, 晶体在室温条件下的柔软而多孔的凝胶骨架中多核生长的过程或方法。凝胶法的晶体生长设备简单, 晶体在没有对流和湍流的影响下形成, 有利于完整性好的晶体生长。

15.2.38　高温溶液体中生长 growth in high temperature solution

将晶体的原料在高温下溶解于助熔剂中, 以形成均匀的饱和溶液, 通过过饱和度驱动晶体在过饱和溶液中生长的过程或方法, 又称为助熔法。

15.2.39　温度梯度传输生长 temperature gradient transmission growth

选择适当的助熔剂, 引入优质的籽晶于多晶原料相接触的饱和溶液中, 并使籽晶作正-反两向转动, 调整温度, 使结晶原料处于坩埚底部高温区 T_1, 溶解于助熔剂中, 使成为饱和溶液, 再通过对流传热输运到坩埚顶 (上) 部的溶液低温区 T_2, 成为过饱和溶液, 籽晶开始生长, 同时要求在晶体生长过程中, 晶体的提拉速度始终使晶体保持在距溶液界面恒定位置, 并利用计算机加以控制的过程或方法, 也称为晶体生长梯度传输法。

15.2.40　无籽晶旋转坩埚生长 crucible rotating growth without seed

配制溶液, 用不同速率双向来旋转坩埚, 通水冷却或通气冷却, 晶体在坩埚底部自发成核, 然后使其生长的过程或方法。

15.2.41　热液中生长 growth in hydrotherm

籽晶置于高温、高压的溶液中, 通过溶液温差的对流将结晶培养料过饱和溶液带到籽晶处以促进晶体生长的过程或方法。热液中生长晶体的方法有水热法和溶剂热法两种。

15.2.42　水热法生长 hydrotherm growth

结晶培养料放在高压釜温度较高的底部 (溶解区), 将籽晶悬挂在温度较低的高压釜上部 (生长区), 釜内装满矿化剂和水 (溶剂介质), 通过釜内上、下部溶液间的温差将高温区的饱和溶液带来籽晶区后形成过饱和溶液，导致籽晶生长为晶体的过程或方法。

15.2.43 溶剂热法生长 solvent thermal growth

以有机溶剂取代水热法中的水为介质，晶体生长的设备、工艺与水热法类同的晶体生长的过程或方法。溶剂热法所采用的有机溶剂可根据要生长的晶体进行选择，例如，生长氮化镓 (GaN) 晶体可用苯作溶剂体系，生长砷化铟 (InAs) 晶体可用二甲基苯作溶剂等。

15.2.44 气相中生长 growth in gas phase

将晶体组分加热到高温气体，通过一定程序的工艺降温而形成晶体的过程或方法。气相中生长有单组分体系晶体生长和多组分体系晶体生长两种。单组分生长设备有闭管生长体系和开管生长体系，生长的晶体有碳化硅 (SiC)、硫化镉 (CdS)、硫化锌 (ZnS) 等晶体。多组分生长设备也有闭管生长体系和开管生长体系，一般用外延薄膜生长方法，有同质外延和异质外延两种方式。

15.2.45 高温高压法生长 growth at high temperature and high pressure

晶体组分材料在特定的高温和高压条件下，按照一定的工艺，使其相变为晶体的过程或方法。高温高压法可制造人造金刚石、立方氮化硼 (BN) 等超硬材料，技术途径主要有静压法、动压法和低压法。

15.2.46 晶体薄膜生长 crystal film growth

采用气相、液相晶体组分，在特定条件下按特定工艺生长薄层膜状晶体的过程或方法。晶体薄膜生长的方法主要有蒸发法、化学溶液法、溅射法、离子镀法、电弧镀法、物理气相沉积法、化学气相沉积法、射频磁控溅射法、金属有机物气相外延法、分子束外延法、液相外延法等方法。

15.2.47 晶体衬底材料 crystal substrate material

外延法晶体生长所需的基底材料。衬底材料分为同质外延衬底材料和异质外延衬底材料。晶体衬底材料的要求是：衬底与薄膜两者的晶格失配应为 3% ~ 6%；在薄膜生长温度区不发生热分解；不易受反应气氛或溶液侵蚀或污染；热膨胀系数尽可能与外延薄膜相容；适中的热导率，并能抗热冲击；有与薄膜平行的解理面；切、磨、抛、化学清洗等加工处理易于进行；适合大批量生产。

15.2.48 化学气相沉积 chemical vapor deposition (CVD)

将含有晶体薄膜组分的化合物气体输运到具有适当温度的反应室内，使它在加热的单晶衬底上发生化学反应，在反应过程中产生的固相在衬底上形成外延层，将产生的副产物排除反应室的晶体薄膜生长方法。化学气相沉积的方法有常压化学气相沉积、低压化学气相沉积、等离子体增强化学气相沉积、光化学气相沉积、有机金属化学气相沉积、金属化学气相沉积等方法。化学气相沉积也看成是一种利用气态物质在被镀制基体表面上进行化学反应来生成固态沉积物的镀膜工艺方法。

15.2.49　金属有机物气相外延 metal-organic vapor phase epitaxy (MOVPE)

基于金属有机化合物的热分解温度较低，利用氢化物和金属有机化合物热分解体系，在各种单晶衬底上生长单晶薄膜的方法。金属有机物气相外延生长的薄膜晶体主要是 III-V 族和 II-VI 族氧化物和氮化物等光电器件的单晶薄膜。

15.2.50　金刚石多晶薄膜生长 diamond polycrystalline film growth

用硅片、钼片、石英玻璃片等作为基片，采用碳氢化合物作为气相结晶原料，将气相结晶原料的混合气体从装置上部输入抽真空的反应室，在特定的温度和气压下，在基片上进行化学反应生长金刚石薄膜的方法。金刚石薄膜具有硬度高、热导率高、抗腐蚀等优点。

15.2.51　组分过冷 constitutional supercooling

晶体生长过程中在固液界面附近，由于熔体组分变化而使其凝固点降低的现象。组分过冷是在原来的过热固液界面前沿，由于组分再分配所造成的过冷。在晶体生长中，必须要避免组分过冷，因为它会导致晶胞界面和枝晶生长，严重影响晶体的品质。

15.2.52　有机晶体 organic crystal

晶体材料由有机化合物组成的晶体。生长有机晶体的方法与生长无机晶体的方法类同，主要的方法有溶液法、溶体法、气相输运法等。研究制造的有机晶体主要有有机非线性光学晶体、有机电学晶体、有机光折变晶体、有机半导体晶体、有机超导晶体、有机压电晶体、有机热释电晶体、有机铁电晶体、有机闪烁晶体、有机导电晶体、有机激光晶体等

15.3　零件成形加工

15.3.1　光学零件加工 process of optical element

将光学材料加工成光学零件半成品、成品的工艺过程。光学加工包括光学零件成型加工、表面加工、定心与磨边加工、特殊表面加工、镀膜加工、刻制、胶合等。

15.3.2 光学加工三个基本要求 three requirements of optical processing

由经过粗磨加工使光学零件毛坯形成一定的几何形状、加工表面要达到一定的粗糙度和要给下道工序留下足够的加工余量所构成的光学加工要求。

15.3.3 加工成型 processing forming

将大尺寸光学玻璃经过锯切下料、整平、划割、滚外圆、开球面等主要工序达到粗加工所规定要求的成型方式。

15.3.4 毛坯制造 blank manufacture

将光学材料制造成与光学零件形状相近件或初步光学零件形状件的加工方式或过程。毛坯制造的方法包括切割下料、磨制、热压成型、槽沉成型、液态成型等。

15.3.5 块料加工 block material processing

将块形光学材料经过锯切、整平、划割、胶条、磨外圆等工序使其成为光学零件目标形状的毛坯件的加工方式或过程。

15.3.6 棒料加工 bar material processing

将棒形光学材料经过滚圆、切割、清洗和开球面等工序使其成为光学零件目标形状的毛坯件的加工方式或过程。棒料切割与块料的不同，它不仅要保证两端面之间的尺寸，而且又要有一定的平行差和粗糙度要求，因此棒料加工的关键工序是切割工序。

15.3.7 型料毛坯工艺 mold blank process

将光学玻璃材料经过加热软化或熔化，通过力学作用一次成型在模具中，使其成为光学零件目标形状的毛坯件的工艺。型料毛坯工艺有热压成型法、槽沉成型法、液态成型法等。

15.3.8 切割下料 cutting forming

用切割的方法将光学材料块料或棒料切割成包含并接近光学零件形状的毛坯件的加工方式或过程。切割下料的方法包括锯切下料、散粒磨料锯切和金刚石锯片切割下料等方法。

15.3.9 锯切下料 sawing forming

将大块光学材料按要求的尺寸和角度切割成包含并接近光学零件形状的小块料的加工方式或过程。锯切下料的方法主要有：用散粒磨料锯切 (又称为泥锯)；用金刚石锯片锯切。

15.3.10　散粒磨料切割 cutting with granular abrasive

将电动钢片的一部分浸没在它下方盛有磨料和水的混合物的盘子里，依靠钢片在旋转过程中带起来的磨料对玻璃进行切割的加工方式或过程。泥散粒磨料切割简单易行，比较经济，但切口较宽 (1mm~2mm)、加工精度低 (长度：0.5mm~1mm；角度：30′ ~ 5°)。

15.3.11　金刚石锯片切割 diamond saw blade cutting

用由粉末冶金方法烧结青铜和金刚石颗粒混合物制成的金刚石锯片，通过电动旋转锯片对玻璃进行切割的加工方式或过程。金刚石锯片切割具有工作效率高、精度好、有利于实现自动化等优点。

15.3.12　磨外圆 cylindrical grinding

将外侧为方形或者圆形等形状的光学零件块料或棒料毛坯磨制成外侧为圆形的光学零件毛坯的磨制的加工方式或过程。磨外圆按实施主体有手工磨制和机器磨制两种，按磨制工艺有平面磨制法和旋转磨制法。外圆的平面磨制法是先将正四方外侧磨成八方外侧，再将八方外侧磨成十六方外侧，然后滚圆。外圆的旋转磨制法是使块料的外侧进行有心旋转或无心旋转，再用磨床对其外侧进行磨制，使外侧由棱变为弧，再由弧变为圆。旋转磨制法精度比较高，外圆圆度公差在 0.03mm 以内。

15.3.13　热压成型 hot press molding

把加热软化而未熔融的光学材料放入型模中加压而得到成型坯件或成品的加工方式或过程，又称为模压成型。热压成型使毛坯件达到一定程度的零件形状和尺寸，省工省料，比切割下料更接近目标光学零件，适合批量生产，但其表面质量差，给下道工序留下较大工作量。

15.3.14　槽沉成型 sink forming

利用热软化玻璃坯料在塑性变形状态下依靠自重变形 (自由槽沉) 或真空热吸 (强制槽沉)，使其充满一定形状和尺寸的模具成型的加工方式或过程。槽沉成型的毛坯精度比切割的高，但比热压的要低一些。

15.3.15　自由槽沉成型 freedom sink forming

将与成型体积相等的坯料，放进自由槽沉模，并置于箱式或隧道式电炉内，使玻璃热软化后依靠自重变形完全充满模具获得成型毛坯的成型的加工方式或过程。

15.3.16　强制槽沉成型 forced sink forming

将与成型体积相等的平板玻璃坯料,放进强制槽沉模,并置于半自动设备中,使玻璃热软化后依靠真空泵抽去槽沉模中平板玻璃坯料下面的空气,在真空作用下完全充满模具获得成型毛坯的成型的加工方式或过程。

15.3.17　液态成型 liquid forming

在专用设备上,通过熔化玻璃原料 → 辊成玻璃长条 → 加热玻璃条端部成滴状 → 切断 → 压型 → 零件脱模 → 退火等连续操作程序使玻璃成型的加工方式或过程,又称为连续压制成型。液态成型方法生产效率高、毛坯质量好。

15.3.18　整形 trimming

〈光学工艺〉去掉光学零件所需形状之外的多余部分的加工方式或过程。整形的方法有切割整形和磨削整形等。

15.3.19　整平 levelling

采用带有平盘的粗磨机,在其平盘上加散粒磨料,将锯切后不平整的坯料表面磨平或修磨角度,为胶条工序创造条件的光学零件加工方式或过程。

15.3.20　划割 cross cut

用金刚石玻璃刀或滚刀对锯切后的大尺寸玻璃板料加工为小块坯料的光学零件加工方式或过程。玻璃板厚度在 10mm 以内的用金刚石刀划割,较厚的玻璃板料用滚刀划割。金刚石划割时,金刚石刀杆与玻璃表面成 40° ~ 60° 的倾角轻轻压划,形成划痕裂纹。

15.3.21　成盘加工 processing of blocked optical element

将若干光学零件按照一定形式排列,用黏结、光胶或其他装夹方法固定在同一模具上形成镜盘,然后对镜盘进行整体加工 (粗磨、精磨、抛光) 的光学零件加工方式或过程。

15.3.22　范成法加工 curve generating; generating cutting

光学零件 (或镜盘) 与环形刃口磨轮各自作强制转动且两者的转轴构成一定夹角,磨轮刃口沿特定轨迹运动即可将零件表面加工成具有所需曲率半径的球面的加工方式或过程。范成法加工可用于铣磨、高速精磨和抛光。范成法加工逐步取代了散粒磨料粗磨。

15.3.23　上盘 blocking

把待研磨和抛光的若干光学零件毛坯按照一定技术要求,黏接 (固定) 到胶模或光胶辅助工具上,为光学零件成批加工形成镜盘的方法或过程。上盘的方法有弹性上盘、刚性上盘等方法。

15.3.24 弹性上盘 pitch blocking

用火漆团等黏结材料把光学零件黏接在胶模上形成镜盘的方法或过程。上盘时，将所有光学零件的待加工面紧贴贴置模上，另一面有火漆团之类的黏结剂，将预热好的胶模放于其上，火漆熔化附着于胶模上，然后迅速用水冷却形成镜盘。弹性上盘适合加工中等精度的平面镜和透镜。

15.3.25 刚性上盘 spot blocking

用刚性上盘胶把零件黏接在专用胶球模的透镜定位座上形成镜盘的方法或过程。刚性上盘以黏结面作为定位基准，能承受高速高压条件下的研磨和抛光。

15.3.26 光胶上盘 contact blocking

不用胶黏剂，靠玻璃表面间排除空气后形成真空时的大气压力使要加工的光学玻璃零件与玻璃工具牢固结合形成镜盘的方法或过程。平板类光学零件可以直接光胶在玻璃制成的光胶垫板上形成镜盘；棱镜类光学零件要先光胶在玻璃长方体、立方体等辅助工具上，然后将若干个辅助工具光胶在光胶垫板上形成镜盘，见图 15-2 所示。

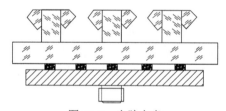

图 15-2   光胶上盘

15.3.27 石膏上盘 plaster blocking

利用石膏能灌入空隙并很快凝固的性质，将若干零件固定形成镜盘的方法或过程。石膏上盘常用于棱镜的上盘。由于石膏在凝固过程中体积要膨胀，影响光学零件加工精度，因此需在石膏中加入一些水泥，利用水泥凝固时体积的收缩来抵消石膏的膨胀。

15.3.28 下盘 deblocking

把光学零件从镜盘上卸下的方法或过程。下盘就是将完成预定加工的光学零件从加工镜盘取下来的操作，分别有低温下盘、机械下盘、加热下盘和超声波下盘。

15.3.29 低温下盘 deblocking in refrigerator

利用黏结材料与光学零件在低温下收缩量不同的特点，将镜盘放入低温环境 (如冷冻箱) 中一段时间 (如 20min)，使光学零件与黏结材料脱离来进行下盘的方法或过程。

15.3.30 机械下盘 mechanical deblocking

利用木锤或专用机械工具将弹性上盘、石膏上盘、光胶上盘的光学零件从镜盘上卸下来的方法或过程。机械下盘容易损伤光学零件，且效率较低。

15.3.31 加热下盘 deblocking on heater

将镜盘加热到黏结材料的软化温度时，再把光学零件从镜盘上取下来的方法或过程。加热下盘多用于蜡黏结镜盘，以及光学零件边缘很薄或直径很小的镜盘。

15.3.32 超声波下盘 ultrasonic deblocking

利用超声波在介质中的振荡，将光学零件从镜盘上卸下来的方法或过程。超声波的高频振动对不同材料的振动响应频率不同，不同材料间经受不同频率的作用形成相互间的剪切力或拉拔力而分离。

15.3.33 几何形状要求 geometry shape requirement

光学零件所形成的几何形状应满足下道工序对毛坯曲率的匹配要求。光学零件的几何形状是通过粗磨、精磨、抛光依次变化逼近光学零件表面的面形精度的，加工凸球面的粗磨、精磨、抛光模具曲率半径间的相互关系为 $R_粗 > R_精 > R_抛$，加工凹球面的粗磨、精磨、抛光模具曲率半径间的相互关系为 $R_粗 < R_精 < R_抛$。

15.3.34 粗糙度要求 roughness requirement

粗磨后的光学零件表面粗糙度应符合下道精磨工序的用砂要求。一般粗糙度 $Ra=3.2\mu m$，相当于用 W40 磨料加工后的表面粗糙度。

15.3.35 加工余量要求 machining allowance requirement

光学零件上道工序加工后给下道工序留下的所需余量的要求。光学零件的加工是去除式的加工，每一道工序都要去除上一道工序预留的材料层，因此，粗磨结束时，光学零件的尺寸必须留出给精磨、抛光等下道工序加工所要去除的加工余量。

15.3.36 粗磨 rough grinding

采用较粗的散粒磨料或固着磨料将毛坯磨削到一定几何形状和尺寸的半成品的加工方式或过程。粗磨是将玻璃块料或型料毛坯加工成具有一定几何形状、尺寸精度和表面粗糙度的工件，使其形状和表面粗糙度能够满足下一步上盘精磨的工序要求。粗磨加工需要粗磨机床、磨具、辅助设备、粗磨量具、粗磨磨料、黏结材料等。粗磨的磨削效率较高，但加工后的表面平滑度不是太好。

15.3.37   手工粗磨 coarse grinding by hand

手压住加光学零件、手工操作磨程轨迹、操作者决定磨制时间的人工操作磨制的加工方式或过程。手工粗磨可简化磨制设备的配置，适合磨制数量少的情况。

15.3.38   散粒磨料粗磨 coarse grinding of granular abrasive

用金刚砂和水混合而成的悬浮液对光学零件进行粗磨的加工方式或过程。散粒磨料粗磨的特点是设备简单、机器或手工操作、生产效率不高，适合生产批量不大或不具备铣磨加工条件的生产单位。

15.3.39   平面粗磨 plane rough grinding

采用平模对镜盘上的光学零件表面用散粒磨料进行磨平的加工方式或过程。光学零件磨平的过程采用不同颗粒度的磨料，使用磨料的颗粒尺寸按加工先后顺序由大到小。例如对 K9 玻璃，用粒度大于 180# 的砂研磨后，厚度余量应比粗磨完工尺寸至少大 0.5mm；用粒度为 180# 的砂研磨后留的余量应为 0.3mm 以上；用粒度为 240# 的砂研磨后留的余量应为 0.25mm 以上；用粒度为 280# 的砂研磨后留的余量应为 0.1mm；最后用 W40(40μm) 或 W28(28μm) 砂研磨到粗磨完工尺寸。

15.3.40   球面粗磨 spherical rough grinding

采用球面模对镜盘上的光学零件表面用散粒磨料进行磨曲率的加工方式或过程。球面粗磨有三道磨料应用工序，第一道根据需磨的弧高选磨料。第一道弧高大于 1mm 时选用 180# 砂，弧高为 0.4mm~1mm 时选用 180# ～ 200# 砂，弧高小于 0.4mm 时选用 240# 砂；第二道时选用 280# 砂；第三道时为 W40 或 W28，粗磨完工时光洁度为 ▽6。

15.3.41   铣磨 milling

用金刚石磨具在专用的铣磨机上将光学零件毛坯切削到一定几何形状和尺寸的成型加工方式或过程。铣磨的本质是利用金刚石棱尖对玻璃表面进行铣削。铣磨光学零件的面形有平面铣磨和球面铣磨。

15.3.42   平面铣磨 plane milling

工件绕自身轴转动起均匀化作用，磨轮绕高速轴旋转铣磨工件，同时磨轮又沿轴向进刀达到逐渐地吃刀铣磨工作的目的，磨轮对工件的铣磨包络面形轨迹为平面的加工方式或过程。

15.3.43   球面铣磨 spherical milling

工件绕自身轴慢速转动，磨轮绕自身轴与工件旋转相反方向高速旋转，同时磨轮又沿轴向进刀达到逐渐地吃刀铣磨工作的目的，磨轮对工件的铣磨包络面形轨迹为球面的加工方式或过程。

15.3.44 精磨 fine grinding

采用粒度较细的散粒磨料或金刚石磨具对粗磨 (或铣磨) 后的零件表面进行微量磨削,消除粗磨遗留下的痕迹的加工方式或过程,又称为细磨 (smooth grinding)。

15.3.45 散粒磨料精磨 fine grinding of granular abrasive

用比粗磨更细的散粒磨料对成盘光学零件的平面或球面用磨抛机进行磨制的加工方式或过程。散粒磨料精磨是采用更细散粒磨料对粗磨加工后的表面作进一步的平滑加工。

15.3.46 精磨影响因素 factors of affecting fine grinding

对精磨的加工效率和加工质量有显著影响的工艺因素。影响精磨加工效率和质量的因素为:磨盘的相对速度;对加工件施加的压力;悬浮液的浓度。

15.3.47 精磨模修改 fine grinding model modification

对偏离光学零件面形加工所需的几何形状的精磨模所进行的符合性面形的修正的措施。精磨模修改的方法有一对精磨模对磨修改,或将精磨模作为贴置模检查其贴置模制作的镜盘光学零件的面形是否符合样板来进行精磨模的面形的修正。

15.3.48 平面精磨 plane fine grinding

采用精磨平模,一般精磨模在下,镜盘在上,用 W28、W14 的砂,磨料应先浓后稀,最后加清水,磨至平模呈青灰色为止,平面样板检查时应为高 2~3 道光圈的加工方式或过程。

15.3.49 球面精磨 spherical fine grinding

采用精磨球模,一般镜盘、球模是凹在上凸在下,用 W20、W14 的砂,磨料应先浓后稀,最后加清水,磨完后,对于凸透镜,球面样板检查时应为低 1~4 道光圈,而对于凹透镜,球面样板检查时应为高 1~4 道光圈的加工方式或过程。

15.3.50 高速精磨 high speed grinding

采用金刚石磨具代替散粒磨料进行精磨的加工方式或过程。高速精磨有准球心法高速精磨和范成法高速精磨。

15.3.51 影响高速精磨因素 factor of affecting high speed fine grinding

对高速精磨的加工效率和加工质量有显著影响的加工工具、装备和被加工件等因素。影响高速精磨的主要因素有:高速精磨的磨具;金刚石精磨片;被磨光学零件的玻璃材料;实施精磨的研磨设备。

15.3.52　准球心法高速精磨 quasi spherical high speed grinding

精磨加工光学零件的表面形状和精度依靠成型磨具的形状和精度保证的精磨加工方式或过程。

15.3.53　范成法高速精磨 curve generating high speed grinding

金刚石磨具和精磨加工光学零件各自做回转运动，磨具刃口轨迹的包络面形成零件的表面形状的精磨加工方式或过程。

15.3.54　单件高速精磨 single part high speed grinding

用金刚石磨具对一件光学零件进行的精磨加工方式或过程。单件高速精磨具有可省去光学零件上盘、下盘、清洗等辅助工序，减少辅助工序占用的时间以及减少对环境的污染等优点。

15.3.55　车削加工 turning processing

在专用精密车床上用金刚石车刀加工金属反射镜的反射面(平面、球面、抛物面、椭球面、双曲面、高次非球面等)或其他光学零件的加工方式或过程。光学金属反射镜的金属通常为铜、铝、黄铜、镍-铜、铝-金、铍-铜等。车削加工也适用于塑料光学零件的加工。

15.3.56　光学零件复制 optical element replication

将复制母模的面形通过一层环氧树脂传递到零件上的加工方式或过程。在抛光好的复制母模光学表面上镀上分离膜、保护膜和光学膜后，用环氧树脂将其与基体黏在一起固定在夹具上，经树脂固化和分离等工序，基体与树脂层、膜层结合形成光学零件。该方法可用来制造非球面零件、多面体及衍射光栅等特殊结构的光学零件，零件直径范围可达 5mm~500mm，面形精度可达 0.2 道牛顿圈，角度精度可达 $1'' \sim 60''$。

15.3.57　数控铣磨 numerical control milling and grinding

在数控铣磨车床上，由按加工工艺编制的数控程序控制铣刀对光学零件毛坯进行成形加工和表面加工的加工方式或过程。数控铣磨加工的优点是加工效率高和加工精度高。

15.4　零件表面加工

15.4.1　光学表面 optical surface

〈光学工艺〉用于光线反射、折射，面形误差控制在与波长同一数量级或以下的光学零件的平面、球面、非球面等的几何表面。

15.4.2 抛光 polishing

对精磨、高精度铣磨后的光学零件除去它们加工痕迹，使表面粗糙度、面形误差和表面疵病达到光学表面规定要求的加工方式或过程。抛光的方法有古典抛光、高速抛光、计算机控制抛光等。此外，还有一些不同于传统物理抛光机理的新型抛光方法，如离子抛光、化学抛光等。

15.4.3 抛光机理 polishing mechanism

研究抛光作用内在道理的理论。抛光机理的研究尚未取得统一的理论，由一些抛光作用学说构成，主要有纯机械作用说、流变作用说、机械物理化学作用说、化学作用说等。

15.4.4 纯机械作用说 mechanical effect theory

认为抛光与研磨在本质上是相同的，都是以尖硬的磨料颗粒对玻璃表面进行微小切削，使玻璃表面凸出的部分切削掉，逐渐形成光滑的表面的作用机理的一种学术观点。这一学说由赫歇尔 (Herschel) 和瑞利 (Rayleigh) 提出。

15.4.5 流变作用说 rheological effect theory

认为在抛光玻璃时，由于高压和相对运动，摩擦产生热，玻璃表面产生热塑性变形和流动，或者热软化以致熔融而产生流动，玻璃表面分子重新流动而形成平整表面的作用机理的一种学术观点。这一学说由克来姆 (Klemm) 和斯迈秋 (Smekal) 提出。

15.4.6 机械物理化学作用说 machinery-physics-chemistry effect theory

认为抛光是一个具有机械、化学和物理作用的综合过程，玻璃表面在水的作用下发生水解，形成胶态硅酸层，在被吸附于抛光模上的抛光剂的作用下胶态膜层被不断割除，曝露出新表面，又不断被水解，以此往复构成抛光，按这样从玻璃表面凹凸层的顶部进行到根部，直到表面完全平整为止的一种学术观点。这一学说由 гребнщеков 提出。

15.4.7 化学作用说 chemical effect theory

认为抛光过程主要是水在玻璃抛光过程中的水解作用、抛光模层的化学作用和抛光剂的作用对玻璃的综合化学作用效果的一种学术观点。这一学说由卡勒 (Kaller) 提出。

15.4.8 抛光影响因素 polishing effect factor

对抛光的加工效率和加工质量有显著影响的主要加工工艺因素。涉及对抛光光学零件抛光效率、抛光表面质量、抛光面形精度有影响的因素包括抛光剂因素、抛光液因素、抛光压力与机床速度因素、温度因素、抛光模材料因素、精磨表面质量因素、抛光方式因素等。

15.4.9 抛光剂因素 polishing agent factor

抛光剂中决定抛光效率和表面质量的抛光剂颗粒坚硬性、颗粒表面吸附性和粒度大小等特性因素。抛光剂颗粒对玻璃表面进行微量切削，使其新表面不断露出、不断水解；抛光剂颗粒表面吸附性使硅酸凝胶层以分子级尺寸被抛光剂吸附剥落。

15.4.10 抛光液因素 polishing liquid factor

抛光液中决定抛光效率和表面质量的抛光液的供给量、抛光液的浓度和抛光液的 pH 值等特性因素。

15.4.11 抛光压力与机床速度因素 polishing pressure and mechine speed factor

决定抛光效率的压力与机床速度符合公式 (15-1) 关系因素：

$$\Delta_i = A \int_0^T p_i \cdot \upsilon_i \mathrm{d}t \qquad (15\text{-}1)$$

式中：Δ_i 为任一 i 点的抛去量；A 为与各工艺因素有关的系数；p_i 为 i 点的压力；υ_i 为 i 点的相对运动速度；T 为抛光时间；t 为时间变量。

15.4.12 温度因素 temperature factor

影响抛光速度、面形精度和表面光洁度的摩擦热、化学反应热、水的蒸发热、机床工具和工房温度等的因素。

15.4.13 抛光模材料因素 polishing molding material factor

涉及抛光效率、抛光表面精度和表面光洁度的柏油模材料 (效率低、表面质量高)、呢绒毛毡模材料 (效率高、表面质量差)、环氧树脂模材料 (效率高、表面质量较好)、古马隆模材料 (效率高、表面质量较好)、聚氨酯模材料 (效率高、表面质量较好)、聚四氟乙烯模材料 (效率高、表面质量高) 等的因素。

15.4.14 精磨表面质量因素 accurate grinding surface quality factor

精磨后表面光学零件面形的几何形状与最终要求的几何形状的接近程度以及精磨留下的表面粗糙度值的大小程度等因素。精磨后几何形状越接近最终要求的形状和表面粗糙度值，将有利于提高抛光光学零件的效率和质量。

15.4.15 抛光方式因素 polishing mode factor

决定抛光效率和质量的古典法 (效率低、质量高)、散粒磨料准球心高速抛光法 (效率中、质量中)、固着磨料准球心高速抛光法 (效率高、质量高)、范成法 (效率高、质量中) 等的方式因素。

15.4.16 光圈修改 ring modification

对光学零件规则光圈和不规则光圈 (局部误差) 的修改。光学零件规则光圈的问题、修改趋势和工艺调整因素参见表 15-1；光学零件不规则光圈 (局部误差) 的问题和工艺调整因素参见表 15-2。

表 15-1 规则光圈的修改

镜盘位置		凸镜盘在下		凹镜盘在上	
光圈问题		低	高	低	高
修改趋势		R 由大变小 (光圈由低改高)	R 由小变大 (光圈由高改低)	R 由小变大 (光圈由低改高)	R 由大变小 (光圈由高改低)
工艺调整因素	抛光重点	多抛边缘	多抛中间	多抛边缘	多抛中间
	摆幅	加大	减小	减小	加大
	顶针位置	拉出来	放中心	放中心	拉出来
	主轴转速	加快	放慢	加快	放慢
	摆速	放慢	加快	放慢	加快
	压力	略加重	宜轻	略加重	略轻
	抛光模	修刮中部	修刮边缘	修刮中部	修刮边缘
	抛光液	浓些	淡些	浓些	淡些
	抛光模口径	大些	小些	大些	小些

表 15-2 不规则光圈 (局部误差) 的修改

光圈问题		局部低和塌边	局部高和翘边	像散差
工艺调整因素	修改抛光模	修改抛光有误差部分	修改抛光无误差部分	均匀修改整个抛光模表面
	主轴转速	减小	加大	减小
	摆速	减小	加大	加大
	摆幅	减小	加大	对称摆幅
	顶针位置	放中心	拉出来	
	压力	减小	加大	加大

15.4.17 古典抛光 classical polishing

用沥青与松香混合物做抛光模，加水和抛光粉进行抛光的方法。古典抛光的主要特点为：采用普通的研磨抛光机床或手工操作；抛光模层材料多采用沥青与松香混合物；抛光剂用氧化铈或氧化铁；压力是用加荷重的方法。

15.4.18　高速抛光 high speed polishing

在一定范围内提高压力和速度，使光学零件的抛光效率成倍增加的抛光方法。较常用的高速抛光方法是准球心抛光方法。

15.4.19　准球心抛光 quasi sphere-center polishing

高速抛光机的压力头中装有弹簧，可以较大压力使抛光模与待抛光镜盘紧密接触，摆架带动抛光模或镜盘沿圆弧线摆动时，工作压力的方向近于通过抛光表面的球心，主轴转速较高，在高压高速条件下进行的抛光方法。准球心抛光的效率比古典法抛光效率可提高 10 倍以上。

15.4.20　固着磨料抛光 solid abrasive polishing

在古典抛光方法的基础上，用聚乙烯醇缩甲醛树脂、聚酰胺树脂等将氧化铈或金刚石微粉黏结在一起做成抛光模进行抛光的方法。

15.4.21　范成法抛光 curve generating polishing

镜盘轴和抛光轴均为刚性连接，各自做强制转动，两轴相交于一点，夹角为 α，可通过调整夹角的大小来控制曲率半径的精度的抛光方法。范成法抛光的精度主要依赖于机床的精度，其次取决于抛光膜的性能和上盘精度。范成法抛光与铣削加工主要的区别为：范成法抛光模与工件为环带状面接触，并且两者转速相近；而铣削加工的金刚石磨轮与工件是圆弧线接触，并且磨轮做高速旋转，工件做低速转动。

15.4.22　计算机辅助抛光 computer aided polishing

在光学零件面形误差已测定的基础上，应用计算机确定小抛光工具在零件表面某个局部的最佳运动轨迹和最佳速度，使零件面形误差能有效消除的抛光方法。计算机辅助抛光特别适用于大型非球面反射镜的加工。

15.4.23　抛光不足 short polishing

抛光后局部区域尚残留精磨或铣磨加工痕迹，未达到抛光合格所要求的面形和/或表面粗糙度质量的状态。

15.5　零件定心磨边

15.5.1　透镜几何轴 lens geometrical axis

透镜几何外沿旋转对称的中心线，或透镜装配的几何外沿旋转对称的中心线。透镜的几何轴平行于透镜的外沿圆柱面。透镜的几何轴的方向可通过磨制透镜外沿圆柱面改变。

15.5.2 透镜光轴 lens optical axis

单透镜两球面的球心连成的直线或透镜定义的中心线。当一个光学表面为球面，另一光学表面为平面时，光轴是通过球心并垂直于平面的直线。透镜抛光后，透镜的光轴就固定了，不会因为透镜外沿的加工而改变。同中心的胶合透镜的诸光学表面的球心连成一条直线并与其几何轴重合，即透镜光轴与几何轴重合。在光学系统装配中，为了保证光学系统的成像质量，透镜的光轴应与透镜的几何轴共轴。

15.5.3 基准轴 reference axis

〈透镜〉用来标注、检验和校正透镜中心偏差的工艺装备所确定的工艺基准直线，也称为透镜基准轴。光学零件定心磨边就是要使透镜几何轴与透镜光轴重合。对于单透镜而言，校准了的透镜几何轴也是透镜的基准轴和光轴。基准轴的选取本质上是通过工艺方法选取光轴。

光学系统的基准轴通常是光学仪器结构的几何对称的中心轴，如镜筒的几何中心轴。透镜的几何轴应与光学系统的理想光轴或光学系统的基准轴一致。

15.5.4 透镜定心顶点 lens centering vertex

透镜光学表面与工艺校准基准轴的交点。透镜定心顶点在透镜中心或几何轴校准后也是透镜表面上的几何中心。

15.5.5 透镜中心偏差 lens centering error

透镜单个表面定心顶点处的法线与基准轴不重合的偏离夹角，用符号 χ 表示，见图 15-3 所示。透镜中心偏差与透镜的面倾角等价。中心偏差的长度表示为透镜球面倾斜导致球心离开光轴的距离 a，见图 15-3 所示。

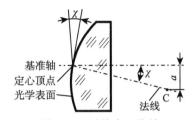

图 15-3 透镜中心偏差

15.5.6 透镜光轴偏差 lens axis deviation

透镜光轴与基准轴或/和透镜几何轴的不一致程度，包括光轴、基准轴和几何轴间的角度偏差和三轴间的平移线度偏差。透镜光轴偏差有多种情况：几何轴与基准轴不重合，光轴与几何轴平行，光轴与基准轴和几何轴也不重合，两个球曲

率中心分别在透镜的两侧，它们间形成三轴不重合的夹角和空间关系，见图 15-4
所示；基准轴、几何轴、光轴三者不重合，它们间形成三轴不重合的夹角关系，也
没有光轴间相互平行的情况，两个球曲率中心在透镜的右侧，有一个球心在基准
轴上，见图 15-5 所示；基准轴、几何轴、光轴三者不重合，它们间形成三轴不重合
的夹角关系，也没有光轴间相互平行的情况，两个球曲率中心在透镜的左侧，没
有球心在基准轴上，见图 15-6 所示；几何轴与基准轴重合，光轴与基准轴和几何
轴不重合，它们间形成两轴不重合的夹角关系，两个球曲中心分别在透镜的两侧，
没有球心在基准轴上，见图 15-7 所示。

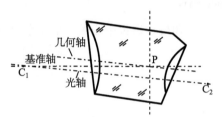

图 15-4   三轴夹角和空间关系

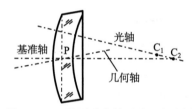

图 15-5   三轴不重合并两球心在右侧

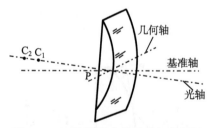

图 15-6   三轴不重合并两球心在左侧

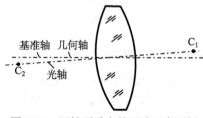

图 15-7   两轴不重合并两球心在两侧

15.5.7 透镜中心误差 lens center deviation

透镜光轴上的曲率中心点到透镜几何轴的垂直距离，用符号 C_f 表示，单位制量为长度量。透镜中心误差是以长度量表达的，是透镜球面对透镜几何轴偏离的程度。当透镜有两个曲率中心连线偏离几何轴时，以偏离最大距离的曲率中心点计为透镜中心误差。透镜中心误差目前很少使用，而是用透镜中心偏差来表示透镜光轴对几何轴或基准轴的角度偏离程度。透镜中心误差反映的是透镜单面中心偏在线量上的大小。

15.5.8 偏心差 eccentric error

被检透镜或透镜组光轴上的后节点到透镜或透镜组几何轴的距离，用符号 C 表示，单位制量为长度量，见图 15-8 所示。偏心差在数值上等于透镜绕几何轴旋转时焦点像跳动圆半径。偏心差反映的是透镜多面中心偏差构成的透镜光轴偏差在线量上反映的大小。

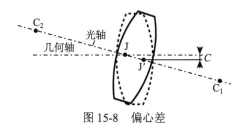

图 15-8 偏心差

15.5.9 面倾角 surface inclination

光学透镜或透镜组中，单个光学曲率表面的定心顶点法线与基准轴之间形成的夹角，用符号 χ 表示，见图 15-9 所示。面倾角是造成透镜或透镜组中心偏最基本的单元因素。

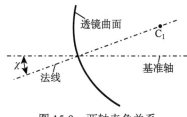

图 15-9 两轴夹角关系

15.5.10 透镜球心差 lens sphere-center deviation

透镜光学表面球心到基准轴的垂直距离，用符号 a 表示，单位制量为长度量，见图 15-3。

15.5.11 边厚差 edge thickness difference

透镜最外沿边缘上的最大厚度与最小厚度之差。透镜边厚差能反映透镜的中心偏，边厚差越大，透镜的中心偏越严重。

15.5.12 两轴不一致 misalignment between tow axises

透镜光轴与透镜几何轴不在一条线上的现象。两轴不一致是透镜存在中心误差或中心偏所造成的现象。

15.5.13 三轴不一致 misalignment amonst three axises

透镜光轴、透镜几何轴、光学系统基准轴中的任何两根轴之间都不在一条线上的现象。

15.5.14 定心法 centering method

应用一定的装置进行调整，建立透镜或球面反射镜的光轴与基准轴 (即它们未来的几何轴) 重合的几何关系调整的方法。透镜或球面反射镜的定心法有光学定心法和机械定心法。

15.5.15 光学定心法 optical centering method

应用光学原理进行调整，建立透镜或球面反射镜的光轴与基准轴 (即它们未来的几何轴) 重合的几何关系调整的方法。光学定心法有表面反射像定心、显微准直定心、透镜像定心、激光定心、光学电视定心等方法。

15.5.16 表面反射像定心 surface reflection image centering

将透镜的一个曲面的曲率中心用定心接头和定心胶固定在定心装置的旋转基准轴上，在透镜另一个曲面的空间放一点光源 (如白炽灯)，使固定了透镜的定心接头以基准轴为轴心旋转，观察透镜转动时光源反射像的跳动情况，加热胶调整透镜位置，直到光源反射像不跃动为止的定心方法。

15.5.17 显微准直定心 microscope collimation centering

将透镜固定在以基准轴为旋转轴的定心装置上，调整显微镜系统相关部分，使经透镜反射或透射的光束与显微镜准直，使定心装置以基准轴为轴心线旋转，在显微镜上观察反射或透射的十字分划像在显微镜网格分划板上的转动情况，加热胶调整透镜位置，直到十字分划像不转动为止的定心方法。显微准直定心的方法有球心反射像定心法和球心透射像定心法。

15.5.18 球心反射像定心 sphere-center reflection image centering

将透镜的一个曲面的曲率中心用定心接头和定心胶固定在定心装置的旋转基准轴上，调整准直显微镜系统的可调物镜，使经透镜反射的光束与显微镜准直，使固定了透镜的定心接头以基准轴为轴心线旋转，在显微镜上观察反射的十字分划像在显微镜网格分划板上的转动情况，加热胶调整透镜位置，直到十字分划像不转动为止的定心方法。球心反射像定心精度较高，但是效率较低，劳动强度大。

15.5.19 球心透射像定心 sphere-centre transmission image centering

将透镜装入特定夹具中并适当固定，用焦面上有十字分划板的平行光管的光照射被测透镜，调整显微镜系统的可调物镜，使经透镜透射的光束成像在显微镜上，转动安放了透镜的特定夹具，在显微镜上观察透射的十字分划像在显微镜网格分划板上的转动情况，调整透镜状态，直到十字分划像不转动为止的定心方法。球心透射像定心既可用于单透镜定心，也可用于胶合透镜定心，对胶合透镜定中心是该方法的优势。

15.5.20 激光定心 laser centering

使从激光器发出的光经可调焦的光学系统通过夹在两空心夹具上的定心透镜，在透镜后面用带可测位置的光电探测器接收光点像，并将光点像显示在显示器上，通过转动透镜由像点的跃动量确定偏心量的定心方法。激光定心操作简单、定心精度高 (可达 10″)、速度快，广泛应用于机构定心磨边机上。

15.5.21 光学电视定心 optical television centering

将透镜的一个曲面的曲率中心用定心接头和定心胶固定在定心装置的旋转基准轴上，调整显微镜系统的可调物镜，使经透镜反射的光束与显微镜准直，使固定了透镜的定心接头以基准轴为轴心线旋转，在安装了 CCD 电视显示的显微镜显示器上观察反射的十字分划像在显微镜网格分划板上的转动情况，加热胶调整透镜位置，直到十字分划像不转动为止的定心方法。光学电视定心也可以采用透射的方法。

15.5.22 机械法定心 mechanical centering

将透镜放在一对同轴精度高、端面精确垂直于轴线的接头之间，利用弹簧压力夹紧透镜，通过力的平衡来实现定心的方法。

15.5.23 定心磨边 centering and edging

采用光学或机械的方式定心，再用磨边设备进行磨边，使透镜的光轴与其几何轴重合的磨边方法。定心磨边有光学定心磨边方法和机械定心磨边方法。定心磨边的设备有光学定心磨边机、机械定心磨边机、自动定心磨边机等，使用最广泛的是机械定心磨边机。

15.5.24 光学定心磨边 optical centering and edging

用光学的方法监控光学零件光轴与其几何轴的偏离程度并进行调整和定心，通过磨边设备的磨边使光学零件光轴与几何轴共轴的加工方法。

15.5.25 机械定心磨边 mechanical centering and edging

用机械的方式使透镜的光轴与机械夹具基准轴重合，以机械夹具基准轴为转轴对透镜进行磨边，使透镜的光轴与其几何轴重合的加工方法。

15.5.26 定心磨边工艺因素 technological factor of centering and edging

保证透镜定心精度和磨边质量的工艺要素。定心磨边的工艺要素主要有定心夹具的设计质量和精度、定心磨边胶的正确选择、磨轮的正确选择、转速的正确选择等。

15.5.27 磨边 edging

用砂轮磨削光学零件周边，以达到设计要求的几何关系的加工方式或过程。磨边的方式有平行磨削、倾斜磨削、端面磨削、垂直磨削。

15.5.28 平行磨削 parallel grinding

磨削磨轮轴线与透镜光轴平行或磨轮平面与透镜平面在同一平面上的空间位置布置的磨削加工方式或过程。平行磨削方式效率高，机床也易于调整，是最常用的磨削方式。

15.5.29 倾斜磨削 incline grinding

磨削磨轮轴线与透镜光轴成一定角度 (30° 或 45°) 或磨轮平面与透镜平面相交一定角度的空间位置布置的磨削加工方式或过程。倾斜磨削方式可改善透镜的受力状况，避免透镜受磨轮推力过大而造成的脱落，同时还产生一个使工件坚固的力。

15.5.30 端面磨削 end face grinding

磨削磨轮轴线与透镜光轴垂直或磨轮平面与透镜平面垂直并用磨轮端面进行磨削的空间位置布置的磨削加工方式或过程。端面磨削方式没有使工件脱落的作用力，磨削效率较高，但容易磨出锥面或非柱面。

15.5.31 垂直磨削 vertical grinding

磨削磨轮轴线与透镜光轴垂直或磨轮平面和透镜平面垂直并磨轮平面与光轴在同一平面上的空间位置布置的磨削加工方式或过程。垂直磨削方式也不会使零件脱落，而且进刀比较容易。

15.5.32　磨边余量 edging allowance

为了校正透镜中心偏差给透镜留下的最小磨削量。磨边余量的大小可根据透镜精度、焦距、直径以及从粗磨到抛光完工后所要求的边缘厚度差等因素决定。

15.5.33　倒角 chamfering

对光学零件尖锐边进行微量或小量去除磨削的行为或要求。倒角的对象有透镜、棱镜、平行平面镜等。倒角的类型有保护性倒角和设计性倒角。倒角的方法有用成型磨轮倒角、用砂轮倒角、用散粒磨料倒角、用倒角模倒角、用混合砂模倒角等。

15.6　精密光学零件加工

15.6.1　精密光学零件 precision optical component

有很高的面形精度 (光圈数 $N < 3$、平直度 $\Delta N < 0.3$ 等)、表面质量 (表面粗糙度 Ra<5nm、表面疵病小于 4 级等) 和几何尺寸 (零件外形精度 <0.02mm) 公差要求的光学零件。以上参数精度适用于常规尺寸零件,对于大尺寸的零件,偏差可适当增大,而对于微小尺寸的零件,偏差应适当减小。

15.6.2　加工影响因素 processing affecting factors

〈精密光学零件〉影响精密光学零件面形、表面质量和几何尺寸加工结果的精度和质量的因素。这些因素主要是加工过程的热变形、胶结变形、应力变形、自重变形 (大型零件) 等因素。

15.6.3　平面度保持措施 flatness maintenance measures

精密光学零件加工为了保持零件平面度所采取的对材料进行预处理来克服应力变形、改变夹持方法克服胶结变形、改进支承方法克服自重变形等措施。

15.6.4　精密平面件上盘 precision flat surface part blocking

为了减小精密平面光学零件变形所采用的验证有效的特定上盘的方法。精密平面件上盘的方法主要有软点胶法上盘、硬点子胶法上盘、浮胶法上盘、光胶法上盘等。

15.6.5　软点胶法上盘 soft glue point blocking

采用软的黏结胶甚至是纯柏油做成的胶点子,先将胶点子均匀分布黏结在黏结模上,然后压平胶点子,涂上少许苯或汽油,再把零件对中放上,使之黏合的上盘方法。软点胶法上盘适合加工薄形平面零件的情况,如零件的口径与厚度比为 10∶2。

15.6.6　硬点子胶法上盘 hard glue point blocking

采用硬点子胶,先将胶点子均匀分布黏结在黏结模上,然后压平胶点子,将被加工零件置于水盆中,使水比零件高出 2mm~3mm,并在零件周围边缘三等分点上放置 3mm 左右厚的玻璃小片,以保持零件和黏结盘贴置平行,再把布置了硬点子胶的黏结模对中放上使之黏合零件的上盘方法。硬点子胶法上盘适合加工大口径或口径与厚度比小于 10:2 的平面零件的情况。水的作用是使铁盘的热量不至于传到零件上。

15.6.7　浮胶法上盘 floating glue blocking

将一块表面平面度为 $\lambda/2 \sim \lambda/4$ 光圈的平面玻璃垫板黏接到黏结模上 (玻璃垫板直径与黏结模直径相同),再将要加工的零件放到平面玻璃垫板上,将熔化好的松香蜡 (松香与蜡比例为 3:1) 涂于零件空隙中间,松香蜡冷却后把加工零件固定的上盘方法,也称为假光胶法。浮胶法上盘适合加工直径小、精度高的平面镜、形状不对称的薄平面镜 (对扇形)、多片上盘零件。

15.6.8　光胶法上盘 contact blocking

利用加工零件贴置面与黏结模上玻璃板很高的平面性和光洁度,使两者之间的间隙在纳米以下达到分子吸引力作用半径以内 (几埃) 的条件,通过两者紧密贴置的分子间引力和大气压强使它们牢固结合的上盘方法。光胶法上盘有利于高精度光学零件的加工,如平行平晶、高精度棱镜、薄型平面和球面零件等。

15.6.9　精密平面件抛光 precision flat surface part polishing

为加工精密平面光学零件所采用的验证有效的特定平面件抛光方法。精密平面件抛光方法主要有分离器法抛光、蟹钳分离器法抛光、环形盘法抛光、浮法抛光、水合法抛光、离子束抛光、磁流变抛光、双面法抛光等方法。

15.6.10　分离器法抛光 separator polishing

将平面抛光光学零件放入具有不同直径偏心圆孔的玻璃圆盘分离器中一个适合圆孔内,分离器及抛光光学零件与抛光盘平面吻合,零件在分离器的圆孔内随分离器的运动自由转动的抛光方法。分离器法抛光完全克服胶结上盘带来的变形,具有很高的平面加工精度,是目前广泛采用的高精度平面抛光方法。驱动分离器的装置分别有摆架、蟹钳等。

15.6.11　蟹钳分离器法抛光 crab pincers separator polishing

通过四个转动的橡皮轮夹住分离器的边缘,分离器随夹持器一起摆动的抛光方法。蟹钳分离器法抛光比摆架带动的分离器运动轨迹更合理、更复杂、工件受力分布更合理、磨削更均匀。

15.6.12 环形盘法抛光 ring pate polishing

用校正板和夹持器代替分离器，用环形抛光模代替圆盘抛光模的抛光方法。环形盘法抛光有不需要一个高精度平面的大分离器、环形模的外露部分有利于散热、抛光盘露出空间有利于自动添加抛光液、可不停机取下零件进行检验和调换等优点。

15.6.13 特氟隆法抛光 teflon polishing

在派勒克斯耐热玻璃上刻出深度为 1mm、面积 1.5mm^2 的格子状态沟槽，在网格平面上经数道工序涂布和烧结形成 5 层聚四氟乙烯和石墨粉混合塑料，经研磨得厚度为 0.2mm 的抛光器，以该抛光器作为抛光模的抛光方法。特氟隆法抛光可获 $\lambda/100$ 左右的抛光平面。

15.6.14 浮法抛光 floating polishing

采用高面形精度锡盘，使用粒度小于 20nm 的磨料，抛光液将工件和磨盘浸没，靠流体作用形成工件与磨盘间液膜，以为磨料颗粒与工件的碰撞提供环境的抛光方法。用浮法抛光的光学零件表面粗糙度可达 1nm 以下。

15.6.15 水合法抛光 hydration polishing

在高温高压的过热水蒸气环境中设置生成水合物的亲水结晶体，不用磨料，而用杉木或软钢盘去除表面生成的水合层的抛光方法。水合法抛光不用磨料，工件表面不会产生疵病，但加工效率较低。

15.6.16 离子束抛光 ion beam polishing

采用高频及放电方法，在真空中使与玻璃不容易反应的惰性气体 (氩、氙等) 电离，再用 20kV~25kV 的电压使离子加速撞击到放在真空度为 1.33×10^{-3}Pa 的真空室内的工件表面，去除工件表面原子量级的材料的抛光方法。离子束抛光就是用高速离子束轰击晶体表面进行抛光的方法，可去除厚度达 $10\mu m$~$20\mu m$ 的量，可精确地修正表面面形或把球面修改成非球面。离子束抛光可得到良好的表面面形精度，而且使表面的变质层较薄。

15.6.17 磁流变抛光 magneto-rheological polishing

在磁流变液中加入抛光粉，利用磁流变液固化现象来对工件进行抛光的方法。磁流变液由磁性微粒、基载液、表面活性剂组成，在外加磁场的作用下，磁流变液的硬度和弹性会发生变化。

15.6.18　双面法抛光 double surfaces polishing

将分离器放在下模上，分离器由挡圈围住，在分离器的孔中放入要加工的平行平面光学零件，在分离器和光学零件的上表面施加一个抛光的上模，通过机构推动抛光上模运动进行光学零件双面同时抛光的方法。双面法抛光只用于加工平行平面的光学零件。

15.6.19　精密棱镜加工 precision prism processing

采用光胶法上盘和配合高精度检测的棱镜加工方法。棱镜检测方式有边磨边检和磨后再检两种。

15.6.20　光胶法棱镜加工 contact prism processing

根据被加工零件的形状和精度，设计各种适合的棱镜光胶工具，将零件采用光胶上盘方式胶合到光胶工具上，用光胶工具的精度来保证被加工棱镜精度的加工方法。棱镜的光胶工具主要有长方体光胶工具、45°光胶板、"T"形光胶工具、侧面光胶板等。

15.6.21　直角屋脊棱镜加工 right angle roof prism processing

按直角棱镜毛坯下料，粗磨或铣削形成第一个直角面和第二个直角面，粗磨或铣削形成第一个屋脊面和第二个屋脊面，精磨抛光第一个直角面和第二个直角面，精磨抛光第一个屋脊面和第二个屋脊面的加工方法。也可以采用其他有效方法加工。

15.6.22　在线电解修整 electrolytic in-process dressing (ELID)

在砂轮磨削过程中，在砂轮和工具电极间浇注电解磨削液并加上直流脉冲电源，使作为阳极的砂轮中的金属结合剂产生阳极溶解效应而逐渐被去除，将不受电极影响的磨料颗粒凸出砂轮表面，由此实现的保持砂轮锋利性的修整。

15.6.23　放电修整 discharge dressing

利用砂轮和工具电极之间产生脉冲火花的电腐蚀现象来蚀除砂轮表面金属结合剂，由此实现的保持砂轮锋利性的修整。

15.6.24　激光修整 laser dressing

〈激光加工〉正确选择激光功率，用光学系统将激光光束聚焦成极小光斑作用于砂轮表面，在极短的时间内使砂轮局部表面的金属结合剂材料熔化或汽化，而超硬磨料颗粒不熔 (其熔化功率比结合剂高几个数量级)，由此实现的保持砂轮锋利性的修整。

15.6.25 延性磨削 ductile grinding

对脆性材料,通过将切削深度控制在临界切削深度以内 (0.1μm 水平),以远低于脆性磨削的力进行切削,使切削的过程和效果类似于对塑性材料切削的方法。延性磨削后表面没有微裂纹形成,也没有脆性剥落的不规则的凹凸不平,表面呈现的是规则的纹理。

15.6.26 镜面磨削 mirror finish grinding

采用磨削的方法使磨削后的工件表面的反光能力达到一定程度,是一种具有镜子表面反射图像效果的磨削。镜面磨削采用的是在线电解修整等技术实现的,它不局限于对脆性材料 (玻璃、陶瓷、晶体等) 的加工,也包括对金属材料 (钢、铝、钼等) 的加工,使金属材料加工达到镜面效果。镜面磨削可简化抛光或省去抛光加工。

15.6.27 气囊抛光 gasbag polishing

采用具有一定气压的气囊工具作为磨头对光学零件进行抛光的方法。气囊抛光通过调节气囊中气压的大小,可分别适用于粗抛光和精抛光,气压大抛光的力度就大,适合粗抛光,气压小抛光的力度就小,适合精抛光。

15.6.28 超声振动复合磨削 ultrasonic vibration compound grinding

在加工工具或加工件上施加一维或二维的超声波,使磨粒的切削深度周期性改变,从而使磨削力减小而材料去除率增大的辅助加工方式。一维超声振动的方向分别有砂轮轴向的一维振动、砂轮盘径向的一维振动和砂轮切向的一维振动;二维超声振动的方向分别有平行于磨削平面的二维振动和垂直于磨削平面的二维振动。

15.7 晶体零件加工

15.7.1 晶体加工特点 crystal processing characteristics

不同于光学玻璃各向同性材料的自身各向异性的特殊性加工的要点。晶体加工的特点主要有晶体定向、选择合适的切割与粗磨方法、选择合适的上盘方法、选择合适的抛光材料、控制温度与湿度、防毒等内容。

15.7.2 晶体材料检查 crystal material test

晶体外部形状和表面加工前,为保证晶体材料的可用性,采用专用设备对晶体内部质量所进行的检查。晶体材料内部检查的缺陷主要是均匀性缺陷 (气泡、裂隙),以及晶体原子、分子排列方面点缺陷、线缺陷、面缺陷、体缺陷。晶体缺陷检查的方法有光学法、腐蚀法、X 射线形貌术等。光学法中又包括偏光仪法、光轴定向仪法、超显微镜法、干涉法等。

15.7.3　晶体定向 crystal orientation

晶体材料切割前，在晶体材料毛坯上找到一个与晶体光轴成预定角度方向的基准面。晶体定向的方法主要有外形初步定向、解理法定向、偏振光定向、X 射线定向等。

15.7.4　外形初步定向 outline preliminary orientation

根据晶体的类型和外形对其光轴方向进行大致判断的方法。例如，KDP、ADP、YAG 等晶体，其生长方向就是其光轴方向；人工培养生长完整的石英晶体，根据其外形可判别出光轴方向及左旋、右旋特性；方解石晶体的光轴就是与 3 个 101°55′ 钝角成等角的直线方向。

15.7.5　解理法定向 orientation by cleavage

利用某些晶体在外力作用下容易分裂为光滑平面或解理面，由晶面指数大致确定晶体光轴方向的方法。常用晶体的解理面见表 15-3 所示。

表 15-3　常见晶体的解理面

晶体名称	解理面	晶体名称	解理面
白云母	(100)	$CaCO_3$	(101)
NaCl	(100)	石膏	(001)
KCl	(100)	金刚石	(001)
LiF	(100)	CaAs	(110)
CaF_2	(111)	锗单晶 (Ge)	(111)
KBr	(100)		

15.7.6　偏振光定向 orientation by polarization

将晶体先磨出一个大致垂直于晶体光轴的端面，并置于偏振光显微镜中，视场中会出现干涉条纹和暗十字线，晶体光轴与样品表面垂直时，暗十字线在视场中央，如果晶体光轴不与样品表面垂直，暗十字线将偏离视场中央，旋转晶体样品角度使暗十字线移到视场中央，测出晶体旋转角度来获取光轴方向的定向方法。

15.7.7　X 射线定向 orientation by X-ray

将晶体样品放入 X 光机的工作台上，X 射线以 θ 角入射在晶体表面，晶体的晶格间发生衍射，入射角满足布拉格定律时，衍射为极大值，拍摄衍射极大值照片，用衍射照片判断晶轴方向的方法。

15.7.8　晶体加工工艺 crystal processing technology

为了将晶体材料制作成使用所需要的特定几何形状和表面质量的光学零件，对晶体进行切割、研磨、抛光等的加工技术和方法。

15.7.9　晶体切割方法 crystal cutting method

将晶体材料按晶体特定性能关系和几何形状分割为加工所需的尺寸的过程和方法。晶体的切割方法主要有内圆切割法、劈裂法切割、水线切割、线切割、手锯切割、超声波切割、激光切割等方法。

15.7.10　内圆切割法 inner circle cutting method

采用电镀金刚石内圆锯片进行晶体材料切割的方法。内圆切割法具有锯片运转平稳、切缝小 (0.2mm~0.3mm)、切口表面平整度好 (达 0.02mm) 等优点，适合中等硬度晶体 (如硅、锗、石英等) 和价格昂贵晶体 (如砷化镓、碲化铅等) 的切割，昂贵晶体宜低速切割 (一般主轴转速 150r/min~200r/min)。

15.7.11　劈裂切割法 chopping cutting method

用锋利的刀片，沿晶体材料的解理方向施加瞬时的冲击力，在刀接触部位造成局部应力使其破裂的切割方法。劈裂法适合解理性强的晶体材料的切割，如云母、冰洲石、砷化镓、氯化钠等。劈裂法的缺点是会在晶体与刀口接触部位造成局部应力，破坏晶体的均匀性。

15.7.12　水线切割法 waterline cutting method

利用马达驱动的绷紧的湿纤维线在晶体材料上的摩擦或添加磨料的金属丝在晶体材料上的摩擦而进行切割的方法。水线切割要掌握好水温，以免晶体炸裂 (局部受冷时)。

15.7.13　手锯切割法 hand saw cutting method

钢锯加松节油用手工进行晶体材料切割的方法。手锯切割适合潮解晶体，如 KDP、ADP 等晶体。冰洲石、铌酸锂、碘酸锂、氧化物晶体常用钢丝锯加砂和水手工切割。

15.7.14　超声波切割法 ultrasonic cutting method

通过超声波的作用使磨轮刀片在半径方向上产生瞬间的伸缩式振动，在极短的时间内，磨料与加工物之间在高加速度状态下反复进行碰撞，使加工物表面产生微小破碎层并同时进行磨轮切割的加工方法。超声波切割比水线切割的切割效率更高、切割质量更好。

15.7.15　晶体研磨抛光 crystal grinding and polishing

针对晶体材料的特殊性所采取研磨和抛光的措施和方法。晶体研磨和抛光的措施和方法主要有磨料选择、磨盘材料选择、晶体抛光方法选择等。

15.7.16　磨料选择 grinding material selecting

根据晶体的硬度程度进行的研磨材料和抛光材料的选择。对于硬度大于 7 的硬质晶体，用金刚石及其制品 (钻石研磨膏、玛瑙粉、白刚玉粉等) 进行研磨；中等硬度晶体可用白刚玉、金刚砂等研磨；软质晶体可用绘图墨汁、高级牙膏等研磨；抛光可用金属氧化物、低温红粉和白氧化铈等抛光料。

15.7.17　磨盘材料选择 grinding disk material selecting

根据晶体的硬度程度进行的磨盘材料的选择。高硬度晶体用中碳钢、不锈钢或优质石料等耐磨材料做磨盘；中等硬度晶体，粗磨用铸铁盘，精磨用铜盘；硬度低或硬度不低而物理性能差的晶体，用硬质玻璃盘。

15.7.18　晶体抛光方法 crystal polishing method

针对晶体材料的特殊性所采用的抛光方法。晶体抛光方法主要有化学抛光、化学机械抛光、水中抛光、振动抛光、离子束抛光、磁流变抛光等方法。

15.7.19　化学抛光 chemical polishing

用化学腐蚀液除去晶体机械研磨产生的表面损伤层的抛光方法。化学抛光虽能得到无损伤的光学表面，但难以得到良好的面形精度。

15.7.20　化学机械抛光 chemical and mechanical polishing

在抛光盘上滴上预先精确配制的化学腐蚀液，然后对晶体进行机械抛光的方法。化学机械抛光不仅使表面质量提高，而且抛光效率也比较高。

15.7.21　水中抛光 polishing in water

把抛光盘浸在水和抛光液的塑料容器中进行抛光的方法。水中抛光的水一般高出抛光盘 10mm~15mm。水中抛光将抛光盘浸在水中，抛光过程温度恒定，抛光盘表面不易变形，而且抛光粉越研磨越细，使晶体表面粗糙度和表面疵病得到改善。

15.7.22　振动抛光 vibration polishing

在用频率为 50Hz 的单向半波电流提供的电磁式振荡器驱动抛光盘产生振动的环境下进行抛光的方法。

15.7.23　晶体抛光环境因素 crystal polishing environment factor

能对晶体光学零件抛光精度和表面质量造成显著影响的环境因素。晶体抛光环境因素主要是抛光环境的温度和湿度，抛光环境温度通常 22℃~28℃ 为宜，抛光环境相对湿度通常 40％~65％为宜。

15.7.24 晶体抛光周期 crystal polishing period

晶体抛光不停机连续进行的时间期间。一般应以一个完整的工作日为一个抛光周期,大型或硬质光学零件材料的抛光周期可以相应延长。

15.7.25 抛光面缺陷控制 polishing surface defect control

通过抛光盘软度和硬度的设置所进行的控制。软抛光盘表面疵病少一些,但光圈不易控制,硬抛光盘光圈易控制,但容易产生表面划痕。用硬沥青做抛光盘体,然后用溶剂软化抛光盘表面很薄层的方法可实现抛光面缺陷的控制。

15.7.26 NaCl 晶体加工 NaCl crystal processing

用刀避法进行晶体切割,用 100#、180#、280# 金刚砂纸手工粗磨,在开有方槽的铜盘或玻璃盘上用 320#、W28 金刚砂加乙醇和少量水做磨料精磨,在室温 25℃~32℃、相对湿度不超过 60% 的环境中,在离抛光盘不远处放置一红外灯进行晶体抛光的加工方法。该方法适用的晶体有 NaCl、KCl、KBr 等晶体。

15.7.27 ADP 晶体加工 ADP crystal processing

定光轴,用钢锯加松节油冷却润滑的方法进行晶体切割,用 100# ~ 180# 金刚砂纸手工粗磨,用夹具固定晶体,在 400# ~ 500# 砂纸上研磨,在室温 25℃~32℃、相对湿度不超过 60% 的环境中,在离抛光盘不远处放置一红外灯进行晶体抛光的加工方法。该方法适用的晶体有 ADP、KDP、KD*P 等晶体。

15.7.28 冰洲石棱镜加工 iceland spar prism processing

用光学仪器选择内部质量好的晶体材料,定光轴,用内圆切割机进行晶体切割,粗磨保证两块棱镜角度的一致性,精磨后表面达到无划痕,采用石膏盘和氧化铈抛光剂抛光,镀制增透膜,最后胶合棱镜的加工方法。

15.7.29 YAG 棒加工 YAG rod processing

用光学仪器选择内部质量好的晶体材料,用外圆切割机切出三角形棒料再磨成圆棒料或用超声波机加工出圆棒料,将棒两端加工成高度平行的良好抛光面(光程均匀性为每英寸 $\lambda/5$) 的加工方法。YAG 棒加工方法类似于红宝石、蓝宝石等特硬晶体的加工。

15.7.30 石英 $\lambda/4$ 波片加工 quartz $\lambda/4$ wave plate processing

定光轴,确定基准面,在晶体材料上切出一个与基准面平行的面,研磨该面,使该面到基准面的距离比 $\lambda/4$ 波片的外圆直径 D 小 0.2mm,在内圆切割机上切出一片片与基准严格垂直的平面,将切出的片片磨出外径为 D 的圆片,该波片的形状为两边为圆弧线，其正交方向的两边为平行直线，垂直平行直线的方向为光轴方向，对圆片进行两个平面的抛光至厚度比理论值大 10μm，放入偏光仪时进行检测及修改至合格的加工方法。

15.7.31　BBO 晶体加工 BBO crystal processing

用 X 射线定向仪写出 a 面和 c 面，在内圆切割机上沿通光面切成平行的晶体，对通光面粗抛光 (平行的基准面即通光面)，经变频试验确认定轴精度后，再切割成六面体，侧面修磨至相邻角为 90°，用黄蜡胶黏接上盘，研磨和抛光到规定表面要求的加工方法。

15.7.32　锗单晶零件加工 germanium monocrystal part processing

用内圆锯进行晶体切割，用松香和白蜡 (3:1 混合配制) 的黏结胶黏长条滚圆，用 240# 金刚砂逐步更换至 W20 金刚砂粗磨，依次用 W20、W10、W5 金刚砂精磨，在室温 23℃~25℃ 环境中，用刚玉微粉、钻石粉、砷化镓研磨液等进行晶体抛光的加工方法。

15.8　塑料零件加工

15.8.1　光学塑料零件加工 optical plastics part processing

将光学塑料材料用专门的设备和特定工艺方法加工成符合光学使用要求的零件的加工方法。光学塑料零件的加工方法主要有模塑法和冷加工法，即成型法和机械加工法 (车削加工、研磨、抛光等方法)。

15.8.2　光学塑料模塑成型方法 optical plastics molding forming method

将光学塑料通过加温软化，用高精度模具进行一次成型达到使用所要求的光学塑料零件形状的加工方法。光学塑料零件成型方法主要有注射成型、压塑成型、铸塑成型、放射线成型等方法。

15.8.3　注射成型方法 injecting forming method

将塑料加热到流动状态，以很高的压力和较快的速度注入精密模具中，经过一定时间的冷却，经表面处理，不需经过精磨和抛光而直接使用的塑料光学零件加工方法。注塑成型制造的光学零件形状范围广，除了双凸、双凹、月牙形透镜外，还可以生产非球面透镜，且生产效率高、成本低。

15.8.4　注射成型工艺要素 injecting forming technological element

由温度控制 (包括料筒温度、喷嘴温度、模具温度等的控制)、压力控制 (包括塑化压力、注射压力等的控制)、时间控制 (包括注塑时间、保压时间、冷却时间等的控制)、干燥度控制组成的保证注塑光学零件质量的技术要素。

15.8.5 压塑成型方法 compression molding forming method

将预热过的塑料毛坯放入加热过的模具中，施加压力，使塑料充满型腔，保持加热和加压，使塑料成型，然后脱模取出成型塑料光学零件的加工方法。与注塑成型相比，模压成型工艺容易控制，制品尺寸较大，但生产批量小时成本偏高。压塑成型是一种生产光学塑料零件的主要方法，除生产常规透镜外，还可用于生产菲涅耳透镜、内反射锥体棱镜等。

15.8.6 铸塑成型方法 cast forming method

在流动态的塑料单体或部分聚合的塑料中，加上适当的引发剂，然后浇入模具中，使其在一定的温度和常压或低压下，经过一定时间的化学变化而固化和脱模形成光学塑料零件的加工方法。这种成型工艺可使制件的均匀性更好，表面精度高。矫正视力的眼镜片大多数均采用铸塑成型方法生产。

15.8.7 放射线成型方法 radioactive ray forming method

利用放射线的能力和穿透力，使光学塑料的单体在较低的温度范围内，在模具中以高黏度状态发生聚合形成光学塑料零件的加工方法。放射线成型可有效地控制反应热、体积收缩，避免局部应力，从而改善了成型零件的光学性能。

15.8.8 切削成型方法 cutting forming method

用金刚石刀具直接加工塑料光学材料，形成塑料光学零件所需外形的加工方法。切削成型方法加工效率比较低。切削加工的塑料光学零件有菲涅耳透镜等。

15.8.9 机械成型方法 mechanical forming method

将光学塑料的板材或片材分割出所需形状，再进行研磨抛光来制造光学零件的加工方法。机械成型方法就是对塑料板材或片材通过切割和磨的方式加工出零件形状的方法。

15.8.10 尺寸精度因素 dimension precision factors

塑料光学零件加工需要严格控制的零件脱模斜度、零件厚度、收缩留量等精度因素。这些尺寸是塑料光学零件模塑成型制造所需保证的精度，它们是关系塑料光学零件结构形状合格性的尺寸。

15.8.11 脱模斜度 demolding slope

根据塑料光学零件的形状、塑料种类、加工模具结构、表面粗糙度、加工方式所设计的零件加工后脱离模具的倾斜角度。PC、PS、PMMA 等塑料的脱模斜度一般为 50′ ～ 2°。

15.8.12　成型尺寸误差因素 forming dimension error factors

带来模塑成型制造光学塑料零件尺寸偏差的主要因素。成型尺寸误差因素有模具制造误差、模具磨损误差、成型预定收缩误差和成型收缩波动误差等。

15.8.13　收缩留量 shrinkage allowance

塑料光学零件模塑制造所考虑的零件热成型到冷却收缩的尺寸量。收缩留量是通过将模塑成型模具尺寸做大来落实的，收缩留量按公式 (15-2) 计算：

$$M = \frac{A}{1 - \beta} \tag{15-2}$$

式中：M 为模具的公称尺寸；A 为塑料零件的公称尺寸；β 为塑料零件成型后预定收缩的百分比。

15.9　特殊表面加工

15.9.1　非球面光学零件 aspheric optical component

面形曲面为除球面以外的用高次多项式 (如抛物面、双曲面、椭球面等) 表示的光学零件。采用非球面的光学零件可用很少的光学零件就能获得高质量的成像，可减轻光学系统尺寸和重量。采用非球面光学零件的问题是非球面的加工和检验比较困难，模具制造难度大，不能像球面一样成盘加工。

15.9.2　非球面光学零件分类 aspheric optical component classification

分别按非球面的轴对称关系、外形尺寸、制造精度等进行的分类。非球面按轴对称关系可分为：轴对称回转非球面，如回转抛物面、回转双曲面、回转椭球面、回转高次曲面等；非轴对称曲面，如圆柱面、镯面、复曲面等；没有对称轴的自由曲面。按外形尺寸可分为：大型非球面，直径超过 0.5m 到几米以上的天文仪器用非球面；中型非球面，常用的照相系统、望远系统、显微系统用的非球面光学零件；微型非球面，光通信、电脑、手机等电子、电信产品使用的非球面零件。按制造精度可分为：高精度非球面，制造精度要求 PV 值在 0.1μm~0.3μm，用于天文仪器、摄谱仪器、平行光管等；中等精度非球面，制造精度 PV 值在 0.5μm~1μm，用于各种常用物镜、目镜、反射镜等；低精度非球面，制造精度 PV 值在 0.02mm~0.2mm，用于聚光镜、放大镜、眼镜片等。

15.9.3　回转对称非球面数学模型 rotary symmetrical aspheric mathematic model

有明确曲面名称的回转对称非球面的曲线数学表达的方程，用公式 (15-3) 表达：

$$\begin{cases} \dfrac{x^2}{a^2} \pm \dfrac{y^2}{b^2} = 1 \\ y^2 = 2px \end{cases} \tag{15-3}$$

式中：x、y 分别为曲线上的坐标点变量；a、b 分别为椭圆或双曲线的半长轴和半短轴；p 为抛物线的焦点到准线距离，也是抛物线顶点的曲率半径。公式 (15-3) 的第一段方程为椭圆及双曲线，坐标原点在曲线对称中心，第二段方程为抛物线，坐标原点在曲线顶点。

回转对称二次曲面的曲线一般关系的数学表达式方程，为公式 (15-4)：

$$y^2 = 2R_0 x - (1 - e^2)x^2 \tag{15-4}$$

式中：y 为入射光线在非球面上的高度；x 为非球面旋转对称轴；R_0 为二次曲线顶点曲率半径；e 为二次曲线的偏心率，即二次曲线的变形系数。当 $e^2 = 0$ 时，公式 (15-4) 为圆方程 (x 轴为球面旋转对称轴)；当 $e^2 = 1$ 时，公式 (15-4) 为抛物线方程 (x 轴为抛物面旋转对称轴)；当 $0 < e^2 < 1$ 时，公式 (15-4) 为椭圆方程 (x 轴为椭圆面旋转对称轴并长轴)；当 $e^2 < 0$ 时，公式 (15-4) 为扁椭圆方程 (x 轴为扁椭圆面旋转对称轴并短轴)；当 $e^2 > 1$ 时，公式 (15-4) 为双曲面方程 (x 轴为双曲面旋转对称轴)。公式 (15-4) 的坐标原点在曲线的顶点。

15.9.4 非球面工艺要素 aspheric surface technological element

由非球面构型参数、粗磨加工余量 (毛坯外直径、中心厚度、非球面粗磨半径、边缘厚度)、精磨与抛光工艺、精磨与抛光工装设计等组成的工艺因素。

15.9.5 非球面构型参数 aspheric surface forming parameter

由非球面的外径、通光孔径、中心厚度、边缘厚度、相对孔径、矢高、最接近比较球面曲率半径、非球面度等组成的参数。

15.9.6 非球面相对孔径 aspheric surface relative aperture

对于单调变化的非球面，曲面边缘点法线与光轴夹角的正切值。非球面相对孔径不是表征光学特性的相对孔径，只是表征与非球面边缘点处曲面特征相关的孔径，或者说是一种几何含义的相对孔径。对于相同的边缘点高度，边缘点法线与光轴相交的点离曲面边缘点越远，非球面相对孔径的值就越小，反之亦然。

15.9.7 比较球面半径 comparison spherical radius

将非球面包含在其内的最小球面半径，用公式 (15-5) 表达：

$$R_0 = \frac{D^2}{8x} + \frac{x}{2} \tag{15-5}$$

式中：R_0 为最接近比较球面的曲率半径；D 为非球面光学零件全口径；x 为非球面光学零件全口径矢高，由测量获得或由非球面方程求出。

15.9.8　非球面度 asphericity

由轴向非球面度或法向非球面度表达的非球面程度。轴向非球面度是任一高度 y 处非球面与比较球面在 x 轴方向的偏离量。法向非球面度是非球面某高度 y 处上点的法线与最接近比较球面相交，法线上对应点的距离。

15.9.9　非球面毛坯直径 aspheric blank diameter

由非球面零件直径、磨边余量和非球面工艺余量之和组成的直径，用公式 (15-6) 表达：

$$D_b = D + \Delta_1 + \Delta_2 \tag{15-6}$$

式中：D_b 为非球面零件毛坯直径；D 为非球面零件直径；Δ_1 为磨边余量，一般取值与球面情况时的相同，对于反射镜和直径大于 150mm 的非球面透镜，$\Delta_1 = 0$；Δ_2 为非球面工艺余量。

15.9.10　非球面毛坯中心厚度 aspheric blank center thickness

由非球面零件中心厚度、非球面加工余量和零件另一面的加工余量之和组成的厚度，用公式 (15-7) 表达：

$$d_r = d + \Delta d_1 + \Delta d_2 \tag{15-7}$$

式中：d_r 为非球面零件毛坯中心厚度；d 为非球面零件中心厚度；Δd_1 为非球面加工余量；Δd_2 为零件另一面的工艺余量。

15.9.11　非球面毛坯粗磨半径 aspheric blank rough grinding radius

由非球面零件最接近比较球面半径和非球面加工余量之和组成的半径，用公式 (15-8) 表达：

$$r_0 = R_0 + \Delta d_1 \tag{15-8}$$

式中：r_0 为非球面零件毛坯粗磨半径；R_0 为最接近比较球面半径；Δd_1 为非球面加工余量。当 $D/R_0 < 0.4$ 时，可取 $r_0 = R_0$。

实际生产中也可以按最接近球面半径作为非球面粗磨半径。

15.9.12　非球面毛坯边缘厚度 aspheric blank edge thickness

由非球面抛光完工后是否需要磨边所决定的毛坯边缘厚度。对于抛光完工后不再需要磨边的非球面反射镜或透镜，其四周等厚差要求一般控制在 0.005mm 以内；对于抛光完工后还需要定心磨边的非球面，按球面粗磨要求确定。

15.9.13　非球面精磨与抛光流程 aspheric grinding and polishing procedure

由非球面粗磨后是否需要磨边所决定的精磨与抛光工艺流程。对于粗磨后不再磨边的非球面零件，其精磨与抛光流程为改正焦距、精磨修改面形和抛光；对于粗磨后还须定心磨边的非球面零件，其精磨与抛光流程为改正焦距或粗抛光、定中心磨边、精磨、抛光和定中心磨边至要求尺寸。

15.9.14　非球面修改方法 aspheric surface modification method

由粗磨成型、精磨修改成型、抛光修改成型和全口径抛光盘修改成型等方法组成的非球面修改方法。

15.9.15　非球面加工工艺 aspheric surface processing technology

由去除加工法、变形加工法和附加加工法三类方法组成的加工工艺。这些方法各有其优势特点，使用时可采取多方法组成进行非球面零件的加工。

15.9.16　去除法加工 wiping-off processing method

采用研磨 (样板研磨法、磨盘研磨法、电子计算机修磨法等)、磨削 (仿形磨削法、连杆机构磨削法、数字控制磨削法等)、离子抛光等手段，去除光学零件表面的一部分材料，使表面形状达到设计要求的加工方法。去除加工方法主要有磨盘修磨法、凸轮仿形法、样板研磨法、数控机床加工法、数控单点金刚石车削法和计算机数控离子束成型法。

15.9.17　磨盘修磨法 grinding disk modification method

由粗磨到最接近球面、精磨非球面、精磨磨具、非球面抛光等加工工序组成的非球面加工方法。

15.9.18　凸轮仿形法 cam shaping method

利用精确的凸轮 (即靠模) 来控制零件和磨轮的相对运动，使零件磨削成非球面形状的加工方法。凸轮仿形法是非球面去除加工常用的方法。

15.9.19　样板研磨法 sample plate grinding method

依靠全形的片状金属样板以 1:1 比例复制非球面作为磨模结构的研磨加工方法。样板研磨法的加工精度受到金属样板制造精度的限制，一般用于细磨工序；用这种样板抛光时，可用海绵布抛光模或真空弹性抛光模来实现。

15.9.20　数控机床法 numerically-controlled machine method

用数控机床进行非球面光学零件粗磨、精磨和抛光等加工的方法。数控机床法加工有开环控制和闭环控制两种类型，开环控制为计算机控制刀具的坐标位置和驻留时间的控制；闭环控制为具有对加工件加工的过程进行测试并反馈信息进行过程调整控制的加工。

15.9.21　单点金刚石车削法 single point diamond turning method

用超精密单点金刚石车削数控机床进行非球面光学零件加工的方法。数控单点车削法主要用来加工中小尺寸、中等批量的红外晶体和金属材料的光学零件，生产效率高、加工精度高、重复性好、加工成本低于同类产品的传统方法。

15.9.22　数控离子束成型法 numerically-controlled ion beam forming method

用计算机控制离子束的设备精确控制高能正离子束的运动轨迹及离子轰击速度等参数，轰击光学零件表面而获得高精度光学零件表面的加工方法。

15.9.23　附加加工法 annexation processing method

对非球面光学零件进行球面加工后，通过附加途径对球面零件变成非球面光学零件的加工方法。附加加工法主要是由真空镀膜法、复制法组成的加工方法。

15.9.24　真空镀膜法 vaccum coating method

在抛光的球面或平面上，用真空镀膜方法镀以透明的变厚膜层，将球面或平面修改成非球面光学零件的加工方法。

15.9.25　复制法 replica method

先制造一个高精度的复制模，凸和凹与零件相反，在复制模上镀制分离镀层，加工最接近比较球面的非球面光学零件基体，用透明光学胶 (环氧树脂胶) 将零件基体与复制模紧密黏接在一起直到胶固化，通过加热或冷却使复制模分离以获得非球面光学零件的加工方法。

15.9.26　成型加工法 forming processing method

由弹性变形法、热压法和模塑法组成的非球面光学零件的非切削形成加工方法。

15.9.27　弹性变形法 elastic deforming method

利用玻璃的弹性变形加工非球面光学零件的加工方法。弹性变形的具体方法有：将薄片玻璃放在圆筒上，对圆筒抽真空，大气压将玻璃压向真空区使玻璃对称变形而形成非球面，对变形的光学零件进行研磨和抛光制成所需的光学零件的方法；将薄片玻璃放在非球面基底上，通过用胶将玻璃片黏结在基底上而使薄片玻璃变形，形成非球面，对变形的光学零件进行研磨和抛光制成所需的光学零件的方法。

15.9.28　热压法 thermocompression method

将光学塑料毛坯在非球面成型模具中进行加热、加压直接加工成非球面光学零件的加工方法。热压法制造的非球面光学零件有菲涅耳放大镜、施密特校正板等非球面光学零件。

15.9.29　模塑法 molding method

通过浇铸法和注射法将玻璃光学材料或塑料光学材料在非球面模具中直接成型为非球面光学零件的加工方法。

15.9.30　非球面质量评价 aspheric surface quality evaluation

对加工完的非球面光学零件进行的由表面轮廓度或粗糙度 (PV 值、RMS 值)、z 值、坡度偏差、定中心允差、表面疵病和表面粗糙度等指标的评价。

15.9.31　非球面面形检验方法 aspheric surface test method

包括坐标面型法、波面测量法、干涉检测法和补偿测量法等方法在内的对非球面光学零件的面形进行检验的方法。坐标面型法包括液面测量法、投影法、轮廓法等方法；波面测量法包括刀口阴影法、漫射阴影法、弥散圆直径法、光学补偿器法等方法；干涉检测法包括二次非球面干涉仪法、浸液干涉仪法、激光探针三坐标扫描法、短激光移相衍射干涉法、剪切干涉法等方法；补偿测量法包括计算机全息图干涉法、波带板干涉法等方法。

15.10　胶　　合

15.10.1　胶合 cementing

把两块或多块光学零件用光学胶或分子力等按相关技术要求黏接成一体的工艺过程。胶合 (用光学胶的) 主要的操作过程是清洗零件、上胶、排胶泡、透镜定中心或棱镜对角度、加热烘烤或曝光及检验等程序。胶合所用的光学胶主要有冷杉树脂胶、甲醇胶、环氧胶和光敏胶等。

15.10.2　光胶 optical contact

不用黏结剂，使两个清洁、光滑、面形匹配、精度高的光学零件表面通过排除两者间的空气，靠分子吸附结合在一起的工艺过程。光胶结合面的结合强度与玻璃本体强度不相上下，而且耐寒性能良好。要求光胶结合面没有反射。

15.10.3　黏接 bonding

用光学胶将两个或两个以上光学零件黏合在一起的操作过程，也称为黏合 (adhesion)。黏接操作包括涂胶、凉胶时间、叠装时间和固化等阶段。本书统一规范 "黏接" 和 "黏结" 的用法，"黏接" 为将两个或两个以上物体粘在一起的动词行为；"黏结" 为粘在表面上的动词和名词词性（名词表示作用和功能），例如黏结材料、黏结能力、黏结胶、黏结模等。

15.10.4　胶合机理 cementing mechanism

胶合的现象、结果和效果等的科学理论解释。胶合的机理存在五种类型的理论解释，即机械结合理论、吸附理论、扩散理论、静电理论和化学键结合理论。

15.10.5　机械结合理论 mechanical bond theory

认为胶黏剂渗透到看似光滑而实为微小沟壑及孔洞遍布零件表面的这些空隙中，固化后就像许多小钩将彼此勾连把被黏结物体连接在一起的一种学术观点。

15.10.6　吸附理论 absorbing theory

认为固体表面由于存在范德瓦耳斯力的作用，能吸附液体和气体，使胶黏剂和被胶合物体牢固地结合在一起的一种学术观点。

15.10.7　扩散理论 diffusing theory

认为高分子胶黏剂和高分子被黏结物体由于分子或链段的布朗运动，使黏结剂和被胶合物体的分子或链段进行相互扩散或界面互溶，导致胶黏剂和被胶合物体的界面消失，变成一个过渡区域，从而形成了牢固的胶黏结头，使胶黏剂和被胶合物体牢固地结合在一起的理性观点。

15.10.8　静电理论 electrostatic theory

认为当胶黏剂和被胶合物体两种电子亲和力不同的物体相接触时，必然引起电子亲和力小的物体向电子亲和力大的物体上面转移，使界面上产生接触电势，存在电偶层，电偶层的静电引力使胶黏剂和被胶合物体牢固地结合在一起的一种学术观点。

15.10.9　化学键结合理论 chemical bonding theory

认为当胶黏剂和被胶合物体之间，在一定量子化条件下可形成化学键，化学键使胶黏剂和被胶合物体牢固地结合在一起的一种学术观点。

15.10.10　光学胶性能指标 optical cement performance index

由颜色、折射率、透明度、软化点、线膨胀系数、收缩率、中部色散、溶解性、化学性能 (酸值、皂化值等)、机械性能 (强度、硬度等)、环境适应性 (耐高温、低温、湿度等) 等组成的性能指标。

15.10.11　胶硬度分类 cement hardness classification

胶按硬度所进行的分类，分为极硬、硬、中硬、软类别。树脂胶按硬度程度赋予牌号的编号，硬度越高，牌号的编号越小，即牌号编号越大的胶越软，而耐寒性越好。

15.10.12　胶合工艺 cementing technology

实施光学零件胶合的操作流程、方法和操作事项的技术。胶合的方法主要有热胶法和冷胶法。胶合的工艺流程一般为胶合前准备、胶液选择、胶合等程序。

15.10.13　热胶法 heating cementing

在光学零件胶合前，先对光学零件和胶进行预热，然后再进行胶合的方法。冷杉树脂胶等属于采用热胶法使用的胶。

15.10.14　冷胶法 normal temperature cementing

在光学零件胶合前，不需要对光学零件和胶进行预热，而是直接使用胶进行胶合，胶合后再进行加热固化的方法，也称为常温胶合法。甲醇胶、环氧树脂胶等属于采用冷胶法使用的胶，胶合后需要加热保持一段时间，以加速胶层的聚合。

15.10.15　胶合前准备 preparation before cementing

清洁工作室及工具、胶液选择、配制清洁剂、选配胶合的光学零件、清洁毛刷、清洁胶合零件、检查零件胶合面的合格性、存放合格件于盒中待用等程序。

15.10.16　光学零件清洗 cleaning of optical parts

用不同溶剂去除抛光后的光学零件表面的黏结材料、保护漆、抛光粉及其他脏物或附着物的工艺方法或过程。光学零件一般要求依次经过三氯乙烯、肥皂水、净水、乙醇、乙醇喷淋和三氯乙烯蒸气清洗。清洗的方式有手工清洗和超声波清洗。超声波的清洗的机理是通过超声波在清洗液中传播产生空穴现象和冲击作用来清除污物，是机械作用和化学作用的综合，效率较高。

15.10.17　胶液选择 cement fluid selection

实施胶种的选择确认与配制、胶的最佳稠度选择等行为或过程。胶种的选择确认与配制是根据图样确定采用胶种的符合性，并按胶的配制比例和方法配制胶；胶的最佳稠度选择是根据零件的尺寸精度、结构工艺性等因素确定胶的稠度，外形尺寸大、中心与边缘厚度差较大以及耐寒程度要求高的零件适合用稠度较小的胶。

15.10.18　冷杉树脂胶胶合 fir resin glue cementing

将擦好的零件放在垫板上，然后把垫板放在电热板上，并用玻璃罩罩上进行加热，零件加热后便可涂胶，涂胶时，小零件用镊子，大零件用手 (戴上手套) 涂胶并对其胶合的工艺方法或过程。

15.10.19　甲醇胶胶合 methanol glue cementing

将擦好的零件放在垫板上，对零件涂胶进行其胶合，然后对胶合的零件加热到 60℃ 左右，保持 10min~15min，使胶加速固化的工艺方法或过程。

15.10.20　环氧树脂胶胶合 epoxy resin glue cementing

将擦好的零件放在垫板上，对零件涂胶进行其胶合，然后置于平台上，用 250W 的红外灯烘烤，同时检查固化程度，当固化到能推动而不滑动时，迅速校正透镜中心或棱镜角度，使校正好的零件在平台上常温下放置 4h~5h 后，再在 60℃ 温度下保持 5h~6h 或在常温下放置 24h，使胶层全部固化的工艺方法或过程。

15.10.21　光敏胶胶合 photosensitive glue cementing

将擦好的零件放在垫板上，对零件涂胶进行其胶合，将胶合好的零件在紫外光下照射几十秒钟或数分钟使其初步固化，校正透镜中心或棱镜角度，合格后放入 60℃ 温度的烘箱 6h 使其固化的工艺方法或过程。

15.10.22　晶体胶合 crystal cementing

因晶体材料不同，需采用不同胶合擦拭物、擦拭液、胶合剂、胶合环境温度等进行胶合的工艺方法或过程。对于软质和易潮解的晶体，要用软布擦拭，严禁与酸性物质接触，要用亚麻籽油或甘油胶合；萤石不宜高温胶合，不能与酸性物质接触，可用溴代萘或甘油胶合；对于水溶性晶体，不能与水接触，温度不能高，可用溴代萘胶合；其他硬质晶体的胶合与玻璃光学零件基本相同，可视具体情况选择胶种。

15.10.23　多光学零件胶合 mutil-optical-parts cementing

为提高加工效率，对多个零件实施批量加工，选好基准零件，控制好零件间相对位置，宜以光敏胶 (通常为 GBN-501) 进行胶合的工艺方法或过程。

15.10.24　保护性胶合 protective cementing

对膜面保护玻璃、分划板保护玻璃、照相标志保护玻璃等胶合的工艺方法或过程。膜面保护玻璃的胶合重点是选择膨胀系数小、收缩率小、工艺简单的胶进行胶合，以保护膜层不受破坏，光学性能不受影响；分划板保护玻璃或照相标志保护玻璃的胶合重点是选择适合的胶，在仪器下校准位置进行胶合。

15.10.25　光学零件与金属零件胶合 cementing of optical parts and metal parts

用航空汽油清洗金属零件，除去毛刺和油污，擦拭好胶合面，在胶合面上增加缓冲层 (如罗筛布) 以提高黏结强度，对多孔材料提供足够的胶供吸收，将光学零件与金属零件胶合在一起的工艺方法或过程。

15.10.26　塑料光学零件胶合 plastics optical part cementing

采用 GBN-501 胶或 GBN-502 胶将塑料光学零件、有机玻璃、其他聚合物制造的零件之间胶合在一起的工艺方法或过程。

15.10.27　光胶质量因素 contact bonding quality factors

光学零件光胶时，影响胶合质量的有零件内部温度梯度、周围介质温度变化、光胶件温度与环境温度差、不洁光胶表面等的因素。

15.10.28　光胶法工艺 contact bonding technology

由清洁零件、光圈配对、恒温放置、擦拭光胶面、定中心 (定角度或定平行性) 胶合、退火等组成的工序及其技术。

15.10.29　光胶特点 contact bonding characteristics

光胶法所具有的优点和缺点。与胶层胶合相比光胶的优点有：机械强度高、可完全保证胶合件的光学性能 (避免了胶层对光学性能的影响)、性能稳定 (保持数十年不变)、胶合后变形小等；光胶的缺点有光胶面加工精度要求高、对工作环境、工具等的清洁度要求高、对中心困难 (接触面紧密)、耐急冷性差等。

15.10.30　光胶疵病 contact bonding defects

光胶后光学零件中通常出现的光胶层白斑、光胶面脏、脱胶、光胶光洁度不好、非光胶面光圈变形等影响胶合件性能的不利现象。

15.10.31　透镜定心胶合 lens centering cementing

采取仪器、工具、原理等定心方法，使透镜的胶合实现各胶合件之间组合的光轴与其几何轴同轴的工艺方法或过程。透镜定心胶合的方法主要有仪器定心胶合法、自动定心胶合法、夹具定位胶合法等。

15.10.32　胶合件拆胶 cementing pieces dismantling

对于胶合后不合格的胶合件或存在疵病不满意的胶合件使其分离成胶合前的零件单元的工艺方法或过程。胶合件拆胶的方法主要有高温拆胶、低温拆胶、锤击拆胶、溶解拆胶、石蜡拆胶等方法。胶合件拆胶从拆胶的作用性质分，可分为物理作用拆胶和化学作用拆胶。

15.10.33　高温拆胶 cementing dismantling in high temperature

将胶合的光学件直接放在电热板或放入烘箱中加热到规定的高温，或将胶合的光学件放入溶液中加温至规定的高温，使其自行分离的工艺方法或过程。高温拆胶利用光学零件与胶的膨胀系数不同进行拆胶。前者为直接高温拆胶法，后者为间接高温拆胶法，设置的高温范围根据所用胶的类型确定。高温拆胶法属于物理法拆胶。

15.10.34　低温拆胶 cementing dismantling in normal temperature

将胶合的光学件放在低温箱中降温到规定的低温，保持一段时间，使其自行分离的工艺方法或过程。低温拆胶利用光学零件与胶的收缩率不同进行拆胶。低温拆胶有利于保证零件的光洁度，且膜层损伤率低。低温拆胶法属于物理法拆胶。

15.10.35　锤击拆胶 cementing dismantling with hammering

用木锤敲击胶合的光学件，使其受冲击力作用而分离的工艺方法或过程。锤击拆胶法能保持零件光洁度，残胶易清洗，但不熟练的操作易使零件报废。锤击拆胶法一般适用于黏结面积较小的棱镜。锤击拆胶法属于物理法拆胶。

15.10.36　溶解拆胶 cementing dismantling with dissolution

将胶合的光学件放入规定的化学溶液中浸泡一定的时间，使其自行分离的工艺方法或过程。溶解拆胶的机理是溶解胶层，溶液主要有二氧化甲烷、甲酸等混合溶液。溶解拆胶法属于化学法拆胶。

15.10.37　石蜡拆胶 cementing dismantling in paraffin heat liquid

将胶合的光学件放入刚熔化的 70℃ 左右的石蜡中，继续升温到 290℃~300℃，保温 1h，使其自行分离的工艺方法或过程。胶合的光学件分离后，在石蜡凝固前，取出零件冷却到室温，泡在汽油中，洗净石蜡，再把零件浸入 50℃ 的重铬酸钾溶液中，保温半小时，用水洗净，再用乙醇擦洗。

15.11　镀　　膜

15.11.1　光学镀膜 optical coating

为改变光学零件表面的光学特性或保护光学零件表面而在光学零件表面上镀制一层或多层金属或介质材料薄膜的工艺过程或行为。光学薄膜的反射、透射、吸收、偏振、相位等光学特性是通过膜层上的多次干涉效应产生的。

15.11.2　光学功能薄膜 optical functional film

具有增强光透射、增强光反射、增强光吸收、光谱选择通过、偏振、衍射、表面保护等特定光学性能的光学薄膜。

15.11.3　光学薄膜分类 optical film classification

按光学薄膜的某些属性所进行的分类。光学薄膜按结构组成可分为单层膜、双层膜、三层膜、多层膜等。一层膜通常只有波长的几分之一厚。当今的镀膜技术已可镀制多达上百层的膜。按膜层的功能可分为减反射膜 (增透膜)、反射膜、分光膜、滤光膜、偏振膜、导电膜、保护膜等。

15.11.4　光学薄膜图形符号 optical film graphic symbol

光学设计图样上使用的、表达光学薄膜功能的简单图形符号。光学薄膜图形符号用简单、直观的图形代替文字表达光学薄膜所属的功能类型，方便了设计的表达，其图形符号及其相应的功能如表 3-3 所示。

15.11.5　膜系设计 design of layer system

为使光学零件表面在确定的光谱区域内具有预定的反射比、透射比、偏振度等光学特性，计算确定所要镀制的光学薄膜的层数、层序、每层膜的折射率和光学厚度的设计方法。光学厚度是膜层的几何厚度与折射率的乘积。膜系设计中，将膜层厚度设计成四分之一波长或其整数倍的膜系称为规整膜系，否则，为非规整膜系。膜系设计的传统是解析法，所用数学方法有矢量法、递推法和矩阵法等，现在普遍采用计算机进行膜系自动化优化设计。

15.11.6　光学厚度 optical thickness

〈薄膜光学〉为了简化光学薄膜的计算与设计确定的单层薄膜的几何厚度所对应的光程。通常采用 $\lambda/4$ 或 $\lambda/2$ 光程的光学厚度，并由其对应的几何厚度作工艺控制参数。

15.11.7　光学导纳 optical admittance

光束从一种介质进入另一种介质通畅的性质，或者说是介质对光束的导入性。光学导纳可抽象为一种等效折射率。光学导纳的数学表达关系由麦克斯韦公式推导出，导纳反映介质对光波通过的通畅程度，数值越大光束从一种介质进入另一种介质越通畅，反之不通畅。

15.11.8　光学导纳轨迹 optical admittance track

在坐标系中每层相邻膜的导纳曲线首尾相连形成的整个膜系的导纳曲线。

15.11.9　光学导纳图 optical admittance diagram

用坐标系表达导纳轨迹的图形。导纳图是表示任意一个光学膜系可以等效于一个具有一定折射率和相位延迟的单层膜，其含义与光学传输矩阵密切相关。

15.11.10　赫平折射率 Herpin refractive index

三层对称的薄膜当作一层薄膜看待时的等效折射率，也称为赫平光学导纳（Herpin optical admittance）。任何三层薄膜特征矩阵的对称乘积都可用一个矩阵来替代，它的形式与单层膜的相同，因此，它具有一个等效厚度和一个等效光学导纳。

15.11.11　史密斯圆图 Smith circle diagram

用一个参考平面滑过已经存在的多层膜，并在平面内给出净振幅反射系数的轨迹的圆图。对于史密斯圆图，当参考平面越过一个界面时，轨迹便存在不连续性。

15.11.12　反射率圆图 reflectance circle diagram

假设多层膜正在构造中，振幅反射系数的入射介质就是整个多层膜的入射介质，得到的轨迹是每一层膜的终点就是下一层膜起点的连续关系，各个介质圆不再以圆点为中心的轨迹圆图。

15.11.13　单层膜零反射膜 single layer zero reflection film

光学膜系设计中，光学导纳为 Y、反射率为 R、条件为垂直入射、折射率为 n 时，零反射膜层的一种基本膜系特性。Y、R、n 分别按公式 (15-9)、公式 (15-10) 和公式 (15-11) 计算：

$$Y = \frac{n^2}{n_s} \tag{15-9}$$

$$R = \left(\frac{n_0 n_s - n^2}{n_0 n_s + n^2} \right)^2 \tag{15-10}$$

$$n = \sqrt{n_0 n_s} \tag{15-11}$$

式中：Y 为光学导纳；R 为反射率；n_s 为基底折射率；n_0 为空气折射率；n 为膜层材料折射率。膜层零反射的条件是满足公式 (15-11)，例如，单层膜要求膜层材料的折射率 $n = 1.233$，目前现有镀膜材料还没有这么低折射率的材料，因此，单层膜零反射在理论上可算出，但实际上还不能实现，实际中需要通过镀多层膜来逼近。

15.11.14　无效层膜 null layer film

光学膜系设计中，光学导纳为 Y、反射率为 R、条件为膜层相位厚度为 $\delta = \pi$ 对应公式 (15-12) 时，无效膜层的一种基本膜系特性，也称为虚设层。Y、R 分别按公式 (15-13) 和公式 (15-14) 计算：

$$n \cdot d \cdot \cos \theta = \frac{\lambda}{2} \tag{15-12}$$

$$Y = n_s \tag{15-13}$$

$$R = \left(\frac{n_0 - n_s}{n_0 + n_s} \right)^2 \tag{15-14}$$

式中：Y 为光学导纳；R 为反射率；n_s 为基底折射率；n_0 为空气折射率；n 为膜层材料折射率；d 为膜层几何厚度；θ 为光束入射角。无效层是在设计波长处导纳和反射率与镀膜折射率无关，但可以改变邻近波长的反射率或透射率的光谱范围。

15.11.15　镀低折射率膜 low refractive index coating

光学膜系设计中，光学导纳为 Y、反射率为 R、条件为膜层相位厚度为 $\delta = \pi/2$ 对应公式 (15-15) 时，镀低折射率膜层的一种基本膜系特性。Y、R 分别按公式 (15-16) 和公式 (15-17) 计算：

$$n \cdot d \cdot \cos \theta = \frac{\lambda}{4} \tag{15-15}$$

$$Y = \frac{n^2}{n_s} \tag{15-16}$$

$$R = \left(\frac{n_0 - Y}{n_0 + Y} \right)^2 \tag{15-17}$$

式中：Y 为光学导纳，$n < n_s$；R 为反射率；n_s 为基底折射率；n_0 为空气折射率；n 为膜层材料折射率；d 为膜层几何厚度；θ 为光束入射角。镀低折射率是在设计波长处，反射率降低。

15.11.16　镀高折射率膜 high refractive index coating

光学膜系设计中，光学导纳为 Y、反射率为 R、条件为膜层相位厚度为 $\delta = \pi/2$ 对应公式 (15-18) 时，镀高折射率膜层的一种基本膜系特性。Y、R 分别按公式 (15-19) 和公式 (15-20) 计算：

$$n \cdot d \cdot \cos \theta = \frac{\lambda}{4} \tag{15-18}$$

$$Y = \frac{n^2}{n_s} \tag{15-19}$$

$$R = \left(\frac{n_0 - Y}{n_0 + Y}\right)^2 \tag{15-20}$$

式中：Y 为光学导纳，$n > n_s$；R 为反射率；n_s 为基底折射率；n_0 为空气折射率；n 为膜层材料折射率；d 为膜层几何厚度；θ 为光束入射角。镀高折射率是在设计波长处，反射率提高。

15.11.17　s 偏振零反射 s polarization zero reflection

光学膜系设计中，条件为 $n_f^2/n_s = n_0$ 时，s 偏振光的反射率 $R_s = 0$，s 偏振零反射膜层的一种基本膜系特性。n_s 为基底折射率；n_0 为空气折射率；n_f 为多层膜等效折射率。s 偏振在无膜层的基底上时，是不可能出现零反射现象的。

15.11.18　p 偏振零反射 p polarization zero reflection

光学膜系设计中，条件为光束入射角 $\theta_B = \arctan(n_s/n_0)$ 时，p 偏振光的反射率 $R_p = 0$，p 偏振零反射膜层的一种基本膜系特性。n_s 为基底折射率；n_0 为空气折射率。光束按 θ_B 角入射时，全透射。p 偏振在无膜的基底上是可能出现零反射现象的。

15.11.19　斜入射 inclined incidence

光学膜系设计中，反射率 $\bar{R} = (R_s + R_p)/2$，$R_s > R_p$ 时，斜入射膜层的一种基本膜系特性。$\bar{R}$ 为平均反射率；R_s 为 s 偏振光的反射率；R_p 为 p 偏振光的反射率。与垂直入射相比，反射率极值向短波方向移动。

15.11.20　双层增透膜系 double layer enhanced transmission film system

光学膜系设计中，当膜系结构为 $n_0|LH|n_s$ 的两层膜结构时，光学导纳为 Y、反射率为 R、垂直入射条件下，存在公式 (15-21)，膜层的一种基本膜系特性。Y、R 分别按公式 (15-22) 和公式 (15-23) 计算：

$$\frac{n_2}{n_1} = \sqrt{\frac{n_s}{n_0}} \tag{15-21}$$

$$Y = \frac{n_1^2 n_s}{n_2^2} \tag{15-22}$$

$$R = \left(\frac{n_0 - Y}{n_0 + Y}\right)^2, \quad R = 0 \tag{15-23}$$

式中：Y 为光学导纳；R 为反射率；n_s 为基底折射率；n_0 为空气折射率；n_1 为第一层膜材料的折射率；n_2 为第二层膜材料的折射率。当 $n_2 > n_1$ 时，为增透膜；当 $n_2 < n_1$ 时，为增反膜。

15.11.21　V 型增透膜系 V type enhanced transmission film system

光学膜系设计中，光学导纳为 Y、反射率为 R、膜层组成结构为 $n_0 |\text{LH}| n_s$ 时，膜层的一种基本膜系特性。Y、R 分别按公式 (15-24) 和公式 (15-25) 计算：

$$Y = \frac{n_1^2 n_s}{n_2^2} \tag{15-24}$$

$$R = \left(\frac{n_0 - Y}{n_0 + Y}\right)^2 \tag{15-25}$$

式中：Y 为光学导纳；R 为反射率；n_s 为基底折射率；n_0 为空气折射率；n_1 为第一层膜材料的折射率；n_2 为第二层膜材料的折射率。V 型增透膜会出现单一极值。设计波长处反射率降低，其余波段劣于单层设计。

15.11.22　W 型增透膜系 W type enhanced transmission film system

光学膜系设计中，膜层组成结构为 $n_0 |\text{L2H}| n_s$ 或 $n_0 |\text{L2HM}| n_s$ 时，光学导纳为 Y、反射率为 R、垂直入射条件下，膜层的一种基本膜系特性。

膜层组成结构为 $n_0 |\text{L2H}| n_s$ 时，Y、R 分别按公式 (15-26) 和公式 (15-27) 计算：

$$Y = \frac{n_1^2}{n_s} \tag{15-26}$$

$$R = \left(\frac{n_0 - Y}{n_0 + Y}\right)^2 \tag{15-27}$$

当膜系组成结构为 $n_0 |\text{L2HM}| n_s$ 时，Y、R 分别按公式 (15-28) 和公式 (15-29) 计算：

$$Y = \frac{n_1^2 n_s}{n_2^2} \tag{15-28}$$

$$R = \left(\frac{n_0 - Y}{n_0 + Y}\right)^2 \tag{15-29}$$

式中：Y 为光学导纳；R 为反射率；n_s 为基底折射率；n_0 为空气折射率；n_1 为第一层膜材料的折射率；n_2 为第二层膜材料的折射率。W 型增透膜会出现双极值，拓宽低反射率波段，使整个波段反射率低于单层设计。

15.11.23　高反射膜系 high reflection film system

光学膜系设计中，光学导纳为 Y、反射率为 R、条件为垂直入射、特定膜层组成结构时，膜层的一种基本膜系特性。反射率 R 以及高反射有四种膜层组成结构及相应光学导纳 Y_1、Y_2、Y_3、Y_4，分别按公式 (15-30)、公式 (15-31)、公式 (15-32)、公式 (15-33) 和公式 (15-34) 计算：

$$R = \left(\frac{n_0 - Y}{n_0 + Y}\right)^2 \tag{15-30}$$

$$Y_1 = \left(\frac{n_H}{n_L}\right)^{2m} n_s, \quad n_0 \,|(\mathrm{HL})^m|\, n_s \quad （垂直入射） \tag{15-31}$$

$$Y_2 = \left(\frac{n_H}{n_L}\right)^{2m} \frac{n_H^2}{n_s}, \quad n_0 \,|(\mathrm{HL})^m|\, n_s \quad （垂直入射） \tag{15-32}$$

$$Y_3 = \left(\frac{n_L}{n_H}\right)^{2m} n_s, \quad n_0 \,|(\mathrm{LH})^m|\, n_s \quad （垂直入射） \tag{15-33}$$

$$Y_4 = \left(\frac{n_L}{n_H}\right)^{2m} \frac{n_L^2}{n_s}, \quad n_0 \,|(\mathrm{LH})^m \mathrm{L}|\, n_s \quad （垂直入射） \tag{15-34}$$

式中：R 为反射率；Y_1、Y_2、Y_3、Y_4 分别为四种膜层结构的光学导纳 (垂直入射)；n_s 为基底折射率；n_0 为空气折射率；n_H 为高折射率膜层材料的折射率；n_L 为低折射率膜层材料的折射率；m 为高折射率膜与低折射率膜组对的数量。高反射膜的膜系由光学厚度为 $\lambda/4$ 的高、低折射率交替膜层构成。调整高、低折射率的比率，可以改变高反射区域的宽度，比率越高，宽度越宽。另外，镀膜层数越多，反射率越高，各类型高反射膜的反射率越接近，但外层是高折射率的镀膜有最高的反射率，典型应用有镜片、分光镜、偏振分光镜、截止滤光片、带通滤光片等。

15.11.24　基底内透射率 substrate internal transmissivity

〈光学薄膜〉刚到达基底出射面的光强与刚进入基底入射面内的光强之比。基底内透射率的高低主要受基底材料吸收率的影响，吸收大的基底材料，基底内透射率就低，反之就高。无吸收的基底介质的内透射率为 1。

15.11.25　入射介质 incident medium

〈光学薄膜〉光射入薄膜层前经过的介质。入射介质主要有两种情况，一种是空气，另一种是基底材料。

15.11.26　出射介质 emergent medium

〈光学薄膜〉光射出薄膜层后进入的介质。出射介质主要有两种情况，一种是基底材料，另一种是空气。

15.11.27　光学薄膜 optical thin film

镀制在光学零件表面，使其具有特定的光学、电学、机械、化学等性能的膜层。光学薄膜的厚度一般在光学波长的数量级。光学薄膜主要用于增强或增加光学零件的光学特性和特定功能，主要有增透、反射、分光、滤光、偏振、变性相位、导电等功能。光学镀膜主要有物理镀膜、化学镀膜、物理化学镀膜等类别。

15.11.28　物理镀膜 physical coating

用加热、离子轰击等物理方法使镀膜物质 (膜料) 的原子或分子源源不断地沉积在零件表面上，直至形成所需厚度薄膜的镀膜方法。物理镀膜有真空法和非真空法两大类，真空法有蒸发、溅射、离子镀和整流沉积等，非真空法有浸泡法、喷镀法等。光学薄膜主要采用真空蒸发、溅射、离子镀等方法镀制。

15.11.29　真空镀膜 vacuum coating

在真空条件下，通过蒸发、溅射、离子等方式，使镀膜的金属或介质材料分离为极小的单元，以直线形式向四面八方辐射，高速撞击旋转的被镀零件，在被镀零件表面凝聚形成均匀薄膜的镀膜方法。真空镀膜包括在真空条件下实施的各种方式的镀膜。

15.11.30　蒸发法镀膜 evaporation coating

将光学零件置于真空室中，抽到高真空 (一般为 10^{-3}Pa)，再把镀膜材料加热气化，在光学零件表面沉积为薄膜的镀膜方法。镀膜材料有氟化镁、硫化锌和铝等，用钼舟、钨舟、螺旋钨丝及其他类似的蒸发器来蒸发材料。蒸发法镀膜是真空镀膜的一种方式，其蒸发的方式有加热蒸发和激光蒸发等。

15.11.31　物理气相沉积 physical vapor deposition

将镀膜材料热蒸发气化，通过引导和驱动力使其附着到被镀制件上的镀膜方法。物理气相沉积的技术主要有真空蒸发镀膜、真空溅射镀膜和真空离子镀膜三类，方法主要有真空蒸镀、离子束辅助沉积、离子束溅射沉积、磁控溅射沉积、激光蒸发熔射、电弧等离子体镀、分子束外延等方法，相应的真空镀膜设备有真空蒸发镀膜机、真空溅射镀膜机和真空离子镀膜机。物理气相沉积技术不仅可以用于沉积金属膜、合金膜，还可以沉积化合物、陶瓷、半导体、聚合物膜等。

15.11.32   蒸发加热 evaporation heating

将镀膜材料由固态加热到气态或气相的过程。热蒸发有电阻加热、辐射加热、感应加热、电子束加热等方法。

15.11.33   离子束辅助沉积 ion beam assist deposition

在热蒸发法沉积薄膜的同时，由离子源发射出来的一定参数的离子束作用到生长中的薄膜上的镀膜方法。离子束辅助沉积可使镀制的膜层密度大、均匀 (弱化柱状结构)、附着力强。

15.11.34   溅射法镀膜 sputter coating method

在真空室内用电荷粒子轰击靶材 (膜料)，使其表面原子逸出，沉积在光学零件上形成薄膜的镀膜方法。溅射法镀膜是在阴、阳两极间加数千伏直流高压，产生辉光放电，电离的氩气正离子在电场加速下，冲击阴极表面上的靶材，使靶材原子逸出沉积在光学零件上。溅射法镀膜的类别有阴极溅射、高频溅射、三极溅射、磁控溅射等。

15.11.35   离子束溅射沉积 ion beam sputtering deposition

用离子束轰击镀膜材料靶面，离子束动量转移到靶材，使靶材原子脱离表面形成溅射原子而飞向被镀制物体的镀膜方法。离子束溅射沉积具有能量高的特点，其比热蒸发的能量高两个数量级，因此，镀制的薄膜具有密度高、波长无漂移、散射低、光学稳定性好、与基底附着力强等优点。

15.11.36   磁控溅射沉积 magnetic control sputtering deposition

在溅射沉积法中，将溅射产生的二次电子在阴极位降区内加速成为高能电子，在电场和磁场的联合作用下进行近似摆线的运动，与气体分子不断发生碰撞并转移能量，使之电离而本身成为低能电子，从而避免高能电子对工件的强烈轰击的镀膜方法。磁控溅射沉积方法有很高的溅射速率，电离效率比较高。

15.11.37   激光蒸发熔射 laser evaporation spray

应用真空室外的激光对靶材进行加热气化，沉积在光学零件上形成薄膜的镀膜方法。激光蒸发熔射方法的激光置于真空室外，避免了蒸发源的污染，又简化了真空室，非常适合在高真空下制备高纯薄膜。

15.11.38   分子束外延 molecular beam epitaxy (MBE)

在极清洁的超高真空系统中，对装有各种所需膜层物质组分的炉子加热使材料气化蒸发，经小孔准直后形成分子束或原子束，控制分子束对镀制基片的扫描，喷射至加热到一定温度的单晶基片上，使分子或原子逐层有规律地附着到基片上形成薄膜的方法，或使分子或原子束在加热的单晶衬底表面进行反应，然后进行生长单晶薄膜的镀膜方法。分子束外延方法是在适当的基片 (衬底) 和合适的条件下，沿基片材料晶轴方向逐层生长高质量的单晶薄膜的方法，具有外延膜纯度高、生长速度低、生长温度低、可任意改变外延层的组分、可研究生长过程机理、可与其他半导体设备连接实现真空室中的材料生长、蒸发、注入和掺杂等连续制造工艺操作。分子束外延晶体生长的设备主要由进样室、制备室和生长室组成，分子束温度与基片温度需分别严格进行控制。分子束外延是一种制备单晶薄膜或生长多层单晶薄膜的外延技术，是一种新发展起来的外延制膜方法，也是一种特殊的真空镀膜工艺。

15.11.39　离子源 ion source

离子束辅助沉积方法中用于发射离子束的装置。离子源的类型主要有中空阴极、考夫曼、射频、微波、霍尔、冷阴极等。中空阴极离子源产生原理：灯丝加热发射电子，电子在由灯丝形成的空腔中与气体原子碰撞使其电离；考夫曼离子源产生原理：阴极发射的电子在磁场作用下，回旋撞击气体分子，使气体电离；射频离子源产生原理：用 13.56MHz 的频率源，射频功率通过电感耦合进入放电室，放电室内感应出磁场，磁场又感应出轴向涡旋电场，电场将气体电离；微波离子源产生原理：利用电子回旋加速运动与微波发生共振而获得高密度等离子体 (常用微波频率为 2.45GHz)；霍尔离子源产生原理：与考夫曼离子源产生原理类似，区别是阴极放到了锥形阳极的前面，结构比考夫曼离子源简单；冷阴极离子源产生原理：真空室的真空低至 10^{-3}Pa $\sim$ 10^{-4}Pa 后，充入 Ar 或 O_2，气体在阳极电压的作用下辉光放电而电离。

15.11.40　反应溅射法镀膜 reactive sputter coating method

溅射镀膜过程中，在真空中少量充入某化学元素气体，使溅射的材料与其发生反应，获得性能更好的光学膜层的镀膜方法。这种镀膜在机理上是物理化学的，在设备上是物理的。

15.11.41　反应蒸发法镀膜 reactive evaporation coating method

蒸发镀膜过程中，在真空中少量充入某化学元素气体，使蒸发的材料与其发生反应，获得性能更好的光学膜层的镀膜方法。例如，直接蒸发二氧化钛得到的膜层对光有较强吸收，当在真空中少量充氧的条件下蒸发一氧化钛，经过氧化得到的二氧化钛膜层的光吸收率就会很低。这种镀膜在机理上是物理化学的，在设备上是物理的。

15.11.42　非真空镀膜 nonvacuum coating

在非真空的环境中进行光学表面镀膜的方法。非真空镀膜主要是化学镀膜法，其镀制不需要真空环境。

15.11.43　化学镀膜 chemical coating

通过化学反应将成膜物质沉积在光学零件表面形成薄膜的镀膜方法。化学镀膜的成膜物质沉积分别有化学气相沉积和化学液相沉积。化学镀膜的方法有酸蚀法、水解法、沉积法等。

15.11.44　化学液相沉积 chemical liquid deposition

利用包含膜层物质微粒的液体与被镀制基体表面接触，使液体中的镀制物质沉积在基体上实现镀膜的镀膜方法。化学液相沉积的方法有溶胶-凝胶沉积法等。

15.11.45　溶胶-凝胶沉积 sol-gel deposition

线度为 1nm~1000nm 范围内的镀制材料固体颗粒均匀分散在适当的液体介质中形成分散体系，这些微粒固体 (一般由 $10^3 \sim 10^9$ 个原子组成) 在分散介质中作布朗扩散运动，经外部作用 (温度变化、搅拌、化学反应、电化学平衡等)，溶胶中的固体分散颗粒逐渐絮凝或相互集结，在整个体系中相互连接形成支链、网络、网络扩展、黏化凝胶，在镀制基体上沉积为薄膜的镀膜方法。溶胶-凝胶沉积方法有提拉法、旋涂法、层流法、喷涂法、流延法、滚轴涂敷法等。

15.11.46　极值光控法 extremum light control method

通过对镀制中的光学薄膜的反射率或透射率进行检测，来掌握膜层厚度的关系的镀膜控制方法。当膜层的厚度为 λ/4 整数倍时，将会出现反射率或透射率极大值或极小值的现象，由此用于膜层镀制厚度的控制。

15.11.47　石英晶体振荡法 quartz crystal oscillation method

利用石英晶体的压电效应，将薄膜蒸镀在与振荡电路相连接的石英晶片上，根据石英晶体谐振频率的变化来确定薄膜厚度的控制方法。

15.11.48　减反射膜 antireflection coating

通过膜系设计使光学薄膜内的各层膜分界面上的反射光产生相减干涉使反射光削弱的光学薄膜，也称为增透膜。光学零件镀制减反射膜可使其透射比显著增加，有利于提高光学系统的成像对比度。减反射膜具有光谱选择性或光谱增透范围。

15.11.49　反射膜 reflecting coating

通过镀制高反射特性的光学薄膜材料，或膜系设计使光学薄膜内的各层膜分界面上的反射光产生相加干涉使反射增强的光学薄膜，也称为反光膜。反射膜按膜层镀制的位置分，可分为内反射膜和外反射膜；按膜层的材料分，可分为金属反射膜和介质反射膜；按反射效果分，可分为普通反射膜和高反射膜。普通反射膜通常用金属镀制，如铝膜、银膜等，铝膜的反射率可达 84％以上，银膜的反射率可达 95％以上；高反射膜通常用介质镀制，反射率可达 99.9％以上。反射膜具有光谱选择性或光谱反射范围。

15.11.50　高反射膜 high-reflection coating

镀膜件的反射比 (反射率) 达到 99.5％以上的反射膜。通常用折射率高低交替的每层 $\lambda/4$ 厚的多层介质膜系，能够得到高反射比。

15.11.51　分光膜 beam splitting film

能把入射光分成两个不同传播方向的两束光的光学薄膜，也称为析光膜。分光膜分出的光束是一束沿原传播方向透射，另一束与透射光成一定角度反射 (通常两束光的夹角为 90°)。分光膜的种类有强度分光膜、光谱分光膜、偏振分光膜等。

15.11.52　强度分光膜 indensity beam splitting film

将入射到膜层上的一束光，按一定比例的光强度分成反射和透射两束光传播方向不同光束的光学薄膜。分开的两束光的光强度被称为透反比，即透射光的光强度比反射光的光强度。当薄膜的透反比为 1 时，即透射光的光强度与反射光的光强相等时，称为半透半反膜。半透半反膜一般有两种形式，一种是镀制在平行平板上，另一种是镀制在直角棱镜的斜面上再与另一块相同形状的直角斜面相对胶合。

15.11.53　光谱分光膜 spectrum beam splitting film

将入射到膜层上的一束多光谱光，分成反射和透射两束包含不同光谱段、以不同方向传播的光的光学薄膜。彩色电视技术就需要用到光谱分光膜。

15.11.54　偏振分光膜 polarization beam splitting film

将入射到膜层上的非偏振光，分成以不同方向传播的 p 分量透射偏振光和 s 分量反射偏振光的光学薄膜。偏振分光膜的分光原理是采用多层膜使光束的 p 分量的反射为零，使 s 分量的反射最大。

15.11.55　分合色膜 separating or combining coating

通过透射或反射，将入射光分为两束或多束各包含不同光谱区域的光的光学薄膜。逆向光路即可把不同光谱区域的两束或多束光合并成一束合色光。

15.11.56　滤光膜 filter coating

通过膜层间的干涉，将不允许透过的光谱干涉相消，只留下选择的波长的光通过的光学薄膜，也称为干涉滤光膜。滤光膜对截止或抑制透过的波长辐射进行光强度衰减，而对允许通过的波长辐射给以高的透射率。

15.11.57　中性滤光膜 neutral density filter coating

在一个宽光谱区内能均匀地减弱入射光强度的光学薄膜，也称为衰减膜。中性滤光膜主要是镀制金属膜，常用的有镍铬合金、铂等金属膜。中性滤光膜有密度不变的和变密度的两种。

15.11.58　截止滤光膜 cut-off filter coating

使入射的光谱在某波长处单边截止，即此处比其短的波长或比其长的波长部分不能通过的光学薄膜。短波区截止，而长波区有高透射比的称为长波通滤光片，或低通滤光片；长波区截止，而短波区有高透射比的称为短波通滤光片，或高通滤光片。截止滤光膜的主要性能参数为：光谱透射曲线开始上升或下降时的波长及此曲线上升或下降段许可的最小斜率；透射区光谱宽度、平均透射比及许可的最小透射比；截止区光谱宽度及许可的最大透射比。

15.11.59　带通滤光膜 band-pass filter coating

入射光谱的长波和短波两个方向都被截止的光学薄膜。带通滤光膜就是只让入射光谱范围中的一段通过的光学薄膜。带通滤光膜的主要性能参数为：中心波长或峰值波长；峰值波长透射比；半宽度；相对半宽度等。相对半宽度小于 15% 的称为窄带滤光片；相对半宽度大于 15% 的称为宽带滤光片。带通滤光膜的滤光片按膜系结构的不同，分为法布里-珀罗滤光片、多半波滤光片、诱导增透滤光片、相色散滤光片等。

15.11.60　偏振膜 polarizing coating

使自然光变成偏振光，在指定波长范围内，能输出特定偏振态的偏振光的光学薄膜。偏振膜通常用于起偏器和检偏器。

15.11.61　保护膜 protective coating

为防止机械磨损、化学腐蚀和环境污染而镀在光学零件表面上的光学薄膜。塑料光学零件等用附着力和牢固性好的介质膜作保护膜；化学稳定性差的硅酸盐光学玻璃可用醋酸浸蚀后形成的二氧化硅膜保护。

15.11.62　导电膜 conducting coating

以金属氧化物或金属为镀膜的功能材料，镀制在光学零件表面上，通电时能发热的薄膜，也称为电热膜。导电膜有透明的和不透明的两种，不透明的有作为加热电阻的铬膜，透明的有铟锡氧化物、氧化钨、AZO(偶氮) 等导电膜，以及用很薄的银作加热电阻，并在其两侧分别加一层厚度合适的介质膜。透明导电膜具有防止光学零件表面结霜、凝雾等功能。

15.11.63　亲水膜 hydrophilic coating

能使落在膜面上的水变成均匀水膜的膜层。亲水膜是功能膜层被水作用的一种性质。在水处理、食品、医药、医疗、环保等领域中，亲水膜是超滤膜中的一种，用于分离、浓缩、纯化生物制品、医药制品、食品，以及用于血液处理、废水处理和超纯水制备等中。

15.11.64　憎水膜 hydrophobic coating

能使落在膜面上的水凝成水珠的膜层。憎水膜具有防水的功能，可以用于汽车挡风玻璃、眼镜等的防雨、防雾。带有长链烷基的有机硅烷在玻璃表面形成的憎水膜比短链的甲基、乙基有机硅烷所形成的憎水膜有更好的性能。

15.11.65　单层膜 single layer coating

膜层内没有不同材料界面的单一材料的膜层。单层膜是多层膜的基本单元,多层膜是由多层单层膜组成的。单层膜可有反射膜，也可有减反射膜。通常镀制单层金属膜可构成反射膜 (反射率要求不是很高时)，例如，可见光的铝膜反射镜、红外辐射的金膜反射镜等；在高折射率基底上镀制单层介质膜可构成减反射膜，例如，在锗、硅、砷化镓、硫化铟、锑化铟材料上镀制硫化锌。

15.11.66　双层膜 double layer coating

膜层内有一个材料界面，是由两种薄膜材料镀制而成的膜。在膜系设计中，典型的双层膜是由一层折射率低的材料和一层折射率高的材料组成的双层膜，可用符号 |LH| 表示。

15.11.67　多层膜 multilayer coating

膜层内有两个或两个以上界面的膜层。它由两种或两种以上折射率不同的薄膜材料交替镀制而成。对于宽谱带的减反射膜或反射率很高的膜，都需要通过镀制多层膜才能实现。

15.11.68　金属膜 metal coating

以金属为镀膜材料的膜层。金属膜有由一种金属材料构成的金属膜和由合金材料构成的金属膜。金属膜可用作反射镜的工作膜层和导电膜的工作膜层。金属膜采用的金属材料主要有银、铝、金、铜、锡、钛、铬、锌合金、锡合金等。

15.11.69　介质膜 dielectric coating

以介质材料为镀膜材料的膜层。介质膜是用非导电材料镀制的膜。介质膜既有单层介质膜,也有多层介质膜。多层介质膜通过各介质膜层之间的干涉效果设计实现所要的功能。介质膜的材料主要有二氧化硅、氧化铝、氧化锌、氟化镁、氟化钙、氟化铝等。

15.11.70　衰减膜 attenuating coating

在指定波长范围内,无波长选择性地减小透射率的薄膜。中性滤光镜是通过镀制衰减膜制成的。衰减膜可使通过其的光束在指定的波长范围内,各光谱透过的光衰减相等。

15.11.71　相移膜 phase change coating

在指定波长范围内,能控制出射光的相移,并且 (或者) 能控制电矢量 s 和 p 之间相位延迟的薄膜。

15.11.72　无偏振薄膜 nonpolarization coating

非偏振光束通过薄膜后的光束不发生偏振态分离为 p 分量和 s 分量的薄膜。随着入射光的角度范围变大,使薄膜不发生偏振态分离的难度加大。

15.11.73　吸收膜 absorbing coating

在指定波长范围内,定量吸收入射光能量的薄膜。镀制吸收膜的光学零件通常是用于削光或光衰减的零件。

15.11.74　附属功能膜 supplementary function coating

与光学功能相结合起来应用,主要是提供非光学功能的薄膜。附属功能膜主要有导电膜、保护膜等薄膜。

15.11.75　元件和基片的表面镀膜 surface coating of components and substrates

为改变元件原表面的光学、物理或化学性质,使用一种或多种材料,在元件表面上镀制的光学薄膜。

15.11.76　激光薄膜 laser coating

镀制在激光器光学元件上的具有高反射率、抗激光损伤 (具有高激光损伤阈值)、窄光谱宽度的光学薄膜。

15.11.77　光通信薄膜 optical communication coating

在光通信系统中，用于改进器件功能、改进光链路的耦合效率等方面的特定光学薄膜。光通信薄膜通常是光谱滤光膜类，例如无源光网络波分复用器的滤光片等。

15.11.78　超快薄膜 superfast coating

为获得窄脉冲激光而对增益介质的色散进行补偿的负色散薄膜。镀制了超快薄膜的元件也称为负色散镜，它在较宽的范围内具有高反射率和精确的群延迟控制，也可设计为在泵浦波长处具有高透射率，因此可代替飞秒激光腔中的标准分色镜。超快薄膜根据引入的色散不同可分为啁啾镜和 G-T 镜两类。

15.11.79　视光学薄膜 visual optics coating

具有对入射到人眼的光谱进行调整，起到改变和保护视觉作用的薄膜。视光学薄膜的产品主要有强激光防护镜、色盲镜等。

15.11.80　极紫外薄膜 extreme ultraviolet coating

对光波反射或透射的工作波长在 10nm~100nm 范围的光学薄膜。极紫外薄膜主要用于紫外探测等设备中。

15.11.81　软 X 射线薄膜 soft X-ray coating

对光波反射或透射的工作波长在 5nm~10nm 范围的光学薄膜。软 X 射线薄膜主要用于软 X 射线探测等设备中。

15.11.82　紫外变频膜 ultraviolet variable frequency coating

将紫外辐射的频率转变为可见辐射频率的光学薄膜。通过应用紫外变频膜，使 CCD 和 CMOS 探测器探测紫外辐射成为了可能，为紫外探测提供了接收器件。紫外变频膜按材料的属性分，可分为有机变频膜和无机变频膜。

15.11.83　有机变频膜 organic frequency conversion coating

将紫外辐射的频率转变为可见辐射频率的有机材料的光学薄膜。有机变频膜用的有机材料有六苯并苯 (coronene) 等，可吸收 120nm~420nm 的紫外和蓝光辐射，发出 540nm~580nm 波长范围的可见光。

15.11.84　无机变频膜 inorganic frequency conversion coating

将紫外辐射的频率转变为可见辐射频率的无机材料的光学薄膜。无机变频膜用的无机材料主要是无机荧光体。实用的无机荧光体需要满足光稳定性、转化效率、衰变时间、吸收峰和发射峰、粒径大小、膜形态等要求。

15.11.85　镀膜面积 coating area

光学零件的整个有效口径面。如果图样和订购文件未规定薄膜的有效口径时：光学零件直径最大对角线尺寸小于等于 50mm 的，未镀膜区每周边最大宽度为 1mm；光学零件直径最大对角线尺寸大于 50mm 的，未镀膜区每周边最大宽度以 1mm 为基数，口径每增加 10mm 再增加 0.15mm。

15.11.86　膜层质量 film quality

对膜层的光学性能、膜面光整、外观、光谱影响、表面疵病等质量因素进行评价的结果等级。膜层光学性能的质量要求应符合设计的要求；膜层膜面光整的质量要求是不允许膜层有起皮、脱膜、裂纹、起泡等缺陷；膜层外观的质量要求是膜层中的蚀点、污点、褪色、条纹、闷光等缺陷不能超出规定指标；膜层光谱影响的质量要求是膜层上的蚀点、污点、褪色、条纹、闷光等缺陷对光谱的影响不能超出规定指标；膜层表面疵病的质量要求是膜层中的擦痕、麻点、蒸发点、针孔等缺陷不能超出规定指标。

15.11.87　膜层附着力 film adhesive force

膜层与镀制基体的黏合能力。光学零件薄膜附着力的要求是，用 2cm 宽剥离强度不小于 2.74N/cm 的胶带纸牢牢黏在膜层表面上，垂直迅速拉起后，应无脱膜现象。

15.11.88　膜层牢固性 film fastness

膜层经受力学作用力、环境应力和膜层表面清洁的物理化学作用等不损伤、性能不改变的能力。膜层的牢固性体主要体现在膜层的物理牢固性、环境牢固性和清洁牢固性上。

15.11.89　膜层物理牢固性 film physical fastness

膜层承受剥离力、摩擦力等力学作用力而不受损的能力。物理牢固性考核的是膜层与基体的附着力和膜层的耐磨硬度。

15.11.90　膜层环境牢固性 film environment fastness

膜层经受高低温作用、高湿热作用、盐溶液作用、盐雾作用、水泡作用、特殊高温作用等不损伤、性能不改变的能力。

15.11.91 膜层清洁牢固性 film clearing fastness

膜层根据清洁要求在化学擦拭剂中浸泡一定时间后用脱脂布擦拭，或用脱脂棉、脱脂布蘸擦拭剂擦拭膜层，膜层不出现脱膜和擦痕等损伤迹象的能力。

15.11.92 膜层摩擦性 film friction

膜层经受规定的摩擦物、摩擦力和摩擦次数的耐摩擦能力。膜层摩擦性是膜层牢固性考核的重要性能。膜层牢固性根据应用的目的不同有不同的牢固性要求，分别有中度摩擦、重摩擦、超强摩擦等。

15.11.93 中度摩擦 moderate rubbing

对膜层表面实施压力 4.9N 的外裹脱脂布橡皮摩擦头摩擦 50 次 (25 个来回) 的摩擦承受能力或条件。相关试验方法详见 GJB 2485—95。

15.11.94 重摩擦 heavy rubbing

对膜层表面实施压力 9.8N 的橡皮摩擦头直接摩擦 40 次 (20 个来回) 的摩擦承受能力或条件。相关试验方法详见 GJB 2485—95。

15.11.95 超强摩擦 super rubbing

镀膜光学零件浸入摩擦液中，对膜层表面实施压力 0.196N 的橡皮摩擦头直接摩擦 1000 转 (1000 周) 的摩擦承受能力或条件。相关试验方法详见 GJB 2485—95。

15.11.96 手持式擦拭具 hand wiper

用于对光学薄膜物理牢固性中的中度摩擦和重摩擦进行摩擦试验的标准试验工具。手持式擦拭具有 4.9N 和 9.8N 两档标准压力，擦头为优质浮石-橡皮摩擦头，洛氏硬度 (75 ± 5) 度，橡胶重量是填料的 45%~55%。

15.11.97 涂层 coating

将涂料涂布在固态基底上的薄材料层。涂料可以为气态、液态、固态。对基底材料施加涂层通常是为了防护、绝缘、装饰等目的，例如，涂布于金属、织物、塑料等基体上的介质或金属薄层。

15.12 光刻与刻划

15.12.1 光刻法 photolithography

采用照相原理对需刻制的图案在涂有光致抗腐蚀感光材料的刻制基底上进行预定次数的曝光，经过显影定影将图案中不需要的部分去除，暴露出基底材料，对暴露部分进行化学腐蚀，或直接对曝光基板用化学溶剂进行腐蚀，而形成刻蚀图案的照相复制方法。光刻主要用于制作光学分划板和集成电路，通常有接触式光刻、接近式光刻和投影式光刻等方法，所用母板称为掩模板。用作集成电路的光刻机的镜头有极高的像质和分辨力要求，并且设备的空间移动尺寸也极为精确，目前光刻线最细尺度可达 5nm。

15.12.2　接触式光刻 contact photolithography

将掩模板直接和涂有光致抗蚀剂的基片表面接触，通过抽真空的方式使两者紧密接触，用波长 300nm~450nm 的紫外光源进行曝光的光刻方式。接触式光刻是一种复制出的图案与母板或掩模板等尺寸大小的光刻。

15.12.3　接近式光刻 proximity photolithography

使掩模板和基片表面之间保持微小的距离 (5μm~50μm)，利用高度平行光束进行曝光的光刻方式。接近式光刻也是一种复制出的图案与母板或掩模板等尺寸大小的光刻。

15.12.4　投影成像光刻 projection photolithography

用光学投影的方法，将掩模板图形的影像 (以等倍的方式或缩小的方式) 投影在基片表面上的光刻方式。投影成像光刻通常是一种复制出的图案比母板或掩模板尺寸小得多的光刻，或缩小式的光刻。

15.12.5　照相制版 photoengraving

对照相底图 (放大图) 通过照相的方式进行初缩、精缩形成与光学零件分划图案尺寸一致的正版的工艺方法或过程。照相制版有湿版工艺和干版工艺两种，干版使用方便、分辨力高等，通常用于精缩照相。

15.12.6　照相底图 artwork master；master drawing

以分划零件设计图纸为依据，将其分划图按比例放大到有利于表达清楚和表达准确原图案，而制作出的工艺用图，又称为放大图。照相底图可用绘制、刻图、粘贴等方式制得。照相底图的放大倍数通常由照相底图的制图精度除以零件尺寸要求的精度。照相底图的质量会直接影响照相制版的效果和零件分划精度，因此，照相底图要求图形准确、线条均匀、边角整齐、黑白反差好。

15.12.7　缩微 microfiche

将分划图案的原稿经过一次缩小或多次缩小，使图案按放大比例倍数反向精确缩小回使用图案尺寸的制版工艺方法或过程。缩微可以有初缩、精缩的过程，也可以一次缩微，复杂精细的图案需要通过多次缩微才能达到要求。

15.12.8 初缩 previous microfiche

〈照相制版〉将制作好的照相底图(放大图)用初缩照相机进行缩小拍照,制得中间图版的工艺方法或过程。初缩的图版通常是初缩负版。

15.12.9 精缩 final microfiche

〈照相制版〉对初缩后制得的中间版在精缩照相机上进行再次缩小拍照,制得与零件上的分划或图案尺寸完全一致的正版的工艺方法或过程。

15.12.10 正版 official version

〈照相制版〉通过对照相底图进行初缩、精缩实现与光学零件分划图案尺寸一致的照相图案版本。正版是工作版的母版,只用于工作版的复制。正版的术语和概念也延伸到非光学零件分划制作的其他图案的照相制作中。

15.12.11 工作版 working version

〈照相制版〉用正版图案复制形成严格 1:1 对应于在生产过程中用于制作光学零件分划板的照相图案日常的使用版,也称为工作模板。工作版直接与需制作光学零件分划板的零件接触,大量次数使用后会导致磨损或损伤,因此,工作版定期要被新的工作版替换。工作版的术语和概念也延伸到非光学零件分划制作的其他图案的照相制作中。

15.12.12 拼版 photographic combination

按事先划分好的小单元,分别按同一倍率制作各种单元模板,做好位置精度定位,利用坐标或分度设备逐次更换单元模板并逐次光刻,一次显影获得整体分划图形的制版方法。拼版适合分划图形较复杂、尺寸较庞大的图形的制版。

15.12.13 卤化银法 silver halide method

以卤化银为感光物质构成的感光膜作为制作分划的基质,经过曝光、洗印等一系列工艺处理后获得分划的制作方法。卤化银感光胶的胶体一般为明胶和火棉胶,明胶用来制作超微粒干片,火棉胶用来制作干片、湿片。

15.12.14 络盐法 complex salt method

以络盐为感光物质构成的感光膜作为制作分划的基质,经过曝光、洗印等一系列工艺处理后获得分划的制作方法。络盐感光胶是一种无颗粒感光胶,曝光部分的胶体不溶于某种溶剂(或水),其他部分在显影时被某种溶剂(或水)溶解,经过各种后续处理构成分划图案。络盐感光胶的胶体一般有虫胶、动物胶、阿拉伯树胶、蛋白胶和聚乙烯醇。

15.12.15   光刻胶法 photoresist method

通过紫外光、电子束、激光束、X 射线、离子束等曝光光源成像图案于受照射或辐射会发生变化的光刻胶胶体，对曝光胶体基体进行显影等冲洗获得图案的方法。光刻胶法的分辨力高、抗蚀力强、线纹挺拔、没有过渡区，其感光灵敏度、分辨力、显影稳定性均高于络盐法。光刻胶分为正性和负性光刻胶两种。

15.12.16   火棉胶湿版 collodion wet plate

感光片不经干燥，在硝酸银液均布版面的湿淋淋的状态下进行曝光使用的感光版。火棉湿版适用于曝光强度较低的反射式照明系统，影像形成后以硫化物进行黑化处理，反差强烈，分划影像反光少，有利于作中间模版。火棉胶湿版是将含有卤化物的火棉胶液涂布在玻璃板上后，在硝酸银溶液中敏化，形成卤化银均匀微粒而制成。

15.12.17   火棉胶干版 collodion dry plate

感光片在干的状态下进行曝光使用的感光版。火棉胶干版制作工艺的胶体、涂布、敏化以及卤化银颗粒状态与湿版工艺类同，但它还需经鞣酸处理后将感光版干燥，才用于曝光等使用。火棉胶干版的银含量一般比较少，在显影的同时还需要补充银源，以增强分划的光密度。火棉胶干版主要用于精缩模板与陶瓷烧银工艺。

15.12.18   超微粒干片 ultrafine grain dry plate

一般以纯溴化银乳剂制成的感光片。$0.05\mu m$ 以下颗粒占总数 95% 的超微粒干片是比较成熟的产品，将冠醚应用于乳剂，可使颗粒控制在 $0.03\mu m$ 以下。超微粒干片具有乳剂颗粒细微而均匀、分辨力高、反差大、银盐浓度较高、可使感光层涂得很薄、透明度好、光渗很小、细线条影像的分散极微、清晰度和锐度都很好等优点。

15.12.19   复制工艺 replication process

将工作版上的图案通过光照射使光学零件上的感光材料感光，再经过显影等工序复制到光学零件上的工艺方法或过程。复制工艺通常有投影复制和接触复制两种方式。

15.12.20   分划照相复制 photoduplication of reticle

对光学零件分划板绘制照相底图 (放大底图)，通过缩小摄影制作工作底版，再用工作底版对表面涂有感光膜的光学分划零件进行接触式分划图案曝光，经过显影、坚膜等一系列操作制得分划零件的工艺方法或过程。

15.12.21　复制光源 replication light source

对被光刻的零件的感光材料进行曝光照射的光源。复制光源通常要求波长短发光效率高的光源，常用的复制光源主要有高压汞灯、氙灯、镝灯。大多数感光材料的最大吸收峰值在紫外和近紫外区。

15.12.22　蚀刻技术 etching technology

对微结构和光学微结构按预定形状用化学、物理或物理化学的原理作用去除指定位置材料的加工和控制技术。蚀刻方法有湿法蚀刻、干法蚀刻两种。

15.12.23　湿法蚀刻 wet process etching

用稀释的化学溶剂对工件上未被掩模保护的裸露部分进行化学腐蚀去除材料的蚀刻工艺方法或过程。湿法蚀刻有各向同性蚀刻和各向异性蚀刻，各向同性蚀刻是在各方向上蚀刻效率是一样的，各向异性蚀刻是在优先方向上的蚀刻效率较高。

15.12.24　干法蚀刻 dry process etching

利用一定动能的惰性气体来轰击工件上未被掩模保护的裸露部分去除指定位置材料的蚀刻工艺方法或过程。干法蚀刻包括离子束蚀刻、反应离子束蚀刻、化学辅助离子束蚀刻、聚焦离子束蚀刻、激光蚀刻等方法。

15.12.25　离子束蚀刻 ion beam etching

利用方向性极好的宽束惰性气体的等离子体形成的离子束轰击工件上未被掩模保护的裸露部分去除指定位置材料的蚀刻工艺方法或过程。

15.12.26　反应离子束蚀刻 reactive ion beam etching

根据蚀刻材料选择气体或混合气体进入离子源放电室离化，经离子成像系统后成为方向性良好的离子束，轰击工件上未被掩模保护的裸露部分去除指定位置材料的蚀刻工艺方法或过程。反应离子束蚀刻法由于未被掩模保护的裸露部分吸附气体，与裸露的表面材料产生化学反应，使蚀刻速率成倍提高。

15.12.27　化学辅助离子束蚀刻 chemical aid ion beam etching

从另一通道引入反应气体直接喷射向工件表面，再用方向性极好的宽束惰性气体的等离子体形成的离子束轰击工件上未被掩模保护的裸露部分去除指定位置材料的蚀刻工艺方法或过程。化学辅助离子束蚀刻可独立控制惰性气体离子束和反应气体的流量，可获得最佳蚀刻工艺参量。

15.12.28　聚焦离子束蚀刻 focusing ion beam etching

在电场和磁场作用下，将离子束聚焦到亚微米量级，通过偏转系统和加速系统控制离子源，实现微纳米结构的无掩模加工的蚀刻工艺方法或过程。

15.12.29　激光蚀刻 laser etching

用显微系统会聚高能激光束，用精密台架控制激光束的三维移动轨迹，对无掩模的工件进行直接烧蚀的蚀刻工艺方法或过程；引入反应气体喷射向工件表面，用激光照射工件，使掩模板下的工件材料被蚀刻的方法。

15.12.30　酸蚀 acid etching

对表面涂有耐酸涂层的分划零件用刀刻透露出玻璃或金属膜层，再用酸侵蚀而形成分划线条、图案的蚀刻工艺方法或过程。玻璃酸蚀的主要材料为氢氟酸，加入适量的硫酸和磷酸可以改善分划线条的质量。金属膜层的酸蚀用硝酸、盐酸或有侵蚀效果的其他化学制剂。

15.12.31　着色 filling

分划零件制造中，用规定的颜料填充酸蚀后形成的分划线的沟槽的工艺方法或过程。分划着色的目的在于增加分划线对光的散射、吸收，提高分划线相对于观察背景的衬度。着色时，借助黏结剂将色料黏附于刻线沟槽中，并用绸布沿着与刻线成一定角度的方向擦涂，使颜料在沟槽中填满填牢。常用的颜料为：白色用氧化锌、二氧化钛等；黑色用氧化铜、氧化锰、碳粉、石墨粉等；红色用铅丹、朱砂等。常用的黏结剂为水玻璃或熬过的生漆。

15.12.32　固化 curing

通过聚合和 (或) 交联，将预聚物或聚合组分转变成较稳定、更适用状态的工艺过程。黏合剂固化的过程是使其强度提高的过程。固化的方式有辐射固化、光固化、热固化等。

15.12.33　辐射固化 radiation curing

一种借助于辐射能量照射实现化学配方 (胶黏剂等) 由液态转变为固态的工艺过程。辐射固化通常是利用 250nm~405nm 紫外辐射能量引发含活性官能团的高分子材料 (树脂) 聚合成不溶不熔的固体。这类树脂主要有丙烯酸环氧树脂、丙烯酸聚酯树脂、丙烯酸聚醚树脂、丙烯酸醇酸树脂、丙烯酸聚氨酯树脂、丙烯酸氨基树脂、不饱和聚酯树脂、环氧树脂等。

15.12.34　光固化 photocuring

单体、低聚体或聚合体基质在光照射的诱导 (引发) 下由液态转变为固态的工艺过程。用紫外线或可见光作为能源诱导，能使树脂很快发生聚合反应而固化。光固化在印刷、电子、装饰、汽车、建筑等方面广泛应用。光固化具有高效 (efficient)、适应性广 (enabling)、经济 (economical)、节能 (energy saving) 和环保 (environmental friendly) 五 E 优点。

15.12.35 热固化 thermo-curing

基材表面涂料经过一定温度加热由液态转变为固态的工艺过程。热固化有中温热固化和高温热固化。环氧树脂也是一种热固化胶，其中温热固化温度约为80℃~120℃，高温热固化温度大于150℃。

15.12.36 聚合反应 polymerization

将低分子量的单体或单体混合物转变成聚合物的工艺过程。常用的聚合方法有本体聚合、悬浮聚合、溶液聚合和乳液聚合四种。聚合反应形成的聚合物是由一种以上的结构单元(单体)构成的，由单体经重复反应合成的高分子化合物构成，具有可塑、成纤、成膜、高弹等重要性能，可用作塑料、纤维、橡胶、涂料、黏合剂以及其他用途的高分子材料。

15.12.37 软光刻技术 soft lithography

使用光学透明的硅橡胶弹性体 (elastomeric polydimethylsiloxane, PDMS) 制成可脱离的微结构的转印用印章，在印章上填充光学高聚物，通过光固化或热固化将微结构零件转印在一个光滑表面的技术或过程。称其为软光刻是由于采用柔性模具。软光刻转印的微结构的尺度细微程度可达数十纳米。软光刻根据转印细节能力的不同分别有近场相移光刻、复制成型、微转移成型、溶剂辅助微接触成型、微接触印刷等方法。

15.12.38 近场相移光刻 near-fild phase shift lithography

采用透明的硅橡胶弹性体相位掩模印章与光刻胶层相贴，通过印章凹凸的光束在近场被调制，部分光束的相位被移动了波长的奇数倍，因而在光敏胶上产生干涉条纹，在每个相位段形成 40nm~100nm 的结构的软光刻工艺方法或过程。近场相移光刻可复制小至 130nm 的微结构。

15.12.39 复制成型 replication molding

在传统法制成的母版上首先翻制一个硅橡胶弹性体印章，然后采用该印章复制聚亚氨酯的母版复印件的工艺方法或过程。复制成型可复制小至 0.13μm 的微结构。

15.12.40 毛细管微成型 micromolding in capillaries

在硅橡胶弹性体印章与成型基面接触处构筑一些毛细通道与印章上需填充区域相联通，成型时将高聚物置于这些毛细通道入口处，通过毛细效应使高聚物进入印章填充区，然后固化高聚物并移除印章获得微结构的工艺方法或过程。毛细管微成型可复制小至 1μm 的微结构。

15.12.41　微转移成型 microtransfer molding

将一个硅橡胶弹性体印章以高聚物或陶瓷原料填充，并安放于一基板上，原料通过特定过程的固化后将印章移除的工艺方法或过程。微转移成型可复制小至 250nm 的微结构，并可产生多层系统。

15.12.42　溶剂辅助微接触成型 solvent-assisted microcontact molding

将一个敷有少量溶剂的硅橡胶弹性体印章安放于一高聚物表面，溶剂吸收高聚物后膨胀填充于印章的凹陷部分而成型的工艺方法或过程。溶剂辅助微接触成型可复制小至 60nm 的微结构。

15.12.43　微接触印刷 microcontact printing

将硫烷作为印刷用墨敷于印章上，然后转印于基板上的工艺方法或过程。微接触印刷可复制小至 300nm 的微结构。

15.12.44　刻划 ruling

借助专用机床或设备，用钢刀或金刚钻刀在光学零件表面或涂覆层上刻制直线、曲线、数字、文字符号或其他标志的工艺方法或过程。刻划有机械刻划、机械化学刻划和机械物理刻划等方法，后两种方法可使刻划的质量有所提高。

15.12.45　机械刻划法 mechanical ruling method

在刻线机上用刻刀在镀有金属膜或裸露的光学零件表面刻划的工艺方法或过程。目前，该法主要用于高级衍射光栅的刻制。

15.12.46　机械化学刻划法 mechanochemical ruling method

在待刻零件表面涂上保护层，用刻刀在保护层上划出线条或图案后，用腐蚀剂 (如氟氢酸) 腐蚀刻蚀线外露出的玻璃或金属而得到分划线或图案的工艺方法或过程，也称为刻划酸蚀法。机械化学法常用于刻制线宽大于 0.005 以上的线条。未镀膜光学玻璃表面的刻划工艺流程为：涂刻度蜡 → 浮刻蜡层 → 腐蚀露出的玻璃表面 → 除蜡 → 清洗 → 填充颜色 → 修整抛光；镀制金属膜的刻划工艺流程为：涂刻度蜡 → 浮刻蜡层 → 腐蚀露出的玻璃表面 → 除蜡 → 清洗。

15.12.47　机械物理刻划法 mechanophysical ruling method

在玻璃光坯表面涂刻度蜡，用刻刀在蜡层上刻出所需线条、图案，经真空着色后，除去蜡层而制得分划的工艺方法或过程。机械物理法刻划的线宽可达 1.5μm～3μm。真空着色是用镀膜机将金属蒸镀到蜡层被刻透的地方，从而形成金属分划线或图案。常用的金属膜为铬膜，在铬膜上可以加镀三氧化二铬、一氧化硅等膜层，以减少反射或起保护作用。

15.12.48 涂蜡 waxing

用机械化学法或机械物理法刻制光学零件分划的工艺中，在零件表面覆盖刻度蜡的工艺方法或过程。刻度蜡分热蜡 (固体蜡) 和冷蜡 (液体蜡) 两大类。

15.13 装配及校正

15.13.1 光学装配 optical assembly

将两个或两个以上相互关联的光学零件、结构零件等，按装配图所示的相互结合的关联关系及要求装在一起的过程或行为。

15.13.2 光学校正 optical correction

将初步装配完成的产品，通过专门检查装置 (或仪器) 和必要的工艺手段，使其达到装配图样所规定的技术性能要求的过程或行为。

15.13.3 修配法 fitting method

对装配尺寸链中设计时预先指定的一个或几个零件或部件的某个部位表面进行补充加工，以达到此尺寸链中某一尺寸的公差要求的方法。补充加工的零件、部件通常为尺寸链中的补偿环，通过修配达到封闭环的要求。修配法主要有研磨法和修切法两种。

15.13.4 研磨法 grinding method

对轴孔配合、端面配合等有相对运动部分出现的不平滑、卡滞等不顺畅状态，采用相关工装、工艺和磨料进行高精度磨削加工，使它们的配合满足规定要求的方法。

15.13.5 修切法 corrective cutting method

通过采用车、铣、磨等切削方式，改变某一零件的装配尺寸，使其达到装配尺寸链中某一尺寸要求的方法。

15.13.6 选配法 matching method

在要装配的有关各种零件中,任取一套配合件,如其中有不能很好配合的零件,再从同种零件中更换另一零件进行试配，直到全套件配合满意为止的装配方法。

15.13.7 分组装配法 grouping assembly

对于加工合格的零件，根据零件的公差分布进行同类分组，按分组关系进行装配的方法。分组装配的好处是可提高装配的精度，同时可一定程度地降低加工要求。

15.13.8　调整法 adjustment method

装配中，通过加入特种零件或者改变结构中一个零件或一个部件的位置来达到装配精度要求的装配方法。调整法的实质是在尺寸链中增加一个尺寸来补偿其他尺寸误差的方法。

15.13.9　圆形件装配 rounded body assembly

通过辊边结构或压圈结构将圆形单透镜或胶合透镜固定在光学仪器预定位置中的零部件装配工序。辊边结构适用于口径不大、要求不高的透镜的装配；压圈结构适合大口径、要求高的透镜的安装。对于压圈结构，为了消除压应力，可在透镜和压圈之间放置弹性垫圈。

15.13.10　非圆形件装配 nonrounded body assembly

通过镜座、定位片、压板、螺栓等机械固定零件将反射镜、棱镜等非圆光学零件固定在光学仪器预定位置中的零部件装配工序。

15.13.11　密封 sealing

对安装后的光学仪器进行抽真空注氮气或用循环法注入氮气并实施泄漏封闭的装配工序。或在光学零部件装配过程中，将软油灰涂抹在光学仪器连接端或需要密封的结合面，用工具将结合面紧连，挤出多余油灰的装配工序。

15.13.12　干燥 drying

借热能使物料中和表面的水分 (或溶剂) 气化，并由惰性气体带走所生成的蒸气的工序。干燥可分自然干燥和人工干燥两种方式。干燥等方法有真空干燥、冷冻干燥、气流干燥、微波干燥、红外线干燥和高频率干燥等。

15.13.13　双一致性 double consistencies

设计的功能单元与装配单元的一致性、设计基准与装配基准的一致性。双一致性是对设计与装配的一致性要求。

15.13.14　装配专用结构 special construction for assembly

不是为使用功能和性能设计的结构，只是为装配方便和可实现设计的结构。装配专用结构通常有为螺丝刀插入主体结构进行螺栓拧紧而在主体结构上预留的孔等。

15.13.15　尺寸链 dimensional chain

光学系统中，一组由 2 个及以上非独立性的、按一定规律相互关联的封闭形式的尺寸的组合。在光学零件加工或光学仪器装配过程中，尺寸链是相互联系、按一定顺序首尾相接排列而成的封闭尺寸组系列。尺寸链按维度关系可分为线尺寸链、面尺寸链和空间尺寸链；按组合方式可分为串联尺寸链、并联尺寸链、串并联尺寸链；按几何特征可分为长度尺寸链和角度尺寸链；按用途可分为零件尺寸链、工艺尺寸链、装配尺寸链。尺寸链中的任何一个尺寸的变化，都将影响其他尺寸的变化。在一个光学系统中，尺寸链既可以是一个局部的尺寸链，也可以是整个系统的尺寸链。

15.13.16 环 link

组成光学零件、光学工艺或光学仪器装配封闭关系的各个尺寸单元。环可分为封闭环和组成环。组成环是尺寸链中除了封闭环以外的环。组成环可根据其对封闭环的影响性质分为增环和减环。

15.13.17 封闭环 close link

组成环中全部原始尺寸的矢量求矢量和的结果矢量或最终尺寸矢量。封闭环也是对组成环矢量间全部相加后，使其形成封闭的最后一个尺寸环矢量。封闭环是在装配或加工过程最终得到的尺寸，其余尺寸为组成环。

15.13.18 补偿环 compensation link

尺寸链中，通过改变其大小或位置使封闭环达到规定要求的预先选定的组成环。

15.13.19 增环 increasing link

其变动能引起封闭环同向变动的组成环。增环增加时使封闭环增大，反之使封闭环减小。增环是能使封闭环尺寸向大的方向变化的组成环，是组成环中的一种有加大尺寸的性质的环。

15.13.20 减环 decreasing link

其变动能引起封闭环反向变动的组成环。减环增加时使封闭环减小，反之使封闭环增大。减环是能使封闭环尺寸向小的方向变化的组成环，是组成环中的一种有减小尺寸的性质的环。

15.13.21 装配精度 assembly precision

装配好的光学系统产品实际性能与设计图样和工艺文件所规定的要求相近似的程度或装配结果与设计名义值的偏差。这个近似程度的表达由实际性能与设计性能偏差量大小来表达。

15.13.22 最终尺寸 final dimension

装配到最后工序完成得到某一预先指定的几何量的实际结果。预先指定的几何量通常是指尺寸链中组成环矢量求和的尺寸或封闭环矢量的尺寸，这个尺寸通常也是目标尺寸。

15.13.23　总误差 general error

最终尺寸的误差。总误差是最终尺寸减理想最终尺寸的差。总误差通常是尺寸链误差的实际结果，是多个相加尺寸各自误差累加的结果。

15.13.24　原始尺寸 original dimension

确定最终尺寸的其他几何量。其他几何量通常是组成最终尺寸的各组成部分的尺寸。原始尺寸是组成最终尺寸的各设计尺寸或各标称尺寸。原始尺寸在尺寸链中就是组成环，是组成最终尺寸的各个组成单元。

15.13.25　原始误差 original error

原始尺寸的误差。通常是组成最终尺寸的各组成部分的尺寸的误差。原始尺寸误差是组成最终尺寸的各设计尺寸的误差或各标称尺寸的误差。原始尺寸误差就是组成环的误差，是组成最终尺寸的各个组成单元的误差。

15.13.26　工艺误差 technological error

由加工工艺误差和装配工艺误差所组成的误差的总称。工艺误差多指工艺方法形成的误差，是一种技术性的误差，或者说是工艺设计的固有误差。工艺误差不同于加工误差，加工误差是包括工艺误差和实际加工操作的结果在内的误差，是全部总结果误差。

15.13.27　加工误差 processing error

光学零件加工后所形成的光学零件几何形状误差、光学零件一部分表面对另一部分表面相对位置误差和光学零件结构尺寸误差的总称。加工误差就是零件加工后的实际几何参数 (尺寸、几何形状和相互位置) 与理想几何参数之间的偏差。光学零件几何形状误差主要有平面度、球面度、非球面度等误差；光学零件一部分表面对另一部分表面相对位置误差主要有平行度、垂直度、同轴度、表面间的间隔、表面间夹角等误差；光学零件结构尺寸误差主要有直径、厚度、角度等误差。

15.13.28　装配误差 assembly error

影响光学组部件或光学系统装配获得精确结果相关的仪器安装和调试误差的总称，也称为装配工艺误差。装配误差主要由装配基准误差、装配位置误差 (含长度和角度位置)、装配补偿误差、装配测量误差等构成。

15.13.29　装配基准误差 assembly reference error

装配时由于装配基准 (包括安装基准、定位基准、测量基准等) 与设计基准不重合产生的误差。

15.13.30 装配补偿误差 assembly offset error

实际补偿 (研磨、修切、调整等) 相对于理想补偿的不完善程度所带来的误差。装配补偿误差是实际补偿结果对期望补偿量的偏离。

15.13.31 装配测量误差 assembly measurement error

在装配校正中,使用测量仪器、量具测定装配参数时所带来的误差。装配测量误差造成因素既有仪器和量具本身的误差,也有测量者测量时主观因素带来的误差。

15.13.32 装配精度计算方法 assembly precision calculating method

包括极限法和概率法在内的装配精度评估计算方法的总称。装配精度计算方法中,极限法是比较极端的评估计算方法,概率法是比较客观的评估方法。

15.13.33 极限法 limit method

不考虑各尺寸误差的实际分布情况,而认为所有误差都达到了公差 (或偏差) 极值,并按所有尺寸的偏差极值计算的结果误差的评估方法,也称为最大最小值法。

15.13.34 概率法 probability method

对各尺寸误差按发生的随机性进行总误差评估的方法。概率法的尺寸误差估计主要基于现有条件,依靠过去数据的统计或成熟经验的评估。

15.13.35 完全互换法尺寸链计算 dimensional chain calculation of totally interchanged method

零件间的装配关系为装配的零件是从批生产的零件中,按抽取出来的为极值误差的零件进行相互组装的情况计算装配尺寸链的方法。完全互换法计算的尺寸链是用极限法,但实际结果出现极值的情况是极少的,该法的计算结果是保守的。

15.13.36 不完全互换法尺寸链计算 dimensional chain calculation of partially interchanged method

零件间的装配关系为装配的零件是从批生产的零件中任意抽取出来进行相互组装的情况计算装配尺寸链的方法。不完全互换法计算的尺寸链是用概率法,允许零件精度比完全互换法的低。

15.13.37 分组选配法尺寸链计算 dimensional chain calculation of grouping and matching method

包括分组法和选配法情况计算装配尺寸链的方法。分组法和选配法互换性程度是一样的,都是部分或少部分零件是互换的。分组选配法的尺寸链用极限法计算。

15.13.38　分组法尺寸链计算 dimensional chain calculation of grouping method

先将要装配的有关各种零件按装配精度要求分成若干组，然后按各种零件的相应组别进行装配的情况计算装配尺寸链的方法。分组法的尺寸链用极限法计算。

15.13.39　选配法尺寸链计算 dimensional chain calculation of matching method

在要装配的有关各种零件中，各任取一个相配，如不合要求，再更换其中某种零件，直至使装配符合要求为止的情况计算装配尺寸链的方法。选配法的尺寸链用极限法计算。

15.13.40　调整法尺寸链计算 dimensional chain calculation of adjustment method

通过加入特种零件或者改变结构中一个零件或一个部件的位置来达到装配精度要求情况计算装配尺寸链的方法。调整法的尺寸链通过调整分析建立公式来计算。

15.13.41　光学调整 optical adjustment

通过对光学系统中的平面反射镜、棱镜、透镜等的同轴性、位置的调整，使光学系统的成像关系和质量符合设计关系的装配方法。

15.13.42　坐标变换 coordination transforming

将一个坐标系中的矢量，通过专门数学计算公式将其表达为另一坐标系的矢量的方法，也称为坐标转换。坐标转换是从一种坐标系统变换到另一种坐标系统的过程，通过建立两个坐标系统之间一一对应关系来实现。坐标变换是装配过程中，对物像关系变换理解的数学支持工具。

15.13.43　物像空间变换矩阵 object-image space transformation matrix

表达光学系统物空间量的状态经光学系统的光学零件 (透镜、反射镜、棱镜等) 作用后在像空间结果状态的数学矩阵。物像空间变换矩阵是装配过程中，对物像关系变换理解的数学支持工具。

15.13.44　结构常数 construction constant

决定与物方垂直截面共轭的平面同像方垂直截面之间的夹角的棱镜结构形式的表达数据，用符号 Ω 表示，按公式 (15-35) 计算：

$$\Omega = k \cdot 180° + \Psi \tag{15-35}$$

公式 (15-35) 中的 k 符合公式 (15-36) 的关系：

$$k = \begin{cases} j, & \Psi = 0 \\ 1, & \Psi \neq 0 \end{cases} \tag{15-36}$$

式中：Ω 为棱镜物方垂直截面共轭的平面同像方垂直截面之间的夹角；j 为平行于光轴平面的屋脊棱数；Ψ 为光轴截面与棱镜的光轴平面相垂直的那个反射面的光轴夹角。当 $\Psi = 0$ 时，为平面棱镜；当 $\Psi \neq 0$ 时，为空间棱镜。

15.13.45 棱镜常数 prism constant

光波在棱镜中传播的光程与其展开成平板玻璃的厚度之差。棱镜常数相当于光波在棱镜中传播的几何路程比在空气中传播相同长度多增加的光程,单位为毫米。

15.13.46 微量像偏转 microscale image deflection

由棱镜的位置安装误差、棱镜的制造误差之一或一起造成的像发生微量偏转的现象。

15.13.47 像倾斜极值轴向 image incline extreme axial direction

棱镜绕其微转将产生最大像倾斜的轴方向，单位向量用 u 表示，像倾斜极值用 $\mu_{mx'}$ 表示。这个极值轴向是棱镜绕其转动产生最大像倾斜的方向。

15.13.48 像面偏极值轴向 image plane deviation extreme axial direction

棱镜绕其微转将产生绕 y' 或 z' 向量最大像面偏的轴方向，单位向量用 v、w 表示，像倾斜极值用 $\mu_{my'}$、$\mu_{mz'}$ 表示。

15.13.49 零值轴向 zero axial direction

棱镜绕其旋转既不产生像面偏也不产生像倾斜的轴方向，单位向量用 T 表示。这个零值轴向是棱镜绕其转动完全不会产生像倾斜的方向。

15.13.50 像点位移 image point displacement

由平面镜系大角度转动、光学元件微量转动之一或一起造成的像点发生位移的现象。

15.13.51 视度校正 diopter correction

用视度筒检查望远系统的目镜出射的视度与视度分划圈的对应情况，通过调整目镜视度分划圈使其刻度对应或符合出射光束视度的过程。视度校正是目视光学仪器目镜装配的一个校正环节，例如，使目镜分划板在目镜物方焦面上时，目镜的视度刻度为零。

15.13.52 分划倾斜校正 reticle tilt correction

用具有垂直线分划的平行光管照射望远系统，通过望远系统目镜观察，对比望远镜分划板竖直刻划与平行光管垂直分划 (平行光管垂直分划是校正好的) 的倾斜程度，通过调整望远系统分划使望远系统竖直分划与平行光管垂直分划平行或重合的过程。

15.13.53　像倾斜校正 image tilt correction

用像倾斜仪照射望远系统,通过望远系统目镜观察,对比像倾斜仪垂直分划与望远镜分划板竖直刻划 (望远镜分划为校正好的) 的倾斜程度,通过调整望远系统中的反射光学零件或棱镜使倾斜仪的垂直分划与望远系统竖直分划平行或重合的过程。

15.13.54　光轴平行性校正 optical axial parallelity correction

用望远系统观察平行光管分划发出的十字像,用望远镜一个筒的分划中心对准平行光管的十字像,看另一个筒中十字像是否偏离其分划中心,如偏离,调整望远镜铰链或微量转动棱镜使十字像对中的校正过程。

15.13.55　光学补偿器校正 optical compensator correction

对移动透镜补偿器、旋转双楔镜补偿器、移动单楔镜补偿器等用相应的检测仪器和工具进行符合性调整,使补偿器满足设计的补偿精度要求的调整过程。

15.13.56　相对放大率差校正 relative magnifying power correction

分别对望远系统的左支系统和右支系统的物镜与目镜进行配对,使左支系统的角放大率等于右支系统,实现两支系统放大率差在允许的精度以下的校正过程。

15.13.57　相对视差校正 relative parallax correction

将望远系统的左支系统和右支系统的目镜的视度刻度置于零位置,用视度筒分别检查两支系统的视度,对出射光束不为平行光的调整其目镜的焦距及其视度分划圈,使其出射光束为平行光且视度分划归零,直到左支系统与右支系统分划圈归零的视度差在要求的精度内的校正过程。

15.13.58　行差校正 run error correction

分别调整竖直度盘和水平度盘读数显微镜的放大率,使游标分划移动的角度值分别与竖直度盘分划移动的角度值和水平度盘分划移动的角度值相等的校正过程。行差的校正可保证经纬仪的测微精度。

15.13.59　防霉 antifungus

针对光学零件表面生霉现象而采取的对抗措施。霉菌的孢子和营养物若进入光学仪器内,在温度和湿度适宜时,就会在光学零件上生长繁殖而形成菌丝体。危害光学仪器的霉菌大都是曲霉和青霉。防霉的措施主要有:光学仪器装配时保证环境和仪器零件部件的清洁;做好仪器的密封并充氮气;在干燥环境中存放并使用干燥剂;在光学仪器辅料中加入防霉剂;定期用紫外线照射杀菌等。

15.13.60 防雾 antifog

为防止光学零件表面在高湿度和寒冷环境起雾而采取的措施。起雾有水性雾、油性雾和混合雾。起雾会导致光学仪器成像光线的散射，降低像的对比度、辐射透射比，影响观测，严重时可导致仪器不能使用。光学零件防雾的措施主要有：选用化学稳定性好的光学玻璃；密封好光学仪器；对光学仪器最外层零件镀制导电膜等。

15.13.61 辊边 rolloff

把装配透镜的镜筒薄边辊压到透镜的倒角面上，使透镜牢固地安装在镜筒内的加工方法或过程，也称为包边或滚边。

15.14 激 光 加 工

15.14.1 激光加工 laser processing

利用激光与材料相互作用，改变材料成分、组织、结构和性能，实现材料成形或改性的加工方法或过程。

15.14.2 激光热处理 laser heat-treatment

利用高能量密度激光束加热工件表面局部区域，使照射区域的温度以极快的速度升高到相变点以上，并使之通过工件本身的热传导迅速冷却的表面热处理加工方法或过程。

15.14.3 激光退火 laser annealing

利用激光作为加热源对材料进行热处理的激光加工方法或过程。激光退火是利用激光加热材料表面，在不发生熔化的前提下，使一定厚度表面层内的硬度降低到标准退火合金的水平的工艺。激光退火的作用局部面积可根据需要，很方便地通过调整激光束面积来准确实现，且有工件应力和变形小等优点。

15.14.4 激光冲击强化 laser shock peening

利用高能量密度短脉冲激光束作用在材料表面，使材料表面吸收激光能量而迅速加热气化、产生强烈的等离子体爆炸冲击波，从而使材料发生塑性变形，表面硬化，提高材料表面的强度、硬度和抗疲劳等材料机械性能的加工方法或过程，也称为激光冲击硬化 (laser shock hardening)。

15.14.5 激光焊接 laser welding

利用高能量密度激光束作用于被加工工件，使其吸收激光能量产生熔化，形成特定的熔池，使相同或者不同材料的工件实现熔结合的焊接加工方法或过程。

15.14.6　激光立体成形 laser solid forming

将零件的三维数据信息转换成一系列的二维轮廓信息，再采用激光熔覆方法按照轮廓轨迹逐层堆积材料，最终形成三维实体零件的加工方法或过程。

15.14.7　激光再制造 laser remanufacturing

利用材料激光成形与加工方法，恢复局部损伤零部件的几何尺寸，并保证其使用性能不低于原新品零件的激光加工方法或过程。

15.14.8　前处理 pre-treatment

〈激光修复〉在激光修复前，对损伤零部件进行的去污、除锈等的事前处理方法或过程。前处理是保证激光修复结果有效性的需要。

15.14.9　激光修复 laser repairing

采用激光加工技术恢复损伤零部件的形状和尺寸，并使其性能满足使用要求的方法或过程。激光修复主要包括激光熔覆、表面合金化、热处理、焊接、立体成形等。

15.14.10　后处理 post-treatment

〈激光修复〉对激光修复后的零部件进行的消除应力、热处理、恢复几何尺寸等的事后处理方法或过程。后处理是保证激光修复后不带来新增的缺陷和问题的需要。

15.14.11　激光修调 laser trimming

使用激光光束对电阻或电容等元件进行刻蚀等修整，以改变其参数的一种调整方法。激光修调是一种高效、精确、方便的参数调整方法或过程。

15.14.12　激光打孔 laser drilling

把激光束聚焦到工件上，利用高功率 (能量) 密度的激光束作用在工件的指定位置，通过激光的烧蚀和冲击波作用，形成具有一定直径和深度的孔的加工方法或过程。

15.14.13　激光打标 laser marking

在各种不同材料的工件表面用较高功率 (能量) 密度的激光烧蚀或改变材料颜色形成标记的加工方法或过程。

15.14.14　激光切割 laser cutting

利用高功率 (能量) 密度激光束作用于被加工工件，使其吸收激光能量而产生熔化、气化或冲击断裂，从而实现切割工件的加工方法或过程。

15.14.15　激光淬火 laser quenching

以高功率(能量)密度的激光束照射工件表面,使其需要硬化的部位瞬间吸收光能并立即转化为热能,从而使激光作用区的温度急剧上升形成奥氏体,经随后的快速冷却,获得极细小马氏体和其他组织的高硬化层的一种激光热处理加工方法或过程,又称为激光相变硬化。

15.14.16　激光材料加工 laser material processing

利用高功率(能量)密度的激光束作用于被加工材料,使之发生物理和化学的变化,从而改变加工材料的几何形状、组织结构和热力学性能等的加工方法或过程。

15.14.17　激光熔覆 laser cladding

利用高能量密度激光束快速加热熔化基材表面添加的熔覆材料,在基材表面形成熔池,使其冷却凝固后在基材表面形成由熔化粒子组成的冶金结合层的一种激光加工方法或过程,也称为激光熔敷、激光包覆或激光涂覆。激光熔覆技术是利用激光能量对材料实施的一种新的表面改性技术。激光熔覆按熔覆材料的供给方式分为预置式激光熔覆和同步式激光熔覆两大类。

15.14.18　激光熔覆材料 laser cladding material

用于在基材表面形成冶金结合层,在激光熔覆过程中所添加的材料。激光熔覆材料可选用粉末、丝、带或箔等状态的材料。激光熔覆材料主要有镍基、钴基、铁基、钛合金、铜合金、颗粒型金属基复合材料和陶瓷材料等。

15.14.19　预置式激光熔覆 preset laser cladding

将熔覆材料预先置放在基材表面的熔覆部位,然后采用激光束辐照扫描熔化实现激光熔覆的加工方法或过程,也称为预置法激光熔覆。熔覆材料为粉末或丝状态材料,其中以粉末状态的最为常用。预置式激光熔覆的主要工艺流程为:基材熔覆表面预处理 → 预置熔覆材料 → 预热 → 激光熔覆 → 后热处理。

15.14.20　同步式激光熔覆 synchronous laser cladding

将粉末或丝材类熔覆材料经过喷嘴在熔覆过程中同步送入熔池中熔化实现激光熔覆的加工方法或过程,也称为同步法激光熔覆。熔覆材料为粉末或丝状态材料,其中以粉末状态的最为常用。同步式激光熔覆的主要工艺流程为:基材熔覆表面预处理 → 预热 → 同步激光熔覆 → 后热处理。

15.14.21　送丝法激光熔覆 laser cladding with filler wire

将丝、带、箔等材料同步送到熔覆部位进行激光熔覆的加工方法或过程。送丝法激光熔覆属于同步法激光熔覆。

15.14.22　送粉法激光熔覆 laser cladding with powder feed

将粉末状材料同步送到熔覆部位进行激光熔覆的加工方法或过程。送粉法激光熔覆属于同步法激光熔覆。

15.14.23　送粉速率 powder feeding rate

送粉法激光熔覆过程中，单位时间内送粉系统输送的粉末材料总质量。送粉速率是同步式激光熔覆工艺设计中的一项参数。

15.14.24　同轴送粉 coaxial powder feeding

送粉法激光熔覆过程中，粉末束与激光束同轴送入熔覆区的方式。同轴送粉中的一项最基本和最重要的要求是要实现粉末流中轴与激光束中轴线的同轴，还要控制粉末流形状，这些要求的实现对激光熔覆加工质量有重要影响。

15.14.25　旁轴送粉 paraxial powder feeding

送粉法激光熔覆过程中，粉末束与激光束呈一定角度送入熔覆区的方式，包括侧送粉、前送粉、后送粉。且通常采用激光通道、粉末流通道和辅助气通道的三层分离式结构。

15.14.26　送粉头 powder feeding head

向激光熔覆区输送粉末并提供保护气体的装置，也称为喷嘴。送粉头是激光熔覆加工设备中保证激光熔覆加工质量的重要部件之一。激光 3D 打印中，采用特制的喷嘴来实现好的送粉功能。合适的喷嘴出口大小和出口角度很重要，出口角度对于粉末流的汇聚影响巨大，一定程度上决定了试样的成形和质量，例如出口角度设计为 72.5°。

15.14.27　载气 carrier gas

输送熔覆粉末的承载气体，也称为送粉气体。载气的作用是以一定的流速载带气体样品或经气化后的样品气体一起进入激光加工区域。常用的载气有氢、氦、氮、氩、二氧化碳等，激光加工的载气常采用氩气。载气的选择和净化处理要视加工的类型和要求来定。

15.14.28　保护气 shielding gas

保护激光熔池的气体，也称为保护气体。保护气用于激光加工过程中，使激光作用的高温金属免受外界气体的侵害。激光加工的保护气常采用氩气，保护气体还是吸收激光能量的重要部分，阻止激光焊上层的等离子体的形成。保护气体可以分为惰性气体和活性气体两类。惰性气体指氦气和氩气，它们根本不会与熔融焊缝发生反应，用于 (金属-惰性气体电弧焊)MIG 焊接。活性气体一般包括二氧化碳、氧气、氮气和氢气，这些气体通过稳定电弧和确保材料平稳地传送到焊缝来参与焊接过程，当其占大部分时，会破坏焊缝，但是少量的反而能提高焊接性能和增加特点，用于 MAG (金属-活性气体电弧焊) 焊接。

15.14.29　堆积速率 deposition rate

单位时间内激光熔覆材料形成熔覆层堆高的体积或质量。堆积速率是激光熔覆工艺设计中的一项参数。

15.14.30　激光熔池 laser molten pool

材料在激光束辐照下所形成的具有一定几何形状的熔化区。激光熔池是在激光照射的材料温度高于熔点而低于气化点时形成。熔池内的热传输、液体流动可显著地影响熔池的几何形状、温度梯度、局部区域的冷却速率和凝固结构，还可能导致熔池的波动、熔深不足和焊缝飞溅等缺陷。

15.14.31　激光熔覆层 laser cladding layer

激光熔覆的熔池凝固后与基材形成冶金结合的表面覆层。激光熔覆层的稀释度低但结合力强，与基体呈冶金结合，可显著改善基体材料表面的耐磨、耐蚀、耐热、抗氧化或电气特性，从而达到表面改性或修复的目的，而且还可节约材料成本。

15.14.32　熔覆方向 cladding direction

激光束与基体的相对运动方向。熔覆方向也是激光束运动的轨迹方向，这方向与工件要加工的区域密切相关。

15.14.33　熔覆路径 cladding track

熔覆时激光束与基体相对运动的轨迹。熔覆路径也是激光束对被加工工件实施加工作用的路径。

15.14.34　熔覆速度 cladding speed

激光束与被熔覆基体的相对运动速度。熔覆速度与激光功率相关，熔覆速度过高，合金粉末不能完全融化，不能达到优质熔覆的效果；熔覆速度太低，熔池存在时间过长，粉末过烧，合金元素损失且基体的热输入量大，会增加基体变形量。随着熔覆速度的增加，基体的融化深度下降，基体材料对熔覆层的稀释率下降。

15.14.35　抬升量 lift distance

多层熔覆中，沿高度方向设定的层间抬升高度。抬升量是激光熔覆加工的工艺质量评价参数之一。

15.14.36　单道熔覆 single-pass cladding

只熔覆一道形成连续覆层的熔覆。单道熔覆是指激光束对需要通过的熔覆区域路径只扫描一次,不返回照射扫描或重复照射扫描被加工工件的照射作用方式。单道熔覆只能对窄线形区域进行加工。

15.14.37　多道熔覆 multi-pass cladding

熔覆两道或两道以上形成完整覆层的熔覆。多道熔覆是指激光束对需要通过的熔覆区域路径进行一次"去"和一次"回"的两次扫描或两次"去"的扫描,或超过两次的照射扫描被加工工件的照射作用方式。多道熔覆能对宽形区域进行加工。

15.14.38　单层熔覆 single-layer cladding

在基体表面只熔覆一层熔覆材料的激光熔覆。单层熔覆是激光加工中的一种工艺要求。

15.14.39　多层熔覆 multi-layer cladding

在基体表面熔覆两层或两层以上 (多层) 熔覆材料的激光熔覆。多层熔覆是激光加工中的一种工艺要求。

15.14.40　熔覆层堆高 clad height

熔覆层突出基体表面的高度。熔覆层堆高是激光熔覆加工的工艺质量评价参数之一。

15.14.41　熔覆层厚度 clad thickness

熔覆层堆高与重熔深度之和。熔覆层厚度是激光熔覆加工的工艺质量评价参数之一。其需要根据去掉的疲劳层厚度与修复后的尺寸,计算出不同阶段处需要的熔覆层厚度,再通过调节工艺参数 (速度、送粉量、搭接量等),达到所要求的厚度,这就要求事先用卡尺测量出不同处的尺寸,根据经验不断调整工艺参数,再及时测量熔覆后的尺寸,使熔覆后的尺寸满足要求的厚度。

15.14.42　搭接 overlapping

多道熔覆时各道熔覆层间的重叠。多道熔覆的搭接区的层之间既不能有空缝,也不能搭接太多,搭接区间的多少将关系到熔覆的质量和加工效率。

15.14.43　搭接率 overlapping ratio

多道熔覆时,熔覆道间重叠的宽度与单个熔覆道宽度的比率。搭接率是激光熔覆加工的工艺质量评价参数之一。在多道激光熔覆中,搭接率提高,熔覆层表面粗糙度降低,但搭接部分的均匀性很难得到保证。由于熔覆道之间相互搭接区域的深度与熔覆道正中的深度不同,会影响整个熔覆层的均匀性。

15.14.44 结合界面 bonding interface

激光熔覆层与基体的熔合分界面。结合界面就是基体上刚好没熔化面与其紧靠的熔化之间形成的界面。

15.14.45 热影响区 heat-affected zone

受激光加热影响导致熔覆层周围基体组织变化的区域。热影响会导致被加工基体材料的性能变化，因此热影响区是激光加工的工艺设计要考虑的因素。

15.14.46 稀释率 dilution ratio

熔覆时，由于熔化基体材料的混入而引起激光熔覆层合金成分的被掺杂变化程度，用基体材料合金在熔覆层中所占的百分比表示。

15.14.47 激光表面合金化 laser surface alloying

高能量密度激光束快速加热基材和将预置到金属表面的添加合金材料，使之熔化、混合、凝固，在很短时间内形成具有特定组分、性能和要求深度的合金层的激光表面改性工艺，也称为激光合金化。激光表面合金化的优点为：能非接触式的局部处理，易于实现不规则的零件加工；能量利用率高；加工的合金体系范围宽；能准确控制合金化层深度等工艺参数；热影响区小，工件变形小。

15.14.48 激光重熔 laser remelting

在激光束辐照作用下，使材料表层再次熔化并快速凝固的表面改性技术。激光重熔用激光束将表面熔化而不加任何金属元素，以达到表面组织改善的目的。激光表面重熔可以把杂质、气孔、化合物释放出来，经迅速冷却而使晶粒得到细化，将提高材料的抗疲劳强度、耐腐蚀性和耐磨性，因此也常称其为液相淬火法。激光表面重熔在工件横截面沿深度方向的组织分别为熔凝层、相变硬化层、热影响区和基材。

15.14.49 重熔深度 remelting depth

激光熔覆时，基体熔化的深度。重熔深度是激光重熔加工的一项重要工艺参数，关系激光重熔加工的效果和质量。

15.14.50 激光表面合金化层 laser surface alloying layer

激光表面合金化处理形成的具有特定组分和性能的表面改性层。激光表面合金化层的加工面积和厚度是关系加工性能和质量的重要参数。例如，熔池深度可达 0.5mm~2.0mm，熔池深度与表面合金化层厚度密切相关。

15.14.51 激光表面合金化层厚度 laser surface alloying layer thickness

激光表面合金化处理所形成的改性层的厚度。激光表面合金化层厚度是激光熔覆工艺设计中的一项参数。

15.15 加工缺陷

15.15.1 均方根粗糙度 root mean square roughness

〈加工要求〉在光学零件表面的抽样长度范围内，粗糙度轮廓高度的均方根值，用符号 Rq 表示 (符号为国际标准规定的符号)。光学表面的均方根粗糙度对应过去的表面光洁度，这使光学零件的表面质量的表示与国际上的表示相接轨，同时使表面质量的评定由光洁度的感性等级划分转变为数值的等级划分，评定的依据更科学。光学表面的均方根粗糙度反映的是光学表面的微观"不平度"或"镜面度"水平。

15.15.2 均方根波纹度 root mean square waviness

〈加工要求〉在光学零件表面的取样长度范围内，波纹 (表明宏观起伏) 轮廓高度的均方根值，用符号 Wq 表示 (符号为国际标准规定的符号)。均方根波纹度是表面粗糙度与面形误差之间的空间波长上的残差表面高度的均方根。光学表面的均方根波纹度表示的是相对于表面粗糙度的光学表面起伏的低频部分，或者说是粗糙度轮廓的包络状态，但相对于面形误差是光学表面起伏的高频部分。光学表面的均方根波纹度反映的是光学表面的中观"不平度"或"平整度"水平。

15.15.3 功率谱密度 power spectral density (PSD)

〈加工要求〉施加适当权重函数的残差表面高度函数的一维傅里叶变换的平方量，用符号 PSD 表示 (符号为国际标准规定的符号)。功率谱密度是光学零件表面的宏观和微观的综合评价，适合应用于高精度要求的光学零件表面。

15.15.4 局部坡度 local slope

〈加工要求〉光学零件表面的残差在表面上的两点间距离所分开的该两点高度之差除以两个点之间的距离，用符号 Δ 表示，单位为微弧度 (符号和单位为国际标准的规定)，按公式 (15-37) 计算：

$$\Delta(x_n) = \frac{1}{\mathrm{d}x}[z(x_{n+1}) - z(x_n)] \tag{15-37}$$

式中：n 为序数，$n = 1,2,3,\cdots$；x_n 为光学表面上第 n 个点的位置；$\Delta(x_n)$ 为点位置 x_n 的坡度；$\mathrm{d}x$ 为点位置 x_{n+1} 和点位置 x_n 之间的距离；$z(x_{n+1})$、$z(x_n)$ 分别为点位

置 x_{n+1} 和点位置 x_n 的表面高度。局部坡度反映的是光学零件表面的微观 "点间高度差" 或 "点间连线的倾斜度"。

15.15.5 均方根坡度 root mean square slope

〈加工要求〉在光学零件表面的抽样长度范围内，纵坐标方向坡度值的均方根值，用符号 $R\Delta q$ 表示，单位为微弧度 (符号和单位为国际标准的规定)。

15.15.6 面形偏差 surface deforming

光学零件表面加工后，零件表面的球面曲率、平面度、非球面度等偏离公称形状规定偏差量的现象，也称为面形差或面形误差。光学零件面形偏差主要表现为光学零件表面的光圈数和不规则光圈超出规定值。

15.15.7 表面疵病 surface defect

光学零件表面加工、定心磨边、清洗等加工时，由于机械、化学等因素所造成的光学零件表面出现的擦痕、划痕、麻点、开口气泡、污点等损伤的缺陷现象。

〈光学镀膜〉表面疵病是对未镀膜光学零件而言的，光学零件镀膜后的表面疵病称为膜层或薄膜表面疵病。薄膜的表面疵病主要是膜层表面的划痕、针孔、起皮、污点等。

〈定心磨边〉透镜定心磨边时，夹头端面不光滑而划伤、黏结胶不清洁或与透镜起腐蚀作用、机械定心时压力过大的压痕、冷却液对玻璃起腐蚀作用、倒角时划伤、清洗时擦伤等因素所造成的透镜表面损伤的缺陷现象。

15.15.8 微缺陷 microdefect

在光泽表面上，表面高度超过表面高度标准偏差两倍的局部不平整缺陷。微缺陷通常是抛光不完全留下的包或坑，也可能是抛光过程中的错误操作和污染造成。微缺陷需要注意，因为它们会产生大角度的散射。按照国际标准 ISO 10110-7，微缺陷未列为表面疵病。

15.15.9 开口气泡 open bubble

光学零件表面在研磨和抛光过程中磨破口的气泡。开口气泡的位置是材料的微量缺失点，相当于一个小坑，是光学系统像质的影响点。

15.15.10 擦痕 scratch

光学零件表面呈现的微细的长条形凹痕。长宽比不大于 160:1 的擦痕又称为短擦痕，长宽比不小于 160:1 的擦痕则称为长擦痕。疵病级数所对应的不同长宽比的短擦痕中，其面积与该级数的疵病面积相等。ISO101107:1996 规定长度大于 2mm 的擦痕为长擦痕。

15.15.11　短宽痕 wide and short scratch

一种宽度可以测量的短划痕。短宽痕由于宽度显著，其缺陷的影响不像擦痕那样是以数量来统计，而是以面积进行统计。

15.15.12　划痕 scratch

〈光学零件〉表面像被利器或粗糙器械所伤的线痕或裂痕，也称为线缺陷 (line-like imperfections)。各种意外原因都可能使光学表面产生不同程度的划痕。

15.15.13　发状划痕 hairline scratch

通常是直的，非常细且光滑的划痕。发状划痕的特征是：直线形状，单个分布。其他类划痕可呈曲线或直线曲线复合形，各划痕间可相连或不相连。

15.15.14　污点 blemish

附着在光学零件表面的微小污渍或异物，也称为污斑。污点不是光学表面固定的缺陷，是通过光学擦拭就可擦掉的缺陷。

15.15.15　麻点 pit

光学零件表面呈现的微小的点状凹穴，包括开口气泡、破点、小坑等，以及细磨或精磨后残留的砂痕等缺陷。一般疵病公差的基本级数对应的麻点又称为粗麻点，级数小于一般疵病公差基本级数的麻点则称为细麻点。一般疵病公差基本级数对应的疵病面积与同级粗麻点的面积相等。

15.15.16　膜层表面疵病 coat surface defect

光学零件表面镀膜时和镀膜后，由于机械、化学、镀膜工艺、镀膜材料纯度等因素所造成的光学零件镀膜表面出现的擦痕、划痕、磨损、纤维纹、针孔、喷溅点、微粒、节瘤、裂纹、色斑、薄膜空缺、起皮、起泡、剥落等损伤的缺陷现象。

15.15.17　磨损 abrasion

镀膜表面与另一表面或物体摩擦引起的表面损伤。磨损的结果通常是导致膜层表面出现划痕或毛玻璃化。

15.15.18　纤维纹 fiber

残留在光学镀膜表面的织物纤维或纸纤维。在光学薄膜表面残留的纤维纹通常是镀膜零件在镀膜前，表面上的纤维纹未擦拭干净所造成的。

15.15.19　针孔 pinhole

薄膜上非常小的孔洞。针孔有贯穿性的和非贯穿性的。光学薄膜上的针孔，类似于光学零件表面上的麻点缺陷，将会导致光学零件像质的降低。

15.15.20　喷溅点 spatter

在镀膜过程中，小块薄膜材料飞溅到基片表面并附着在基片上所造成的缺陷。喷溅点本身虽然是薄膜材料，但它带来了不均匀性的影响。

15.15.21　微粒 particle

薄膜上或内部的小碎块物质。微粒是光学薄膜上或内部的杂质，它与节瘤、喷溅点等缺陷对薄膜光学性能的影响是类似的。

15.15.22　细微灰尘 finedust

薄膜上或内部的几个(通常是许多)环境不洁因素带来的微小物质。薄膜上的细微灰尘通过光学擦拭可以擦除，但薄膜内部的细微灰尘是无法去除的。薄膜内部的细微灰尘通常是镀膜零件在镀膜前，表面上的细微灰尘未擦拭干净所造成的。

15.15.23　节瘤 nodule

薄膜内微小的结节状缺陷。节瘤通常是镀膜过程中，镀膜材料蒸发沉积不均匀所造成的。

15.15.24　裂纹 crack

薄膜层表面出现的断裂状缺陷，也称为断裂。裂纹通常是由于薄膜材料热应力不同造成的。

15.15.25　色斑 color stain

表面上局部颜色不一致的补丁状斑点。色斑通常是由化学反应引起的变色，或膜层厚度不均匀引起的变色。

15.15.26　空缺 void

在光学零件的镀膜区域内存在的小块未镀膜区域。存在薄膜空缺的光学镀膜零件属于镀膜不合格的零件。

15.15.27　起皮 peeling

薄膜与承载其的镀制基体发生局部或大面积分离或脱离或掀开的缺陷现象。起皮主要指薄膜周边的分离现象。

15.15.28　起泡 blister；bubble

薄膜局部凸起，形同薄膜底部或内部含有包含物将薄膜顶起的缺陷现象。起泡主要指薄膜内部区域的分离现象。

15.15.29　剥落 desquamation

薄膜发生的局部分离，并离开基体丢失的缺陷现象。剥落使薄膜局部或层整体表面出现了薄膜空缺区域。

15.15.30　定心磨边缺陷 centering and edging defect

在透镜定心磨边加工时新产生的缺陷。定心磨边时产生的缺陷主要有崩边破口、透镜外径呈椭圆形、透镜外径呈锥度状、表面疵病等。

15.15.31　崩边破口 edge collapsing and crevasse

透镜定心磨边时，磨边砂轮表面不平、砂轮与工件相对跳动、砂轮或透镜转速选择不当、砂轮进刀量太大或太快等因素之一或多个所造成的透镜边缘局部破坏、缺损等，使透镜失去外形对称性和完好性的缺陷现象。

15.15.32　外径椭圆 ellipse external diameter

透镜定心磨边时，砂轮与工件的径向跳动太大等因素所造成的透镜外边缘呈椭圆形的缺陷现象。

15.15.33　外径锥度 taper external diameter

透镜定心磨边时，夹头端面与工件轴不垂直、工件轴的往返运动方向与砂轮工作面不平行等因素所造成的透镜外边缘呈锥度状的缺陷现象。

15.15.34　胶合缺陷 cementing defect

由于胶合工艺、胶合操作、胶合材料等问题所造成的胶合光学零件不符合技术要求的疵病。胶合缺陷主要有中心偏、脱皮、胶层脏、非胶合面光圈变形、胶层变焦黄、形状超差、胶合面光洁度差等。

15.15.35　中心偏 center deviation

〈胶合〉光学零件胶合时，由于单件中心存在偏差、中心没有校正好、胶层过软、平台不平、零件发生走动、热处理或退火温度太高、零件相对走动等因素之一或多个所造成的光学零件几何轴与光轴不同轴的缺陷现象。

15.15.36　脱皮 decrustation

〈胶合〉光学零件胶合时，由于胶层未完全聚合、有机溶剂浸入胶缝、聚合时零件相对位置有较大移动、胶层太薄、胶层不干净或变硬等因素之一或多个所造成的胶脱离光学零件表面的缺陷现象。

15.15.37　胶层脏 adhesive layer dirty

〈胶合〉光学零件胶合时，由于胶不清洁、工作室灰尘太大、零件没擦干净、使用的工具太脏等因素之一或多个所造成的胶合完工的光学零件的有胶层处存在的不洁缺陷现象。

15.15.38　非胶合面变形 deformation of none cementing surface

〈胶合〉光学零件胶合时，由于单件原来不合格、胶太稠、聚合温度太高、承座温度低、负透镜中心厚度与直径比相差太大、胶聚合时体积收缩率大、对中心用力不均匀等因素之一或多个所造成的光学零件非胶合面的光圈变形或增加的缺陷现象。

15.15.39　胶层变焦黄 adhesive layer becoming brown

〈胶合〉光学零件胶合时，由于聚合或退火温度太高、高温聚合时间太长等因素之一或多个所造成的胶层变成焦色和变成黄色的缺陷现象。

15.15.40　形状超差 shape error

〈胶合〉光学零件胶合时，由于单件尺寸超差、成对件尺寸没有选配、角度校正不准等因素之一或多个所造成的光学零件尺寸或角度等形状因素超出规定要求的缺陷现象。

15.15.41　胶合面光洁度差 bad cementing finish surface

〈胶合〉光学零件胶合时，由于擦布不清洁、零件胶合前光洁度不好、胶合面有水印等因素之一或多个所造成的胶合完工的光学零件的胶合面光洁度不好的缺陷现象。

15.15.42　黏合破坏 adhesion damage

在黏合与被黏合界面显示出明显的分离的黏合接头的缺陷现象。黏合破坏相当于是失去了黏合的功能，或黏合失效。

15.15.43　注塑成型缺陷 injection moulding defect

塑料光学零件采用注塑成型工艺制造完工后可能出现的不满足光学零件技术要求的缺陷。常见的注塑成型缺陷或经常出现的注塑成型缺陷主要有制品缺料、制品飞边、制品有气泡、制品凹陷、熔接痕、表面银纹、表面波纹、表面黑点、表面条纹、制品翘曲变形、制品尺寸不稳定、制品黏模等。

15.15.44　制品缺料 product imcomplete filling

〈注塑成型〉光学零件注塑成型时，由于料筒与喷嘴及模具温度偏低、加料量不够、料筒剩料太多、注射压力太低、注射速度太慢、流道或浇口太小、浇口数目不够、位置不当、型腔排气不良、注射时间太短、浇注系统发生堵塞、原料流

动性太差等因素之一或多个所造成的注塑成型完工的光学零件存在的形状不饱满
或缺损的缺陷现象。

15.15.45　制品飞边 product flash

〈注塑成型〉光学零件注塑成型时，由于料筒与喷嘴及模具温度太高、注射压
力太大、锁模力不足、模具密封不严、有杂物或模板弯曲变形、型腔排气不良、原
料流动性太大、加料量太多等因素之一或多个所造成的注塑成型完工的光学零件
存在边缘翘起、凸起等形状增多的缺陷现象。

15.15.46　制品气泡 bubbles in product

〈注塑成型〉光学零件注塑成型时，由于塑料干燥不良，含有水分、单体、溶
剂和挥发性气体，塑料有分解物、注射速度太快，注射压力太小，模温太低，充
模不完全，模具排气不良，从加料端带入空气等因素之一或多个所造成的注塑成
型完工的光学零件中存在一定数量中空的微小气泡的缺陷现象。

15.15.47　制品凹陷 hollow in product

〈注塑成型〉光学零件注塑成型时，由于加料不足、料温太高、制品壁厚或壁
薄相差大、注射及保压时间太短、注射压力不够、注射速度太快、浇口位置不当
等因素之一或多个所造成的注塑成型完工的光学零件存在的形状不饱满、缺失的
缺陷现象。

15.15.48　熔接痕 meld mark

〈注塑成型〉光学零件注塑成型时，由于料温太低、塑料流动性差、注射压力
太小、注射速度太慢、模温太低、模腔排气不良、原料受到污染等因素之一或多
个所造成的注塑成型完工的光学零件存在的熔接不紧密、有痕迹的缺陷现象。

15.15.49　表面银纹 surface crazing

〈注塑成型〉光学零件注塑成型时，由于原料含有水分及挥发物、料温太高或
太低、注射压力太低、流道与浇口尺寸太大、嵌件未预热或温度太低、制品内应
力太大等因素之一或多个所造成的注塑成型完工的光学零件表面出现银白色条纹
的缺陷现象。

15.15.50　表面波纹 surface wave

〈注塑成型〉光学零件注塑成型时，由于原料含有水分及挥发物、料温太高或
太低、注射压力太低、流道与浇口尺寸太大、嵌件未预热或温度太低、制品内应
力太大等因素之一或多个所造成的注塑成型完工的光学零件表面出现波浪形条纹
的缺陷现象。

15.15.51 表面黑点 surface dark spot

〈注塑成型〉光学零件注塑成型时，由于塑料有分解、螺杆转速太快、背压太高、塑料碎屑卡入柱塞和料筒间、喷嘴与主流道吻合不好产生积料、模具排气不良、原料污染或带进杂质、塑料颗粒大小不均匀等因素之一或多个所造成的注塑成型完工的光学零件表面出现黑点或类似黑点的缺陷现象。

15.15.52 表面条纹 surface streak

〈注塑成型〉光学零件注塑成型时，由于塑料有分解、螺杆转速太快、背压太高、塑料碎屑卡入柱塞和料筒间、喷嘴与主流道吻合不好产生积料、模具排气不良、原料污染或带进杂质、塑料颗粒大小不均匀等因素之一或多个所造成的注塑成型完工的光学零件表面出现浅色条纹、无色条纹或混合条纹的缺陷现象。

15.15.53 制品翘曲变形 product warpage

〈注塑成型〉光学零件注塑成型时，由于模具温度太高而冷却时间不够、制品厚薄悬殊、浇口装置不当、浇口装置数量不够、顶出位置不当受力不均、塑料大分子定向作用太大等因素之一或多个所造成的注塑成型完工的光学零件形状出现边缘翘曲、变形的缺陷现象。

15.15.54 制品尺寸不稳定 product size instability

〈注塑成型〉光学零件注塑成型时，由于加料不稳、原料颗粒不均匀、新旧料混合物比例不当、料筒和喷嘴温度太高、注射压力太低、充模保压时间不够、浇口流道尺寸不均、模温不均匀、模具设计尺寸不准确、顶出杆变形或磨损、注射机的电气系统不稳定、液压系统不稳定等因素之一或多个所造成的注塑成型完工的光学零件间尺寸不一致的缺陷现象。

15.15.55 制品黏模 product sticky mould

〈注塑成型〉光学零件注塑成型时，由于注射压力太高、注射时间太长、模具温度太高、浇口尺寸太大和位置不当、模腔粗糙度值过大、脱模斜度太小不易脱模、顶出装置或结构不合理等因素之一或多个所造成的注塑成型完工的光学零件黏在注塑模上不易脱离的现象。

15.16 工艺材料

15.16.1 磨料 abrasive

光学零件加工中用于研磨或抛光光学零件表面和制造研磨工具，并具有较高硬度的物质。磨料有天然磨料和人造磨料两类。常用的天然磨料有金刚石、刚玉、金刚砂等；常用的人造磨料有人造刚玉、碳化硅、碳化硼和人造金刚石等。

15.16.2 金刚石 diamond

〈工艺材料〉化学式 C，结晶形碳、等轴晶系，相对密度 3.52，莫氏硬度 10，性脆，最常见为八面体晶体，是自然界最硬的物质。金刚石有良好的导热性和较小的热膨胀系数，亲油疏水，化学性质稳定，不溶于酸，与碱作用缓慢，是硬度很高并且切削能力很强的加工工艺材料，可用作光学零件的磨料，也可用来制作磨具。

15.16.3 刚玉 corundum

化学式 Al_2O_3，晶体呈现玻璃光泽或金刚光泽，相对密度 3.9~4.1，莫氏硬度 9，熔点 2000℃~2050℃，常因含有杂质而呈现各种色彩(蓝宝石、红宝石等)，是自然界的高硬度物质。刚玉化学性质稳定，耐高温，可用作光学零件的磨料，也可用来制作磨具。

15.16.4 碳化硼 boron carbide

化学式 B_4C，以硼酸和石墨为原料，在电弧炉内经高温冶炼而成，相对密度 2.52，莫氏硬度 9.8，熔点 2350℃，是人造的高硬度物质。碳化硼粉碎后的颗粒带锋利刃尖，切削能力与金刚石相近，用它制成的磨具可用于研磨硬质合金、淬火钢、光学玻璃和宝石等材料制成的工件。

15.16.5 碳化硅 silicon carbide

化学式 SiC，在大功率电炉中熔炼焦炭和石英砂形成黑色结晶和绿色结晶，莫氏硬度 9.5，熔点 2700℃，是人造的高硬度物质。碳化硅比刚玉更脆，磨削性能次于金刚石，高于一般磨料。碳化硅微粉用于玻璃零件的粗加工和制造特殊用途的砂轮。

15.16.6 金刚砂 emery

通常以刚玉为主混有铁和硅的氧化物(成分随产地而异)的天然廉价磨料。金刚砂按颗粒大小分为三十余个粒度号，商品分为磨粒、磨粉、微粉和精微粉四个组别，可供研磨光学玻璃、半导体材料、工具、量具、刃具、石料、塑料、骨料等使用。

15.16.7 抛光粉 polishing compound

用以使光学零件精磨后的表面获得规定的粗糙度和面形精度所使用的粉状物质。抛光粉性能要求：硬度适宜，粒度均匀，无机械杂质；具有一定的晶格形态；化学活性高；有良好的分散性和吸附性。玻璃抛光常用三氧化二铁、二氧化铈、二氧化锆、三氧化二铝等抛光粉；光学塑料和软质光学晶体抛光常用二氧化锡、氧化锌、碳酸钙和碳黑等软质抛光粉；抛光硬质光学晶体常用金刚石粉、刚玉等。

15.16.8 三氧化二铁 ferric oxide

化学式 Fe_2O_3，红色或褐红色无定形粉末，相对密度 5.1~5.3，莫氏硬度 5~7，不溶于水，溶于盐酸，天然性的或人造的抛光磨料。三氧化二铁硬度低、晶粒小，抛光能力低，但抛光后的零件表面质量较高。天然的三氧化二铁为赤铁矿，工业的常用焙烧硫酸亚铁或碳酸亚铁制得。

15.16.9 二氧化铈 cerium oxide

化学式 CeO_2，呈白色、淡黄色或淡红色 (因二氧化铈含量不同)，相对密度 7~7.3，莫氏硬度 6~8，不溶于水，溶于盐酸和硫酸，人造的抛光磨料，俗称白骨粉或黄粉。二氧化铈抛光效率高，质量好的可多次使用。二氧化铈可由草酸铈、碳酸铈等原料焙烧制得。

15.16.10 二氧化锆 zirconium oxide

〈光学工艺〉化学式 ZrO_2，相对密度 5.7~6.2，莫氏硬度 5.5~6.5，不溶于水、盐酸和稀硫酸，溶于浓氢氟酸、硝酸和硫酸，人造的抛光磨料。二氧化锆抛光效力低于二氧化铈，高于三氧化二铁。二氧化锆由硅酸锆与纯碱共熔，用水浸出锆酸钠，与盐酸作用生成氢氧化锆，再焙烧而制得。

15.16.11 氧化锌 zinc oxide

〈光学工艺〉化学式 ZnO，有苦味的白色粉末，莫氏硬度 4~4.5，不溶于水和乙醇，溶于酸和碱，人造的抛光磨料，俗称锌白或锌氧粉。氧化锌是由锌块加热生成锌蒸气与空气氧化合成，或由煅烧碳酸锌制得。

15.16.12 抛光模层材料 polishing mold coat material

抛光模上直接与被抛光光学零件表面接触的表层材料，也称为抛光膜层材料。抛光模层材料一般要求：具有微孔结构，能承载抛光液；具有良好的耐热性，在抛光过程中会因受热变形；有一定的弹性、塑性和韧性；有适宜的硬度及耐磨性；成型收缩率小，老化期长。常用的抛光模层材料的种类有热塑性材料、热固性材料、纤维材料三种。常用的具体抛光模层材料有抛光柏油/沥青 (热塑性)、古马隆 (热塑性)、聚氨酯 (热固性)、聚四氟乙烯 (热固性) 等。

15.16.13 抛光柏油 polishing pitch

深色或黑色固体，软化点 55°C~85°C，不溶于水，溶于汽油及其他有机溶剂，具有一定硬度、塑性、弹性、热稳定性、化学稳定性以及吸附性的抛光模层材料，也称为抛光沥青。抛光柏油是常用的光学零件抛光模层材料，其以松香、石油沥青为基本组分，改变两者配比可调节抛光柏油硬度，以适应不同需要，添加蜂蜡、油、树脂、纤维素及抛光粉等可以改善其他性能。

15.16.14　古马隆 coumarone

浅黄色至棕褐色固体，外观像松香，软化点 80℃~90℃，耐酸，耐碱，不溶于低级一元醇、多元醇，溶于醚类、酮类、硝基苯、苯胺等有机溶剂，质硬而脆，具有良好的耐热性、耐磨性和硬度，由重质苯或酚油经缩合、蒸馏制得的抛光模层材料，也称为香豆酮-茚树脂 (coumarone-indene resin)。古马隆抛光材料以固体古马隆为基料，加入增塑剂、填料等成分，加热熔融并搅拌均匀制成热塑性抛光模层，广泛应用于高速抛光中。

15.16.15　聚氨酯 polyurethane

强度高、耐磨性能好、能抗压、变形小，具有无数小孔的一种泡沫型的抛光模层材料。聚氨酯按原料的不同，分为聚酯型和聚醚型；按性能分为硬质、半硬质和软质类。聚氨酯抛光模层材料加工中容易保持工件面形，抛光效率高，模层使用寿命长，广泛应用于高速抛光。

15.16.16　聚四氟乙烯 polytetrafluoroethylene

〈工艺材料〉色泽洁白，固态相对密度 2.1~2.3，耐热性、化学稳定性极好的抛光模层材料。聚四氟乙烯有粒状、粉状和分散液三种状态。制作抛光模时将聚四氟乙烯分散液 (含加速剂及微粉填充剂) 分若干次涂刷于模具上，每次只涂一薄层，例如要获得 0.5mm 的抛光模层，总共要涂刷 10~15 层，每刷一层都要经过烘烤及研平，最后得到均匀平整的聚四氟乙烯抛光模。聚四氟乙烯抛光模可用于加工高精度的光学平面 (均方根小于 $\lambda/40$，$\lambda = 632.8$nm)。

15.16.17　黏结材料 bonding material

在光学生产工艺中，用于将光学零件黏在模具上的材料的统称。黏结材料通常应具有的性能为：不含有损伤光学零件表面的杂质、异物及腐蚀性化学物质；在一定的条件下 (例如接触高温物体后一同冷却) 能牢固黏附于金属、玻璃等物体表面；已黏结的光学零件能用简便手段 (敲击、加热等) 脱离黏结。常用黏结材料有石蜡、蜂蜡、磨边胶、火漆、低熔点合金等。

15.16.18　石蜡 paraffin

白色或淡黄色常温固体，相对密度 0.87，熔点 45℃~60℃，不溶于水，易溶于汽油、丙酮、苯等有机溶剂，分子量较高的烷烃 ($C_{19}H_{40}$ ~ $C_{35}H_{72}$) 混合物的黏结材料。石蜡由天然石油或人造石油的含蜡馏分用冷榨或溶剂脱蜡等制得。用作上盘黏结剂时，形成的蜡层较薄，熔点较低，便于上下盘，容易清洗。

15.16.19　蜂蜡 bee wax

淡黄色或褐黄色常温固体，相对密度 0.96 左右，熔点 56℃~66℃，不溶于水，易溶于乙醇、乙醚、氯仿、苯和四氯化碳等有机溶剂，以蜂巢为原料制成的黏结材料。蜂蜡用于粗磨工序中光学零件的黏结及胶条。

15.16.20　磨边胶 edging cement

黄色到褐色块状物，具有一定的黏结能力、热稳定性和化学稳定性，不溶于水，易溶于乙醇、乙醚、丙酮、苯、松节油及油类等有机溶剂，主要由松香、虫胶、蜂蜡加入适量油类及添加剂 (以降低脆性和硬度) 制成的黏结材料，也称为定心胶或松香胶。磨边胶是透镜定中心磨边时常用的黏结剂。

15.16.21　火漆 sealing wax

深色块状物，软化熔点 80℃，无水溶性，耐酸碱，易溶于汽油、乙醇及一般有机溶剂，以松香、沥青及中性填料 (滑石粉、碳酸钙等) 为主制成的黏结材料。火漆主要用于光学零件精磨及抛光前的黏结上盘。

15.16.22　低熔点合金 low-melting alloy

含铋、铅、锡等成分，熔点为 70℃ 左右，由几种低熔点金属混合共熔制成的黏结材料。低熔点合金的优点为：操作时无烫伤危险；不产生烟尘；光学零件上、下盘简便易行；材料容易回收等。光学塑料零件适合采用熔点更低的黏结材料，由铋、铅、铟等五种金属组成的合金的熔点为 46.8℃。

15.16.23　松香 rosin

由松脂 (俗称生松香) 经蒸馏去除松节油剩余的透明玻璃状脆性固体物质，也称为熟松香。松香没有固定熔点，软化点温度在 50℃~70℃，外观为淡黄色到深褐色，纯度越高越透明，不溶于水，溶于乙醇、乙醚、丙酮、苯、二硫化碳、松节油、油类和碱溶液。松香在抛光模层中，主要起增硬作用，同时能调节黏性和热稳定性。

15.16.24　冷却液 coolant

润滑光学零件加工部位并将加工产生的热量和碎屑带走的液体。冷却液要求应具有较低的黏度、较好的热传导性，并是无毒、无臭、无腐蚀性的液体。用散粒磨料研磨光学零件表面以及用砂轮进行透镜磨边时，常用水作冷却液；用金刚石磨具研磨光学零件时，常用乙二醇水溶液 (含少量甘油)、矿物油的乳化液以及煤油与机油的混合液等作冷却液。

15.16.25　光学胶 optical cement

将两个或两个以上光学零件黏接在一起而不影响零件基本光学性能的透明胶黏剂。对光学胶的一般要求为：工作波段光谱透射比高；折射率与光学零件的相近；固化后收缩应力小；具有足够的黏结力和抗机械冲击力；具有良好的耐温性、耐湿性、化学稳定性和相容性等。胶合光学玻璃常用的胶有冷杉树脂胶、甲醇胶、环氧树脂胶、丙烯胶及光学光敏胶等。胶合晶体常用的胶有亚麻仁油、甘油、溴代萘及蓖麻油等。冷杉树脂胶是一种典型的光学胶。

15.16.26　冷杉树脂胶 Canada balsam

松柏科冷杉属植物的分泌物 (树汁) 经溶解、过滤和清洗除去可溶性树脂酸及杂质，再加入增塑剂熬制而成的胶合光学零件用的合成树脂，也称为加拿大胶，俗称热胶。冷杉树脂胶颜色为浅黄色，折射率约 1.54，与普通光学玻璃相近，其优点是塑性好、凝固快、凝固时体积收缩率小、胶合应力容易消除、易拆胶和清洗，缺点是黏结强度低、线膨胀系数大、耐溶剂差、耐高低温性能差、紫外透过性能差等，适用于胶合室内用光学仪器的光学零件。

15.16.27　甲醇胶 carbinol cement

由乙烯基乙炔与丙酮在氢氧化钾的催化作用下生成单体二甲基乙烯代乙炔基甲醇的热固性合成树脂胶，俗称冷胶。单体二甲基乙烯代乙炔基甲醇需加稳定剂才能贮存，而使用时除去稳定剂而加入引发剂 (如过氧化二苯甲酰)，并加热预聚合到一定黏度。甲醇胶的颜色为透明的橙黄色，折射率约 1.519，与普通光学玻璃相近，其优点是黏结性强、耐高温、耐低温、耐溶剂、抗霉菌等 (优于冷杉树脂胶)，缺点是完全固化所需时间长、固化时体积收缩率大 (12%~14%) 而引起表面变形、返修件拆胶困难、单体保存时间短。甲醇胶可用于胶合室外用光学仪器的光学零件。

15.16.28　环氧树脂胶 epoxy cement

含有环氧基团，选颜色浅、黏度小的透明环氧树脂配制而成的树脂胶。环氧树脂胶折射率一般在 1.54~1.57 范围内，在黏结性强度、收缩率 (2%~5%)、化学稳定性、耐酸碱性、耐有机溶剂等方面优于冷杉树脂胶和甲醇胶，耐高温、耐低温及抗湿性能更优越，缺点是返修件拆胶困难、胶中使用的固化剂、稀释剂等对人体有一定危害。环氧树脂胶可室温固化，也可加热固化，可用于胶合各种恶劣环境使用的光学仪器的光学零件。

15.16.29　光敏胶 photosensitive cement

由光敏树脂、交联剂、阻聚剂、光敏剂及稀释剂等配制而成的树脂胶，也称为光学光敏胶。光敏胶只在紫外照射下能快速增加黏度及固化。光敏胶为浅色透明液体, 固化后的折射率与光学玻璃的相近, 黏结强度高、体积收缩率小 (2%～4%)、线膨胀系数小、胶合应力小, 耐酸碱性、耐有机溶剂、耐高温、耐低温及抗湿性能略高于环氧树脂胶, 缺点是返修件拆胶困难、会引起有些人的皮肤过敏。光学光敏胶可用于各种环境使用的光学仪器的光学零件。

15.16.30 黏模胶 blocking cement

将光学零件黏接到黏结模上进行粗磨、精磨、抛光等光学加工的胶黏剂。一般为热塑性材料, 如树脂、蜂蜡、沥青或虫胶等。

15.16.31 装配胶 mounting cement

将光学零件黏到镜座上用的胶黏剂。一般为热塑性材料或化学硬化材料。光学零件装配使用的胶有环氧树脂胶、环氧改性胶等。

15.16.32 热塑性胶 thermoplastic cement

当温度上升到一定限度时, 黏度降低的胶黏剂。冷杉树脂、沥青是常用的热塑性胶。热塑性胶加热时软化黏结, 容易分离, 冷却后硬化黏结牢固并具有一定的强度。特点是耐冲击, 剥离强度和起始黏结性都好, 使用方便, 可反复进行黏合。缺点是耐热性和耐化学介质性较差, 机械强度较低, 易发生蠕变和冷流现象。热塑性树脂胶主要有聚乙酸乙烯酯、聚乙烯醇缩醛、乙烯-乙酸乙烯共聚树脂、氯乙烯-乙酸乙烯共聚树脂、过氯乙烯树脂、聚丙烯酸酯、聚酰胺和聚砜等。

15.16.33 热固性胶 thermosetting cement

经一定的高温后, 能保持永久固化或硬化的胶黏剂, 也称为热固性胶黏剂。热固性胶是以含有反应性基团的热固性树脂为黏料的胶黏剂, 其加入固化剂或加热时, 液态黏料分子可进一步聚合和交联成体型网状结构, 形成不溶、不熔的固态胶接层而达到胶接的目的。能在室温固化的称为室温固化型胶黏剂, 以加热固化的称为加热固化型胶黏剂。其具有较高的黏结强度、耐热、耐老化、耐化学等优点, 缺点是抗冲击强度、剥离强度和起始黏结性较差, 还必须配有固化剂。主要类型有甲基丙烯胶、酚醛、脲醛、三聚氰胺、环氧、聚氨酚、不饱和聚酯、杂环聚合物等。

15.16.34 黏合剂 adhesive

能把有效适用的材料黏合在一起的物质。黏合剂是使相同或不同物料连接或黏合的各种应力材料的总称, 主要有液态、膏状和固态三种类型。黏合剂有人工合成的合成树脂、合成橡胶等有机黏合剂以及水玻璃等无机黏合剂, 也包括自然界中的蛋白质、糊精、动物胶、虫胶、皮胶、松香等生物黏合剂以及沥青等矿物黏合剂。

15.16.35　水准泡填充液 fluid in spirit level

流动性好，具有较高的化学稳定性，对玻璃不腐蚀，在一定温度下黏度不明显变化，注入到水准泡腔中的特定透明液体。注入水准泡中的水准泡填充液常用乙醚、乙醇或它们的混合液。

15.16.36　清洁用料 cleaning material

为了清除光学零件表面污物 (胶、漆、油脂等) 使用的清洗液和擦拭材料。清洁用料对污物具有良好的溶解能力或擦拭清除能力，且不应腐蚀及损伤零件表面。常用的清洗液主要有：① 酸、碱、盐溶液；② 溶剂；③ 超声清洗液。常用的擦拭材料主要有：① 脱脂棉；② 脱脂布；③ 擦镜纸。

15.16.37　溶剂 solvent

〈清洁用料〉用来清洗光学零件表面残留的保护漆、油脂、黏结材料、镀层、胶层等，对这些物质具有一定溶解能力的液体。常用的溶剂主要有汽油、乙醇、乙醚、丙酮、醇醚混合液以及酸、碱、盐溶液等。

15.16.38　超声清洗液 ultrasonic cleaning liquid

〈清洁用料〉具有对超声振动传导性和被清洗污物的溶解能力，在超声波清洗设备中使用的液体。常用的超声清洗液有三氯乙烯、氟氯烷、乙醇、汽油和合成洗涤液等。

15.16.39　脱脂棉 degreased cotton

〈清洁用料〉用品质较高的原棉，经梳理加工后，进行化学处理和溶剂脱脂制得的棉。光学脱脂棉具有：纤维洁白、均匀、有条理，可任意分层，纤维长度不小于 30mm；无可见机械杂质；含脂及含蜡量不大于 0.1‰。

15.16.40　脱脂擦布 degreased cloth

〈清洁用料〉按使用要求裁成一定尺寸及形状，经洗涤和脱脂处理而成的织布。脱脂擦布有细白布、麻纱、府绸、普通白布和特种纱布等纺织品。光学零件擦拭用的脱脂擦布要求脂肪含量不大于 0.1%，酸碱反应为中性。

15.16.41　擦镜纸 wiping paper

〈清洁用料〉纤维疏软，吸水能力较强的脱脂棉纸，也称为擦拭纸。光学零件擦拭用的擦镜纸要求：色质及厚薄一致；纸面平整洁净；无可见杂质和粗茎；酸碱反应为中性。

15.16.42 保护涂料 protective coating

保护抛光的光学表面或其上的膜层免受机械性损伤、湿气侵蚀和化学腐蚀而涂布的各类保护性物质的总称。常用的保护涂料有保护液 (如虫胶漆等)、可剥性涂料、刻度蜡和各种保护用漆等。

15.16.43 刻度蜡 engraving wax

用酸蚀等方法制造分划零件时所使用的含蜡保护物质。刻度蜡性能要求为: 具有良好的切削性、抗蚀能力和黏附力; 无水分和机械杂质; 具有相应的硬度及黏度。刻度蜡有固体蜡和液体蜡两种。

15.16.44 消光漆 flat black paint

为尽量减少仪器中漫反射杂光而喷涂于光学仪器内壁和光学零件非工作面 (或特定区域) 的黑漆。消光漆性能要求: 无光泽; 成膜均匀; 对零件表面有良好的黏附力, 漆膜不易产生裂纹或脱落。常用的有酚醛消光漆、硝基无光磁漆、黑色丙烯酸无光磁漆等。

15.16.45 虫胶片 shellac

溶于光学零件抛光表面保护胶液中作为主要原料的漆片, 又称为洋干漆或假漆。虫胶片用 1 份虫胶片和 2.5~3 份无水乙醇配制而成, 其具有不透水、干燥迅速、一定黏结力等特点。

15.16.46 冷杉胶液 Canada balsam fluid

以冷杉树脂胶为主原料配制的, 用于光学零件抛光表面保护的胶液, 也称为冷杉树脂胶液。冷杉树脂胶液 (配方一) 用 10g 冷杉树脂胶、10g 松香或乳香和 150mL 二甲苯或无水乙醇配制而成, 其具有黏结力强、清洗容易、水洗胶层不受影响、干燥速度较慢等特点。

用于光学零件储存时保护的胶液。冷杉树脂胶液 (配方二) 用 3% 冷杉树脂胶、1% 赛璐珞片、40% 乙醇、3% 甲基三乙氧基硅烷、53% 香蕉水配制而成, 其涂层烘干后为二氧化硅膜, 可防止零件储存中产生的霉雾。

15.16.47 橡胶液 rubber fluid

以生橡胶为主原料配制的, 用于光学零件抛光表面保护的胶液。橡胶液用 1g~2g 生橡胶、100mL 工业汽油和少量松香配制而成, 其具有一定黏结力、室温易干燥、易清洗、易观察检验等特点。

15.16.48　沥青漆 asphalt paint

以 10$^{\#}$ 建筑沥青为主原料配制的，用于照相修版和保护光学零件表面的胶液。沥青漆用 20g 的 10$^{\#}$ 建筑沥青、50mL 甲苯和 50mL 松节油配制而成，其具有一定黏结力、易清洗、易观察检验等特点。

15.16.49　丙烯漆 acrylic paint

以甲基丙烯酸甲酯为主原料配制的，用于保护光学零件表面的胶液。丙烯漆用 200mL 甲基丙烯酸甲酯、300mL 甲苯和 2g 过氧化二基甲酰配制而成，其配方在 100℃ 下，加热回流至要求的黏度方可使用。

15.16.50　晾干沥青漆 dried asphalt paint

以石油沥青和干性植物油为主原料配制的，用于光学零件抛光表面及刻蚀零件表面保护的胶液。晾干沥青漆用石油沥青和干性植物油溶于 200 号溶剂油和二甲苯溶剂中配制而成，其具有干燥快、易清洗、易检验观察等特点。

15.16.51　聚乙烯醇缩醛胶液 polyvinyl acetal adhesive solution

以聚乙烯醇缩醛胶为主原料配制的，用于光学晶体表面保护的胶液。聚乙烯醇缩醛胶液用聚乙烯醇缩醛胶与香蕉水稀释成适当黏度配制而成，其具有牢固性好、不发霉、可用乙醇清洗等特点。

15.16.52　硝基纤维漆 nitrocellulose lacquer

以赛璐珞为主原料配制的，用于胶合光学零件清洗时保护的胶液。硝基纤维漆用 2g~5g 赛璐珞、100mL 醋酸丁酯∶丙酮 =1∶1 配制而成，其具有干燥快、黏结力好、操作方便等特点。

15.16.53　酚醛树脂胶液 phenolic resin glue

以 2133 醇溶性酚醛树脂为主原料配制的，用于光学零件抛光表面保护的胶液。酚醛树脂胶液用 8％的 2133 醇溶性酚醛树脂、40％无水乙醇、45％乙醚、5％正硅酸乙酯、2％乙烯基三乙氧基硅烷配制而成，涂层烘干后，形成二氧化硅膜，可防止霉雾产生。

15.16.54　环氧树脂胶液 epoxy resin glue

以 E-06 固体环氧树脂等为主原料配制的，用作光学零件磨边保护层的胶液。环氧树脂胶液用 6％的 E-06 固体环氧树脂、4％乙基三乙氧基硅烷、2％乙烯基三乙氧基硅烷、5％正硅酸乙酯、2％乙烯基三乙氧基硅烷配制而成，具有不溶于水和乙醇、耐水性好等特点，涂层烘干后的 SiO_2 膜可防霉雾产生。

15.16.55　酚醛树脂液 phenolic resin solution

以 2133 酚醛树脂为主原料配制的，用作光学零件防腐蚀保护漆的胶液。酚醛树脂液用 ① 2% 的 2133 酚醛树脂、250mL 无水乙烯与 ② 10g 聚乙烯醇缩丁醛、250mL 无水乙烯及 ③ 2% 乙烯基三乙氧基硅烷配制而成。① 和 ② 分别配制后，以 1:1 混合，过滤，加入总量 2% 的 ③，清洗时用乙醇溶解。

15.16.56　酚醛树脂环氧树脂液 phenolic resin epoxy resin solution

以 210 松香改性酚醛树脂和环氧树脂为主原料配制的，用作光学零件防腐蚀保护漆的胶液。酚醛树脂环氧树脂液用 160g 的 210 松香改性酚醛树脂、25g 环氧树脂；40mL X-1 硝基漆稀释剂配制而成。清洗时用汽油、乙醇浸泡。

15.16.57　蒎烯树脂胶液 pinene resin solution

以 α-蒎烯树脂为主原料配制的，用作光学零件防腐蚀保护漆的胶液。蒎烯树脂胶液用 30g 的 α-蒎烯树脂、100mL 香蕉水配制而成。清洗时用汽油溶解。

15.16.58　丙烯清漆液 acrylic varnish

以丙烯清漆为主原料配制的，用作光学零件防腐蚀保护漆的胶液。丙烯清漆液用 100mL 丙烯清漆、100mL 乙醇乙酯配制而成。清洗时用乙醇溶解。

15.16.59　环氧树脂液 epoxy resin solution

以甘油松香和 E-2 环氧树脂为主原料配制的，用作光学零件防腐蚀保护漆的胶液。环氧树脂液用 50g 甘油松香、10g E-2 环氧树脂、30mL 乙醇苯溶液配制而成。清洗时用汽油、乙醇浸泡。

15.16.60　过氯乙烯清漆 vinyl perchloride varnish

以过氧乙烯防腐清漆为主原料配制的，用作光学零件防腐蚀保护漆的胶液。过氯乙烯清漆用 1 份过氧乙烯防腐清漆、1 份 X-23 过氯乙烯稀释剂配制而成。清洗时浸入过氯乙烯稀释剂或乙醚。

15.16.61　可剥性涂料 strippable coating

分别可以丙酮或苯或丁苯橡胶为主原料配制的，用作光学零件防腐蚀和保护的涂料。可剥性涂料具有一定黏结力、透明、易从零件表面剥落、使用方便等特点，有多种配方，如：

(1) 用 100 份丙酮：甲苯：苯 =1:1:1，加入 10 份过氯乙烯树脂配制而成。

(2) 用 100 份苯，加 2 份聚苯乙烯配制而成。

(3) 用丁苯橡胶：氧化锌：氧化镁：防老化剂：2420 树脂：GO4-1：甲苯：二甲苯 =11.71:1.17:1.17:0.23:4.68:7:46.85:23.42 配制而成。

15.16.62　光学黑色涂料 optical blacking

涂覆在研磨过的光学零件表面上的光吸收涂料。这种材料的折射率应与涂层下的玻璃材料的折射率相同或相近，且直接涂在玻璃上。

15.16.63　研磨膏 lapping paste

用磨料和油脂配制，在光学仪器装配中，用于研磨金属零件使配合件之间达到适当的动配合用的膏状物。常用的研磨膏有金刚砂研磨膏、氧化铝研磨膏等。

15.16.64　金刚砂研磨膏 emery lapping paste

由金刚砂(纳米和微米级的金刚石微粉磨料)、凡士林、着色剂、防腐剂、香精等加热混合均匀制成的研磨膏，也称为金刚石研磨膏。金刚砂研磨膏是一种软质磨具(或松散磨具)，用于研磨硬脆材料，以获得高的表面光洁度。其机理是：研磨过程中磨料不断滚动，产生挤压和切削两种作用，使凸凹表面渐趋平整光滑。金刚石研磨膏分为水溶性研磨膏和油溶性研磨膏，规格分别有 W0.25、W0.5、W1、W1.5、W2.5、W3.5、W5、W7、W10、W14、W20、W28、W40 等。油溶研磨膏润湿性好，磨削力小、磨削热小，主要用于加工高光洁度要求或高硬质合金等高硬合金材料的零件、量具、刃具、磨具等。水溶研磨膏黏度小、易排削、加工效率高，主要用于加工玻璃、陶瓷、宝石、玛瑙等非金属硬脆材料制品。

15.16.65　氧化铝研磨膏 alumina lapping paste

由处理和分选过的氧化铝粉末、油酸、硬脂酸、硫化油及脂肪等配成的均匀膏状研磨膏，也称为白色研磨膏。

15.16.66　抛光膏 polishing paste

在光学仪器装配中，用于抛光金属或塑料零件的表面，由抛光粉和油脂配制的具有一定抛光能力的膏状物。抛光膏常用的有氧化铬抛光膏、浮石抛光膏、青玉粉抛光膏等。

15.16.67　氧化铬抛光膏 chromic oxide polishing paste

由处理和分选过的三氧化二铬粉末、硬脂酸及脂肪配制而成的抛光膏，又称为绿粉抛光膏。三氧化二铬抛光料为绿色尤定形粉末，可溶于加热的溴酸钾溶液，不溶于水、酸和碱溶液，用于单晶硅片研磨抛光液中。

15.16.68　浮石抛光膏 pumice polishing paste

先将浮石矿加工成抛光粉，再和脂肪配合成均匀膏状体的抛光膏。浮石抛光膏是用浮石、黏结剂(如硬脂酸、石蜡等)一起制成的油膏形式。

15.16.69 仪器润滑油 grease for instrument

经过稠化处理后形成的，用于对仪器摩擦、运动、密封、腐蚀气体和液体接触等部位的润滑和防护的润滑黏稠物质。

15.16.70 密封蜡 putty

用于仪器外露光学零件与金属零件接缝处和金属零件互相连接处，防止外界灰尘、气体、雨水或海水等进入仪器内部，防止温度急剧变化时光学零件表面结霜的密封用的可塑性腻子，俗称油灰。

15.16.71 灌封料 encapsulating

灌注(浇注)和密封光学仪器各种电气部件，以形成完整连续的绝缘体的热固性密封材料。灌封料一般要求：不含有溶剂，流动性好，在固化过程不析出挥发物质；在适当的条件下能完全固化，收缩率小，在工作温度范围内无可塑性；有良好的黏结能力，能形成有一定机械强度的整体结构；耐湿性及化学稳定性好。常用的灌封料有环氧树脂、液态聚硫橡胶和室温硫化硅橡胶等。

15.16.72 防霉剂 fungicide

具有对人无毒或低毒、不损坏光学仪器、不影响仪器光学性能、有效期长、使用方便等特性，通过其化学作用或物理作用防止光学零件表面生霉的物质。常用的防霉剂有 8-羟基喹啉铜、五氧酚苯汞 (CM32)、醋酸苯汞、酸性硫柳汞等。

15.16.73 防雾剂 antifoggant

具有对人无毒或低毒、不损坏光学仪器、不影响仪器光学性能、有效期长、使用方便等特性，通过其化学作用或物理作用防止光学零件表面生雾的物质。防雾剂有憎水型和亲水型两种。常用的憎水防雾剂有乙基含氢二氯硅烷 (SF102)、十二烷基三甲氧基硅烷 (49 号)、乙基含氢硅油 (SF101) 等。常用的亲水防雾剂有 N-羟氨基甲酸酯化聚乙烯醇 (SF201) 等。

15.17 工装工具

15.17.1 胶模 adhesive mold; contact block

研磨(粗磨、精磨)和抛光工艺中，用来将光学零件黏结成镜盘的平面、球面或特定形状的底座，也称为粘结模、黏结模、黏模。黏结平面零件的称为胶平模，黏结球面零件的称为胶球模。胶模通常用金属材料制作，它和镜盘一起用于加工过程中。

15.17.2　贴置模 forming tool

成盘加工前及零件上盘时，使镜盘上的零件形状一体化定位用的靠贴形状工具。根据加工零件形状的不同，贴置模分别有凹球模 (磨凸球面零件)、凸球模 (磨凹球面零件)、平模 (磨平球面零件)，多用黄铜或铸铁材料制成。贴置模的作用是为多零件成盘加工提供形状的贴靠面，其不用于加工过程。

15.17.3　研磨模 lap

用散粒磨料磨削光学零件时使用的研磨工具。研磨模在对零件研磨加工过程中，通过磨料的磨削作用，逐渐将其工作面的曲率传递给加工零件。粗磨的研磨模多用铸铁制造，精磨的多用黄铜制造。加工某些晶体用的研磨模用玻璃制造。根据加工零件形状的不同，研磨模分别有凹球模 (磨凸球面零件)、凸球模 (磨凹球面零件)、平模 (磨平面零件)。研磨的作用是将零件磨制成预定的形状。

15.17.4　抛光模 polishing tool

由抛光模基体和抛光模 (膜) 层组成，是光学零件表面最后精加工所用的工艺装备。抛光模的基体是金属或玻璃模，上面敷一层抛光模层材料，其工作面曲率半径与抛光表面相匹配。抛光模的模层材料种类很多，主要成分是各种高分子材料，如沥青、古马隆、聚氨酯、聚四氟乙烯、呢绒等。

15.17.5　光胶垫板 tool for optical contacting

用于光学零件的成盘平面加工，作为光胶工具使用的平行平面平板玻璃。光胶垫板的工作面要求低光圈 ($N = 1 \sim 2$)，平板类零件可直接光胶在垫板上，棱镜或楔形镜先光胶在角度准确的辅助工具 (玻璃立方体、长方体或角度垫板) 上，再将辅助工具光胶在垫板上。

15.17.6　棱镜夹具 prism clamp

为了棱镜某个面的加工，设计和制作成具有棱镜某个角夹持的一个或一组凹槽形状，用于固定待加工的棱镜 (用火漆或螺钉等固定)，并使固定后的所有棱镜成统一的加工平面的金属夹持底座。棱镜夹具可按粗磨、精磨和抛光工艺分别设计，也可设计为统一使用的棱镜夹具。

15.17.7　铣磨夹具 milling mold clamp

用于棱镜、透镜等光学零件进行铣磨加工时夹持固定各种形状光学零件的特定工装。铣磨夹具的装夹方式大致有弹性装夹、真空装夹、磁性装夹和机械装夹四种。

15.17.8 装夹基面 clamping interarea

用于保证光学零件加工装夹正确和加工精度的定位面。尚未加工的面作基面称为毛基面，加工了的面作基面称为光基面。选择基面的数目、形状和位置时应保证加工过程对加工件能足够精确稳定地装夹。夹具对工件的约束为三个轴向自由度和三个绕轴旋转自由度，共六个自由度。设计夹具时要合理确定加工运动轨迹对哪些自由度会带来明显影响，如何有效控制。

基面选择的一般原则为：非全部加工的工件选不用加工的面为基面 (毛基面)；全部加工的工件选加工余量最小的面为毛基面；毛基面应平整和光洁，与其他面之间偏差最小；已加工了一些面后，毛基面要用光基面来代替；选择的基面应是切削或夹紧的变形最小的；选择的基面应考虑夹具的制造简单和方便。

15.17.9 铣磨球面夹具 milling mold sphere clamp

装夹加工工件牢固可靠，能正确定位加工件球面中心、曲率、厚度，合理配合铣磨机床性能，装卸方便的夹具。

15.17.10 铣磨弹性夹具 milling mold elastic clamp

利用弹性夹头所开的三个槽和夹头外圆锥面与夹帽内圆锥面配合产生的弹力来夹紧零件的夹具。

15.17.11 铣磨真空夹具 milling mold vacuum clamp

利用真空室的真空阀抽真空，与真空室口接触的工件被真空的吸附作用力或大气压力将工件固定在夹具上的夹具。铣磨真空夹具的真空需低于 0.4atm。真空夹具的优点是操作方便，容易实现自动化加工，有利于提高生产效率；缺点是对工件直径公差要求较严，对工件的直径要求不能太小。

15.17.12 铣磨平面夹具 milling mold plane clamp

牢固可靠变形小，与工件的接触面具有很高的耐磨性，定位面开有沟槽，有防止碰伤棱角的让角槽，槽盘上的角度槽应小于工件棱角 (小 $2' \sim 5'$)，各槽间几何尺寸的相对误差较小，装卸方便的夹具。

15.17.13 金刚石精磨片 diamond grinding disc

由金刚石微粉加结合剂经压制、烧结而成的片状磨制器具。将若干个精磨片按一定规律胶黏在金属模上就形成高速精磨用的金刚石磨具。

15.17.14 分离器 separator

加工高精度平面光学零件用的含有多个大小不同圆形通孔的平行平面玻璃工具。分离器上的孔为不同直径的、不同偏心位置的多个孔。抛光过程中光学零件放在工作孔内靠分离器带动自由运转，以大面积抛光来保证待抛光零件的小面积的高质量，从而获取高精度平面。

15.17.15   刻刀 engraving tool

用于刻划光栅及分划零件的刃具。刻刀的材料和形状以及研磨质量是影响刻线质量的基本因素。刻刀按材料分为钢刻刀和金刚石刻刀两类；刻刀按形状分为四方刀、梯形刀、锥形刀、斧形刀等。

15.17.16   刻度模板 master copy

用缩放式刻线机 (如仿型铣类型机床) 刻制各种分划图案 (包括线条、标志、数字及文字符号) 时使用的刻有分划图案放大图形的金属板。刻度模板一般用黄铜制造，也可用磷青铜或淬火钢制造。刻度时，刻线机缩放器的导针沿刻度模板移动，使下面的刻刀在零件表面 (通常覆盖了一层刻度蜡) 刻出分划图案。刻度时要调准缩小比例。刻度模板上的图案要有较高的尺寸精度，刻线槽表面要光滑。

15.17.17   夹距 grip separation

夹持试样的夹具两端之间的长度。夹距既可以用于表达夹具夹持试样时的夹持长度，也可以用于表达夹具的最大夹持长度能力。

15.17.18   光学样板 optical test plate

利用干涉原理检验光学零件面形误差时使用的玻璃量具。光学样板用硬度高、膨胀系数小的玻璃制造，分为标准样板和工作样板。

15.17.19   标准样板 master test plate

具有严格精度要求，用于制造工作样板的基础或基准玻璃板，也称为母样板或原样板。标准样板的表面光圈误差和光圈不规则误差的要求分别为 $N = 0.5$ 和 $\Delta N = 0.1$；平面标准样板通常采用三块样板一起加工，互检干涉图，用解方程的办法确定每块样板的面形精度是否满足要求，其最大直径为 200mm；球面标准样板用半径名义值相同的凸凹两块样板一起加工，互检干涉圈数，并用球径仪或其他量具精确检测曲率半径，以满足规定的精度要求，其最大直径为 130mm。

15.17.20   工作样板 subtest plate

用于日常生产过程检验加工零件的样板，也称为子样板或复制样板。工作样板可根据被检零件的尺寸制成各种不同的尺寸和型式，但曲率半径要与被检零件的保持一致。

15.17.21 平行平晶 parallel optical flat

一种用于检测零件平面度和平行性的圆柱形透明、高面形精度和高平行度的玻璃平板。平行平晶圆柱的两个端面相互平行，具有很高的平面度 (约 0.2μm~0.05μm) 和平行度 (约 0.4μm~0.1μm)，可以利用光波干涉原理进行平面及平行度测定，通常将具有微小厚度差的 4 块平行平晶组成一组。

15.17.22 平面平晶 plane optical flat

一种用于检测零件平面度的圆形透明、高面形精度的玻璃平板，又称为平面样板。平面平晶的一个平面具有很高的平面度 (约 0.1μm~0.05μm)，可用作光波干涉仪的基准平面，或基准反射镜。

15.17.23 真空镀膜机 vacuum coater

由真空系统、真空室和膜厚控制仪等部分组成的物理镀膜设备。膜厚控制仪所用的膜厚控制方法分为光学控制和电学控制两大类，光学控制膜厚的有光电极值法、双光路法、波长调制法等，电学控制膜厚的是石英振荡法。

15.17.24 精缩机 wafer stepper

将光学零件分划的放大图案经照相方式缩小到分划板相同尺寸的精密照相设备。精缩机的种类很多，如 2m、3m、4m 等精缩机。

15.17.25 模板制作机 template making machine

集刻图、缩微、步进重复和拼拍工艺于一机的模板制作和分划刻制一体化设备。模板制作机可以刻划漆模板、缩微照相、分点拼拍，也可以直接刻划分划板或投影复制工作底板、刻划长度和角度分划、刻划圆弧，还可以进行长度和二维直角坐标系的精密计量。

15.17.26 制版镜头 process lens; photographic template lens

像质好、分辨力高、几乎无畸变的精密光学镜头。制版镜头为长焦距时，放大或缩小倍数大，但分辨力低；制版镜头为短焦距时，放大或缩小倍数小，但分辨力高。

15.17.27 工作模板 working template

直接与光刻工件接触，将其上的图案通过光辐射曝光复制同样大小图案给光刻工件的样板。工作模板是一种高精度要求的模板，对工作模板基底玻璃上的杂质、气泡、条纹、表面疵病的等级要求很高 (即缺陷很少)，对工作模板的感光胶上的图案要求线纹完整无缺、均匀、光密度高等。

15.17.28　象限仪 quadrant

用来测定被检面或基准面与水平倾角值的仪器。象限仪主要由水准器 (水泡的)、回转刻度盘和基座 (带有基面) 组成, 水泡与刻度盘固定为一体, 水泡放置在刻度盘的中心, 其水平线通过刻度盘的 90° 刻度, 度盘的 0° 刻度的方向垂直于水准器的水平方向。当要对某个面测定其与水平的关系时, 将象限仪基座的基面放在被测面上, 调整象限仪的水准器至水平位置, 基座上的指示箭头对刻度盘所标的角度, 就是被测面与水平的夹角。象限仪主要用于光学加工、光学装配、光学调校等过程对工作台、设备、装置等的水平校准。高精度的象限仪采用光学度盘分角, 用低倍显微镜对度盘角度进行读数。

15.17.29　白板 white plate

〈工具〉用于仪器校准参考或加工工艺过程参考的特定白平面板。白板分为工作参比白板和标准白板。白板的特点是无色和均匀漫反射。

第 16 章　光学零部组件术语及概念

本章的光学零部组件术语及概念主要包括通用基础、透镜、反射镜、棱镜、光学功能板、滤光镜、光栅、偏振元件、新型光学元器件、光学组部件共十个方面的术语及概念。在本章的新型光学元器件中，纳入了新型光学镜片的术语及概念。本章并非集中了所有的光学零部组件的术语及概念，写入本章的术语及概念一般是具有通用性的光学零部组件，对于专业特色突出的光学零部组件的术语及概念，原则上留在相应专业学科章中，不再合并至本章。本章的光学零部组件与几何光学章中的光学零部组件内容有相近性，这些术语及概念撰写的区别是，本章中的光学零部组件侧重反映光学零部组件的实体结构内容，几何光学章中的侧重反映设计性能的技术内容。在几何光学章节中已给出的光学零部组件术语及概念，在本章中就不再重复。另外，在"通用基础"、"视觉光学与色度学"、"光学材料"、"光学工艺"等章中已写入的光学零部组件术语及概念，在本章也不再重复写入。光栅的术语及概念除在本章中有外，在"第 4 章　波动光学术语及概念"、"第 11 章　光通信术语及概念"和"第 12 章　微纳光学术语及概念"中都有，第 4 章中的主要是光栅的大类及特性方面的术语及概念，第 11 章中的主要是光纤光栅的术语及概念，第 12 章中的主要是微纳光学中常用光栅的术语及概念，本章中的光栅是其他章未包含的光栅的术语及概念。

16.1　通 用 基 础

16.1.1　光学零件 optical element

对光起反射、折射、衍射、偏振、滤光和分色等作用的同一材料的单体零件。光学零件实物为单透镜、单反射镜、单棱镜、单滤光镜、单偏振镜、单功能板片等。

16.1.2　光学组部件 optical component

光学系统中由几个光学零件按某种要求组合而成，并在该系统的功能上有一定的独立作用的组成部分，也称为光学部组件。光学组部件包括胶合透镜、物镜组、目镜组、组合棱镜等。

16.1.3　棱镜光轴 prism optical axis

光学系统光轴通过棱镜的那部分光轴。棱镜光轴通常为棱镜展开为等效平板的几何中心轴，同时也是棱镜成像前的物坐标系和成像后的像坐标系之间变换关系分析的基准轴。

16.1.4　光轴长度 length of optical axis

棱镜光轴在棱镜内通过的几何长度，也称为棱镜光轴长度。棱镜光轴长度也可看作是棱镜展开为等效平板时，棱镜光轴在棱镜中通过的路径长度。

16.1.5　工作面 work plane

棱镜中，凡起折射或反射作用的抛光平面，也称为棱镜工作面。棱镜中，除了起折射或反射作用的工作面以外，其他面称为非工作面。非工作面通常为不需要用抛光工艺加工为光面的毛面。

16.1.6　棱 edge

棱镜中，两个相邻工作面相交形成的直线。棱的倾斜 (或偏离理论位置) 通常会导致第二光学平行度的偏差。

16.1.7　光学平行度 optical parallelism

光线从棱镜的入射面垂直入射，出射前与出射面法线的夹角，用符号 θ 表示。光学平行度是对棱镜或平行平面镜平行度的度量，对于反射棱镜，相当于将棱镜沿反射面展开成等效平板后的平板平行度，通常用两个相互垂直的分量表示，或用两个相互垂直方向的平行度表示，一个称为第一光学平行度，另一个称为第二光学平行度。

16.1.8　第一光学平行度 first optical parallelism

光线从棱镜的入射面垂直入射，出射前光线与出射面法线的夹角在入射光轴截面内的分量，用符号 θ_1 表示，见图 16-1 所示。第一光学平行度是棱镜光轴截面内的几何角度误差产生的，是棱镜展开为等效玻璃平板时，平板的光线入射面和出射面两个端面不平行的程度。棱镜展开成等效平板的光线入射面和出射面在主截面的两线平行度为第一光学平行度。对于直角棱镜：当棱镜的偏差是由直角偏差引起时 (两锐角中仍有一个角保持 45°)，直角的偏差就是第一光学平行度 (图 16-1

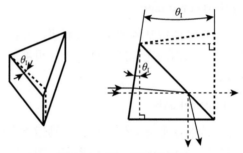

图 16-1　第一光学平行度

所示的情况); 当棱镜的偏差是由两个锐角构成时 (两个 45° 角都有偏差, 直角仍然保持为 90°), 其中一个锐角偏差的 2 倍就是第一光学平行度。典型棱镜的角偏差与第一光学平行度的关系以及第一光学平行度检验方法详见 GB 7760.1~7760.3—87。

16.1.9 第二光学平行度 second optical parallelism

光线从棱镜的入射面垂直入射, 出射前与出射面法线的夹角在入射光轴截面的垂直方向的分量, 用符号 θ_{II} 表示, 也称为棱差, 见图 16-2 所示。第二光学平行度是棱镜光轴截面垂直方向的角度误差产生的, 是棱镜的工作面与其所对的棱之间有夹角所造成 (工作面与其所对的棱不平行造成), 或者说是在棱镜光轴截面内的垂直方向的棱镜面间形成梯度所造成的。当棱镜光轴截面内的垂直方向的棱镜面间没有梯度时就没有第二光学平行度误差, 第二光学平行度为零。典型棱镜的棱差与第二光学平行度的关系以及检验方法详见 GB 7760.1~7760.3—87。

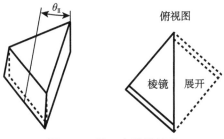

图 16-2 第二光学平行度

16.1.10 棱差 edge error

棱镜两个工作面的交线所构成的工作棱的实际位置相对于其理论位置的偏差角, 或工作棱的实际位置与其理论位置的夹角。棱差分为 A 棱差、B 棱差和 C 棱差。一般光学棱镜设计不直接给出 A 棱差, A 棱差只是用于分析第二光学平行度的起因 (A 棱差与第二光学平行度是等价的)。

16.1.11 A 棱差 A edge error

棱镜任意工作面 (屋脊面除外) 与其所对的棱的非平行性偏差角值, 也称为面棱棱差, 用符号 γ_A 表示, 见图 16-3 所示。A 棱差实际上就是第二光学平行度。

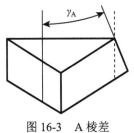

图 16-3 A 棱差

16.1.12　B 棱差 B edge error

屋脊棱镜的屋脊棱投影在包含理论位置的屋脊棱的光轴截面平面内相对于理论位置的偏转角，也称为屋脊棱差或屋脊棱俯仰偏差，用符号 γ_B 表示，见图16-4所示。

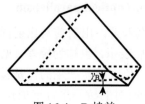

图 16-4　B 棱差

16.1.13　C 棱差 C edge error

屋脊棱镜的屋脊棱投影在包含理论位置的屋脊棱的垂直于光轴截面的平面内相对于理论位置的偏转角，也称为屋脊棱差或屋脊棱方位偏差，用符号 γ_C 表示，见图 16-5 所示。

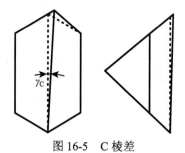

图 16-5　C 棱差

16.1.14　尖塔差 pyramidal error

棱镜 (屋脊棱镜除外) 三个工作棱对理论位置的不平行性的偏差角值的全面表达，或各工作棱的 A 棱差的全面表达，见图 16-6 所示。在标注尖塔差时，需分别

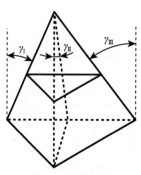

图 16-6　尖塔差

对每个棱的偏差进行标注，如标注出三棱镜的三个棱偏差 γ_{I}、γ_{II} 和 γ_{III}。尖塔差可看成要求应有三个平行工作棱的棱镜的 A 棱差的集合。

16.1.15 屋脊棱镜双像差 double image error of roof prism

一束平行光通过屋脊棱镜后被分裂成以屋脊棱为分界的两束平行光的夹角，用符号 S 表示，又称为屋脊双像差。屋脊棱镜双像差是屋脊棱镜的屋脊角偏离 90° 所导致的两分离出射光束的夹角值，按公式 (16-1) 计算：

$$S = 4n\delta\cos\beta \qquad (16\text{-}1)$$

式中：n 为屋脊棱镜的折射率；δ 为屋脊棱镜的屋脊角误差；β 为入射到屋脊棱的棱镜光轴与垂直于屋脊的平面的夹角。屋脊棱镜的屋脊角误差 δ 通常要限制在几秒角度内，因此屋脊棱镜的加工成本一般是比较高的。

16.1.16 球面度 spherical degree

〈光学零件〉光学球面零件设计的标称曲率 (名义曲率) 允许的曲率偏差，通常用允许偏离球面对样板的光圈数和光圈不规则数表示。球面度反映的是球面的面形误差。

16.1.17 平面度 planeness

光学平面零件设计的标称平面 (名义平面) 允许的平面偏差，通常用允许偏离平面对样板的光圈数和光圈不规则数表示。平面度反映的是平面的面形误差。

16.1.18 表面质量 surface quality

光学零件表面面形、表面粗糙度和表面疵病等偏离规定要求程度的度量。当光学零件表面面形、表面粗糙度和表面疵病等没有超出规定要求时，光学零件的表面质量为合格，超出时为不合格。对于表面质量的偏差情况，可以按偏差的量值进行分级，规定光学零件的表面质量等级。

16.1.19 表面质感 surface texture

用统计方法有效表达的光学零件表面的微轮廓特性，也称为表面质地或表面纹理。光学零件的表面质感包括非光泽表面的和光泽表面的。表面质感主要与表面微轮廓中的相邻峰间距大小和峰谷深度密切相关。

16.1.20 非光泽表面 matt surface

表面纹理的高度变化不明显小于可见光波波长的光学表面，也称为毛光学表面或漫射光学表面。非光泽表面由于表面纹理的高度变化明显，因此表面对光形成漫反射或对光的散射突出。非光泽表面通常是由于脆性研磨或刻划或铣磨等所造成的。非光泽表面的纹理平均高度为 0.1μm 及以上。

16.1.21　光泽表面 optically smooth surface

表面纹理的高度变化明显小于可见光波波长的光学表面，也称为光滑表面。光泽表面由于表面纹理的高度变化很小，因此表面对光的散射很小。光泽表面通常通过抛光、模压、模铸等形成。光泽表面的纹理平均高度为 $0.05\mu m$ 到 $0.012\mu m$，镜子的为 $0.025\mu m$。

16.1.22　光谱范围 spectral area

〈光学零件〉光学零件能通过或透过的光谱辐射的波长范围。光学零件的光谱范围是由光学零件材料和光学零件镀制的膜层性质所决定的。

16.1.23　峰值波长 peak wavelength

在一定谱段里，光强度 (或透射比) 为最大值处所对应的波长，也称为透射中心波长。峰值波长是一个普遍概念，但更多地应用于单色滤光片中。对于有些滤光片或材料的光谱，透射峰值波长可能不止一个，可能出现多峰值的"沟槽光谱"。这些多峰光谱中，有些会只有一个最高峰，有些可能会有几个等高的峰，这是一种多中心波长的现象。

16.1.24　峰值透射比 peak transmittance

在峰值波长处 (中心波长) 透过的最大光强度与入射光强度的比值。峰值透射比是评价光谱峰值透射程度的参数，而峰值波长是峰值位置的参数。

16.1.25　半宽度 half width

〈滤光片〉窄带镀膜光学零件透过光谱最大透射比的 50% 处对应的光谱区间，也称为光谱半宽度，见图 16-7 所示。半宽度也可看成干涉滤光片的透射率下降到峰值的一半时对应的两波长之差。

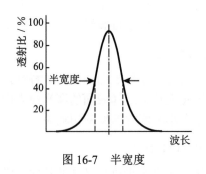

图 16-7　半宽度

16.1.26　滤光镜截止波长 filter cutoff wavelength

滤光镜光谱透射比下降到认定为无光作用效果的某个百分数 (一般为 0.5%) 时所对应的波长，用符号 λ_c 表示。

16.2　透　　镜

16.2.1　透镜 lens

　　由两个光学折射表面组成，至少一个表面是曲面 (球面或非球面) 的透光物体或光学零件。透镜的两个折射面中，一个为入射面，另一个为出射面。透镜的作用是使光束会聚或发散，会聚功能的透镜为正透镜或凸透镜，发散功能的透镜为负透镜或凹透镜。

16.2.2　单透镜 single lens

　　由一种材料加工成的只有两个通光面的透镜。单透镜的材料在整个透镜中的折射率分布可以是均匀的，也可以是梯度分布的。

16.2.3　胶合透镜 cemented lens

　　由两个或两个以上的单透镜相互黏结在一起组合成牢固的一体的透镜组，见图 16-8 所示。胶合透镜是为了消像差而采用的多个单透镜组合方案，通过胶合使透镜组合并一体化固化。

图 16-8　胶合透镜

16.2.4　透镜组 lens group

　　由两个或两个以上的单透镜相互胶合在一起或非胶合按一定间隔排列在一起或胶合及非胶合透镜按一定间隔排列在一起所组合成的一个特定功能的透镜集合，也称为复透镜，见图 16-9 的 (a)、(b) 和 (c) 所示。透镜胶合在一起的称为胶合透镜组，透镜非胶合组在一起的称为单透镜组，透镜胶合和非胶合组在一起的称为综合透镜组。透镜组也是为了消像差而采用的多个单透镜组合方案。

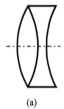　　　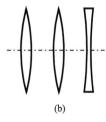　　　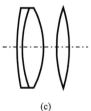

　　　　(a)　　　　　　　　　　　(b)　　　　　　　　　　　(c)

图 16-9　透镜组

16.2.5   薄透镜 thin lens

中心厚度值很小，其物方主点和像方主点可以近似认为是重合的透镜，见图 16-10 所示。薄透镜也可看成透镜的厚度与焦距之比可以忽略的透镜。

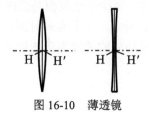

图 16-10   薄透镜

16.2.6   厚透镜 thick lens

中心厚度值较大，其物方主点和像方主点显明不重合的透镜，见图 16-11 所示。当厚透镜的一个面为平面时，厚透镜的主面将随透镜曲面的弯曲加大而向弯曲面的方向外移，曲率越大，外移量越大。

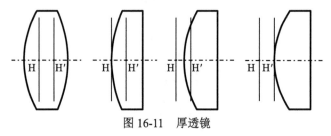

图 16-11   厚透镜

16.2.7   凸透镜 convex lens

边缘厚度小于中心厚度，对光线起会聚作用的单透镜，见图 16-12 所示。凸透镜属于正透镜。

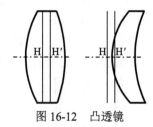

图 16-12   凸透镜

16.2.8   凹透镜 concave lens

边缘厚度大于中心厚度，对光线起发散作用的单透镜，见图 16-13 所示。凹透镜属于负透镜。

图 16-13 凹透镜

16.2.9 正透镜 positive lens

焦距为正值，像方焦点会聚在像方空间，对光束起会聚作用的透镜，也称为会聚透镜 (convergent lens)，见图 16-14 所示。正透镜的中心厚度通常大于边缘厚度，这是正透镜判定的几何方法。用对光束的会聚功能来判定是确定正透镜的光学方法。

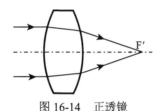

图 16-14 正透镜

16.2.10 负透镜 negative lens

焦距为负值，像方焦点以光线传播方向的延长线会聚在物空间，对光束起发散作用的透镜，也称为发散透镜 (divergent lens)，见图 16-15 所示。负透镜的中心厚度通常小于边缘厚度，这是负透镜判定的几何方法。用对光束的发散功能来判定是确定负透镜的光学方法。

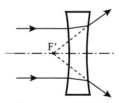

图 16-15 负透镜

16.2.11 同心透镜 concentric lens

两个折射球面的曲率中心相重合在一个点上的单透镜，见图 16-16 所示。同心透镜几乎是一种无焦透镜，几乎相当于一个曲面的平行玻璃平板。上述或下述的所有单透镜的焦距都可以按公式 (16-2) 计算。当透镜厚度 d 相对于透镜的两个半径

之积 $r_1 r_2$ 小得多时，公式 (16-2) 中的第二项可略去，简化为薄透镜公式 (16-3)。将公式 (16-3) 转换为薄透镜的光焦度公式 (16-4)，用公式 (16-4) 计算同心透镜的光焦度可看出，同心透镜有很小的负光焦度，有很小的发散效应，透镜厚度越小或曲率越小，负光焦度越小，即发散的影响越小。同心透镜主要有两个用途，一是用作光学系统的外罩，二是用于校正像差。用作光学系统外罩时，厚度都非常薄，因此其光焦度极小可忽略；用于校正像差时，需根据要求调整厚度和球面半径。

$$\frac{1}{f'} = (n-1)\left(\frac{1}{r_1} - \frac{1}{r_2}\right) + \frac{(n-1)^2 d}{nr_1 r_2} = -\frac{1}{f} \qquad (16\text{-}2)$$

$$\frac{1}{f'} = (n-1)\left(\frac{1}{r_1} - \frac{1}{r_2}\right) = -\frac{1}{f} \qquad (16\text{-}3)$$

$$P = (n-1)(c_1 - c_2) \qquad (16\text{-}4)$$

式中：f' 为单透镜的像方焦距；n 为透镜材料的折射率；r_1 为透镜第一面的半径；r_2 为透镜第二面的半径；d 为透镜的厚度；f 为单透镜的物方焦距；P 为透镜的光焦度；c_1 为透镜第一面的曲率；c_2 为透镜第二面的曲率。图中的 C_1 和 C_2 是透镜两个球面的球心，重合在一点上。

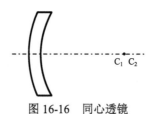

图 16-16　同心透镜

16.2.12　弯月透镜 meniscus lens

两个折射球面同向弯曲的单透镜，见图 16-17 所示。弯月透镜有弯月正透镜和弯月负透镜两种类型。无论是弯月正透镜，还是弯月负透镜，两面的弯曲面或曲率的弯曲方向是同向的，两者的差别是，弯月负透镜中心薄边缘厚，弯月正透镜中心厚边缘薄。

图 16-17　弯月透镜

16.2.13　凸凹透镜 convex-concave lens

折射面由一个凸面和一个凹面组成的，凸面曲率半径小于凹面曲率半径的单透镜，也称为正弯月透镜，见图 16-18 所示。透镜的曲面是凸面还是凹面的判别方法为：弯曲面的顶点向透镜外部方向鼓的为凸面；弯曲面的顶点向透镜内部方向鼓的为凹面。

图 16-18　凸凹透镜

16.2.14　凹凸透镜 concave-convex lens

折射面由一个凹面和一个凸面组成的，凹面曲率半径小于凸面曲率半径的单透镜，也称为负弯月透镜，见图 16-19 所示。

图 16-19　凹凸透镜

16.2.15　双凸透镜 double convex lens

两个折射球面均为凸面的单透镜，见图 16-20 所示。双凸透镜为正透镜，其两个凸面的曲率半径可以是一样大的或者是不一样大的。

图 16-20　双凸透镜

16.2.16　双凹透镜 double concave lens

两个折射球面均为凹面的单透镜，见图 16-21 所示。双凹透镜为负透镜，其两个凹面的曲率半径可以是一样大的或者是不一样大的。

图 16-21　双凹透镜

16.2.17　平透镜 plano lens

一种没有曲面或两个曲面的折射几乎未形成会聚或发散能力的单透镜，也称为平光透镜，见图 16-22 所示。平透镜就是没有光焦度的透镜，最直观的形式就是平行平板玻璃和同心透镜 (薄厚度和大曲率半径的)，平光眼镜通常就采用同心圆曲面透镜。

图 16-22　平透镜

16.2.18　平凸透镜 plano-convex lens

折射面由一个平面和一个凸球面组成的单透镜，见图 16-23 所示。平凸透镜属于正透镜，是会聚功能的透镜。

图 16-23　平凸透镜

16.2.19　平凹透镜 plano-concave lens

折射面由一个平面和一个凹球面组成的单透镜，见图 16-24 所示。平凹透镜属于负透镜，是发散功能的透镜。

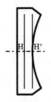

图 16-24　平凹透镜

16.2.20　楔形透镜 wedge-shape lens

两个表面的中心法线不平行，边缘厚度不相等，其光轴与外圆几何轴线不重合的单透镜，见图 16-25 所示。楔形透镜由于两个表面形成楔形角，因此边缘上存在一个最大厚度和一个最小厚度；其两个表面可以都是球面，也可以一个表面为平面而另一个表面为球面，还可以两个表面均为平面。

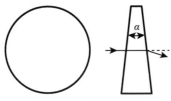

图 16-25　楔形透镜

16.2.21　放大镜 magnifier；magnifying lens

置于物体和人眼睛之间，将其焦面移至物体上或物体附近，用来增大物体视角，在视网膜上形成放大像的会聚透镜。放大镜通常为大口径的单正透镜，供人眼直接通过其观察需要被放大的物体。

16.2.22　二次曲面透镜 quadric surface lens

至少有一个折射面为二次曲面的单透镜。二次曲面透镜可以是两个折射面均为二次曲面的单透镜，也可以是一个折射面为二次曲面而另一个折射面为平面的透镜。二次曲面透镜的面型主要包括球面 ($K = 1$)、抛物面 ($K = 0$)、双曲面 ($K < 0$)、椭球面 ($0 < K < 1$)、扁球面 ($K > 1$) 等 (K 为二次曲面系数)。二次曲面的曲线见图 16-26 所示。

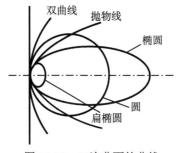

图 16-26　二次曲面的曲线

16.2.23　球面透镜 spherical lens

至少有一个折射面为圆球面的单透镜。球面透镜的球面所对应的二维圆曲线形状见图 16-26 所示，球面是由圆曲线对称旋转形成的。球面透镜可以是两个折射面均为球面的单透镜，也可以是一个折射面为球面而另一个折射面为平面的透镜。

16.2.24 非球面透镜 aspherical lens

至少有一个折射面为非球面的曲面的单透镜。在光学零件领域中，非球面是指除了球面以外的曲面，即不是球面的曲面。平面尽管不是球面，但不归入非球面范围。非球面是指曲面形状为非常规的加工形状，是从加工难度角度划分的。非球面透镜的非球面可以是标准二次非球面和高次非球面，例如柱面、抛物面、椭圆面、单复曲面、双复曲面、扁球面、高次面、其他特定非球面等。非球面透镜可以是两个折射面均为非球面的透镜，也可以是一个折射面为非球面而另一个折射面为其他面的透镜。透镜中的非球面形状可以用三维空间的三维坐标点 (x, y, z) 来描述，(x, y) 为纸面上的二维坐标，x 为矢量向右的横坐标，y 为矢量向上的纵坐标，z 为矢量向读者的垂直于 (x, y) 面或纸面的坐标 (这个坐标可看作左手坐标系，左手伸平与纸平行，拇指指向 y 方向，四指指向 x 方向，四指向内折转 $90°$ 指向 z 方向)。透镜非球面上的每一个点或三维曲面形状可以用公式 (16-5) 来描述。公式 (16-5) 是包含了球面在内的曲面公式，曲面面形由 K 值确定。

$$x = \frac{c \cdot h^2}{1 + \sqrt{1 - K \cdot c^2 \cdot h^2}} + a_4 h^4 + a_6 h^6 + a_8 h^8 + a_{10} h^{10} + a_{12} h^{12} \tag{16-5}$$

式中：$h^2 = y^2 + z^2$；c 为曲面顶点的曲率；K 为二次曲面系数；a_4、a_6、a_8、a_{10}、a_{12} 为高次非曲面系数。

球面：$K = 1, a_4 = a_6 = a_8 = a_{10} = a_{12} = 0$;

非球面的二次曲面：$K \neq 1, a_4 = a_6 = a_8 = a_{10} = a_{12} = 0$ 。

16.2.25 柱面透镜 cylindrical lens

折射面在一个维度的长度上没有曲率而另外两个维度呈现对称性曲线所构成的单透镜，见图 16-27 中的 (a) 和 (b) 所示。柱面透镜的柱曲面的曲线可为球面、抛物面、复曲面等。柱面透镜对平行光的会聚为一条焦线，而不是一个焦点，可以由正柱面透镜会聚成实焦线，见图 16-27(a) 所示，可以由负柱面透镜会聚成虚

(a) 正柱面透镜   (b) 负柱面透镜

图 16-27   柱面透镜

焦线，见图 16-27(b) 所示。柱面透镜的结构形式有平凸柱面透镜、双凸柱面透镜、平凹柱面透镜、双凹柱面透镜和异形柱面透镜等，也可以是一个折射面为圆柱面而另一个折射面为非圆柱面的其他曲面的柱面透镜。

16.2.26　抛物面透镜 paraboloidal lens

至少有一个折射面为抛物面的单透镜。抛物面透镜的抛物面所对应的二维抛物线形状见图 16-26 所示，抛物面是由抛物线对称旋转形成的。抛物面透镜有一个面为抛物面时，另一个面可以是球面或平面等。抛物面透镜不仅是有透射型的透镜，在实际中也有折-反射型的透镜。

16.2.27　单复曲面透镜 single toric lens

只有一个折射面为复曲面的单透镜。单复曲面透镜的复曲面所对应的二维复曲线形状见图 16-26 所示，复曲面是由复曲线对称旋转形成的。单复曲面透镜只有一个面为复曲面时，另一个面可以是球面或平面等。复曲面是除了球面以外的曲面，或由两个或更多个不同半径的同向曲线相连而成的曲线对称旋转形成的曲面，或由两种或两种以上二次曲面组合而成的曲面，例如由球面、抛物面、椭圆面或双曲面等组成。

16.2.28　双复曲面透镜 bitoric lens

两个折射面均为复曲面的单透镜。双复曲面透镜中的复曲面所对应的二维复曲线形状见图 16-26 所示，复曲面是由复曲线对称旋转形成的。双复曲面透镜对校正像差有利，但在透镜光学表面的工艺加工方面难度比较大和加工成本比较高。

16.2.29　浸液透镜 immersion lens

前表面工作在与液体相接触的状态中的单透镜，见图 16-28 所示。浸液透镜通常是用在显微镜物镜中，作为第一个透镜，其曲面的形状通常为接近半球形或半球形或超半球形。透镜浸入的液体通常为水、油等液体，以提高透镜的数值孔径 (NA)，实现提高物镜分辨力的目的。液体如采用高折射率的溴萘 ($n = 1.66$)，物镜的数值孔径最大值为 1.4，这个数值在理论和技术上都达到了极限。

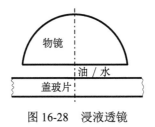

图 16-28　浸液透镜

16.2.30　光浸没透镜 lens immersed in light

接收光的前表面为球冠形，后表面为平面的单透镜，见图 16-29 所示。光浸没透镜的结构形状通常为超半球或半球形状，其后表面平面黏接光电探测器，球冠形透镜的作用是将各角度入射的光线充分地会聚给探测器，以缩小探测器的尺寸，提高信噪比，提高图像的照度和分辨率。光浸没透镜在红外光学系统有应用，透镜材料通常为高折射率的锗、硅等红外光学材料。

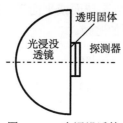

图 16-29　光浸没透镜

16.2.31　超半球透镜 hyper-hemispherical lens

矢高或轴向厚度大于折射球面曲率半径的凸透镜，见图 16-30 所示。超半球透镜多用作显微镜的浸液物镜或与探测器粘贴的浸没物镜等。

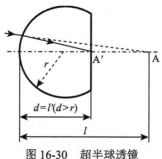

图 16-30　超半球透镜

16.2.32　中间透镜 intermediate lens

置于物镜与第一次所成像位置之间的透镜，见图 16-31 所示。将中间透镜插入到一个光学成像系统中，可以对原光学成像系统成像的位置、尺寸、实虚等性质进行改变，以满足特定需要。在原光学成像系统中加入中间透镜可以组合形成新焦距的光学系统。根据性能改变的需要，可以加入正透镜的中间透镜，也可以加入负透镜的中间透镜。

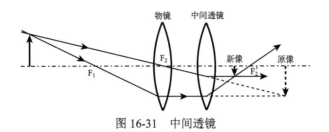

图 16-31　中间透镜

16.2.33　中继透镜 relay lens

将一个光学系统所成的实像作为物体再次成像的透镜，见图 16-32 所示。通过加入中继透镜，可对原光学系统所成的像进行进一步的放大或缩小，以满足特定成像尺寸大小的需要。中继透镜对原光学系统的像形成了一个串联成像的关系。对原成像系统，根据需要可以加多个中继透镜，加入奇数个成实像的中继透镜时，所成像的方向与原光学系统所成的像在垂直方向和水平方向相反，加入偶数个成实像的中继透镜时，所成像的方向与原光学系统所成的像在垂直方向和水平方向相同，如果中继透镜所成的像为虚像，情况正好相反。中继透镜可用于对原光学系统所成的像引出来进行检测和进行投影放大观看原图像或视频等。

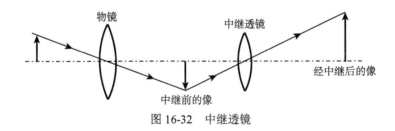

图 16-32　中继透镜

16.2.34　接透镜 near eye lens

目镜中最靠近眼睛的透镜，见图 16-33 所示。接透镜的后表面或外表面通常是出瞳距离确定的基准面。具有安装的连接接口 (通常为螺纹接口) 以及独立功能和完整结构，能直接安装使用的目镜称为接目镜。接目镜属于一种具有独立功能的模块化目镜。

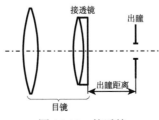

图 16-33　接透镜

16.2.35 聚光透镜 condensing lens

对光源成适当大小的像将其会聚投射到指定面上的透镜或会聚光源的光能量的透镜，见图 16-34 所示。通常，聚光透镜与聚光反射镜一起使用，可以构成光能利用效率高、照明均匀的照明系统。对于照明均匀性和会聚度要求不高的照明系统，一般使用反射式聚光镜，如探照灯、车灯、室内照明灯等。

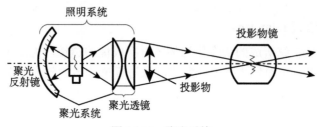

图 16-34   聚光透镜

16.2.36 聚光系统 condenser system

使光源发出的光线按一定要求会聚能量的光学系统。聚光系统的主要作用是使光源发出的光线尽可能多地进入物镜，并充满其口径，从而保证拟被投影或被成像的物平面有足够的照度和照明范围，并均匀照明被照物体，见图 16-34 所示。聚光系统分为透射式、反射式和透反射式等。光源能量充分利用的照明系统一般是采用透反射式聚光系统，透射聚光镜的出射光束角度通常最大为 70°，反射聚光镜的出射光束角度可达 120°。聚光系统是显微镜、幻灯机、投影仪等需要配置照明的照明系统中的重要组成部分。

16.2.37 调焦镜 focusing lens

通过沿轴向移动，使成像光学系统的焦距改变，进而使景物的像被放大或缩小的透镜组。调焦镜是变焦光学系统中改变成像光学系统焦距的移动透镜组。当调焦镜移动对成像系统焦距改变时，通常需要保持像面位置不改变。调焦镜分别有外调焦和内调焦方式。

16.2.38 场镜 field lens

为了使光学系统视场边缘光束发生偏折，而又不影响光学系统成像性质，设置于光学系统中的像面上或靠近像面位置的透镜，见图 16-35 所示。光学系统可以加入正透镜场镜或负透镜场镜。望远光学系统中加入正透镜场镜时，可在保证有相同的大角度视场光线时减小目镜的口径，而加入负透镜场镜可以增大出瞳距离。

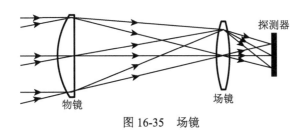

图 16-35　场镜

　　当将场镜主面放置成与物镜的像面重合时，场镜的加入不会影响光学系统原设计的倍率。如场镜的表面和材料内部缺陷 (麻点、划痕、条纹、气泡等) 明显时，可以将场镜放置于像面后面或前面一段距离，以避免将这些缺陷纳入像面中一起成像而影响图像质量。

16.2.39　集光镜 collecting lens

　　设置于光学系统目镜前，并在物镜的像面上或像面附近，以对大角度的视场光线进行会聚的正透镜场镜。集光镜是对正透镜场镜的另一个称呼。

16.2.40　光锥 optical cone

　　将大端面上的光线收集到小端面上的锥形光学器件或零件。光锥有空心光锥和实心光锥，空心光锥的锥体内表面镀有高反射膜，实心光锥的锥体外表面镀有高反射膜，见图 16-36 所示。

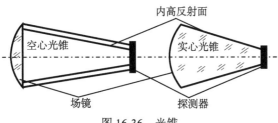

图 16-36　光锥

　　光锥的大端通常设置有场镜，并将大端放置在光学系统的焦平面附近，小端放置探测器，光锥将大端面的光能收集到小端的探测器上。

16.2.41　复眼透镜 compound eye lens

　　通光面由许多小透镜单元或微透镜单元排列所组成的阵列透镜，也称为复眼透镜阵列 (compound eye lens array) 或微透镜阵列 (microlens array)，见图 16-37(a) 所示。通常，复眼透镜由诸多矩形或正六边形结构的透镜组成，透镜布置在平面阵列上，排列的小透镜或微透镜的焦距都是相同的。复眼透镜在微显示器和投影显示领域有广阔的应用，用于提高照明光源的均匀性。应用复眼透镜

阵列 (特别是双排复眼透镜阵列) 可更有效提高光能利用率和照明面的均匀性，见图 16-37(b) 所示。

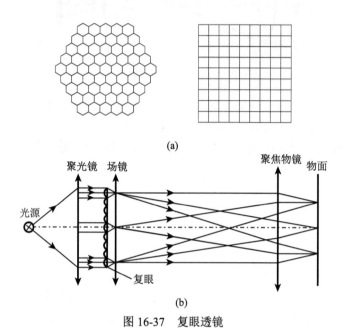

(a)

(b)

图 16-37   复眼透镜

16.2.42   衍射透镜 diffraction lens

通光表面由一系列环形的透光缝隙构成，光的传输按衍射原理进行传输的透镜。衍射透镜是波带板透镜、菲涅耳透镜、阶梯透镜、螺纹透镜等应用衍射原理进行工作的透镜的总称。在现实中，衍射透镜通常指宽环带的衍射型的透镜。

16.2.43   菲涅耳透镜 Fresnel lens

用一系列不连续的环带曲面代替连续的折射曲面的透镜，也称为阶梯透镜，俗称螺纹透镜，见图 16-38 所示。菲涅耳透镜通常用光刻工艺在基板上刻蚀不同厚度的衍射层或模压衍射 "沟" 形成。菲涅耳透镜不是传统折射传输光线的透镜，而是对光波进行衍射传输的透镜，在光学原理上属于衍射透镜。菲涅耳透镜通常是宽环带的阶梯的衍射结构，即将单透镜分成若干个不同曲率的环带，使光线近似会聚在同一个像点上，可校正球差，且厚度薄、重量轻。随着工艺水平提升，环带可做到每毫米几十个，通常用塑料压制而成。菲涅耳透镜具有厚度薄、重量轻的优点，主要用作灯具聚光镜、投影仪聚光镜、照相机取景系统中的场镜、电视放大屏等。

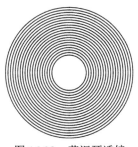

图 16-38　菲涅耳透镜

16.2.44　阶梯透镜 echelon lens

折射曲面为一系列非连续的环带曲面的透镜,见图 16-39 中的 (a) 和 (b) 所示。阶梯透镜属于衍射型透镜。阶梯透镜的加工可在平凸透镜的球面上加工形成,也可以在平凸透镜的平面上加工形成,见图 16-39(b) 所示。

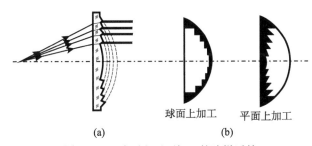

球面上加工　　平面上加工

(a)　　　　　　　　　　(b)

图 16-39　球面和平面加工的阶梯透镜

16.2.45　螺纹透镜 screw lens

窄环带的阶梯透镜。螺纹透镜是一种环带细密的衍射类型的透镜,属于菲涅尔型透镜。螺纹透镜具有厚度薄、重量轻、易加工等特点,一般用聚丙烯压制而成,广泛应用于投影幻灯机等的光源聚光镜。

16.2.46　折衍射透镜 refractive and diffractive combining lens

由折射透镜和衍射透镜组合形成的透镜。折射透镜的组成中加入衍射透镜或一个面为折射面而另一个面为衍射面 (或部分面为衍射面) 组成的透镜,可使组合透镜的色差校正变得更容易,以及像面的照度一致性更好,折射透镜的作用是实现光焦度,衍射透镜的作用是校正相位差。

16.2.47　液体透镜 liquid lens

〈光学零件〉利用两种不会混合且具有电湿特性的液体,通过电压变化调整两种液体间表面的曲率,以提供自动聚焦和变焦功能的透镜。液体透镜的原理类似于人眼的晶状体, 利用形状改变来调焦。其主要应用于照相手机等小型光学产品上, 具有体积小、价格低、耗电量小、变焦速度快、寿命长、成像质量好等优点。例如, 直径和厚度均为 5.5mm 的液体透镜, 可对距 5cm 至无限远的物体作快速聚焦, 聚焦时间不超过 10ms。

16.3　反　射　镜

16.3.1　反射镜 mirror

〈光学零件〉能使入射光束按反射定律形成会聚、发散、准直和成像等光束传输特定功能的光滑或光学平面或曲面体, 也称为反光镜。反射镜通常要求有高的反射率, 需要在镜面上镀银或铝等薄膜提高表面反射率。反射镜可按反射面形状和反射层的位置分类。反射镜按反射面形状分, 有平面反射镜、球面反射镜和非球面反射镜。按反射层的位置分, 有外反射镜和内反射镜。反射镜主要应用于大型天文望远镜、紫外和红外物镜、聚光照明, 以及某些长焦距望远物镜和照相物镜中。

16.3.2　平面反射镜 plane mirror

反射表面为平面的反射镜, 简称为平面镜。平面反射镜能使光学系统的光轴转折, 使像的形态 (表达像的坐标系, 例如右手坐标系或左手坐标系) 与物的形态 (表达物的坐标系) 不一样 (奇数次反射) 或一样 (偶数次反射)。

16.3.3　球面反射镜 spherical mirror

反射表面为球面的反射镜, 简称为球面镜。球面镜对光具有会聚或发散的作用, 凹面球面反射镜具有会聚光束的作用, 凸面球面反射镜具有发散光束的作用。

16.3.4　凸面镜 convex mirror

反射表面为凸面的反射镜, 也称为凸面反射镜。凸面镜通常是为获得较大的反射视场而采用, 例如, 在马路急转弯处设置凸面反射镜, 以能看到直线视线以外更宽的视场。

16.3.5　凹面镜 concave mirror

反射表面为凹面的反射镜, 也称为凹面反射镜。凹面镜常用于大口径的望远物镜, 以回避大口径透射材料的均匀性难以实现和材料透射光谱限制的问题, 同时还解决了望远系统长度过长的问题 (可大大缩短望远系统的长度)。

16.3.6 非球面反射镜 aspherical mirror

反射表面为非球面的曲面反射镜，也称为非球面镜。非球面反射镜有椭球面反射镜、抛物面反射镜、离轴抛物面反射镜、双曲面反射镜等。

16.3.7 椭球面反射镜 ellipsoidal mirror

反射表面为椭球面的反射镜，也称为椭球面镜。椭球面反射镜中的任意一个焦点发出或通过该焦点的光，经椭球面反射镜后都会会聚到另一个焦点，两个焦点间的光线所走过的路径是等光程的。

16.3.8 抛物面反射镜 parabolic mirror

反射表面为抛物面的反射镜，也称为抛物面镜。抛物面反射镜对平行光具有会聚于一点的理论优点，适合用作光源的聚光镜和大型望远镜的反射物镜等。

16.3.9 离轴抛物面反射镜 off-axis parabolic mirror

取回转抛物面反射镜偏离对称轴线的一部分所构成的反射镜，也称为离轴抛物面镜，见图 16-40 所示。离轴抛物面反射镜的焦点对平行于对称轴的平行光是一个无像差点。抛物面反射镜做成离轴形式后具有在焦点处放分划板不会遮挡光束的特点，通常用作大口径长焦距小视场平行光管的物镜。

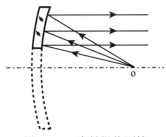

图 16-40　离轴抛物面镜

16.3.10 双曲面反射镜 hyperboloidal mirror

反射表面为双曲面的反射镜，也称为双曲面镜。将两个双曲面镜相对 (凹反射面对凹反射面) 形成上下扣合的光学碗，将实物放置于下面碗的碗底部 (上面碗的碗底开一个圆口)，物体的像将穿过上面碗的碗底呈现在空中，使得可以在 360° 角内观看物体悬浮的影像，给人魔幻的感觉。

16.3.11 二次曲面镜 quadric surface mirror

反射表面分别为球面 ($K = 1$)、抛物面 ($K = 0$)、双曲面 ($K < 0$)、椭球面 ($0 < K < 1$) 或扁球面 ($K > 1$)(K 为二次曲面系数) 等曲面之一的反射镜的总称，也称为二次曲面反射镜。二次曲面反射镜是曲面反射镜中最多的类型,除此之外,曲面反射镜还有高次曲面的反射镜。

16.3.12　外反射镜 exterior surface mirror

高反射膜镀在反射基底玻璃的外表面,以外表面作为反射面的反射镜,也称为前表面反射镜 (front surface mirror),也称为外表面反射镜。外反射镜的反射膜在外表面,因此其反射是纯净的,没有其他反射面的反射干扰,但由于反射膜暴露在外面,反射膜容易被损坏。

16.3.13　内反射镜 interior surface mirror

高反射膜镀在反射基底玻璃的内表面,未镀膜的透明表面对外,以内表面作为反射面的反射镜,也称为后表面反射镜 (rear surface mirror) 或内表面反射镜。内反射镜的反射膜没有暴露在外面,因此有利于保护反射膜不易被损坏,但暴露在外的外表面会产生很少量的反射干扰。

16.3.14　分光镜 beam splitter mirror

能使入射光的能量一部分反射,一部分透射的反射镜,也称为析光镜。当透射光和反射光的能量各为 50% 时,称为半透半反射镜或半反射镜。分光镜常用于分束类型的干涉仪 (如迈克尔逊干涉仪,马赫-曾德尔干涉仪等),将一束光分为两束光进行干涉。

16.3.15　冷镜 cold mirror

使入射光的可见光反射,近红外辐射透射的反射镜。冷镜是一种对光波段选择性反射的反射镜,选择对“冷光”进行反射,即反射“冷光”(可见光波段的光),透射“热光”(红外波段的辐射)。

16.3.16　角镜 angle mirror

由两块或几块平面反射镜按一定角度放置而构成的反射镜组合部件,见图 16-41 所示。两个平面反射镜构成的图 16-41 的角镜,具有入射光线与出射光线的夹角 β 等于 2 倍的两个平面镜之间形成的夹角 θ,即 $\beta = 2\theta$。

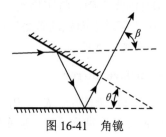

图 16-41　角镜

16.3.17　多面体 polyhedron

将 360° 圆周角按工作面的面数进行等分，且工作面全部是外反射平面的多边形直棱柱，也称为多面反射体，见图 16-42 所示。多面体主要用于对物方进行扫描，以使物体水平/垂直方向上的各部分通过多面体转镜的旋转反射，扫描到点探测器、线探测器或小面阵探测器上，以使点阵、线阵或小面阵探测器实现大面积像面的成像。多面体扫描各反射面通常有俯仰方向不同的倾角，以进行水平扫描选取不同的物高信号，提供给探测器相应物高的成像信号，实现将物高拆分为多个段来分段扫描成像。

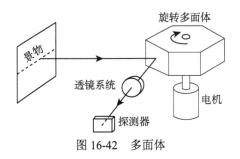

图 16-42　多面体

16.3.18　法布里-珀罗标准具 Fabry-Perot etalon

向内面有较高反射率的两个玻璃平面板被一间隔器平行隔开产生多光束等倾干涉圆环的光学部件，也称为 F-P 标准具，见图 16-43 所示。在图 16-43 中，A 为光源，B 为玻璃平板干涉装置，C 为成像透镜，D 为观察屏。标准具的两块玻璃板通常分别制作成楔形板，以使非反射面反射的光线不会进入视场。楔形板的反射膜是高反低透的反射膜。法布里-珀罗标准具主要用作实验器具、线性微量移动测量装置，用于光谱精细结构分析、激光纵向模式测定等。

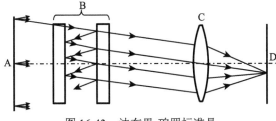

图 16-43　法布里-珀罗标准具

16.4　棱　镜

16.4.1　棱镜 prism

用透明光学材料制作的具有光路折射功能和/或物像反射功能的实心多面体。在光学系统中，棱镜用于起转折光路、转像、改变光程长度、平移光束、分束、色散和扫描等的作用。棱镜有反射棱镜、透射棱镜、透反射棱镜和折射棱镜四类。

16.4.2　平面棱镜 plannar prism

平行于棱镜光轴平面的物平面经棱镜反射后所成的像平面能与物平面形成共平面的反射棱镜，也称为平面反射棱镜 (plannar reflecting prism) 或共合平面棱镜。平面棱镜就是只有一个棱镜主截面或棱镜主截面重合为一个平面的棱镜，例如，直角三角棱镜、五棱镜、道威棱镜等都是平面棱镜。注意! 不要将平面棱镜看成是反射面是平面的棱镜。

16.4.3　空间棱镜 special prism

平行于棱镜光轴平面的物平面经棱镜反射后所成的像平面与物平面不再共面的反射棱镜，也称为空间反射棱镜 (spacial reflecting prism) 或非共合平面棱镜。空间棱镜就是有多个棱镜主截面且棱镜主截面之间不重合为一个平面的棱镜 (包括棱镜主截面为平行的、垂直的、形成夹角的等)，例如，由两个棱镜或三个棱镜胶合形成保罗棱镜系统 I 和罗棱镜系统 II 都属于空间棱镜。

16.4.4　反射棱镜 reflecting prism

具有一个或多个反射平面的透明光学材料（玻璃、晶体、塑料等）实体，也称为反射式棱镜。利用内反射平面的反射作用使光路发生转折的实心玻璃或晶体材料制造的实体。反射棱镜能展开成等效光学平板。反射棱镜主要用于改变光传播路径或倒像。绝大多数反射棱镜的反射面的反射光路都是设计为实现全反射的反射面。

16.4.5　多面反射镜 polygonal reflecting prism

工作面全部为外反射平面且各反射平面法线等分一圆周的直棱柱反射镜。多面反射镜可用玻璃或金属制成，常用作标准角规、扫描反射镜等。多面反射镜与多面体是等价的。

16.4.6　偶次反射棱镜 even number reflecting prism

对入射光线反射的次数或反射面的数目为偶数的反射棱镜。偶次反射棱镜反射的像是真像，即为相同坐标系类型。一个屋脊反射面的反射为偶次反射。

16.4.7　奇次反射棱镜 odd number reflecting prism

对入射光线反射的次数或反射面的数目为奇数的反射棱镜。奇次反射棱镜反射的像是镜像，即为相对的坐标系类型，如果物为右手坐标系，像将为左手坐标系。

16.4.8　透射棱镜 transmission prism

光束从入射面进入到棱镜和从棱镜中出射的光束传输方向不变或变化，且光束传输过程中没有反射传输行为的棱镜，也称为透镜式棱镜。平行平板就是典型的透射棱镜，其具有改变光路光程和平移光束的作用。用于分光谱的三角棱镜也是透射棱镜。

16.4.9　透反射棱镜 transmission and reflection prism

光束从入射到棱镜和从棱镜出射的光路行程中，既有反射传输行为也有透射或折射传输行为的棱镜，也称为透反射式棱镜。分束棱镜就是典型的透反射棱镜。

16.4.10　折射棱镜 refracting prism

利用工作面的折射作用使光束偏向和色散的棱镜。折射棱镜使用单色光源时，主要是用于偏向，用复色光源时主要用于将复色光谱分色或分光。

16.4.11　色散棱镜 dispersion prism

将复色光分解为不同出射角度的单色光的折射棱镜。色散棱镜通常有单体的三角色散棱镜，也有多个三角棱镜组合的色散棱镜，还有多个三角棱镜一体化构成的色散棱镜，如横偏向色散棱镜。色散棱镜光谱分开的角度的大小取决于棱镜材料的色散系数的大小和入射光线入射角度的大小，棱镜材料的色散系数大和入射光线入射角度大，光谱分开的角度就大，反之亦然。为了将复合光的光谱用色散棱镜清晰分开，通常用正透镜将复合光谱(白光)的光源转换为平行光，投射到色散棱镜上，然后再用成像正透镜将经色散棱镜色散的多光谱平行光，按光谱的出射角度聚焦到光谱观察面(或接收面)上。

16.4.12　三角色散棱镜 triangle dispersion prism

具有两个相邻折射面，用作色散光学元件的三角棱镜，见图16-44所示。三角色散棱镜的色散随折射棱角(两个折射面构成的夹角)的加大而加大，但三角色散棱镜的棱角不能大到第二次折射前的反射形成全反射而使折射光束不能射出。

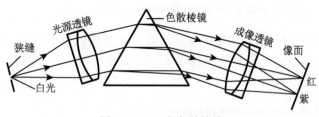

图 16-44　三角色散棱镜

16.4.13　直视色散棱镜 orthophoria dispersion prism

使入射的白光产生色散后出射的 D 光与入射方向一致而不发生偏向的多块棱镜组合形成的折射棱镜，简称为直视棱镜。直视色散棱镜至少由两块阿贝常数相差很大的玻璃棱镜组成，出射光中除了 D 光与入射方向一致外，其他光谱的光 (如 C 光、F 光等) 的方向将发生偏折。直视色散棱镜的类型有阿米西棱镜、曾格棱镜等。还有 D 光的出射方向与入射光轴的反射出射方向一致而入射光与 D 光方向垂直的直视色散棱镜，如佩林-布罗卡棱镜等。

16.4.14　P-B 横偏向色散棱镜 Pellin-Broca across deflecting dispersion prism

由两块直角长边相互垂直的 30° 直角棱镜与一块等腰直角棱镜组成，入射光线与出射光线成 90° 的折射色散棱镜，见图 16-45 所示。P-B 横偏向色散棱镜总共由三块直角棱镜组成 (见图中的 I、II、III 所示)，复合白光的入射光与出射的色散光成垂直方向 (90°)，或者说色散的方向在入射光方向的垂直方向，是一种大偏向角的色散组合棱镜。P-B 横偏向色散棱镜在许多可见光的棱镜光谱仪，尤其是在单色仪中被采用。

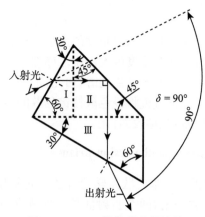

图 16-45　P-B 横偏向色散棱镜

16.4.15　阿米西棱镜 Amici prism

由三块折射棱镜组成，对所要求的直视波长的光在棱镜中的传播光路为中间光路的直视色散棱镜，棱镜的形状和色散光路见图 16-46 所示。

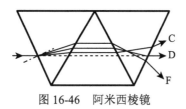

图 16-46　阿米西棱镜

16.4.16　曾格棱镜 Zenger prism

由两块阿贝常数相差大的直角折射棱镜组成的直视色散棱镜，棱镜的形状和色散光路见图 16-47 所示。

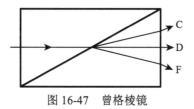

图 16-47　曾格棱镜

16.4.17　佩林-布罗卡棱镜 Pillin-Broca prism

由两块阿贝色散相差大的三角折射棱镜组成的入射和出射光路夹角成 90° 的直视色散棱镜，棱镜的形状和色散光路见图 16-48 所示。

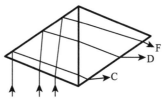

图 16-48　佩林-布罗卡棱镜

16.4.18　分色棱镜 dichroic prism

将复色光分成多种 (两种或三种等) 窄波段颜色光的组合棱镜，见图 16-49 所示。彩色电视机所用的分色棱镜可将复色光分成三种基本颜色的光，即红、绿、蓝三基色光。

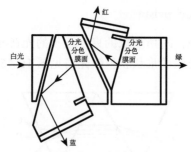

图 16-49　分色棱镜

16.4.19　消色差棱镜 achromatic prism

使光线发生偏向而不产生色散的组合折射棱镜。结构简单的消色差棱镜通常采用两块不同材料的楔镜 (光楔, wedge) 组合成消色差棱镜, 见图 16-50 所示。消色差棱镜也可以用其他结构形状棱镜、不同材料的棱镜组合而成。

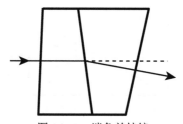

图 16-50　消色差棱镜

16.4.20　分束棱镜 beam splitting prism

将一束光分成具有与入射光相同光谱成分的两束光的组合棱镜, 见图 16-51 所示。分束棱镜通常由两个直角棱镜在其斜面上胶合而成, 胶合的斜面上镀制有半透半反射膜, 使入射的一半光透射, 另一半光反射, 两束光的出射方向形成 90° 夹角。

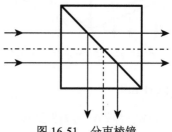

图 16-51　分束棱镜

16.4.21 分像棱镜 separating prism；cut-image prism

将光学系统中光瞳或视场按上部、下部或按左部、右部分割成两部分的棱镜。分像棱镜分像的方式有双筒物镜-单筒目镜的分像、双筒物镜-双筒目镜的分像、单筒物镜-单筒目镜的分像和单筒物镜-双筒目镜的分像，相应这些分像方式的分像棱镜有许多种类型。双筒物镜对单筒目镜的分像，按上部、下部进行分像通常应用于光学测距仪中，分像棱镜可由两个斜面镀了反射膜、有效通光直径为视场一半的两个直角棱镜上下叠置胶合构成 (直角在左边的直角棱镜在上面)，见图 16-52(a) 所示，也可用两个有效通光直径为视场一半的两个平面反射镜正交构成，相当于将图 16-52(a) 中的两个棱镜的斜面反射面换成平面反射镜，这种分像棱镜可将左物镜和右物镜的像各反射一半进入光学系统视场中。图 16-52(a) 的分像棱镜主要应用于单眼测距仪 (单目镜测距仪) 中的分像，这种分像是针对双管物镜的分像。分像还可以采用其他结构型式的棱镜。

单筒物镜-双筒目镜的分像有图 16-52(b) 的等腰直角外反射棱镜、图 16-52(c) 的两块等腰直角双内反射组合棱镜，以及图 16-76 和图 16-77 所示的棱镜。分像棱镜的类型除了本条所引图给出的类型外，还可以有许多其他类型。

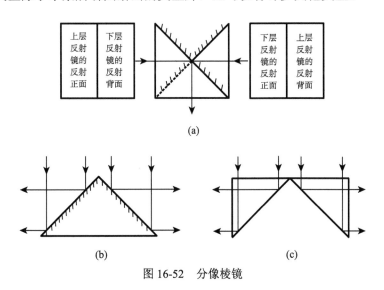

图 16-52 分像棱镜

16.4.22 合像棱镜 coincidence prism

对双物镜系统的分像进行调整使之合一的棱镜。在单眼测距仪中，合像棱镜通常采用楔镜 (光楔)，通过在光路中沿光轴移动楔镜，使光线的偏转角发生改变，让分离的像合为一体，光路原理见图 16-53(a) 所示，图 16-53(b) 为视场分像的状况，图 16-53(c) 为合像棱镜完成补偿后的视场合像的状况。

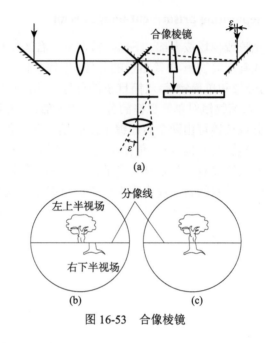

图 16-53   合像棱镜

16.4.23   双像棱镜 double image prism

对光轴外的物体形成两个对称像的组合棱镜。双像棱镜本质上是将光束分束并合束的棱镜组合系统，使物镜的像有一支由物镜直接成像，另一支经棱镜反射分出，再合入视场中，这样可使偏离光轴的物能成像为两个对光轴对称分布的像，当调整使物靠近光轴时，两个像的距离就缩小，物在光轴上时，两像消失，只有一个像，这种棱镜组合系统可应用于显微镜系统实现对中或对准功能。

16.4.24   屋脊棱镜 roof prism

用两个互相垂直相交的反射平面 (称屋脊面) 代替一个反射平面的棱镜，见图 16-54 所示。屋脊棱镜的屋脊面反射可使反射前的物 (或像) 的坐标系经反射后不会改变原坐标系的状态 (即，使右手坐标系或左手坐标系的物仍然保持为右手坐标系或左手坐标系的像)，或者说屋脊棱镜具有使垂直反射镜主截面的物体矢量方向反转 180° 成像的能力。

图 16-54   屋脊棱镜

16.4.25　楔镜 optical wedge

两个折射面间夹角很小的折射棱镜，也称为光楔或楔形镜，见图 16-55 所示。楔镜常应用于光学测微器及补偿器，通过旋转或平移楔镜可使像平面上像点的位置发生改变。

楔镜相对垂直入射光线的偏向角可按公式 (16-6) 计算：

$$\delta = \alpha(n - 1) \tag{16-6}$$

式中：δ 为楔镜的偏向角；α 为楔镜的折射棱角或楔镜表面夹角；n 为楔镜的折射率。

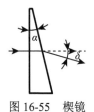

图 16-55　楔镜

16.4.26　双楔镜系统 double optical wedge system

由两个正平面 (与几何外沿相垂直的平面) 贴近布置，可绕外沿几何中心线旋转的楔镜所组成的光线偏转系统，也称为双光楔系统，见图 16-56(a)、(b) 和 (c) 所示。双楔镜系统中的两个楔镜的相对旋转运动可获得出射光线相对光轴方向的偏转角为零度到 2δ(δ 为单个楔镜的偏转角)。图 16-56(a) 为双楔镜系统对入射光线零偏转角的情况；图 16-56(b) 为双楔镜系统对入射光线向下偏转 2δ 角的情况；图 16-56(c) 为双楔镜系统对入射光线向上偏转 2δ 角的情况。对双楔镜系统所形成的最大偏转角的方向范围为 4δ 角。

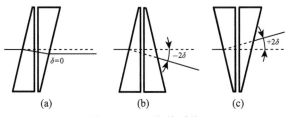

(a)　　　　　　　(b)　　　　　　　(c)

图 16-56　双楔镜系统

16.4.27　直角棱镜 rectangular prism

顶角为直角，两个侧角均为 45°，光路为一次反射，所成像为镜像，入射光束和出射光束夹角为 90° 的等腰直角三角形棱镜，见图 16-57 所示。

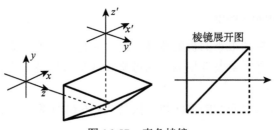

图 16-57　直角棱镜

16.4.28　单保罗棱镜 Porro single prism

有两个反射面，入射光束和出射光束平行但方向相反，所成像为真像的等腰直角三角形棱镜，见图 16-58 所示。单保罗棱镜从结构型式上与直角三角形棱镜一样，区别是采用棱镜的底面入射和出射，用两个反射面反射，而不是用这种直角棱镜的一个反射面反射。

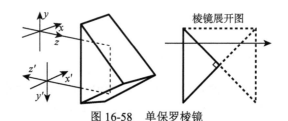

图 16-58　单保罗棱镜

16.4.29　直角屋脊棱镜 rectangular roof prism

一次反射面为屋脊面，入射光束和出射光束夹角为 90°，所成像为真像，反射面以上为等腰直角三角形的棱镜，也称为阿米西棱镜，见图 16-59 所示。

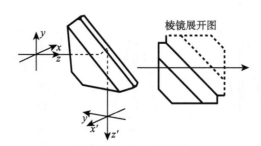

图 16-59　直角屋脊棱镜

16.4.30　保罗棱镜 I Porro prism I

入射光束和出射光束平行并方向相同，光路为四次反射，能使物成倒转 180°真像的两相同的等腰直角三角形棱镜组成的空间棱镜系统，见图 16-60 所示。

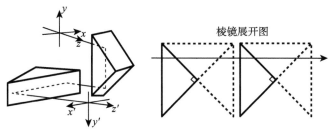

图 16-60　保罗棱镜 I

16.4.31　保罗棱镜 II Porro prism II

入射光束和出射光束平行并方向相同，光路为四次反射，能使物成倒转 180° 真像的两个相同的小尺寸等腰直角棱镜和一个大尺寸的等腰直角棱镜组成的空间棱镜系统，见图 16-61 所示。

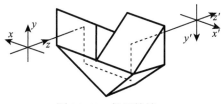

图 16-61　保罗棱镜 II

16.4.32　五棱镜 pentagonal prism

两反射面的夹角为 45°，出射面和入射面的夹角为 90°，所成像为真像，形状对称的棱镜，也称为五角棱镜，见图 16-62 所示。

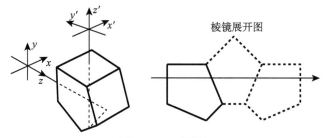

图 16-62　五棱镜

16.4.33　别汉棱镜 Viehan prism

光路在棱镜中经过五次反射，入射光束和出射光束方向不变，使主面内的物 y 旋转 180° 成镜像，由两块三角形棱镜组成的棱镜，见图 16-63 的 (a) 和 (b) 所示。

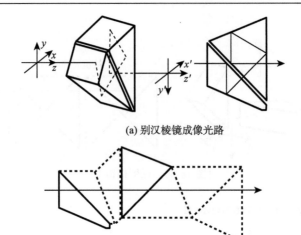

(a) 别汉棱镜成像光路

(b) 别汉棱镜展开图

图 16-63　别汉棱镜

16.4.34　道威棱镜 Dove prism

光路为 V 字型，入射光束和出射光束方向不变，使主面内的物 y 旋转 180° 成镜像，结构形状为梯形的棱镜，也称为旋转棱镜 (rotating prism)，见图 16-64 所示。

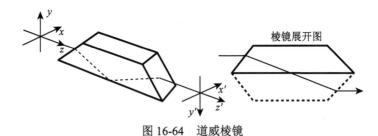

棱镜展开图

图 16-64　道威棱镜

16.4.35　立方角镜 corner cube prism

由三个互成直角的反射平面和一个入射和出射共用底平面组成的四面体棱镜，也称为三垂面棱镜 (triple prism)、角锥镜、角偶棱镜，见图 16-65 所示。图 16-65 中的左边图为立方角镜的背面，右边图为立方角镜的光线入射面。立方角镜是一个三等面

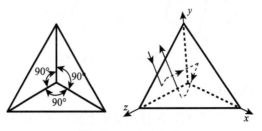

图 16-65　立方角镜

的立方四面体,具有独特的反射特点。无论入射光线以什么角度入射棱镜底面,出射光线始终平行于入射光线而方向相反射出,或者说具有无选择地对入射光线的反射自准的特点。

16.4.36　阿贝棱镜 Abbe prism

光路在棱镜中经过三次反射,其中一次反射为屋脊面,入射光束和出射光束方向不变,所成的像为倒的真像,由两块多边形棱镜组成的棱镜,见图 16-66 所示。

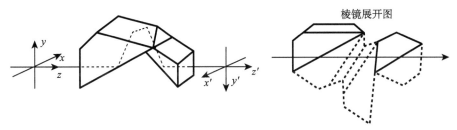

图 16-66　阿贝棱镜

16.4.37　40° 偏向棱镜 40°deviation prism

反射次数为二次,入射光束和出射光束的夹角为 40°,所成像为真像的五边形棱镜,见图 16-67 所示。

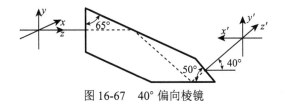

图 16-67　40° 偏向棱镜

16.4.38　施密特棱镜 Schmidt prism

反射次数为三次,其中一次为屋脊面反射,入射面与出射面的夹角为 $\theta = 45°$,入射光束和出射光束的夹角为 45°,所成像为真像的等腰三角形屋脊棱镜,见图 16-68 所示。

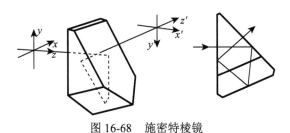

图 16-68　施密特棱镜

16.4.39　反转棱镜 reversal prism

反射次数为三次，入射光束和出射光束方向不变，所成的像为镜像，由一块五边形棱镜和一块四边形棱镜组成的棱镜，见图 16-69 所示。

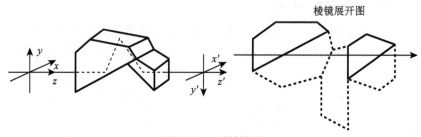

图 16-69　反转棱镜

16.4.40　真像棱镜系统 real image prism system

能使物体通过棱镜反射后所成的像为真像，由多块棱镜组成的棱镜系统。真像棱镜系统包括卡尔蔡司棱镜系统、哥尔茨冷寂棱镜系统、亨索特棱镜系统、列曼棱镜系统等棱镜。凡是偶数次反射的或等价偶数次反射的棱镜系统都是真像棱镜系统。

16.4.41　卡尔蔡司棱镜系统 Carl Zeiss prism system

反射次数为三次，其中有一次反射为屋脊面反射，入射光束和出射光束方向不变，所成的像为真像，由一块五边形屋脊棱镜和两块直角三角形棱镜共三块棱镜组成的棱镜系统，见图 16-70 所示。

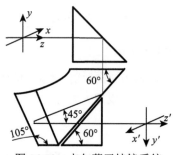

图 16-70　卡尔蔡司棱镜系统

16.4.42　哥尔茨棱镜系统 Gortz prism system

反射次数为三次，其中有一次反射为屋脊面反射，入射光束和出射光束方向不变，所成的像为真像，由一块五边形屋脊棱镜、一块四边形棱镜和一块直角三角形棱镜共三块棱镜组成的棱镜系统，见图 16-71 所示。

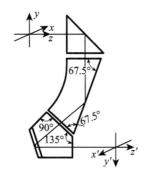

图 16-71　哥尔茨棱镜系统

16.4.43　亨索尔特棱镜系统 Hensoldt prism system

反射次数为三次，其中有一次反射为屋脊面反射，入射光束和出射光束方向不变，所成的像为真像，由一块五边形屋脊棱镜和一块直角三角形棱镜共两块棱镜组成的棱镜系统，见图 16-72 所示。

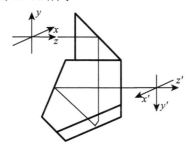

图 16-72　亨索尔特棱镜系统

16.4.44　列曼棱镜系统 Lehmann prism system

反射次数为三次，其中有一次反射为屋脊面反射，入射光束和出射光束方向不变，所成的像为真像，由一块五边形屋脊棱镜构成的棱镜，见图 16-73 所示。

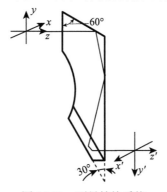

图 16-73　列曼棱镜系统

16.4.45　沃拉斯顿棱镜 Wollaston prism

反射次数为二次，入射光束和出射光束方向夹角为 90°，所成的像为真像，由一块五边形棱镜构成的棱镜，见图 16-74 所示。

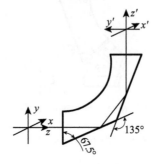

图 16-74　沃拉斯顿棱镜

16.4.46　弗兰克福棱镜 Frankford prism

一次反射面为屋脊面，入射面与出射面的夹角为 θ，入射光束和出射光束的夹角为 $180° - \theta$，所成像为真像的三角形屋脊棱镜，见图 16-75 所示。

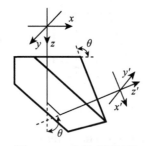

图 16-75　弗兰克福棱镜

16.4.47　像位移棱镜系统 image position moving prism system

将同一物体的像分为两个有一定距离间隔的出射通道出射的棱镜系统，也称为双目镜像位移棱镜系统。双目镜像位移棱镜系统包括间距移动棱镜系统、绕中心公共轴转动棱镜系统等。

16.4.48　间距移动棱镜系统 interval moving prism system

一块分束棱镜 (由两块棱镜组成) 将同一物体的像分为左和右两束光，左边和右边各有一块将水平光束折转 90° 的棱镜，两个棱镜分开一定的间隔距离，间隔距离大小可调，所成像为真像，共由四块棱镜组成的棱镜系统，见图 16-76 所示。间距移动棱镜系统的出射光束间隔的大小，可通过平移两棱镜向内移减小间距或向外移加大间距来实现。

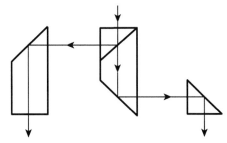

图 16-76　间距移动棱镜系统

16.4.49　绕中心轴转动棱镜系统 prism system turning around cental axis

　　一块分束棱镜 (由两块棱镜组成) 将同一物体的像分为左和右两束光，左边的水平光束通过分束棱镜左端的反射面将光束折转 90°，右边有一块将水平光束折转 90°的棱镜，两束出射光被两个棱镜分开一定距离间隔，左边的出射光束处有一块光程补偿的短长方形棱镜，两块反射棱镜不能平行移动，所成像为真像，共由四块棱镜组成的棱镜系统，见图 16-77 所示。绕中心轴转动棱镜系统的出射光束间隔的大小，可通过沿入射光轴方向转动长条的反射棱镜来改变两个出射光束的间距大小。当两长条的反射棱镜以入射光轴为转轴转动，使它们之间的夹角减小时，两出射光束的间距缩短，反之加长，当两长条的反射棱镜在一条直线上时，两出射光束的间距最大。

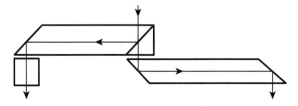

图 16-77　绕中心轴转动棱镜系统

16.4.50　菱形棱镜 rhombus prism

　　反射次数为二次，入射光束和出射光束方向不变，所成的像为真像，由一块四边菱形棱镜构成的棱镜，见图 16-78 所示。

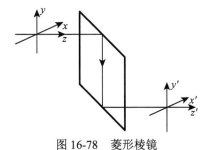

图 16-78　菱形棱镜

16.4.51　立方棱镜 cube prism

反射次数为两个一次，入射光束和出射光束方向不变，所成的像为倒像，由两块等腰直角棱镜的底面贴合组成的立方体所构成的棱镜，见图 16-79 所示。立方棱镜按对直角边成 45° 入射时，可使入射的圆光束由中间切开成为两个半圆，都翻转 180°，成为圆顶对圆顶的状态，见图 16-79 所示。

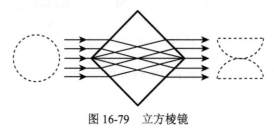

图 16-79　立方棱镜

16.4.52　周视棱镜系统 panoramic prism system

具有一定潜望高，由上端的物方等腰直角棱镜、中段的像倾斜补偿棱镜 (通过旋转棱镜补偿像倾斜) 和下端的等腰屋脊直角棱镜组成的棱镜系统，见图 16-80 所示。周视棱镜系统的上端等腰直角棱镜和下端等腰屋脊直角棱镜的反射中心之间的距离 (垂直方向) 构成了棱镜系统的潜望高；周视的潜望系统上端入射光轴方向与下端光轴出射方向为相同方向，中段的像倾斜补偿棱镜应为奇数次反射棱镜；上端等腰直角棱镜在周视方向 (水平面) 转动角 α 时，中段的像倾斜补偿棱镜应反方向转动 $\alpha/2$，即转动 $-\alpha/2$，以此进行补偿校正像倾斜。由于光学潜望系统通常采用开普勒望远系统，因此周视棱镜系统应成倒像，以其倒像关系将开普勒望远系统的倒像关系转换为正像，以使光学系统所成像与直接观察景物时的状态一样。

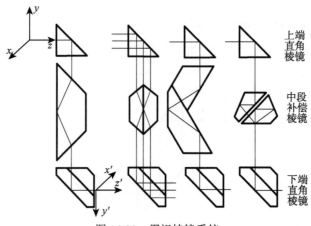

图 16-80　周视棱镜系统

16.4.53 菲涅耳双棱镜 Fresnel double prism

由两块形状完全一样的两直角边长度差别很大的直角三角形棱镜的短直角边贴合组成的顶角略小于 180° 的等边三角形棱镜。实际上，菲涅耳双棱镜往往是由同一块玻璃磨制而得两个对称棱镜，两个棱镜的折射角相等且都很小，主要用作分波前的干涉装置。

16.4.54 罗森棱镜 Rochon prism

光通过该棱镜时被分解为振动方向相互垂直的两束出射光，其传播方向一束与入射光相同，而另一束与入射光有一定夹角的一种偏振棱镜，也称为罗雄棱镜。棱镜用两块晶体制成，材料一般是方解石或石英，光以晶体的光轴方向入射，因此光线在第一块晶体中不分束，到第二块晶体中才分束，寻常光 o 光沿原方向行进而无色散，非常光 e 光的偏向角随波长的不同而不同。罗森棱镜如用作起偏器时，需遮住一支偏振光，导致视场缩小，因而应用不广，不如尼科耳棱镜好用。

16.4.55 格兰-汤姆逊棱镜 Glan-Thompson prism

由两块形状相同的单轴晶体材料的三角棱镜以斜面胶合组成的平行六面体棱镜，见图 16-81 所示。格兰-汤姆逊棱镜材料一般采用方解石晶体 (冰洲石) 制成。非偏振光入射格兰-汤姆逊棱镜后，从出射端面射出的是偏振态为 e 光的偏振光，o 光偏振光将会被棱镜的胶合斜面全反射到垂直于入射面的端面折射分离出去。格兰-汤姆逊棱镜的斜面不采用胶来胶合，而是采用空气层时，称为格兰-泰勒棱镜 (Glan-Taylor prism)。

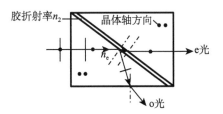

图 16-81 格兰-汤姆逊棱镜

16.4.56 目镜棱镜 ocular prism；eyepiece prism

置于目镜前，使物体方向来的光偏折以后再进入目镜的棱镜。目镜棱镜是以棱镜的使用和放置关系命名的，不是以棱镜的形状和功能命名的，直角棱镜、五棱镜、道威棱镜等都可以成为目镜棱镜。目镜棱镜主要用于折转光路，可使目镜在不同于直视物体的方向上进行观察，如在垂直于物镜光轴的 90° 方向或在其他角度的方向进行观察，如应用于测量显微镜、天文望远镜等的光学系统中。

16.4.57　物镜棱镜 objective prism

使光偏折以后进入物镜的棱镜。物镜棱镜是以棱镜的使用和放置关系命名的，不是以棱镜的形状和功能命名的，直角棱镜、五棱镜等都可以成为物镜棱镜。物镜棱镜主要有两个方面的应用，一个方面是获取不同方位的景物，另一个方面是获取色散光谱。折转光路的物镜棱镜，可用于获取物方俯仰、圆周不同方位的景物，可在不需要转动物镜的情况下，转动物镜棱镜摄取物方俯仰、圆周不同方位 (周视) 的景物，如应用于潜望镜、周视观察镜等的光学系统中；物镜棱镜采用分色棱镜时，可对观察物的光谱进行色散，以获得物体的光谱，如应用于天文望远镜的物镜前面，以获得天体的光谱。

16.5　光学功能板

16.5.1　平行平板 parallel plate

光学零件的入射面和出射面是相互平行的平面透明物体或平板零件，也称为光学平板。在几何光学中，光学平板能使光线产生平移而不改变传播方向。

16.5.2　分束镜 beam splitter

对入射光按能量、形状、偏振状态分成两束或多束光的棱镜或平面镜。按能量分光是在保持光束形状不变和光谱成分不变的情况下，用析光镜让一部分光束透射，另一部分光束反射，使光束以能量分成两束，通常的能量分束是等能量的分束，即各束光占总能量的一半；按形状分光是在保持光束光谱成分不变的情况下，用分束棱镜对光束按面积切开，使两个面积切开的光束以不同的角度传输让它们分开，通常的形状分束是等面积的分束，即各束光占总面积的一半；按偏振状态分光是在保持光束形状不变和光谱成分不变的情况下，用二向性棱镜将光按两个偏振状态 (相互垂直偏振状态) 以不同的角度传输而分开，使光束以偏振状态分成两束，通常的偏振状态分束是等能量的分束，即各束光占总能量的一半。

16.5.3　分色镜 color separation optical part

将入射的复合颜色光按特定窄波段分成不同光路路径传输的光学零件。分色镜有反射和透镜分色的、反射分色的和透射分色的光学零件。

16.5.4　分色反射镜 dichroic reflector

将入射的复合颜色光按特定光谱范围使一部分光谱辐射透射，另一部分光谱辐射反射的光学零件。分色反射镜通常是通过在光学零件上镀制光学薄膜实现这一功能的。

16.5.5 减光板 weakener

按照一定比例降低光通过的能量或光通量而不改变光谱成分的非高透射的玻璃板。减光板通常是不改变入射光谱相对分布的情况下，减少透过光通量的中性板。

16.5.6 连续减光板 continuous weakener

移动光在通光面上的照射位置能使光的能量或光通量连续减少或增加的减光板。连续减光板对光通量的连续减少或增加的变化是随在板上的空间位置的位移变化而变化。连续减光板的一种减光或增光方式是采用长条形板，使其沿长度方向的灰度连续增加或连续减小。

16.5.7 阶梯减光板 stepped weakener

移动光在通光面上的照射位置能使光的能量或光通量阶梯性减少或增加的减光板。阶梯减光板对光通量的阶梯减少或增加的变化是随在板上的空间位置的位移变化而变化。阶梯减光板的一种减光或增光方式是采用长条形板，使其沿长度方向的灰度按阶梯增加或阶梯减小。

16.5.8 分划板 reticle

置于物平面或像平面上，用于测量、参照、校正、对准、定位、计数，在表面上刻制或印制有标尺、标记、图案的透明光学平板或仅有分划透光的不透明光学平板。透明的分划板有带测距标尺的分划板、十字瞄准线分划板等；不透明的分划板有星点板、亮十字板等。

16.5.9 磨砂玻璃 ground glass

表面比较粗糙，使光能发生漫透射的非通透玻璃板，也称为毛玻璃。磨砂玻璃用普通平板玻璃经机械喷砂、手工研磨 (如金刚砂研磨) 或化学方法处理 (如氢氟酸溶蚀) 等将表面处理成表面不平整、粗糙的半透明玻璃，以使光线产生漫反射和漫透射，透光而不透视。

16.5.10 保护玻璃 protective glass

保护光学仪器内部光学零件免受尘埃、湿气等侵蚀以及机械碰伤，通常安装在光学成像系统或探测系统前面的平行平面透明光学零件或球面透明罩光学零件。

16.5.11 隔热玻璃 thermo-isolating glass

通常安装在光学成像系统或探测系统前面，避免热辐射和热气流直接照射或作用在光学零件上，对热辐射和热气流进行阻挡的玻璃片。

16.5.12　玻璃度盘 glass circle

在圆周上刻制有角度细分的径向分度线和相应数字的圆环形透明光学零件。玻璃度盘主要用于测角仪、经纬仪等作为角度标尺。

16.5.13　屏 screen

能在其上成实像，以便对其所成像进行观察的漫透射白色表面或漫反射白色表面织物、平板或装置。屏就是显示图像的介质面，有自发射光屏 (例如荧光屏等) 和非发射光屏 (例如银幕等)。自发射光的屏的颜色通常不是白色的，而是黑色的 (不发光状态时)，例如液晶屏、LED 屏等。

16.5.14　空间滤波器 spatial filter

使影像或信号中包含的特定空间频率成分的强度减弱、消除，或改变光波相位的光学部件。空间滤波器是通过空间形状的设计来过滤不需要频率的光波的器件。

16.5.15　光学低通滤波器 optical low-pass filter

滤除影像中包含的不必要的高频空间频率成分的空间滤波器。例如，设计一个小孔来过滤掉激光束中的高频噪声部分，只让低频光波部分通过的低通滤波器，以获得好的高斯光束质量。

16.5.16　光学匹配滤波器 optical matched filter

用光学的方法选出湮没在光学噪声中的影像信号，以达到最大信噪比的空间滤波器。通过形状设计和运动方式 (如旋转等) 选频的光学匹配滤波器可用于目标图像的识别。

16.5.17　旋转遮光片 rotating sector

不透明的圆盘周环上挖空了一些特点形状的通口，使圆盘旋转时，光能按一定的时间和面积关系通过的可旋转圆板。其可用于调制光波形成特定的光信号。

16.6　滤　光　镜

16.6.1　红外滤光片 infrared filter

允许红外光谱区的辐射通过而其他光谱区不能通过的滤光片。在红外滤光片中，也有近红外滤光片、短波红外滤光片、中波红外滤光片和长波红外滤光片等。

16.6.2　中性滤光片 neutral-density filter

在给定光谱范围，只衰减通过的光强，但不改变光谱强度分布的滤光片。中性滤光片的透射光谱分布曲线为一条平直线，即在各波长的透射比是一样的。

16.6.3 截止滤光片 cut-off filter; edge filter

将某确定波长以下的短波长或以上的长波长的光波急剧阻止通过的滤光片。截止滤光片用于阻止不需要波长 (或频率) 的光通过。

16.6.4 短波通滤光片 short-wave pass filter; high-pass filter

只能使波长比确定波长短或频率比确定频率高的光通过的滤光片，也称为高通滤光片。这里的高通是指高频的光波能通过，即短波长的光波能通过。

16.6.5 长波通滤光片 long-wave pass filter;low-pass filter

只能使波长比确定波长长或频率比确定频率低的光通过的滤光片，也称为低通滤光片。这里的低通是指低频的光波能通过，即长波长的光波能通过。

16.6.6 带通滤光片 band-pass filter

能让一定宽度范围的光谱的光波透过的滤光片。带通滤光片就是在光谱特性曲线透射带两侧存在截止区的滤光片，分为宽带滤光片和窄带滤光片两种。两种滤光片通常都是应用了光波干涉原理制备的，两种滤光片也可组合而成。带通滤光片的截止区的周围可能存在旁通带，通常需要用有色玻璃、吸收膜或截止滤光片来消除旁通带。它在化学、光谱学、激光、天文物理、光纤通信、生物学等领域得到广泛应用。

16.6.7 窄带滤光片 narrow band-pass filter

带通半宽度与带通中心波长之比小于 5% 的带通滤光片。窄带滤光片是带通滤光片中细分出来的一种滤光片。这种滤光片只允许特定波段很窄频率范围的光通过，对于偏离这个波段两侧频率的光将被阻止通过。其主要参数有中心波长、半高宽 (带宽)、峰值透过率、截止范围、截止深度 (截止段的最大透过率)。

16.6.8 干涉滤光片 interference filter

利用薄膜干涉原理，抵消掉不需要波长的光波，使所需要的波长的光波透过或反射的滤光片。干涉滤光片具体的制作是利用法布里-珀罗干涉仪的多光束干涉原理，使白光或复色光源中某一窄带光谱范围的光波以高的透射率通过，而使除其以外的其他光谱的光波衰减，以获得单色性良好的准单色光。表征干涉滤光片光学性能的参数主要有透射中心波长、光谱半宽度和峰值透射比。

干涉滤光片按其结构可分为两类：第一类为全介质膜干涉滤光片，它是在保护玻璃 G 和 G′ 上分别镀一组高反射多层介质膜 H 和 H′，组合在一起，并让两组膜系之间形成厚度为 d 的间隔层 L。另一类是金属反射膜干涉滤光片，它是在保护玻璃 G 上镀一层高反射率银膜 S，在 S 上镀一层光学厚度为 nd 的介质薄膜 F，然后再镀一层银膜 S′，加上保护玻璃 G′。上述两种结构原理相同，都可看作光学厚度很小的法布里-珀罗标准具。

16.6.9　金属干涉滤光片 metal interference filter

两侧为金属膜，介质膜隔在中间的干涉滤光片。典型的金属干涉滤光片是法布里-珀罗型滤光片，实质上是镀制出一个法布里-珀罗标准具。具体结构是在玻璃衬底上镀一层半透明金属层，接着镀一层氟化镁隔层 (介质层)，再镀一层半透明金属层，两金属层构成了法布里-珀罗标准具的两块平行板，由此构成了一个较窄波段光通过的带通滤光片。

16.6.10　介质干涉滤光片 dielectric interference filter

两侧为高、低折射率介质交替镀制成的膜系，中间隔以介质膜的干涉滤光片。介质干涉滤光片分别有截止滤光片和带通滤光片两大类。典型的截止滤光片有短通滤光片 (只允许短波光通过) 和长通滤光片 (只允许长波光通过)；带通滤光片只允许较窄波长范围的光通过，通过镀制高达 20~30 层介质膜，可以制作出具有很窄透过波段的滤光片。

16.6.11　反衬滤光片 contrast filter

用来加强物体特征与背景之间或物体与背景之间对比度的特殊滤色片。反衬滤光片通常是一些各种颜色的滤光片，在照相或观察时，通过在照相机上装相应颜色的滤光片或戴有相应颜色的眼镜，可吸收掉会降低拍摄或观察目标物对比度的色光，以提高目标物的对比度。例如，用红色笔对黑色字进行涂改覆盖后，用加装红外滤光镜的相机拍照，可使黑色字迹显现出来。

16.6.12　戴维斯-吉伯逊滤光器 Davis-Gibson filter

由戴维斯和吉伯逊所制备的可变换色温的溶液滤光器，也称为 DG 滤光器。戴维斯-吉伯逊滤光器和标准光源 A 组合之后可制成 B 光源、C 光源。

16.6.13　皱褶滤光片 rugate filter

镀制的膜层厚度及其折射率为按一定规律周期变化的结构，能反射出一个窄波段光谱且透射其他全部光谱的滤光片。

16.6.14　薄膜吸收滤光片 coating absorption filter

吸收边正好位于要求波长的某些薄膜材料镀制的薄膜 (通常为单层膜) 滤光片。这类滤光片通常具有长波通特性。

16.6.15 干涉截止滤光片 interference cut-off filter

应用干涉原理制作的，对某特定波长的大于部分或小于部分在这个波长点的极小范围就完全不让通过的 $\lambda/4$ 膜系的滤光片。

16.6.16 多腔滤光片 multicavity filter

由多个高反射腔串联在一起形成的滤光片。多腔的腔和膜的结构层关系如丨反射膜丨半波腔丨反射膜丨半波腔反射膜丨等。多腔滤光片可以是金属-介质滤光片，也可以是全介质滤光片。

16.6.17 相位色散滤光片 phase dispersion filter

利用反射的相位色散原理，镀制的全介质单腔窄带滤光片。相位色散滤光片的腔的两侧是由层厚不同的多层膜构成的反射镜。

16.6.18 相位延迟器 phase retarder

使入射光中的两个正交方向的相位产生延迟的光学元件。相位延迟器可以通过镀膜或用晶体制作，镀膜产生相位延迟与晶体产生相位延迟的原理和作用是一样的，只是构成相位延迟元件的制作方式不同。镀膜和晶体的相位延迟器分别有全波相位延迟器 (λ 波片)、半波相位延迟器 ($\lambda/2$ 波片) 和四分之一波相位延迟器 ($\lambda/4$ 波片)。

16.7　光　　栅

16.7.1 反射光栅 reflection grating

入射光与衍射光在光栅工作面同一侧的衍射光栅。反射光栅是用得较多的一类光栅，主要用于光谱分光。反射光栅又可分为平面反射光栅和凹面反射光栅。反射光栅进行光谱分光不像棱镜光谱分光那样，工作光谱范围受材料的限制，铝制的反射光栅几乎在红外、可见和紫外等区域都能用。

16.7.2 透射光栅 transmission grating

入射光与衍射光在光栅工作面两侧的衍射光栅。透射光栅是通常在透明玻璃上刻制很多相互平行、等距、等宽的狭缝 (刻痕相当于毛玻璃几乎不透光，狭缝透光)，利用多缝衍射原理，使复合光发生色散的光学元件。透射光栅由于可透过入射光，会有杂光干扰，因而光栅的性能较差，所以光栅光谱仪均不采用透射光栅，而是采用反射光栅作为色散元件。

16.7.3　平面光栅 plane grating

刻划面或复制面为平面的衍射光栅。平面光栅包括透射式平面光栅和反射式平面光栅。反射式平面光栅是在玻璃坯上镀一层铝膜，然后用金刚石在这铝膜上刻划出很密的平行刻槽而成。国内大量生产的反射式平面光栅每毫米刻槽 600 条或 1200 条，最密的可达到每毫米 1800 条。典型的反射式平面光栅为闪耀光栅。

16.7.4　凹面光栅 concave grating

刻划面或复制面为凹面的衍射光栅，也称为凹面衍射光栅或罗兰圆光栅。凹面衍射光栅既有色散作用，又有聚焦作用，是两个作用合一的光学元件。凹面光栅可以采用全息方式或刻划等方式制作。半径为 R 的凹面光栅的衍射存在一个直径为 R 的罗兰圆，衍射的光谱沿着这个罗兰圆周分布。

16.7.5　阶梯光栅 echelle grating

光栅工作面按台阶一样排列的衍射光栅。阶梯光栅是一种刻线密度较低，但刻线的形状是针对高入射角，即高衍射阶数的衍射光栅。高衍射阶数可以使光谱发生进一步色散，从而可分离更细光谱。阶梯光栅主要也是用于为光谱仪分离光谱。垂直入射光栅的单一波长光线会在特定角度被衍射到中央零阶和连续的高阶区域，衍射程度取决于光栅密度与波长比和选择的阶数，各高阶衍射的分离角度单调递减且达到极为接近的程度，但低阶部分会完全分离，衍射图案的强度可以通过改变光栅倾斜角来改变，但较高阶的长波长衍射光可能覆盖较短波长的较低阶光线，要在光路上再垂直设置一个二次色散元件(光栅或棱镜)才能在光束路径上按照阶数分开不同阶衍射光线或分离交叉的谱线。阶梯光栅主要用在高分辨率横向色散摄谱仪，尤其是太阳系外行星探测器上，例如高精度径向速度行星搜索器 (HARPS) 上。阶梯光栅分为大阶梯光栅、中阶梯光栅和小阶梯光栅三种。

16.7.6　大阶梯光栅 grand echelle grating

每毫米内刻 10 条线以下的，利用高干涉级获得高色散本领和高分辨本领的一种宽槽而精刻的阶梯光栅，也称为阶梯光栅。

16.7.7　中阶梯光栅 middle echelle grating

每毫米内刻 10 至 400 条线的，利用高干涉级获得高色散本领和高分辨本领的一种宽槽而精刻的阶梯光栅。中阶梯光栅与闪耀光栅不同，不以增加光栅刻线数量，而以增大闪耀角(高光谱级次和加大光栅刻划面积)来获得高分辨本领和高色散率。用中阶梯光栅制作的光谱仪器具有体积小、色散高、分辨率高等特点，是先进光谱技术的发展方向。

16.7.8　小阶梯光栅 small echelette grating

每毫米内刻 400 条线以上的, 通过反射把大部分辐射集中在小角度范围内, 利用高干涉级获得高色散本领和高分辨本领的一种宽槽而精刻的阶梯光栅。这种光栅是为研究红外光谱而设计的, 所以又称为红外光栅 (infrared grating)。

16.7.9　交叉光栅 crossed grating

由两组等间距平行刻槽 (或线条) 的二维线条方向的光栅按一定夹角相重叠组成的光栅。交叉光栅是透射光栅的组合使用形态。交叉光栅有莫尔条纹产生, 两个光栅的相对移动会使莫尔条纹产生移动, 通过读取莫尔条纹的移动数量就能计算出两个光栅的相对移动距离。

16.7.10　计量光栅 metrology grating

用作测量长度、角度等几何量的基准元件的光栅。计量光栅一般由两块等间隔排列的直线光栅或圆光栅组成。计量光栅就是制作的高精度光栅在测量方面的应用。

16.7.11　标尺光栅 scale grating

由相互平行排列的光栅线组成, 用作测量长度基准的透射式光栅元件, 也称为光栅尺 (grating bar) 或长光栅。标尺光栅通常可安装在机床的床身, 其长度为机床工作台的全行程, 与指示光栅配合使用。两种光栅作为机床移动机构移动距离精密读数装置的主要部件。精密读数装置具体由标尺光栅、指示光栅、光源、透镜、光电元件及检测电路等组成。

16.7.12　指示光栅 indicator grating

由相互平行排列的、光栅间隔和光栅线与标尺光栅相同的、排列的光栅总长度较短 (光栅总数量较少) 的、用于移动距离读数的透射式光栅元件, 也称为短光栅。指示光栅安装在机床的运动部件 (如工作台) 上, 与标尺光栅重叠在一起 (两者间有一定间隙), 两种光栅的光栅线有一个很小的夹角, 当工作台移动时, 指示光栅与标尺光栅形成相对移动产生莫尔条纹, 对莫尔条纹读数可测出精密移动距离。通常将光源、指示光栅和光敏元件等的组合称作读数头。

16.7.13　光栅盘 grating disk

栅线沿载体圆周径向或切向排列, 用于测量角度的基准光栅元件, 也称为圆光栅 (circular grating)。光栅盘的载体为圆玻璃盘的光栅, 分别有径向光栅和切向光栅两种。径向光栅的每条光栅直线的延长线全部通过载体圆盘的同一圆心 (光栅直线以圆心为中心, 对外呈光线辐射式的放射状展开); 切向光栅的每条光栅直线与载体圆盘的一个同心小圆相切 (小圆半径约零点几到几毫米)。将两块角栅距相接近的圆光栅面对面叠在一起时，在光线的照明下，能看到规律分布的明暗相间的莫尔条纹，两个圆光栅的相对转动运动会使莫尔条纹移动，通过读数条纹移动的数量可测得角度的变化量。光栅盘多采用透射方式工作，主要用来计量转动的角位移量。

16.7.14　刻划光栅 ruled grating

线槽或线条是用机械刻刀刻划而成的光栅，也称为机械刻划光栅。刻划光栅是利用金刚石刀具在基板上刻划槽线来形成光栅。由于刻划光栅的槽线较细窄，对于大面积、高线槽密度、大数量线阵的刻划，金刚石刀具的磨损会导致线型及占空比的变化，从而影响光栅的精度，且刻划的效率也比较低。因此，对于大面积、高线槽密度、高精度平面光栅不宜采用刻划方式制作光栅。

16.7.15　全息光栅 holographic grating

利用全息照相原理制成能产生光衍射的图案关系的光栅。全息光栅实际上是一种利用干涉进行光刻制作的光栅。其基本原理是利用两束相干光构成一定夹角干涉，形成微纳尺度的干涉图形，用干涉图形对涂有光刻胶的基板曝光，经显影、刻蚀、镀膜等工艺实现光栅的制造。在曝光面位置固定时，线宽度和间距由两光束的夹角大小决定，两束光之间的夹角越大，且各光束与曝光面的夹角越小时，干涉条纹越细。

16.7.16　线光栅 wire grating

在一平面内由金属丝组成等间距平行线条的衍射光栅。线光栅属于透射式的衍射光栅，其与刻划光栅相比，非透光的线是绝对不透光的，而刻划光栅的非透光刻槽多少会使一些光漏出去。因此，线光栅在衍射图案性能方面要好一些，但是线光栅的面积和密度很难做大。

16.7.17　直线棱镜光栅 linear prismatic grating

直线形状的刻槽型闪耀光栅。直线棱镜光栅实际上就是闪耀光栅，每一对光栅线 (工作线和非工作线) 都是由微直线棱镜构成，它是闪耀光栅的另一种形象式的称谓，属于反射式光栅。

16.7.18　棱镜光栅 prism grating

在色散三角棱镜的光束出射面上，涂制光刻胶，用全息方法光刻出栅条方向垂直于棱镜主截面的光栅所形成的复合型光栅。棱镜光栅是一种可直视色散、色散角大、均匀性好、体积小和携带方便的分光光栅棱镜。

16.7.19 复制光栅 replica grating

线槽或线条是用复制法制得的光栅。复制光栅制作的工艺原理是：在原刻光栅上利用真空镀膜法镀一薄层硅油和一层厚 1.5μm 的铝膜，用胶黏剂将镀制了铝膜的原刻光栅牢固地黏结在复制光栅的基板玻璃上，再用分离工具将两片玻璃分开，使基板玻璃上得到了与原刻光栅有相同条纹的光栅膜层。复制光栅在性能上比原刻光栅会差一些，但可用于看谱仪、摄谱仪器等仪器上。

16.7.20 黑白幅值光栅 line and space amplitude grating

由透光 (或反光) 和不透光 (或不反光) 栅线组成的光栅。光波透过 (反射) 后，只产生幅值的变化，而不产生方向变化。黑白幅值光栅只是形态像衍射光栅，但它不属于衍射光栅，不是用于光谱分光的，只是用作图案，例如分辨率板图案，因此，黑白幅值光栅的栅线间距比较大。

16.8 偏振元件

16.8.1 偏光器 polarizer

能将非偏振光转化成偏振光的光学元件或器件，或对偏振光选择光的偏振态、偏振方向的光学元件或器件，也称为偏振器。偏光器是偏光类光学元件、器件的总称，包括偏光片、起偏器、检偏器、完全偏振器、不完全偏振器、补偿器等。偏振器根据产生的光偏振态不同，分别有产生线偏振光的线偏振器、产生圆偏振光的圆偏振器和产生椭圆偏振光的椭圆偏振器。没有特指的偏振器默认为线偏振器。

16.8.2 偏光片 polarizing film；polarizing sheet

将自然光转化成偏振光的薄型光学元件。主要由原光片、保护膜、压敏胶层及其他功能性光学薄膜层压而成的复合光学薄膜材料。主要结构为原光片，其由聚乙烯醇 (PVA) 膜和上下各一层三醋酸纤维素酯 (TAC) 膜组成。

16.8.3 起偏器 polarizer

将自然光变换为线偏振光的光学元件，也称为起偏振器。起偏器就是用于产生线偏振光，或选择光的偏振态、偏振方向的光学元件。起偏器可以用二向色性晶体材料 (如电气石等) 制作，使入射的光只有一个偏振方向的光能射出，而另一个偏振方向的光被吸收。

16.8.4 检偏器 analyzer

对光束进行是否为偏振光和偏振方向检查的线偏振器，或置于起偏器后对起偏器出射的偏振光进行偏振方向检查的线偏振器，也称为检偏振器。

16.8.5　完全偏振器 complete polarizer

使通过其的光束所产生偏振光只有一种偏振态的光学元件或器件。完全偏振器产生的偏振态为线偏振态、圆偏振态和椭圆偏振态之一。

16.8.6　不完全偏振器 incomplete polarizer

使通过其的光束所产生偏振光为两种或两种以上偏振态合成的光学元件或器件。通过不完全偏振器所产生的偏振态光可能是线偏振态光、圆偏振态光和椭圆偏振态光之间两种或三种偏振态光的组合等。

16.8.7　巴比涅补偿器 Babinet compensator

由晶体光轴方向相互垂直的两块形状相同的直角三角形水晶或其他双折射材料的光楔组成长方体的一种补偿器，也称为巴比内补偿器或巴俾涅补偿器。当入射光束沿补偿器长边方向移动入射或入射光束不动而沿补偿器长边方向移动其中的一块光楔时，可以使光波振动方向相互垂直的偏振光成分产生任意的相位差，或在视场中出现光带的亮暗连续变化 (补偿器的前和后分别有起偏器和检偏器)。

16.8.8　巴比涅-索列尔补偿器 Babinet-Soleil compensator

由用水晶等制作的光轴方向平行的两片光楔板和光轴方向与光楔垂直的平行平板组成的一种补偿器，也称为索列尔补偿器或索果补偿器 (Soleil compensator)。沿补偿器长边方向移动一块光楔板就可以使相互垂直的偏光成分产生任意的相位差，且在整个视场中产生的相位差是一样的。

16.8.9　波片 wave plate; retardation plate

〈光学零件〉使相互垂直的平面偏振光产生特定相位差或使偏振面状态改变的双折射晶体薄片或双折射光学薄片、又称为迟滞板。波片是用来改变 o 光和 e 光相位差的双折射材料平板。常见的有 1/4 波片、1/2 波片和全波片。

16.8.10　全波片 full-wave plate

使两相互垂直的偏振光之间产生 2π 相位差的波片，又称为一级红板 (first-order red plate) 或灵敏色板。全波片可用于激光器中，使通过全波片的特定波长的光的相位差保持 2π，其线偏振状态保持不变，而其他频率的光因相位差不为 2π 而变成椭圆或圆偏振光，通过偏振器时被抑制掉，因此，实现了用全波片进行选频功能。

16.8.11　半波片 half-wave plate

使两相互垂直的偏振光之间产生 1/2 波长光程差的波片，也称为二分之一波片。半波片通过一定厚度的双折射晶体制成，其使入射光中的寻常光 (o 光) 和非

常光 (e 光) 之间的相位差等于 π 或 π 的奇数倍。半波片可以对偏振光的振动方向进行旋转，因为线偏振光垂直入射半波片后，透射光仍为线偏振光，假如入射时振动面和晶体主截面之间的夹角为 θ，则透射出来的线偏振光的振动面从原来的方位转过 2θ 角。

16.8.12　1/4 波片 quarter-wave plate

使两相互垂直的偏振光之间产生 1/4 波长光程差的波片。1/4 波片通过一定厚度的双折射晶体制成，其使入射光中的寻常光 (o 光) 和非常光 (e 光) 之间的相位差等于 $\pi/2$，可将线偏振光转换为圆偏振光，或将圆偏振光转换为线偏振光。

16.8.13　消偏振器 depolarizer

能使入射的偏振态光束变成非偏振态的光束，且是消偏振特性与入射光束的偏振态无关的一种光学器件。由于难以找到简单、完全满意的消除光束偏振态的方法，常用的方法是使光束的偏振态和强度随时间、波长任意变化。采用这种原理制作的器件称为准消偏振器。

16.9　新型光学元器件

16.9.1　导像光学纤维 image transmitting optical fiber

由若干能传输光能的丝状线或纤维组成的图像传输密集束。光学纤维中，用于传送图像的纤维束称为导像光学纤维；仅传送信号光辐射的称为通信光学纤维。

16.9.2　光纤平场镜 flat field device of optical fiber

由大量细光学纤维集束压制成一体光纤束并加工成的一端为曲面而另一端为平面或两端均为曲面的光学纤维器件，见图 16-82 和图 16-83 所示。在图 16-82 中，光纤平场镜的曲面端的曲面与入射像面的曲面相同，入射像面通过光学纤维平场镜后出射像为平面像，由此可对光学系统成像的场曲图像进行平场校正。

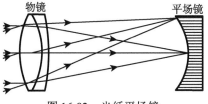

图 16-82　光纤平场镜

光纤平场镜还有一种形式是两面均为曲面的，这是一种场镜型的光纤平场镜，两个曲面分别对应望远系统的物镜像面曲面和目镜的物面曲面，放置在物镜和目镜焦面上，用于将物镜的曲面像转换为目镜的曲面物，以实现对目镜成像的平面化，见图 16-83 所示。

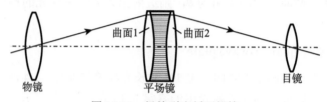

图 16-83　场镜型光纤平场镜

在其他方面，光纤平场镜 (或光纤面板) 还应用于多极像增强管和变像管中，用于匹配电子光学系统的场弯曲 (或平场)，见图 16-84 所示。

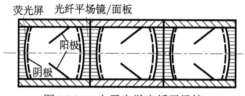

图 16-84　电子光学光纤平场镜

16.9.3　光纤转换器 convertor of optical fiber

由大量细光学纤维集束压制成两端结构形式不同的一体光纤束，以实现输入端和输出端图像元素排列结构变换的光学纤维器件。光纤转换器有将图像进行倒像的光纤转换器 (扭像器)，见图 16-85(a) 所示，有将面阵图像转换为线阵图像的光纤转换器，见图 16-85(b) 所示。

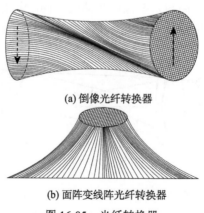

(a) 倒像光纤转换器

(b) 面阵变线阵光纤转换器

图 16-85　光纤转换器

16.9.4　衍射光学成像元件 diffractive imaging optical element

利用表面的微结构，通过光的衍射效应复合成像的光学元件，也称为衍射光学元件。衍射光学成像元件具有重量轻、体积小、成本低等优点，但像差很难消除得很好。

16.9.5　光学树脂镜片 optical resin lens

由具有较好透光率、折射率、阿贝数、双折射、均匀性等光学特性以及密度、线膨胀系数、抗冲击、弹性模量、抗张强度、硬度等机械特性的高聚物树脂材料制作的光学镜片。光学树脂制作的镜片具有重量轻、抗冲击、耐摩擦、易成型、可染色等优点，主要的商品类型有硬树脂镜片、亚克力镜片、PC 镜片、JD 镜片、EA镜片等。

16.9.6　硬树脂镜片 hard resin lens

一种由热固性烯丙基二甘醇碳酸酯 (allyl diethylene glycol carbonate) 高聚物树脂材料制成的，折射率为 1.498，透光率为 91%，阿贝数为 58，具有防护和矫正作用的树脂光学镜片，也称为 CR39 镜片 (Columbia Resin , CR, 哥伦比亚树脂) 或ADC 片。这种镜片固化后，受热不再软化，强热则分解破坏；其硬度是现有树脂镜片中最高的。硬树脂镜片主要用作太阳镜、UV 镜、防冲击镜和视力矫正处方镜，经特殊加工处理可制成滤掉有害蓝光的护目镜、彩色立体电视滤色镜、各种滤光镜等。

16.9.7　亚克力镜片 acrylic lens

一种由丙烯酸类树脂材料注射模压成型的，折射率为 1.491，透光率为 92%,阿贝数为 57.5,双折射效应稍大的受热软化并可反复塑制的光学镜片,也称为 PMMA镜片。亚克力镜片采用 PMMA(品号 80N 或 1000JF 等) 注射模压成型。其透明度与无机玻璃相当，可与光学玻璃媲美，有 "有机玻璃" 之称；表面硬度较低，吸湿性大，耐有机溶剂性差。亚克力镜片主要用作太阳镜、视力矫正处方镜，在注射压模成型时加入特种吸紫外剂可制造 UV-400 特种防护镜等。

16.9.8　聚碳酸酯镜片 polycarbonate lens

以双酚 A 为主要原料，采用聚碳酸酯注射模压成型的，折射率为 1.584，透光率为 90%，阿贝数为 29.7，有双折射效应的热塑性的聚碳酸酯塑料类树脂光学镜片，也称为 PC 镜片。聚碳酸酯镜片有刚而韧的特性，可抗冲击，其无缺口抗冲强度是热塑性塑料中最高的；耐热性较好，最高工作温度 135℃，优于丙酸纤维镜；注射成型时易产生双折射，耐溶剂性和与其他树脂相溶性差。PC 镜片主要用作太阳镜、运动护目镜、抗冲击劳保镜，特种新型 PC 镜能经受住 0.532 μm 波长的激光照射，也能吸收等离子体火花中各种紫外辐射，可作为激光防护镜等。

16.9.9　苯乙烯和双烯镜片 styrene and diene lens

由苯乙烯和双烯 A(双酚 A 和甲基丙烯酰氯反应制成) 按一定比例配备后，共聚而成的，折射率为 1.588，透光率为 90%，阿贝数为 30，热固性的树脂类光学镜片，也称为 JD 镜片。苯乙烯和双烯镜片是一种耐高温折射率镜片；透光率、耐酸碱性和抗吸水性与 CR39 接近或更优。JD 镜片主要用于各种视力矫正处方镜，特别是深度近视、远视和白内障手术后的镜片。

16.9.10　苯乙烯双酚镜片 styrene bisphenol lens

由苯乙烯和双酚 A 环氧丙烯酸双酯单体 (双酚 A 和环氧树脂与丙烯酸反应合成) 共聚而成的，折射率为 1.583，透光率为 90%，阿贝数为 32，双折射效应较小的热固性的树脂类光学镜片，也称为 EA 镜片。EA 镜片的折射率高、内应力小，收缩率也小 (0.01%~0.05%)；耐酸碱和有机溶剂，但热变形温度较低 (66°C)。

16.9.11　光学树脂防护镜片 protective lens of optical resin

通过染色、镀膜等加工形成的光学特性或自身的光学特性，使其具有保护人眼免受或少受伤害的功能光学树脂镜片。光学树脂防护镜片防护的危害因素主要有：波段在 280nm~350nm 之间易引起角膜炎、结膜炎、红斑、皮老化、电光性眼炎、雪盲、白内障等眼病的紫外光辐射；波段在 400nm~500nm 之间的易导致视网膜灼伤 (严重时黄斑穿孔) 的可见光辐射；易导致水晶体内蛋白质凝结的红外辐射；引起眩盲、耀眼、不适的眩光和散射光；易导致视网膜出血、爆炸、炸裂、撕裂和烧伤，以及角膜穿孔、烧伤等的激光辐射。光学树脂防护镜片按制作工艺可分为白镜片、染色镜片、防强冲击镜片、镀膜镜片等；按功能可分为光谱拦截镜片、光致变色镜片、不起雾镜片、偏振镜片等。

16.9.12　光谱拦截镜片 spectral intercept lens

通过在光学镜片材料上镀膜或对光学镜片材料染色，使对人眼有危害或损伤的紫外辐射、可见光、红外辐射等光谱的辐射被吸收或反射的镜片。光谱拦截镜片有美国的 Orcorlite UV400 镜片、法国的 Orma 1000 镜片、美国的 Perception 镜片等。

16.9.13　光致变色镜片 photochromic lens

采用化学处理和真空镀膜制作的，能在阳光照射下自动变暗，进入室内渐渐变亮的镜片。代表性的产品有美国的 Sunsenor 镜片等。光致变色的机理主要是镜片中的卤化银结晶体在阳光照射下析出，在镜片内无序聚集，吸收通过镜片的光线，使镜片的透明度下降，在室内时则恢复原态，使镜片透明度提高。

16.9.14 不起雾镜片 fog free lens

用特殊工艺对镜片表面进行加工，使微细的水滴变成水膜或吸收镜片表面上的湿气，能防止大量微细水滴黏附在镜片表面上的镜片。代表性的产品有日本的 MarkⅡ 镜片等。

16.9.15 偏振镜片 polarizer

入射的自然光通过后能使其出射光变成线偏振光或圆偏振光的镜片。偏振镜片通常是由两块光学玻璃间夹持一层偏振性质晶体或涂有聚乙烯膜或聚乙烯氰类结晶物所组成的镜片。

16.9.16 红色镜片 red lens

为治疗、保护和提高效率等目的，选择有益的红色或近红颜色制成的红色系列塑料镜片。红色镜片产品有 CPE 镜片、RRX561 镜片、UV 镜片、CR39 红色镜片、RLE 镜片等。

16.10　光学组部件

16.10.1 目镜 eyepiece；ocular

在光学系统中，将物镜所成的像放大后，供眼睛直接观察的光学部件。目镜的透镜组成结构形式有许多种，有对称的两组透镜组组成的目镜和非对称的透镜组成的目镜。

16.10.2 高斯目镜 Gauss ocular

由目镜、分划板、与目镜光轴成 45° 半透半反平面反射镜和照明光源所组成的目镜装置，也称为高斯式自准直目镜，见图 16-86 所示。高斯目镜的分划只能采用透明板上刻不透光刻划，因此像的对比度比较低。高斯目镜的准直像在分划板的中心。

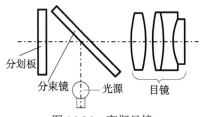

图 16-86　高斯目镜

16.10.3　阿贝目镜 Abbe ocular

由目镜、分划板、加长照明棱镜和照明光源所组成的目镜装置，也称为阿贝式自准直目镜，见图 16-87 所示。阿贝目镜的分划可采用透光刻划 (在铝膜上刻十字)，因此像的对比度比较高。阿贝目镜的准直像在分划板的透明分划 (亮分划) 的对称位置。

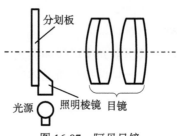

图 16-87　阿贝目镜

16.10.4　双分划板目镜 double-reticle ocular

由目镜、两块分划板、半透半反分光棱镜和照明光源所组成的目镜装置，也称为双分划板式自准直目镜，见图 16-88 所示。双分划板目镜的第一块分划板 (光源处) 的分划为亮 "十" 分划 (或目标分划)，第二个分划板的分划为标尺分划 (或测角分划)，这种结构形式可实现准直时 "十" 分划在视场的中心，且采用亮的目标分划，提高了 "十" 分划返回像的对比度。

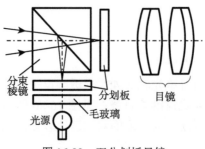

图 16-88　双分划板目镜

16.10.5　轮廓目镜 template ocular

由目镜和具有标准轮廓图形的分划板组成的一种测量目镜。轮廓目镜通常配置在万能工具显微镜上，其分划板上刻有标准轮廓图形，有圆弧、螺纹等图形，通过分划板的图形与工件的轮廓图形进行比较，如圆直径的比较、螺纹轮廓的比较等，可快速测出工件的图形是否符合要求。

16.10.6　测微目镜 ocular micrometer

由目镜、活动分划板、固定分划板和测微装置组成的一种测量目镜装置，见图 16-89 所示。测微目镜的测量移动方式有螺杆式、楔块 (或楔镜、玻璃平板等) 式、阿基米德螺旋式等。测微目镜与望远物镜组成望远系统，可对物方的角度量进行精确测量；测微目镜与显微物镜组成显微系统，可对显微物镜放大的线量进行精确测量。

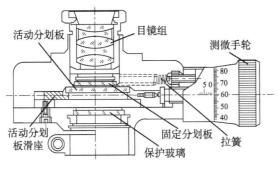

图 16-89　测微目镜

16.10.7　双像目镜 double image ocular

由目镜和双像棱镜系统组成的一种测量目镜，见图 16-90 所示。双像目镜的分像原理是，由分束镜将光束分为两束，透射的一束经透镜直接进入目镜视场，反射分出的光束经反射镜、棱镜和反射镜反射后再经透镜进入目镜视场，这可使偏离光轴的物点相对光轴分离成两个相对的像。双像目镜是一种用于对工件小孔、分划线等特定点对中心的目镜，当工件的小孔或选择点没有在显微镜的光轴上时，就会出现双像，通过移动显微镜或工件可使双像靠近或消失，双像消失时，显微镜的光轴就对准了工件小孔或选择点。

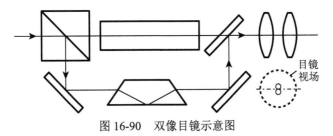

图 16-90　双像目镜示意图

16.10.8　内焦点目镜 inner focus ocular; ocular with inside focus

目镜物方焦点位于目镜系统内部的目镜，见图 16-91 所示。内焦点目镜例子如惠更斯目镜。其缺点是没有物镜方的实像面，因而不能安装分划板，但常被用作天文望远镜的目镜。

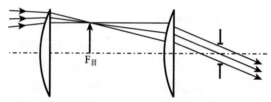

图 16-91   内焦点目镜示意图

16.10.9   外焦点目镜 external focus ocular; ocular with outside focus

目镜的物方焦点位于目镜系统外部的目镜，见图 16-92 所示。大多数的目镜是设计为外焦点的目镜。

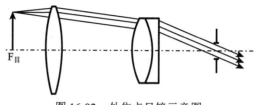

图 16-92   外焦点目镜示意图

16.10.10   物镜 objective

在光学系统中，最先对物体成像的光学镜头。物镜是个总概念，有各种光学系统和这些系统中的各种结构型式的物镜，如望远系统物镜、照相物镜、显微系统物镜、投影物镜、摄远物镜、反摄远物镜、高斯物镜等。

16.10.11   准直物镜 collimator objective

将发散的光束变成平行光束的物镜。准直物镜的焦点位置通常是光源或分划板的位置，光线从焦点经准直物镜后以平行光射出。准直物镜有透射式的准直物镜和反射式的准直物镜。

16.10.12   反射物镜 reflection objective

由一个或多个曲面反射镜组成的物镜。反射物镜是靠反射镜对光线的反射来对实际物体成像，适合用于大口径的望远系统。采用反射物镜可以避免像采用透射物镜时要考虑材料的透过光谱和重量等问题，例如，对红外辐射成像的透镜，其材料就要考虑采用能透过红外光谱的锗、硅、硫系玻璃等材料。

16.10.13   折反射物镜 refraction and reflection objective

由透镜和曲面反射镜组成的物镜。折反射物镜对物体的成像是通过反射镜实现的，折射镜主要是用于校正像差。折反射物镜有由一块透射镜和一块反射镜分离组合成的，也有由一块包括透射和反射功能的内反射式镜与其他反射镜及透射镜一起构成的物镜。

16.10.14　消球差物镜 aplanatic objective

对光轴上特定位置的像点能满足消球差和正弦条件的物镜。球差是轴上点的单色像差，使透镜上不同高度光线的会聚点在光轴的不同位置上，使像点的面积被扩大。球差的校正常利用正负透镜组合来消除，因为正透镜和负透镜的球差是相反的，可选配不同材料的正负透镜胶合起来给予消除。如果物镜的球差没有得到完全校正时，可采取用目镜配合进行补偿。

16.10.15　消色差物镜 achromatic objective

对两条谱线校正轴向色差的物镜。消色差物镜是由曲面半径不同的一正一负胶合透镜组成，其不但能校正光谱线中红光和蓝光的轴向色差，同时也能校正轴上点球差和近轴点彗差的物镜。这种物镜无法消除二级光谱的影响，没有消除剩余色差和其他光谱区的球差、色差，且像场的弯曲还较大，因此只能在视场中间范围获得清晰的像。消色差物镜主要是校正轴上及近轴区的色差、球差、正弦差。

16.10.16　复消色差物镜 apochromatic objective

对 3 条或 3 条以上谱线校正轴向色差的物镜。复消色差物镜需要对二级光谱色差进行校正，校正的光谱可选 F(青)、D(黄色) 和 C(红色)3 条光谱，一般需要采用特殊光学材料 (例如萤石等) 来进行校正。萤石与重冕玻璃有相同的相对色散。

16.10.17　半复消色差物镜 semi-apochromatic objective

二级光谱比消色差物镜小的物镜。半复消色差物镜对色差方面的校正介于消色差与复消色差物镜之间，但其他光学性质都与复消色差物镜接近，具有成本低的特点，可作为复消色差物镜某些用途的替代品。

16.10.18　平场复消色差物镜 plan-apochromatic objective

对场曲和像散都作了很好校正的复消色差物镜。平场复消色差物镜是在复消色差物镜的基础上还要校正场曲的物镜，即校正色差、球差、正弦差、二级光谱色差和场曲的物镜。

16.10.19　消像散物镜 anastigmat objective

像散和场曲都得到校正的物镜。像散不仅使图像不清晰，而且还会在高放大倍数的图像中出现一些细节假象。像散是光学系统透镜曲率弯曲度、光阑位置和视场角的函数，通过综合协调改变组成物镜的各透镜的曲率弯曲度、光阑位置和视场角可消除或减小像散。

16.10.20   投影物镜 projection lens

将物或前面光学元件所成的像进行放大成像在或投影在屏上的透镜，也称为投影镜，见图 16-93 所示。

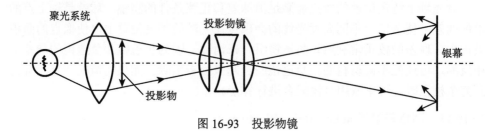

图 16-93   投影物镜

第17章　光电器件与显示装置术语及概念

本章的光电器件与显示装置术语及概念主要包括光电器件、处理电路和软件、显示装置共三个方面的术语及概念。光电器件的术语及概念由探测类器件和太阳能电池的术语及概念构成，这部分的术语及概念的内容主要由光电效应机理、光电器件性能、光电器件总类、真空光电器件、光导器件、光伏器件、热敏器件、光学调制器和太阳能电池的术语及概念组成。光电器件包括探测器件、发射器件和光能转换器件等。显示装置部分的术语及概念主要由基本术语、显示方式、阴极射线显示、等离子体显示、液晶显示、场致发光显示、发光二极管显示、有机发光二极管显示、投影显示、平视显示、三维显示、虚拟显示和触控屏的术语及概念组成。本章光电器件与显示装置术语及概念的范围大部分是可见光的和普遍性的光电器件的术语及概念，而紫外、微光、红外、激光等器件的术语及概念许多归入到了紫外、微光、红外和激光等自己相应的章节中，以方便查找和使用。

17.1　光 电 器 件

17.1.1　光电效应机理

17.1.1.1　光子效应 photon effect

单个光子的性质对产生的光电子起直接作用的一类光电效应。探测器吸收光子后，直接引起原子或分子的内部电子状态的改变。光子能量的大小直接影响内部电子状态的改变。

17.1.1.2　光电效应 photoelectric effect

因光照而引起物质电学特性改变的现象。物质置于电场中其光学性质发生变化的现象称为电光效应 (electro-optical effect)。光电效应的机理是光照射到物质上使物体发射电子，或使电导率发生变化，或产生光电动势等。光电效应是靠光辐射和材料的相互作用 (即吸收光子) 而引起自由电荷载流子释出的现象。光电效应分为外光电效应和内光电效应。

17.1.1.3　光电转换 photoelectric transform

光电器件受光辐射，将光辐射量转换成光致电流的过程。光电转换本质上是通过照射光子导致光电器件电子产生的过程；光电转换效率为单位时间产生的电子数与单位时间照射的光子数之比。

17.1.1.4　外光电效应 external photoelectric effect

物质受到光照后向外发射电子的光电效应。外光电效应有光阴极发射电子和光电子倍增 (打拿极倍增和微通道电子倍增) 模式; 光阴极发射电子对应的器件为光电管, 打拿极 (或倍增极) 倍增对应的器件为光电倍增管, 微通道电子倍增对应的器件为微通道像增强器。

17.1.1.5　内光电效应 internal photoelectric effect

物质受到光照后由于物质的光量子作用引发物质电学性质变化的现象, 例如电阻率改变。内光电效应可分为光电导效应、光生伏打效应和光电磁效应; 光电导效应对应的器件为光敏电阻 (或称为光导管) 等, 光生伏打效应对应的器件为光电池、光电二极管、雪崩光电二极管、肖特基势垒光电二极管等。光电磁效应对应的器件为光电磁探测器和光子牵引探测器等。

17.1.1.6　光电发射效应 photoelectric emission effect

光照物质表面产生电子发射的光电效应。光电发射效应属于外光电效应。光电发射效应的器件有真空光电管、光电倍增管等。

17.1.1.7　热电子发射 thermal electron emission

加热金属使其中电子的动能加大, 动能超过逸出功后使电子逸出金属发射出来的现象。温度升高到一定值时, 有大量电子会从金属中逸出。热电子发射在无线电技术中有广泛的应用, 各种电子管和电子射线管都是利用热电子发射来产生电子束的。

17.1.1.8　光电子发射 photoelectron emission

当物体吸收了光辐射后, 物体内也可能产生能量较大的电子, 其中一部分将运动到达物体表面, 并克服表面势垒而逸出, 成为发射电子的现象。

17.1.1.9　二次电子发射 secondary electron emission

用电子流或离子流轰击物体表面, 电子或离子将动能传递给物体内部的电子, 使内部电子有足够的能量逸出物体的现象。二次电子发射的电子称为次级电子或二次电子。发射出的二次电子的数目取决于轰击物体表面的入射离子或电子的速度和入射角、物体的性质及物体表面的状态。

17.1.1.10　光导效应 photoconductive effect

光照射呈现出电导率变化的光电效应。光导效应的机理是半导体材料受到光照射时, 吸收入射光子能量, 若光子能量大于或等于半导体材料的禁带宽度, 就激发出电子-空穴对，使载流子浓度增加，半导体的导电性增加，阻值降低。基于这种效应的光电器件有光敏电阻 (或称为光导管)。光导效应属于内光电效应。

17.1.1.11　光伏效应 photovoltaic effect

光照射产生电动势的光电效应。光伏效应是光照使不均匀半导体或半导体与金属结合的不同部位之间产生电位差的现象。它首先是由光子 (光波) 转化为电子、光能量转化为电能量的过程；其次，是形成电压的过程。有了电压，就像筑高了大坝，如果两者之间连通，就会形成电流的回路。光伏效应属于内光电效应。

17.1.1.12　光热效应 photothermal effect

材料受光照射后，光子能量与晶格相互作用，振动加剧，温度升高，造成物质的电学特性变化的现象或效应。利用光热效应的探测器有热敏电阻、热电偶、热电堆和热释电探测器等。

17.1.1.13　电致发光 electroluminescence

由所加电能产生的超过正常热发射的光辐射。例如，发光二极管的 pn 结中由于电子空穴的重新结合而产生的光子发射。

17.1.1.14　空穴电流 hole current

满带中的一个空状态所引起的电流。同一个相应状态的电子引起的电流密度大小相等、方向相反。

17.1.1.15　空穴加速度 hole acceleration

有外电场时电子在倒空期间的变动速度。空穴加速度是在电子原运动速度状态上，通过电场的作用，使电子原有速度被增加的变化。

17.1.1.16　空穴能量 hole energy

等于相应位置电子的反能量，按公式 (17-1) 计算：

$$E_h(k) = E_v + \frac{\hbar^2 \cdot k^2}{2m_e} = -E_e(k) \tag{17-1}$$

式中：$E_h(k)$ 为空穴能量；$E_e(k)$ 为空穴相应的电子能量；E_v 为价带顶能量；$\hbar$ 为约化普朗克常数；k 为波矢大小；m_e 为电子质量。

17.1.1.17　基本吸收 basic absorption

电子从价带跃迁到导带引起的光强吸收。基本吸收的谱范围为紫外-可见-红外波段，常伴随可以迁移的电子和空穴，出现光电导。

17.1.1.18   吸收边缘 absorption margin

电子跃迁跨越的最小能量间隙。对于非金属材料，还常伴随激子的吸收而产生精细光谱线。

17.1.1.19   自由载流子吸收 free carrier absorption

由导带中电子或价带中空穴在同带中对光子的吸收。自由载流子吸收可以扩展到整个红外甚至扩展到微波波段，对于金属材料载流子浓度较高，因而吸收谱线强度很大，甚至掩盖其他吸收区光谱。

17.1.1.20   晶体振动吸收 crystal vibration absorption

由入射光子和晶格振动 (声子) 相互作用引起的吸收，波长在 $20\mu m \sim 50\mu m$。

17.1.1.21   杂质吸收 impurity absorption

杂质在本征能带结构中引入浅能级的吸收，电离能在 0.01eV 左右。杂质吸收只有在低温下易被观察到。

17.1.1.22   自旋波量子吸收 spin wave quantum absorption

自旋波量子与入射波产生作用引起的吸收。自旋波量子吸收的能量较低，波长较长，达到毫米量级。自旋是微观粒子的一种性质，是一种粒子内禀自由度。每个粒子都具有特有的自旋，粒子自旋角动量 p 遵从角动量的普遍规律，$p = J(J+1)h$，J 为自旋角动量量子数，$J = 0, 1/2, 1, 3/2, \cdots, h$ 为普朗克常数。自旋为半奇数的粒子称为费米子，服从费米-狄拉克统计；自旋为 0 或整数的粒子称为玻色子，服从玻色-爱因斯坦统计。

17.1.1.23   回旋共振吸收 cyclotron resonance absorption

粒子回旋共振与入射波产生作用引起的吸收。回旋共振吸收的能量较低，波长较长，达到毫米量级。当入射辐射作用电磁场的频率等于回旋频率时将发生共振吸收。

17.1.1.24   直接跃迁 direct jump

电子吸收光子能量产生保持波数 (准动量) 不变的跃迁。直接跃迁使原来在价带中状态 A 的电子跃迁到导带中的状态 B，跃迁之间的能带差正好等于光子的能量。直接跃迁无需声子的辅助。

17.1.1.25   间接跃迁 indirect jump

电子吸收光子能量并有声子参与下的跃迁。即电子不仅吸收光子，同时还和晶格交换一定的振动能量 (放出或吸收一个声子)。间接跃迁的另一种情况是杂质散射参与的吸收。

17.1.1.26　激子 exciton

固体中的元激发态或激发态的量子。激子可简单地理解为束缚的电子-空穴对。在价带自由运动的空穴和在导带自由运动的电子，重新束缚在一起形成的电子-空穴对。由于束缚，激子的能量低于自由电子的能量。激子的吸收和发光光谱与带到带之间跃迁的光谱不同，具有特征的结构。半导体中激子的束缚能一般很低，约几毫伏或几十毫伏。

17.1.1.27　斯托列托夫定律 Stoletov law

当入射光线的频率成分不变时 (即相同频率的光)，光电阴极的饱和光电发射电流 I_k 与被阴极所吸收的光通量 Φ_k 成正比，符合公式 (17-2) 表达的规律：

$$I_k = S_k \Phi_k \tag{17-2}$$

式中：S_k 为表征光电发射灵敏度的系数。斯托列托夫定律是光电转换计算和光度测量的重要依据。

17.1.1.28　爱因斯坦定律 Einstein law

原子系统发射出光电子的最大动能随入射光频率的增高而线性增大，而与入射光的光强无关的规律 (爱因斯坦提出的)，也称为光电效应定律、光电发射第二定律，其规律符合以下表达公式 (17-3)：

$$h\nu = \left(\frac{1}{2} m_e V_e^2\right)_{\max} + \Phi_0 \tag{17-3}$$

式中：h 为普朗克常数；ν 为入射光的频率；m_e 为光电子的质量；V_e 为出射光电子的速度；Φ_0 为光电阴极的逸出功。一个光子的能量传递给原子系统中的单个电子，当电子吸收一个光子后，把能量的一部分用来挣脱金属对它的束缚，余下的一部分就变成电子离开金属表面后的动能。电子逸出功是表达材料表面对电子束缚强弱的物理量，是电子逸出材料表面所需的最低能量。爱因斯坦定律表明，每个电子的逸出都是吸收了一个光量子的结果，光量子将全部能量转变为光电子能量。

17.1.1.29　光电发射红限 photoelectric emission red limit

使电子刚刚能从材料表面逸出的最长的辐射波长，或最小频率的辐射频率，即 $h\nu_0 = \Phi_0$ 时的频率或波长，是材料光电发射的临界波长或临界频率，符合公式 (17-4) 关系：

$$\lambda_0 = \frac{c}{\nu_0} = \frac{c \cdot h}{\Phi_0} = \frac{1.24}{\Phi_0} \tag{17-4}$$

式中： λ_0 为产生光电发射的入射光的临界波长； c 为光的传播速度； h 为普朗克常数； ν_0 为产生光电发射的入射光的临界频率； Φ_0 为光电阴极的逸出功。光电发射红限是材料光电发射的阈值波长或阈值频率，其单位用 μm 表示。光电发射红限是光电阴极材料的一个特性，不同类型的光电阴极材料有不同的光电发射红限。光电阴极材料逸出功为 3.2eV 时，光电发射红限为 0.38μm；光电阴极材料逸出功为 1.6eV 时，光电发射红限为 0.78μm。

17.1.1.30   光电发射瞬时性 photoelectric emission instantaneity

光电阴极材料的光电发射延迟的时间特性。光电发射瞬时性是光电材料经光辐射的时间响应特性，时间延迟不超过 1×10^{-13} s 的量级，表明外光电效应有很高的频率响应，可认为是无惯性的。

17.1.1.31   费米能级 Fermi energy level

温度为绝对零度时固体能带中充满电子的最高能级，常用 EF 表示。费米能级等于费米子系统在趋于绝对零度时的化学势。n 型半导体的费米能级靠近导带边，过高掺杂会进入导带；p 型半导体的费米能级靠近价带边，过高掺杂会进入价带。处于热平衡状态下的电子系统有统一的费米能级，它具有决定整个系统能量以及载流子分布的作用。费米能级实际上起到了衡量能级被电子占据的概率大小的标准作用。

17.1.1.32   能带 energy band

在原子或分子中具有相同属性的系列能级的集合。原子或分子的主要能带有价带 (填充价电子的能带)、满带 (价带中所有量子态均被电子填满的能带)、空带 (能级禁带上面而没有电子占据时的能带)、导带 (已有电子进入或占据的空带)。在满带和导带间禁止电子进入的无能区为禁带，禁带宽为 4eV~7eV 的物质为绝缘体 (如金刚石的禁带宽为 5.3eV)，禁带宽为 0.1eV~4eV 的物质为半导体，禁带宽小于 0.1eV 为导体。导体的价带和导带是有重叠区的状态。

17.1.1.33   电子逸出功 electron work function

表达材料表面对电子束缚强弱的物理能量，是电子逸出材料表面所需的最低能量，也称为电子功函数或电子脱出功。电子逸出功是电子从金属表面逸出时克服表面势垒必须做的功，单位为电子伏特 (eV)。电子从金属中逸出需要能量，利用光照射、加热等方式可使金属中的电子热运动加剧而逸出。

17.1.1.34   pn 结 pn junction

有一定杂质浓度的半导体 n 型区与 p 型区交界所形成的空间电荷区或耗尽层中的正电荷区与负电荷区的分界面，见图 17-1 所示。pn 结将会形成结电压，一般为不超过 2V 的直流电压。

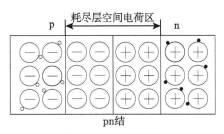

图 17-1　pn 结模型

17.1.1.35 突变结 abrupt junction

均匀分布的 p 型半导体区杂质浓度不同于均匀分布的 n 型半导体区杂质浓度，在 p 型和 n 型两种区域交界处，p 型杂质浓度相对 n 型杂质浓度突变的这种分布结构的 pn 结。对于掺杂浓度不同 p 型和 n 型半导体所形成的突变结：掺杂浓度差别梯度小的称为线性缓变结 (linear graded junction)，掺杂浓度差别梯度大的称为突变结；两者为非均匀掺杂体，仅在接触界面处浓度很高的称为超突变结 (hyperabrupt junction)。简单意义的突变结指 p 型和 n 型的交界区。

17.1.1.36 pn 结发光 pn junction luminescence

在 pn 结上加正向电压 (电源正极接 p 区，负极接 n 区，形成导通状态)，导致少数载流子注入复合而产生发光的现象，见图 17-2 所示。pn 结通常是在一种导电类型的晶体上以合金、扩散、离子注入或生长的方法形成具有相邻 p 区和 n 区的另一种导电薄层结构。在 p 型半导体和 n 型半导体的结合界面就会形成 pn 结。n 型半导体为掺入少量杂质磷元素 (或锑元素)(百万分之一比例) 的硅晶体 (或锗晶体)，磷原子最外层的五个外层电子的其中四个与周围的半导体原子形成共价键，多出一个不受束缚的自由电子，使磷原子成为带正电的离子，自由电子为多子，空穴为少子；p 型半导体为掺入少量杂质硼元素 (或铟元素)(百万分之一比例) 的硅晶体 (或锗晶体)，硼原子最外层的三个外层电子与周围的半导体原子形成共价键，会产生一吸引电子来填充的空穴，使硼原子成为带负电的离子，使这种半导体有较高的空穴深度，空穴为多子，自由电子为少子。

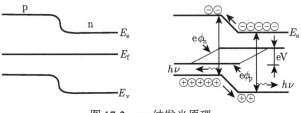

图 17-2　pn 结发光原理

17.1.1.37　能带弯曲 band bending

在掺杂型半导体的 p 区和 n 区交界处费米能级的统一导致的 n 型能级下移、p 型能级上移形成的 n 区和 p 区两区的能级错位的现象，能带弯曲的形态关系见图 17-3 所示。由于 n 区和 p 区存在载流子的浓度差，n 区的多子电子与 p 区的多子空穴相遇，使电子由 n 区流向 p 区，空穴由 p 区扩散到 n 区，由此在 n 区与 p 区界面两侧形成内电场；单独的 p 型和 n 型半导体的费米能级 EFP 和 EFN 有一定差值，当 n 型与 p 型紧密接触时，电子要从费米能级高的一方向费米能级低的一方流动，使 EFN 连同整个 n 区能带一起下移，EFP 连同整个 p 区能带一起上移，直至载流子停止流动，费米能级拉平为 EFN=EFP，使结区的导带与价带发生相应的弯曲形成势垒，势垒高度等于 n 型、p 型半导体单独存在时费米能级之差。

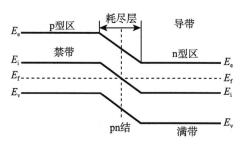

图 17-3　pn 型半导体的能带弯曲关系

17.1.1.38　量子阱 quantum well

深度与电子的德布罗意波长可比的几何结构尺度势阱。由于量子阱几何结构尺寸 (有源层厚度) 仅在电子平均自由程内，这个限制使载流子波函数在一维方向上局域化；阱壁具有很强的限制作用，使得载流子只在与阱壁平行的平面内具有二维自由度；在限制方向 (垂直于阱壁面) 导致导带和价带分裂成子带，使长波辐射能引起电子跃迁到导带。量子阱中的电子态、声子态和其他元激发过程以及它们之间的相互作用，与三维体状材料中的情况有很大差别。在二维自由度的量子阱中，电子和空穴的态密度与能量的关系为台阶形状 (不像三维自由度材料是抛物线形状)。目前，多数量子阱的几何结构为方势阱，也有制作为三角势阱和抛物势阱的几何结构。高品质的量子阱主要是采用分子束外延或金属有机化学气相沉积方法来外延生长两种不同的材料制成。

17.1.1.39　有源层 active layer

在光伏器件中，被两边不同半导体材料的限制层夹在中间的半导体工作介质层。例如，AlGaAs-GaAs 的量子阱红外探测器的叠层结构关系为 AlGaAs/GaAs/AlGaAs，薄的 GaAs 层是被厚的 AlGaAs 限制层所夹持的工作介质层，GaAs 层就是有源层。

17.1.1.40 限制层 limiting layer

在光伏器件中，对半导体工作介质层进行限制，位于工作介质层两边的不同于工作介质层的半导体材料的厚层。例如，AlGaAs-GaAs 的量子阱红外探测器的叠层结构关系为 AlGaAs/GaAs/AlGaAs，夹持在薄的 GaAs 工作介质层两边的厚 AlGaAs 层就是限制层。

17.1.1.41 异质结构 heterostructure

具有不同带隙宽度的两种或多种半导体单晶材料之间结合的结构关系。例如：窄带隙 p 型半导体与宽带隙 n 型半导体结合的结构关系称为 p-n 异质结构；宽带隙 n 型半导体与窄带隙 p 型半导体和宽带隙 p 型半导体结合的结构关系称为 n-p-p 双异质结构。

17.1.1.42 电子平均自由程 mean free path of a electron

在物质中，电子相继两次碰撞之间的平均运动行程距离。物质中的电子 (或空穴) 会与杂质、缺陷或其他载流子发生碰撞，物质中的电子浓度越高，电子平均自由程值越小，反之，电子浓度越低，电子平均自由程值越大。相应经历的时间称为平均自由时间，或弛豫时间。

17.1.1.43 导带 conduction band

在晶体的能带体系中，自由电子所具有的许多准连续的能级范围，用符号 E_c 表示。导带底是导带的最低能级，该处的能是电子的势能，电子通常就处于导带底附近；高于导带底的能量是电子的动能。当外电场作用到半导体两端时，电子的势能会发生变化，在能带图上表现出导带底发生倾斜；而当导带底发生倾斜时，就一定有电场存在。对于金属，所有价电子所处的能带就是导带。

17.1.1.44 价带 valence band

在晶体的能带体系中，带能低于导带、由许多准连续的能级组成、价电子在其驻留稳定性好的能级范围，用符号 E_v 表示。价带中的价电子并不能导电，而少量的价电子空位才能导电；价带顶附近的空穴是空穴势能。对于半导体，所有价电子所处的能带是价带，高于价带能量的能带是导带。在温度为绝对零度时，半导体的价带为满带，受到光激发后，价带中有部分电子会越过禁带进入导电的导带。

17.1.1.45 禁带 forbidden band

在晶体的能带体系中，导带的最低点到价带的最高点之间的能量范围，用符号 E_g 表示。禁带是电子不能在其中停留的导带的最低点到价带的最高点之间的空间范围。禁带的能量宽度值就是带隙。

17.1.1.46　带隙 band gap

导带的最低点到价带的最高点之间能量的差值，也称为能隙。带隙就是禁带的能量宽度，即价带的最高点和导带的最低点之间的能量差值。带隙是产生本征激发所需要的最小平均能量，是半导体最重要的特征之一。对于本征半导体材料而言，带隙越大，电子由价带被激发到导带就越难，本征载流子浓度就越低，电导率也就越低。带隙也是带隙基准的简称，主要作用是在集成电路中提供稳定的参考电压或参考电流，因为其具有与电源电压、工艺、温度变化几乎无关的优点。

17.1.1.47　空带 empty band

能带中无任何电子填入时所处的状态。空带通常描述导带所处的无任何电子填入时的状态。一旦空带有电子填入，此时就不再称其为空带。例如，价带中的电子受激而进入到无电子的导带后，原来称为空带的导带此时就不再称其为空带，只称其为导带。

17.1.1.48　满带 full band

能带被电子填满时的状态。满带通常描述价带被电子完全填满时的状态。一个能带一旦被电子填满，此时就称其为满带，而当一个满带中有电子离开时，产生了空穴，此时就不再称其为满带。例如，填满电子的价带中有电子受激离开进入导带，而这个满带在没有新的电子进入时将不再称为满带，只称其为价带。

17.1.1.49　施主 donor

掺杂半导体中能够提供电子的杂质。施主的能级 (donor level) 处在靠近导带底的禁带中，施主电离能用符号 ΔE_{D} 表示，见图 17-4 所示。半导体中的杂质原子可以使电子在其周围运动而形成量子态；杂质量子态的能级处于禁带之中。

图 17-4　施主能级位置与电子跃迁示意图

掺杂 V 族杂质后，V 族施主杂质取代晶格中的 Si 或 Ge 的原子位置，它的四个价电子形成共价键还多余一个价电子，而杂质本身为正电中心，可以束缚电子在其周围运动形成一个量子态，但由于 V 族施主的电离能都很小，在器件的使用温度范围，施主上的电子几乎全部电离成为自由导电电子。所谓施主电离也就是原来在施主能级上的电子跃迁到导带中。

17.1.1.50 受主 acceptor

掺杂半导体中能够提供空穴的杂质。受主的能级 (acceptor level) 处在靠近价带顶的禁带中，受主电离能用符号 ΔE_A 表示，见图 17-5 所示。III 族受主只有三个价电子，取代晶格中的 Si 或 Ge 原子的位置形成共价键时，还要从其他共价键上夺一个电子，形成负电中心，同时产生一个空穴，带负电的受主中心可以吸引带正电的空穴在其周围运动形成一个量子态，但由于 III 族受主的电离能都很小，在器件的使用温度范围，受主上的空穴几乎全部电离成为自由导电空穴。从能带上看，自由导电的空穴就是价带中的空能级，即受主电离的结果使价带失去一个电子而出现空的能级，受主的电离是价带中的电子跃迁到受主能级的电离过程。电子填充后的受主能级相当于失去了空穴的受主负电中心。

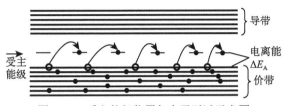

图 17-5　受主能级位置与电子跃迁示意图

17.1.1.51 态密度 state density

能量介于 $E \sim E + \Delta E$ 之间的量子态数目 ΔZ 与能量差 ΔE 的比值。态密度即是单位频率间隔之内的模数。在技术上，可利用 X 射线发射光谱的方法来测定态密度。

17.1.1.52 量子限制效应 quantum confinement effect

微观粒子能量的量子化随着其空间运动限制尺寸不断减小而更加明显的现象或效应。当材料的尺寸进行微小化的限制后，其能带将由连续变为分立的能级，特别是基态能级向上移动，发生蓝移。对固体中的电子运动而言，当空间尺寸达到纳米量级的结构时，其量子效应就变得明显。

17.1.2 光电器件性能

17.1.2.1 像元 pixel

光电探测器的最小物理传感单元或传感通道，也称为像素。像元是显示所成图像的基本单元，一个像素通常被视为视频或图像的最小抽样。用算法软件可以在两个物理像元之间，设置多个虚拟的算法像元，以提高图像的目视分辨率。目视分辨率是眼睛感受的分辨率，有可能是接近实际的，但不等于是实际的。

17.1.2.2　像元尺寸 pixel size

光电探测器像元的两个维度的几何尺寸。对称像元用一维尺寸表达，如正方形或圆形，非对称像元用二维尺寸表达，如长方形 (长 × 宽) 等，因其在横向方向和纵向方向尺寸不同。

17.1.2.3　像元中心距 pixel center-to-center distance; pixel center distance; pixel pitch

多元光电探测器中相邻两个像元中心间的距离，也称为像元间距或像素点间距或像元节距。通常，像元中心距越小，单位尺寸或单位面积的像素密度越大，空间分辨率越高。有些探测器在水平方向和垂直方向上 (或纵向和横向)，像元中心距可能不同。

17.1.2.4　像元位深 pixel bit depth

反映光电传感器像元能接收信号的灰度等级能力，用二进制数表达的二进制数的位数，也称为像素深度 (pixel depth)、像素位深。像元位深是对像素设定的，以分辨其所能感知的光信号灰度深浅的等级范围；像素位深有 8 位 (8bit)、10 位 (10bit)、12 位 (12bit) 等。光电传感器像元位深越深或数值越大，像元对光图像灰度的分辨能力就强，例如，像元位深为 12bit 的像元比像元位深为 10bit 的像元的图像灰度分辨能力强。

17.1.2.5　像素规模 pixel scale

光电探测器或传感器接收面上最小物理传感单元或传感通道的总数量。像素规模通常以探测器阵列的横向像元数乘以纵向像元数算得。像素规模反映探测器或传感器表达图像细节的能力，像素规模越大，探测器表达图像细节的能力越强。像素规模可以用具体像元的数量表示，也可以用量级表示，还可以用像元维度数量的相乘表示，例如：147456 像素等；10 万级像素、100 万级像素、1000 万级像素等；1024×1024 等。

17.1.2.6　盲元 bad pixel

线阵和面阵探测器中的失效像元。盲元一般包括硬盲元 (像素电路断路或短路) 和软盲元 (像素响应率或直流输出电平或噪声等效温差超标)。

17.1.2.7　盲元率 bad pixel ratio

探测器中的盲元数与阵列的总像元数之比。探测器的盲元率是探测器质量指标，反映探测器的质量水平。

17.1.2.8 盲元补偿 bad pixel compensation

将失效像元通过相应算法和电子信号处理，输出等价于正常像元信号的一种补偿方法。盲元补偿最直观的方法就是采用相邻对称像元之间求中值信号进行补偿。

17.1.2.9 满阱容量 full well capacity

单个势阱能容纳的最大电荷量。满阱容量取决于电极面积、器件结构、时钟驱动方式及驱动脉冲电压幅度等因素。

17.1.2.10 瞬时视场 instantaneous field of view(IFOV)

光电探测元线尺寸对系统物空间的两维张角，单位为毫弧度 (mrad)。瞬时视场不仅与探测元的尺寸有关，还与成像光学系统参数有关，它反映探测系统的分辨力。

17.1.2.11 驻留时间 dwell time

光电探测器在行扫描方向上扫过一个瞬时视场所需要的时间。探测器的驻留时间不能小于探测器的响应时间，否则不能探测到或不能很好地探测到目标信号；探测器的驻留时间过长将会影响对运动目标的探测效果。

17.1.2.12 积分时间 integration time

光电探测器像元积累相同辐射信号产生电荷的时间。探测器积分时间与输出电压、响应率、噪声和比探测率等性能有关，对探测器的性能有很大影响。

17.1.2.13 时间常数 time constant

光电探测器输出信号电压从零值上升到最大值的 $1-1/e$(约 63%) 或从最大值降到最大值的 $1/e$(约 37%) 所需的时间。前者为探测器的上升时间常数，后者为探测器的下降时间常数。

17.1.2.14 响应率 responsibility

在规定的 F 数等测试条件下，光电探测器输出信号电压或电流的平均值与入射辐射功率的平均值之比，也称为响应度或灵敏度。

17.1.2.15 占空比 duty ratio

〈光电器件〉光电探测器探测元的光敏面积之和与探测器总有效面积 (工作面积) 之比。光电探测器的点空比是面积的占空比关系。对于相同类型的探测器，相同总有效面积的占空比的值越大，说明探测器探测的信号越多，探测能力越强。占空比的概念也被借鉴用于其他领域，例如用于脉冲激光的脉冲占用的时间与总时间的比，这是一种时间的占空比关系。

17.1.2.16　奈奎斯特空间频率 Nyquist space frequency

为了避免信号模糊或失真所允许的最小采样频率，用符号 f_N 表示。对于时间或空间频率信号采样，当采样频率大于信号中最高频率的 2 倍时，采样之后的数字信号将完整地保留了原始信号中的信息的频率。采样时，为了保证有用信号 (或图像细节) 不丢失，采样频率应不小于奈奎斯特空间频率。

对于像元分立器件空间频率成像，分立器件线阵或面阵成像传感器的最高极限空间频率对应的像元中心距 d 为被探测图像最小间距的二分之一，或者说探测器的最高空间频率是被探测图像中最高空间频率的 2 倍，见公式 (17-5)，是保证成像系统图像不失真的最大抽样空间频率。

$$f_N = \frac{2}{R} = \frac{1}{d} \tag{17-5}$$

式中：f_N 为奈奎斯特空间频率，lp/mm；R 为被探测图像的最小间距，mm；d 为探测器的像元间距，$2d = R$。这种情况，被探测图像的最小间距的倒数可看作为信号频率，探测器的探测元间隔的倒数构成的空间频率可看作为空间抽样频率。探测器要对图像采样不失真，探测器的探测元中心距应为图像最小间距的二分之一。

采样定理是美国电信工程师奈奎斯特 (H. Nyquist) 在 1928 年提出的，在数字信号处理领域中，采样定理是连续时间信号 (通常称为 "模拟信号") 和离散时间信号 (通常称为 "数字信号") 之间信号转换不丢失的保障桥梁。该定理说明采样频率与信号频谱之间的关系，是连续信号离散化的基本依据。它为采样率建立了一个足够的条件，该采样率允许离散采样序列从有限带宽的连续时间信号中捕获保真的信息。

17.1.2.17　信噪比 signal-noise ratio(SNR)

〈光电器件〉信号接收装置或系统中的信号与噪声之比，用符号 SNR 表示，单位为分贝 (dB)。信号是从装置或系统外部所接收信息的物理量 (如电压、电流、光辐射等) 转换的处理电参量，噪声是接收装置或系统自己产生的非信号的多余的处理电参量，电参量为功率时的信噪比按公式 (17-6) 计算，电参量为电压时的信噪比按公式 (17-7) 计算。

$$SNR = 10\lg\left(\frac{P_S}{P_N}\right) \tag{17-6}$$

$$SNR = 20\lg\left(\frac{V_S}{V_N}\right) \tag{17-7}$$

式中：P_S 为信号有效功率，W；P_N 为噪声有效功率，W；V_S 为信号电压的有效值，V；V_N 为噪声电压的有效值，V。电压信噪比乘 20，而功率信噪比乘 10，这是因为功率是电压的平方关系，这样可使不同参量计算的信噪比具有可比性。

17.1.2.18　光信噪比 optical signal-noise ratio(OSNR)

光有效带宽为 0.1nm 以内的光信号功率和噪声功率的比值。光信号的功率一般取峰值，而噪声的功率一般取两相邻通路的中间点的功率电平。光信噪比是评价接收装置或系统接收单色信号的质量。光信噪比是一个十分重要的参数，对估算和测量系统有重要作用。

17.1.2.19　混叠 aliasing

由信息取样不足而引起的假像或假信号。采样率要比被采信号的变化快很多，才能保证不发生混叠。当采样率是被采信号带宽的 2 倍以上时，就可以完全重建或恢复出信号中承载的信息而不会产生混叠。

17.1.2.20　串音 crosstalk

光注入产生的相邻像元间信号相互干扰的现象，也称为串扰。串音用串音元的干扰信号强度与选定像元的信号强度比表示。

17.1.2.21　散粒噪声 shot noise

在有源器件中，电荷载流子流动不连续或不均匀所产生的随机噪声，也称为散弹噪声。散粒噪声会引起电流或电压起伏；其在低频和中频时，与频率无关(白噪声)；而在高频时，变得与频率有关。

17.1.2.22　热噪声 thermal noise

探测器或导体内的自由电子的布朗运动或热运动引起的随机性的设备内部噪声，又称为 Johnson 噪声。热噪声会引起电路中的电流或电路两点间电位差不断地起伏。热噪声的功率谱(单位带宽内的热噪声功率)是平坦的，即与频率无关。

17.1.2.23　产生-复合噪声 generation-recombination noise

半导体器件内的自由电荷载流子产生率和复合率随机起伏而产生的噪声。产生复合噪声出现在低频、中频范围，其功率谱是平坦的。

17.1.2.24　$1/f$ 噪声 $1/f$ noise

有源器件中载波密度的随机波动而产生的噪声，也称为 $1/f$ 波动 ($1/f$ fluctuation)、闪烁噪声 (flicker noise)、调制噪声。$1/f$ 噪声是一个广泛的噪声，既存在于光电发射器，也存在于光电接收器。对于光发射器，$1/f$ 噪声将在主峰两边产生连带噪声，$1/f$ 噪声会对中心频率信号进行调制而在中心频率上形成两个边带，降低振荡器的 Q 值；对于光电探测器，$1/f$ 噪声就是低频时间噪声，$1/f$ 噪声的功率谱谱密度与频率 f 成反比，即主要存在于低频范围。在设计器件时应考虑 $1/f$ 噪声造成的影响。

17.1.2.25　探测器工作温度 operating temperature of detector

光电探测器正常工作时探测器芯片的额定温度。额定温度是指探测器芯片工作时，芯片不应超过的温度上限，而不是探测器工作时的即时温度。

17.1.2.26　光电流 photoelectric current

〈光电器件〉探测器被光辐照或接收光信号后产生的输出电流。光电流是探测器响应光辐照或光信号的能力参数。探测器受到相同的光辐照或接收相同的光信号，产生的光电流越大，灵敏度就越高。

光电流为光照时的亮电阻对应的亮电流减无光照时暗电阻对应的暗电流之差。

17.1.2.27　暗电流 dark current

没有光照射时光电器件内流过的输出电流。暗电流是一种噪声电流。光电器件的暗电流值大将会降低光电器件的灵敏度。

17.1.2.28　伏安特性 volt ampere characteristic

〈真空光电管〉在给定的入射光通量或辐射通量 Φ_i 条件下，真空光电管的阳极输出电流与阳极电压之间的变化关系。真空光电管的伏安特性通常用曲线表达，在低电压时，阳极输出电流与阳极电压呈线性上升关系，当电压升高到一定值时，阳极输出电流呈饱和状态，输出电流饱和的点对应的电压为饱和电压，见图 17-6 所示。对相同的光通量，只有阳极电压大于饱和电压时，光阴极的光电子才会发射到最多数量。同一真空光电管，被照射的光通量不同，就有不同的伏安曲线，见图 17-6 所示，各伏安曲线的饱和电压随入射的辐射强度、阳极负载的阻抗的增加而增大。

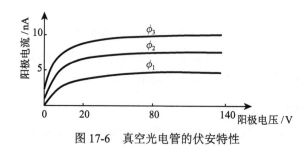

图 17-6　真空光电管的伏安特性

〈充气光电管〉当电压较低时，因光电子数较少，与气体分子碰撞的概率较小，光电流较低；随着阳极电压的增加，光电流呈饱和状态，继续增加电压使气体电离，饱和状态消失，阳极电流急剧增加，见图 17-7 所示。引起气体电离的最小阳极电压称为点火电压，其随入射光强度的增加而降低。阳极电压过高时将出现自激放电现象，即使没有入射辐射也有阳极电流产生。自激放电将导致光阴极性能下降或损坏。电离效应产生的光电流倍增现象用气体放大系数表示 (气体放大系数一般小于 10)。

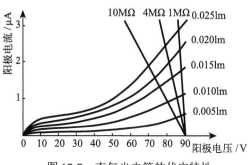

图 17-7 充气光电管的伏安特性

〈光伏探测器〉当施加正向偏压，即 $V \geqslant 0$ 时，如无光照射，伏安特性曲线位于第一象限，并与普通的二极管伏安特性曲线相同；有光照时，因正向电流 I_d 远大于反向光生电流 I_p，伏安特性曲线沿电流轴向下平移到第四象限；当外加的偏压等于零时，器件相当于一个能将辐射功率转换为电功率的电池，称为光电池；曲线与电压轴的交点相当于电流为零的开路状态，截距就是光生电动势或开路光生电压；当 $V \leqslant 0$，即施加反向偏压时，与输入光通量或辐射通量 $\varPhi$ 成正比的光电流 I_p 与暗电流 I_0 同为反向电流，伏安特性位于第三象限，此时器件为光敏二极管模式；当 $\varPhi = 0$ 时，二极管的反向暗电流随着反向电压的增加而增大直到饱和值；随着输入光通量的增加，曲线向下平移，曲线与电流轴的交点相当于电压为零的短路状态，截距为与输入光通量成正比的短路电流，见图 17-8 所示。由于该工作模式的外回路特性与光导探测器十分相似，反向偏压下工作的结型光伏探测器的工作模式被称作光导模式。在模式下工作的结型器件称为光敏二极管。

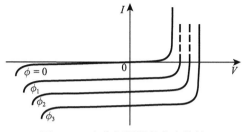

图 17-8 光伏探测器的伏安特性

17.1.2.29 光电特性 photoelectric characteristic

〈真空光电管〉真空光电管阳极电压远大于饱和电压时，阳极输出光电流与光阴极的入射光通量或辐射通量之间的关系，见图 17-9 所示。真空光电管的光电特

性在很大的光通量范围内是线性的，或者说在很大的光入射辐射范围内，入射光
通量与光电流呈线性正比关系，只有输入光通量过大时才会呈现饱和状态。

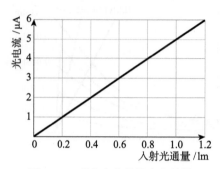

图 17-9　真空光电管的光电特性

〈充气光电管〉当输入光辐射强度较低时，阳极输出光电流与入射光通量基本
上呈线性关系，随着输入辐射强度的增加，线性关系变为非线性的指数关系，见
图 17-10 所示。充气光电管由于非线性的光电特性，不宜用于光辐射量的测量，多
用于高灵敏度的开关控制电路中。

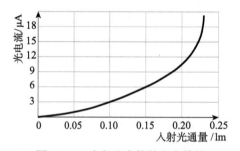

图 17-10　充气光电管的光电特性

〈光电倍增管〉阳极输出光电流与光阴极的入射光通量或辐射通量之间形成很
宽的线性范围关系，接近 10 个数量级，曲线形态见图 17-11 所示。

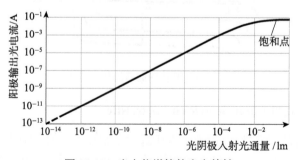

图 17-11　光电倍增管的光电特性

〈光敏二极管〉输出光电流与光照度之间的关系；负载阻抗极小时，光电特性的线性度非常好；线性度的范围与所加的反向偏压有关，反向偏压增加，线性度范围增加，见图 17-12 所示。光敏二极管适合光能量的测量，在微弱、快速光信号探测领域有广泛的应用。

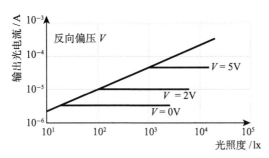

图 17-12 光敏二极管的光电特性

〈光电池〉开路电压 V_{oc}、短路电流 I_{sc} 与光照度的关系，见图 17-13 所示。硒光电池和硅光电池的光照度与短路电流呈线性关系，见图 17-13 所示；硅光电池的开路电压与输入光照度的自然对数成正比，见图 17-13 所示。

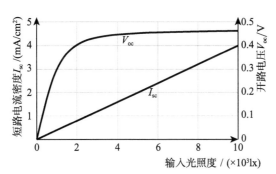

图 17-13 光电池的光电特性

17.1.2.30 灵敏度 sensitivity

〈光电器件〉器件接受入射光辐射所产生的光电流 $I_p(\mu A)$(或电压 V_s) 与入射光通量 $\Phi(lm)$ 或辐射通量 $\Phi(W)$ 之比，灵敏度 $S(\mu A/lm)$ 按公式 (17-8) 计算：

$$S = \frac{I_p}{\Phi} \tag{17-8}$$

用电压表示的灵敏度按公式 (17-9) 计算：

$$S = \frac{V_s}{\Phi} = \frac{I_p \cdot R_L}{\Phi} \tag{17-9}$$

式中：R_L 为负载电阻。

灵敏度分别可用光灵敏度和辐射灵敏度表示，表达辐射灵敏度时，辐射通量的单位为瓦 (W)。通常在可见光波段称灵敏度，在红外波段常称响应度。由于入射光辐射是由各种波长的辐射构成的，而光敏面对不同波长的光辐射的灵敏度不同，需要按光辐射波长的组成关系来标定灵敏度，因此，灵敏度有单色光灵敏度、光谱灵敏度、积分灵敏度、光灵敏度、辐射灵敏度等不同表示。

在红外领域里，与辐射灵敏度等价的术语及概念为 "响应率" 或 "响应度" (responsivity)。

17.1.2.31　光灵敏度 luminous sensitivity

〈真空光电发射器件〉光照射光阴极产生的光电流 $I_p(\mu A)$ 与入射的光通量 $\Phi(lm)$ 之比，光灵敏度 $S_p(\mu A/lm)$ 按公式 (17-10) 计算：

$$S_p = \frac{I_p}{\Phi} \tag{17-10}$$

对于光电倍增管有阴极光灵敏度和阳极光灵敏度两个性能。阴极光灵敏度为用标准钨丝白炽灯照射光阴极时，光阴极产生的光电流与入射光通量之比；阳极光灵敏度为用标准钨丝白炽灯照射光阴极时，阳极输出信号光电流与入射光通量之比。

17.1.2.32　辐射灵敏度 radiation sensitivity

〈真空光电发射器件〉用标准 A 光源中光阴极特征波长的单色辐射照射光电阴极时，其上产生的光电流 $I_p(mA)$(或电压 V_s) 与入射的辐射通量 $\Phi_\lambda(W)$ 之比，辐射灵敏度 $S_{r\lambda}(\mu A/W)$ 按公式 (17-11) 计算：

$$S_{r\lambda} = \frac{I_p}{\Phi_\lambda} \tag{17-11}$$

用电压表达输出信号的按公式 (17-12) 计算：

$$S_{r\lambda} = \frac{V_s}{\Phi_\lambda} = \frac{I_p \cdot R_L}{\Phi_\lambda} \tag{17-12}$$

17.1.2.33　单色光灵敏度 monochromatic sensitivity

〈真空光电发射器件〉光阴极接受单色辐射发射的光电流 $I_p(\mu A)$ 与单色入射辐射的光通量 $\Phi_\lambda(lm)$ 之比，按公式 (17-13) 计算。单色光灵敏度 $S_\lambda(\mu A /lm)$ 是光阴极对单色响应能力的一项性能。

$$S_\lambda = \frac{I_p}{\Phi_\lambda} \tag{17-13}$$

17.1.2.34　光谱灵敏度 spectral sensitivity

〈真空光电发射器件〉单色灵敏度 $S_\lambda(\mu A/lm)$ 对入射光辐射波长 λ 的函数分布关系，也称为光谱响应，用符号 $S_\lambda(\lambda)$ 表示。当由光谱灵敏度 $S_\lambda(\lambda)$ 曲线中的最大值 S_m(峰值响应或曲线中的最大单色光灵敏度值) 除单色灵敏度 S_λ，按公式 (17-14) 计算，称为相对光谱灵敏度 $S(\lambda)$ 或相对光谱响应，相对光谱灵敏度是光谱灵敏度的归一化。光谱灵敏度是辐射波谱的单色灵敏度分布关系。光谱灵敏度 $S_\lambda(\lambda)(\mu A/lm)$ 是光阴极的光谱响应性能，主要用波长-单色灵敏度曲线表示，即用 λ-S_λ 曲线表示。

$$S(\lambda) = \frac{S_\lambda}{S_m} \tag{17-14}$$

17.1.2.35　积分灵敏度 integral sensitivity

〈真空光电发射器件〉波段范围 $\lambda_1 \sim \lambda_2$ 的入射辐射照射光阴极所产生的光电流 $I_p(\mu A)$ 与入射辐射的光通量 $\Phi(lm)$ 之比，按公式 (17-15) 计算。积分灵敏度 $S_{\lambda_1\sim\lambda_2}(\mu A/lm)$ 反映光阴极对一个波段范围光辐射的响应能力或敏感度。

$$S_{\lambda_1\sim\lambda_2} = \frac{I_p}{\Phi} = \frac{\int_{\lambda_1}^{\lambda_2} S_\lambda(\lambda)\Phi_\lambda d\lambda}{\int_{\lambda_1}^{\lambda_2} \Phi_\lambda d\lambda} = S_m \frac{\int_{\lambda_1}^{\lambda_2} S(\lambda)\Phi_\lambda d\lambda}{\int_{\lambda_1}^{\lambda_2} \Phi_\lambda d\lambda} = \alpha S_m \tag{17-15}$$

式中：α 为光阴极与入射辐射源的匹配系数，是正确选择光源和光阴极的重要参数。

光阴极的积分灵敏度标定是用标准光源 (色温为 2856 K) 照射光电阴极，以规定面积的光电阴极所产生的饱和光电流与照射到该面上的光通量之比得到标定的积分灵敏度。

17.1.2.36　增益 gain

〈光电倍增管〉放大系统的输出量与输入量之比，也称为电流放大系数。增益是光电倍增管的重要性能，其本质是对输出电流的放大能力，数值表现为电流的放大系数。增益的计算关系一是倍增极二次电子发射系数，二是倍增系统增益。倍增系统是由按一定规律排列的多个倍增极构成，其结构可为分立式多极倍增系统和通道式连续倍增系统。

倍增极的二次电子发射系数 δ 等于倍增极出射的二次电子数与入射的一次电子数之比，是倍增机构极间电压 V_d 的函数，按公式 (17-16) 计算：

$$\delta = \alpha V_d^k \tag{17-16}$$

式中，α 为常数；k 为与倍增机构的二次电子发射材料和倍增系统的结构有关的常数，一般为 0.7~0.8。

当各倍增极的极间电压 V_d 和二次电子发射系数 δ 相等时，且第一倍增极的电子收集率为 1 时，倍增系统的增益 G 按公式 (17-17) 计算：

$$G = \alpha^n \left(\frac{V_d}{n+1} \right)^{kn} = A\, V_d^{kn} \tag{17-17}$$

式中：n 为倍增系统的极数，n 通常为 8~12；$A = \alpha^n / (n+1)^{kn}$。

〈雪崩光电二极管〉增益用电流增益表示，称为倍增系数 M 或雪崩增益 M，按公式 (17-18) 计算：

$$M = \frac{1}{1 - (V/V_B)^n} \tag{17-18}$$

式中：V 为外加反向偏压；V_B 为 pn 结的击穿电压；n 为与半导体材料、工艺、pn 结的结构和入射光辐射波长有关的常数。

17.1.2.37　量子效率 quantum efficiency

〈光电器件〉光电器件光照射产生的电子数 N_e 与光照射入射在光电器件上的光子数 N_p 之比。量子效率 η 有内量子效率和外量子效率，外量子效率为光照射光电器件产生的电子数与光照射在光电器件上的光子数之比，内量子效率为光照射光电器件产生的电子数与光照射在光电器件上吸收的光子数之比，通常内量子效率高于外量子效率。量子效率按公式 (17-19) 计算：

$$\eta = \frac{N_e}{N_p} \tag{17-19}$$

实际的量子效率可通过灵敏度计算，可按公式 (17-20) 计算：

$$\eta = \frac{h\nu}{e} S \tag{17-20}$$

式中，h 为普朗克常数；ν 为光频率；e 为一个电子的电量；S 为光电器件的灵敏度。

〈真空光电发射器件〉光阴极发射的光电子数 $N_e(\lambda)$ 与入射的光子数 $N_p(\lambda)$ 之比，光阴极的量子效率 $\eta(\lambda)$ 按公式 (17-21) 计算：

$$\eta(\lambda) = \frac{N_e(\lambda)}{N_p(\lambda)} \tag{17-21}$$

光阴极的量子效率与入射光波长为 λ 的单色光辐射灵敏度 $S_\lambda(\lambda)$ 的关系按公式 (17-22) 计算：

$$\eta(\lambda) = \frac{124 S_\lambda(\lambda)}{\lambda} \tag{17-22}$$

式中: λ 为入射辐射的波长, nm; $S_\lambda(\lambda)$ 为光阴极的单色光灵敏度, mA/W。

17.1.2.38　暗发射 dark emission

〈真空光电发射器件〉光阴极未接受任何光辐射时所产生的电子发射, 形成光阴极无照射光电流的现象。暗发射是光阴极中少数热电子的能量大于逸出功的自发发射的现象, 是阴极无辐射作用的热发射。暗发射产生的电流为称为暗发射电流或暗电流。暗电流的大小和产生原因与工作电压关系密切, 低电压区是漏电流为主, 中电压区是热电流为主, 高电压区是场致发射、离子发射和玻璃闪烁发射为主 (此区暗电流增加急剧, 可能产生自持放电), 通常选中电压区为工作电压区, 以获得最佳信噪比。暗发射与光阴极的环境温度密切相关, 温度越高, 暗发射电流越大, 它们的相互关系是指数曲线关系, 温度增加 4°C~8°C 时, 暗发射电流将增加一倍。暗发射电流是一种非信号电流, 是阴极噪声电流的最主要成分, 其限制了光阴极对微弱光辐射信号探测的能力。

17.1.2.39　时间分辨力 time resolution power

〈真空光电管〉可分辨两个时间相邻光输入信号脉冲的最短时间间隔。真空光电管的时间分辨力反映的是真空光电管的光阴极被光照射后, 电子从阴极到阳极所需的时间。当光照射阴极后, 光电子从光阴极到阳极的时间不小于两个相邻光脉冲的时间时, 脉冲时间间隔完全不能分辨; 光电子从光阴极到阳极的时间接近两个相邻光脉冲的时间时, 脉冲时间间隔也不能正确分辨; 只有光电子从光阴极到阳极的时间比两个相邻光脉冲的时间少得多时, 脉冲时间间隔才能很好分辨。

17.1.2.40　噪声特性 noise characteristic

〈真空光电管〉衡量真空光电管非光辐射因素而产生输出参量的性质。真空光电管的噪声包括光电子发射的不连续性引起的散粒噪声, 光阴极热发射、场致发射和极间漏电流等物理因素引起的噪声, 以及读出电路的噪声等, 读出电路噪声通常远大于光电管本身的噪声。正确选择与光电管匹配的读出电路和采取制冷措施是降低噪声的有效措施。

〈光导器件〉主要由热、产生-复合和 $1/f$ 三种噪声的电流构成的总噪声电流的性质。光导器件的噪声与入射光的频率相关。在低于 100Hz 频率时, 总噪声电流的主要成分为 $1/f$ 噪声电流 ($1/f$ 噪声为电路固有的低频噪声); 在 100Hz~1000Hz 频率时, 总噪声电流的主要成分为产生-复合噪声电流 (载流子产生和复合的浓度数波动所引起的电导率起伏的噪声); 在高于 1000Hz 频率时, 总噪声电流的主要成分为热噪声电流。

〈光伏器件〉对于 pn 结器件和 PIN 结器件, 主要由热噪声电流、暗电流的散粒噪声电流和光电流的散粒噪声电流构成的总噪声电流的性质; 对于 APD 器

件 (雪崩光敏二极管)，主要由热噪声电流和散粒噪声电流构成的总噪声电流的性质。雪崩增益较小时的总噪声以热噪声为主，雪崩增益较大时的总噪声以散粒噪声为主。

17.1.2.41　温度特性 temperature characteristic

〈真空光电管件〉真空光电管的灵敏度随使用或工作环境温度变化而变化的性质。大部分真空光电管工作在 60°C 以下时，光阴极的灵敏度是稳定的，工作环境温度超过 60°C 时，光阴极会变得不稳定，甚至会损坏。非高温型的 60°C 真空光电管，一般应工作在低于 50°C 的环境中。

〈光导探测器〉光导探测器光谱响应度、峰值响应波长、长波限等参数随温度的变化而显著变化的性质。为了避免温度特性对光导探测器性能带来的不稳定影响，通常采用制冷措施使光导探测器在低温环境中工作。

17.1.2.42　噪声等效输入 noise equivalent input

在特定的带宽内，产生与均方根噪声电流 (电压) 等值的均方根信号电流 (电压) 所需的输入光通量或辐射通量。当输入辐射通量用功率单位瓦特 (W) 表示时，也称为噪声等效功率，用符号 *NEP*(noise equivalent power) 表示。噪声等效功率在数值上等于信噪比为 1 时输入光信号的功率。噪声等效输入量是关系器件对微弱光信号探测能力的量，噪声等效输入量越小，器件对微弱信号的探测能力越强，反之越弱。

17.1.2.43　探测率 detectivity

〈光电探测器〉表达光电探测器件探测微弱信号能力的参量，用噪声等效功率的倒数表示，同时也可用探测器单位辐射功率的信噪比 S/N 表达，用符号 D 表示，按公式 (17-23) 计算：

$$D = \frac{1}{NEP} = \frac{S/N}{P} \tag{17-23}$$

式中：D 为探测率，W^{-1}；NEP 为噪声等效功率；S/N 为探测器的信噪比；P 为对探测器的辐射功率。光电探测器噪声等效功率越小，光电探测器件的性能越好。在光纤通信领域习惯称为"探测灵敏度"。

17.1.2.44　比探测率 specific detectivity

将影响探测率大小的光敏面积 A、放大器工作带宽 Δf 等因素纳入到探测率中，以对探测器的探测能力进行归一化表达的参数，也称为归一化探测率 (normalized detectivity)，用符号 $D^*(cm \cdot Hz^{1/2}/W)$ 表示，按公式 (17-24) 计算：

$$D^* = \frac{\sqrt{A\Delta f}}{NEP} = \frac{S/N}{P}\sqrt{A\Delta f} \tag{17-24}$$

比探测率是响应面积归一化为1cm², 放大器工作带宽 Δf 为1Hz时，单位功率输入所给出的光电探测器的信噪比。给出光电探测器的探测率 D^* 时，应注明输入光辐射的波长 λ 或输入光源种类、输入光信号的调制频率 f、测量系统的放大器工作带宽 Δf, 即 $D^*(\lambda, f, \Delta f)$。红外光电探测器的比探测率测定的条件一般为，带宽为 1Hz、调制频率为 800 Hz、黑体辐射色温为 500K。光电探测器信噪比越高，器件的性能越好。如果光电探测器的性能很好，内部噪声低到可忽略不计时，探测器的比探测率 D^* 仅由背景噪声决定，这种光电探测器称为达到背景限的光电探测器。在光纤通信领域习惯称为"归一化检测灵敏度"。

17.1.2.45　光谱响应 spectral response(SR)

光电探测器在相同辐射功率、不同波长的单色光照射下，响应信号与其最大信号比值随波长变化的关系。探测器的光谱响应的主要参数为响应的光谱范围、光谱分辨率、探测率等。

17.1.2.46　探测器截止波长 sensor cutoff wavelength

探测器光谱响应率下降到其峰值的某一百分数 (无探测作用的起点) 时所对应的波长，用符号 λ_c 或 λ_T 表示。探测器对截止波长以外的光谱信号不能响应或不能有效响应。

17.1.2.47　频率特性 frequency characteristic

〈真空光电管〉对正弦调制的输入光信号的响应能力，用相对灵敏度与输入光信号频率间的曲线关系表达，如以相对灵敏度为纵坐标，输入光信号频率为横坐标的曲线关系。真空光电管能响应 1000MHz 的输入光信号，是响应速度最快、时间分辨力最高 (纳秒数量级) 的光电器件。其响应速度是固体光电器件不可比拟的。

〈光导和光伏探测器〉输出光电流或输出信号电压与正弦调制频率的入射光辐射的关系，用输出信号与调制频率坐标曲线表达。光导探测器的频率特性呈现低通滤波的特性，输入光的频率越高，光电流或输出电压越小。探测器输出电压下降为零频时的 70.7% 或相应的输出功率为零频时的一半所对应的频率为探测器的截止频率 f_c。光敏二极管 (光伏器件) 与光导器件相比，光敏二极管的截止频率较高，一般在兆赫数量级，时间常数为微秒数量级；光敏二极管的截止频率与反向偏压有关，反向偏压增加导致截止频率增加，工作频带增宽。

17.1.2.48　响应时间 response time

接受光辐照或停止光辐照，探测器输出光电流或信号电压达到一定值所需的时间，也称为时间常数。探测器接受光辐照，使其输出光电流或信号电压从零达到稳态值的 63% 所需要的时间为上升时间；停止光辐照，探测器输出光电流或信号电压下降到稳定态值的 37% 所需的时间为下降时间。

当探测器输入正弦波调制角频率为 ω 的光辐射后，光导器件的光电流 I_p 和信号电压 V_p 分别用公式 (17-25) 和公式 (17-26) 表达：

$$I_\mathrm{p} = \frac{I_0}{\sqrt{1 + \omega^2\tau^2}} \tag{17-25}$$

$$V_\mathrm{p} = \frac{V_0}{\sqrt{1 + \omega^2\tau^2}} \tag{17-26}$$

式中：τ 为读出电路的时间常数；I_0、V_0 分别为 $\omega = 0$ 时的输出光电流和输出信号电压。

探测器的截止频率 f_c 和时间常数 τ 存在公式 (17-27) 的关系式：

$$\tau = \frac{V_0}{2\pi f_\mathrm{c}} \tag{17-27}$$

17.1.2.49 前历效应 history effect

探测器响应时间与其工作前所处的有光照或无光照历史状态有关的现象。探测器工作或测试前处在无光照的暗态时的效应称为暗态前历效应；探测器工作或测试前处在有光照的亮态时的效应称为亮态前历效应。处于暗态的时间越长，光电流上升越慢，达到稳态值的时间越长，特别是工作电压较低时，输入光照度越低，暗态前历效应越严重，反之亦然。通常由高光照度变为低光照度状态达到稳态值所需要的时间小于由低光照度变为高光照度状态达到稳态值所需要的时间。

17.1.3 光电器件总类

17.1.3.1 光电探测器 photoelectrical detector

应用光辐射产生电效应原理将光学辐射能转换为电学信号实施探测的器件，也称为辐射探测器。光电探测器的基本功能是探测光学辐射强度、波段范围，将光学信息转换为电学信息，探测的波段覆盖为 $10^{-4}\mu\mathrm{m} \sim 10^2\mu\mathrm{m}$ 范围，即 X 射线、紫外、可见光、近红外、短波红外、中波红外和长波红外波段范围。光电探测器包括光敏探测器和热敏探测器，光敏探测器属于光子器件，热敏探测器属于光热器件，而光子器件又包括真空光电器件 (或真空光电发射器件) 和固体光电器件，光热器件包括温差热电偶 (堆) 型探测器、热敏电阻测辐射热计型探测器和热释电型探测器，整个类别的组成关系见图 17-14 所示。

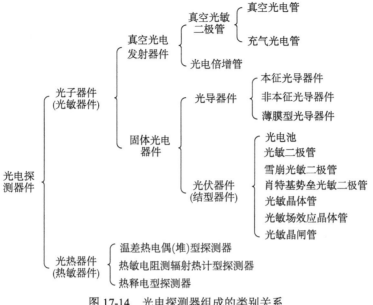

图 17-14　光电探测器组成的类别关系

17.1.3.2　光敏探测器 photosensitive detector

利用光辐射产生光电流、改变电导率、产生电动势等效应来探测光信号的探测器，也称光子探测器、光子器件。光敏探测器包括真空光电探测器和固体光电探测器。真空光电探测器有真空光电管、充气真空光电管、光电倍增管等；固体光电探测器有光导器件和光伏器件，光导器件包括本征光导器件、非本征光导器件、薄膜型光导器件等，光伏器件包括光电池、光敏二极管、雪崩光敏二极管、肖特基势垒光敏二极管、光敏晶体管、光敏场效应晶体管、光敏晶闸管等。

17.1.3.3　真空光电探测器 vacuum photoelectron detector

基于外光电效应，通过光照器件阴极发射电子，使光信号转换为电流信号的光电探测器件，也称为真空光电发射器件 (vacuum photoemission device)、真空光电器件。真空光电探测器通常由真空管壳、光阴极、增益 (光电流放大) 机构、阳极 (光电流收集体) 等部分组成，主要包括真空光敏二极管 (真空光电管和充气光电管) 和光电倍增管等。真空光电器件有不同的结构类型，按输入窗位置关系分，可分为：侧窗式和端窗式，侧窗式多采用反射式光阴极，端窗式多采用透射式光阴极；按用途分，可分为：测光用和光子计数用，测光用真空光电发射器件有较高的灵敏度和较宽的线性范围，光子计数用有较高的响应速度和时间分辨力，两者结构有较大区别；按增益关系分，可分为：非增益真空光电管和光电倍增管，光电倍增管的灵敏度显著高于真空光电管，在结构上比真空光电管多了一个增益机构。真空光电器件具有光敏面积大、灵敏度高、响应速度快和暗电流小等固体光电探测器不可比拟的优点，主要缺点是体积大、重量重、机械强度差。真空光电器件 (特别是光电倍增管) 是各类光度计、分光光度计和光谱仪首选的核心器件。光度计包括照度计、亮度计、扫描光度计、色度计等。

17.1.3.4　固体光电探测器 solid photoelectron detector

光辐射产生的电子效应在固体材料中产生和传播的探测器，或者说是通过固体材料将光学信息转换为电学信息的探测器。固体探测器主要有固体光导探测器、固体光伏探测器、固体热敏探测器等，其作用是对光辐射波长范围的强度进行探测。固体探测器是光电效应机理在固体材料中发生的探测器，而真空光电管、充气光电管、光电倍增管、静电聚焦像增强器、微通道像增强器等不属于固体探测器。固体光电探测器的光谱响应器件主要有紫外波段的光电器件、紫外可见近红外波段的光电器件、红外波段的器件等，主要性能有光谱范围和峰值波长、工作温度、灵敏度 (或响应度)、噪声等效功率 (或信噪比)、频率响应 (或上升时间)、稳定性和寿命等。典型的固体光电探测器对应的材料、工作波段范围、工作温度 (常温工作的不再标出温度) 和类型见图 17-15 所示，典型的固体光电探测器的应用见图 17-16 所示。

17.1.3.5　热敏探测器 thermosensitive detector

将目标光辐射导致的热转换为目标特征信号的光电探测器，或基于光辐射与物质相互作用的光热效应制成的光电探测器，也称为光热探测器件、光热器件。热敏探测器主要是工作在红外波段 (约 1μm~20μm)，是对波段无选择响应的，在整个波段范围的响应曲线几乎是平坦和相等的。热敏探测器包括温差热偶探测器、热敏电阻测辐射热计型探测器、热释电探测器等。热敏探测器的优点是能在常温下工作，不需要制冷，缺点是响应度低、响应时间长 (ms 级)，只有热释电探测器的响应速度可达到 μs 级。

17.1.3.6　平方律接收器 square law receiver

输出信号与输入信号的瞬时值的平方近似成正比的接收器。平方律接收器是利用接收器的非线性关系，如利用二极管在伏安特性曲线的弯曲部分，实现对输入信号的平方化作用，以提取高频调制信号中的包络低频信号。平方律接收器的电路例子有小信号平方律检波电路等。

光电接收器平方律的另一个概念是对光强度而言的，光强度与光电流的平方成正比。

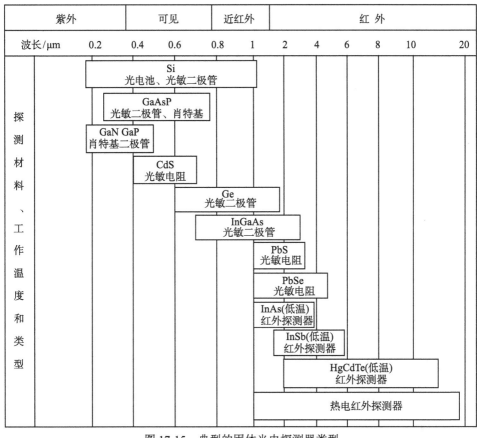

图 17-15 典型的固体光电探测器类型

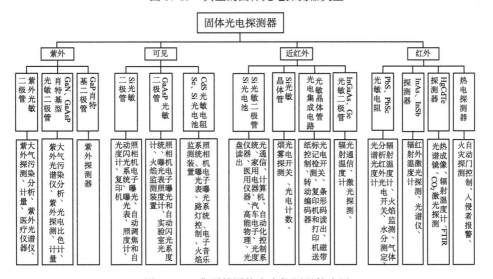

图 17-16 典型的固体光电探测器的应用

17.1.3.7　窗口 window

〈光电探测器〉光辐射进入光敏探测器或热敏探测器辐射接收区域所通过的密封光电探测器的透明通道，也称为器件窗口。窗口的透明波段范围需与探测器光辐射响应器件的波段范围相匹配，最好窗口的透明波段范围大于探测器光辐射响应器件的波段范围。窗口的透明波段范围局限性将会限制其匹配的探测器的探测波段范围。可见光的窗口材料比较容易获得，紫外和红外辐射的窗口材料具有特殊性要求，紫外窗口材料主要有氟化镁晶体、氧化铝晶体 (白宝石)、石英玻璃、透紫外玻璃等，近红外窗口材料主要有硼硅玻璃、钠钙玻璃、纤维光学面板等，红外窗口材料主要有红外玻璃、红外晶体、红外陶瓷等。这个窗口是器件的窗口，不是系统整机的窗口。

17.1.4　真空光电器件

17.1.4.1　光阴极 photocathode

电子器件中接收辐射能后向真空中发射电子的具有外光电效应的电极。按光谱响应波段分，光阴极可分为紫外光阴极、可见光光阴极、近红外光阴极和紫外-可见-近红外全波段光阴极。光阴极的性能参数主要有灵敏度、量子效率、暗发射，灵敏度包括单色光灵敏度、光谱灵敏度、积分灵敏度、光灵敏度、辐射灵敏度。

17.1.4.2　单碱光阴极 single-alkali photocathode

阴极主要材料中只包含一种碱金属元素的光阴极，如锑铯 (Sb-Sc) 光阴极。单碱光阴极对紫外辐射和可见辐射有较高的灵敏度，相对于多碱光阴极通常电阻较低，适用于探测较强的光辐射。碱金属是 IA 族中的六个元素 (不含氢)，即锂 (Li)、钠 (Na)、钾 (K)、铷 (Rb)、铯 (Cs) 和钫 (Fr)，这些元素均有一个属于 s 轨道的最外层的电子，因此该族元素在元素周期表的 s 区，它们的金属性自上而下增强，颜色多为银白色金属。

17.1.4.3　双碱光阴极 double-alkali photocathode

阴极主要材料中包含两种碱金属元素的光阴极，如锑钠钾 (Sb-Na-K) 光阴极。双碱光阴极的灵敏度高于单碱光阴极的，截止波长达到 700nm，响应光谱与 NaI(Tl) 闪烁体的发射光谱相匹配，广泛应用于闪烁计数。锑钠钾 (Sb-Na-K) 双碱光阴极能在较高的环境温度 (175°C) 中工作时，光阴极的灵敏度能保持稳定，其他光阴极的工作温度一般为 60°C。这种光阴极在室温暗电流较低，被称为高温、低噪声双碱光阴极。

17.1.4.4　多碱光阴极 multialkali photocathode

阴极主要材料中包含两种以上碱金属元素的光阴极，如锑钠钾铯 (Sb-Na-K-Cs) 光阴极。多碱光阴极不仅光谱响应范围很宽外，如包括对紫外、可见、近红外辐射的响应，而且灵敏度很高和暗电流小，适用于宽光谱、微光辐射的探测，但其制造工艺相对于单碱和双碱光阴极要复杂得多，成本也高得多。

17.1.4.5 碲碱光阴极 tellurium alkali photocathod

材料含碲和碱元素的光阴极的总称。碲碱光阴极有碲铯 (Te-Cs) 光阴极、碲铷 (Te-Rb) 光阴极和碘铯 (I-Cs) 光阴极。光阴极的敏感波段为紫外辐射的 C 波段，即 200nm~280nm 波段，该波段为太阳辐射到地球被吸收掉的波段，有时候形象地将碲碱光阴极称为日盲光阴极。碲碱光阴极为单碱光阴极。

17.1.4.6 锑碱光阴极 antimony alkali photocathode

材料含锑和碱的单碱光阴极、双碱光阴极和多碱光阴极的总称。锑碱光阴极包括：单碱的锑钠 (Sb-Na) 光阴极、锑钾 (Sb-K) 光阴极、锑铯 (Sb-Sc) 光阴极；双碱的锑钾铯 (Sb-K-Cs) 光阴极、锑钠铯 (Sb-Na-Cs) 光阴极、锑钠钾 (Sb-Na-K) 光阴极；多碱的锑钠钾铯 (Sb-Na-K-Cs) 光阴极。

17.1.4.7 银氧铯光阴极 silver oxide cesium photocathode; Ag-O-Cs photocathode

材料主要成分由银、氧、铯三种元素构成的光阴极，也称为 S-1 光电阴极 (S-1 photocathode)。银氧铯光阴极是最早出现的实用光阴极，光谱范围较宽，为 300nm~1200nm，峰值响应波长为 800nm，截止波长为 1200nm，光阴极灵敏度较低，暗电流较大，主要用于可见光和近红外光谱辐射较强目标的探测。

17.1.4.8 铋银氧铯光阴极 bismuth silver oxide cesium photocathode

材料主要成分由铋、银、氧、铯构成的光阴极。铋银氧铯光阴极的阴极灵敏度较高，光谱响应和人眼的视见函数相近，适用于光度学中各种光学度量的测量。

17.1.4.9 真空光电管 vacuum phototube

基于外光电效应原理制成的最简单的真空光电器件，由带辐射输入窗口的真空管壳体、光阴极和阳极组成的光电效应装置，也称为电子光电管。真空光电管属于外光电效应装置，其原理是，当入射辐射穿过光窗口照到光阴极上时，光电子就从阴极内发射至真空，在电场的作用下，光电子在阴极和阳极间作加速运动，最后被高电位的阳极接收，通过测试阳极电路就可测出光电流，其大小取决于光照强度和光阴极的灵敏度等因素。真空光电管的主要性能有灵敏度 (单色灵敏度、光谱灵敏度、积分灵敏度、光灵敏度、辐射灵敏度)、量子效率、暗发射等。单纯的真空光电管不含增益结构。

17.1.4.10 光电倍增管 photomultiplier tube(PMT)

以电子光学系统和二次电子多极倍增极作为增益机构，使阳极最后收集到的电子数比光阴极发射的电子数倍增数百倍的真空光电发射器件。光电倍增管是将微弱光信号转换成电信号的光通信接收的真空电子器件，主要用在光学测量仪器和光谱分析仪器中，能在低量级光度和光谱情况下测量波长 200nm~1200nm 的极微弱辐射功率。真空光电倍增管由输入窗、阴极、电子光学聚焦加速系统、二次电子倍增系统、阳极和真空管壳组件等部分组成。光电倍增管的电子倍增系统按结构形式和原理关系可分为分立式多级电子倍增系统和通道式连续电子倍增系统两大类。分立式多级电子倍增系统有鼠笼式、盒栅式、直线聚焦式、百叶窗式、近贴聚焦栅网式、微通道板式等形式，见图 17-17 中的 (a)、(b)、(c)、(d)、(e) 和 (f) 所示；通道式连续电子倍增系统见图 17-18 所示。

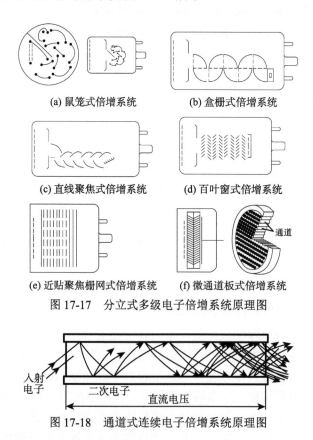

(a) 鼠笼式倍增系统　　　　(b) 盒栅式倍增系统

(c) 直线聚焦式倍增系统　　　(d) 百叶窗式倍增系统

(e) 近贴聚焦栅网式倍增系统　(f) 微通道板式倍增系统

图 17-17　分立式多级电子倍增系统原理图

入射电子　二次电子　直流电压

图 17-18　通道式连续电子倍增系统原理图

17.1.4.11　充气光电管 gas filled phototube

充入低压惰性气体，在一定阳极电压的条件下，使阴极发射的光电子与管中惰性气体原子碰撞产生电离，在阳极电路内形成数倍于真空光电管的光电流的光电管，也称为离子光电管。充气光电管不同于真空光电管，其电子倍增机理为，光电子在电场作用下向阳极运动时与管中气体原子碰撞而发生电离，由电离产生的电子和光电子一起都被阳极接收，正离子反向运动被阴极接收，因此在阳极电路内形成数倍于真空光电管的光电流。充气光电管常用的电极结构有中心阴极型、半圆柱阴极型和平板阴极型，充气类型有单纯气体型和混合气体型，单纯气体型多为充氩气的，混合气体型常为氩氖混合气体的。充气光电管的主要缺点是在工作过程中灵敏度衰退很快。

17.1.4.12 光子计数器 photon counter

一种基于直接探测量子限理论的极微弱光脉冲的以真空光电探测器为探测核心器件的检测设备。光子计数器利用高增益、低噪声、高时间分辨率的光电倍增管和光子计数电路，通过对电子计数器鉴别并测量单位时间内的光子数，可探测到每秒 10~20 个光子的极微弱光。根据对外部扰动的补偿方式，光子计数器分为三类：基本型、背景补偿型和辐射源补偿型。光子计数器用于拉曼光谱仪、荧光分析、化学分析和生物发光分析等方面，以探测极微弱的光信号。

17.1.4.13 闪烁计数器 scintillometer; scintillation counter

用来探测和记录高能粒子 (如 α 粒子、β 粒子或中子等) 或 γ 射线的电离辐射引起的单个高速闪光现象的探测装置。闪烁计数器是利用射线或粒子引起闪烁体发光并通过光电器件记录射线强度和能量的器件，主要由闪烁体、光收集系统和光电器件三部分组成，将光电器件输出的电脉冲经过前级电子学系统 (放大、成形、甄别等) 进入粒子数据获取系统，并进行数据处理和分析来读数。闪烁计数器是探测伽马射线强度的常用仪器。最普遍、最有效的典型闪烁读数器是闪烁计数光电倍增管，见图 17-19 所示。

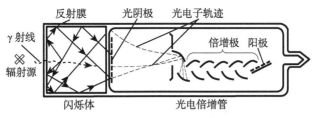

图 17-19　闪烁计数光电倍增管原理图

17.1.5 光导器件

17.1.5.1 光导探测器 photoconductive detector

吸收目标或背景辐射的光子，使探测材料原子最外层电子发生跃迁形成晶体内的自由电子 (增加探测材料载流子浓度)，而改变探测材料电导率 (或电阻) 的光电效应探测器，也称为光敏电阻。光导探测器是利用半导体光导效应制成的内光电效应的光子探测器，是一没有极性的电阻元件，主要有本征光导探测器、非本征光导探测器和薄膜光导探测器等，其工作原理见图 17-20 所示。光导探测材料是一种无电极性的材料，可施加直流电压或交流电压；无光照射时电阻很大，有光照射时电阻变小，当光照射越强时，其电阻越小；光照射时，光生载流子在外电场的作用下，在电路中形成相应的光电流。光导探测器的主要性能有灵敏度、噪声、噪声等效输入、探测率、比探测率、温度特性、频率特性、响应时间、前历效应等，其中噪声等效输入、探测率和比探测率三个参数用于描述器件对微弱光信号的探测能力。光导探测器具有灵敏度高、探测能力强、光谱响应范围宽 (长波能延伸到中波红外和长波红外波段)、工艺简单、价格低廉、可靠性高、寿命长、使用方便等优点，广泛应用于开关电路、照相、红外热成像、激光雷达、激光测距、光电对抗、光电制导、光通信等领域。

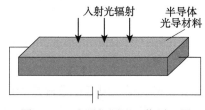

图 17-20　光导探测器工作原理图

17.1.5.2　本征光导器件 intrinsic photoconductive device

没有掺入杂质元素的半导体材料制作的光导效应光电器件。本征光导器件材料有硫化镉 (CdS)、硒化镉 (CdSe)、锑化铟 (InSb)、碲镉汞 (MCT)、碲锡铅 ($Ph_{1-x}Sn_xTe$) 等。

17.1.5.3　非本征光导器件 extrinsic photoconductive device

掺入杂质元素的半导体材料制作的光导效应光电器件。非本征光导材料主要是在锗、硅、锗硅合金中掺入锌、金、汞、铜和硼等杂质。锗掺杂器件是应用最广泛的杂质型光电探测器，锗掺汞的工作温度为 28K，锗掺锌和锗掺铜的工作温度为 4K，需在深制冷杜瓦瓶中工作；硅掺杂光导探测器不如锗掺杂光导探测器应用普遍，但硅掺杂的器件容易和电子学电路集成在同一芯片上，可制成大面阵的焦平面 CCD 和 CMOS 器件。制成的器件由于掺杂后的电离能 E_i 比带隙 E_g 小得多，响应波长范围可到数十微米的远红外波段，这是本征光导探测器所不能做到的。但非本征光导器件的量子效率远低于本征光导器件，而且需要在极低温度下工作。

17.1.5.4　薄膜型光导器件 thin film photoconductive device

用化学或真空沉积法在基底上镀制光导多晶薄膜材料的光导效应器件。薄膜型光导器件主要有硫化铅 (PbS) 和硒化铅 (PbSe) 两大类，它们的制造工艺简单、价格低廉、器件尺寸小、重量轻，可在室温或低温工作。硫化铅 (PbS) 和硒化铅 (PbSe) 是工作在红外短波波段的高灵敏探测器，广泛应用于红外跟踪、红外制导、红外预警、红外天文观测等领域，但缺点是响应时间长，室温响应时间为 0.1ms~0.3ms。

17.1.5.5　电荷耦合器件 charge coupled device(CCD)

以电荷包形式存储和转移信号电荷的光导效应半导体器件，也称为 CCD 器件。CCD 器件的基本单元是逐次排列的金属氧化物半导体 (MOS) 电容，通过其光敏区收集光生电荷，在相邻的 MOS 电容上施加电压，用电压使电荷包逐次转移到读出与处理的区域。CCD 器件的主要工作波段在可见光区域，可扩展到 X 射线、紫外和近红外波段，主要性能有量子效率、满阱容量、暗电流、转移效率、噪声等。CCD 器件按结构关系可分为线阵 CCD、面阵 CCD、延迟积分 (TDI)CCD 和电子倍增 CCD(EMCCD) 等。CCD 器件广泛应用于手机、数码相机、机器视觉、监视、视频会议、摄像机、文件传真扫描、电脑摄像头、条形码识别、科学成像、医学成像、生物识别、探测、航空航天、国防等领域。

17.1.5.6　互补金属氧化物器件 complementary metal-oxide-semiconductor device (CMOS)

由一个光电二极管和若干个晶体管 (通常为四个晶体管) 组成每个像素单元，可在像素单元中独立放大和读出像素单元的光电信号的光导效应器件，也称为 CMOS 器件。CMOS 器件是经外界光照像素单元后，在像素单元中产生光生电荷，将电荷转换为信号电压，由行选电路选通像素阵列中的相应行，由列总线将信号电压传输到列级处理电路，经 A/D 转换器转换为数字图像信号输出，其工作过程可归纳为复位、光电转换、积分和读出，其基本组成为像素单元阵列、行驱动器、列驱动器、时序控制逻辑、A/D 转换器、数据总线输出接口、控制接口等。CMOS 器件主要性能有灵敏度、线性度、噪声、暗电流、像素饱和、溢出模糊等。CMOS 器件按像素单元结构关系可分为无源像素单元 (passive pixel sensor, PPS)、有源像素单元 (active pixel sensor, APS) 和对数式像素单元，有源像素单元又可分为光敏二极管 APS 和光栅型 APS。CMOS 器件性能一般低于 CCD 器件，但在随机窗口读取能力、抗辐射能力、系统复杂程度、可靠性、非破坏性数据读出功能、曝光控制等方面优于 CCD 器件，其主要缺点为噪声大和灵敏度低。CMOS 与 CCD 的主要差异是数字数据传送的方式不同：CCD 传感器中每一行中每一个像素的电荷数据都会依次传送到下一个像素中，由最底端部分输出，再经由传感器边缘的放大器进行放大输出；而在 CMOS 传感器中，每个像素都会邻接一个放大器及 A/D 转换电路，用类似内存电路的方式将数据输出。CMOS 器件的光谱工作范围和应用领域与 CCD 器件的相近。

17.1.5.7　延时积分电荷耦合器件 time delaying integration CCD(TDICCD)

对景物沿线阵探测器的线探测元排列方向进行图像扫描，使每个像元对同一物点光辐射产生的信号电荷依序相加到最后一个像元时，输出到寄存器中，以对景物目标信号进行时间延时积分增加探测灵敏度而又不降低分辨力的 CCD 器件。TDICCD 行像元数为 M 时，探测器探测物点的信号将为单个像元获取信号的 M 倍，信噪比增加到 $M^{1/2}$ 倍。

17.1.5.8　多光谱延时积分电荷耦合器件 multi-spectrum time delaying integration CCD(MSTDICCD)

将多个时间延时 CCD 集成在一个探测器上，再用滤光片光窗分光实现多谱段探测的 CCD 器件。MSTDICCD 是在高分辨力遥感成像卫星中常用的 CCD 类型。

17.1.5.9　电子倍增电荷耦合器件 electronic multiplying CCD(EMCCD)

在水平位移寄存器后面加上增益寄存器，通过在增益寄存器上加较高的偏置电压使电子产生碰撞电离效应，从而实现电子数目不断倍增的 CCD 器件。电子倍增 CCD 具有体积小、灵敏度高的特点，广泛应用于生物细胞探测、重离子 CT、X 射线探测、天文观测、军事等领域，在高速成像、微光成像、高空间分辨力和高时间分辨力成像、自适应波前传感、暗弱天体光谱观测、光干涉观测、快速测光等方面也有很好的应用前景。

17.1.6　光伏器件

17.1.6.1　光伏探测器 photovoltaic detector

利用半导体 pn 结或半导体与金属紧密接触界面受光辐射照射在 pn 结两侧或界面两侧产生光生伏打效应来进行探测的光电器件，也称为结型光电器件，pn 结光伏探测器的原理图见图 17-21 所示。

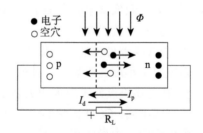

图 17-21　pn 结光伏探测器工作原理图

图 17-21 中，Φ 为照射光伏器件 pn 结的光能量，I_p 为入射光照射产生的反向电流，I_d 为光电流 I_p 在负载电阻上产生的电压降 (相当于对 pn 结施加的正向偏置

电压) 所产生的正向电流，R_L 为负载电阻。光伏探测器包括：光敏二极管 (pn 结光敏二极管、PIN 快速光敏二极管、雪崩光敏二极管和肖特基势垒光敏二极管)、光敏三极管 (光敏晶体管、光敏场效应管和晶闸管)、象限式光电器件、位置敏感探测器、光电池、阵列式光电器件 (PSD)、光电耦合器件等。光伏探测器按光照射敏感 "结" 的种类分，可分为 pn 结型、PIN 结型和金属-半导体结型等器件。光伏探测器的性能主要有光谱响应特性、光电特性、伏安特性、频率特性、噪声、暗电流、温度特性等。制作光伏器件的材料主要有硅 (Si)、锗 (Ge)、硒 (Se)、锑化铟 (InSb)、碲镉汞 (HgCdTe)、III-V 族化合物 [如砷化镓 (GaAs) 等] 等。光伏探测器具有光响应线性度好、噪声低、光谱响应范围宽、响应速度快、性能稳定、寿命长、可靠性好、体积小、重量轻、机械强度高等优点，广泛应用于光能测量、光辐射探测和工业自动化控制等领域。

17.1.6.2　光敏二极管 photodiode

光导模式工作的结型光伏探测器，也称为光电二极管。光敏二极管是一种内建电势随入射光功率而变化的结型半导体光敏器件，主要性能有光谱响应特性、光电特性、伏安特性、频率特性、噪声、温度特性等，类别主要有硅光敏二极管、PIN 光敏二极管、雪崩光敏二极管 (APD)、肖特基光敏二极管、III-V 族化合物光敏二极管和碲镉汞 (MCT) 光敏二极管等。光敏二极管在微弱、快速光信号探测领域有着广泛的应用。

17.1.6.3　硅光敏二极管 silicon photodiode

硅基 pn 结半导体的光伏探测器。光敏二极管的光谱响应范围覆盖紫外波段的部分、可见光波段的全部和近红外波段 (200nm~1200nm)，按光谱范围使用的类型可分为紫外加强型、可见修正型和红外加强型。光敏二极管采用封装形式形成产品，其窗口材料和形状对器件的性能有很大影响，窗口玻璃可做成平行平面薄片形式和球面透镜形式，透镜形式可将更多的光辐射聚焦到器件的有效工作面上。为了应用的需要，窗口材料可使用单色滤光片、光度测量视见函数修正滤光片等特种滤光片。硅光敏二极管是性能和价格比很好的探测器件，应用非常广泛。

17.1.6.4　PIN 光敏二极管 PIN photodiode

在 p 型和 n 型半导体中间加一层较厚的本征半导体 (或低掺本征半导体)I 层构成的光伏探测器，也称为高速光敏二极管，其结构形式见图 17-22 所示。

在 p 型和 n 型半导体中间加一层较厚的本征半导体，增加了器件抗高反向电压击穿或损坏的能力，减小了 pn 结的结电容，有效提高了 PIN 光敏二极管的线性范围和截止频率，减小了噪声。硅 PIN 结构光敏二极管在较低反向偏压下，I 区大部分甚至全部变成耗尽区，光照时，在耗尽区产生光生载流子，在高电场作用下，载流子以饱和漂移速度渡过耗尽区，响应速度快，这种结构的有效光吸收区宽、量子效率高。PIN 光敏二极管由于在 p 型和 n 型半导体中间加了 I 层，使器件响应速度快、暗电流小、噪声低、击穿电压高，与普通的光敏二极管相比具有以下突出的优点：可承受高的反向偏压，使线性范围变宽；结电容为 pF 数量级，时间常数为 ns 数量级，截止频率达 GHz 数量级；增加了光吸收，特别是长波的吸收，提高了量子效率，扩展了光谱响应长波限。PIN 光敏二极管在光通信、测距、光度测量和光电控制等领域广泛应用，PIN 结构的四象限光敏二极管阵列位敏探测器可应用于对运动目标探测、定位、跟踪和制导。

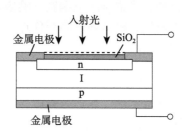

图 17-22　PIN 光敏二极管结构示意图

17.1.6.5　雪崩光敏二极管 avalanche photodiode(APD)

一种有内部增益机制的 PIN 光敏二极管。其原理是对 PIN 光敏二极管施加很高的反向偏压 (100V~200V) 时，使 pn 结耗尽区中的光生载流子在高电场作用下高速漂移，与晶格上的原子碰撞产生电离，出现新的电子-空穴对，电子-空穴对在强电场下再次碰撞又产生新的电子-空穴对，以此不断重复，使结区电流急剧增加，形成雪崩倍增的信号放大效应。雪崩光敏二极管的性能主要有倍增系数、噪声特性、温度特性等。这种器件的探测灵敏度比普通光敏二极管高得多。雪崩光敏二极管的优点有：正确选择反向偏压可使雪崩增益达到 100~500，可得到很宽的线性范围、极高的灵敏度和最佳信噪比；结电容小、响应速度高、响应时间为 ns 数量级、截止频率达 GHz 数量级；信噪比良好，噪声等效功率小，接近 10^{-15}W。雪崩光敏二极管对温度敏感，使用时需要用自动调节偏压的方法进行温度补偿，以保持器件的工作性能不变。

17.1.6.6　肖特基势垒光敏二极管 Schottky barrier photodiode

利用金属与 n 型或 p 型半导体接触形成光伏效应的光敏二极管，其结构形式见图 17-23 所示。肖特基势垒的原理是，当金属与 n 型半导体接触时，n 型半导体内的电子向金属移动，使金属一侧带负电，半导体一侧带正电，形成电场，这个电场将阻止 n 型半导体中的电子继续移向金属，直到平衡时形成肖特基接触势垒 (也可以用 p 型半导体与金属接触，只是电子的移向相反)；在半导体一侧失去电子的施主离子形成一个耗尽层 (称为阻挡层)，当入射光照射阻挡层时，阻挡层吸收光子，产生电子-空穴对；在内电场作用下，电子向半导体移动，空穴向金属移动，形成光生电动势，即肖特基势垒的光伏效应。肖特基势垒的光伏效应对不易形成 p 型或 n 型半导体的材料是非常有价值的。肖特基势垒光敏二极管的光谱响应范围为 200nm~1100nm，在 400nm~600nm 波段，光灵敏度比光敏二极管高，其响应时间极短，约为 0.1ns，可探测 5ns~10ns 的光脉冲。肖特基势垒光敏二极管的制造工艺简单，可制作均匀性极好的大面积器件，适合制作多元线阵和面阵器件，典型的器件有四象限光敏二极管、多元光敏传感器等；为了高透过率，金属侧为极薄的金属膜层，厚度只有几纳米。

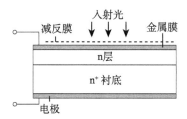

图 17-23 肖特基势垒光敏二极管结构示意图

17.1.6.7 III-V 族化合物光敏二极管 III-V compound photodiode

以 III-V 族化合物半导体为材料制作的光伏效应的 pn 结光敏二极管、PIN 光敏二极管、雪崩光敏二极管、肖特基光敏二极管以及量子阱光敏二极管的总称。常用的 III-V 族化合物半导体材料有：2 元的 GaN、GaP、GaAs、InP、InAs 等；3 元的 AlGaN、InGaAs、InAlAs、InGaP 等；4 元的 InGaPAs、AlGaPAs 等。III-V 族化合物光敏二极管的性能优于其他材料制作的光敏二极管，光谱范围覆盖了紫外、可见、近红外波段，通过改变化合物的组分，可以设计制作出不同峰值波长和光谱响应范围的器件，它是最有发展潜力的光电材料。

17.1.6.8 光敏三极管 phototriode

具有晶体管放大电路的光敏半导体光伏探测器件。光敏三极管是一种对光敏感的晶体管器件，将光敏二极管和放大电路集成为一体，与光敏二极管相比具有灵敏度高、增益高和噪声低的特点，是一种体积小、可靠性好的集成器件。光敏三极管包括光敏晶体管、光敏场效应晶体管、光控晶闸管等，通常用硅作为半导体材料。

17.1.6.9 光敏晶体管 photosensitive transistor

由原理上等效于一个光敏二极管与普通晶体管组合成的具有光电流放大功能的光伏探测器件，其结构形式、工作原理和等效电路见图 17-24 中的 (a)、(b) 和 (c) 所示。光敏晶体管的性能主要有光电特性、伏安特性、温度特性和频率特性。光敏晶体管的电流放大系数是非线性的，其线性度比光敏二极管差，温度对暗电流的影响大、频率响应速度慢、时间常数为 5μs~10μs，仅适合在自动化技术中用作光电开关。

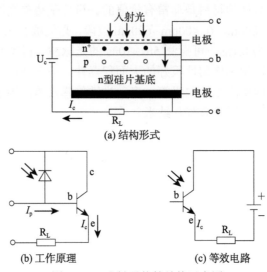

(a) 结构形式

(b) 工作原理　　　　　　　　(c) 等效电路

图 17-24　光敏晶体管结构示意图

17.1.6.10　光敏场效应晶体管 photosensitive field-effect transistor

栅极能响应光照射，在栅极电阻上产生与输入照度成正比的信号电压，使负载电阻上增加一个随入射辐射强度变化且放大输出信号的晶体管，或者说是以光照射对光敏感的栅极来控制流经沟道电流大小的晶体管，其结构形式和等效电路见图 17-25 中的 (a) 和 (b) 所示。场效应晶体管是用电压来控制电流，光敏场效应晶体管是用光来控制电流。光敏场效应晶体管的光谱响应和一般光敏器件的基本相同，但比光敏晶体管有更高的灵敏度、更大的电流增益，这个增益在 $1\sim10^5$ 的大范围内可调，适合作微弱光的检测，最低可检测 10^{-3}lx 照度的信号。

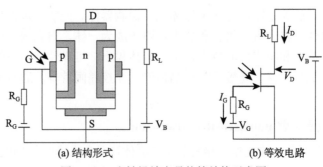

(a) 结构形式　　　　　　　　(b) 等效电路

图 17-25　光敏场效应晶体管结构示意图

17.1.6.11　光控晶闸管 photo control thyristor

用光辐射触发而导通的 pnpn 层结构的开关晶体管，其结构形式和等效电路见图 17-26 中的 (a) 和 (b) 所示。光控晶闸管除了触发信号不同外，其他特性与普通晶闸管的基本相同。光控晶闸管的响应范围一般在 800nm~1100nm 近红外波段，波长为 800nm~900nm 的红外光源和 1000nm 左右的激光都是光控晶闸管较为理想的光源。光触发保证了主电路与控制电路之间的绝缘，可避免电磁干扰影响，因此，光控晶闸管在高压大功率的场合占重要地位。

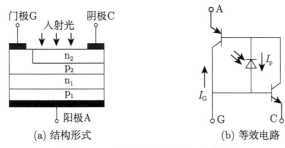

图 17-26　光控晶闸管结构示意图

17.1.6.12　象限式光电器件 quadrant photoelectric device

将光电敏感器件的敏感区域按象限关系分区域分别读取光信号能量大小的探测器，通常是分为四个象限，也称为四象限光电探测器、位置敏感探测器。象限式光电器件通常放置在光学系统焦平面上，根据目标像在探测器四个象限的分布对称关系，获得目标对中心的偏离关系，根据偏离量调整瞄准方位，以实现对目标的对中或瞄准，常用于目标对中和制导。

17.1.6.13　量子阱探测器 quantum well photodetector(QWP)

用两种不同的半导体材料 (一层为势阱层而另一层为势垒层) 相间 (或交替) 排列成超晶格结构，势阱层厚度相当于电子的德布罗意波长尺度 (纳米级)，使半导体材料分裂出子价带和子导带，减小材料带隙，使低能量的长波辐射照射材料后能实现电子跃迁，从而在电压的作用下使电子发生共振隧穿形成电流，由此而产生光电转换效应的光伏探测器件，其材料排列结构见图 17-27 所示。除碲镉汞等少数材料外，多数半导体材料的带隙都比较宽，对于光能量小的长波辐射 (如红外、太赫兹辐射) 不能使电子跃迁到导带，以在电压作用下形成电流，因此，用传统的光伏器件制作的探测器是探测不到长波红外辐射的。由于量子阱的特殊结构，半导体材料分裂出子价带和子导带，减小带隙宽度，基于这种原理制作的探测器可以探测到长波红外辐射，因此量子阱探测器可用于长波红外和太赫兹辐射的探测。

典型的量子阱探测器采用 InGaAs-GaAlAs(GaAlAs 为势阱层，InGaAs 为势垒层)
和 AlGaAs-GaAs(GaAs 为势阱层，AlGaAs 为势垒层) 的排列结构，InGaAs-GaAlAs
组合的用于短波红外探测器，AlGaAs-GaAs 组合的用于中长波红外探测器。量子
阱红外探测器具有成本低、均匀性好、光谱范围选择灵活、适合双色和多色器件
和能耗低等优点，缺点主要是需制冷工作、量子效率低、积分时间长 (几毫秒到几
十毫秒)、响应光谱区窄等。

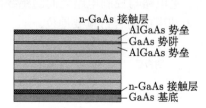

图 17-27　量子阱探测器材料排列结构示意图

17.1.6.14　光电池 photovoltaic cell

　　一种在光的照射下产生电动势，利用光生伏打效应将光能转换为电能的光伏
器件。光电池用于光电转换、光电探测及光能利用等方面。光电池按工作机理可
分为 pn 结型光电池和金属半导体接触型光电池，最典型的金属半导体接触型光
电池是硒光电池，最典型的 pn 结型光电池是硅光电池；按用途可分为太阳能光电
池和测量光电池，太阳能光电池用作能源转换和电源，要求高功率、大面积、低
成本、高效率，测量光电池用作信号转换和探测，要求光照的线性度好、灵敏度
高、光谱范围宽、动态范围大、响应速度快、稳定性好、寿命长等；按材料可分
为硅、锗、硒、氧化亚铜、硫化镉、砷化镓等光电池。

17.1.6.15　硒光电池 selenium photovoltaic cell

　　利用肖特基势垒的光伏效应制成的透明金属薄膜与半导体多晶硒的接触面贴
合构成的光伏器件，其结构形式见图 17-28 所示。硒光电池的原理是光入射通过
半透明的金属薄膜进入耗尽层 (阻挡层) 时，耗尽层吸收光子产生电子-空穴对，在
内电场作用下，电子移向半导体，空穴移向金属，形成光生电动势。硒光电池的
制作是在铁或铝板上镀一层镍，然后在镍层上涂一层 p 型半导体硒，经热处理后
生长为多晶硒，再在硒层上镀一层透明的金属导电膜，然后在导电膜的周边制作
环形金属电极。

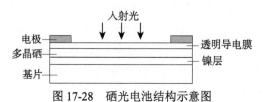

图 17-28　硒光电池结构示意图

硒光电池的光谱响应范围在可见波段的 400nm~700nm，峰值波长为 540 nm，与人眼的视觉特性相近，适合用作光度测量仪器，如照度计。当硒光电池负载为零时，短路光电流与输入照度成正比，随着负载电阻的增加其线性范围逐渐减小；当负载极大接近开路时，开路电压与入射光照度的自然对数成正比。使用硒光电池作为照度计或曝光表时，与低阻的动圈式电流表相连有良好的线性范围；与高阻的电压表相连时，有对数响应关系，应使用对数刻度表盘。硒光电池内阻较大，灵敏度低，器件的面积大，电容较大，因而时间常数偏大；其频率特性不如硅光电池，不适合用于探测交变光信号，适用于零频或极低频率光信号的探测。

17.1.6.16 硅光电池 silicon photovoltaic cell

利用硅半导体 pn 结的光伏效应制成的光伏器件，其结构原理和等效电路见图 17-29 中的 (a) 和 (b) 所示。硅光电池的结构是分别在 p 型半导体和 n 型半导体的外侧镀制金属电极，光敏面的金属电极为透明导电膜和减反射膜 (或很小的区域膜以透明导电膜作为电极，大部分区域膜为减反射介质膜)，在不施加偏压时，pn 结吸收入射光子产生光生载流子，在结场的作用下，结区的两端形成光生电动势。硅光电池分为 n^+p 型和 p^+n 型两系列品种。硅光电池的主要性能为光谱特性、光电特性、伏安特性、频率特性和温度特性等。硅光电池价格便宜、光谱范围宽、线性度好、转换效率高、寿命长、稳定性好，适用于紫外、可见和近红外波段的光度、色度测量和微弱光信号的检测，以及 LED、氖灯、氙灯、荧光灯、日光灯、红外光源等发射光谱的测量，还应用于光电读出、光电耦合、光栅测距、激光准直、光电开关和电影还音系统等领域。

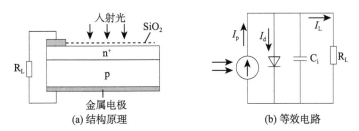

图 17-29 硅光电池的结构原理和等效电路示意图

17.1.7 热敏器件

17.1.7.1 热敏电阻测辐射热计探测器 thermistor bolometer detector

金属或半导体吸收热辐射使晶格振动而温度升高，导致其电阻发生较大变化来探测辐射的热敏探测器，其结构形式见图 17-30 所示。热敏电阻测辐射热计探测器的主要性能有温度特性、输出特性、灵敏度等。热敏电阻测辐射热计探测器的材料有金属的和半导体的。金属热敏电阻的材料主要有铂、金、镍、钨等，其温度系数为正值 (温度升高电阻值升高)，电阻与温度的关系基本上是线性的；半导体热敏电阻的材料主要有氧化锰、氧化镍、氧化钴、氧化钒等，其有正温度系数的和负温度系数 (温度升高电阻值下降) 的，电阻与温度的关系是指数关系。负温度系数的热敏电阻的测量温度范围较宽，为实际主要采用的类型。半导体热敏材料的电阻温度系数的绝对值几乎比金属热敏材料的大 1~2 个数量级，但耐高温能力较差。

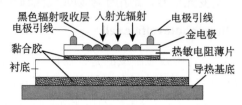

图 17-30　热敏电阻测辐射热计探测器结构示意图

17.1.7.2　热电偶探测器 thermocouple detector

应用金属间的温差电动势效应或半导体结的热伏效应进行辐射探测的热敏探测器，也称为温差热电偶探测器。由数个热电偶按一定规律排列组合构成探测器的称为温差热堆探测器，其结构形式见图 17-31 所示。温差热电偶探测器是由两种能产生显著温差电的金属 (薄膜) 或 p 型和 n 型半导体在它们的结点处附加高效吸收辐射能的黑化热敏材料构成的热电探测器。热敏材料加热的结点为热端，另一不加热的结点为冷端，两端的温差形成温差电动势。金属材料的热电偶有镍铬-镍硅、铁-铜镍 (康铜)、铜-铜镍 (康铜)、银-铋、锑-铋等；半导体材料的热电偶是在多晶硅基底上制作的 pn 结；还有 n 型硅-金、n 型硅-铝的薄膜热电偶。温差热电偶探测器的主要性能有灵敏度、输出特性、频率特性、响应时间等。温差热电偶探测器不同于普通的测温热电偶，其是非接触测量的，而普通的热电偶无黑化热敏材料，只有热电偶部分，材料多为金属丝或合金丝，是靠接触测量的。由于单个热电偶提供的电动势不够大，常将几个或几十个热电偶串接起来形成热电堆，实用的温差热电偶探测器是热电堆探测器，主要有两大类：氧化铝陶瓷基底上真空沉积和光刻法制作的金属薄膜热电堆探测器；多晶硅基底上制作的 pn 结热电堆探测器。金属薄膜热电堆探测器具有热敏面大、电阻低、噪声低、信噪比高等优点，但时间常数较大，适用于直流辐射度计，测量稳定的光辐射。半导体 pn 结热电堆探测器具有体积小、灵敏度高、响应速度快、成本低等优点。热电堆探测器工作温度范围宽 (−200°C~150°C)、光谱响应范围宽 (1μm~20μm)、无光谱选择等优点，主要用于各种光源的强度和光谱响应的测量，如红外辐射度计、激光功率计等。与热敏电阻探测器相比，热电堆探测器的响应度较低、响应时间较长，仅适用于变化缓慢、强度较大的光辐射信号的测量。

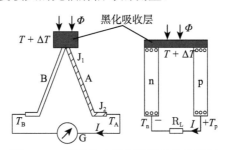

图 17-31 温差热电偶探测器结构示意图

17.1.7.3 热释电探测器 pyroelectric detector

利用热释电材料的自发极化强度随温度变化而产生感应电荷效应制成的一种热敏探测器，其结构形式见图 17-32 所示。热释电探测器是应用探测元面的静电电荷面密度随探测元温度变化而产生相应变化的热释电效应所研制的热敏型非制冷红外探测器。光辐射 Φ 照射在透过率为 τ_F 的窗口后，被吸收系数为 ρ 的热释电材料吸收并将辐射能转化为热能，部分热能使热释电材料产生了 ΔT 的升温，温度变化在材料表面产生感应电荷 ΔQ，实现热电转换，通过电子学电路转换为信号电压输出 ΔV_s，其物理过程见图 17-33 所示，相应的热释电效应见图 17-34 所示。热释电探测器的铁电混合阵列结构见图 17-35 所示。热释电探测器的主要性能有电压响应度、频率响应、噪声特性、比探测率、温度特性等。热释电材料主要是单晶材料、陶瓷材料和薄膜材料，要求有较大的热释电系数，较低的介电常数、介电损耗和热容。单晶热释电材料的热释电系数高、介电常数低、介质损耗小，是高性能热释电探测器的首选材料。热释电探测器采用的热释电效应材料主要有硫酸三甘肽 (TGS)、铌酸锶钡 (SBN)、钽酸锂 (LT：LiTaO$_3$)、钛酸钡 (BT：BaTiO$_3$)、钛酸锶钡 (BST：BaSrTiO$_3$) 陶瓷、钛锆酸铅 (PZT：PbZrTiO$_3$) 陶瓷、钛酸铅 (PbTiO$_3$)、聚偏二氟乙烯 (PVDF) 等。陶瓷热释电材料的热释电系数高、机械强度大、物理化学性能稳定、居里温度高、承受辐射功率高，缺点是介电常数较高，常用的陶瓷热释电材料有钛酸铅 (PT)、钛锆酸铅 (PZT)、掺镧钛锆酸铅 (PLZT) 等，掺杂可使探测率提高 20%～60%。陶瓷热释电材料制造容易、成本低，适合大量生产。薄膜热释电材料的电性能好、介电常数低、工作温度范围宽、化学稳定性好、对湿度不敏感等，主要有有机、无机和有机无机复合薄膜材料三种，有机的有聚氟乙烯 (PVF)、聚偏二氟乙烯 (PVDF)、聚偏二氟乙烯和聚三氟乙烯的共聚物 (PVDF-PVTF)，将钛酸铅等材料掺入氟系材料中可制成热释电系数高、介电常数和介电损耗低、厚度薄、化学稳定性好的 PVDF-PT 复合薄膜和 PVDF-PZT 复合薄膜。热释电探测器在性能上优于热敏电阻测辐射热计探测器和温差热电偶 (堆) 探测器，主要用于各种光谱仪、分光光度计、激光能量测量、热功率测量和标定、能量计、温度计等。

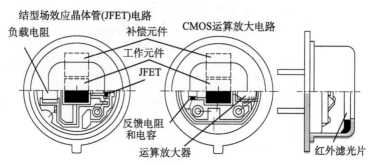

图 17-32 热释电探测器结构示意图

图 17-33 热释电探测器的物理过程示意图

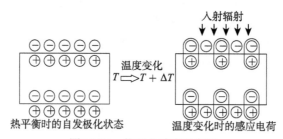

图 17-34 热释电效应示意图

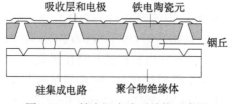

图 17-35 铁电混合阵列结构示意图

17.1.8 光学调制器

17.1.8.1 光学调制 optical modulation

通过改变光波的振幅、频率、相位、强度、偏振状态等参数赋予信息内容，以实现信息输出和传输的技术。在调制方面，除了光学调制外，对于目标的输入光

进行调制 (或编码) 也是一个很重要的技术, 可以用于信号识别 (抗干扰, 提高信噪比)、目标方位定位、器件性能改善等方面。

17.1.8.2　光学调制器 optical modulator

利用物理效应或现象 (电光、磁光、声光或电吸收等效应或现象) 使光学参数或光电参数发生变化, 实现光学调制的器件。光学调制器主要有泡克耳斯效应器件、克尔效应器件、法拉第效应器件、布拉格衍射器件、拉曼-奈斯器件、弗朗兹-凯尔迪什效应器件、量子束缚斯塔克效应器件等。

17.1.8.3　内调制 internal modulation

将信息信号转变为电流信号注入光源 (激光二极管、发光二极管等光源) 中改变光源输出功率的调制, 也称为直接调制。内调制具有结构简单、易于实现、成本低等优点。

17.1.8.4　外调制 external modulation

将光源输出的光注入信号调制器中, 利用调制器的电光 (泡克耳斯效应、克尔效应)、声光 (布拉格衍射、拉曼-奈斯衍射)、磁光 (法拉第效应) 和电吸收 (弗朗兹-凯尔迪什效应、量子束缚斯塔克效应) 等物理效应, 使光的强度、频率、相位、偏振等参数随信号而变化的调制。

17.1.8.5　光振幅调制 light amplitude modulation

用调制信号改变连续光波载波的电场振幅大小的调制方法。光振幅调制就是用调制信号改变光波电场振幅分布的大小关系。例如, 余弦调制的调幅波由 3 个不同频率的余弦波组成, 它们的合成使光波的等振幅电场分布变成余弦振幅电场分布。

17.1.8.6　光频率调制 light frequency modulation

用调制信号 (专门施加的电、声、磁等信号) 或调制工具改变连续光波载波的频率高低的调制方法。光频率调制就是用调制信号改变光波频率的大小或分布关系。例如, 用非线性晶体所实施差频以及和频调制就是光频率的调制, 调制后使原光波的频率得到降低和提高。

17.1.8.7　光相位调制 light phase modulation

用调制信号 (专门施加的电、声、磁等信号) 或调制工具改变连续光波载波的相位角的调制方法。光相位调制可以用调制信号或相位延迟波片改变光波相位角的大小或分布关系。

17.1.8.8　光强度调制 light intensity modulation

用调制信号 (专门施加的电、声、磁等信号) 或调制工具改变连续光波载波的光强大小的调制方法。光强度调制可以用调制信号或调制工具改变光波强度分布的大小关系。例如，用镂空图案的旋转盘对光束的传播路径进行旋转遮挡就可使输出的光强成为余弦等分布。

17.1.8.9　光脉冲调制 light pulse modulation

通过改变脉冲光波的脉冲幅度、脉冲宽度、脉冲频率、脉冲位置等状态赋予信息内容，以实现信息输出和传输的调制方法。

17.1.8.10　光脉冲幅度调制 amplitude modulation of light pulse

用调制信号改变脉冲光波载波的脉冲幅度大小的调制方法，调制关系见图 17-36 所示。

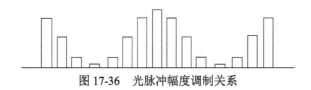

图 17-36　光脉冲幅度调制关系

17.1.8.11　光脉冲宽度调制 width modulation of light pulse

用调制信号改变脉冲光波载波的脉冲宽度大小的调制方法，调制关系见图 17-37 所示。

图 17-37　光脉冲宽度调制关系

17.1.8.12　光脉冲频率调制 frequency modulation of light pulse

用调制信号改变脉冲光波载波的脉冲频率高低的调制方法，调制关系见图 17-38 所示。

图 17-38　光脉冲频率调制关系

17.1.8.13 光脉冲位置调制 position modulation of light pulse

用调制信号改变脉冲光波载波的脉冲位置的调制方法，调制关系见图 17-39 所示。

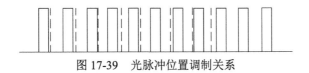

图 17-39 光脉冲位置调制关系

17.1.8.14 模拟调制 analog modulation (AM)

不改变载波的连续状态，只用信号改变连续载波的振幅、相位、频率、强度等的调制方法。模拟调制就是不改变载波原有的模拟状态的调制，调制后的信号仍然是模拟信号。

17.1.8.15 数字调制 digital modulation (DM)

将连续的模拟信号通过抽样变换成一组调幅的脉冲序列，再对抽样脉冲序列实行 "量化编码"，形成一组等宽度的矩形脉冲 "码元"，这些码元的组合 (或编码值) 代表了抽样值的幅度，使模拟信号变成了脉冲编码调制 (PCM) 信号调制到光载波上的方法。信息数字调制的过程是一个模数转换的过程 (A/D)，即模拟信号转换为数字信号的过程。

17.1.8.16 电光体调制器 electro-optic body modulator

采用电光体材料应用电光效应制成的调制器。电光体调制器分为纵向电光体调制器和横向电光体调制器。

17.1.8.17 纵向电光体调制器 lengthways electro-optic body modulator

外加电场方向平行于光的传播方向的电光体调制器。纵向电光体调制器有纵向电光体相位调制器、纵向电光体强度调制器等类型。纵向电光体调制器的电极需要是半透明的或环形的金属电极结构。

17.1.8.18 纵向电光体相位调制器 lengthways electro-optic body phase modulator

在纵向电光体调制器前面放置一个起偏器，起偏器的偏振方向平行于晶体的感应主轴所构成的调制器，调制器原理见图 17-40 所示。通过电光体的光的相位会随对晶体施加电压的变化而改变，由此对光实施相位调制。

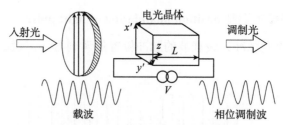

图 17-40　纵向电光体相位调制器原理

17.1.8.19　纵向电光体强度调制器 lengthways electro-optic body intensity modulator

在纵向电光体调制器 (光电晶体) 前面放置一个起偏器，起偏器的偏振方向不平行于晶体的感应主轴，在纵向电光体调制器后面放置一个检偏器 A，检偏器 A 的偏振方向与起偏器的垂直，在检偏器 A 和纵向电光体调制器之间放置一个 $\lambda/4$ 波片所构成的调制器，调制器原理见图 17-41 所示。

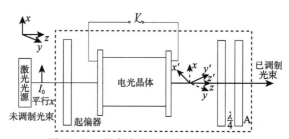

图 17-41　纵向电光体强度调制器原理

17.1.8.20　横向电光体调制器 crosswise electro-optic body modulator

外加电场方向垂直于光的传播方向的电光体调制器。横向调制器的优点为：外加电信号的电极在侧边，不会挡住光路；有自偏置，省去了 $\lambda/4$ 波片；电光相位延迟与场强和晶体长度的乘积成正比，可以通过增大晶体长度和减薄厚度来降低调制电压。横向调制器的缺点是自然双折射引起的相位延迟会随温度而敏感变化。横向电光体调制器有集总电极横向电光体调制器、行波电极横向电光体调制器等类型。

17.1.8.21　集总电极横向电光体调制器 lumped electrode crosswise electro-optic body modulator

在晶体的入射端和出射端分别加一个起偏器和一个检偏器，起偏器的偏振方向与晶体光轴成 45° 角，晶体的光轴方向与电场方向相互平行，检偏器的偏振方向与光轴方向垂直的调制器，调制器原理见图 17-42 所示。

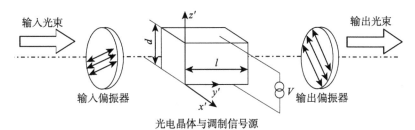

图 17-42 集总电极横向电光体调制器原理

17.1.8.22 行波电极横向电光体调制器 travelling wave electrode crosswise electro-optic modulator

在晶体的入射端和出射端分别加 1/4 波片和一个检偏器，1/4 波片的偏振方向与晶体光轴成 45° 角，晶体的光轴方向与电场方向相互平行，检偏器的偏振方向与光轴方向垂直，调制信号以行波的形式加到晶体上的调制器，调制器原理见图 17-43 所示。行波电极横向电光体调制器的调制信号以行波的形式加到晶体上，使高频调制场以行波形式与光波场相互作用，并使光波与调制信号在晶体内始终具有相同的相速度，因此，光波波前在通过整个晶体的过程中所经受的调制电压是相同的，可消除渡越时间 (或通过时间) 的影响。

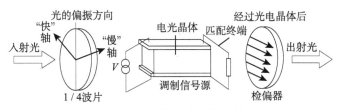

图 17-43 行波电极横向电光体调制器原理

17.1.8.23 电光波导调制器 electro-optic waveguide modulator

基于泡克耳斯效应，在波导上加电场，产生介电张量的微小变化，引导波导中本征模传播常数的变化进行调制的调制器。波导调制所需驱动功率比电光体调制器的减小 3~4 个数量级，调制效率高；施加调制电场的电极配置在同一平面内，平面电容要比平板电容小得多，减轻了 RC 时间因子对传输系数的影响。

17.1.8.24 电光波导相位调制器 electro-optic waveguide phase modulator

以 LiNbO₃ 晶体为衬底，LiNbO₃ 的光轴方向垂直于光束传播方向并平行于电极平面，两电极在同一平面上并沿光传输方向与 LiNbO₃ 晶体成相对位置布设，导波层在 LiNbO₃ 晶体与电极之间，由此布设所构成的调制光相位的调制器，调制器原理见图 17-44 所示。

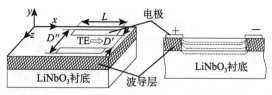

图 17-44　电光波导相位调制器原理

17.1.8.25　马赫-曾德尔电光波导调制器 Mach-Zehnder electro-optic waveguide modulator

基于马赫-曾德尔干涉仪原理，由前后两个 3dB 定向耦合器和一个可变移相器组成的调制光输出路径的调制器。马赫-曾德尔电光波导调制器是调制输入光的输出路径，分别可调制成输出为"直通"或输出为"交叉"的状态。输出"直通"为同路输出端 P_{10} 等于输入光片 $P_i (P_{10} = P_i)$，非同路输出端 $P_{20} = 0$，此时调制相位差为 $(2K+1)\pi$；输出"交叉"为非同路输出光 P_{20} 等于输入光片 $P_i (P_{20} = P_i)$，同路输出端 $P_{10} = 0$，此时调制相位差为 $2K\pi$。

17.1.8.26　微环谐振腔电光波导调制器 micro ring resonator electro-optic waveguide modulator

由以电光材料制备的波导微环和一直波导构成的调制光输出强度的调制器，调制器原理见图 17-45 所示。

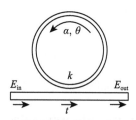

图 17-45　微环谐振腔电光波导调制器原理

17.1.8.27　电光空间光调制器 electro-optic spacial light modulator

对光波的相位、偏振、振幅、强度等空间分布参量进行调制的器件。空间调制器一般包含多个在空间上排列成一维或二维阵列独立单元，每个单元都可独立接收光学信号或电学信号的控制来改变自身的光学性质，从而对照射在其上的光波进行调制。

17.1.8.28　液晶空间光调制器 liquid crystal spacial light modulator

利用液晶的光学性质，采用液晶光阀的功能制成的调制器。液晶空间光调制器调制的是光的强度或图像的强度分布。

17.1.8.29 微通道板空间光调制器 microchannel plate space light modulator

由外部电源和控制线路及封装在真空管内的光电阴极、微通道板、加速栅极、电光晶体薄片等组成的调制器，调制器原理见图 17-46 所示。

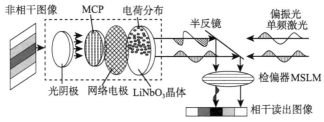

图 17-46 微通道板空间光调制器原理

17.1.8.30 泡克耳斯空间光调制器 Pockels spacial light modulator

基于泡克耳斯原理，调制材料采用光敏性能的光电导晶体所构成的调制器，调制器原理见图 17-47 所示。典型的泡克耳斯空间光调制器的晶体材料为硅酸铋 ($Bi_{12}SiO_2$，BSO)，可在随时间变化的电驱动信号的控制下，或在任一种空间光强分布的作用下改变空间中光分布的相位、偏振、振幅 (或强度) 和波长，广泛应用于光学信息处理领域。

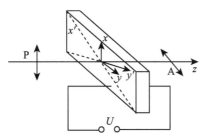

图 17-47 泡克耳斯空间光调制器原理

17.1.8.31 声光调制器 acousto-optic modulator

利用声波或超声波在介质中的传播，导致介质密度的疏密变化而使其折射率周期性变化，形成声光栅对光衍射的调制器。声光调制器有声光体调制器、声光波导调制器、声光多量子阱空间光调制器等类型。

17.1.8.32 声光体调制器 acousto-optic body modulator

利用声光效应，由声光介质、电-声换能器、吸声装置及驱动电源等组成的调制器。声光介质是声光相互作用的场所，一束光通过变化的超声波场时，出射光就具有随时间而变化的各级衍射光，衍射光的强度随超声波场的强度变化而变化；电声换能器是利用某些压电晶体 (石英、铌酸锂等) 或压电半导体 (CdS、ZnO 等) 的反压电效应，在外加电场的作用下产生机械振动而发出超声波；吸声装置放在超声源的对面，以吸收已通过介质的声波，以免其返回介质而产生干扰。

17.1.8.33　声光波导调制器 acousto-optic waveguide modulator

基于布拉格衍射原理，由平面波导和交叉电极换能器组成的调制器。波导材料采用压电材料 (如 ZnO 等)，以使波导内有效地激起表面弹性波；衬底可以是压电材料 (如 $LiNbO_3$)，也可以是非压电材料；用光刻法在表面做出交叉电极的电声换能器。改变导波光与电极板条间的夹角可以调节到布拉格角，此时入射光经输入棱镜通过波导，换能器产生的超声波会引起波导及衬底内折射率的周期变化。

17.1.8.34　声光多量子阱空间光调制器 acousto-optic multiple quantum well space light modulator

利用表面声波在多量子阱材料表面传播时，其诱导的垂直方向的电声分量足以产生明显的量子限制斯塔克效应，导致多量子阱材料的电吸收系数和折射率发生变化的原理制成的调制器。声光多量子阱空间光调制器有：声波诱导斯塔克效应调制器；量子限制斯塔克效应增强的布拉格调制器。后者与前者的原理基本相似，只不过后者的声光相互作用长度与布拉格周期和布拉格角有关。

17.1.8.35　磁光调制器 magneto-optic modulator

利用磁光材料通过施加外磁场控制可以改变传播光特性的磁光效应所制成的调制器。磁光调制器主要应用的磁光效应是法拉第旋转效应，即当平行于光束传输方向的磁场通过具有旋光特性的物质时，平面偏振光的偏振面要旋转一定的角度，旋转的角度与磁场强度和材料长度成正比。磁光调制器有磁光体调制器、磁光波导调制器、磁光空间光调制器等类型。

17.1.8.36　磁光空间光调制器 magneto-optic space light modulator

由磁光薄膜调制单元和寻址电极组成的一维或二维的像元数组及外围电路和附件组成的调制器，调制器原理见图 17-48 所示。磁光空间光调制器具有实时对光束进行空间调制 (写入和读取等) 的功能，已成为实时光学处理、光计算和光学神经网络等系统的关键器件。

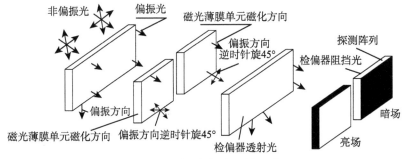

图 17-48　磁光空间光调制器原理

17.1.8.37　磁光体调制器 magneto-optic body modulator

应用磁光调制原理，采用铝铁石榴石 (YIG) 或掺镓 (Ga) 的铝铁石榴石 (YIG) 磁光体工作物质，沿轴向平行光路放置，磁光体工作物质两端分别放置一个起偏器和一个检偏器，将用驱动电源控制的高频螺旋形线圈环绕在 YIG 棒上，由此构成的调制器，调制器原理见图 17-49 所示。

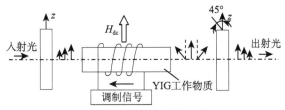

图 17-49　磁光体调制器原理

17.1.8.38　磁光波导调制器 magneto-optic waveguide modulator

在圆盘形的钆镓石榴石 ($Gd_3Ga_5O_{12}$) 衬底上，外延生长掺镓和硒的 YIG 磁性薄膜作为波导层 (3.5μm 厚)，在磁性薄膜表面上，用光刻技术制作一条金属蛇形线路，由此构成的调制器，调制器原理见图 17-50 所示。在该调制器中，当蛇形线路中相邻两条通道的电流流动方向均为相反时，形成交替变化的磁场，磁性薄膜内便可出现交替磁化的情况。

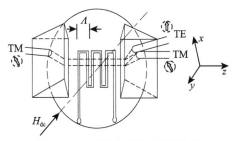

图 17-50　磁光波导调制器原理

17.1.8.39 电吸收调制器 electric absorption modulator

利用量子限制斯塔克效应, 设计多量子阱结构的阱和垒的组分、厚度及周期数, 并通过外加电压实现调制的半导体光调制器。电吸收调制器有反射式电吸收调制器、电吸收波导调制器、半绝缘掩埋异质结构电吸收调制器等类型, 反射式电吸收调制器的基本结构见图 17-51 所示, 电吸收波导调制器的工作原理见图 17-52 所示。由于电吸收调制器体积小、驱动电压低, 且便于与激光器、放大器和光检测器等其他光学器件集成在一起, 是一种很有发展前景的光调制器。

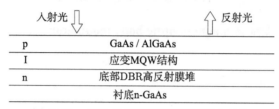

图 17-51 反射式电吸收调制器的基本结构

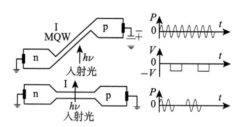

图 17-52 电吸收波导调制器的工作原理

17.1.9 太阳能电池

17.1.9.1 太阳能电池 solar cell

应用光电效应或光化学效应直接把太阳光转化为电能的装置。太阳能电池的性能主要有开路电压、短路电流、最大输出功率、填充因子 (最大输出功率与开路电压和短路电流乘积之比)、转换效率等。太阳能电池的种类按材料分可分为硅基电池、化合物半导体电池。硅基电池包括单晶硅、多晶硅、微晶 (纳晶)、非晶硅等电池; 化合物半导体电池包括 CdTe、CIGS、GaAs、InP、有机、化学等电池。按波段分可分为光伏电池和热光伏电池。按技术成熟度分可分为晶硅电池、薄膜电池、新型电池 (第三代电池)。晶硅电池包括单晶硅和多晶硅等电池; 薄膜电池包括 a-Si、CIGS、CdTe、球形、多晶硅薄膜、有机等电池; 新型电池包括量子点、量子阱、叠层、中间带、杂质带、上下转换器、a-Si/C-Si 异质结、偶极子天线、热载流子等电池。

17.1.9.2 单晶硅太阳能电池 single crystalline silicon solar cell

以高纯度单晶硅棒为原料制成的太阳能电池。单晶硅太阳能电池的硅纯度高达 99.999％，相对多晶硅和非晶硅，其光电转换效率最高，使用寿命长，但制造成本较高。单晶硅太阳能电池的单晶硅为厚度 0.3mm 的晶片，对晶片进行掺杂和扩散 (掺微量硼、磷、锑等)，形成 pn 结，采用丝网印刷法在硅片上做成栅线，经烧结及制作背电极，对栅线面涂镀制减反射膜，制成太阳能电池的单体片。

17.1.9.3 多晶硅太阳能电池 polycrystalline silicon solar cell

以多晶硅棒为原料制成的太阳能电池。多晶硅太阳能电池光电转换效率稍低于单晶硅电池，转换效率为 17％左右，使用寿命长，与单晶硅差不多，而制造工艺相对简单，制造成本较低。

17.1.9.4 非晶硅太阳能电池 amorphous silicon solar cell

以非晶硅 (a-Si) 化合物薄膜制成的太阳能电池。非晶硅太阳能电池的基本结构不是 pn 结的，是 PIN 结的，p 层为掺硼的，n 层为掺磷的，I 层为非杂质或轻杂质的本征层，I 层为光敏层，为光生电子和空穴提供动力源泉，因此，需要入射光尽可能多的进入 I 层。非晶硅太阳能电池是用沉积在导电玻璃或不锈钢衬底的非晶硅薄膜制成的太阳能电池，光电转换效率稍低于单晶硅电池，但转换效率已达到 17％左右，使用寿命长，制造工艺相对简单，制造成本较低。

17.1.9.5 化合物半导体太阳能电池 compound semiconductor solar cell

以化合物半导体为材料制成的太阳能电池。化合物半导体太阳能电池有结构为同质结的、异质结的和肖特基结的太阳能电池，它们可制成高效或超高效的太阳能电池，也可制成低成本大面积薄膜的太阳能电池。化合物半导体太阳能电池中有许多光电特性优良、高稳定性、宜于制造的太阳能电池，典型的有 CdTe、CdS、CIGS、GaAs 等太阳能电池。在转换效率上,砷化镓太阳能电池的效率为 24％~28％,砷化镓和硅叠合聚光太阳能电池的效率为 32％~37％，薄膜硒铟铜/非晶硅太阳能电池效率为 14％~17％。

17.1.9.6 新型太阳能电池 new type solar cell

采用不同于传统的硅、半导体薄膜为材料制成的太阳能电池。新型太阳能电池有染料敏化太阳能电池、有机薄膜太阳能电池、钙钛矿太阳能电池等。

17.1.9.7 染料敏化太阳能电池 dye sensitized solar cell

利用半导体上在一定条件下产生电流的原理制成的太阳能电池。染料敏化太阳能电池的过程原理为：吸附多孔电极表面的染料分子中的电子受激跃迁至激发态，再注入导带，使染料分子自身成为氧化态，注入导带中的电子通过扩散富集到导电玻璃基板进入外电路，处于氧化态的染料分子从电解质溶液中获得电子而被还原成基态，电解质中被氧化的电子扩散至对电极，完成了一个光电化学反应的过程。与硅基太阳能电池相比，染料敏化太阳能电池具有成本低、工艺简单和光电转换效率较高的优点，但在大面积和液态电解质上存在一些问题，典型的染料敏化太阳能电池的材料为 TiO_2。

17.1.9.8　有机薄膜太阳能电池 organic thin-film solar cell

利用有机半导体内的电子在太阳光照射下从 HOMO 能级 (最高占据轨道) 激发到 LUMO 能级 (最低占据轨道)，产生电子-空穴对，电子被低功函数的电极提取，空穴被来自高功函数电极的电子填充而形成光电流的原理制成的太阳能电池。有机薄膜太阳能电池不如传统太阳能电池的效率高，但具有制造成本低、功能易于调制、可实现大面积制造、使用柔性衬底、轻便易携带等优点。

17.1.9.9　钙钛矿太阳能电池 perovskite solar cell

利用光照射由钙钛矿构成的光敏层产生激子，由于激子束缚能较小而在材料内部发生分离，通过电子-空穴层输运被电极收集的原理制成的太阳能电池。钙钛矿的材料主要有 $CH_3NH_3PbI_3$ 和 $CH_3NH_3PbBr_3$，其吸光系数很大，吸光能力比传统染料高 10 倍以上，光电转换效率已接近 20%，是一种发展前景比较好的太阳能电池。

17.1.9.10　能量收支结算 energy payment clearing

在太阳能电池的寿命期限内，太阳能电池发电的总能量与太阳能电池制造、建设、使用和维护所付出的总能量之差。当能量收支结算为正时，太阳能电池带来了转化和增加能量的意义；当能量收支结算为负时，太阳能电池只有转化能量的意义，没有增加能量的作用，而且还要损失一部分能量；当能量收支结算为零时，太阳能电池只有转化能量的作用。

17.1.9.11　能量偿还期 energy payment period

太阳能电池制造、建设、使用和维护所付出的总能量除以太阳能电池平均每年发电的总能量并按数大的方向取整的年数。按数大的方向取整的年数的方法如，9.8 年取为 10 年，11.3 年取为 12 年。能量偿还期是太阳能电池归还其制造、建设、使用和维护所付出的总能量所需的时间，当太阳电池的寿命大于能量偿还期时，太阳能电池将具有增加能量提供的作用，反之只有转化能量的作用。

17.2 处理电路和软件

17.2.1 并行传输 parallel transmission

传输数据中的每一位各占用多条数据线中一条数据线并同时传输的方式。如 32 位系统的数据总线由 32 条并排的数据线构成。并行传输方式传输速度快，但需要许多数据线，适合于短距离的快速传输。一般并行传输要用 CPU 来执行，因此要占用 CPU 的使用。对于数据存储，可采用直接存储访问控制器 (DMAC) 进行直接存储访问方式传输。

17.2.2 串行传输 serial transmission

传输数据用一条数据线在其上按时间顺序逐位传输的方式。串行传输要让每一位数据在传输线上停留一定的排序时间进行各位的传输，所以，传输速度较慢。系统数据总线只能进行并行数据处理，串行数据必须通过"串行门"的接口电路转换为并行数据才能进入数据总线处理，反之，并行数据按串行输出时，串行口把并行数据转换为串行数据才能输出。计算机一般留有 COM1、COM2 等串行口与外部设备进行数据交换，还设了 PS/2 串行口专供键盘和鼠标输入数据使用。

17.2.3 光导探测器应用电路 photoconductive detector application circuit

读取光导探测器入射光照射信号相应电压的电路，见图 17-53 所示。图 17-53 中，U_0 为光导探测器的偏置源，其相应的偏置电压单位为伏 (V)，R_L 为读取光信号相关的负载电阻，R_d 为光导器件暗电阻，ΔR_d 为暗电阻变化量，C 为读出电路的电容，U_s 为光照信号输出电源，其相应的读出电压单位为伏 (V)，信号读出电压 U_s 按公式 (17-28) 计算：

$$U_s = \frac{U_0 R_L R_d}{(R_L + R_d)^2} \frac{\Delta R_d}{R_d} \tag{17-28}$$

当 $R_L = R_d$ 时，信号电压最大，按公式 (17-29) 计算：

$$U_s = \frac{U_0}{4R_d} \Delta R_d = \frac{I_d}{2} \Delta R_d \tag{17-29}$$

式中：I_d 为光导器件的暗电流。

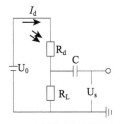

图 17-53　光导探测器的应用电路

光导探测器的应用电路见图 17-53 所示。

17.2.4　热释电探测器预放大电路 pyroelectric detector amplifying circuit

由输入阻抗为 GΩ 数量级的、有结型场效应的晶体管预放电路和场效应晶体管与运算放大器共同构成的预放电路。

17.2.5　高压分压电路 high pressure subsection circuit

〈光电倍增管〉按一定规律将高压分配给光阴极、聚焦极、倍增极和阳极的电阻分压电路。光电倍增管的工作需要在阴极和阳极之间施加 500V~1500V 的直流电压。高压电源的稳定性和质量与光电倍增管的增益、线性度、暗电流、稳定性等有密切的关系，因此，高压电源的精度应比光电倍增管的要求高一个数量级，特别是在高精度的光辐射测量中，高压电源的精度应为 0.1%~0.01%。光电倍增管的高压电路分别有光阴极接地正高压分压电路和阳极接地负高压分压电路两种接地方式，当使用阴极接地时，正高压必须与地隔离，否则，会很不安全。光电倍增管的光阴极接地正高压分压电路和阳极接地负高压分压电路分别见图 17-54 和图 17-55 所示。

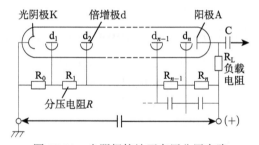

图 17-54　光阴极接地正高压分压电路

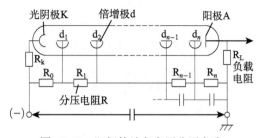

图 17-55　阳极接地负高压分压电路

17.2.6　运算放大器读出电路 operational amplifier readout circuit

〈光电倍增管〉将光电倍增管阳极信号输出电流转换为电压的读出电路。信号读出电路主要由负载电阻读出电路 (见图 17-54 和图 17-55 所示) 和运算放大器 (见图 17-56 所示) 读出电路组成。

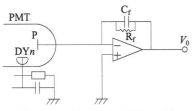

图 17-56　运算放大器读出电路

17.2.7　放大电路 amplifying circuit

〈固体光电器件〉用于读出和放大固体光电器件输出信号电流或电压的放大电路。固体光电器件的放大电路一般由负载电阻放大电路 (见图 17-57 所示) 和运算放大器电路 (见图 17-58 所示) 组成，运算放大器电路的等效负载仅为负载电阻放大电路的放大增益 G 的 $1/G$，小 1~2 个数量级。

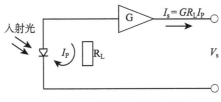

图 17-57　负载电阻放大电路

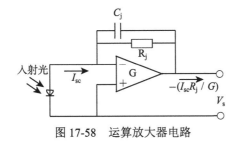

图 17-58　运算放大器电路

17.2.8　A/D 转换器 analog-digital converter

将光电系统输出的模拟电信号转换为二进制数字信号的电路器件。对于面阵像元光电探测系统，一个像元信号能够转换为多少二进制数取决于 A/D 转换器的位数，二进制位数越长，色彩还原或图像还原的质量就越好，因此也称为像元二进制位数为色彩深度，中低档数码相机的色彩深度为 24 位。

17.2.9　数字信号处理器 digital signal processor

通过加、减、乘、除、积分等一系列复杂的数学算法，对图像的数字信号进行白平衡、彩色平衡、伽马校正、边缘校正等的单片机 CPU。

17.2.10 联合图像专家组模块 joint photographic expert group module(JPEG)

对成像的编码和数据进行压缩，并转换为 JPEG 图像格式的图像编码压缩器。JPEG 技术是联合图像专家组开发并制定成为国际标准的一种先进的图像压缩格式技术，可灵活选取压缩比例，是一种有损压缩格式，能够将图像压缩在很小的储存空间，放到存储器上，其文件后缀名为 ".jpg" 或 ".jpeg"。JPEG 压缩技术在获得极高的压缩率时，也能展现丰富生动的图像，保留较好的图像品质。JPEG 提供 11 级压缩级别，即 0~10 级，0 级压缩比最高，图像品质最差，10 级压缩比最低，压缩比为 5:1，压缩比范围为 5:1~40:1 之间，压缩比例越小，图像品质越好。

17.2.11 主控单元 main control unit(MCU)

〈数码相机〉存放协调和控制测光、运算、曝光、闪光控制、拍摄逻辑等功能程序的只读存储器 (ROM) 芯片，也称为主控程序芯片。数码相机在电源开启时，主控程序芯片开始检查各功能是否正常，正常时相机处于准备就绪状态。

17.2.12 CF 卡 compact flash card

内置读/写控制器的半导体芯片快速存储器。CF 卡的外部接口是标准的 ATA/IDE(advanced technology attachment/integrated drive electronics) 接口，电源电压为 3.5V、5V 通用，是一种标准型的存储器，存储速度可达 120MB/s，存储容量达几十个 GB 或以上，现在最高的存储容量可达几百 GB，速度最快的是 XQD(Extended Quality Data) 卡，存储速度为 1GB/s。

17.2.13 SD 卡 secure digital card

引入数据保密机制并带有控制器的快速存储器，也称为安全数字卡。SD 卡的存储速度可达 100MB/s 左右，存储容量达几十个 GB 或以上，尺寸为 24mm× 36mm。

17.2.14 双列直插式组装 dual inline-pin package

采用双列直插形式封装的集成电路芯片。绝大多数中小规模集成电路均采用这种封装形式，其引脚数一般不超过 100。

17.2.15 表面组装技术 surface mounted technology(SMT)

不需要对电路印制板进行钻孔、插接等方式，直接将表面组装元器件 (surface mounted device, SMD) 通过贴、焊等方式装到电路印制板表面的规定位置上的电路装联技术。表面组装技术即是一种将无引脚或短引线表面组装元器件安装在印制电路板 (printed circuit board，PCB) 的表面或其他基板的表面上，通过回流焊或浸焊等方法加以焊接组装的电路装联技术。表面组装元器件 (SMD) 也称为片状元器件，分为表面组装元件 (SMC) 和表面组装器件，它是无引线或引线很短的元器件，适合于用表面装联方式装联的微型电子元器件。

17.2.16 静态驱动 static drive

从驱动 IC 输出脚到像素点间实行"点对点"控制的一种电路驱动方式，也称为直流驱动方式。数码管的静态驱动是，每个数码管的每一个段码都由一个单片机的 I/O 端口进行驱动，或者使用如 BCD(binary coded decimal) 码译码器译码进行驱动。静态驱动具有编程简单、显示亮度高、稳定性好、亮度损失小等优点，但存在占用 I/O 端口多、增加电路带来复杂性、成本较高等缺点。

17.2.17 扫描驱动 scan driver

从驱动 IC 输出脚到像素点间实行"点对列"控制的一种电路驱动方式。扫描驱动需要有行控制电路，具有成本低等优点，但存在显示效果差、稳定性差、亮度损失大等缺点。

17.2.18 恒流驱动 constant current drive

驱动 IC 在允许工作环境内，恒定输出设计时规定的电流值的电路功能。恒流驱动电路有三极管的恒流电路、运放的恒流电路、稳压二极管的恒流电路等。

17.2.19 恒压驱动 constant voltage drive

驱动 IC 在允许工作环境内，恒定输出设计时规定的电压值的电路功能。恒压驱动电路通常是利用稳压二极管来保证恒定的电压幅值。

17.2.20 非线性校正 nonlinear correction

在系统控制电路内，将原来输出信号经过一个非线性函数计算，使得光电系统输出 (测量) 值与入射光能量呈线性关系的处理电路或方法。非线性校正可使显示屏显示出逼近真实的图像。如果计算机输出的数字信号不加校正显示在 LED 电子显示屏上，则会出现色彩失真或灰度失真。

17.2.21 自动增益控制 automatic gain control(AGC)

能自动连续调整电压增益使输出电压基本恒定的电路或方法。其原理是将输入信号经前级缓冲电路输入给程序控制增益调整放大器对信号进行放大输出，通过峰值检测电路检测输出信号，并送给单片机采样，将采样信号与理想输出信号进行比较，对偏差通过调整增益控制电压进行修正，实现输出信号的稳定。自动增益控制电路一般由前级缓冲模块、电压增益调整模块、峰值检测模块、后级输出缓冲模块、控制与显示模块组成。

17.2.22　时序信号 sequential signal

为电路或系统在时间维度上执行微操作所提供的时间顺序的基准信号。时序信号的时间是基于基本时钟频率来计算的，或者是以基于最小单位时间单元来计算的，见图 17-59 所示。时序信号是用于对执行的指令进行执行的时间控制，指令执行的时间控制方式有同步控制、异步控制、联合控制 (同步控制和异步控制相结合)。

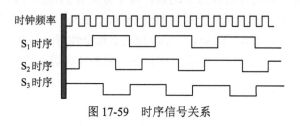

时钟频率
S_1 时序
S_2 时序
S_3 时序

图 17-59　时序信号关系

17.2.23　同步信号 synchronous signal

给需要进行同步处理信息的电路或系统提供相同时间的基准信号和指令信号。同步信号需要时钟基准频率为基础或同步源，进行发收系统间信号或处理电路信号间的时间同步点的约定，这种约定可以是脉冲信号或开关信号。同步信号包括行同步信号、列同步信号和场同步信号。在数字信号方面，有码元同步、群同步、网同步等同步方式。

17.2.24　行同步信号 line synchronous signal

在一个新行扫描开始前并接近开始提供的、与一个设定时间同时的执行行扫描的指令信号，也称为水平同步信号 (horizontal line synchronous signal)。行同步信号是扫描场同步信号的分解，一般在一个行扫描结束后提供，行同步信号的行间定准误差应接近零。行同步的准确度将影响显示图像的质量，是图像显示质量保证的一个重要参数。

17.2.25　场同步信号 field synchronous signal

在一个新场扫描开始前并接近开始提供的、与一个设定时间同时的执行场扫描的指令信号，也称为帧同步信号。场同步信号是每秒扫描场数的分解，一般在一个场扫描结束后提供，场同步信号的场间定准误差应接近零。场同步的准确度将影响显示图像的画面连续性质量，是画面连续性显示质量保证的一个重要参数。

17.2.26　时序控制 sequential control

为满足处理电路对操作指令执行时间顺序的需要，对操作信号所施加的同步、异步或同异联合时间控制的功能或技术。时序控制对探测器信号读取、显示器扫描显示是一项重要的电子处理功能或技术。

17.3 显示装置

17.3.1 基本术语

17.3.1.1 亮度 luminous intensity

〈显示设备〉显示屏单位面积内发出的光强度，单位 cd/m²。显示屏的最大显示亮度是显示器的重要性能之一，是显示器画面还原能力之一。

17.3.1.2 最大亮度 maximum brightness

〈显示设备〉一定环境照度下，主动发光显示屏三基色在最大亮度等级时的亮度。最大亮度值是显示器最大发光能力的体现。

17.3.1.3 明度 brightness

〈显示设备〉在最低到最高亮度之间可调节的级数。显示器的明度不同于色度学的明度，显示器的明度是显示亮度的一系列等级的范围。

17.3.1.4 流明效率 lumen efficiency

显示器每输入 1W 功率所能产生的流明数。流明效率是显示器发光效率的表达，与显示器的工作原理和驱动方式有关。流明效率越高的显示器越省电。

17.3.1.5 灰度 gray scale

黑色不同饱和度的度量。灰度可以从白到黑用黑色增加的饱和程度的百分数(%) 表示，也可用从黑到白划分成等量增加白 (或规律增加) 的多个等级来表示黑色的饱和度。灰度是表示黑白之间的变化层次。

17.3.1.6 灰度等级 gray level

同一亮度等级下，显示屏从最暗到最亮之间的深浅程度划分的级数，也就是色彩的深浅程度。例如灰度划分为 16、32、64、128、256 等的等级，通常用二进制的位数表示。

17.3.1.7 分辨率 resolution

〈显示设备〉表达显示屏显示画面最小细节的能力，通常用显示屏显示像素的阵列数 (如 800×640、1280×720、1920×1080 等) 表示，也称为屏分辨率。屏分辨率是显示器显示细节的客观能力，是显示器的重要性能指标之一。人眼从屏幕上观察到图像 (显示图像) 的细节效果受屏分辨率和源图像 (提供屏显示的图像) 分辨率的影响，屏分辨率与源图像分辨率是相互制约的，源图像分辨率低而屏分辨率高，结果反映出的是源图像的分辨率，屏分辨率低而源图像分辨率高，结果反映出的是屏的分辨率，当屏分辨率等于或大于源图像分辨率时，源图像的细节信息才不会被丢失。显示屏显示的图像分辨率有静态分辨率和动态分辨率，当源图像的分辨率不小于屏分辨率时，静止图像的分辨率等于屏分辨率，而动态图像的分辨率有可能会小于屏分辨率，这是因为显示器或摄像系统之一不能及时响应动态图像的像素所致，除非显示屏和摄像系统的时间响应都快于源图像的帧捕捉时间。屏的分辨率不能称为分辨力，分辨率是能提供细节的能力，分辨力是能发现细节的能力。

17.3.1.8　每英寸像素 pixels per inch(PPI)

每英寸长度上所拥有的像素数量，也称为像素密度单位 [1 英寸 (in) 为 2.54cm]。PPI 通常用于探测器、显示器、打印机、印刷设备等表达探测、显示、打印、印刷的分辨能力。PPI 数值越大，说明单位长度上的像素多，分辨力或分辨率就越高。每英尺像素 [1 英尺 (ft) 为 0.3048m] 常见的有 72PPI、180PPI、227PPI、254 PPI、300PPI 等。常见的冲印分辨率一般在 150PPI~300PPI 之间。打印和印刷等设备的输出分辨力比较高，激光打印机的输出分辨率一般是 300PPI~600PPI，印刷照排机的能达到 1200PPI~2400PPI。

17.3.1.9　显示容量 display capacity

表示显示屏分辨能力的总像素数。显示容量是显示器分辨能力的量级度量或概略度量，如像素为几十万级、几百万级等的分辨能力。显示器通常用这一关系进行分辨能力的概略表达。

17.3.1.10　清晰度 clarity

〈显示设备〉人眼观看显示器中的图像所感觉到的图像细节大小和亮暗真实性的程度。清晰度一般用显示器显示的线数和源图像亮暗还原能力表示。清晰度是人眼条件和显示器条件合成的图像观看效果，是主观因素参与的结果。显示图像的清晰度受人眼极限分辨率的限制，或者说无限提高显示器的分辨率是无意义的。人眼在垂直方向的清晰视角为 15°，人眼的极限分辨率角 (或视敏角)$\theta = 1'$，清晰度为 $C = 15°/\theta = 900$ 线。清晰度与分辨率有一定的等价关系，但两者不等同，当屏的分辨率小于人眼分辨率时，清晰度为屏的分辨率，当屏的分辨率大于人眼分辨率时，清晰度为人眼的分辨率。源图像亮暗还原能力受孔阑效应和扫描影响，使源图像还原降低。显示器扫描线数增多可减少孔阑效应和扫描的影响，提高清晰度。

17.3.1.11　鲜锐度 sharpness

图像细节部分的明度。鲜锐度是电视图像、照相图片的像质评价指标之一，通常灰度对像质的影响大约是鲜锐度的 2 倍，但对于灰度相同且无噪声时，鲜锐度就成为了主要的评价指标。

17.3.1.12　对比度 contrast ratio

〈显示设备〉一定的环境照度下，显示屏最大亮度和背景亮度的比值。这个对比度不是由显示器完全决定的对比度，而是与显示器有关的对比度。对于同一个显示器，当观看显示器的环境背景亮度大时，对比度就低，当环境背景亮度小时，对比度就高。对于同样的观看环境背景，显示器的最大亮度大对比度就高，显示器的最大亮度小对比度就低。

17.3.1.13　显示屏宽高比 width-height ratio of display

显示屏的有效显示宽度与有效显示高度之比。显示器传统的宽高比是按人眼的横向视角和垂直向视角确定的，即用横向 20° 视角比垂直向 15° 视角，比值结果为 4 : 3。后来经研究发现，采用更大的 16 : 9 的宽高比显示的视觉效果更好，将 16 : 9 也确定为标准的显示屏宽高比。

17.3.1.14　可视角 visual angle

能清晰地观看显示屏上的图像内容，包括水平角度方向和垂直角度方向的最大角度范围。用定量指标来标定的可视角是观看到的图像的亮度能达到亮度指标的侧边界的角位置决定的，这个可视角称为视角。可视角不同于视角，它比视角的范围要大，因为视角看到的范围是要达到一定亮度要求的。

17.3.1.15　视角 angle of view

观察显示屏两侧方向的亮度下降到观察其法线方向亮度的规定百分比时，同一个平面两个观察方向与法线方向所成的最大夹角。视角分为水平视角和垂直视角。国际照明委员会 (CIE) 文件规定侧边界角观看的图像亮度为中心图像亮度的 1/3 时的角为视角，以该数值可确定水平可视角和垂直可视角。亮度下降的百分比值也可以根据对图像观看质量的要求自己确定，如定为 1/2 或 1/10。视角是显示器的主要性能之一。对于主动发光的显示器 (如等离子体显示器、场致发光显示器、LED 显示器等)，它们的可视角比较大，一般可大于 160°~170°，而对于被动发光的显示器 (如液晶显示器等)，视角就会小一些。显示器视角的基本要求是水平可视角为 120°，垂直可视角为 80°。

17.3.1.16　最佳视角 the best angle of view

完整地看到显示屏上的内容，且不偏色，图像内容最清晰的边线方向与屏幕法线所成夹角的两倍。最佳视角是显示屏客观与观察者主观构成的结果，因显示器和因人而异，是观察者自己的选择。

17.3.1.17　观看距离 viewing distance

〈电视〉观看电视时，从人眼到电视屏幕的距离。研究发现，观看距离为 2m 是人眼调节焦距最轻松的距离，无论是大屏幕电视或小屏幕电视，即使损失一点清晰度或画面幅面，观看距离为 2m 是轻松观看电视的科学性选择。

17.3.1.18　最佳视距 optimal sight distance

完整地看到显示屏上的内容，且不偏色，图像内容最清晰的观察者位置相对于屏体的垂直距离。最佳视距不是一个固定的数值，其与显示屏中画面的尺寸大小和显示像素大小都有关。

17.3.1.19　响应特性 response characteristics

从显示器施加电信号到显示器正常显示图像信号的时间差。响应特性是显示器电信号响应的时间特性，通常以达到最大亮度的 90% 或 100% 为界。OLED(有机光发射二极管) 显示器的响应时间为微秒级，CRT(阴极射线管) 的响应时间为几毫秒级，LCD(液晶显示器) 的响应时间为几十或几百毫秒级。

17.3.1.20　换帧频率 frame changing frequency

显示屏更新或转换整屏画面的单位时间次数。显示屏的换帧频率关系到显示画面的连续性。对于观看一般的运动画面，显示屏的换帧频率不能低于 24 帧/秒；而对于观看快速的运动画面，显示屏的换帧频率应明显高于 24 帧/秒，例如，换帧频率为 50 帧/秒或 100 帧/秒。

17.3.1.21　刷新频率 refresh rate

显示屏重复显示整屏画面的单位时间次数。刷新频率不同于换帧频率,刷新频率是对相同画面的重复性的再显示，而换帧频率是对不同画面的分别显示。

17.3.1.22　色域 color area

〈显示设备〉CIE1976(International Commission on Illumination，国际照明委员会) 均匀色品图的马蹄形线框中的三基色 R、G、B 三点组成显示器所有彩色的三角颜色区域，见图 17-60 所示 (彩色图附书后)。在色品图中，色域的三角区域越大，显示屏可显示的颜色层次越多、颜色保真性越好。在图 17-60 中，色域 CA2 大于色域 CA1，色域 CA3 大于色域 CA2，色域 CA3 的颜色保真性最好。美国国家电视标准委员会 (National Television Standards Committee, NTSC) 在色域方面制定了相关的标准。

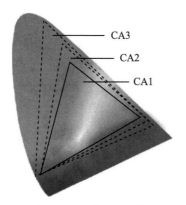

图 17-60　色域示意图

17.3.1.23　色域覆盖率 covering ratio of color area

由 R、G、B 三点组成的三角形颜色区域占马蹄形色品图面积的百分比，或色域与色品图面积之比的百分比。色域覆盖率越大，显示屏可重现的自然色彩越多，色彩越鲜艳，因为 R、G、B 组成的三角形越接近马蹄形线框，彩色饱和度越高。电视标准规定各类显示屏的色域覆盖率应不小于 32%。现又提出四基色的显示器方案，四基色有利于扩大色域覆盖率，提高色彩的鲜艳度。

17.3.1.24　色调特性曲线 hue characteristics curve

被摄物体 (输入图像) 的亮度与显示器屏幕上再现图像的亮度之间的关系曲线。色调特性曲线为斜率 1(即 45° 倾斜) 的直线时，显示屏才能正确地重现输入图像的亮度分布。

17.3.1.25　g 值 g value

色调特性曲线的直线斜率，用 g 表示，为无量纲量。g 值按公式 (17-30) 计算：

$$g = \frac{L_{\text{out}}}{kL_{\text{in}}} \tag{17-30}$$

式中：L_{out} 为显示器屏幕输出的图像亮度；L_{in} 为被摄物体 (输入图像) 的亮度；k 为色调特性曲线坐标系中的输出图像亮度坐标尺度与输入图像亮度坐标尺度之比。当 g 和 k 都为 1 时，图像的色调与亮度值才能正确重现。实际上是难以做到的，只要使 $g = 1$ 就算实现了色调重现。当 $g = 1$，$k < 1$，说明色调传输正确，但是亮度绝对值偏低。当 $g < 1$，说明明亮部分色调变化被压缩，亮部细节显示不出来，出现一片惨白状况；当 $g > 1$，说明明暗部分色调变化被压缩，暗部细节显示不出来，出现一片漆黑状况。

17.3.1.26　白平衡 white balance

描述显示器中红、绿、蓝三基色混合生成白色后精确度的一项指标。白平衡是显示器对彩色的还原能力，如果显示器相同比例的三基色合成后不能合成为真白，颜色的显示就会失真。白平衡也应用于摄影机和照相机的颜色记录保真性方面，当拍摄和照相的环境在钨丝灯、日光灯、日出日落等有色光源照明下时，通常需要进行白平衡校正，才能避免颜色的失真，否则，摄录和拍照的图像就会分别表现出偏黄色调、偏绿色调和偏红色调。

17.3.1.27　交叉效应 cross effect

显示器中一个像素上的亮度受到相邻像素影响的现象或效应。交叉效应产生的原因主要有：像素发出的光由屏玻璃面反射到相邻像素的干扰，屏玻璃越厚交叉效应越严重；显示器内信号线电阻随线长度增长压降增大带来的发光不均匀，内线电流越大的显示器影响越严重；像素电路通过网络间耦合产生的影响等。

17.3.1.28　残像 residual image

显示器在一个长时间显示静止图像后切换显示其他图像时，原图像的影响被叠加上去的现象，也称为图像黏滞。残像是显示屏永久性的损伤或灼伤的现象。残像将会引起显示器原显示亮度发生变化，因此以静止图像显示一段时间后在相同区域显示的亮度变化的一定量作为残像产生的判据。

17.3.1.29　闪烁 flicker

〈显示设备〉人眼能感觉到的显示器工作时显示屏亮度快速周期性变化的现象。闪烁的亮度变化是周期性和持续性的，不是图像中某部分或某时刻的亮度变化，这个周期是显示图像换帧的周期。闪烁是显示器的帧频率不够高造成的现象，或者说是帧周期时间大于人眼的暂留时间造成的现象。显示器靠帧频显示图像是显示技术的客观需要和避免不了的，只要帧频高于人眼能感觉连续性所要求的频率阈值就能消除闪烁，如每秒等于大于 50 帧的频率。闪烁将使人眼疲劳，是不期望的现象。

17.3.1.30　运动伪像 motion artifact

显示器对动态图像显示出与真实图像不一致或不清楚的运动模糊、伪轮廓、颤抖、动态色差、高频细节丢失、颜色断裂、颜色拖尾等现象。显示器的运动伪像主要是显示器电光转换的响应时间太长造成的。

17.3.1.31　动态伪轮廓 dynamic pseudo contour

显示器对运动物体显示出边缘产生假轮廓的现象。动态伪轮廓将造成运动图像的形状变化，如运动的圆足球变成椭球或者球拖尾等，这种现象主要是显示器图像响应时长所造成的。可将显示帧比作扑克牌，显示响应快时，运动物体在某个短的时间期间的空中某位置有 3~5 帧图像几乎重合，这时的显示画面就像扑克牌摞在一起，如果显示器对图像的响应慢，运动物体在某个短的时间期间的空中某位置有 3~5 帧图像就会被错开显示，这时的显示画面就像扑克牌被部分重叠地或不重叠地摊开，由此形成了运动图像的拖尾。

17.3.1.32　失控点 runaway point

显示屏上，发光状态与控制要求或与图像的实际显示不相符的像素点。失控点分为三种：盲点、常亮点、闪点。盲点是显示屏上不会亮的像素，或总是显示黑色的像素；常亮点是显示屏上一直亮着不会变化亮度的像素；闪点是显示屏上一直保持一种频率在变亮变暗的像素，这个变化与真实图像在该点的亮暗变化无关。

17.3.1.33　色彩失真 color distortion

显示屏显示的画面色彩与人眼直接看到的对应实物的色彩的不一致或偏离的现象。显示器色彩失真多数是由于三基色中的某一色缺失和弱化所致。原因可能是显示器受到外界干扰、消磁电路损坏、元件损坏等。

17.3.2　显示方式

17.3.2.1　直观显示 direct display

以显示器的显示提供直接观看的显示。直观显示的显示器有液晶显示器 (LCD)、等离子体显示屏 (PDP)、阴极射线管 (CRT) 显示器、发光二极管 (LED) 显示器、有机光发射二极管 (OLED) 显示器等。电视机、电脑、手机等的显示都采用了直观显示的方式。

17.3.2.2　虚拟成像显示 virtual imaging display

将图像源的图像用光学系统放大成为虚像进行观看的显示。例如，用光学放大镜进行观察的显示为虚拟成像显示。虚拟成像显示装置有虚拟观察眼镜、头盔显示器等。

17.3.2.3　主动发光显示 active luminous display

以自发光或激发发光像元面阵对图像画面进行的显示。等离子体显示屏 (PDP)、阴极射线管 (CRT) 显示器、场致发光显示器 (FED)、发光二极管 (LED) 显示器、有机发光二极管 (OLED) 显示器、真空荧光显示器 (VFD) 等为主动发光显示器。

17.3.2.4　非主动发光显示 non-active luminous display

借助外来光或外来照明，通过电路控制显示像元的反射率或透射率实现对源图像面光参数还原的显示。液晶显示器 (LCD) 等为非主动发光显示器。

17.3.2.5　黑白显示 black-white display

显示的亮度等级只有黑和白两种等级的显示。黑白显示表现的色调比较少，适合用于文字、符号等不需要彩色成分的显示。

17.3.2.6　灰度显示 grey display

显示的亮度等级有多个等级的显示。灰度显示通常按 2 的次方数形成灰度等级数，有 16、32、64、128、256 等灰度等级的显示，灰度等级数越大，显示的细腻程度越高。无论是单色或彩色的细腻显示，都需要具有灰度显示的能力。

17.3.2.7　单色显示 monochrome display

显示输出的光只有一种颜色的显示。单色显示可以是可见光谱中的任意单色谱的单色，如红、橙、黄、绿、青、蓝、紫等任意单色，也可以是可见光复合的黑白的单色。单色显示可以有灰度等级的单色显示，也可以有亮暗两级的单色显示，如数码管的显示。

17.3.2.8　多色区显示 multi-color area display

不同显示区采用不同颜色的显示，也称为分区显示。交通信号灯是典型的多色区显示，按竖排 (垂直) 的三个灯区的颜色显示分配为从上到下顺序为红色、黄色和绿色，按横排 (水平) 的三个灯区的颜色显示分配为从左到右顺序为红色、黄色和绿色，每个灯区的颜色是固定的，只有分配颜色的开或关，不能有其他颜色出现。

17.3.2.9　彩色显示 color display

由三基色 (红色、绿色、蓝色) 或四基色 (青色、品红色、黄色和黑色) 等标准组色系统所实现的彩色显示。

17.3.2.10　全屏彩色显示 full screen color display

在整个显示屏中，每一个显示点都能独立显示全面的颜色的显示。例如，每一个显示点都能独立显示的颜色有 64 种、128 种、256 种等的显示。

17.3.2.11　伪彩色显示 pseudo color display

由不完整的基色组成的彩色显示素所进行的彩色显示，也称为伪彩显示。例如，由红色、绿色 LED 组成的显示屏所进行的彩色显示就是伪彩色显示。

17.3.2.12　大屏幕显示 large screen display

显示的图形或图像比在常规显示屏尺寸大得多的屏幕上的显示。通常显示屏幕面积在一平方米以上的显示为大屏幕显示。大屏幕显示可分为透过型与投影型，种类很多，如激光扫描大屏幕显示、油膜光阀机电子显示装置、面板发光型大视野显示、矩阵型具有模块结构的大屏幕显示以及由数以万计的单个发光器件,如光源管、小型荧光灯和白炽灯等组成的、面积可达几百平方米的直观式超大屏幕显示等。

17.3.2.13 微反射镜阵列 micromirror array

每个反射元面都能独立控制反射面方向并按阵列进行布设的大量反射元组成的反射系统。反射镜驱动技术是微反射镜阵列的关键技术,常用的微反射镜驱动方式有静电型、磁电型、压电型和电热型四种。微反射阵列主要应用于图像显示、自适应光学、光通信、智能照明和光束扫描等方面。

17.3.2.14 光栅扫描 raster scanning

按行的关系逐行从左到右,继而逐行从上到下逐点获取整幅图像各像元信号来显示图像的扫描方式。扫描过程中,横向移动的扫描为水平扫描,行从上向下移动的扫描为垂直扫描,水平扫描和垂直扫描同时进行形成的扫描线群称为光栅。光栅扫描有逐行扫描和隔行扫描。光栅扫描是将图像中的像元按行来合成线,再把线合成为面来恢复图像帧的方式。CRT 是最先使用光栅扫描方式的显示器。

17.3.2.15 矩阵寻址 matrix addressing

将图像分解为像素点阵,并对每个点像元赋予地址,通过像元地址的寻址来分解或合成图像的方式。矩阵寻址是通过对显示点的地址赋予相应的信号电压使该像素得到显示,主要用于液晶显示、等离子体显示等平板显示器中。

17.3.2.16 自动光亮度控制 auto brightness control

为人眼观察舒适而对显示器图像亮度随环境照度进行自动控制的技术。显示屏显示的光亮度与环境照度不协调时,人眼就会产生视觉疲劳,而这种疲劳将对人眼视力造成不可逆的损伤。且屏幕亮度过高会直接影响显示器的使用寿命,因此,亮度自动调节功能是显示器的一项重要功能。

17.3.3 阴极射线显示

17.3.3.1 阴极射线管 cathode ray tube(CRT)

由控制栅、二栅、主透镜会聚电子束,偏转线圈及水平和垂直偏转板控制由电子枪发射的高速电子的偏转角度,使高速电子按图像像素扫描轨迹轰击荧光显示屏幕上的荧光物质而形成发光图像的显示器,见图 17-61 所示。阴极射线管由电子枪、控制栅、二栅、主透镜(电子透镜)、偏转线圈、偏转板、荧光粉层、玻璃外壳等组成。阴极射线管是早期主要使用的显示器,属于第一代显示器,尽管其有色彩还原度高、色彩均匀、响应时间极短等优点,但主要缺点是体积太大,现已除特别的应用领域外,基本上被后来发展的液晶显示器 (LCD)、有机发光二极管 (OLED) 显示器、发光二极管 (LED) 显示器等显示器所替代。

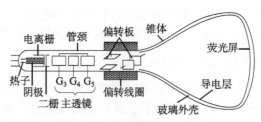

图 17-61　阴极射线管结构图

17.3.3.2　电子透镜 electron lens

布置电场和磁场产生的环境，产生轴对称分布的电场或磁场，对电子束聚焦的电子光学部件，也称为电子成像透镜 (electron imaging lens)。对阴极射线管显示器，电子透镜是将阴极发出的电子束交叉点聚焦到荧光屏上的电子传输轨迹控制的电场或/和磁场产生装置。电子透镜通常需要使用高压电源来驱动。电子透镜包括静电聚焦透镜、磁聚焦透镜、电磁复合聚焦透镜三种类型。电子透镜有单透镜和透镜组，透镜组可获得更高质量的电子束聚焦。电子透镜主要应用于阴极射线显示器、像增强器、扫描电子显微镜等中，在扫描电子显微镜中，电子透镜可用作电子探针。

17.3.3.3　静电聚焦透镜 electrostatic focus lens

由带电导体产生的静电场使发射出的电子束会聚的电子透镜，也称为静电透镜 (electrostatic lens)。静电聚焦透镜就是采用电场使电子束聚焦的电子透镜。静电聚焦透镜一般由两个或两个以上旋转对称的金属圆筒形电极组成，或由开有许多小孔的金属膜片电极构成，形成旋转轴对称的电场。两个电位不同的同轴金属圆筒就能构成一个静电聚焦透镜。第一个金属圆筒为负电场，第二个金属圆筒为正电场，构成的是正透镜。静电聚焦透镜有双电位聚焦 (BPF) 电子枪和单电位聚焦 (UPF) 电子枪两种，分别见图 17-62(a) 和 (b) 所示。在现代电子束曝光机中，电子光学系统较少使用静电透镜 (除电子枪外)，采用磁透镜较多，但在示波管、显像管等其他一些真空显示器件中还有应用。

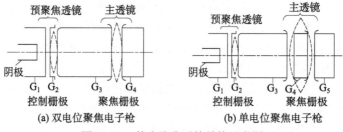

图 17-62　静电聚焦透镜结构示意图

17.3.3.4 磁透镜 magnetic lens

采用磁场使电子束聚焦的电子透镜,也称为电磁聚焦透镜 (electromagnetic focus lens)。与静电聚焦透镜不同,一个轴对称的永久磁铁或电磁线圈就能构成一个电磁聚焦透镜。磁透镜的磁场可以由螺线管、电磁铁或永久磁体产生,形成轴旋转对称的磁场,其焦距可以通过改变磁场强度或线圈中通过电流的大小来调节。电磁聚焦透镜的直径越大,球差越小。电磁聚焦透镜的磁场会使三条电子束产生旋转,因此不能用于彩色 CRT 中。磁透镜常用于像增强器、电子和离子显微镜、带电粒子加速器及其他装置中。

17.3.3.5 复合聚焦透镜 compound focus lens

〈显示器〉由静电聚焦透镜和电磁聚焦透镜共同组成的复合场共同作用电子束的电子透镜,也称为复合聚焦电子透镜。复合聚焦透镜具有静电聚焦透镜和电磁聚焦透镜的综合优点。

17.3.3.6 三条电子束 three electron beams

用三个电子枪分别产生红、绿、蓝三原色的三根电子束。三条电子束的电子轰击强度是分别独立控制的,以组合实现各种颜色的显示。

17.3.3.7 三角式电子枪 triangle electron gun

将红、绿、蓝三原色的电子枪按三角形布置的三个电子枪。三角式电子枪为老式彩色 CRT 的电子枪,这类电子枪调整非常复杂。

17.3.3.8 一列式电子枪 a line electron gun

将红、绿、蓝三原色的电子束产生源按一行排列并由一支电子枪射击电子的电子枪。一列式电子枪的三束的阴极是独立的,在各阴极上用正电位的视频信号进行调制。

17.3.3.9 示波管 oscillograph tube

用于示波仪上观察电信号波形的阴极射线的显示装置。示波管是一种光学设计要求高的单色 CRT,要求更好的偏转灵敏度、线性和高频响应。示波管只能采用静电偏转,当显示超过 1GHz 频率的信号时,偏转板转变为螺旋形的行波传输线,称为行波示波管。在行波管里电子束先轰击微通道板,再由微通道板将电子束倍增与加速去轰击微通道板出口处的荧光粉。

17.3.3.10 雷达阴极射线管 radar cathode ray tube

能在雷达一个旋转周期内仍然保持图像的阴极射线管,也称为雷达显示管。雷达显示管要求采用长余辉的荧光粉,以实现雷达旋转一个较长时间的周期内图像的保持。

17.3.3.11　真空荧光显示器 vacuum fluorescence display(VFD)

对阴极发射的电子进行控制和加速，以低能电子轰击阳极荧光粉进行发光显示的显示器。真空荧光显示器的原理与阴极射线管的有些类似，主要区别是 VFD 是用低能电子轰击荧光粉，VFD 的工作电压只为几十到几百伏，而 CRT 的工作电压达几千到几万伏，因此，CRT 的荧光粉在 VFD 中不能使用，CRT 的荧光粉要用高能电子轰击才能发光。真空荧光显示器能耗低、成本低、体积小，适合文字、数字、符号、简单图形等的显示，属于中低档显示产品，主要应用于家庭电子设备、汽车仪表、仪器仪表等方面。

17.3.4　等离子体显示

17.3.4.1　等离子体显示 plasma display

对充入惰性放电气体的平面矩阵像元施加电压，使其放电电离而激发荧光涂料发光所进行的显示，见图 17-63 所示。等离子体显示的原理是对数百万个微小的充入惰性气体的等离子体放电胞，施加电压，发生气体放电，产生等离子体，再由等离子体产生的紫外线照射预先涂覆在玻璃管内壁的荧光涂料，使其产生可见光所进行的显示。等离子体显示与 CRT 显示相比，具有高光亮度、高对比度、显示画面大、光亮度均衡、无画面几何失真、信噪比高、画面不闪烁、不受磁场干扰、结构较薄、重量较轻等特点。

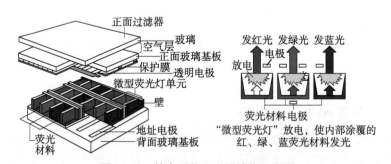

图 17-63　等离子体显示器结构示意图

17.3.4.2　放电胞 discharge cell

通过放电电离产生紫外线来激发荧光涂料发光的真空封闭的显示单元，见图 17-64 所示。真空放电胞中，封入放电气体，一般采用氖 (Ne) 和氙 (Xe) 或氦 (He) 和氙 (Xe) 组成的混合惰性气体。放电胞内壁涂覆的荧光体并不是白光的，而是发红、绿、蓝三原色光的。对放电胞施加电压，放电胞中发生气体放电，产生等离子体，等离子体产生的紫外线照射胞内壁上涂覆的荧光体，产生可见的单一颜色光。等离子体显示屏中有数百万个微小的荧光灯。

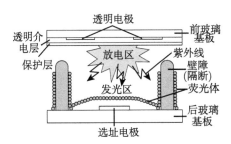

图 17-64　等离子体放电胞结构图

17.3.4.3　气体放电 gas discharge

惰性气体在外加电信号的作用下产生放电，发射出真空紫外线(波长 <200nm) 的过程。在放电单元上施加电压时，从阴极上释放出来的电子在电场作用下获得加速，产生激励原子、电子及阳离子；电离产生的电子向阳极方向运动，而离子向阴极方向运动；当部分阳离子返回到阴极时，使气体中的绝缘层破坏，开始点火放电。通常直流辉光放电的区域主要分为：阴极辉光区、负辉区、法拉第暗区、正柱区和阳极辉光区，见图 17-65 所示。

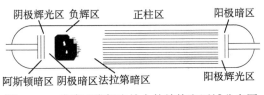

图 17-65　直流正常辉光放电的结构和区域分布图

17.3.4.4　阴极辉光区 cathode glow region

电压降占据整个放电电压的大部分的阴极区中的辉光区域。阴极区由阿斯顿 (Aston) 暗区、阴极辉光区和阴极暗区组成。阿斯顿暗区是紧靠着阴极的一层很薄的暗区，在这一区域中，由于电子刚从阴极逸出，受电场加速很小，动能不足以使气体激发，所以不发光。离开阴极稍远处，电子获得足以使气体原子激发的能量，受激原子通过辐射跃迁引起发光，形成阴极辉光区。

17.3.4.5　负辉区 negative glow area

电极间发光最强的区域。其与前面的阴极暗区有明显分界，但与后面的法拉第暗区之间则是过渡的。从阴极发出的电子经过阴极暗区后已发生了多次非弹性碰撞，大部分电子的能量都已损失，同时在阴极暗区中通过碰撞电离产生的大量低速电子也进入该区。因此形成了很强的负空间电荷，负空间电荷的作用使电子速度进一步减慢，激发几率加大、发光增加。另外，慢速电子与从暗区扩散过来的慢速正离子有较高的复合几率，这种复合也以发光的形式释出电离能，在阴极暗区和负辉区的交界面上，复合最为频繁，所以发光特别强。

17.3.4.6　法拉第暗区 Faraday dark area

由负辉区向阳极发展的过渡区。该区中的电子和离子密度较负辉区小，电场也很弱，激发和复合的概率比较小，所以发光远较负辉区和正柱区弱。

17.3.4.7　正柱区 positive column area

在法拉第暗区中频繁的碰撞使电子的运动方向不断改变，能量不断再分配，速度也逐渐接近麦克斯韦分布规律，最后进入的明亮区域，也称为正辉区。法拉第暗区尾部电子能量已比较接近麦克斯韦分布，其中一部分能量较高的电子能够引起气体的激发和电离，从而逐步过渡到明亮的正柱区。

17.3.4.8　阳极辉光区 anode glow region

阳极暗区周围的发光区。阳极辉光区是与阴极辉光区相对的另一个端的发光区，其发光比正柱区弱。

17.3.4.9　等离子体显示屏 plasma display panel(PDP)

由选址电路连接的大量小型放电胞排列构成的，利用气体放电发光进行显示的平面显示屏。技术原理是：利用矩阵模式来显示影像，画面由大量 (数百万) 的发光 "像素点" 所组成，它的前后两片特种玻璃之中注有一些惰性气体，通过后玻璃基层的地址电极和前玻璃基层的透明地址电极向每一像素点按显示扫描关系注入电压，被注入电压的像素点会因此而发出紫外光，引起每个像素点上的红、绿、蓝三原色荧光粉作出相应的反应，从而发出各种颜色的可见光，其交流型的显示单元见图 17-66 所示。

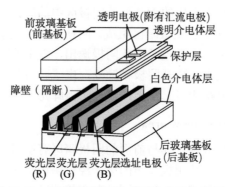

图 17-66　交流型等离子体显示单元结构示意图

17.3.4.10 交流等离子体显示屏 AC plasma display panel

利用交流电驱动的等离子体显示屏。其典型的自扫描结构特点是，各个放电单元小孔做在中心绝缘板(隔离阻隔板)上，封入以氖气为主体的混合气体，为防止离子碰撞而损伤阴极，在封入的混合气体中添加了少量的汞。

17.3.4.11 直流等离子体显示屏 DC plasma display panel

利用直流电驱动的等离子体显示屏。由两块玻璃板，在其上形成各种各样的功能层，贴合在一起，中间封入气体构成。

17.3.4.12 寻址显示分离模式 addressing display seperated mode

等离子体显示屏的驱动电路为一种寻址与显示分离的驱动方式，也称为子场驱动方法。首先使需要点亮显示的单元积累壁电荷，利用壁电压和全屏维持脉冲电压的叠加，在超过气体的着火放电电压时，激发该单元的放电发光。而不需要点亮的单元由于没有壁电荷积累，而维持脉冲不足以使气体放电，因而不会发光。

17.3.5 液晶显示

17.3.5.1 液晶显示器 liquid crystal display

利用面阵液晶像素的双折射特性作为允许背部光通过像素单元光能量大小的控制开关，来进行彩色或黑白图像显示的装置。液晶显示器主要利用液晶的光电效应来显示，按原理液晶显示器可分为扭曲向列相液晶显示器(twist nematic-LCD，TN-LCD)、超扭曲向列相液晶显示器(super twist nematic-LCD，STN-LCD)、薄膜晶体管液晶显示器(thin film transistor-LCD，TFT-LCD)、高扭曲向列相液晶显示器(high twist nematic- LCD，HTN-LCD)、补偿膜超扭曲向列相液晶显示器(film super twist nematic-LCD，FSTN-LCD)。扭曲向列相液晶显示器采用的是反射方式，一般只用于黑白显示；超扭曲向列相液晶显示器与扭曲向列相液晶显示器结构相似，差别在于 TN-LCD 的液晶扭转角为 9°，STN-LCD 的液晶扭转角为 180°~270°，除扭转角不同外，原理也不同，属于中档产品；TFT-LCD 采用背透照射方式，属于液晶显示器中的高端显示器；HTN-LCD 和 FSTN-LCD 这两类作为特殊用途。液晶显示器具有功耗很低、机械结构不复杂、寿命长(1 万小时)、体积小、无闪烁等优点，适用于使用电池的电子设备。

17.3.5.2 液晶 liquid crystal

分子在二维或一维方向规则性排列并具有各向异性光学特性的稠黏液体。液晶几乎不导电，掺杂可引起低导电；液晶分子长轴的介电常数 $\varepsilon_{\parallel}$ 与短轴的介电常数 $\varepsilon_{\perp}$ 不同，当 $\varepsilon_{\parallel} > \varepsilon_{\perp}$ 时，液晶分子显现正介电常数，当 $\varepsilon_{\parallel} < \varepsilon_{\perp}$ 时，液晶分子显现负介电常数，对于显现正介电常数的液晶分子，加上一个电场时，液晶

分子倾向于向介电常数最大的方向排列，见图 17-67 所示。液晶分子在液晶盒中以扭转和竖直两种状态排列，当扭转排列时，偏振光将会发生 90° 偏转，导致光能透过 (与出射窗的偏振方向一致)，而竖直排列时，偏振光将不会发生偏转，使光不能透过 (两个偏振片是垂直方向布置的)，这两种状态的光传播关系分别见图 17-68(a) 和 (b) 所示。液晶分子按几何形状分可分为棒状分子、碟状 (或盘状) 分子、条状分子，棒状分子是目前实用化的液晶材料；按液晶态形成方式分可分为热致液晶、溶致液晶；按分子的大小分可分为小分子液晶、高分子液晶；按相态分可分为向列相、近晶相、手性相。棒状分子的热致液晶为常用液晶。

图 17-67　液晶分子电场作用的排列关系图

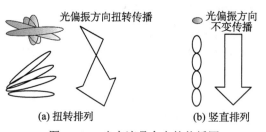

(a) 扭转排列　　　　　　(b) 竖直排列

图 17-68　光在液晶盒中的传播图

在某温度范围内，同时具有双折射性等晶体特性和流动性的物质。液晶是处于介乎各向同性液体与晶体之间的一种新状态的物质。在液晶相温度时，有机化合物的液态分子作有序排列而呈现各向异性；当温度高于液晶相温度时，液晶变成了普通透明的液体；当温度低于液晶相温度时，液晶变成普通晶体 (晶态)，失去流动性。液晶按分子排列可分为近晶、向列和胆甾三类。有液晶性质的有机化合物有两千种以上。电场、磁场、热能和声能都能引起液晶的光学效应。

17.3.5.3　热致液晶 thermotropic liquid crystal

通过将固体物质加热到熔点使其呈现出各向异性光学特性的液晶。液晶物质在固体状态和加热使液晶物质超过熔点后的清亮状态不具有各向异性的光学特性。热致液晶是通过加热固体并冷却各向同性液体或通过加热、冷却热力学稳定的中间相形成的中间相制备，可以看成是通过物理方式形成的液晶。

17.3.5.4 溶致液晶 lyotropic liquid crystal

通过化学的方法使物质呈现出各向异性光学特性的液体。溶致液晶有双亲化合物和溶剂形成的液晶，由一个亲水的头部和两条孪生的疏水尾链组成，有显著的偶极子性质，呈现层状、六角柱状、圆柱状、矩状、球状的液晶态。溶致液晶可以看成是通过化学方式形成的液晶。

17.3.5.5 向列相液晶 nematic phase liquid crystal

在分子长轴方向上保持相互平行或近平行而不能排列成层的长径比很大的分子组成的液晶，简称为 N 型液晶，也称为丝状液晶。向列相液晶分子的质心没有长程有序性，分子没有层的有序性，可以在一层内上下、左右、前后滑动。

17.3.5.6 近晶相液晶 smectic phase liquid crystal

分子长轴相互平行排列成层且方向可以垂直于层面或与层面倾斜排列的棒状或条状分子组成的液晶，简称为 S 型液晶，也称为层状液晶。近晶相液晶具有二维有序性排列，分子排列接近于晶体的排列状态。

17.3.5.7 手性相液晶 chiral phase liquid crystal

呈扁平状的分子长轴平行于平面排列成层，层内分子相互平行，不同层分子的长轴方向稍有变化并沿层法线方向排列成螺旋状结构的液晶，简称为 CH 型液晶，也称为胆甾型液晶。手性相液晶来源于胆甾醇衍生物。手性相液晶不同层分子长轴排列沿螺旋方向经历 $360°$ 的旋转后将回到初始方向，这个周期的层间距称为螺距，其螺纹距约为 300nm，与近紫外光波长在同一个量级，螺旋距会随外界温度、电场条件不同而改变，因此可用调节螺距的方法对外界光进行调制。

手性相液晶在显示技术中十分有用，大量用于向列相液晶的添加剂，可以引导液晶在液晶盒内沿面 $180°$、$270°$ 等扭曲排列，形成超扭曲 (STN) 显示。

17.3.5.8 取向材料 orientation material

镀制在玻璃基片的透明导电膜上经过摩擦能使液晶分子按一定方式排列的一层薄膜材料。常用的取向材料为有机高分子的聚酰亚胺 (PI) 材料，将其镀制成在基板上的薄膜。对于扭曲向列相液晶显示器 (TN-LCD) 和超扭曲向列相液晶显示器 (STN-LCD)，上下玻璃表面都需要作排列处理。液晶分子对玻璃基片的排列方式主要有平行、倾斜、垂直三种，倾斜要求的角度根据液晶材料的不同而不同，STN-LCD 的倾斜角为 $20°$。

17.3.5.9 液晶光阀 liquid crystal light valve(LCLV)

利用液晶的电致折射效应达到光波相位延迟来实现光开关效应的调制器件。液晶光阀是在两片平板玻璃中间填充液晶材料，并在玻璃片上镀上透明电极与校准层，通过电压控制液晶分子的折射率来实现对光的相位延迟。当液晶两侧电压为零，液晶分子排列方向与玻璃板方向平行时，o 光折射率与 e 光折射率差别最大；随着液晶层两端电压的增加，液晶分子开始旋转，o 光折射率 n_o 与 e 光折射率 n_e 的差别逐渐缩小，直到两者几乎相当。如果入射光偏振方向与液晶 o 光折射率 n_o 一致，则由液晶产生的相位延迟与所加电压无关，这是因为液晶的 o 光折射率 n_o 不会随电压改变；如果入射光偏振方向与液晶 e 光折射率 n_e 一致，则由液晶产生的相位延迟会随电压改变而变化。

17.3.5.10 硅基液晶 liquid crystal on silicon(LCOS)

将涂有液晶硅的 CMOS 集成电路芯片作为反射式 LCD 基板与镀有透明电极的玻璃基板相贴合，在两者间注入液晶 (作为光阀) 并封装而成的显示装置，也称为液晶附硅。液晶显示通常用穿透式投射的方式，光的利用效率只有 3% 左右，硅基液晶采用反射式投射，光的利用效率可达 40% 以上。硅基液晶是新型的反射式微液晶显示技术，其组成结构类似于薄膜晶体管液晶显示器的，其液晶矩阵的像素尺寸非常小，主要用于投影显示。

17.3.5.11 有源矩阵液晶显示 active matrix liquid crystal display

在显示屏的每个像素上都配置了完全独立寻址的开关器件，使每个像素的信号能保持一帧的时间显示，消除了像素之间的交叉串扰、响应速度、对比度等问题，保证了高显示质量的显示技术。有源矩阵液晶显示采用的阵列器件有两端器件 (二极管) 和三端器件 (三极管) 两大类，两端器件包括 MIM(金属-绝缘体-金属) 二极管、BBD(背对背) 二极管、RD(二极管环) 等，三端器件 (晶体管) 包括 MOS 场效应晶体管、薄膜晶体管 (TFT，含多晶硅和非晶硅的) 等。

17.3.5.12 扭曲向列相液晶显示器 twist nematic liquid crystal display(TN-LCD)

应用 "反射式" 照射方式原理，采用 90° 扭曲的向列相液晶的显示器，见图 17-69 所示。通常由两块氧化铟锡 (ITO) 玻璃板之间夹着向列相液晶材料形成，液晶的厚度一般为 5μm，其具体厚度与液晶材料的双折射率有关，在上下 ITO 玻璃基板上面涂一层取向层，利用液晶分子与取向层表面摩擦定向方向平行排列并

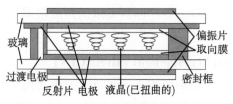

图 17-69 扭曲向列相液晶显示器结构图

带有 2°~3° 的倾斜角, 使液晶分子在两电极端加电压后会向同一方向扭转, 以实现光线传播的控制。

17.3.5.13　超扭曲向列相液晶显示器 super twist nematic liquid crystal display(STN-LCD)

与扭曲向列相液晶显示器结构相似, 但采用不同的液晶扭转角的一种液晶显示器。超扭曲向列相液晶显示器与扭曲向列相液晶显示器液晶盒中液晶的扭转角的差别为, TN-LCD 为 90° 时, STN-LCD 为 180°~270° 之间。

17.3.5.14　薄膜晶体管液晶显示器 thin film transistor liquid crystal display(TFT-LCD)

在扭曲向列相液晶显示器中引入薄膜晶体管开关而形成的有源矩阵液晶显示器, 见图 17-70 所示。薄膜晶体管液晶显示器的光源路径利用透射式光线, 为每个像素配置一个半导体开关器件 (其加工工艺类似于大规模集成电路), 每个像素都可以通过点脉冲直接控制; 像素电极和共通电极上滤光膜的位置一一重合形成电容器, 当电容器上下极加电且晶体管的栅极通电时, 内部充电并产生电场, 中间的液晶分子随电场发生偏转, 使光透过率发生变化, 从而产生不同灰阶的光, 以实现不同灰阶亮度的显示。薄膜晶体管有两类: 无定型 (非晶硅) 薄膜晶体管 (amorphous TFT) 和多晶硅薄膜晶体管 (polysilicon TFT)。薄膜晶体管液晶显示器主要用于高端的显示器、笔记本电脑及液晶电视机等。

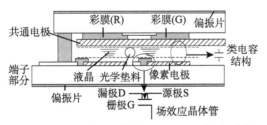

图 17-70　薄膜晶体管液晶显示器工作原理图

17.3.6　场致发光显示

17.3.6.1　场致发光显示器 field emission display(FED)

在强电场的作用下阴极表面势垒降低、变薄, 电子通过隧道效应穿过势垒发射到真空, 电子加速后轰击在荧光粉上而发光来实现显示的显示器。场致发光显示器的种类主要有微尖阵列场致发射显示器、碳纳米管场致发射显示器、金属-绝缘体-金属场致发射显示器、金属-绝缘体-半导体-金属场致发射显示器、表面传导电子场致发射显示器、弹道式传输场致发射显示器、类金刚石碳薄膜场致发射显示器等。

17.3.6.2　微尖阵列场致发射 field emission arrays(FEA)

应用作用于表面的电场 (大于 10^7V/cm) 将阵列排布的圆锥状发射体金属表面的势垒降低并减薄，使金属内的大量电子可越过势垒顶部成为自由电子，在外电场的作用下进行的高压电场发射的显示技术，其显示器结构见图 17-71 所示。微尖阵列结构为圆锥状的立体结构，材料为功函数适当、熔点高、化学性质稳定的金属，例如钼等，其发射的电流密度比热阴极大几个数量级，甚至可达 10^9A/cm^2，具有功耗小、工作电压低、光亮度高、视角宽等优点，但存在产业化的工艺瓶颈问题。

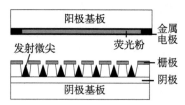

图 17-71　微尖阵列场致发射显示器结构示意图

17.3.6.3　碳纳米管场致发射 carbon nanotube field emission(CNTFE)

将圆锥阵列换作碳纳米管阵列，结构形式与微尖阵列场致发射结构相近的场致高压电场发射的显示技术，其显示器结构见图 17-72 所示。碳纳米管场致发射比微尖阵列场致发射阈值电场低，驱动电路比 PDP 的成本低，发射电流密度大，但栅控阈值电气和发射性能的不一致性等问题影响碳纳米管 (CNT) 技术的产业化。

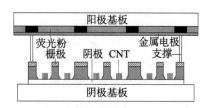

图 17-72　碳纳米管场致发射显示器结构示意图

17.3.6.4　金属-绝缘体-金属场致发射 metal-insulator-metal field emission(MIMFE)

在金属-绝缘体-金属组成的结构材料上应用电子隧道穿越效应产生热电子进行的场致发射的显示技术，其显示器结构见图 17-73 所示。金属-绝缘体-金属场致发射属于电流为直流型的薄膜内场致发射，发射的电子基本上垂直于表面出射，而在电极的边缘部分能有自聚焦作用，有利于解决色纯、分辨率、电荷积累等问题。

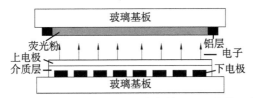

图 17-73 金属-绝缘体-金属场致发射显示器结构示意图

17.3.6.5 金属-绝缘体-半导体-金属场致发射 metal-insulator-semiconductor-metal field emission(MISMFE)

在金属-绝缘体-半导体-金属组成的结构材料上应用热电子隧道穿越效应产生的场致发射的显示技术。金属-绝缘体-半导体-金属场致发射属于电流为交流型的薄膜内场发射，负半周时，电子由上电极注入到传输层，并存储在传输层与绝缘层之间的界面态能级上，正半周时，存储在界面态能级上的电子在传输层中获利加速到达上电极，一部分能量高的电子穿过上电极逸出而成为发射电子。金属-绝缘体-半导体-金属场致发射要求高电压击穿强度、大介电常数、宽带隙的介质材料，故要求一定外电压下有较大的电荷密度。金属-绝缘体-半导体-金属场致发射与金属-绝缘体-金属场致发射的区别是金属-绝缘体-半导体-金属场致发射在结构上存在传输层，传输层能进行电子加速和传输。

17.3.6.6 表面传导电子发射显示器 surface-conduction electron-emission display(SED)

在由超微细氧化铅 (PdO) 形成的阴极薄膜构建纳米级的沟道，在施加电压时产生电子隧穿，隧穿电子到达电极另一端后散射，阳极作用力将部分散射电子射向荧光屏所形成的量子隧道传导发射显示器，见图 17-74 所示。

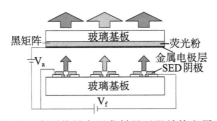

图 17-74 表面传导电子发射显示器结构和原理图

表面传导电子发射通过喷墨打印技术形成氧化铅薄膜，并施加脉冲电压形成亚微米级的裂缝，在微缝处生长碳膜，将缝隙缩小到约 5nm，使得在低电压下得到足够大的阴极传导电流。

17.3.6.7　弹道电子传导发射显示器 ballistic electron surface-emission display(BSD)

　　在阴极上通过阳极氧化对硅薄膜层进行多孔处理形成一多孔性的纳米晶硅层，在上部沉积一层金属层作为栅极，当在阴极与阳极间施加直流电压时，电子注入纳米晶硅层(电子与纳米晶粒之间的碰撞概率很小)并进入多晶硅的微结晶之间，加速得到高能量从阴极的垂直方向以平面状电子束流飞出的电子传导显示器，见图 17-75 所示。弹道式传输场致发射的发射阈值电场低，发光效率和光亮度高，而功耗低，另外，这种显示器对真空度要求比较低，降低了制造的工艺难度。

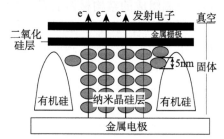

图 17-75　弹道电子传导发射显示器结构示意图

17.3.6.8　类金刚石碳薄膜场致发射 diamond like carbon field emission(DLCFE)

　　在硅基片上成型钼微尖阵列，且沉积二氧化硅绝热层和铝电极，然后在尖阵列上用等离子体化学气相沉积超薄非晶态金刚石薄膜，应用这种结构在低电场电压下大面积发射电子的场致发射的技术。类金刚石碳薄膜场致发射的逸出功为 3.0eV，比钼的 4.5eV 低，并有一定的负电子亲和势，具有高质量动态图像和低功耗的优点。

17.3.6.9　场致电子发射 field electron emission

　　在真空环境中物体的表面加很强的电场作用，大大削弱阻碍电子逸出的物体力，再借助隧道穿越效应使电子发射出来的技术，也称为冷发射或自由电子发射。场致电子发射是利用外部电场来压抑表面势垒，使势垒的最高点降低、势垒的宽度变窄，让电子可以通过隧道效应穿过低而窄的势垒发射到真空中。

17.3.7　发光二极管显示

17.3.7.1　发光二极管 light emitting diode(LED)

　　在正向电压下，注入电子和/或空穴越过 pn 结时自发发射非相干光辐射的一种 pn 结型半导体器件，也称为光发射二极管、半导体灯，其器件结构和工作原理见图 17-76 中的 (a) 和 (b) 所示。发光二极管可以把电能转化成光能，由含镓 (Ga)、砷

(As)、磷 (P)、氮 (N) 等的化合物制成, 如由砷化镓 (GaAs)、磷化镓 (GaP)、磷砷化镓 (GaAsP)、氮化镓 (GaN) 等具有 pn 结的半导体材料制成, 工作电压在 1.5V~3.8V, 其单色性好, 便于密闭, 体积小, 常用来作光源或显示器件。发光光谱的可见光波段一般为 400nm~700nm。发光二极管被称为第四代照明光源或绿色光源, 按用途可分为信息显示、信号灯、车用灯具、液晶屏背光源、通用照明等类别, 具有节能、环保、寿命长、体积小等特点。

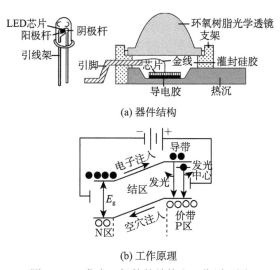

(a) 器件结构

(b) 工作原理

图 17-76　发光二极管的结构和工作原理图

17.3.7.2　面发射发光二极管 surface-emitting light emitting diode

光发射的方向垂直于半导体 pn 结平面的发光二极管, 也称为表面发光二极管。面发射发光二极管是指光射出的方向, 是顶面发光的发光二极管, InGaAsP/InP 发光二极管就是一种面发射发光二极管。

17.3.7.3　边发射发光二极管 edge-emitting light emitting diode(ELED)

光发射的方向平行于半导体 pn 结平面的发光二极管, 也称为边光发光二极管。边发射发光二极管是指光射出的方向, 是侧面发光的发光二极管, InGaN/GaN III 族氮化物的发光二极管就是一种边发射发光二极管。

17.3.7.4　超发光二极管 super light emitting diode(SLED)

自发发射的光子受激放大而雪崩式倍增, 使发光强度非线性急剧增加, 发出窄谱线宽度定向非相干强辐射的发光二极管, 也称为超辐射二极管 (super radiant diode, SRD)。

17.3.7.5　发光二极管显示 light emitting diode display

利用半导体发光二极管 (LED) 作为像素发光元件，来显示文字、图形、图像、动画、视频信号等各种信息的显示方式。由能独立发出红、绿、蓝三色光线的发光二极管所组成的发光阵列，可实现彩色画面的显示。

17.3.7.6　发光二极管点阵显示模块 LED matrix display panel

由一定数量发光控制独立的发光二极管显示像素及其相关部分组成的一体化显示阵列组件。发光二极管点阵显示模块通常是由塑胶壳体、印刷电路板、发光二极管芯片阵列、控制电路和金属引脚等组成，发光二极管芯片通过导电胶或导线固定在印刷电路板一面上，在印刷电路板的另一面上固定有驱动电路，印刷电路板上装有若干个固定金属引脚，装有发光二极管芯片阵列、控制电路和金属引脚的印刷电路板和外壳通过胶 (如环氧树脂) 封装在一起。塑胶材料制成的外壳上有均匀分布的窗口；控制电路由一片或多片半导体芯片组成。显示模块的规格分别有 8×8 点阵、16×16 点阵、16×48 点阵、32×48 点阵等，这些模块可作为基本单元组成更大尺寸的显示板模块。

17.3.7.7　发光二极管显示模组 LED display module

基于发光二极管作为像素光源并组成了一定规模的显示阵列，通过简单的电路及结构安装就能形成具有显示屏功能的基本显示单元。

17.3.7.8　直插灯模组 direct light module

通过双列直插封装形式使发光二极管灯脚穿过印刷电路板，再用锡焊接到印刷电路板上的灯模组。其具有视角大、亮度高、散热好、适合室外使用等优点，但存在像素密度小、生产工艺复杂等缺点。

17.3.7.9　表贴灯模组 surface mount light module

用表面贴装技术将发光二极管灯焊接到印刷电路板上，无灯管脚穿过印刷电路板的灯模组。其具有视角大、显示图像柔和、像素密度大、适合室内观看等优点，但存在亮度不够高、发光二极管灯的自身散热不好等缺点。

17.3.7.10　三合一发光二极管 three in one LED

将红色 (R)、绿色 (G) 和蓝色 (B) 三种基色的发光二极管晶片封装在同一个胶体内，制成可显示彩色的发光二极管基本单元。三合一发光二极管的优点是生产工艺简单、显示效果好，缺点是分光分色难、成本高。

17.3.8 有机发光二极管显示

17.3.8.1 有机发光二极管 organic light-emitting diode (OLED)

在外加电场作用下，电子和空穴载流子注入有机层后，传输并相遇形成电子-空穴对 (激子)，电子与空穴在有机层复合 (激子辐射衰减) 释放出光子而发光的半导体器件，也称为有机电致发光器件和有机发光半导体。有机发光二极管的发光原理是，在外界电压的驱动下，由阴极注入的电子和阳极注入的空穴在有机材料中复合而释放出能量，并将能量传递给有机发光物质的分子，后者受到激发从基态跃迁到激发态，当受激分子重新回到基态时辐射跃迁而产生发光现象，其器件结构和发光原理见图 17-77 所示，图中的 ITO(indium tin oxide) 为铟锡氧化物。OLED通过电流驱动有机薄膜本身来发出红、绿、蓝等单色光，同样也可以通过三色光相加达到全彩的效果。

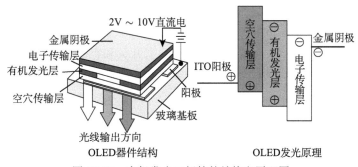

图 17-77　有机发光二极管的结构和原理图

17.3.8.2 量子点发光二极管 quantum-dots light emitting diode(QLED)

在外加电场作用下，电子和空穴载流子注入量子点层后，传输并相遇形成电子-空穴对 (激子)，电子与空穴在量子点层复合 (激子辐射衰减) 释放出光子而发光的半导体器件。量子点为纳米级尺寸的半导体，通过改变量子点的尺寸及组分，可改变量子点的发光波长，其发光谱段可以覆盖近红外及可见光。量子点发光二极管是与 OLED 结构类似的一种发光二极管。

17.3.8.3 注入 injection

〈有机发光二极管〉用直流电压 (如 10V) 对有机发光二极管的功能层 (数十至数百纳米厚) 产生足够的场强 (如 10^5V/cm ~ 10^6V/cm)，使材料中的电子和空穴均可实现对其注入的过程。

17.3.8.4 传输 transmission

〈有机发光二极管〉将注入有机发光二极管有机层的载流子运输至复合界面处的过程。衡量有机薄膜传输能力的一个主要指标是载流子迁移率 μ，目前使用的有机小分子空穴传输材料的迁移率一般在 $10^{-3}\mathrm{cm}^2/(\mathrm{V}\cdot\mathrm{s})$ 左右，而电子的传输率相对要低 2 个数量级。因此，寻找高电子迁移率的小分子材料是提高器件性能的关键。

17.3.8.5　复合 recombination

〈有机发光二极管〉注入有机发光二极管有机层的电子和空穴载流子在有机层结合并释放能量的过程。复合有辐射型的复合和非辐射型的复合，OLED 器件期望的是辐射型的复合，以获得光发射。

17.3.8.6　发光 luminescence

〈有机发光二极管〉有机发光二极管有机层中的激子从激发态发射出光回到基态的过程。激子是不稳定的，它可以通过辐射跃迁发光、非辐射跃迁、能量传递等方式将能量耗散掉。为了提高发光量子效率，需提高半导体的纯度，减少膜层中缺陷引起的猝灭，或将发光量子效率很高的荧光染料掺入发光层基质中。

17.3.8.7　无源驱动方式 passive drive mode

〈有机发光二极管〉每个显示像素没有独立开关和存储电容，由像素外电路统一实施驱动的方式。无源驱动分为静态驱动和动态驱动。

17.3.8.8　静态驱动方式 static drive mode

〈有机发光二极管〉在有机发光显示器上，将各有机电致发光像素的阴极连在一起引出，各像素的阳极分立引出，按这种连接关系建立的驱动方式。静态驱动方式是共阴极连接的方式。静态驱动电路一般用于段式显示屏的驱动。

17.3.8.9　动态驱动方式 dynamic drive mode

〈有机发光二极管〉在有机发光显示器上，把各有机电致发光像素的阴极和阳极两个电极做成矩阵型结构，采用逐行或逐列扫描点亮像素的驱动方式。

17.3.8.10　有源驱动方式 active drive mode

〈有机发光二极管〉在有机发光显示器上，对每个有机电致发光像素都配备了具有开关功能的低温多晶硅薄膜晶体管和一个电荷存储电容，将外围驱动电路和显示阵列整个系统集成在同一玻璃基板上的驱动方式。这种驱动不受扫描电极数的限制，可以对各像素独立进行选择性调节，驱动无占空比问题，驱动不受扫描电极数的限制，易于实现高亮度和高分辨。

17.3.9　投影显示

17.3.9.1　投影显示 projected display

利用光学系统和投影空间把平面图像放大并显示在投影屏幕上的显示技术。投影显示即是将小尺寸显示器产生的图像用光学系统放大投影到银幕上的显示。

投影显示能满足对大屏幕显示的要求，其主要的投影形式有正面投影 (正投) 和背面投影 (背投) 两种形式。正投是投影源和观察者在屏幕的同一侧，正投投影大小和位置可灵活调整、能耗低、亮度高，但安装占用空间大、容易被遮挡干扰；背投是投影源和观察者分别在屏幕的两侧 (不在同一侧)，背投投影安装占用空间小、不会被遮挡干扰，投影幅面大小一般是事先固定的，尺寸通常不太大，不能灵活调整，且能耗高、亮度低。投影显示设备主要有阴极射线管 (CRT) 投影显示设备、液晶 (LCD) 投影显示设备、硅晶 (liquid crystal on silicon, LCOS) 投影显示设备、数字光处理器 (digital lighting process, DLP) 投影显示，目前主要使用的是后三种。通常，放电影、会议室等采用的投影仪是正投式显示，背投电视机等是背投式显示。

17.3.9.2 阴极射线管投影显示 CRT projected display

将小型阴极射线管荧光屏上的图像用光学系统投影到大银幕或投影屏上进行显示的技术。CRT 投影显示是最早的投影技术，但无法提高分辨力，达不到高清显示的要求，且 CRT 投影的亮度也不高，加上设备体积较大和操作复杂，已基本被淘汰。

17.3.9.3 液晶投影显示 LCD projected display

对液晶显示图像进行透射式投影显示的技术。液晶投影显示画面色彩还原真实鲜艳，色彩饱和度高，缺点是光效率低，只有 40%，使用一定时间后液晶的老化将导致失真，另外，其黑色层次表现不是很好，对比度一般为 500:1 左右，可明显看到投影画面的像素结构。

17.3.9.4 硅晶投影显示 LCOS projected display

一种反射式微型 LCD 投影显示的技术，是半导体集成电路与 LCD 完美结合的显示技术，见图 17-78 中所示。LCOS(liquid crystal on silicon) 投影显示不像 LCD

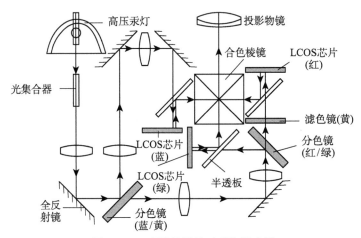

图 17-78　硅晶投影显示系统组成图

显示那样因为光线穿透面板而大幅度降低光利用率，它比光穿透式的 LCD 光利用率有明显提高，可减少耗电，并有较高的光亮度，但黑白对比度不佳、三片式 LCOS 光学引擎体积较大。

17.3.9.5　数字光处理器投影显示 DLP projected display

采用数字微镜器件 (digital micromirror device，DMD) 作为显像芯片的反射式投影显示技术。DMD 的应用使 DLP(digital light processing) 显示的灰度等级、图像信噪比大幅度提高，画面质量细腻稳定，芯片在图像切换时响应速度快，播放动态视频图像流畅，数字图像还原真实精确。此外，DLP 的黑色层次表现较好，对比度可达 2000∶1 左右。

17.3.9.6　分色/合色光学系统 color separation/match color optical system

在投影系统中，对入射的光进行颜色的分解或合成的光学系统。通常用半透射半反射镜对入射光进行两个颜色的分离或两个颜色的合成。分色/合色光学系统一般采用镀反射颜色选择和透射颜色选择的平行玻璃平板来组成投影光路系统。其可划分为时间分色/合色光学系统和空间分色/合色光学系统。具有单片空间光调制器的投影系统采用时间分色/合色光学系统，具有三片空间调制器的投影系统采用空间分色/合色光学系统。

17.3.9.7　时间分色/合色光学系统 time color separation/match color optical system

采用场序制 (field sequential color, FSC) 颜色技术的光调制系统，或按时间关系进行分色/合色的光学系统。时间分色/合色光学系统使图像在到达成像芯片之前分解为红、绿、蓝 (R、G、B) 三个子图像，子图像按一定的时间次序被写入电路上。当红色图像信号输入电路时，红光照射，绿光和蓝光的情况同理，三种基色按照一定的时间顺序轮流照射空间光调制器，调制器的性能可保证过程所需的快速度响应和分辨力要求的小尺寸，从而还原图像规定的分辨力与实际颜色相符的全色图像。时间分色/合色光学系统实现的技术方案可分别有色轮转动光学系统、卷动颜色光学系统和颜色切换光学系统的途径。时间分色/合色光学系统由于只有一片空间光调制器提供 3 种颜色，不会出现像素的错位，且设备成本降低。

17.3.9.8　空间分色/合色光学系统 space color separation/match color optical system

对光源在空间关系上进行分色，然后分别照射到三个空间光调制器上，分别调制后再在空间合成为彩色图像的光学系统。空间分色/合色光学系统具有画质细腻、光亮度高等优点。空间分色/合色光学系统实现的技术方案有棱镜光学分色/合色光学系统和三色分离光学系统, 前者由棱镜将输入的白色偏振光分离为红、绿、蓝三种单色偏振光, 分别进行调制后, 再由棱镜将输入的红、绿、蓝三种调制偏振光合成为携带颜色信息的白色偏振光, 投影在屏幕上成像, 后者采用三片分光镜把白光分离为红、绿、蓝三种光, 通过三个空间光调制器后, 投影到屏幕上成红、绿、蓝三个色的重合像。

17.3.9.9 色轮转动光学系统 color wheel rotary optical system

将多种不同颜色或相同颜色的滤光片按角度需要拼接成一个同心圆轮, 并安装在一个步进电动机上, 由其按规定的速度转动而瞬时输出单色光的时间分色/合色光学系统。色轮转动光学系统一次只提供一种颜色, 有 2/3 的光都被阻挡掉, 因此光能的损失较大。色轮的组合方式主要有三段式色轮 (R、G、B)、四段式色轮 (R、G、B、W)、五段式色轮 (R、G、B、O、C)、六段式色轮 (R、G、B、R、G、B)、七段式色轮 (R、G、B、R、G、B、Black) 等。

17.3.9.10 卷动颜色光学系统 scrolling color optical system

使每一时刻红、绿、蓝三基色同时照射在空间光调制器上, 但每种基色带只照射空间光调制器面积的 1/3, 每种色带从上到下卷动, 当一种基色带卷动到底部后迅速返回顶部, 基色是按时间顺序连接照射到空间调制器的时间分色/合色光学系统。

17.3.9.11 颜色切换光学系统 colorswitch optical system

利用偏振干涉滤光片和液晶结合的原理产生时序上的颜色分离, 驱动其运行的时间分色/合色光学系统。颜色切换光学系统的颜色切换是透明的设备, 包括 3 个液晶开关和颜色控制偏振器件, 在颜色切换过程中, 时间序列可以动态改变, 而没有周期性重复输出, 系统结构消耗小, 没有转动磨损和振动等带来的问题, 且容易做成轻便的投影系统。

17.3.9.12 增益型色轮光学系统 gaining color wheel optical system

在色轮表面采用阿基米德原理螺旋状光学镀膜, 集光柱 (光通道) 采用特殊的增益技术, 补偿部分反射光, 使系统光亮度有较大提高 (约 40%) 的色轮光学系统, 也称为连续色彩补偿 (sequential color recapture, SCR) 系统。这种色轮制造技术相对较复杂。

17.3.9.13 光集合器 light collector

为不同角度的入射光提供不同传播路径, 使得在出射端上的任一点光的光照度是多个不同角度入射光的叠加的积分结果, 以获得均匀的出射光的光学通道。光集合器有中空型和实体型, 出射孔径均为矩形, 中空型 (又称为光隧) 是一个内

壁镀有高反射膜 (反射率大于 98%) 的空心光管, 实体型 (又称为光棒) 是由光学玻璃加工成形的长尺寸六面体。光集合器按外形分可分为长方体形和四棱台形。光集合器的一端位于椭球反射镜的第二焦点处, 以对不均匀的入射光进行集合和输出均匀化。

17.3.9.14　积分透镜 integral lenses

〈投影光源〉由多个小凸透镜 (一般几十个) 组合而成的一个透镜阵列, 也称为复眼透镜。积分透镜一般成对使用, 分为前复眼透镜和后复眼透镜 (即前排和后排), 前复眼透镜将光源发出的近平行光聚焦于后复眼透镜上 (后复眼透镜在前复眼透镜的焦平面上), 再经过后面的透镜组, 使每个小透镜对被照面 (液晶面) 全面照射, 以实现对被照面的均匀照射, 其应用光路见图 17-79 所示。复眼越多, 被照面被光照射得越均匀。复眼透镜阵列的规格有 8×6(用于投影像宽高比为 4:3) 和 10×6(用于投影像宽高比为 16:9)。

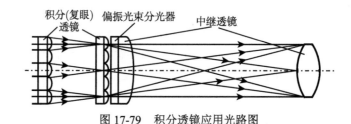

图 17-79　积分透镜应用光路图

17.3.9.15　空间光调制器 space light modulator

各类投影显示系统中的成像芯片 LCD、LCOS 和 DMD 等的统称。空间光调制器既是照明光学系统的照射面, 又是投影显示系统的投影物镜的物面, 其作用是对图像各像元的各基色光亮度调制为符合实际图像对应的亮度。

17.3.9.16　数字微镜器件 digital micromirror device(DMD)

由多个可翻转的微型像素反射镜行、列紧密排列并固定在硅基底形成的二维反射镜阵列成像器件, 也称为数字微反射阵列器件 (digital micro mirror array device)。DMD 中微镜的翻转受输入图像的数字信号控制, 从照明系统入射的红、绿、蓝光线经其反射, 通过投影物镜投射到屏幕上产生图像。DMD 的光利用率可达 68%。DMD 通过对微反射镜实施扭转可实现数字光开关控制。

17.3.9.17　偏振分束器 polarization beam splitter(PBS)

将入射的普通光转换为液晶面板正常工作所需要的两个正交偏振态的偏振光的装置, 见图 17-80 所示。在图 17-80 中, 自然光入射到斜方棱镜的第一个斜面被分解成振动平行于纸面 (p 光) 和垂直于纸面 (s 光) 的两部分偏振光，s 光部分被反射，再经斜方棱镜的另一斜面反射后直接出射，p 光部分透过斜方棱镜的端面，再透过 $\lambda/4$ 波片后出射，在透过 $\lambda/4$ 波片时光束的振动方向被 $\lambda/4$ 波片旋转了 90°，转换为 S 光偏振方向后出射，使所有光成为同一偏振方向的光出射。传统的投影机较多采用偏振分束器阵列作为偏振转换器件，将其置于第二排复眼透镜阵列前面。

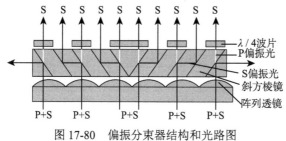

图 17-80　偏振分束器结构和光路图

17.3.9.18　内全反射棱镜 total internal reflection prism; TIR prism

由两块三角棱镜组合形成，对入射光具有内部全反射功能，对出射光透射的棱镜组，见图 17-81 所示。TIR 棱镜主要用于解决 DMD 的入射光线与出射光线的干涉问题。

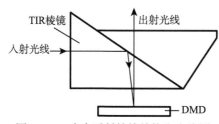

图 17-81　内全反射棱镜结构和光路图

17.3.9.19　光学引擎 optical engine

对图像或视频电子信号的显示进行亮度增强和放大的功能器件构成的光学系统。光学引擎主要由光源、图像处理芯片和投影镜头组成，是图像或视频电子信号转换为光学显示画面的驱动功能件。引擎的功能效果可通过投影设备展现出来。有时也将光学投影设备统称为光学引擎。

17.3.9.20　激光显示 laser display

利用半导体泵浦固态激光工作物质，产生红、绿、蓝三种波长的连续激光作为彩色激光显示的光源，通过控制三基色激光光源在 DMD 芯片上反射成像的一种投影显示方式。激光显示具有色彩鲜明、亮度高、屏幕尺寸灵活、长寿命、高可靠性等特点。

17.3.10　平视显示

17.3.10.1　平显 head up displaying

将信息数据、图像等投影到观察窗上，可同时观察窗外景物和显示内容的一种显示方式或技术，也称为平视显示。平视显示技术制作的显示器是普遍运用在飞机上的飞行辅助仪器，飞行员不需要低头就能够看到他需要的重要资讯。

17.3.10.2　平视显示器 head-up display(HUD)

由显示源(显像管、液晶屏)、准直透镜组(焦面设在显示源)、半反半透平板玻璃及光路折转元件等组成的一种飞机座舱光电显示装置。飞行员透过平板玻璃观察外界的同时，还可看到准直后由平板玻璃反射的无限远显示像(飞行数据、目标参数、火控诸元等)，具有不需低头即可迅速掌握信息，还能避免眼睛频繁调焦等好处。

17.3.10.3　全息平视显示器 holographic head-up display

由显示源、准直透镜组、全息光学元件及光路折转元件等组成的一种飞机座舱光电显示装置。全息平视显示器除有平视显示器特点外，还有视场大、亮度高的特点。

17.3.10.4　头盔显示器 helmet-mounted display(HMD)

使用者既可观看经光学系统准直或放大的视频图像和各种信息(数字及符号)，又能透过半反半透玻璃观察外界景物，安装在头盔上的光电显示装置。

17.3.10.5　头盔瞄准/显示系统 helmet-mounted sight/display system

具有观察、瞄准目标并测量、计算目标空间位置，显示飞行及火控信息的功能，由飞行员头盔瞄准具和头盔显示器组合而成的系统。

17.3.11　三维显示

17.3.11.1　体三维显示技术 volumetric 3D display

一种基于多种深度暗示的真三维显示技术。体三维显示技术是通过特殊方式来激励位于透明显示空间内的物质，利用光的产生、吸收或散射形成体素，并由许多分散体素构成三维图像，或采用二维显示屏旋转或层叠而形成三维图像。

17.3.11.2 光场三维显示 light field 3D display

在空中再现三维物体的发光光场分布，从而再现出三维景象的显示技术。空中的三维显示通常需要空中建立水雾场，以为像点光的散射提供需要的散射物质(如同银幕的作用)，方能使三维图像每个像点的光得到显示。

17.3.11.3 全息三维显示 holographic 3D display

利用干涉原理，将光波的振幅和相位信息记录下来，使物光波的全部信息都存储在记录介质中，再用参考光照射记录介质使被记录的图像再现的显示技术。当用光波照射记录介质时，根据衍射原理，就能重现出原始物光波，从而显现十分逼真的三维图像。全息三维显示是在真实空间中创建的真实立体图像，不是靠创建多幅平面图像由大脑组装形成的立体图像，因而能从多个角度观看立体图像。计算全息三维显示技术是全息术与光电技术及计算机高速计算技术相结合发展起来的一种真三维显示技术。

17.3.11.4 光栅三维显示 three-dimension display of grating

基于双目视差空间深度暗示，在显示景物或图像的显示屏前放置一个立体光栅，使显示屏图像上任一点的光线只能按特定方向出射，而不是向四周出射，造成光线从显示屏平面的下面或上面的某点发出，形成景物远或近位置感受的三维显示技术。当两只眼分别只能看到自己视场中的相关图像时，就会产生体视的感觉。而平面图像的视觉是两只眼睛看到的图像是完全一样的。光栅三维显示分为狭缝光栅三维显示和柱透镜光栅三维显示两种。

17.3.11.5 三维立体眼镜 three-dimension stereoscopic glasses

眼镜的左镜片和右镜片分别只能看到按左眼和右眼视角分别拍摄的左眼图像和右眼图像，以实现图像立体显示的眼镜。三维立体眼镜有有源眼镜和无源眼镜。有源三维立体眼镜是镜框上装有电池和液晶调制器的眼镜，其利用液晶光阀高速切换来分别给透明显示器上发出左眼观察角度的显示图像和右眼观察角度的显示图像，显示器的显示与眼镜的通光和挡光形成很好匹配，使左眼和右眼分别只看到各自图像而产生立体感。无源三维立体眼镜是眼镜的左镜框和右镜框分别装有偏振方向相互垂直的偏振片的眼镜，其利用显示屏同时显示左眼的偏振光图像和右眼的偏振光图像的偏振光正交的消光性，使左眼和右眼分别只能看到各自图像而产生立体感。对于无源三维立体显示，如果摘掉眼镜，所看到的显示图像是两个有一点错位的重影像，这就是两个偏振光各自图像同时显示的重叠现象。无源三维立体眼镜成本低。

17.3.11.6　三维显示器 three-dimension display

用户无须佩戴立体眼镜而直接观察显示设备就能看到三维立体图像的显示设备，又称为裸眼立体显示器或真 3D 显示器。三维显示器是利用新一代视差照明、视差屏障、微柱透镜投射、微数字镜面投射等设备技术产生可直接显示三维图像的显示设备。

17.3.11.7　狭缝视差显示 slit parallax display

在透射式显示屏后形成离散的、极细的照明亮线，使左眼和右眼分别只能看到偶数 (或奇数) 列和奇数 (或偶数) 列的亮线图像以获得图像立体显示感觉的三维显示方法或技术，也称为狭缝视差挡板法。狭缝视差显示的原理是使左眼看得到的图像右眼看不到，反之亦然。其缺点是由于狭缝很细，所以图像较暗。狭缝视差显示的立体感属于裸眼体视，即眼睛可直接看到的体视。当在显示屏上贴一块微柱透镜面板 (柱形光栅) 可解决狭缝视差显示的问题。

17.3.11.8　视差屏障技术 parallax barrier technology

利用开关液晶屏、偏振膜、高分子液晶层构建出偏振方向正交 (90°) 的垂直条纹，使左眼和右眼分别只能看到各自视角图像获得图像立体显示感觉的三维显示器技术。

17.3.11.9　微柱透镜面投射技术 micro-column lenses projecting technology

利用将焦平面置于显示器显示平面的一层微柱透镜，使显示面上的像素被以不同方向投射成双眼不同角度观看的两幅图像，来产生立体感觉的三维显示器技术。柱透镜将图像分割为细条，其折射作用可使两幅分割图像的光只能分别射向那只对应的眼睛，产生立体感。微柱透镜面板的厚度等于柱镜的焦距，图像处于柱面镜的后焦面。

17.3.11.10　微数字镜面投射技术 micro-digital-mirror projecting technology

用计算机以时分顺序控制微反射镜面的反射角度实现反射投射显示不同角度图像，供两只眼睛分别观看产生立体感觉的三维显示器技术。

17.3.12　虚拟显示

17.3.12.1　虚拟显示 virtual display (VD)

应用计算机计算技术和软件技术对非现实场景，或非现实场景加真实场景进行可视化构建的显示。虚拟显示可将数据转换为可视化图形，可设计建立想象的可视化图形来显示，也可以将虚拟场景与真实场景进行期望的组合来显示。

17.3.12.2 虚拟现实 virtual reality (VR)

利用计算机生成一种多源信息融合的、交互式的三维动态视景的虚拟场景与实体行为系统结合，使用户能融入并体验到置身于虚拟世界中的显示场景。构建这种虚拟场景信息可能会是仿真现实的、突显现实的 (如放大现实等)、改变现实的或虚构的等场景信息，而不是真实环境的信息。虚拟现实的概念可以用于指虚拟现实显示、虚拟现实技术、虚拟现实接口或虚拟现实产品等。虚拟现实在复杂训练 (如飞机驾驶训练等)、游戏等方面被主要应用。

17.3.12.3 增强现实 augmented reality (AR)

一种实时地计算摄影机影像真实环境的位置及角度并加入相应特殊处理 (局部放大、解剖、历史回溯等) 的图像、视频、3D 模型等的场景显示。增强现实的方式有完全是用现实内容进行的增强，或以现实内容为主、虚拟内容为辅进行的增强。增强现实的目标是将现实世界的场景与辅助的虚拟世界的场景融合在一起进行互动，以更好地完成特定真实场景任务，获得更真实的体验效果或训练效果。增强现实包括增强现实显示、增强现实技术、增强现实接口或增强现实产品等。

17.3.12.4 混合现实 mixed reality (MR)

虚拟现实场景和增强现实场景各占相当比例或接近相当比例的显示。混合现实可在现实世界、虚拟世界和用户之间搭起一个交互反馈的信息回路，以增强用户体验真实感的场景显示。混合现实包括混合现实显示、混合现实技术、混合现实接口或混合现实产品等。

17.3.12.5 多感知性 multi-sensory

除了视觉感知以外，还具有的听觉感知、力觉感知、触觉感知、运动感知、嗅觉感知、味觉感知等其他感知的属性。理想的虚拟现实技术应能建立模拟人所具有的一切感知功能，使人能获得完整的感觉体验。多感知性可作为虚拟系统感知能力或功能的评价指标，是虚拟系统具有的感知维度。有几种感知能力，感知维度指标就是几，如 3 感知系统就是有三种感知维度或能力 (如视觉、听觉、力觉等)，这就是虚拟系统具有的感知能力或感知指标，而第一感知要素通常还是视觉。

17.3.12.6 沉浸感 immersion

借助交互设备和人自身的感知系统，从置身于的虚拟环境中获得的真实的感觉或感受。沉浸感是对虚拟环境感觉的逼真程度，感觉越逼真，沉浸感越强。沉浸感强的系统将使用户难辨真假，会全身心投入到创建的三维虚拟环境中。沉浸感可作为虚拟系统真实感受程度的评价指标，以评价虚拟系统真实感受的等级水平。

17.3.12.7　交互感 interactivity

使用者通过输入输出设备操作虚拟环境的物体或过程并从虚拟环境中获得满意响应或从虚拟环境获益或获利反馈的感受。交互感是对某一感知维度的相互作用能力和感知深度的感受，交互感越强，在某一维度的感觉越逼真。交互感可作为虚拟系统某感觉维度的互操作程度的评价指标，以评价虚拟系统感觉的互动性和感觉深度。

17.3.12.8　构想性 imagination

借助虚拟现实技术对虚拟世界或场景的想象和设计的能力。构想性是基于创造性能力的，是对现实的放大、夸大、创造的行为。构想性可作为虚拟世界或场景创造能力的评价指标，以评价虚拟世界或场景的创造性质量和效果。

17.3.12.9　3I 特性 3I characteristics

虚拟现实中，将英文单词的第一个字母均为 I 的沉浸感 (immersion)、交互性 (interactivity)、构想性 (imagination) 的三个重要特性结合起来形成同时要求或进行评价的特性。

17.3.12.10　桌面虚拟现实系统 desktop virtual reality system

由中低端图形工作站、立体显示器、位置跟踪器、数据手套、力反馈器、三维鼠标、其他手控输入设备组成的小型虚拟现实系统。桌面虚拟现实系统采用智能显示器和三维眼镜来增加用户身临其境的感觉，尽管达不到完全沉浸效果，但其投入的成本比较低，可作为虚拟现实研究工作的开始阶段使用。

17.3.12.11　沉浸式虚拟现实系统 immersion virtual reality system

利用头盔显示器把用户的视觉、听觉封闭起来，用数据手套把手感封闭起来，用语音系统下达命令，用头、手、眼跟踪器进行跟踪，使用户获得身临其境逼真感受的系统。常见的沉浸式虚拟现实系统是头盔式显示系统、投影式虚拟现实系统等。

17.3.12.12　增强虚拟现实系统 aggrandizing virtual reality system

将真实环境与虚拟环境组合在一起可同时看到真实世界与虚拟对象叠加的虚拟现实系统。增强虚拟现实系统不仅能有视觉感觉，而且还可以有听觉、触觉等感觉维度，可对虚实两个世界进行交互。

17.3.12.13　分布式虚拟现实系统 distribution virtual reality system

基于网络的传输和通信能力，可提供异地多用户同时参与的虚拟现实系统。分布式虚拟现实系统中，不同的用户可对同一个环境和内容进行交互，也可对不同的环境和内容进行交互。

17.3.12.14　跟踪定位设备 tracking and locating equipment

及时准确获取人的动态位置和方向信息并将其发送到虚拟现实计算控制系统中的设备。跟踪定位设备是虚拟现实技术中人机交互的重要设备之一，目前主要用于跟踪用户的头部和手的位置和方向，跟踪头部是用于确定用户的视点和视线方向。跟踪定位设备的跟踪定位通常用 6 自由度来表征，即在三维空间的三轴的每个轴都有沿轴向移动和绕轴旋转两个自由度，常用的技术有电磁波、超声波、光学、机械、惯性等。

17.3.12.15　电磁波跟踪器 electromagnetic wave tracker

由控制部件、数个发射器、数个接收器组成，按照多个不同方向的接收器所接收跟踪对象发射器发出的电磁波 (交流电磁波) 磁场强度变化量，计算出跟踪对象的三维坐标和方向的跟踪器。电磁波跟踪器的优点是敏感性不依赖于方位、不受视线阻挡、体积小、价格便宜等；缺点是时间延迟长、跟踪范围小、易受金属物体影响。

17.3.12.16　超声波跟踪器 ultrasonic wave tracker

由三个发出高频 (20kHz) 超声波的发射器阵列、三个超声波接收器和发射同步信号控制器组成，接收器计算接收到的信号的时间差、相位或声压等来确定跟踪目标的距离和方位的跟踪器。超声波跟踪器的跟踪技术有飞行时间 (TOF) 测量法和相位相干 (PC) 测量法，其优点是简单、经济、不受电磁干扰，缺点是工作范围小。

17.3.12.17　光学跟踪器 optical tracker

由光源发射器、感光接收器、信号处理控制器组成，工作原理类似于超声波跟踪器的跟踪器。光学跟踪器的光源多用红外光源、接收器用光敏二极管及普通摄像机，其优点是速度快，缺点是光源与接收器之间不能有阻挡物。光学跟踪器的技术主要由标志系统、模式识别系统和激光测距系统的技术组成。

17.3.12.18　机械跟踪器 mechanical tracker

通过连杆上多个带有精密传感器的关节与被测物体相接触来检测其位置变化的跟踪器。机械跟踪器是早期的跟踪器，尽管有精度高，响应快，不受声、光、电磁等干扰，以及价格便宜等优点，但有体积大、比较笨重、活动范围有限等缺点。

17.3.12.19　惯性跟踪器 inertial tracker

由定向陀螺和加速度计组成，可测量三个方向上的平移和角度变化的跟踪器。惯性跟踪器的优点是不怕中间阻挡 (无发射源和接收器)、外界干扰，缺点是积累误差快。

17.3.12.20　图像提取跟踪器 image extraction tracker

由一组摄像机、拍摄人及其动作经图像处理计算和分析来确定人的位置及动作的跟踪器。图像提取跟踪器从使用性能上是一种理想的跟踪器,其跟踪定位精度高、不受电磁或遮挡物影响、对用户无约束,但对摄像机要求数量多、灯光照明要求高、识别算法复杂度要求高。

17.3.12.21　整合性 conformability

系统实际位置与感知位置的一致性或符合性。整合性是跟踪器的一个评价性能指标,是评价跟踪器工作区间内实际位置与感知位置一直保持相对正确性的指标,其不同于精度和分辨力,精度和分辨力是一次测量的正确性和跟踪能力,整合性是整个跟踪区间位置符合性的综合性结果。

17.3.12.22　合群性 gregariousness

反映跟踪系统对多用户系统的支持能力的特性。合群性主要体现跟踪多目标的空间范围 (操作范围) 和多目标的跟踪能力。

17.3.12.23　三维空间跟踪球 three-dimension space tracking ball

中心固定,能感知扭转、挤压、按下、拉出和来回摇摆等操作所导致的六自由度变化的跟踪器。三维空间跟踪球由六个光电发光二极管、六个光敏接收器、几个张力器、计算机等组成,优点是简单、耐用、易表现多维自由度,缺点是不够直观等。

17.3.12.24　数据手套 data glove

通过弯曲传感器将人手姿态准确实时传给虚拟环境,且把虚拟物体接触的信息反馈给操作者的数字信息手套。数据手套是虚拟现实中常用的交互工具,大大增强了与虚拟世界交互的互动性和沉浸感。数据手套本身不提供空间位置信息,必须与位置跟踪器连用才能知道位置。数据手套按功能可分为虚拟现实数据手套和力反馈数据手套。数据手套的通用种类有 5 触点、14 触点、18 个传感器触觉、28 个传感器触觉、骨架式力反馈等数据手套。

17.3.12.25　三维浮动鼠标器 three-dimension flying mouse

内部安装了超声波或电磁波探测器,使其具有三自由度或六自由度感知的鼠标器。三维浮动鼠标器在桌面上时与二维鼠标器没区别,当离开桌面到空中时就能感知三自由度或六自由度的变化。

17.3.12.26　数据衣 data clothes

安装有许多动作传感器,能对人身体运动状态进行探测的信息传感衣服。数据衣是根据数据手套的原理研制出来的,在紧身衣上安装了大量的光纤、电极等

传感器 (如在人体膝盖、手臂、躯干等 50 个不同的关节安装了传感器)，能对四肢、腰部的活动及关节的弯曲角度进行测量。数据衣具有时间延迟长、分辨率低、作用范围小、使用不便等缺点。

17.3.13 触控屏

17.3.13.1 触摸屏 touch screen

可在显示屏上直接通过手触摸进行坐标定位和执行开关功能的装置。触摸屏具有鼠标、键盘同等的输入功能，而且使人机交互变得更直观和方便。触摸屏需要满足四项基本要求：触摸功能的屏幕是透明的，不能影响显示屏正常显示所要求的透光性、色彩真实性、反光性、清晰度等；触摸屏是绝对坐标系统，屏上任何点的坐标是固定的和准确的，与使用的次数和时间无关；屏幕以触摸点实施定位，摸在哪儿，定位哪儿；屏幕触摸能执行显示图标的开关功能，摸的动作就是操作开关的动作。

17.3.13.2 压力触摸屏 force touch screen

以在屏幕上作用的压力作为触摸屏传感内容的触摸屏。压力触摸屏有压感触控和力感触控等，能感知长按和短按，调出相应的功能，能感知轻压和重压的区别。

17.3.13.3 电阻触摸屏 resistance touch screen

通过按压屏面，使触摸屏中上下两层隔开的透明导电膜 [铟锡氧化物 (indium tin oxide, ITO) 薄膜] 接触，导通按压点电路来传感坐标点位置的触摸屏。电阻触摸屏主要有四线式 (成本低，不耐刮)、五线式 (改良四线式，不耐刮)、六线式 (耐刮，防电磁和噪声)、七线式 (耐刮，准确度较高)、八线式 (环境适应性好，分辨率是四线式的二倍) 等。电阻触摸屏成本低，但易脆裂和脆断。

17.3.13.4 电容触摸屏 capacitive touch screen

通过手指或导体触摸加高频电压的电容屏，将电容屏触摸点的电容电荷传递到人体或导电体，检测电路检测到电流变化的电容坐标位置来确定触摸点坐标的触摸屏。电容触摸屏分别有表面电容触摸屏和投射电容触摸屏。

17.3.13.5 表面电容触摸屏 surface capacitive touch screen

通过手指与屏表面导体形成的电容位置中电流的变化来确定坐标点的触摸屏。表面电容触摸屏的工作原理是，手指或导体触摸其四边上有狭长电极且形成一个低电压交流电场的单层整面均匀铟锡氧化物薄膜，手指与铟锡氧化物薄膜间形成一个耦合电容，将一定量的电容电荷转移到人体上，屏的四角电场引起少量电流，各方向补充的电荷量与距离的平方成正比，检测各角电流量推算触摸点坐标。表面触摸屏原理和工艺简单，只能支持单点触控，大面积的导体靠近触摸屏时会引起误工作。

17.3.13.6   投射电容触摸屏 projected capacitive touch screen

在触摸屏导电层铟锡氧化物薄膜上刻蚀横向电极和纵向电极形成电容投射位置坐标来确定触摸位置坐标的触摸屏。投射电容触摸屏有投射自电容式触摸屏和互电容式触摸屏类别。

17.3.13.7   自电容式触摸屏 self capacitive touch screen

导电层铟锡氧化物薄膜上刻蚀的横向和纵向阵列电极与地极构成电容的触摸屏，见图 17-82 所示。手指触摸自电容式触摸屏的电容时，手指的电容会叠加到屏体电容上，使屏体电容增加，通过分别检测横向和纵向电极的电容变化确定电极的坐标位置。自电容式触摸屏不能实现真正的多点触摸，因多点时无法确定真正触摸点和非触摸过的"鬼点"。

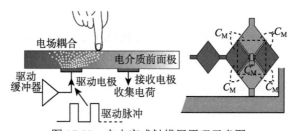

图 17-82   自电容式触摸屏原理示意图

17.3.13.8   互电容式触摸屏 intercapacitive touch screen

导电层铟锡氧化物薄膜上刻蚀的横向和纵向电极形成横向与纵向交叉电容的触摸屏。手指触摸交叉电容时，影响了触摸点附近电极之间的耦合，改变了两个电极之间的电容量，横向电极依次发出检测激励信号，纵向的所有电极同时接收信号，测出整个二维平面交叉点的电容变化量，以此获取交汇点的电容量来确定触摸点的坐标位置。互电容式触摸屏能实现真正的多点触摸，可避免"鬼点"效应，无需校准，不会产生漂移现象。

17.3.13.9   红外触摸屏 infrared touch screen

在屏幕表面以纵横交错的红外线网阵组成坐标系，通过手指触摸屏表面时阻断某位置横向和纵向红外线的接收来确定屏面位置坐标的触摸屏。红外触摸屏在屏外框横向和纵向两个对边上分别装了红外线发射和接收元件，形成了红外线网格阵列，任何触摸物触摸屏面时将阻断通过该点的红外线，分别由两个一维上的阻断点确定交叉的二维坐标点。红外触摸屏对触摸物无要求 (无论是导体或非导体)，还具有不受电磁环境影响、价格便宜、使用寿命长等优点。

17.3.13.10 声波触摸屏 acoustic touch screen

在屏幕表面产生超声波力场，通过手指触摸屏表面吸收超声波能量使回收信号衰减，通过接收到的声波用程序分析声波场能量分布来确定屏面位置坐标的触摸屏。声波触摸屏由触摸屏、声波发生器、反射器和声波接收器组成，屏幕的左上角和右下角分别各固定了纵向和横向的超声波发射换能器，右上角固定了两个相应的超声波接收换能器。声波触摸屏的屏表面形状可以是平面、球面、柱面等形状的玻璃板，缺点是易受灰尘、水滴、油污等影响，且不适用于智能手机。

17.3.13.11 嵌入式触摸屏 embedded touch screen

将触控电极嵌入显示屏组件中的电容触摸屏。嵌入式触摸屏与外挂式的触摸屏不同，没有单独的触摸屏组件，这种触摸屏分别有单片玻璃方案 (OGS)、单器 (one cell)、植入 (in-cell)、混合植入 (hybrid in-cell) 四种结构。

17.3.13.12 单片玻璃方案 one glass solution(OGS)

在保护玻璃上直接形成铟锡氧化物导电膜及传感器的一种嵌入式触摸屏技术。单片玻璃触控技术使一块玻璃同时起保护和触摸传感双重作用，减轻了显示屏的重量，节省了材料，降低了成本，增加了透光性，减少了厚度。

17.3.13.13 单器技术 one cell technology

将触控传感器集成到液晶显示器上的一种嵌入式触摸屏技术。单器技术通过在显示面板上制作触控电极，使液晶显示器同时具有显示和触控双重功能，是高端智能手机的发展方向。

17.3.13.14 植入技术 in-cell technology

将触控传感器电极与液晶显示器的薄膜晶体管 (TFT) 驱动电极集成在一起的一种嵌入式触摸屏技术。植入技术的触控电极和显示驱动电极之间的干扰需要更加高端的处理器和算法技术的支持，制作工艺要求高，产品合格率较低。植入技术简化了手机组件，手机更轻薄，外观更流畅和时尚。

17.3.13.15 混合植入技术 hybrid in-cell technology

将触控电极的驱动电极和感应电极分别做在显示面板基板的上下表面上的一种嵌入式触摸屏技术。混合植入技术是单器技术和植入技术的混合技术，具有两种技术的优点，工艺相对简单，合格率较高。

17.3.13.16　柔性触控技术 flexibility touch control technology

实现在柔性材料上显示和触控的技术。柔性触控产品不需要将显示器做在平板基材上，可以应用于各种表面形状的电子产品上，特别是应用于弯曲性的穿戴产品上，可以做得又薄又柔软，薄的程度可以相当于一张纸，更抗摔，可使移动终端显示幅面大型化 (因可卷曲起来)，携带更方便。

第18章 光学仪器术语及概念

本章的光学仪器术语及概念主要包括光学仪器的性能及功能、偏差及调整、装置及要素、光源、望远系统、照相系统、显微系统、测量仪器、医疗仪器、军用仪器、图像加工仪器共十一个方面的术语及概念。对于仪器名称中带有"望远"、"照相"、"显微"字样的光学仪器分别放在"望远系统"、"照相系统"和"显微系统"类别中。而对于突出"测量"、"医疗"、"军用"等用途的光学仪器术语及概念，无论它的光学原理是属于望远系统、照相系统还是显微系统，都分别归入其用途对应的"测量仪器"、"医疗仪器"、"军用仪器"等类别中。对于计量、测量、测试、分析和检验等相近类别的光学仪器，为了简化本章的分类和减少相近类别甄别的工作量，都放入了"测量仪器"类别中。测量仪器中的光学仪器属于用光学原理为主建立的仪器，包括测试光学功能、性能的光学仪器，如测量焦距、折射率、照度、光学传递函数等的光学仪器，也包括测试非光学量的光学仪器，如测量长度、角度、平直度、平面度、形状等的光学仪器。不是所有光学仪器都归入本章，有些光学仪器或设备被安排在其专业对应的章中。凡是按照"就近"原则分别放在"视觉与颜色"、"紫外和射线"、"激光"、"微光"、"红外"、"太赫兹"、"光通信"、"微纳光学"、"光学工艺"、"光电器件与显示装置"等章中的仪器，在本章不再重复纳入。眼科的光学仪器相关术语及概念在"第2章视觉光学与色度学术语及概念"和本章中都有一定的数量，放在第2章中的主要是用于视力矫正的镜片、眼镜等，而放在本章的主要是眼科检测和治疗的仪器。很多关于光学仪器的基本结构、功能、性能等术语及概念，例如焦距、分辨力、放大率、视场、像差、工作距离、出瞳距、探测率等，在"第3章 几何光学术语及概念"和在"第17章 光电器件与显示装置术语及概念"等章中已给出，在本章不再重复列出。

18.1 性能及功能

18.1.1 光学总长 total length of optics

物镜第一光学工作面到像面(或传感器光敏面)的距离。光学总长约为镜头光学系统物理长度加上镜头的后焦截距。光学总长是光学仪器总长度必须包括在内的长度，因此，光学仪器的总长度一定比光学总长要长。

18.1.2　窗口 window

〈光学仪器〉置于光学系统前面，对光学系统进行机械作用保护、气候作用保护、电磁作用屏蔽、透光性能改变和/或光束限制等的通光口，也称为视窗或光窗。窗口可以是有光学透明 (包含光谱选择透明) 材料的窗口，也可以是仅有光束限制作用而无光学透明材料的通孔式窗口。窗口的机械作用保护可避免光学系统受到直接的撞击和划痕损伤；窗口的气候作用保护可避免光学系统受到高温、低温、雨淋、潮湿、沙尘等环境因素的直接影响；窗口的电磁作用屏蔽可阻挡外部强电磁波对窗口内光电系统的干扰，同时也可避免窗口内光电系统的电磁对外泄漏 (电磁作用屏蔽的技术措施可通过在窗口上镀制透明金属膜或布设金属丝网等实现)；透光性能改变主要是光学透明材料窗口的光谱透射比对光学系统光学透光性能的影响；光束限制主要是窗口对光学系统的通过光束面积的限制或通过光束孔径的限制。当光学系统集成或封装在一个封闭的结构体中或集成在一个系统壳体中时，通常需要为光学系统设置窗口，例如装甲车辆驾驶仪的窗口、车长镜的窗口、光电吊舱摄像机的窗口等。光学透明材料的窗口通常是无光焦度的或极小负光焦度的 (球面罩时)，其性能要求项一般有窗口的长×宽尺寸 ($a \times b$)、厚度 (h)、材料折射率 (n)、材料密度、光焦度或焦距倒数 ($1/f$)、材料热畸变参数 (α/K)、材料应力、材料强度、基本频率 (f_n) 等。

18.1.3　密位 mil

一种主要用于军事上的平面圆心角单位。1 密位等于圆周的 1/6000 或 1/6400 所对的圆心角。俄罗斯采用 1/6000 制式密位，英国和美国采用 1/6400 制式。1 密位近似于 1 毫弧度，是军用光学仪器常用的角度单位。

18.1.4　毫弧度 milliradian

圆周上的弧长等于半径时所对应平面圆心角的千分之一的圆心角单位。1 毫弧度等于圆周长的 $1/(2000\pi)$ 所对的圆心角。一个圆周有 $6.2831852(2\pi)$ 弧度。毫弧度也是军用光学仪器常用的角度单位。采用密位和毫弧度单位都使小角度的计算避免了麻烦的三角函数的转换。1 毫弧度与 1 密位近似相等。

18.1.5　视准轴 sight axis

有分划板的望远系统、摄像系统等光学系统，其物镜光轴通过分划中心构成的轴线，也称为瞄准线 (sight line)。视准轴即是光电仪器像面瞄准标志零位与物镜系统像方节点的连线及其物方延长线。视准轴是望远系统对中、瞄准的轴线。

18.1.6 最短视距 shortest sighting distance

调焦望远镜所能观察的最近目标 (能在分划板上清晰成像) 与仪器第一光学接收面之间的距离。最短视距是望远镜看近物能力的性能，这个能力与望远物镜焦距的长短和目镜的调焦范围大小密切相关，望远物镜的焦距越短和目镜的调焦范围越大，望远镜的最短视距就越小 (或越短)，即能看清近物的距离越短。

18.1.7 视差角 parallax angle

〈测距〉在两个位置观察一定距离的同一目标时的两视线所形成的夹角或产生的方向差异或角度差异，或在目标位置看两个观察位置的两视线所形成的夹角，用符号 θ 表示。视差角就是体视角，是视角之差，可应用于测定观察目标到观察者的距离，即通过已知两个观察位置与目标构成的三角形的两个观察视角和两个观察位置间的距离 (基线)，便可算出目标到两个观察位置基线的距离。视差角与目标和观察位置之间的距离密切相关，在基线不变时，视差角越大距离越近，视差角越小距离越远。视差角广泛应用于测距计算。

18.1.8 体视放大率 stereoscopic vision magnification

同一目标对双筒光学仪器的视差角与人眼的体视角之比，用符号 Π 表示，按公式 (18-1) 计算。

$$\Pi = \frac{\theta_{仪}}{\theta_{眼}} = \Gamma \frac{B}{b} \tag{18-1}$$

式中：Π 为双筒光学仪器的体视放大率；$\theta_{仪}$ 为目标通过仪器后对人眼的张角或目标经过双筒光学仪器成像从目镜出射的目标主光线间的夹角，即仪器的视差角，rad；$\theta_{眼}$ 为目标对观察者双眼视轴的夹角，即观察者体视角，rad；Γ 为双筒光学仪器的视放大率；B 为双筒光学仪器的基线长度，mm；b 为观察者双眼的瞳距，mm。$\theta_{仪}$ 为仪器的基线长度除以目标到仪器的距离 (即双筒光学仪器的物镜体视角) 再乘以仪器的放大率。由公式可看出，体现放大率不仅与仪器的基线长度有关，还与仪器的视角放大率有关，仪器的基线越长、视角放大率越大，体视放大率也越大。

18.1.9 光轴平行度 parallelism of optical axis

双目仪器中，左右两个光学系统光轴的不平行程度，也称为出射光束平行度 (parallelism of emergent beam)。光轴的不平行程度用光轴间形成的夹角表示，单位为分 (')，分为：水平方向会聚不平行度或水平方向发散不平行度；垂直方向会聚不平行度或垂直方向发散不平行度。不同等级 (I 类、II 类、III 类等) 和不同类型 (开普勒式、伽利略式) 的望远镜的光轴平行度：在垂直方向允许的最大角偏差范围为 20′ ~ 45′；在水平发散方向允许的最大角偏差范围为 60′ ~ 120′；在水平会聚方向允许的最大角偏差范围为 $20' \sim 60'$。光轴的会聚和发散是指仪器外光轴呈现的状态。

18.1.10　杂光系数 veiling glare index

入射到光学系统的像面上的杂光的光通量与到达像面上的总光通量之比。杂光是通过非期望的入射、反射、散射等途径射到像面上的非成像光束，它将降低像面的对比度，使成像面变灰或变得不清晰。杂光通常可以通过对光学仪器采取外部设置遮挡罩和内部涂吸光涂层等措施来减少。

18.1.11　超焦距 hyperfocal distance

在认为像点是清楚所允许的最大弥散斑尺寸条件下，物镜对物面由近至无穷远之间任何位置成像都能清楚所对应的最短共轭物距。超焦距本身不是焦距，是从无穷远至近都能清楚成像的最短物距，与景深密切相关，是物镜物方除景深以外的那段剩余距离或物空间长度中的景深的 "补距离"，其由物镜的光学性能和认为清楚所允许的最大弥散斑尺寸大小决定。

18.1.12　无焦系统 afocal system

物和像均在无穷远的光学系统。望远系统 (望远镜) 就是一个无焦系统，其输入的是平行光，输出的也是平行光，即将无穷远的目标输入到望远镜的物镜，从望远镜的目镜输出无穷远的像。

18.1.13　连续变焦 continuous zooming

焦距可变的有焦系统，通过透镜组在轴向连续移动实现焦距的连续变化而像面位置保持不变的一种光学系统功能。

18.1.14　间断变焦 discontinuous zooming

焦距可变的有焦系统，通过透镜组的切入或切出，或轴向定位移动实现焦距的间断变化而像面位置保持不变的一种光学系统的功能。

18.1.15　变焦比 zoom ratio

焦距可变的有焦系统，其最大焦距与最小焦距之比。变焦比的概念可用于连续变焦系统，也可以用于非连续变焦系统。变焦比越大的光学系统的可放大能力越大。

18.1.16　连续变倍 continuous changing magnification

视角放大率可变的无焦系统，通过透镜组在轴向连续移动实现视角放大率的连续变化的一种光学系统的功能。对于有焦系统 (例如照相系统)，连续变倍是垂轴放大率连续变化的功能。

18.1.17 间断变倍 discontinuous changing magnification

视角放大率可变的无焦系统，通过透镜组的切入或切出，或轴向定位移动实现视角放大率的间断变化的一种光学系统的功能。对于有焦系统 (例如照相系统)，间断变倍是垂轴放大率间断变化的功能。

18.1.18 变倍比 zoom magnification ratio

视角放大率可变的无焦系统，其最大倍率与最小倍率之比。无焦系统变倍是通过改变其组成物镜的透镜间的距离，使物镜的焦距变化或更换不同焦距的目镜来实现无焦系统放大倍率的变化。对于有焦系统 (例如照相系统)，变倍比为最大视放大倍率与最小放大率之比。

18.1.19 总放大率 total magnifying power

照片或影像上某图像尺寸与其对应成像实物的尺寸之比。对于光学系统，总放大率为光学系统的放大率；对于电子光学系统，总放大率为光学放大率与从仪器光学放大以外所获得的电子等其他放大率的乘积。

18.1.20 物镜放大率 magnifying power of objective

物镜对规定物距的物成像的垂轴放大率。物镜放大率通常用于显微镜物镜。在电子显微镜中，物镜放大率为样品第一次成像的垂轴放大率。

18.1.21 目镜放大率 magnifying power of eyepiece

明视距离与目镜焦距之比。标准的明视距离为 250mm，能起放大作用的目镜的焦距应小于 250mm，目镜的焦距越短，目镜的放大率就越大。目镜放大率通常用于显微镜目镜。

18.1.22 电子光学放大率 electron optical magnifying power

直接从电子显微镜中取得的图像线性尺寸与相应样品的线性尺寸之比值。电子光学放大率实际上就是电子显微镜中的电磁透镜的放大率。电子显微镜的放大倍数不同于光学显微镜的，光学显微镜的放大倍数为显微物镜的放大倍数与目镜的放大倍数之积。电子光学放大率也包括电子透镜的放大率，其为电子透镜所成像的尺寸与相应的物的尺寸之比。

18.1.23 探测概率 probability of detection

当目标位于探测器视场内时，能对其进行准确探测的可能性大小或能对其进行准确探测并发出警报的概率，用符号 P_D 表示。探测概率与目标的尺寸、对比度、目标特征以及探测器的灵敏度、分辨力等密切相关。对于同样的探测器，目标的尺寸大、对比度高、目标特征突出的,探测概率就高。对于同样的目标,应用高灵敏度、高分辨力的探测器时,探测概率就高,反之,探测概率就低。

18.1.24　发现 detection

将一个目标与其所处背景或其他目标区分的能力。其概率为 50% 时,探测器对目标像的探测元覆盖或人眼对目标像的等效条带图案分辨力为 (1.00 ± 0.25)lp;概率为 90% 时,目标像的探测元覆盖或人眼对目标像的等效条带图案分辨力为 (1.50 ± 0.40)lp。lp 为人眼对等效条带图案分辨的线对单位或探测器的探测元列对单位 (一个空列和一个元列为一列对)。等效条带图案的总宽度对应目标尺寸的大小 (采用目标的最小宽度尺寸)。探测器对目标像的探测元覆盖的线对数是探测器对目标最小尺寸抽样探测元的频率数要求,或探测器探测目标最小尺寸时探测元覆盖目标像相应尺寸的线对数。探测器探测到的目标最小宽度尺寸对应的探测元覆盖的线对数,就是目标最小宽度尺寸像对探测器覆盖的两相邻像元间距的倍数。

18.1.25　分类 classification

对已发现的目标能大致区分种类 (如目标是人员还是车辆) 的能力。其概率为 50% 时,探测器对目标像的探测元覆盖或人眼对目标像的等效条带图案分辨力为 (1.40 ± 0.35)lp;概率为 90% 时,目标像的探测元覆盖或人眼对目标像的等效条带图案分辨力为 (2.10 ± 0.50)lp。

18.1.26　识别 recognition

对已分类的目标能根据轮廓和特征细分类型 (如车辆是坦克还是卡车) 的能力。其概率为 50% 时,探测器对目标像的探测元覆盖或人眼对目标像的等效条带图案分辨力为 (4.00 ± 0.80)lp;概率为 90% 时,目标像的探测元覆盖或人眼对目标像的等效条带图案分辨力为 (6.00 ± 1.20)lp。

18.1.27　辨认 identification

对已识别的目标能辨别其细节 (有经验者可区分目标型号,如坦克是 A 型坦克还是 B 型坦克) 的能力。其概率为 50% 时,探测器对目标像的探测元覆盖或人眼对目标像的等效条带图案分辨力为 (6.40 ± 1.50)lp;概率为 90% 时,目标像的探测元覆盖或人眼对目标像的等效条带图案分辨力为 (9.60 ± 2.40)lp。

18.1.28　搜索 searching

光电仪器为了寻找目标进行扫描,以期在扫描范围内探测和发现目标的过程。搜索的目的就是通过扫描特定的视场范围,以寻找目标,并发现目标的过程。

18.1.29 捕获 capturing

〈光学仪器〉视频跟踪器根据设定方式对进入搜索波门的目标提取并处理、搜索波门转为跟踪波门、求取波门中心与目标角偏差量的过程。

18.1.30 视频跟踪 video tracking

视频跟踪器捕获目标 (搜索波门转为跟踪波门), 求取波门中心与目标角偏差, 并消除偏差使波门随目标运动的过程。

18.1.31 稳定跟踪 stable tracking

在自动跟踪中隔离载体运动、扰动对瞄准线在惯性空间的影响, 使瞄准线平稳快速趋近目标的过程。

18.1.32 自动跟踪 automatic tracking

视频跟踪器捕获目标, 实时求取目标相对瞄准线的方位和俯仰偏差, 经计算机解算驱动伺服平台持续地使瞄准线消除偏差、趋近目标且无需人介入的闭环过程。

18.1.33 跟踪通道自动切换 auto-switching for tracking channel

光电跟踪仪由两个或两个以上光电成像探测通道同时探测目标时, 自动选择置信度较高的探测通道为跟踪通道的技术。

18.1.34 瞄准线扫描 sight line scanning

由光电仪器整体摆动或扫描元件运动驱动, 使光电仪器瞄准线在俯仰或方位进行扫描的行为。扫描反射元件摆动又分为瞄准线在光轴截面内摆动和瞄准线与光轴截面同步摆动。

18.1.35 瞄准线扫描范围 range for sight line scanning

由光电仪器瞄准线方位和俯仰扫描极限位置构成的角度区域。瞄准线扫描范围是一个空间立体角的范围, 其既包括方位和俯仰的范围, 也包括距离的范围, 是一个空间立体角大小和径向延伸长度构成的范围, 因此, 瞄准线扫描范围的能力是由方位和俯仰的扫描范围和距离的范围决定的。

18.1.36 独立瞄准线 individual sight line

可独立于所载武器平台的运动关系来进行方位和俯仰扫描的光电仪器瞄准线。通常, 用于搜索和侦察的光电系统是独立瞄准线的和大视场的系统, 而用于瞄准射击的光电系统是将瞄准线与武器的弹道绑定的和小视场的非独立于武器但可独立于载体平台的瞄准线系统。

18.1.37　瞄准线稳定 sight line stabilization

光电仪器瞄准线受外界扰动产生抖动时，仪器稳瞄单元敏感扰动角、实时控制稳瞄部件或光学平台产生反向微量运动，使瞄准线实时反向运动，抵消扰动，以保持瞄准线在惯性空间不变的技术措施。

18.1.38　瞄准线双向稳定 sight line bi-directional stabilization

使瞄准线在方位和俯仰方向均实现稳定的技术措施。使瞄准线双向稳定，就需要对垂直轴的转动 (方位角) 和水平轴的转动 (俯仰角) 进行稳定。这种稳定可以通过采用陀螺转动和光学的方式进行稳定。

18.1.39　天顶角 zenith angle

照准目标方向与天顶方向之间的夹角，也称为天顶距。天顶角是照准目标方向与地面法线方向之间的夹角。天顶角是太阳高度角的余角，太阳位于天顶时，太阳高度角为 90°，而天顶角 0°。天顶角通常是用于对空中目标定位的角度之一，还需要有目标的方位角才能明确定位。

18.1.40　方位角 angle of azimuth; azimuth angle (Az)

从基准方向转到目标方向的水平夹角，也称为地平经度。三角测量或大地测量中用来计算目标位置方向的角度，通常是以正北方向为基准，在水平面内按顺时针方向旋转计算角度。

18.1.41　潜望高 periscope height

物方瞄准线与目镜出射光轴线在水平垂直方向的间距，用符号 H 表示。潜望高的单位用毫米 (mm) 表示。潜望高是隐蔽观察的需要和扩大观察视线范围或提高观察高度的需要。

18.1.42　潜望最大深度 periscope maximum depth

将潜望镜调到最大潜望高时的潜望深度。潜望高比较大的是潜艇的潜望镜,它的潜望最大深度是使其刚好升出水面观测时的潜艇下潜的最大深度。潜望最大深度越大，潜望镜设计和制造的技术难度就越大，因需要解决好长杆的直立性、稳定性、牢固性等难题。

18.1.43　潜望镜升距 periscope lift length

潜望镜端部由非使用状态调到最大潜望高状态时上升的距离。潜望镜升距是与潜望最大深度密切相关的参数，潜望镜升距越大，潜望镜设计和制造的技术难度就越大。

18.1.44 潜望镜使用航速 periscope service speed

潜望镜能正常工作所允许的潜艇的最大航行速度，用符号 V_0 表示。潜望镜使用航速涉及潜望镜长杆结构对运动阻力所导致变形的承受能力限度和观察的光学图像有效性的限度。

18.1.45 周视 panoramic observation

光学仪器瞄准线或光轴水平扫描方位的范围不小于 360° 的能力。周视光学系统具有全方位角度的观察和搜索能力。周视是水平方位观察无死角的能力。

18.1.46 全景 panorama

多方位环视拍摄一幅或多幅图像拼接后，呈现拍摄较大场景画面的照相系统功能，或具有较大视场角度的场景画面。全景的概念包括方位 360° 一个完全周的全景，以及方位小于 360° 的全部目标范围的全景，例如拍摄集体全景像就是整个被拍照人范围的全景。

18.1.47 显示信噪比 display signal-to-noise ratio(DSNR)

输入显示器信号所产生的电流或电压与显示器响应信号输入所输出的电流或电压减去信号所产生的电流或电压后之比的绝对值。

18.1.48 色散本领 dispersion power

表示色散元件或色散系统色散能力的大小。色散本领用"角色散率"或"线色散率"来量度，它们表达的是不同颜色间能分开的程度。

18.1.49 角色散率 angular dispersion rate

复色光经过色散系统后，波长微小的变化量与其对应偏向角微小变化量之比的倒数，用符号 D_θ 表示，按公式 (18-2) 计算：

$$D_\theta = \frac{\mathrm{d}\theta}{\mathrm{d}\lambda} \tag{18-2}$$

式中：D_θ 为角色散率，rad/m；$\mathrm{d}\theta$ 为波长对应偏向角微小变化量，rad；$\mathrm{d}\lambda$ 为波长微小的变化量，m。

18.1.50 线色散率 linear dispersion rate

复色光经过色散系统后，波长微小的变化量与其对应的谱线在焦平面上间隔之比的倒数，用符号 D_s 表示，按公式 (18-3) 计算：

$$D_s = \frac{\mathrm{d}s}{\mathrm{d}\lambda} \tag{18-3}$$

式中：D_s 为线色散率；ds 为波长对应谱线在焦平面上的间隔，m；$d\lambda$ 为波长微小的变化量，m。

在实用中往往用焦平面上每毫米内包含有多少纳米的波长来表示线色散率，称为线色散倒数，又称为逆线色散。

18.1.51　光谱探测能力 spectral detecting capability

光谱仪器对景物光谱特性可探测的能力。光谱探测能力包括光谱范围、光谱通道数、波段带宽 $\Delta\lambda$、波段中心波长 λ、光谱分辨率 $\Delta\lambda/\lambda$、各波段中心波长间隔 (光谱采样间隔)，其核心是波段带宽 $\Delta\lambda$。

18.1.52　光谱通道数 number of spectral channel

仪器可有效工作的光谱中波段的个数。对于光谱仪器，光谱通道数是仪器能细分提供光谱窄带宽的数量，以为光谱的分析提供更强的能力。对于遥感仪器，光谱通道数是探测器像素能够分别成不同光谱数量图像的能力。遥感的高光谱影像的各光谱通道间往往是连续的，可以绘制一条连续的完整光谱曲线，将每一个探测像素点和各个光谱通道上的灰度值作为一个特征值，就可建立一幅高光谱图像的像素点的特征空间，以为地物分类提供重要信息。遥感的高光谱影像的光谱通道数通常可达数十甚至数百个以上。

18.1.53　波段带宽 waveband bandwidth

〈光谱仪器〉光谱仪器光谱响应数字输出量下降到其峰值 (中心波长响应输出量) 一半时的波段宽度，用符号 $\Delta\lambda$ 表示。光谱仪器中的波段宽度与滤光片中的半宽度在技术内涵上是一致的。

18.1.54　多光谱成像 multispectral imaging

光谱分辨率 $\Delta\lambda/\lambda \leqslant 0.1$，光谱波段 (光谱通道) 数为 10 个 ~50 个的光谱成像技术。多光谱成像可同时获取目标的光谱特征和空间图像信息，能更有效地对目标进行分类和识别，多应用于空中的遥感装备中。

18.1.55　高光谱成像 hyperspectral imaging

光谱分辨率 $\Delta\lambda/\lambda \leqslant 0.01$，光谱波段 (光谱通道) 数为 100 个 ~400 个的光谱成像技术。

18.1.56　超光谱成像 ultraspectral imaging

光谱分辨率 $\Delta\lambda/\lambda \leqslant 0.001$，光谱波段 (光谱通道) 数为 1000 个以上的光谱成像技术。

18.1.57 遥感 remote sensing

不接触物体本身，在远离目标和非接触目标物体条件下，用传感设备探测地物目标，获取其反射、辐射或散射的电磁波信息 (如电场、磁场、电磁波、地震波等信息)，经处理、分析后，识别目标物，揭示其几何、物理特征和相互关系及其变化规律的探测技术。遥感也可以理解为远距离探测。

18.1.58 航空遥感 aerial remote sensing；airbone remote sensing

以飞机、飞艇、气球等航空飞行器为平台的遥感。航空遥感就是在航空平台上，应用遥感器获取遥感信息。

18.1.59 航天遥感 space remote sensing；spaceborne remote sensing

以人造卫星、宇宙飞船、航天飞机等航天飞行器为平台的遥感。航天遥感就是在航天平台上，应用遥感器获取遥感信息。

18.1.60 星载遥感 satellite remote sensing

以人造卫星为平台，将遥感器设置在人造卫星平台上收集目标物电磁波信息的遥感。星载遥感属于航天遥感。

18.1.61 地面遥感 ground remote sensing

传感器位于地面平台的遥感。地面遥感的平台主要有车载、船载、手提、固定或高架的活动平台。将地物波谱仪或传感器安装在这些地面平台上，来进行各种地物波谱的测量。地面遥感实验是传感器定标、遥感信息模型建立、遥感信息提取的重要技术支撑。地面遥感的对象主要是植被、土壤、水环境、大气等。

18.1.62 多谱段遥感 multispectral remote sensing

将目标反射、散射或辐射的电磁波信息分成若干波谱段进行接收或记录的遥感。多谱段遥感是由于单一波段传感器的工作能力受限，因而采取用不同波段工作的传感器组成覆盖紫外光、可见光、红外辐射、太赫兹辐射、微波或无线电波辐射等多个波段范围的探测能力。

18.1.63 可见光遥感 visible remote sensing

传感器工作波段限于可见光波段范围之内的遥感。可见光遥感主要是通过照相和/或电视摄像 (或视频摄像) 等进行目标探测。可见光波段范围为 380nm~780nm，波长比红外、微波短，可得到很高地面分辨率的图像，有利地貌地形的判读，提高地图制图性能。可见光波段既可获得黑白图像和影像，也可获得彩色的图像和影像。

18.1.64　红外遥感 infrared remote sensing

传感器工作波段限于红外波段范围之内的遥感。红外遥感需要采用红外热像仪进行目标探测，而红外热像仪又根据探测器的能力分为短波红外、中波红外和长波红外的探测，还有能探测几个波段的双色红外和多色红外的探测。由于红外线波长较长，其穿透大气和烟雾的能力较强，因此红外遥感透过很厚的大气层仍能拍摄到地面清晰的照片。

18.1.65　微波遥感 microwave remote sensing

传感器的工作波段在微波波谱区内的遥感。微波遥感是利用对微波敏感的传感器接收地理各种地物发射或者反射的微波信号，来识别、分析地物，提取所需的地物信息。微波波长范围为 1mm~1m，常用的波长范围为 0.8cm~30cm，其又可细分为 K、Ku、X、G、C、S、Ls、L 等波段。微波遥感的工作方式分主动式 (有源) 微波遥感和被动式 (无源) 微波遥感，前者是由传感器 (如侧视雷达) 发射微波波束再接收由地面物体反射或散射回来的回波来获取信息；后者是由传感器 (如微波辐射计、微波散射计等) 接收地面物体自身辐射的微波来获取信息。微波遥感的优点是不受云、雨、雾的影响，可在夜间工作，具有全天候的工作能力，并能透过植被、冰雪和干沙土，以获得近地面以下的信息，广泛应用于海洋研究、陆地资源调查和地图制图等。

18.1.66　光谱成像 spectral imaging

成像技术和光谱分析技术结合为一体的光学遥感技术。采用面阵探测器接收紫外至长波红外一定波段范围的光学辐射，产生二维图像信息和一维光谱信息，经数据重排形成光谱数据立方体，同时反映目标二维空间分布和一维光谱特征的信息。按分光原理不同分为棱镜色散型、光栅衍射型、干涉型、计算机层析型、滤光片型。依据光谱分辨率不同可分为多光谱成像、高光谱成像、超光谱成像。

18.1.67　主动式遥感 active remote sensing

由传感器向目标物发射一定频率的电磁辐射波，然后接收从目标物返回的辐射信息的遥感方式。主动式遥感可自主选择发射的电磁波波长和发射方式，因此不需要依赖日光，可全天候工作；由于主动遥感有能量照射被探测的目标，遥感探测的细节会更多。主动遥感的电磁波主要是微波波段和激光，照射的方式有脉冲的和连续的。主动遥感系统主要有侧视雷达、普通雷达、合成孔径雷达、红外雷达、激光雷达等。

18.1.68　被动式遥感 passive remote sensing

由传感器直接接收来自目标物的辐射信息的遥感方式。被动式遥感器主要工作在紫外、可见光、红外、微波等波段。被动遥感系统主要有摄影机、扫描仪、分光计、辐射计、电视系统等。远距离的遥感大多使用被动式遥感，如航天遥感、航空遥感等。

18.1.69　激光遥感 laser remote sensing

由发射和接收激光来探测目标物的主动式遥感方式。激光遥感的系统主要是激光雷达，其工作在红外和可见光波段，主要由激光发射机、光学接收机、转台和信息处理系统等组成。激光雷达可主动探测获得目标距离、方位、高度、速度、姿态，甚至形状等参数。

18.1.70　高光谱遥感 hyperspectral remote sensing

在电磁波谱的可见光、近红外、中红外和远红外波段范围内，获取光谱分辨率高于百分之一波长达到纳米 (nm) 数量级，光谱通道数多达数十甚至数百的遥感技术。

18.1.71　光电对抗 photoelectric countermeasure

使用光电手段，对目标光电设备和器材进行干扰和毁伤，以削弱、破坏其正常使用，同时也要保护己方设备的战术技术行为。光电侦察和干扰/压制技术是光电对抗技术的重要组成部分。光电对抗的波谱包括可见光、激光和红外三个谱段范围。

18.1.72　光电侦察 photoelectric reconnaissance

用光电设备对目标进行搜索、截获、定向、测量、分析、识别，以获取其技术参数及空间位置，并判明威胁程度的侦察方式。光电侦察一般是指用可见光、红外、紫外、太赫兹等光谱侦察设备进行侦察的总称，但习惯中默认为是用可见光设备侦察，而其他光谱的侦察通常是在侦察前加上其光谱的前缀词。

18.1.73　红外侦察 infrared reconnaissance

用红外设备对目标进行搜索、截获、定向、测量、分析、识别，以获取其技术参数及方位，并判明威胁程度的侦察方式。红外侦察具有全天候、能穿透雾霾、识别伪装能力强，以及对天空亮背景中的高温物体成像对比度高（即对天空亮背景中的目标发现能力强）等特点。

18.1.74　紫外侦察 ultraviolet reconnaissance

用紫外设备对目标进行搜索、截获、定向、测量、分析、识别，以获取其技术参数及方位，并判明威胁程度的侦察方式。紫外侦察具有以高光谱分辨率提取目标细微特征、战剂辨别、伪装识别等特点。

18.1.75　红外告警 infrared warning

对目标的红外辐射进行探测、截获、分析、识别，判明威胁程度，并按预定判断准则实时报警的技术。

18.1.76　紫外告警 ultraviolet warning

对目标的紫外辐射进行探测、截获、分析、识别，判明威胁程度，并按预定判断准则实时报警的技术。

18.1.77　综合光电告警 integrated photoelectric warning

对目标的多波段光学辐射使用多种光电传感器进行探测、截获，对数据信号进行融合分析、识别，判明威胁程度，并按预定判断准则实时报警的技术。综合光电告警具有多光谱优势互补的特点，可显著提高报警的准确率。

18.1.78　告警距离 warning range

告警设备刚好能对其视场内的威胁源准确探测、识别，确认威胁，发出警报的最大距离，用符号 R_W 表示。

18.1.79　告警概率 probability of warning

告警设备对位于其视场内及告警距离内的威胁源准确探测、识别，确认威胁，发出警报的概率。告警概率是告警设备的一项重要性能。告警概率高说明告警设备的性能好，漏报的情况少，反之性能差。

18.1.80　虚警 false alarm

由超过探测阈值的噪声或非目标信号所引起的错误目标探测的告警。减少虚警的措施是降低告警系统的噪声以及提高目标识别和确认的能力。

18.1.81　虚警率 false alarm rate

单位时间内发生虚警的平均次数，用符号 FAR 表示。虚警率是告警系统可用性和可靠性评价的性能指标。

18.1.82　假目标 decoy

模拟真目标的形状、反射 (漫射) 和辐射等信息特征，用来产生虚假目标信息的反射体或辐射源。

18.1.83　光电干扰 photoelectric jamming

发射、反射 (漫射)、吸收特定光学辐射或改变受掩护目标光学特性，破坏对方光电设备正常工作或削弱其探测效果并达到保护己方人员和设备目的的干扰。光电干扰通常采用压制、欺骗和扰乱敌方光电设备的技术措施，使其不能正常工作或完全失效。

18.1.84　有源干扰 active jamming

发射特定波段光学辐射，破坏对方光电设备正常工作或削弱其探测效果的干扰。有源干扰是一种主动干扰，主要是利用己方的光电设备主动发射强光束或光波干扰信号来削弱和破坏对方光电设备的正常工作和效能发挥。

18.1.85　无源干扰 passive jamming

使受掩护目标反射(漫射)或吸收特定波段光学辐射，削弱对方光电设备探测效果的干扰。无源干扰是一种被动干扰，主要是利用不产生和发射光频辐射的器材，通过吸收、反射或散射对方光波的能量，以及有意采取改变目标的吸收、反射或散射光学特性等手段，使对方光电设备效能降低、失效或受骗的干扰。

18.1.86　复合干扰 hybrid jamming

同时运用有源和无源干扰的光电干扰。复合干扰就是同时应用主动干扰和被动干扰，压制、破坏、欺骗等多种干扰手段同时并用所实施的干扰。复合干扰将有源干扰和无源干扰的优点集为一体。

18.1.87　红外干扰 infrared jamming

发射、反射(漫射)、吸收红外辐射或改变受掩护目标红外辐射特性，破坏对方红外探测设备正常工作或削弱其探测效果的干扰。

18.1.88　干扰能力 jamming capability

光电干扰系统在干扰有效性方面可达到的性能。干扰能力包括干扰影响的程度和干扰的不同方式。

18.1.89　干扰效果 jamming effect

光电干扰对对方光电观瞄、光电火控、光电制导设备或人员产生的直接与间接破坏效果的总和。干扰影响的程度包括永久性破坏、长时间失能、短时间失能和提高误判概率等。

18.1.90　干扰距离 jamming range

光电干扰设备对被干扰设备实施有效干扰时，干扰设备与被干扰设备间的最大距离。干扰距离通常指的是主动干扰设备的工作距离，这个距离通常与主动干扰设备的功率和空气的质量状态有关。

18.1.91　光学伪装 optical camouflage

利用特殊器材和技术手段，消除、减小或改变受掩护目标的光学辐射、反射特性或制造假目标，使对方光电探测设备难以发现受掩护目标或产生错觉的战术技术措施。

18.1.92　光电反干扰 photoelectric anti-jamming

为消除或削弱对方光电干扰，使己方光电设备正常工作所采取的防范技术措施。光电反干扰的技术措施主要有光电探测器件强光保护、多光谱探测等。

18.1.93　多光谱反干扰 multispectral anti-jamming

光电探测系统同时或分时在两个或多个波段工作，在受干扰情况下，使至少一个波段能正常探测的光电反干扰技术措施。

18.1.94　视距乘常数 stadia multiplication constant

用经纬仪和水准仪测量距离时，为得到测量结果，对标尺读数 (对应于分划板上两视距线间距) 乘上的一个常数。这个常数一般为 100。

18.1.95　视距加常数 stadia addition constant

用经纬仪和水准仪测量距离时，为得到测量结果，对标尺读数与乘常数的积加上的一个常数。这个常数一般为 0。

18.1.96　测量三角形 measuring triangle

用三角测量求解目标距离时，基线与目标所构成的三角形。测量三角形是测绘领域进行大地测量的一种数学计算关系。

18.1.97　噪声 noise

〈图像〉混杂在信息中的非信息 (无效或干扰) 成分的同类物理量。噪声是影响有效信息获取的干扰因素，对于图像而言，噪声将会使图像变得不清晰、不清楚，噪声严重时，图像将无法辨认。

18.1.98　噪声系数 noise coefficient

系统或元件输出信号信噪比与输入信号信噪比之比。噪声系数是系统或元件信号传递保真性能力的反映。如果噪声系数为 1，说明系统或元件信号传递完全保真 (实际上是不可能的)。噪声系数越小，说明系统或元件的信号传递失真越大。

18.1.99　帧 frame

〈显示〉形成一幅完整显示图像所占据的全部显示扫描区域。一帧就是显示系统中刚好完成一幅完整画面或图像的显示。

18.1.100　帧频 frame rate

〈显示〉显示器每秒钟显示完整图幅的次数，或探测器每秒钟输出完整显示图像信号的次数，单位用赫兹 (Hz) 表示。通常的帧频为 24 帧每秒 (fps)、25 帧每秒

(fps) 和 30 帧每秒 (fps)，电影专业的为 24 帧每秒 (fps)，电视专业的为 30 帧每秒 (fps)。对于高速摄影，帧频高达 1000 帧每秒 (fps)、2000 帧每秒 (fps)、3000 帧每秒 (fps) 或 10000 帧每秒 (fps) 等。拍摄子弹飞至少需要 3000 帧每秒 (fps)。

18.1.101　场 field

在隔行扫描中，一帧被分成两个或两个以上扫描周期幅面的一部分。场是组成帧画面的时间先后子画面单元，或是帧的时间分割子画面单元。组成场的显示行数比帧的行数少，比其帧的行数至少少一半，因此，场的图像分辨率比帧的低。

18.1.102　场频 field rate

帧频和隔行比之积。场频也是所分成的场总数与帧频的乘积，所以场频的数值比帧频的数值要大。例如，隔行比为 2，即一帧由两场构成，帧频为 24Hz，场频就是 48Hz。

18.1.103　隔行扫描 interlace scanning

同一场相继两扫描行间插入一行或多行不同场扫描的扫描方式。隔行扫描是用二场或二场以上完成一幅画面的扫描。这种扫描的思路是先构建一幅隔行缺像线的画面，再逐步细填像线。扫描隔行比为 2 的隔行扫描是先扫描一帧的奇数行，再扫描其偶数行。隔行扫描模式用字母 i 表示。隔行扫描在上下两行的对比度差别很大时会产生行间闪烁，因此隔行扫描的图像闪烁比较大。单显、CGA、EGA 等显示器就是隔行扫描的显示器。

18.1.104　逐行扫描 progressive scanning; sequential scanning

对图像进行扫描显示时，从屏幕左上角开始第一行的扫描，整幅图像按顺序一行接着一行地连续扫描一次完成的扫描。逐行扫描模式用字母 p 表示。逐行扫描的图像显示画面闪烁小，显示效果较好。逐行扫描既是最早的显示扫描方式，也是现在又重新流行起来的显示扫描方式。新式的逐行扫描频率需要提高一倍或几倍，视频带宽也需要增加几倍。VGA 等显示器就是逐行扫描的显示器。

18.1.105　扫描隔行比 scanning interlace ratio

每帧扫描有效行数与每场扫描行数之比。扫描隔行比的数值其实就是组成帧的场数。扫描隔行比为 2 就是每帧有 2 场，扫描隔行比为 3 就是每帧有 3 场。

18.1.106　有效扫描行数 number of active scanning lines

一幅完整显示图像所包含的扫描行数。有效扫描行数为一帧或一幅画面总的扫描行数，对于隔行扫描，可以用场的扫描行数乘以场的数得到。

18.1.107　动态范围 dynamic range

〈光电器件〉光电系统能响应外界参量 (照度、辐射度等) 变化的最高至最低的范围。动态范围通常是指具有线性响应的最大值和最小值的范围，而不是所有的响应范围。

18.1.108　消光特性 extinction characteristics

消光材料对光能量的衰减性能，包括散射特性和吸收特性。消光特性一般是指无光谱选择的材料或器件的衰减性能，即中性衰减的材料或器件。

18.1.109　光学隐身 optical stealthy

减小受掩护目标的可探测光学特征，使对方光电探测设备探测效果降低的技术。光学隐身包括可见光隐身、红外隐身等。光学隐身的措施主要有对受掩护目标进行遮盖、涂光谱吸收涂料等。

18.1.110　红外隐身 infrared stealthy

受掩护目标采用热屏蔽、涂敷低反射比涂料及伪装等措施，使对方红外探测设备探测效果降低的技术。

18.1.111　可见光隐身 visible light stealthy

采用迷彩涂敷或覆盖伪装，使受掩护目标与背景的可见光特征接近，削弱对方可见光光电设备探测效果的技术。

18.1.112　图像制导 imaging guidance

通过载体头部采集的电视或红外热成像图像信号，测量载体飞行方向相对目标的空间偏差，使载体纠偏飞向目标的制导方式。多应用于寻的制导 (包括光纤制导)。

18.1.113　光纤制导 fiber-optic guidance

以光纤为信息传输介质，通过发射控制装置对导弹引头摄取的目标图像进行控制和导引的图像制导方式，也称为激光光纤制导 (laser fiber-optic guidance)。导弹头部采集图像视频信号，并将其通过尾部放出的光纤传输到发射控制装置，控制装置测量导弹飞行方向相对目标的空间偏差，再通过光纤发送控制指令使导弹纠偏飞向目标。

18.1.114　图像融合 image fusion

将不同传感器采集的同一景物的图像去噪声、配准及重叠采样取优，发挥不同成像机理优势，利用不同信道信息合成一幅图像的过程。图像融合可克服单一传感器的局限性和不足, 利用各种不同传感器的差异性互补, 提高图像的空间分辨力和光谱探测能力。

18.1.115 视频同步 video synchronization

电视、红外图像传感器及视频跟踪器接收光电系统 (或武器系统) 时统信号, 使视频信号的产生和处理行场时序一致、与时统信号时序一致的技术。

18.1.116 点云 point cloud

激光扫描目标外观表面的光作用点集合。点云分为发射点云和接收点云。发射点云是激光器发射的激光作用在目标外观表面的点的集合。接收点云是由激光器发射的、作用在目标外观表面的、能将目标外观表面信息通过散射或/和反射返回给激光接收装置接收到的光作用点的集合。接收点云属于有效点云, 其点的数量少于发射点云的。有效点云中的点可以给出目标表面点的三维坐标、光反射强度、颜色等信息, 是三维成像的点云。对同一目标面积, 扫描点数量多的点云为密集点云, 扫描点数量少的点云为稀疏点云。点云是激光测量和摄影测量中三维成像的重要概念, 例如, 应用于激光雷达成像中。

18.2 偏差及调整

18.2.1 光学测距机的理论误差 theoretical error of optical rangefinder

由人眼体视锐度和光学测距机视放大率决定的光学测距机的最小测距误差, 按公式 (18-4) 计算:

$$\Delta D = \frac{\Delta\theta_{\min}}{\Gamma} \tag{18-4}$$

式中: ΔD 为光学测距机的理论误差; $\Delta\theta_{\min}$ 为人眼体视锐度; Γ 为光学测距机的视放大率。

18.2.2 光学测距机的失调 disalignment of optical rangefinder

由于机械振动、温度变化或应力等影响, 使测距机结构发生形状或位置变化, 同一目标经左、右望远系统所成的像在垂直于或平行于基线的方向上产生不同的位移量或倾斜量, 或所成的像和左右测标系统的测标像在垂直于和平行于基线方向上产生不同的位移量或倾斜量, 从而引入测距误差的现象。

18.2.3 修正量 mending

操作中发现示值有误差时, 以反符号 (即正和负的反符号关系) 误差量在原有的示值上以代数形式所加上的量。

18.2.4 规正量 correction

为消除光学测距机的失调，操作规正机构引入的改正量。规正量就是对光学测距机在垂直于或平行于基线方向上所产生的导致测不准距离的位移偏差或倾斜偏差，用规正机构所引入的补偿改正量。

18.2.5 空回 backlash

传动链中，当主动件带动从动件运动时，在改变运动方向时从动件出现的滞后量。空回通常是主动件与从动件之间运动的空隙所造成。两者之间存在空隙，表现为两者不能时间同步运动，或主动件不能等行程传递运动长度给从动件。

18.2.6 潜望镜弯曲补偿 periscope bending compensation

潜艇在航行状态下使用潜望镜时，由于水的迎面阻力使镜管产生弯曲而造成目标高度测量误差的修正补偿方法。

18.2.7 校靶 boresighting

通过仪器或实弹射击校正瞄准线和身管武器弹道结果符合性或吻合性的过程。校靶就是使瞄准点成为弹着点的过程，不是使光电瞄准线与武器身管中心线 (中心轴) 同轴的过程。子弹和炮弹的轨迹是一向下的抛物线，当光电瞄准线与武器身管中心线同轴并瞄准靶中心时，子弹将会射到靶中心的正下方一段距离的位置。

18.2.8 装表误差 aim-point setting error

武器按装表的射击结果与给定装表值应有的射击结果的偏差。装表误差就是按照给定装表量射击时，子弹的着靶点在垂直方向上，不是高了一段距离，就是低了一段距离，这个段高的或低的距离就是装表误差的量。

18.2.9 位差 position difference

光电系统瞄准线出射点 (出瞳中心或显示器分划中心) 与武器轴的间距，用符号 W 表示。位差是光电系统瞄准线与武器身管轴线在垂直方向的距离。

18.2.10 视差 parallax

〈仪器〉由于目视光学仪器的分划面与像面不共面，所造成的从不同方向观察时，分划板上的参考点与像产生相对位移的现象，用分划板上的参考点与像的视度之差 ΔSD 度量。视差有三种表示方式，分别为线视差 b、角视差 ε、视度视差 ΔSD。目视光学仪器存在视差时，将会导致不能准确瞄准。

18.2.11　线视差 line parallax

〈仪器〉目视光学仪器的物镜对远目标所成的像面与分划面不重合，导致的像面与分划面之间存在的轴向距离，用符号 b 表示，单位为毫米 (mm)，见图 18-1 所示。线视差是目视光学仪器视差的物理根源，也是视差的表现形式之一。

18.2.12　角视差 angular parallax

〈仪器〉由远目标通过望远镜物镜所成的像面与分划面不重合，人眼在出瞳两端观察目标所形成的最大夹角，用符号 ε 表示，也称为视差角 (parallax angle)，按公式 (18-5) 计算，见图 18-1 所示。角视差用分划板与像产生的最大相对位移量所对应的视场角 ε 度量。角视差是视差的一种表现形式，是线视差的角度表达形式。

$$\varepsilon = 3438 \frac{D \cdot b}{f'_物 \cdot f'_目} \tag{18-5}$$

式中：ε 为视差角，(')；D 为入瞳直径，mm；b 为线视差，mm；$f'_物$ 为物镜焦距，mm；$f'_目$ 为目镜焦距，mm。

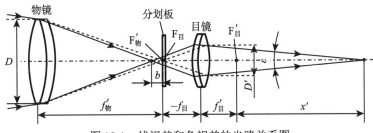

图 18-1　线视差和角视差的光路关系图

公式 (18-5) 的推导思路为：角视差为眼睛在出瞳观察物镜像的最大夹角与观察分划面的最大夹角之差，由于分划面在仪器提交时已校准置于目镜的物方焦平面上，人眼观察分划面的最大夹角为零，因此，角视差只需要计算人眼在出瞳处观察物镜像的最大夹角，即通过求出瞳直径 D' 与目镜的焦物距 b 的共轭焦像距 x' 之比的弧度，再将弧度转换为以分为角度单位而得公式 (18-5)。公式 (18-5) 具体的推导过程为：

$$\varepsilon = \frac{D'}{x'} \times \frac{360 \times 60}{2\pi} = \frac{D'}{x'} \times 3438 \tag{18-6}$$

$$D' = \frac{D \cdot f'_目}{f'_物} \tag{18-7}$$

$$x' = \frac{f'^2_目}{b} \tag{18-8}$$

将公式 (18-7) 和公式 (18-8) 代入公式 (18-6) 得：

$$\varepsilon = \frac{D \cdot f'_{目}}{f'_{物}} \times \frac{b}{f'^{2}_{目}} \times 3438 = \frac{D \cdot b}{f'_{物} \cdot f'_{目}} \times 3438 \qquad (18\text{-}9)$$

则公式 (18-9) 与公式 (18-6) 相等。

18.2.13　视度差 diopter parallax

〈仪器〉目视光学仪器的物镜对无穷远目标所成的像面与分划面不重合，导致目镜对物镜的像成像在有限距离处所形成目镜观察视度，也称为视度视差，用符号 ΔSD 表示，按公式 (18-10) 计算：

$$\Delta SD = \frac{1000b}{f'^{2}_{目}} \qquad (18\text{-}10)$$

式中：ΔSD 为视度视差的值，m^{-1}；b 为线视差，mm；$f'_{目}$ 为目镜焦距，mm。目视望远系统仪器存在视差一般是由于物镜焦面与分划面不重合所造成，可以通过轴向调整物镜使其焦面与分划面重合，或轴向调整分划板使分划面与物镜焦面重合来消除。

18.2.14　视度调节 diopter regulation

目视光学仪器通过调整目镜轴向位置，使不同视力人员都可清晰观察像面或分划面的操作。视度调节的作用为，使物镜的焦面与目镜的焦面重合，或补偿人眼的近视或远视视度。

18.2.15　调焦 focusing

〈光学仪器〉沿光轴方向移动成像光学系统使输出图像清晰或使像面与接收面 (光电探测器接收面、胶片感光面、分划面等) 重合的过程。调焦有外调焦和内调焦的方式。对于眼睛直接观察光学系统成像的情况，调焦是为了消除视差，使图像成在人眼的视网膜上，实现清晰观察；对于眼睛间接观察光学系统成像 (记录的图像、显示屏幕显示的图像) 的情况，调焦是为了使像面与感光面重合或与探测面重合或与显示面 (如漫反射银幕等) 重合，使记录的图像和显示的图像清晰，给眼睛提供清晰的观察物 (记录的图像和显示的图像)。调焦不能做到绝对准确，因此，调焦也是有误差的，即调焦误差 (focusing error)。

18.2.16　外调焦 external focusing

沿光轴方向整体移动成像系统进行调焦的方式。外调焦的情况有：整体移动显微镜对观察物进行的调焦；移动照相机镜头使成像面与感光面 (胶片) 或传感面

(光电传感器等) 重合的调焦；移动投影机镜头使投影像清晰地投在银幕上的调焦；等等。

18.2.17 内调焦 internal focusing

利用沿光轴移动安置在光学系统之间的部分透镜 (例如物镜和目镜之间的透镜) 进行调焦的方式。内调焦通常是为了改变系统的焦距或放大倍率，也可以用于调整成像位置。

18.2.18 左右目镜高度差 difference between ocular heights in left and right

在左右两个目镜的视度归零时，左目镜观察端和右目镜观察端之间光轴向的高度差。当将目镜的端面放置在一个大的水平平板上时，就是一个目镜接触端面与另一个目镜悬空端面间的水平高度差。左右目镜高度差通常是由于制造误差和装配误差所造成。

18.2.19 垂直发散度 vertical divergence

用双目仪器的左右两管系统观察同一个物体时，两管的像上下错开的角度。当右管的像低于左管的像或右管的像在左管的像的下方时，规定为正，反之为负。垂直发散度有垂直方向光轴会聚的不平行度或垂直方向光轴发散的不平行度。

18.2.20 水平发散度 level divergence

用双目仪器的左右两管系统观察同一个物体时，两管的像左右错开的角度。当右管的像位于左管的像的左方时，规定为正，反之为负。水平发散度有水平方向光轴会聚的不平行度或水平方向光轴发散的不平行度。

18.2.21 像倾斜 image inclining；inclination of image; tilt of image

铅垂目标经成像光学系统所成的像，在其像面内相对于铅垂方向的偏角，或物体通过光学系统所成的像相对于设计位置的偏斜。

18.2.22 像面倾斜 image plane inclining

成像光学系统的像面相对于光轴垂直面的倾斜角。像面倾斜是成像面对观察者向前倾或向后倒或左前右后或左后右前等相对于光轴垂直面的某个角度方向上的前后或左右的倾斜，这种倾斜将会导致像面上的景物不能同时成像清楚和倾斜两端景物的放大倍率不一致。

18.2.23 相对像倾斜 relative oblique between images

双目仪器的左右两管系统分别成像倾斜的角度代数差的绝对值。相对像倾斜用角度表示，单位为分 (′)。左右两管系统相对像倾斜同向倾斜时影响减弱，反向时影响加大。不同等级 (I 类、II 类、III 类等) 和不同类型 (开普勒式、伽利略式) 的望远镜相对像倾斜允许的最大角偏差范围为 30′ ~ 40′。

18.2.24　分划倾斜 graduation inclining

在有分划的光学系统中，其分划面内的分划竖线相对于铅垂方向偏转一定角度的状态。分划倾斜是在垂直于光轴平面内分划对铅垂方向的不平行，存在一个角度，这个角度就是分划的倾斜量。

18.2.25　消像旋 image de-rotation

将旋转的像实时旋转回来的技术措施 (效果如同未发生像旋)。一般有光学消像旋、机械消像旋、电子消像旋。

18.2.26　光学消像旋 optical image de-rotation

在光学系统中用消像旋元件 (棱镜或反射镜组) 绕其入射光轴随扫描元件转动，实时校正像旋的技术措施。消像旋元件应满足出射光轴对入射光轴转角为 0°、内部奇次反射、无屋脊的要求。其转速为扫描元件转速的一半、转向与扫描元件同向 (若消像旋元件与扫描元件之间有其他反射元件，则消像旋元件的转动方向由其他反射元件的总反射次数决定，偶次同向、奇次反向)。消像旋元件与扫描元件之间的传动方式有机械传动或电气传动。

18.2.27　机械消像旋 mechanical image de-rotation

视频成像系统用机械或电气传动方法，使光电探测器绕光轴与像旋方向同步旋转，实现像与探测器靶面不发生相对旋转的技术措施。

18.2.28　电子消像旋 electrical image de-rotation

视频成像系统利用图像处理软件进行补偿校正，使视频图像同步反向旋转，将不期望的图像旋转实时旋转回到正常方位的技术措施。

18.2.29　光轴校正 optical boresighting

配置电视、热像、激光等多探测单元的综合光电仪器，利用平行光管、校轴仪等外部检校装置检测各光电探测单元光轴平行性误差、修正误差的过程。

18.2.30　光轴动态校正 optical dynamic boresighting

配置电视、热像、激光等多探测单元的综合光电仪器，利用自身内部检校装置实时检测各探测单元光轴平行性误差、修正误差的过程。

18.2.31 轴系正交性 axis orthogonality

方位、俯仰双向扫描仪器瞄准线、方位轴、俯仰轴之间相互垂直的程度。其表现为仪器整平后,方位扫描 (俯仰归零) 时瞄准线偏离水平面的程度及俯仰扫描时瞄准线偏离铅垂面的程度。

18.2.32 放大率误差 error of magnifying power

光学系统的实际放大率相对标称值的偏差。放大率误差通常以相对误差表示。放大率误差通常是光学系统的焦距等参数偏离和光学仪器结构尺寸偏离所导致。对于观察系统,放大率误差的影响不太大;对于测量系统,放大率误差的影响是一个严重问题。

18.2.33 放大率差 difference of magnifying power

双筒或双目仪器中,两光学系统的实际放大率之差。放大率差用相对值百分比表示,两管的放大率差除以放大率的百分比。放大率差是双目光学仪器左管和右管两个放大率的一致性出现的差别,会导致观察疲劳和不适感。对于不同等级 (I 类、II 类、III 类等) 和不同类型 (开普勒式、伽利略式) 的望远镜,放大率差允许的最大偏差范围为 1%~2%。

18.2.34 双目视差 binocular parallax

〈光学系统〉双目光学系统的左望远镜和右望远镜之间的视度之差。用带有分划板的大口径平行光管同时照射双目光学仪器的左和右两个望远镜管,用视度筒分别测量出左和右两个望远镜管的视度,测出的两个管的视度相减的绝对值就是该双目光学系统的双目视差。

18.2.35 瞳距调节 interpupillary adjustment

将双筒仪器两目镜之间距离调节到与观察者两瞳孔间的距离相等的操作。瞳距调节就是使双目仪器的瞳距与观察者眼睛的瞳距一致的过程。

18.2.36 镜管振动 periscope tube vibration

潜艇在航行状态下使用潜望镜时,由于镜管两侧受交变涡旋的作用而引起镜管在与航行方向相垂直的方向上产生的往复运动。

18.2.37 潜望镜图像稳定 periscope image stabilization

使潜望镜图像在载体摇摆过程中相对于惯性空间保持不变的措施。由于潜艇航行状态下潜望镜会发生左右摆动,导致图像摆动,潜望镜图像稳定就是消除这种图像摆动所采取的稳像措施。

18.2.38   上反稳定 upper mirror stabilization

使潜望式车载、机载瞄准镜瞄准线在载体运动过程中，通过控制上反射镜保持不变的措施。瞄准镜瞄准线受外界扰动，稳定单元敏感扰动角，控制端部扫描反射镜 (上反镜) 反向微量转动 (方位与扰动角相等、俯仰为扰动角一半)，使瞄准线实时反向摆动，抵消扰动，以使瞄准线在惯性空间保持不变来实现双向稳定。

18.2.39   隔离度 isolation

〈光学仪器〉跟踪系统采用稳定等技术措施抵消载体扰动，在惯性空间稳定瞄准线的能力程度。隔离度是一个按隔离的能力程度，用相应的功能和性能指标表达的量。

18.2.40   隔离扰动 isolating jitter

稳定跟踪系统采用合理的软硬件电路设计和结构设计 (包括减振设计)，削弱乃至消除外界对系统的机械干扰，使瞄准线在惯性空间保持稳定的技术措施。

18.2.41   颤噪声 microphonic noise

由于声压波作用、元件或系统的机械振动而引起电路响应的电噪声。颤噪声不只对低电平和低频率信号有影响，对其他频段也会有影响。颤噪声的脉冲幅值可高达上百毫伏。

18.2.42   抖动 jitter

由于信号存在时序、相位的偏差，而使显示图像大小或位置发生微小、快速晃动的现象。显示器抖动原因可能还有扫描频率不稳定、高频抑制、谐波干扰、直流滤波电路故障等。

18.2.43   闪变 scintillation

由于干扰或电路不稳定，使视频图像的亮度或颜色出现低频 (几赫兹) 起伏变化的现象。

18.2.44   振铃 ringing

由于输入信号突变而使系统输出信号出现阻尼振荡现象。振铃有对目标信号强度逐渐增加的延迟到达或对目标信号强度逐渐衰减的延迟退出现象，因而导致显示失真。

18.2.45   过冲 overshoot

由于电参数突变导致对输入端单向变化的起始瞬间响应超过相同输入的稳态响应的现象。过冲就是峰值或谷值超过设定电压，对于上升沿是指最高电压而对于下降沿是指最低电压；过分的过冲能够引起保护二极管工作，导致过早失效，可能引起假的时钟或数据错误。

18.2.46 瞄准线漂移 sight line shift

由光电稳定跟踪、瞄准系统伺服执行机构静态 (开环状态) 非指令运动引起的，瞄准线缓慢移动的现象。其成因有陀螺零漂、伺服电路零漂、地球自转等。

18.2.47 瞄准线漂移补偿 sight line shift compensation

光电稳定跟踪、瞄准系统伺服单元统计一定时间内瞄准线漂移量，计算其漂移速度，转换为反向控制信号加入陀螺稳定回路，补偿或减小瞄准线漂移的措施。

18.2.48 星校 star calibration

舰载火炮及车载防空、反导火炮系统各设备 (光电跟踪仪、雷达、火炮) 对准夜空相对固定恒星，将各轴线 (光电瞄准线、雷达跟踪轴线、火炮射线) 校准、修正为一致的过程。

18.2.49 帧积分 frame integration

将缓存后的帧图像灰度数据与当前图像灰度数据，按照一一对应的像素位置进行线性算术平均，以抑制图像时域随机噪声、提高信噪比的一种图像处理手段。

18.2.50 无热化设计 athermalization design

为了消除或者减小温度效应导致的光电系统像面位移、像质降低，采用补偿方法使光电系统在特定温度范围内保持像面、像质不变或变化很小，以适应使用环境温度的设计。无热化设计包括光学被动式、机械被动式、机电主动式等类型的无热化设计。

18.2.51 气动光学效应 aerooptical effect

飞行器在大气中高速飞行形成的气动流场，导致飞行器的光电系统的光路和光学窗口经过气动环境所造成的图像偏移、抖动、模糊及照度降低的现象或效应。气动光学效应包括气动光学传输效应、气动弹光效应、气动热效应、气动热辐射效应。

18.2.52 气动光学传输效应 aerooptical transmission effect

气动流场密度、温度、折射率变化使辐射传输波前发生畸变，导致飞行器光电系统图像偏移、抖动、模糊及照度降低的现象或效应。

18.2.53 气动弹光效应 aero elasticity optical effect

气动流场压力使飞行器光学窗口产生弹性应力和形变，产生双折射或折射率改变，导致图像偏移、抖动、模糊及照度降低的现象或效应。

18.2.54 气动热效应 aero heat effect

气动流场温升及与气体摩擦使飞行器光学窗口温度升高、应力增加，产生窗口面形变化及折射率变化，导致图像偏移、抖动、模糊及照度降低的现象或效应。

18.2.55 气动热辐射效应 aero heat radiation effect

气动流场温升及与气体摩擦给飞行器光学窗口输入热辐射，产生热辐射噪声等干扰，导致探测器成像质量下降的现象或效应。

18.2.56 海天线实时检测 real time detection for sea-sky-line

光电系统对掠海目标跟踪时，为克服海杂波干扰实时检测天空与海面交界线的技术。海上远距离平视时，海上图像分天空区域、海面区域和海天线区域三个区域，海上目标一定出现在海天线区域。海天线区域往往会因为海浪、能见度低、烟雾等因素而难以确定。海天线区域通常采用直线拟合法和 Hough 变化法来检测。

18.2.57 光谱标定 spectral calibration

获得光谱仪器光谱响应数字输出量 (DN 值) 与仪器入瞳处光谱辐射亮度之间的定量关系，反演出目标实际光谱辐射亮度并进行校准的过程。光谱标定包括确定各通道光谱中心波长 λ、波段带宽 $\Delta\lambda$、光谱采样间隔。

18.2.58 光谱失配修正因数 spectral mismatch correction factor

〈光度计〉当光度计所测光源的相对光谱功率分布与校准光度计时所用光源不相同时，以修正由于光度计的相对光谱响应度与标准光度观察者的光谱光视效率函数不一致所产生的误差，用于与光度计的读数相乘的因数，用符号为 F^* 表示，曾称为 "色修正因数"。多数光度计模拟 $V(\lambda)$ 函数，并且使用相应于 CIE 标准照明 A 的光源校准，对这类光度计，修正因数可按公式 (18-11) 计算：

$$F^* = \frac{\int P(\lambda)V(\lambda)\mathrm{d}\lambda \cdot \int P_{\mathrm{A}}(\lambda)S_{\mathrm{rel}}(\lambda)\mathrm{d}\lambda}{\int P(\lambda)S_{\mathrm{rel}}(\lambda)\mathrm{d}\lambda \cdot \int P_{\mathrm{A}}(\lambda)V(\lambda)\mathrm{d}\lambda} \qquad (18\text{-}11)$$

式中：$P(\lambda)$ 为被测光源相对光谱功率分布；$P_{\mathrm{A}}(\lambda)$ 为 CIE 标准照明体 A 的相对光谱功率分布；$V(\lambda)$ 为人眼光谱光视效率；$S_{\mathrm{rel}}(\lambda)$ 为光度计的光谱灵敏度；λ 为波长。

18.3 装置及要素

18.3.1 分划 graduation

用于瞄准和测量等，刻制在测量标尺、分划板等上面的标志线和符号。分划的类型一般有机械分划、光学分划和电子分划，主要用于光学仪器对准、瞄准、测距、测量等。机械分划是刻在不透明物体上的标尺线、符号、图案等，最典型的是测量尺的距离分划。

18.3.2 光学分划 optical graduation

制作在光学基底 (一般为透明光学材料，通常为光学玻璃) 上用于瞄准、测距、测量等的固定标志线和符号。承载光学分划的光学零件是光学分划板。

18.3.3 视距线 stadia line

在测量望远镜中，为了实现对已知高度的目标到观察镜的距离的测定，以分划板上制作的十字线交点为中心、上下对称配置、间距特定的多对平行横线或两线的线间距连续变化的曲线对。在分划板上，视距线有很多对，用于测量不同的距离。视距线还有由一条水平线与一条曲线拉开一定间隔组成的两者的线间距连续变大或连续变小的测距线对。

18.3.4 电子分划 electronic graduation

由硬件、图像处理软件产生，在显示器上显示的用于瞄准、测距、测量等的固定或动态的标志线和符号。电子分划有软件产生的和软硬件共同构成的类型。软硬件共同构成的电子分划通常由透明基片、电子刻度显示 (附着在基片上的)、电路、软件等组成，其具有分划位置可灵活移动、分划图案可更换、分划亮度不受环境弱光的影响等优点。

18.3.5 瞄准图 sight picture

表示载体和载体武器与目标相关的射击 (或轰炸) 诸元的几何和数据图形。载体是指武器载体，例如坦克、飞机、舰船等。瞄准图中的射击诸元包括目标的距离、高低角、方位角以及环境的风向、风速等信息。

18.3.6 目标等效条带图案基准 target equivalent bar pattern criteria

通过视觉心理实验或大量的探测器的探测实验确立，用人眼或探测器对一定距离等效条带图案的分辨能力，来评价对目标探测水平的准则。一般分为发现、分类、识别、辨认等级别。

18.3.7　目标等效条带图案 target equivalent bar pattern

一组黑白相间、宽度相等、平行均布的条带组成的图案。每条 (白或黑) 条带长度与宽度之比 (长宽比) 一般为 7:1，条带数根据任务 (发现、分类、识别、辨认等级别) 确定，条带长度方向垂直于目标最小投影尺寸方向，条带总宽度等于对应目标的最小投影尺寸，条带的长度应不大于目标的最大投影尺寸 (条带长度取目标的最大投影尺寸，此时条带长宽比小于 7:1；若条带长度小于目标的最大投影尺寸时，条带长宽比仍为 7:1)。

18.3.8　等效条带图案分辨率 equivalent bar pattern resolution

等效条带图案的一个线对向观察方无限远投射张角的大小。对某一目标用等效条带图案黑白条带度量时，该图案满布目标的黑白条带对数。等效条带图案为等宽度的黑矩形条和白矩形条相邻排列的分辨率图案。

18.3.9　光环 ring of light

用以瞄准目标的环形标志分划。光环可提供运动目标提前量对准关系，应用于机载和高射身管武器对机动目标的瞄准。

18.3.10　准直瞄准 collimating optical sighting

用光学系统将与弹道落点统一的瞄准标志投射于远处目标上的瞄准方式。准直瞄准的光学原理是, 用光学的方法将机械瞄准中的准心和照门的对准结果统一用一束准直光代替, 使准直光成虚像于无限远的物方 (目标方), 瞄准标志表现为一个颜色光斑 (红斑或绿斑), 当从瞄准镜中看到把光斑放在了目标的什么位置时, 就等于枪瞄准了目标的什么位置。准直瞄准的方式有光棒准直方式和反射平行光准直方式。准直瞄准镜具有瞄准过程简单、快捷的优点, 但其只适合于近、中距离 (300m 以内) 使用, 远距离时瞄准精度不高。

18.3.11　猫眼效应 cat-eye effect

照射光束入射到对方光学或光电设备时，由于光学系统零件及传感器表面的反射，部分辐射沿入射方向返回，呈现出对方光学或光电设备发光的现象或效应。该辐射强度远大于其他目标或背景的漫反射回波 (大 2~4 个数量级)，如同在黑夜光线入射猫眼眼底反射呈现的亮光。猫眼效应可用于光电主动侦察，可扫描发现复杂背景中的光电目标。

18.3.12　猫眼目标 cat-eye target

经过光源照射，会产生明显猫眼效应的光学或光电设备。造成猫眼目标的主要原因通常是光学或光电设备中具有镜面反射效应的物镜、窗口等光学零件或部件。当光学表面的减反射措施做得好，可减小或消除猫眼效应。

18.3.13　数据立方体 data cube

包含二维图像数据 (随二维空间分布变化的灰度及形状、大小、位置、分辨力等空间信息) 和一维光谱数据 (随一维光谱变化的各像元中心波长、光谱分辨力等光谱信息) 的光谱图像数据。数据立方就是图像面的两个空间维度数据和一个光谱维度数据组成的三维数据体。

18.3.14　光纤传像 optical fiber image transmission

光学图像不经信号转换成电信号传输，而是直接由光纤束传送的技术。图像被数万到数百万根光纤集成的光纤束分割为数量与光纤数量相同的像元，每根光纤逐元将像元通过多次全反射，从光纤一端传送至另一端，完成全幅图像的传送。图像的光纤传像是并行传输，而图像的电信号传输通常是串行传输。

18.3.15　曝光表 exposure meter

通过测量被摄体的反射亮度，并结合胶片的感光度，确定照相机拍照应设置的镜头孔径和快门速度，以为照相的正确曝光提供指导的仪器。

18.3.16　感光仪 sensitometer

能够在感光材料上产生一系列精确调制的曝光量的仪器，也称为感光计。在待测胶片上产生一系列准确已知的曝光量，且能完成重复曝光条件的仪器。主要由光源、快门、滤光镜和调制器 (光楔) 等部分组成。

18.3.17　遥感平台 remote sensing platform

安放遥感器 (或传感器) 并能进行遥感作业的载体。遥感平台有航天平台 (含卫星平台)、航空平台、地面平台 (含水平平台) 等。

18.3.18　光学杠杆 optical lever

利用光线的反射使微量线位移或角偏转放大的光学装置。光学杠杆的放大原理是利用反射镜 α 的变化导致出射光束角 2α 的变化，以及投射距离长度 (反射镜至投影屏的距离) 进行放大。光学杠杆的原理在测量仪器和测量方法中被应用。

18.3.19　光端机 optical terminal equipment

光纤通信中将电信号转换为光信号、光信号转换为电信号的终端设备。分为车载、机载、弹载类型。

18.3.20　光纤滑环 optical fiber slip ring

一种环状活动光纤传输的旋转接口连接器。其两环非接触相对旋转，各端有光纤连接器或适配座，实现相对旋转部件之间光信号非接触传输。滑环旋转中的信号连续连通传输是通过旋转对准机理来保证。对准可采用球形、棱镜或反射镜的旋转连通机理来实现光路的精确对接。分为单纤型、多纤型。

18.3.21　波门 gate

信号处理中提取相关信号的选通区域。波门有空间波门和时间波门，空间波门通常为矩形、椭圆形或圆形等，时间波门是一个特定的时间期间函数。例如，一种激光雷达的空间波门就是，根据目标的特征信息将其选通在扫描视场的一个矩形内，使激光雷达对选定的目标连续照射，获得连续的、完整的目标运动矢量、距离及方位信息，将这个信息送入火控计算机生成瞄准信息，以为射击目标作好准备。

18.3.22　视频波门 video gate

从视频信号提取处理目标信号的选通区域。对应视频图像中一定的视场，显示为一矩形框。

18.3.23　搜索波门 search gate

从视频信号提取目标信号、捕获目标的视场区域。其尺寸可受控改变、位置固定，满足要求的目标进入、完成捕获后转为跟踪波门。

18.3.24　跟踪波门 tracking gate

从视频信号提取目标信号、求取目标与瞄准线方位和俯仰偏差的选通区域。目标被捕获后位于该波门内。跟踪波门尺寸较小、位置随目标在视场内移动。

18.3.25　正镜位置 normal position of telescope；direct position of telescope

观察者面对经纬仪的望远镜目镜时，经纬仪垂直度盘 (竖直度盘) 位于观察者左边的位置，也称为盘左。当望远镜上下转动角度时，竖盘与望远镜是一起转动的。经纬仪可以转到两个相反的方向 (转 180°) 使用。

18.3.26　倒镜位置 reversed position of telescope；inverted position of telescope

观察者面对经纬仪的望远镜目镜时，经纬仪垂直度盘 (竖直度盘) 位于观察者右边的位置，也称为盘右。为了有效地消除仪器相应的系统误差对测量结果的影响，通常需取盘左读数和盘右读数的平均值作为观测值。因此，在完成盘左的观测之后，要将望远镜在竖直方向转 180° 再完成盘右的观测。

18.4　光　　源

18.4.1　光源 light source

输出含能光子或光线的人造发光装置或自然发光体，也称为发光体。光源发光有三种途径：热效应发光 (蜡烛等)；原子跃迁发光 (荧光灯等)；辐射发光 (物质内部带电粒子加速运动时所产生的光等)。

18.4.2 光源效率 light source efficiency

光源输出的光功率与输入功率之比。光源效率的输入功率通常为电功率，其表达通常用百分比表示。

18.4.3 标准灯 standard lamp

用于保持和传递一个波长或多个波长的几何总辐射通量单位量值且稳定性好的特制电光源。标准灯是光学辐射及光度、色度计量中的标准量具。

18.4.4 标准照明体 standard illuminant

具有特定相对光谱功率分布的理想辐射体。这种相对光谱功率分布不一定能用一个具体的光源来实现。

18.4.5 CIE 标准照明体 CIE standard illuminant

由 CIE 规定的其相对光谱分布和色品坐标标准值的人工光源，或由 CIE 规定的其辐射近似 CIE 标准照明体的人造光源 (参阅 CIE 出版物 No.15)，也称为 CIE 标准光源 (CIE standard source)。CIE 标准照明体分别有 A、B、C、D 及 E。

18.4.6 标准照明体 A standard illuminant A

色温为 2856K，色品坐标在色品图的黑体轨迹上，照明体为透明玻壳充气钨丝灯的照明体。

18.4.7 标准照明体 B standard illuminant B

色温为 4874K，色品坐标靠近色品图的黑体轨迹的下方，光色相当于中午的直射阳光的照明体。

18.4.8 标准照明体 C standard illuminant C

色温为 6774K，色品坐标靠近色品图的黑体轨迹的下方，光色近似于阴天天空的日光 (平均昼光) 的照明体。标准照明体 C 是由标准光源 A 和 DG 滤光器组合而成的。

18.4.9 标准照明体 D standard illuminant D

一系列不同时相条件下的日光所具有的相对光谱功率分布的总称，也称为典型日光或重组日光，分别称为 CIE 标准照明体 D_{55}、D_{65} 和 D_{75}。D_{55} 是色温为 5503K 的典型日光，相当于无云天气太阳在与水平方向成 45° 时的日光相对光谱分布，是摄影闪光灯模拟的标准照明体；D_{65} 是色温为 6504K 的典型日光，相当于正常天气状况下白天的平均日光；D_{75} 是色温为 7504K 的典型日光，主要用在高色温光源下进行精细辨色工作的场合。

18.4.10   标准照明体 E standard illuminant E

在可见光波段内光谱功率为恒定值的照明体，又称为等能光谱或等能白光。标准照明体 E 是一种人为规定的光谱分布 (实际中不存在这种光谱分布的光源)。

18.4.11   F 照明体 F illuminant

色温为 2700K，相对光谱功率分布代表各种常用荧光灯辐射特性的系列 "荧光" 照明体。F 照明体是模拟家庭、酒店暖色灯光的照明体。

18.4.12   标准光源 standard light source

相对光谱功率分布模拟标准照明体的光源。标准光源有用多种色温及其照明光源确定的，分别有 A 光源、C 光源、D 光源、E 光源等。

18.4.13   A 光源 A light source

实现标准照明体 A 的相对光谱功率分布、色温为 2856K 的钨丝白炽灯。A 光源常用作光度方面测量仪器的校准光源。

18.4.14   C 光源 C light source

由 A 光源加置特定的戴维斯-吉伯逊液体滤光器组成的，以实现色温为 6774K 光辐射的光源。

18.4.15 D_{50} 光源 D_{50} light source

实现标准照明体 D_{50} 的色温为 5000K 的日光时相的标准光源，是国际上印刷业公认的标准色温光源 (ICC 标准)。

18.4.16 D_{65} 光源 D_{65} light source

实现标准照明体 D_{65} 的色温为 6500K 的日光时相的标准光源，是最常用的人工日光。

18.4.17   E 光源 E light source

可见区内相对光谱功率分布实现等能量分布的标准光源。E 光源是一种在可见光区无光谱选择性的等能光源。

18.4.18   发光二极管标准灯 LED standard lamp

利用发光二极管作为标准光源的标准灯，又称为 LED 标准灯。用 LED 做标准灯时，除了要保证达到相应标准灯的色温要求外，还要达到相应显色指数的要求。目前，LED 还不一定适合做各种标准灯，可以用于做 D_{65} 标准灯等。

18.4.19　光谱辐亮度标准灯 standard lamp for spectral radiance

用于保存和传递辐射亮度的光谱密集度单位量值的特制电光源，又称为光谱辐射亮度标准灯。光谱辐亮度标准灯具有一亮度均匀、稳定的发光面，如钨带灯、氙放电灯等。钨带灯是用钨带作为发光体的白炽灯。

18.4.20　光谱辐照度标准灯 standard lamp for spectral irradiance

用于保存和传递辐射照度的光谱密集度单位量值的特制电光源，又称为光谱辐射照度标准灯。光谱辐照度标准灯的发光体布置成一平面或直线，以便于计算发光体到照射面之间的距离，如排丝溴钨灯和双端引出的管状溴钨灯。发光强度标准灯亦可作为可见辐射区的光谱辐射照度标准灯。

18.4.21　发光强度标准灯 standard lamp for luminous intensity

用于保存和传递发光强度单位量值的特种白炽电灯。其发光体布置成平面，玻壳的形状和附加光阑力求避免或减少杂散光，使之在较宽的距离范围满足距离平方反比法则的要求。

18.4.22　分布温度标准灯 standard lamp for distribution temperature

用于保持和传递分布温度单位量值的特制白炽灯。光谱辐射照度标准灯和发光强度标准灯均可用作分布温度标准灯。这种灯主要用作可见辐射区的相对光谱功率分布标准和校准分布温度计与色温计。

18.4.23　光谱总辐射通量标准灯 standard lamp for spectral total radiant flux

用于保持和传递一个波长或多个波长的几何总辐射通量单位量值的特制电光源，又称为光谱几何总辐射通量标准灯 (standard lamp for spectral geometry total radiant flux)。

18.4.24　总光通量标准灯 standard lamp for total luminous flux

用于保存和传递总光通量单位量值的特种电光源。有白炽灯和气体放电灯两大类，它们各自又有若干品种和规格，使之在发光空间分布和光谱组成等方面尽量与被测灯接近。

18.4.25　比较灯 comparison lamp

用以相继比较标准灯和待测灯，发光稳定，但不必知道其发光强度、光通量或光亮度值的光源。

18.4.26　泵浦灯 pumping lamp

用来给激光工作介质输入光子能量的灯，也称为泵浦光源。泵浦灯主要有氙灯、氪灯、半导体激光器等。

18.4.27　氙灯 xenon lamp

内部充有以氙气为主的高压混合惰性气体，通过高压电离放电发出高色温光 (4000K～1200K) 的放电式光源，也称为氙气灯或高强度放电式灯 (high indensity discharge lamp，HID)。氙灯主要应用于汽车的前照明灯和照相的闪光灯等。

18.4.28　氪灯 krypton lamp

内部充有以氪气为主的高压混合惰性气体，通过高压电离放电发出光的放电式光源。氪灯的发光光谱与 YAG 晶体的吸收带相匹配，多用于作固体激光器的泵浦光源，光能相对利用率较高。有一种氪灯的光能穿透雾气深达 300m 及以上，可用于飞机跑道的夜间照明光源。

18.4.29　钨带灯 tungsten ribbon lamp

用钨带作为发光体的白炽灯。用于紫外辐射区的钨带灯，其玻壳上必须有透紫外辐射的窗口。

18.4.30　低压灯 low pressure lamp

在 1.3Pa~13Pa 的汞蒸气压下工作，输入电功率约为每厘米弧长 0.5W~1.5W，杀菌紫外线输出功率约为每厘米弧长 0.15W~0.45W，紫外光在 253.7nm 波长单频谱输出的水银蒸气灯。

18.4.31　低压高强灯 low pressure high output lamp

在 1.3Pa~13Pa 的汞蒸气压下工作，输入电功率约为每厘米弧长 1.5W~10.0W，杀菌紫外线输出功率不小于每厘米弧长 0.5W，紫外光在 253.7nm 波长单频谱输出的水银蒸气灯。低压高强灯输出的紫外线光强高于低压灯。

18.4.32　中压灯 medium pressure lamp

在 0.013MPa~1.330 MPa 的汞蒸气压下工作，输入电功率约为每厘米弧长 50W ~150W，杀菌紫外能输出功率约为每厘米弧长 7.5W~23W，紫外线能在 200nm~ 280nm 杀菌波段多频谱输出的水银蒸气灯。

18.4.33　微波紫外灯 microwave ultraviolet lamp

用微波激发，紫外线可连续或脉冲输出，紫外线能在 200nm~280nm 杀菌波段多频谱输出的无极放电水银蒸气灯。

18.4.34　紫外灯模块 UV modules

由紫外灯、石英套管、镇流器、紫外线强度传感器、清洗系统等组成的渠式反应器基本单元。

18.4.35　观片灯 film illuminator

包含有一个灯源和一块用于观看射线底片的漫射屏 (半透明屏) 的装置，也称为观察屏 (viewing screen)。

18.4.36　点辐射源 point radiant source

发光面积对光电探测系统的张角小于瞬时视场的辐射源，也称为点源 (point source)。点辐射源是一个相对概念，对接收系统或探测系统而言，点辐射源是测量不出面积大小的或无面积尺寸大小影响的光源。

18.4.37　扩展辐射源 expanded radiant source

发光面积对光电探测系统的张角大于瞬时视场的辐射源，也称为扩展源 (expanded source) 或面源。扩展辐射源是一个相对概念，对接收系统或探测系统而言，扩展辐射源是能测量出面积大小的或面积尺寸大小有影响的光源。

18.4.38　漫射源 diffusing source

各个方向上的辐射亮度相等或几乎相等的辐射源。漫射源有透射的漫射源和反射的漫射源，透射的漫射源由光源照射毛玻璃就可产生，反射的漫射源通过光源照射白纸 (非亮面纸) 或漫射板就可产生。

18.4.39　红外探照灯 infrared search light

主要用于为主动红外夜视仪器提供红外辐射的人工光源。根据需要，也可用于为被动红外夜视仪器提供照射，以进一步提高被动红外夜视仪器的探测能力。

18.4.40　无影灯 shadowless lamp

发光面积大、符合亮度和色温标准、几乎不发热、能长时间工作的照明光源。无影灯有医用的和工业用的，医用无影灯还应符合没有病原体等卫生要求。无影灯的无影主要是靠有多个角度的光照射，来消除本影和半影，如在灯盘上排列成多灯组合的圆形，以构成大面积的光源。

18.4.41　照明系统 illuminating system

为充分利用光能，应用光学原理将发光体发出的光转换为平行光束、锥形光束、漫射光等对照明对象进行有效照明的光学系统。

18.4.42　照明器 illuminator

对光学仪器外部某些读数部位或镜内分划进行照明的光学系统的附属发光装置。现在，许多光学仪器的照明器已采用 LED 光源代替过去的白炽灯。

18.5　望 远 系 统

18.5.1　望远系统分类 telescope system classification

按照望远系统的成像原理、光线传播方式、组成结构、倍率变化、倍率大小、用途等属性所作的分类。望远系统按原理分为开普勒系统 [正透镜物镜 + 棱镜 (或倒像透镜)+ 正透镜目镜] 和伽利略系统 (正透镜物镜 + 负透镜目镜)，按光线传播方式分为透射式望远系统、反射式望远系统和透反射式望远系统，按组成结构分为单筒望远系统和双筒望远系统，按倍率变化分为固定倍率望远系统和变倍望远系统，按倍率大小分为低倍望远系统、中倍望远系统和高倍望远系统，按用途分为观察望远系统、测量望远系统、天文望远系统、光路处理望远系统、军用望远系统等。

18.5.2　望远镜 telescope

将远方物体进行视角放大，供眼睛观察放大正像的光学仪器或装置。望远镜通常由正光焦度物镜和负光焦度目镜组成，或正光焦度物镜、棱镜 (或倒像透镜)、正光焦度目镜组成，以实现对物体成正像。根据专门的用途，望远镜可增加调焦镜、分划板等。

18.5.3　正像望远镜 erect image telescope

所成像的上下左右关系与成像目标的上下左右关系相对应的望远镜。正像望远镜通常是通过由正透镜物镜与负透镜目镜组成的望远系统来实现成正像，或通过在正透镜物镜与正透镜目镜组成的望远系统光路中加入相应棱镜 (或倒像透镜) 来实现成正像。

18.5.4　倒像望远镜 inverted image telescope

所成像的上下左右关系与成像目标的上下左右关系相反的望远镜。由正透镜物镜与正透镜目镜组成的望远系统就是一个倒像望远系统，只有通过改变光学元件的组成关系才能将其变成正像望远镜。

18.5.5　反射望远镜 reflecting telescope; mirrortelescope

利用反射曲面 (球面或非球面) 作为物镜的望远镜，也称为反射式望远镜。反射望远镜的物镜为反射式物镜，目镜也是反射式的。

18.5.6　折射望远镜 refracting telescope

利用透镜或透镜组作为物镜的望远镜，也称为折射式望远镜。折射望远镜的物镜为折射式物镜。

18.5.7　折反望远镜 catadioptric telescope

由折射式和反射式光学元件一起组成物镜的望远镜，也称为折反射式望远镜。折反望远镜的物镜可以由折射透镜和反射镜组成。折反望远镜包括由反射式物镜与折射目镜组成的、折射物镜与反射式目镜组成的望远镜。

18.5.8　单筒望远镜 monocular telescope; single-tube telescope

由一套物镜和目镜组成，封装在一个筒中，成正像或成倒像的、用一只眼睛观察的望远镜。单筒望远镜除了有一套物镜和目镜外，从成正像和改变眼睛观察角度方向的需要，也可加入相关的棱镜和反射镜。采用单筒望远镜比较普遍的是天文领域，如天文望远镜。

18.5.9　双筒望远镜 binocular telescope

将两个性能相同的单筒望远镜平行结合在一起，使用两只眼睛同时观察获得立体感正像的望远镜。

18.5.10　伽利略望远镜 Galilean telescope

伽利略设计的由正物镜和负目镜组成的成正像的望远镜。伽利略望远镜具有组成光学系统长度短的优点，但物镜的像面是虚像面，因此无法设置分划板。

18.5.11　开普勒望远镜 Keplerian telescope

开普勒设计的由正物镜和正目镜组成的成倒像的望远镜。开普勒望远镜通过在物镜光路中加入倒像的棱镜 (或倒像透镜) 就可成为成正像的望远镜；由于开普勒望远镜的物镜像面为实像面，因此可以设置分划板。

18.5.12　卡塞格林望远镜 Cassegrainian telescope

由具有中心通孔的抛物面反射镜 (主镜) 和凸双曲面反射镜 (副镜) 组成物镜的一种望远镜。

18.5.13　格里高利望远镜 Gregorian telescope

由具有中心通孔的抛物面反射镜 (主镜) 和凹椭球面反射镜 (副镜) 组成物镜的一种望远镜。

18.5.14　牛顿望远镜 Newtonian telescope

以反射式凹抛物面镜作为物镜，并用平面反射镜将会聚光束侧向 (一般与入射光束成直角) 反射到镜管外的一种望远镜。

18.5.15　肘形望远镜 elbow telescope

用棱镜或反射镜使视线折转 90° 的一种折射望远镜。肘形望远镜可满足平视状态看天顶或地面景物的需要，俯视或仰视状态看水平方向景物的需要。

18.5.16　天文望远镜 astronomical telescope

用于观察天体，大口径、长焦距、目标成倒像的望远镜，也称为倒像望远镜 (inverting telescope)。由于望远系统物镜口径越大，分辨力越高，焦距越长，放大倍数越大，因此，天文望远镜多采用大口径反射式、长焦距的望远物镜。

18.5.17　折叠望远镜 folding telescope

望远物镜可折叠 90° 放平放入盒中的小型盒式伽利略望远镜。折叠望远镜折叠起来的形状就像一个化妆盒，而物镜在望远镜盒打开时弹出，折转 90° 把镜盒撑开，并置于目镜的前面。折叠望远镜的物镜为正透镜，目镜采用负透镜，其口径较小，不折叠，置于开盒的铰链端。这种望远镜的放大倍率一般都还会很大，其特点是体积小，方便携带。

18.5.18　光学稳像望远镜 optical image-stabilizing telescope

为减少因载体抖动或扰动导致视场中物像颤动而设有光学稳定补偿元件的望远镜。光学稳像望远镜是通过在望远镜中插入稳像光学元件，对需稳像的光学元件中某个或全部应用陀螺或其他稳像技术措施进行稳定来实施的稳像，主要的类型有光楔式稳像、透镜式稳像、棱镜式稳像等。

18.5.19　校靶镜 borescope

用以校验枪 (炮) 光学瞄准镜的零位瞄准线是否平行于枪 (炮) 膛轴线，由望远镜管和插轴两部分组成的望远镜。校靶镜通常视场角为 23° ~ 32°、放大率为 8 倍。校靶镜的插轴直径与受检枪 (炮) 的膛内径一致，并应配合良好和有一定长度。校靶过程是用校靶镜瞄准靶标，调整枪 (炮) 瞄准镜使其也瞄准相应的靶标，由此实现枪 (炮) 的零位瞄准线与枪 (炮) 膛轴线平行或构成一个规定的小夹角。

18.5.20　炮队镜 battery commander telescope

由潜望高和基线长度可调的双筒望远镜 (双筒性能相同) 与水平测角部件组成，安装在可升降三脚架上的望远仪器。炮队镜主要用于观察战场、搜索目标、侦察地形、测定炮阵地坐标、观察射击效果、测定炸点偏差量等，通常有 8 倍、16 倍、32 倍、40 倍等类型。

18.5.21　对空指挥镜 antiaircraft commander telescope

用来观察与指示空中目标，安装在三脚架上工作，测定高射炮射弹的炸点偏差，以及测量目标的方向角、高低角的大视场、大倍率的望远镜，又称为摄影经纬仪。对空指挥镜主要由双物镜、供瞄准手使用的双目镜、供指挥员使用的单目镜、三脚架和照明器等组成。双目镜的光学系统向上折轴 45°，放大率 10 倍，视场 7°，方向角测量范围 360°，高低角测量范围 −18° ～ 84°；供指挥员使用的与双目镜连接的单目镜望远镜的光学系统折轴 90°(保证瞄准手与指挥员所占空间位置互不重叠)，放大率 8 倍，视场 6°；主要配置在 37mm、57mm、100mm 高射炮和 14.5mm 高射机枪阵地上，用于搜索、观察和测量空中目标。

18.5.22　周视瞄准镜 panoramic sight

可安装在各种武器平台上，在观察者及目镜相对静止状态下，物镜或上反镜水平旋转，观察、瞄准范围方位不小于 360°(无限定位置)、带分划瞄准标志的望远仪器。

18.5.23　导航望远镜 navigation telescope

一种航空飞行摄影时用以测定控制航空摄影机工作所需要的导航数据的望远镜。导航望远镜一般是配置有电子指南针和卫星导航定位系统等导航定位装置的望远镜。

18.5.24　望远照准仪 telescope alidade

用磁罗盘和望远镜测量目标方位的便携式航海仪器。望远照准仪不同于照准仪，照准仪是用于大地测绘的仪器，望远照准仪是用于航海测量目标方位的仪器。

18.6　照 相 系 统

18.6.1　照相系统分类 photographic system classification

按照照相系统的光线传播方式、焦距、视场、结构、光谱、感光、材料、用途等属性所作的分类。照相系统按光线传播方式分为透射式照相系统、反射式照相系统和透反射式照相系统，按焦距长短分为短焦距照相系统、中焦距照相系统、长焦距照相系统，按焦距的变化关系分为固定焦距照相系统和变焦距照相系统，按视场分为小视场照相系统、中视场照相系统、大视场照相系统 (广角)、超大视场照相系统 (鱼眼) 和全景照相系统 (全周)，按结构分为摄远照相系统和反摄远照相系统，按光谱分为可见光照相系统、红外线照相系统、紫外线照相系统、X 射线照相系统和多光谱照相系统，按感光分为胶片照相系统和数码照相系统，按材料分为玻璃镜片照相系统和塑料镜片照相系统，按用途分为常用照相系统、微缩照相系统、航空照相系统、天文照相系统、手机照相系统、军用照相系统等。

18.6.2　投影系统 projecting system

采用照相物镜将物体放大成像在漫反射幕或屏上实时进行观看的光学系统。投影系统通常是用于放大物体的像进行观察，因此，物方尺寸比像方尺寸要小很多。投影系统的物体可以是胶片、显示器等，投影显示可通过漫反射银幕、白墙、显示屏等方式显示。

18.6.3　光谱投影仪 spectrum projector

用来放大光谱干板上谱线的投影仪。光谱投影仪有利于对拍摄在干板上的光谱的细节进行分析。光谱投影仪的投影物镜应在可见光谱范围内有具良好的透过中性或光谱无选择性。

18.6.4　摄影系统 photographic system

采用照相物镜将物体或景物成像在感光材料或光电探测器上，并记录景物像的光学系统。摄影系统通常是用于记录景物的像为了事后观察。摄影系统物方尺寸通常比像方尺寸要大很多。

18.6.5　缩微系统 microphotography system

采用高像质照相物镜将物体缩小成像记录在高分辨力感光材料上的摄影系统。缩微系统的照相物镜通常要求具有高的分辨力和像质，主要用于图样、图书、文件等资料的缩微保存、光刻母板制作等。

18.6.6　多光谱照相机 multispectral camera; multiband camera

将目标光波按波长分割成若干波段，分别将各个波段的影像同时拍摄下来的一种专用照相机。它是一种光学成像式遥感器。

18.6.7　照相枪 gun camera

安装在航空瞄准具上，用来记录作战或训练射击效果，与武器系统协同工作的具有摄像功能的光学仪器。照明枪是安装在军用飞机上，用来记录射击效果和战绩的小型电影摄像机。

18.6.8　航空摄影机 aerial camera

装在飞行器上对地面进行拍照或专用测量的精密光学仪器，也称为航空照相机。航空摄影机配有自动曝光控制、消震和平衡装置，以适应高速运动状态下的摄影。

18.6.9 机载摄录系统 airborne photographic recording system

具备摄像和记录功能的机载光学设备。机载摄录系统可实时记录飞机平视显示器/瞄准具与座舱前方景象的叠加图像、记录机上其他视频信号及音频等非视频信息，可在视频图像上叠加时间、有关参数等标记符号，用于作战和训练结果评估。

18.6.10 遥感器 remote sensor

安装在遥感平台上，用摄像或照相系统直接测量和记录被探测对象的电磁辐射特性或反(散)射特性的装置，也称为传感器。遥感器是用于远距离探测地物和环境所辐射或反射的电磁波的仪器。无论哪种遥感器，基本上都是由收集系统(透镜、反射镜或天线等)、探测系统(感光胶片、光电传感元件或波导等)、信息转化系统(信号装置)和记录系统(胶片、磁带等)四个部分组成。遥感器按记录数据形式分，可分为成像遥感器和非成像遥感器，成像遥感器又可细分为摄影式成像遥感器和扫描式成像遥感器两类。还有一些检测环境信息的仪器也可称为遥感器，例如声呐地下探测器、超短脉冲地下探测器等。

18.6.11 遥感仪器 remote sensing instrument

通过照相系统对目标的电磁辐射获取和记录远距离目标的特征信息，以及对所获取的信息进行处理和判读的一类仪器。术语"遥感"通常只限于使用电磁能作为检测和测量目标性质的手段。电磁能包括光、热和无线电波。

18.6.12 多光谱扫描仪 multispectral scanner

通过照相系统对大地扫描的方式接收地面目标光波，并按分割的若干波段记录各光谱段自己的信息并转换成视频输出的遥感器。它是一种光电式遥感器。

18.6.13 地物光谱辐射仪 ground-object spectroradiometer

用照相系统测定地面物体光谱辐射特性的仪器。在可见光和近红外区通常是测定物体的光谱反射特性。

18.6.14 电视摄像机 TV vidicon

通过照相系统将可见光和近红外目标的运动图像和静止图像成像到图像光电传感器件上转化为图像视频信号进行显示和存储的光电仪器。

18.6.15 电视导引仪 TV guidance apparatus

由电视摄像机、视频处理器、监视器等组成，实时探测载体航向与目的航向的空间角偏差，并输出修正信号，导引载体回归目的航向的光电仪器。

18.6.16　地平线摄影机 horizon camera

一种附设在航空摄影机上沿像片 X、Y 方向记录像片的视地平线的摄影机。地平线摄影机用以提供测定像片倾角的资料。

18.6.17　陆地量测摄影机 terrestrial survey camera

以单个形式使用的地面摄影测量用的量测摄影机，又称为地面量测摄影机或单个量测摄影机或摄影经纬仪。单个量测摄影机轴线可在水平面内回转，在垂直平面内可倾斜一定的角度。

18.6.18　立体量测摄影机 stereo-metric camera

通常是由 2 台量测摄影机与基线杆组合而成的具有摄影基线的地面量测摄影机。摄影机分别固定在基线杆的两边，基线长度可以是固定的，也可以是可变的，用于地面摄影测量。

18.6.19　正射投影仪 orthoprojector

应用分带纠正的原理，将中心投影的航摄像片变换成地面正射投影像片和制作正射投影影像地图的仪器，又称为缝隙纠正仪或微分纠正仪。

18.6.20　复照仪 copying camera; reproduction camera

能将各种地形图、像片原图等按一定比例进行复制的一种专用照相机。复照仪可应用于翻拍地形图、工程设计图、印刷软片、幻灯片、图片等。复照仪的镜头像质要求很高，特别是对畸变和场曲要校正得很好。

18.6.21　彩色图像合成仪 colour image combination device

将多光谱遥感图像或像片通过光学投影方式进行假彩色合成，以得到假彩色图像或像片的设备。

18.6.22　工业相机 industrial camera

用于工业生产线上对加工、装配等生产过程进行监控或对产品进行自动检验的光电传感照相机。工业相机是机器视觉的关键组件，通常要求结构紧凑、牢固、连续工作时间长、环境适应性强、帧频高、像质好、图像稳定、抗干扰能力强等，其光电传感器类型主要有 CCD、CMOS 等。

18.7　显 微 系 统

18.7.1　显微镜 microscope

能对近处微小物体进行放大成像，主要由物镜和目镜组成的光学仪器或由电子成像系统和显示系统组成的仪器，前者为光学显微镜，后者为电子显微镜。光学显微物镜的焦距通常很短，高倍显微物镜的物空间通常为油等液体。光学显微镜的放大倍数为物镜的放大倍数乘以目镜的放大倍数。

18.7.2 显微镜分类 microscope classification

按显微镜的成像原理和图像显现方式进行的分类。显微镜主要分为几何光学显微镜、物理光学显微镜和信息转换显微镜三大类。几何光学显微镜主要包括工具显微镜、生物显微镜、落射光显微镜、倒置显微镜、金相显微镜、暗视野显微镜等；物理光学显微镜主要包括相差显微镜、偏光显微镜、干涉显微镜、相差偏振光显微镜、相差干涉显微镜、相差荧光显微镜等；信息转换显微镜主要包括荧光显微镜、显微分光光度计、图像分析显微镜、声学显微镜、照相显微镜、电视显微镜等。

18.7.3 简易显微镜 simple microscope

光学系统只由物镜组成，对一次成像进行观察的显微镜。这种显微镜相当于一个高倍的放大镜或曲率半径很小的放大镜，对距离很近的物体进行成像 (例如物距毫米级)，用眼睛直接观察。由于简易显微镜物镜的焦距越短，导致物像变形越严重 (即像差越大)，因此，其放大倍数不能太高，一般在 20 倍以下。

18.7.4 复式显微镜 compound microscope

由物镜或物镜和镜筒透镜成初次像，通过目镜观察的显微镜。复式显微镜相对简易显微镜而言，是二次成像的显微镜；相对于简易显微镜只由一物镜组成，其是由物镜、镜筒和目镜组成，或者由物镜和目镜组成的。

18.7.5 单目显微镜 monocular microscope

只有一个观察目镜，供一只眼睛观察显微镜所成物像的复式显微镜。单目显微镜就是只有一个观察通道的显微镜，相对相同性能的双目显微镜而言，其结构简单，成本低。

18.7.6 双目显微镜 binocular microscope

同时呈现在观察者双眼的每只眼睛中一个单独像的复式显微镜。有两种双目显微镜，一种是用专门的观察镜筒和分光镜使两眼接收同样的像，另一种为体视双目显微镜。

18.7.7 三目显微镜 trinocular microscope

由二个人眼双目观察通道和一个光电视频接收器观察通道共同组成的三个观察通道的显微镜。三目显微镜可以实现在人眼双目观察的同时，对观察的物体和过程进行视频播放和/或录制。

18.7.8   生物显微镜 biological microscope

主要用于观察和研究生物切片、生物细胞、细菌、活体组织培养、流质沉淀等的显微镜。生物显微镜通常是透射式的，景深短 (一般不超过 20mm)，放大倍数高 (可高达 2000 倍)，观察需要制作观察样片。

18.7.9   落射光显微镜 epi-illuminating microscope；ultrapak microscope

显微系统的照明光或激发光是从物镜向下射到样品 (或标本) 表面的显微镜，也称为落光显微镜。落光显微镜的物镜既是照明的聚光透镜，也是对被观察物体成像的物镜。这一原理在荧光显微镜等中被应用。

18.7.10   体视显微镜 stereo microscope

由每个眼睛分别通过各自的单筒显微镜 (每筒均有各自的显微物镜和目镜，左右两筒的光轴夹角约为 12°) 从略有不同的角度观察物体，使物的两个侧面成像于两只眼视网膜上的相应点而引起立体感觉的双目显微镜，也称为实体显微镜或解剖镜。体视显微镜有采用格里诺显微镜原理实现的，比较现代的体视显微镜采用共用主物镜，由物镜物方焦面上分开的两只光通道获得两路光形成的会聚角来构建体视。体视显微镜的景深一般比较长，长达 50mm，甚至 150mm，而放大倍数较小，一般最大倍数在 200 倍左右。

18.7.11   解剖显微镜 dissecting microscope

用于观察解剖过程的具有长工作距离的低倍显微镜。解剖显微镜现在一般采用体视显微镜。

18.7.12   格里诺显微镜 Greenough microscope

由格里诺设计的，由两个分开的复式显微镜系统组成，其光轴会聚在 10° ~ 15° 之间，用装有棱镜和/或反光镜的倾斜镜筒观察同一个视场，以获得合适的正像的低倍体视显微镜。格里诺显微镜是一种体视显微镜。

18.7.13   光学显微镜 light microscope

以光辐射进行观察物照明和用光学透镜放大成像的显微镜。光学显微镜包括可见光显微镜、紫外光显微镜、红外显微镜等。

18.7.14   红外显微镜 infrared microscope

对红外辐射用红外光学系统成像并用照相记录或用红外光电探测器接收和显示器显示的显微镜。近红外辐射成像的红外显微镜可用 CCD 探测器接收红外辐射图像，短波红外、中波红外、长波红外和远红外辐射成像的红外显微镜需要用相应透过波段的红外光学材料成像和相应波段的红外探测器来接收红外辐射图像。

18.7.15 紫外光显微镜 ultraviolet microscope

采用紫外光源作为样品照明光源,使用透紫外线的光学材料透镜、载玻片、盖玻片、浸液并用照相记录或紫外光电探测器探测 (光电倍增管、像增强器、GaN、SiC 等) 和显示装置显示的显微镜。紫外光显微镜的光源通常为高压气体放电灯,光学材料主要使用石英、萤石等,浸液一般用无水甘油。紫外光显微镜的优点是,由于利用短波长光源,显微镜有很高的分辨力。

18.7.16 荧光显微镜 fluorescence microscope

不采用自然光和照明光源的光成像,而是用物体自发荧光和/或荧光染料发射的荧光进行成像的显微镜。

18.7.17 相衬显微镜 phase-contrast microscope

由具有环状光阑的转盘聚光镜、具有相位延迟环的物镜、合轴调中望远镜、绿色滤光片等组成,将样品的厚度和折射率差带来的相位差通过干涉转换为振幅差进行图像显示的显微镜,也称为相差显微镜。相衬显微镜观察的生物样品 (标本、活细胞等) 可不进行染色或着色。聚光镜的环状光阑使光源发出的光通过环状光阑后衍射成为同波面的光,以空心光柱射向聚光透镜。

18.7.18 偏光显微镜 polarizing microscope; polarized microscope

在光源和样品间装有偏振起偏器,在显微物镜和目镜间装有检偏器,两者偏振方向置于相互垂直状态使用的显微镜。最完善的型式由起偏镜、检偏镜、在偏光镜之间的无应力透镜、带有刻度用以测量旋转角度的旋转载物台、载物台和/或物镜的定中机构和带有十字线的定中定向调焦目镜组成,还有勃氏透镜和供插入延迟板和补偿器的滑块槽。反射光偏光显微镜也称为矿相显微镜。偏光显微镜主要用于观察和研究各向异性的样品,如晶体等,主要应用于矿物、高分子、纤维、玻璃、半导体、化学等领域。

18.7.19 金相显微镜 metallurgical microscope

用反射照明光来观察金属试样表面组织结构的显微镜。金相显微镜有倒置金相显微镜和正置金相显微镜,主要用来观察金相组织的结构、夹杂物、晶粒度等,也可以用来观察岩石、矿物质等。

18.7.20 倒置显微镜 inverted microscope

载物台在显微物镜上面的显微镜。倒置显微镜不用控制样品厚度,只要有一面平,另一面不用加工 (不需要两面平行),就能进行观察,因此,其简化了观察样品的加工要求。但倒置显微镜的物镜在样品台下方,其无法浸入油或高折射率液体中,因此,倒置显微镜的放大倍数不能做到很高。

18.7.21　正置显微镜 upright microscope

载物台在显微物镜下面的显微镜。正置显微镜的物镜可以浸入油或高折射率液体中 (提高物镜的数值孔径)，因此，正置显微镜的放大倍数可以很高。但正置显微镜的样品需要两面平行且比较薄 (样品在载玻片上) 才能进行观察，因此，其对观察样品的加工要求比较高。

18.7.22　高温金相显微镜 high temperature metallurgical microscope

主要由加热系统、成像系统和真空系统三部分组成，可观察和记录金属样品的显微组织在不同温度下状况变化的金相显微镜。加热系统主要由冷却系统、惰性气体保护系统、控温系统和加热装置组成。高温金相显微镜的放大倍数一般为50 倍 ~500 倍，高的能达到 800 倍，加热温度范围为室温至 1500℃。利用高温金相显微镜可观察和研究组织的结晶、多相变、组织转变、高温断裂、高温蠕变等过程。

18.7.23　微分干涉显微镜 differential interference microscope

使照明光束通过起偏器并投射到石英棱镜上，在棱镜的胶合面上光束分为寻常光和非常光平行地透过样品，这两束光经物镜后重新被两个石英棱镜会集，这样由于波面的相互位移 (侧向)，干涉后可以得到鲜明的色调和立体感，从而观察到样品表面或内部的微小起伏的显微镜。

18.7.24　全息显微镜 holographic microscope

用相干光源通过显微物镜照射样品，再用参考光源与记录样品的光进行干涉，用光电探测器记录样品全息图像的显微镜，也称为数字全息显微镜 (digital holographic microscopy，DHM)。全息显微镜不直接记录被观测物体的图像，而是记录含有被观测物体波前信息的全息图，再通过计算机对所记录的全息图进行数字重建来得到被测物体三维的相位和振幅 (光强) 信息。

18.7.25　激光显微镜 laser microscope

给显微镜配置激光光源，设计使激光束通过显微物镜、聚光镜或光纤聚焦成 1μm 量级的光斑，用于考察激光辐射对样品的一部分作用效应的显微镜。激光作为照射光源：可提高光穿透样品的能力，有利于观察或测量更厚的样品和不易透光的样品，使显微镜的观察样品的范围大大扩展；可无接触地影响和改变样品的生长、分裂、转化等；还可记录样品的全息图像，可得到样品的立体图像。

18.7.26　比较显微镜 comparision microscope

用光学方法联系两个有各自观察样品的显微镜系统，使它们的像呈现在同一个视场中的显微镜。这种显微镜的视场通常分成两半，每个显微镜的像各占据相应的视场，以在同一视场中进行比较。

18.7.27　数码显微镜 digital microscope

用光电探测器对显微镜所成图像进行数字信号采集、处理和显示的显微镜，也称为数字显微镜或电子数码显微镜。数码显微镜本质上是光学显微镜，它只是图像接收和观察分别采用光电探测器和显示屏代替了人眼直接观察。数码显微镜具有可多人同时观看、图像可电子化保存、图像可计算机管理、图像可计算机处理等优点。

18.7.28　视频显微镜 video microscope

对显微观察过程进行图像的视频信号采集、处理和显示的显微镜。视频显微镜是配置了图像光电接收装置的显微镜，使显微观察的过程不需要通过目镜，而是直接观察显示屏。

18.7.29　图像分析显微镜 image analysis microscope

利用扫描原理和光度测量法进行图像分析的显微镜，也称为图像定量分析显微镜 (quantitative image analysis microscope)。

18.7.30　手术显微镜 operation microscope

工作距离长、用于外科精细手术的一种体视显微镜。手术显微镜为避免用显微镜观察时接触到手术组织，其物镜外表面到观察对象的距离设计得比较长 (即工作距离长)，因此，其放大倍数不是很高。

18.7.31　光电显微镜 photoelectric microscope

应用光电探测器对显微物镜所成图像进行接收和显示的显微镜。光电显微镜可以只看显示屏来进行观察，可大大减轻人眼直接观察目镜的疲劳程度，同时还可以对观察物体或过程进行视频录制。

18.7.32　读数显微镜 reading microscope

通过显微物镜放大，用其分划板或读数游标尺，对被测工件的测量尺寸或标尺的刻度进行细分的一种测量用显微镜。读数显微镜的刻度的细分方式主要有显微镜的分划板细分、显微镜的读数鼓轮细分等。读数显微镜通常作为机床、设备的附属装置，与格值为 1 毫米 (mm) 的标尺配合使用。

18.7.33　测量显微镜 measuring microscope

配有瞄准显微镜和坐标工作台的用于二维坐标尺寸测量的光学计量仪器。这种仪器的瞄准显微镜立柱不能作偏摆运动。

18.7.34　工具显微镜 toolmaker's microscope

配有瞄准显微镜、坐标工作台及多种测量附件的，可作二维坐标尺寸测量的光学计量仪器。这种仪器的瞄准显微镜立柱可作偏摆运动，且附件众多，除可作尺寸测量外，还可作角度测量、形状测量、位置测量、螺纹参数测量和极坐标测量等。根据测量范围的不同，通常可分为小型工具显微镜、大型工具显微镜、万能工具显微镜和重型万能工具显微镜等。

18.7.35　万能显微镜 universal microscope

配置多种附加装置，可进行长度、角度、轮廓、极坐标等参数精密测量的多种用途的高级显微镜，也称为万能工具显微镜。万能工具显微镜分为投影式万能工具显微镜、数字式万能工具显微镜和数据处理万能工具显微镜。数字式万能工具显微镜的结构和操作与投影式万能工具显微镜的基本相同，两者的差别主要是"数字式"以光栅数显系统代替了"投影式"的标尺投影读数系统，数据处理万能工具显微镜是将"数字式"的光栅信号通过转接器送入计算机，再配以数据处理软件而构成。

18.7.36　机床显微镜 machine-tool microscope

一种装在机床上在加工过程中对零件或刀具进行测量和检查轮廓的显微镜，也称为对刀显微镜或对刀仪显微镜。机床显微镜可用于检查刀具切削刃角度、螺纹轮廓、刻线粗细等。

18.7.37　带尺显微镜 scale microscope

读数窗上带有分划尺的读数显微镜。带尺显微镜由于自带分划尺，可对被观察的物体进行其尺寸大小的测量。带尺显微镜对观察物的测量是经过放大后用分划尺进行的测量，分划尺上的物像尺寸等于物镜放大倍数分之一的被观察物体的实际尺寸。分划尺的读数标志在制造时已按物镜放大倍数进行等比例缩小。

18.7.38　纤维直径光学分析仪 optical fiber diameter analyzer

测定纺织纤维平均直径和分布的显微光学仪器。纤维直径光学分析仪通常需配置光电接收装置和专门的分析软件，以进行纤维直径和分布的分析。

18.7.39　光切显微镜 light-section microscope

利用光切法测量零件表面粗糙度的显微光学仪器，也称为光切法显微镜。光切原理是，将一束平行光带以一定角度投射于被测工件表面上 (就像一把光刀切在工件表面上)，光带与工件表面轮廓相交的曲线影像给出了被测表面的微观几何形状。光切显微镜可用其测微目镜测出工件表面平面度的平均高度值。光切显微镜表面粗糙度的测量范围 R_z 为 1μm~100μm。

18.7.40　光学扫描显微镜 optical scanning microscope

为用激光会聚点按光栅路线扫描物面专门设计的显微镜。光学扫描显微镜由于是对物面上的每个点共焦激光照射和成像，每个物点不会像整体照明那样有许多附近光的叠加干扰，因此所成像的细节比整体照明的清晰。其由光电传感器接收来自物体的等间隔的光信号，并在屏上显示或作进一步处理，由此构成一系列点像组成的整幅像。光学扫描显微镜有两种扫描方法：一种方式是照明光束运动，而物体保持不动；另一种方式是物体运动，而光束保持静止。

18.7.41　干涉显微镜 interference microscope

应用光的干涉原理，通过样品表面反射的光束和样品外参考光干涉将相位差 (或光程差) 转换为振幅 (光强度) 变化进行零件表面粗糙度测量的显微镜，也称为粗糙度干涉显微镜。干涉显微镜有双光束干涉显微镜和多光束干涉显微镜两类。双光束干涉显微镜是由迈克尔逊干涉仪和测量显微镜组成的显微镜，有一块平面反射镜作参考镜，被测零件表面作测量镜，使两个面反射的光产生干涉条纹，通过测量条纹弯曲量得到表面粗糙度值。双光束干涉显微镜能测量光学表面约 1/10 波长的高度差；多光束干涉显微镜能测量光学表面约 1/1000 波长的高度差。

18.7.42　内表面干涉显微镜 inner-surface interference microscope

测量零件内孔 (壁) 表面粗糙度的干涉显微镜。内表面干涉显微镜是用内表面作为测量反射镜面，使其反射的光与参考反射镜面反射的光干涉形成干涉条纹，通过测量干涉条纹获得内表面的粗糙度。

18.7.43　多光束干涉显微镜 multiple-beam interference microscope

利用多光束干涉原理测量表面微观高低不平的干涉显微镜。多光束干涉具有干涉条纹精细和亮度高的特点，故有利于细微物测量和高精度测量。一种多光束干涉显微镜是由法-珀干涉仪与测量显微镜组成的，被测样品插入法-珀干涉仪中，用显微镜对插入被测试样区域的干涉条纹进行测量，获得样品的表面粗糙度值。

18.7.44　电子显微镜 electron microscope

通过电子束对样品作用并用电子束成像的显微镜，也称为电镜。电子显微镜主要由电源柜、样品架、真空装置 (镜筒)、电子透镜、探测器和荧光屏等组成，分辨力可达 0.2nm 甚至达到 0.1nm(光学显微镜的为 0.2μm)，放大倍数可达几十万倍。电子显微镜的放大倍数是光学显微镜的 1000 倍或以上。电源柜由高压发生器、励磁电流稳流器和各种调节控制单元组成，可提供的电压在数千伏到三百万伏之间。真空装置使电子不被吸收或偏向。电子显微镜主要有透射电子显微镜、扫描电子显微镜、反射电子显微镜和发射电子显微镜。

18.7.45　透射电子显微镜 transmission electron microscope(TEM)

对样品采用透射方式辐照后使透射的电子束成像的电子显微镜。透射电子显微镜观察的样品是需要制作成电子束能穿透的很薄的样品，厚度可以从数纳米到数微米不等，可观察用普通显微镜所不能分辨的样品的内部细微结构关系。普通透射电子显微镜的加速电压范围为 50kV~100kV。

18.7.46　扫描电子显微镜 scanning electron microscope

电子束不透射样品，而是逐行扫描照射样品，使样品表面激发出次级电子，用样品表面激发出的次级电子进行成像的电子显微镜。扫描电子显微镜主要用于观察固体的微表面结构形貌，不需要制作成薄样品，还能与 X 射线衍射仪或电子能谱仪相结合，构成电子微探针，用于物质的成分分析。扫描电子显微镜的分辨率主要决定于扫描在样品表面上的电子束的直径；放大倍数是显示屏上的扫描幅度与样品上的扫描幅度之比，可从几十倍连续地变化到几十万倍。

18.7.47　电子探针 X 射线微区分析仪 electron probe X-ray microanalyzer

由电子束轰击试样，使试样被轰击点激发出 X 射线，通过 X 射线波长色散谱仪 (波谱仪) 检测 X 射线谱中谱线的波长和强度，鉴别试样作用点的元素及其浓度，具有扫描电子探针和 X 射线光谱分析功能的电子显微分析仪器，也称为电子探针。

18.7.48　反射电子显微镜 reflection electron microscope

对样品采用反射方式辐照后使反射的电子束成像的电子显微镜，也称为反射式电子显微镜。反射电子显微镜适合电子束不易穿透的观察物。

18.7.49　发射电子显微镜 emission electron microscope

利用样品自身发射的电子束进行成像的电子显微镜，也称为发射式电子显微镜。发射电子显微镜适合电子容易被激发而发射出的观察物。

18.7.50　低压电子显微镜 low voltage electron microscope(LVEM)

加速电压在 50kV 以下的透射电子显微镜或加速电压在 10kV 以下的扫描电子显微镜。较低的加速电压会使图像衬度、对比度提升，特别适合高分子、生物等样品，另外，低压透射电子显微镜对样品的损坏较小。

18.7.51　高压电子显微镜 high voltage electron microscope(HVEM)

加速电压在 200kV 及以上 (200kV~1000kV) 的透射式电子显微镜。所谓高压电子显微镜是其加速电压相对于普通的电子显微镜的要高出多倍。由于电压高，可以用厚度最大可达 1μm 的细胞切片研究细胞的结构，这个厚度相当于普通的透射式显微镜 TEM 样品厚度的 10 倍。

18.7.52 电磁电子显微镜 magnetic electron microscope

采用电磁电子透镜的电子显微镜。电磁电子透镜形成一个对称于镜筒轴线的空间磁场，使电子轨迹向轴线弯曲形成聚焦。在现代电子显微镜中，大多采用电磁透镜，其由稳定的直流励磁电流通过带极靴的线圈产生强磁场形成电磁透镜。

18.7.53 静电电子显微镜 electrostatic electron microscope

采用静电式电子透镜的电子显微镜。静电式电子透镜由筒形金属电极在电压作用下构成一个对称于镜筒轴线的空间电场，使电子轨迹向轴线弯曲形成聚焦。

18.7.54 扫描隧道显微镜 scanning tunneling microscope

采用尺度在原子尺寸极尖锐的探针，通过检测探针与样品极微结构接触时形成隧道电流的大小获得样品表面结构面貌、性质的显微镜，又称为扫描隧道电子显微镜。扫描隧道显微镜比它同类的原子力显微镜有更高的分辨力，它能定位到单个原子的尺度。扫描隧道显微镜在极低温 (4K) 下，可利用探针尖端精确操纵原子，因此它在纳米材料领域中既是重要的测量工具，也是重要的加工工具，在表面科学、材料科学、生命科学等领域应用广泛。

18.7.55 原子力显微镜 atomic force microscope

由带针尖的微悬臂、微悬臂运动检测装置、微悬臂运动监控反馈回路、样品扫描的压电陶瓷器件、计算机控制的图像采集、处理、显示系统等组成，利用原子间极微弱相互作用力获取样品表面微结构形貌及性质的显微镜。探测微悬臂变化和运动的方法有光束偏转法、干涉法等光学方法，或隧道电流检测等电学方法。原子力显微镜可探测的样品结构分辨力到纳米级尺度。

18.8 测量仪器

18.8.1 光学测试仪器 optical testing instrument

用于测量和检查光学材料，测量光学零部件及光学系统的性能参数，检查和检验光学零件和光学系统功能、质量的一类光学仪器，也称为光学测量仪器。

18.8.2 物理光学仪器 physic-optical instrument

利用物理光学中的原理诸如光的干涉、衍射、偏振、吸收、散射等现象进行精密测量或对物质成分、结构进行分析的一类光学仪器。

18.8.3　光学计量仪器 optical metrological instrument

应用光学原理，对辐射度、光度、几何量、光学性能等进行测量的基准类的光学仪器。几何量测量的光学计量仪器主要是对长度、角度、形状、位置和表面粗糙度等几何量进行测量的一类光学仪器。基于光学原理，光学计量仪器可分为望远光学系统原理、显微系统光学原理、投影系统光学原理、干涉光学原理的仪器等。望远系统光学原理的计量仪器主要有自准直光管、测角仪、立 (卧) 式光学计等；显微系统光学原理的计量仪器主要有工具显微镜、光学分度头、测长仪、测长机、双管显微镜等；投影系统光学原理的计量仪器主要有大、中、小型投影仪、专用的公差带投影仪等；干涉光学原理的计量仪器主要有光电光波比长仪、平面平晶等厚干涉仪、等倾干涉仪、双光路干涉仪、干涉显微镜等。

18.8.4　长度计量仪器 length measuring instrument

测量一维长度的光学计量仪器。长度计量仪器是一个大类，属于几何量范畴的计量仪器，主要有光电光波比长仪、接触式干涉仪、量块干涉仪、光学计、测长仪/机等仪器。

18.8.5　光电光波比长仪 photoelectric interferometric comparator

以光波的波长作为基准，通过干涉实施相位计数，对被测长度进行精密测量或作为长度基准的精密计量仪器。光电光波比长仪除了作为长度基准和测量长度外，配上适当的附件还可以测量角度、直线度、平面度、振动距离和速度等。我国 1970 年自行研制出光电光波比长仪，采用氦氖激光器作为光源，测量精度达到 ±0.22μm，是当时世界上精度最高的光电光波比长仪 (美国、英国、德国、瑞士的为 ±0.5μm，日本的为 ±1μm)。在光电光波比长仪的基础上，发展了一种外差式的双频激光干涉仪。

18.8.6　光学计 optimeter

应用光学杠杆方法测量微差尺寸的长度计量仪器，又称为光学比较仪 (optical comparator)。测量轴线与工作台垂直的称为立体式光学计，测量轴线与工作台平行的称为卧式光学计。

18.8.7　测长仪 metroscope

用光栅作为基准尺，由精密机械、光学系统和电气等部分相结合而成的，用于长度计量的高精度仪器，又称为阿贝测长仪 (Abbe metroscope)。测长仪的测量是接触式的，通用性强，可用于检定各种精密量具量规，例如块规、环规、塞规、卡规、螺纹规、花键规、表类、尺类，还可用于检测各种精密工件的内外尺寸，例如齿轮、花键、校对棒、非标量规等。测长仪有立式和卧式之分，前者的测量轴线与工作台垂直，后者的测量轴线与工作台平行，卧式测长仪因其测量功能较多，又称为万能测长仪。

18.8.8　测长机 length measuring machine

以线纹尺刻度或光波波长作为长度基准，测量范围较大 (通常 1m 以上) 的，利用机械测头进行接触测量的光学长度测量仪器。测长机具有能在三维坐标方向移动和二维坐标方向转动的可调工作台，并附带有不同的测头及附件，主要用于测量大尺寸量块和各种工件的内部与外部尺寸。测长机主要有 1m、3m、6m 和 6m以上等几种测量范围，分度值通常为 1μm。

18.8.9　光栅线位移测量系统 grating linear displacement measuring system

以计量光栅尺作为长度基准，利用光栅叠栅的莫尔条纹原理测量运动部件直线位移量的测量仪器。光栅线位移测量系统主要由光栅位移传感器、光电接收器、处理电路、精密机械结构、显示器等组成，其中的光栅位移传感器是核心部件，其主要由主光栅与副光栅 (指示光栅) 按一个 θ 夹角叠栅构成。

18.8.10　接触式干涉仪 contact interferometer

应用光的干涉原理对微小差别的尺寸长度进行接触测量的计量仪器。接触式干涉仪是根据迈克尔逊干涉仪原理构建的双光路干涉仪，两个光路为正交关系，其中一个反射镜与测头连为一体，测头的线量移动，将导致反射镜的干涉光程改变，并通过干涉条纹的移动反映出来，由此来精密测出长度量。

18.8.11　量块干涉仪 gauge interferometer

以光波波长为长度基准，用干涉法精确测定量块的中心长度、工作面的平面度及平行度的仪器。

18.8.12　视频测量仪 video measuring system

具有坐标工作台，用 CCD 摄像机瞄准或采集被测件图像，用坐标工作台的二维坐标测量工件尺寸的光学计量仪器，又称为影像测量仪。视频测量仪通常配有计算机和图像处理软件。视频测量仪是通过观看显示器中的视频图像进行测量的。

18.8.13　三维测量机 3D measuring machine

应用接触测量法在三维直角坐标系内测量零部件空间长度、角度及形状和位置的测量仪器，也称为三坐标测量机。三坐标测量机通常配有电子计算机进行数据处理和控制操作。

18.8.14　测量投影仪 measuring projector

以精确的放大倍率将物体放大投影在投影屏上测定物体形状、尺寸的仪器,也称为轮廓投影仪 (profile projector) 或影像测量投影仪或光学投影检量仪或光学投影比较仪。测量投影仪主要由投影箱、主壳体和工作台组成,其投影屏上配有各种精密的测量标尺或测量工具,以方便对凸轮、螺纹、齿轮、刀具、工具和零件等进行比较测量。

18.8.15　截面投影仪 section projector

利用特殊的照明方法或测量附件进行截面轮廓投影测量的仪器。截面投影仪主要由照明光源、可三维精密移动的工件台、成像物镜、投影屏等组成。照明光源有透射式照明和反射式照明两种对工件的照明方式。投影物镜的放大倍率分别有 10 倍、20 倍和 50 倍等。

18.8.16　光学投影读数装置 optical projection reading device

采用光学投影方式对标尺的刻度进行细分的光学装置。光学投影读数装置通常安装在机床上使用。

18.8.17　线纹比较仪器 linear comparator

检定标尺和分划板上分划线位置误差的光学计量仪器。线纹比较仪器通常按瞄准方式可分为目视式和光电式类型。

18.8.18　阿贝比长仪 Abbe comparator

基准标尺与被检标尺的布局符合阿贝原理,用两只目视光学显微镜分别作瞄准和读数的目视式线纹比较仪器。

18.8.19　光电比较仪 photoelectric comparator

用两只光电显微镜分别对基准标尺和被检标尺进行瞄准和读数的线纹比较仪器。光电比较仪用光电探测器代替人眼进行瞄准和读数,提高了测量的客观性、准确性和效率。

18.8.20　激光线纹比较仪 laser linear comparator

应用激光波长作为长度基准的线纹比较仪器。激光线纹比较仪通常用氦氖激光器作光源 (例如 $0.633\mu m$ 波长),应用干涉原理,通过计数移动被测尺过程干涉条纹的移动数 (或变动数) 来测量移动的长度,是一种长度测量的基准光学仪器。

18.8.21　角度测量仪器 angle measuring instrument

测量角度或对圆周 (圆心角) 进行分度的一类光学测量仪器。测角仪、经纬仪、光学分度头等属于角度测量的光学仪器。

18.8.22　光学分度头 optical dividing head

利用光学装置和内装角度基准(如度盘、光栅盘)进行圆周分度和测量圆心角的仪器。光学分度头通常由支承俯仰机构、主轴轴系、光学读数系统、传动机构及锁紧机构五个主要部分组成,圆分度器主要有光学度盘和光栅两种,角度的读数方式主要有显微镜读数、投影读数和数字显示读数三种。

18.8.23　光栅角位移测量系统 grating angular displacement measuring system

以光栅盘作为角度基准,利用光栅莫尔条纹原理测量运动部件角位移量的光学测角系统。其主要通过光栅角位移传感器感受角位移量,再用光栅数显表显示测量的角值。

18.8.24　测角仪 goniometer

利用望远镜或自准直仪以及自准直仪旋转轴垂直平面内装的度盘测量平面间夹角的仪器,又称为光学测角仪(optical goniometer)。配备单色光源和平行光管的测角仪称为分光计,可测量折射棱镜的偏向角。测角仪可用于测量棱镜的角度、光学材料折射率等。

18.8.25　比较测角仪 comparison goniometer

利用自准直仪和外部角度基准测量角度微小偏差的方法来测定零件角度的仪器。比较测角仪的测量通常是在一个基准光学平台上。例如,需测量一个光学棱镜的 90° 角时,将仪器配备的标准直角块的一个直角面垂直紧贴平台的一个基准垂直面放置,用自准望远镜对准标准直角块的另一个直角面,将自准直像调到自准望远镜的分划板中心点并读出此时度盘的角度值,然后用被测直角棱镜替换标准直角块,水平转动自准直望远镜,使被测棱镜返回的自准直像对准分划板中心点并读出此时度盘的角度值,计算两个位置的角度差可得到被测棱镜的角度偏差值。

18.8.26　光学倾斜仪 optical clinometer

利用水准器及光学度盘读取装置测量空间平面、柱面轴线与平面之间的夹角的仪器,也称为倾斜仪。光学倾斜仪相当于是一种光学测角仪。光学倾斜仪主要用于保证安放平面(或圆柱面)在空间的平面性、大型机械工件的加工以及构件的装配和校正等方面的正确性。

18.8.27　孔径干涉仪 bore interferometer

利用光波干涉原理,将量块(或环规)与内孔尺寸相比较,测出其微差尺寸的非接触式孔径测量仪器。

18.8.28　准线激光器 alignment laser

用激光束代替光学视准线的准线仪。准线激光器可有单一细光束激光的准线激光器、一字线的准线激光器、十字线的准线激光器等。一字线的准线激光器，是通过一个柱面透镜将激光扩束为一条垂直于激光束中心线的一字光束，该光束可用作直线基准；十字线的准线激光器，是通过两个相互垂直的柱面透镜将激光扩束为两条相互垂直的激光束，构成十字光束，可用于对准和校正水平的垂直关系等。

18.8.29　垂高计 cathetometer

以非接触方式测量目标上的水平线段 (或水平面) 的高度差异的仪器，也称为高差计。其由一个垂直刻度尺与可沿着它运动的装在水平方向的读数望远镜或显微镜组成。精度与读数望远镜或显微镜的放大率、附属水准器及目标距离有关。主要用于测定液柱面的高度变化以及各种尺寸的相对微量变化。

18.8.30　垂准仪 optical plummet; plumb aligner

利用液体水泡、管状水准泡或补偿器来确定测量望远镜垂准线的仪器。垂准仪是以重力线为基准，给出铅垂直线的仪器。垂准仪是用于确定铅垂方向的仪器，能确定垂准线，可用来测量相对铅垂线的微小角度偏差，进行铅垂线的点位转递、物体垂直轮廓的测量以及方位的垂直传递。在仪器的下对点安置一目标即天底垂准，同样在仪器的上对点安置一目标即天顶垂准，光学对点器是大地测量仪器的部件。新的垂准仪采用激光代替视准轴作垂准线，即用激光产生一条向上的铅垂线与视准轴重合。垂准仪应用于高层建筑、高塔、烟囱、电梯、建筑施工、工程安装、工程监理、变形观测、大型设备安装、飞机制造、造船等方面。

18.8.31　光学精密垂准仪 optical precise plummet

由精密望远镜和精密水准泡等组成的光学垂准仪。光学精密垂准仪的望远镜是一种肘形望远镜，物镜和目镜的光轴通过五棱镜或靴型棱镜等棱镜将它们折转90°，以方便水平观察和对准。

18.8.32　激光垂准仪 laser plummet

由激光器、空间相位调制器、安平补偿器、电源控制器、卡具等组成的垂准仪。激光垂准仪利用一条与视准轴重合的可见激光产生一条向上的铅垂线，以测量相对铅垂线的微小偏差和进行铅垂线定位传递的光学仪器。

18.8.33　水准仪 level

通过确立水平视准线测量地面两点间高差的仪器。水准仪一般由能绕竖轴旋转的望远镜和整平设备组成，安装有水平度盘和 (或) 平板测微器。

18.8.34　气泡式水准仪 spirit level; bubble level

用水准泡来安平的水准仪。通常，气泡式水准仪的气泡部件安装在具有基准平面的底座上，底座平面与气泡部件为共平面的校准关系，即底座放在严格的平面上时，气泡部件的水泡为严格对中位置。气泡式水准仪有管状的和圆盘状的，管状的只能对一个维度安平，而圆盘状水泡可以对两个维度的平面安平。圆盘水泡的安平精度不高，管状水泡的精度高，管状水泡对平面的安平需要两个放置成正交状态的管状水准泡。

18.8.35　自动安平水准仪 automatic compensator level; self-levelling level

通过倾斜补偿器在一定范围内能自动使望远镜视轴处于水平状态的水准仪。自动安平的原理是，当仪器微倾时，补偿器受重力作用相对于望远镜筒移动，使视线水平时标尺上的正确读数通过补偿器后仍旧落在水平十字丝上。在自动安平水准仪出现之前，水准仪主要是采用圆水准泡来调平，以实现倾斜补偿。

18.8.36　数字水准仪 digital level

具有自动安平和 CCD 采集功能，使用带有特定比例条码的数字水准标尺的水准仪，又称为电子水准仪。数字水准仪利用 CCD 的电子图像映射读数、计算机显示和处理结果，可显示目标的水平位置。

18.8.37　液体静力水准仪 hydrostatic level

测量长距离两点间高差很小、精度要求很高的水准仪器。液体静力水准仪利用连通管的原理，由充有液体的两个或多个贮液器位移传感器、浮球、安装支架和连通管组成，当其他储液器相对于基准器发生升降时，将引起该罐内液面的上升或下降，根据贮液器液面高度从标尺上读出高度差数。液体静力水准仪主要用于监测地铁、高铁、隧道、危楼、建筑、桥梁等沉降位移。

18.8.38　激光水准仪 laser level

配置了激光器装置，用激光光束进行导向的水准仪，也称为激光标线仪。激光水准仪将激光器装置发射的激光束导入水准仪的望远镜中，使其沿望远镜的视准轴方向射出，该水准仪与配有光电接收靶的水准尺配合，就可进行水准测量。与光学水准仪相比，其具有精度高、视线长、能进行自动读数和记录等特点。

18.8.39　激光扫平仪 laser swinger; geoplane

通过旋转调平的转台，使出射的激光束同步旋转产生水平面的光学仪器。激光扫平仪的作用相当于一台非接触的水平画线机，用于作为水平线的产生机，也可用于检查水平线或水平面的平直性。

18.8.40　平板仪 plane table equipment

测定地面点的平面位置和点间高差，供绘制地形图的仪器。平板仪主要由照准仪、平板、基座、罗盘、对点器、独立水准器和三脚架等组成，照准仪通常设计有自动归算的功能。

18.8.41　照准仪 alidade

由带绘图装置的底板和能绕水平轴旋转的望远镜组成的平板仪的核心部分。有的照准仪带垂直度盘和测距装置。自动归算照准仪常被用在自动归算速测仪上。

18.8.42　归算平板仪 reducing plane table equipment

能把斜距直接归算成水平距离和高差的平板仪。归算平板仪中归算是通过事先将斜距离对应各种角度时的水平距离和高差计算出来，制成对照标尺，只要进行相应选择就可直接获得所需的相关数值结果。

18.8.43　摄影测量仪器 photogrammetric instrument

通过对地形或地面各类目标物进行摄影，根据摄得的像片测制各种比例尺的地形图或确定地物形状、大小和位置的一类光学仪器。摄影测量仪器包括从摄影到成图的一系列装备，而用于航空摄影测量的仪器和装备统称为航测仪器。

18.8.44　量测摄影机 metric camera

一种内方位元素已知的、摄影物镜的畸变经过严格校正的摄影机。习惯上，将具有框标的摄影机称为量测摄影机。

18.8.45　大地测量仪器 geodetic instrument

在陆地上测量地面各点之间的高程、角度和距离相对位置的一类光学仪器。大地测量仪器是一个大类，主要包括各类经纬仪、水准仪、全站仪、卫星导航定位仪、测距仪、测角仪、定向仪、测高仪、绘图仪、摄影仪等。

18.8.46　坐标量测仪器 coordinate measuring instrument

配有坐标系标尺、测量显微镜、移动导轨、投影装置等，能对各种几何量进行测量的一类仪器。这类仪器中典型的有大型工具显微镜、立体式量测显微镜等，可以对刀具、量具、螺纹、齿轮等形状进行精密测量。在测绘领域中，可指用于量测航空摄影和地面摄影像片上像点平面坐标的仪器。

18.8.47　单像坐标量测仪 monocomparator

以单张像片的像点为量测对象，测定单张像片上的像点坐标的仪器。单像坐标量测仪主要由像片框架、分划尺、测标等组成，具有结构简单、造价低廉等特点。当其与立体转点仪配合使用时，可进行像点转刺。

18.8.48　立体坐标量测仪 stereocomparator

在摄影测量中,用于测定立体像对上同名点的像片平面直角坐标和坐标差(视差)的仪器。立体坐标量测仪主要由观测系统、导轨系统、像片盘、量测系统和照明设备等组成。有的仪器有自动坐标记录装置,或配有自动拍摄所量测像点影像的装置。

18.8.49　立体测图仪 stereoplotter

通过由两张像片构成的立体像来直接测制地图的全能型测图仪器。立体测图仪是航测全能法测图仪器的通称,有很多种类,例如多倍投影测图仪、精密立体测图仪等。该仪器主要由投影系统、观测系统和测图系统组成。投影系统一般有两个投影仪,各构成一个投影射线束,经定向后由射线相交构成几何立体模型;投影的方式可分为光学投影、光学机械投影、机械投影和解析投影(称为"解析立体测图仪")。立体测图仪除用于测图外,有些还能用于空中三角测量或处理地面摄影资料。

18.8.50　模拟立体测图仪 analogue stereoplotter

通过模拟摄影时空间光束的几何关系,用重建地面立体模型的方法直接测出地面点的三维坐标并绘制出地形图的立体测图仪。根据仪器在模拟摄影光线时体现投影光线的方法,分为光学解法仪器、机械解法仪器和光学机械解法仪器三种类型。

18.8.51　解析立体测图仪 analytical stereoplotter

在量测像点平面坐标的基础上,应用解析计算方法解算地面数学模型来进行测图的立体测图仪。

18.8.52　经纬仪 theodolite

测量水平方位或/和竖直角度的仪器。经纬仪有机械经纬仪、光学经纬仪、电子经纬仪、激光经纬仪等。浑天仪就是典型的机械经纬仪。经纬仪也可带光学测距装置。专门用于天文测量的经纬仪通常称为天文经纬仪。

18.8.53　光学经纬仪 optical theodolite

主要由望远镜对准系统、玻璃水平度盘及竖直度盘和光学读数系统等组成的经纬仪。光学经纬仪的望远镜由水平轴支撑,可以绕水平轴俯仰旋转,望远镜和水平轴可以同时绕竖轴水平方位旋转。光学经纬仪属于高精度的测量经纬仪,是广泛使用的经纬仪。

18.8.54 罗盘经纬仪 compass theodolite

配置有测定磁方位角罗盘的经纬仪。罗盘可为经纬仪提供基准方位，以及为经纬仪指出直观、快速和观察方便的粗略方位。

18.8.55 速测仪 tacheometer

测量方位、距离和高差的经纬仪，又称为视距仪 (stadia theodolite; tachymeter)。测量的距离通常用视距丝和视距尺或电子距离测量装置测量。

18.8.56 双像速测仪 double-image tacheometer

望远镜光路中含有光楔的速测仪。双像速测仪利用水平标尺的单像变换为双像功能，将高差自动归算为距离。

18.8.57 自动归算速测仪 self-reducing tacheometer; auto-reducing tacheometer

能自动将经纬仪视距测量中所得斜距直接归算出水平距离的经纬仪。自动归算速测仪中，由距离曲线和高差曲线定义望远镜的视距尺，照准点到望远镜的距离和望远镜的倾角对应于被测的水平距离和高差。

18.8.58 电子经纬仪 electronic theodolite

具备自动补偿、电子测角，并带有数字显示和/或存储装置的经纬仪。电子经纬仪通过机内的传感器系统可自动地修正和补偿各轴系误差，提高测量精度，只需通过简单的按键操作，就可自动地进行所需的测量和计算，并将数据清晰地显示出来，同时还配有测距联用接口和联用功能，以及数据输出接口，可与红外测距机联用，构成组合式电子速测仪，一次观测就可获得所要的距离、角度以及归算结果等测定值。

18.8.59 激光经纬仪 laser theodolite

配有激光器，并将激光束导入经纬仪望远镜中，使其沿准直视轴或平行方向射出一束红光，用于井巷、建筑、烟囱等的施工定位或大型构件的装配放样等的经纬仪。激光经纬仪配置的激光器的激光束经望远镜沿其视准轴方向射出，用于定线、定位和测角度，可服务于大型构件的装配、划线、放样等。

18.8.60 陀螺经纬仪 gyrotheodolite; gyro-azimuth theodolite; survey gyroscope

利用陀螺的动力学原理及地球的自转影响来达到寻真北目标的经纬仪。按历史发展进程关系，陀螺经纬仪有四种技术配置方式：把陀螺灵敏部放在液体环境中漂浮起来，感知地球自转，从而实现寻北的液浮式陀螺经纬仪；利用悬带将陀螺转子悬挂起来，使其感知地球自转，并完成寻北的悬挂摆式陀螺经纬仪；利用光电转换元件感应陀螺灵敏部的位置，通过伺服电机进行灵敏部的上锁、下放和限幅的全自动陀螺经纬仪；采用激光陀螺、光纤陀螺或冷原子干涉陀螺等非机械结构原理的新型陀螺经纬仪。陀螺经纬仪是陀螺与经纬仪结合的精密测角仪器，其可不依赖外部信息，完全自主进行寻北定向，在船舰航海、隧道挖掘、石油钻探、矿石开采和军事等领域有重要的应用价值。

18.8.61　复测经纬仪 repetition theodolite

配置有复测机构的经纬仪。复测经纬仪通过用度盘的不同位置对同一角度进行测量，取这些测量值的平均值为结果，以消除度盘不均匀的误差，实现高精度的测量。

18.8.62　悬式经纬仪 suspension theodolite; hanging theodolite

矿下测量用的特殊安装 (通常是偏心安装) 的经纬仪。悬式经纬仪主要用于测走向、倾向、倾角、定方位、测直角、定水平等，适用于地质勘测、煤矿和有色金属的开采等。一种简易的悬式经纬仪由磁针、刻度盘、重垂式测角器、方向盘、圆水准器等组成。

18.8.63　天体经纬仪 celestial theodolite

应用于舰船测量天体俯仰和方位角的经纬仪。天体经纬仪由于用于观察远距离的天体，要求望远镜的分辨率高和放大倍率大，因此，其光学系统和结构体的尺寸都比较大。

18.8.64　归算经纬仪 reducing theodolite

能将经纬仪视距测量中所得斜距直接计算成水平距离的经纬仪。归算经纬仪中归算是通过标尺上的归算读数直接获得的，因此可省去计算的工作量。

18.8.65　全站仪 total station instrument

集水平角、垂直角、距离 (斜距、平距)、高差测量功能于一体的测绘仪器，也称为全站型电子测距仪 (electronic total station)。全站仪与光学经纬仪区别在于度盘读数及显示系统。全站仪的水平度盘和竖直度盘及其读数装置分别采用编码盘或两个相同的光栅度盘和读数传感器进行角度测量，将光学度盘换为光电扫描度盘，以自动记录和显示读数代替人工光学测微读数，使测角操作简单化，且可避免读数误差的产生，只需一次安置仪器就可完成测站的全部测量工作，故称其为全站仪。全站仪广泛用于地上大型建筑和地下隧道施工等精密工程测量或变形监测领域，测角精度分别有 0.1″, 0.2″, 0.5″, 1″, 2″, 5″ 等等级。全站仪应用专门的算法软件，也可以进行密封空间容积的测量，如船舱容积的测量等。

18.8.66　六分仪 sextant

测量天体中两个目标夹角的光学仪器。由固定在弧形刻度支架 (测角范围 120°) 上的单筒望远镜和其前方的半透半反平面分光镜 (即地平境)、固定在活动游标尺上的平面反射镜构成。通过望远镜观察一个目标 (通常为海平线或地平线)，操作活动游标尺使反射镜转动，使被测目标进入视场中并与前一个目标重合时，在弧形支架边缘刻度读出游标位置，获得两目标的夹角。主要用于测量天体与海平线或地平线的夹角，通常是测量某时刻太阳或其他天体与海平线的夹角，由此换算出海船所在位置的经纬度，为海船提供导航定位功能。由于该仪器的刻度弧为圆周的 1/6，所以称为六分仪。六分仪是光学机械原理的导航定位仪器。

18.8.67　电子六分仪 electronic sextant

应用天文导航光学编码器、微处理器、数字计时器，选配夜视望远镜等光电装置，用陀螺水平仪提供测量水平基准，可数字示读的全时候航海用六分仪。

18.8.68　度盘检查仪 circle tester

通过标定了圆周角度位置的多台显微镜来测量度盘分划误差的仪器。度盘检查仪可以是光学的或是光电的，检查的对象分别为高精度的圆刻度玻璃度盘或金属度盘，属于大型的精密光机测量仪器。标定了圆周角度位置、对度盘刻线进行瞄准和读数的显微镜的布设数量分别有 2 台、6 台、7 台等。显微镜布设数量越多，测量精度越高。目前，度盘检查仪多数是光学、电子和精密机械相结合的测量仪器，能对度盘进行过程自动检测和结果显示。

18.8.69　自准直仪 autocollimator

自准直平行光管物镜焦面光源或分划标志 (如十字线) 经物镜发射平行光 (或准直光) 再经平面反射镜返回，通过目镜观察并用测微分划板测量反射回平行光束微小角度变化 (自准分划标志像位移量或偏离中心量) 来测量被测对象平面度、平直度、垂直度等的光学仪器，也称为自准直平行光管。自准直仪主要由平行光管、光源、测微分划板、目镜、反射镜等组成。自准直仪具有物像共面的特性。自准直仪的平面镜反射的角度变化量可换算成平面度和直线度，可用于测量导轨的平直度、平板的平面度、零部件的平行度、零部件的垂直度 (加棱镜附件) 等。

18.8.70　平直度测量仪器 flatness and straightness measuring instrument

测量零、部件的平面度、直线度、同轴度以及作导向用的长平直件等的一类自准直光学测量仪器。其对平直长导轨的测量方法是，用反射面与其基准底座垂直的反射镜沿整个导轨使用的方向移动，观察自准仪目镜中由反射镜返回的分划标志对中心的位移量，以此来确定导轨在整个长度行程中的平直度。

18.8.71 光电自准直仪 photoelectric autocollimator

采用光电探测器件代替目镜和测微分划板等部分,对返回平行光经物镜后的会聚光进行对准和读数的自准直仪,又称为光电自准直平行光管。

18.8.72 激光自准直仪 laser autocollimator

采用激光光束作为准直的平行光束,用四象限探测器对返回的平行激光进行对准和读数的自准直仪,又称为光电自准直平行光管。

18.8.73 激光导向仪 laser alignment instrument

由激光器发射系统和光电接收系统等组成的给出直线方向的光学仪器。激光导向仪的工作原理是,由激光器发出激光束,照射安装在需要直线导航的作业设备后端的光电接收系统上,当激光束射在光电接收系统的中心时,作业设备按其作业节奏直线向前行走,而当激光束照射在接收系统偏离中心的位置时,发出警告信号并给出偏离量,作业设备根据偏离量进行偏离纠正,纠正后继续直线前进工作。激光导向仪比较广泛地应用于隧道掘进机等工程直线作业设备上,用于控制其掘进方向的直线性。有的激光导向仪通过在光学水准仪或光学经纬仪上加装激光器构成。激光导向仪的工作距离分别有 300m、500m、1000m、4000m 等类型。

18.8.74 单色仪 monochromator

把复色光分解成各种波长的单色光的仪器。单色仪分离出的单色光是波长范围极窄的单色光。单色仪可以用作单色光源。

18.8.75 棱镜单色仪 prism monochromator

用棱镜作为将复色光分离为单色光的色散元件的单色仪。棱镜单色仪是通过分色棱镜将不同频率 (颜色) 的光以不同的折射角射出分开,来获得各频率 (颜色) 的单色光。

18.8.76 光栅单色仪 grating monochromator

用光栅作为将复色光分离为单色光的色散元件的单色仪。光栅单色仪通过光栅对不同频率 (颜色) 光波的衍射角不同,将不同频率 (颜色) 的光以不同的衍射角射出分开,来获得各频率 (颜色) 的单色光。

18.8.77 双单色仪 double monochromator

采用两个单色仪并按串联方式布置,前一个单色仪的出射狭缝兼为后一个单色仪的入射狭缝的单色仪。用棱镜分光可消除高级次衍射;可采用两块棱镜分光,但效果较差;可采用两块光栅分光 (如拉曼光谱术),但价格较昂贵。双单色仪通常由一个棱镜单色仪和一个光栅单色仪组成，由此可消除杂光，提高单色性，但光能损失要多一些。双单色仪也有合二为一的轻巧、紧凑的双程单色仪，光束来回通过棱镜四次，最后到达出射狭缝。双单色仪有两类功能模式：一类是两个单色仪均用于色散，光束要色散两次，因而色散增大一倍；另一类是一个单色仪用于色散，另一个用于消除杂光 (相当于滤光镜)。

18.8.78　光谱仪器 spectroscope

　　将复色光分解为光谱线的光学仪器，也称为光谱仪或分光仪。光谱仪主要由入射狭缝、准直元件、色散元件 (棱镜或光栅)、成像系统、出射狭缝和探测器件等组成。光谱仪按光谱可分为可见光光谱仪、红外光谱仪和紫外光谱仪，按色散元件可分为棱镜光谱仪、光栅光谱仪和干涉光谱仪，按探测方式可分为直接用眼观察的分光镜、用感光片记录的摄谱仪、用光电或热电元件探测的分光光度计等，按工作原理可分为经典光谱仪 (空间色散原理) 和新型光谱仪 (调制原理)。

18.8.79　发射光谱仪器 emission spectrum instrument

　　使被分析物质激发发光，由色散元件和光学系统获得该物质的光谱，再进行观察、记录或光电接收等的光谱仪器。

18.8.80　看谱镜 visual spectroscope

　　对辐射光谱进行目视观察以确定光谱特征的光谱仪器，也称为分光镜、验钢镜或析钢镜。看谱镜是一种目视光谱仪器，通常由带狭缝的准直管、分光系统 (可分别采用棱镜或光栅分光) 和望远镜组成，其中设有标准比较色，对看到的光谱进行比较，以确定看到的光谱的特征属性。

18.8.81　光电直读光谱仪 direct-reading spectrograph(spectrometer)

　　应用光电转换接收方法进行多元素同时分析的发射光谱仪器，又称为光量计。光电直读光谱仪原理是使样品经过电弧或火花放电激发成原子蒸气或离子，产生发射光谱，发射光谱经光导纤维进入光谱仪分光室色散成各光谱波段，用光电管测量每个元素发射波长范围的最佳谱线 (每种元素发射光谱谱线强度正比于样品中该元素含量)，通过内部特制曲线直接测定出元素含量，并直接显示百分比浓度。该仪器是分析黑色金属及有色金属成分的快速定量分析仪器，可以用于 Al、Pb、Mg、Zn、Sn、Fe、Co、Ni、Ti、Cu 等多种基体的分析。光电直读光谱仪属于原子发射光谱仪类型。

18.8.82　摄谱仪 spectrograph

　　对光谱进行摄谱记录的发射光谱仪器。摄谱仪是具有照相装置并能拍摄光谱照片的光学仪器。摄谱仪可有光谱仪的各种类型：按光谱的工作波段分，有 X 射线、紫外、可见、红外等摄谱仪；按分光谱的方式分，有棱镜分光、光栅分光、干涉分光、滤光片分光等摄谱仪；按物理原理分，有拉曼光谱、偏振分光、共振分光等摄谱仪。

18.8.83　光栅摄谱仪 grating spectrograph

以光栅作为色散元件的摄谱仪。光栅摄谱仪主要是工作在紫外、远紫外和红外波段。分光谱的光栅可以分别采用平面光栅 (需要一个透镜或凹面镜聚焦谱线) 和凹面光栅 (可省聚焦镜)；采用光栅分光谱，可避免分光镜对 200nm 以下波长的辐射吸收；对于远紫外波段，为了避免空气对紫波段的吸收，需要采用真空摄谱仪。

18.8.84　棱镜摄谱仪 prism spectrograph

以棱镜作为色散元件的摄谱仪。由于光学材料能透过光谱的范围有限，棱镜摄谱仪的工作波段范围通常为 110nm~1300 nm，即远紫外到近红外波段区，较短的紫外和较长的红外都没有能透过的材料。其主要由光源、狭缝、准直物镜、色散棱镜、照相物镜和照相暗匣组成。棱镜摄谱仪的类型主要有：采用一块玻璃色散棱镜 (玻璃在可见光区色散比石英大)，棱镜折射角 60° 的巴比涅-本生 (Babinet-Bunsen) 摄谱仪；采用折射角大于 60° 的卢瑟福-布朗宁 (Rutherford-Browning) 色散棱镜的摄谱仪；折射处于最小偏向角位置的杨氏棱镜摄谱仪；节省材料又省空间的最简单的一种自准式的利特罗 (Littrow) 摄谱仪；采用费里 (Ferry) 色散棱镜的更紧凑型的费里摄谱仪；有一块或两块色散棱镜，后面有一块反射镜的另一种省空间的曼科夫 (Mannkopff) 摄谱仪；进出光线成 90° 或 180° 恒偏向，色散更大，可更换准直管与相应照相物镜，采用福斯特林 (Forsterling) 色散棱镜的摄谱仪；全部光组采用水晶 (石英) 的水晶摄谱仪；考纽 (Cornu) 色散棱镜摄谱仪；棱镜尺寸很小的袖珍摄谱仪；等等。棱镜摄谱仪精度高、操作方便，许多实验室都配备棱镜摄谱仪。

18.8.85　激光微区光谱仪 laser microspectral analyzer

利用激光使样品局部气化进行其光谱测量的摄谱仪，也称为激光探针。激光微区光谱仪主要由激光器、显微镜、辅助电极、光谱成像光学系统、照相机、处理电路等组成。其原理是激光通过显微物镜聚焦到样品上，激光高温将样品局部蒸发，样品蒸气到辅助电极间时，生产火花放电产生蒸气光谱，照相机对蒸气光谱进行拍照或记录。

18.8.86　光谱光度计 spectrophotometer

能测量介质的光谱反射比或光谱透射比的仪器。光谱光度计除了要具有测量光度参数的光度计功能外，还需要有对光谱的分光功能，以为各波长成分光度的测量提供单色光谱。

18.8.87   分光光度计 spectrophotometer

利用单色仪或特殊光源提供的特定波长的单色光通过标样和被分析样品，比较两者的光强度来分析物质成分或光谱分布的光谱仪器。分光光度计通过测定被测物质在特定波长处或一定波长范围内光的吸收度、透射比或反射比等，对物质进行定性和定量的光谱特性分析，可确定物质的光谱特性或物质的组成成分。

18.8.88   紫外-可见分光光度计 ultraviolet and visible spectrophotometer

可分离的单色光谱的波长范围在紫外至可见辐射区域的分光光度计。紫外-可见分光光度计常见的光谱范围是 190nm~900nm。

18.8.89   紫外分光光度计 ultraviolet spectrophotometer

可分离的单色光谱的波长范围在紫外辐射区域的分光光度计。紫外分光光度计是根据物质的吸收光谱研究物质的成分、结构和物质间相互作用的仪器。每种物质就有其特有、固定的吸收光谱曲线，可根据吸收光谱上的某些特征波长处的吸来确定物质的含量。

18.8.90   红外分光光度计 infrared spectrophotometer

可分离的单色光谱的波长范围在红外辐射区域的分光光度计。红外分光光度计的工作波段可以从近红外到 50μm，光路模式分别有单光束的和双光束的。红外各工作波段的分光棱镜材料分别可采用：波长小于 2.5μm 的工作波段用玻璃；2.5μm~4μm 工作波段用石英；4μm~11μm 工作波段用萤石；11μm~16μm 工作波段用岩盐 (NaCl)；16μm~23μm 工作波段用钾盐 (KCl)；23μm~40μm 工作波段用人工晶体 (如 KRS-5)；40μm~50μm 工作波段用碘化铯。该仪器主要应用于航空汽油、橡胶等化工产品的分析。

18.8.91   吸收光谱仪器 absorption spectrum instrument

利用被分析物质对光的吸收来对物质成分、结构进行分析和测量的光谱仪器。吸收光谱仪器主要由光源、单色器、吸收池、检测器以及数据处理及记录装置等组成。主要有可见光吸收光谱仪和紫外吸收光谱仪。

18.8.92   原子吸收分光光度计 atomic-absorption spectrophotometer

利用各元素的原子蒸气对光选择吸收的特性而制成分析物质的原子组成成分的分光光度计。原子吸收分光光度计主要由光源、试样原子化器、单色仪和数据处理系统等组成，具有对痕量元素测试灵敏、准确等特点。

18.8.93　荧光分光光度计 spectrofluorophotometer

用紫外光源 (高压汞蒸气灯或氙弧灯) 扫描液相荧光标记物发出的荧光光谱，通过荧光光谱来分析物质分子结构与功能之间的关系和对物质进行鉴定等的光谱仪器。其激发波长扫描范围为 190nm~650nm，发射波长扫描范围为 200nm~800nm，可对液体、固体样品 (如凝胶条) 进行扫描。荧光分光光度计主要由光源、激发单色器、样品室、发射单色器和检测器组成，广泛应用于生命科学、医学、药学和药理学、有机和无机化学等领域。

18.8.94　拉曼分光光度计 Raman spectrophotometer

利用拉曼散射的光谱效应分析试样的结构成分的分光光度计。拉曼分光光度计通常由激光器、单色仪 (双联或三联)、探测系统 (光电倍增管、光子计数器、计算机、记录显示等)、样品光路和附件等五部分组成。激光拉曼分光光度计的单色器要求高分辨、低杂散光、优良的波数精度和再现性，其分辨率和波数精度比紫外分光光度计、原子吸收分光光度计至少高 10 倍，而杂散光则至少小到原来的一百分之一。

18.8.95　光谱辐射计 spectroradiometer

在指定光谱区内以窄带方式的辐射源来测量光谱辐射量的仪器，也称为分光辐射度计。光谱辐射计主要由收集光学系统、光谱分谱装置、光阑、光电探测器等组成。其窄带光谱可以通过分光镜分谱、光栅分谱或窄带滤光镜滤谱等实现，通常光谱宽度控制在 10nm 左右。用于测定辐射源的光谱分布，包括目标或背景的强度、光谱特性分布，并且能对传输介质透射比进行测量。其类型主要有傅里叶变换光谱辐射计、多探测器色散棱镜和光栅光谱辐射计、圆形渐变滤光器 (CVF) 低光谱分辨率光谱辐射计等。

18.8.96　色差计 color difference meter

测试相对于标准色卡的颜色偏差的仪器，也称为便携式色度仪、色彩分析仪或色彩色差计。色差计是一种简单的颜色偏差测试仪器，能自动比较被检品与标准颜色样板之间的颜色差异，输出 CIE L、a、b 三组数据和比色后的 ΔE、ΔL、Δa、Δb 四组色差数据，提供配色的参考方案。

18.8.97　色度计 colorimeter

用于测量色的三刺激值或色品坐标的仪器。色度计通常由标准光源、3 个彩色的滤光镜、3 个或 4 个光电探测器 (光电池、光电管或光电倍增管)、标准反光面板等组成。先进的色度计是经光电管接收后用软件自动处理测量结果。测量的方式是对被测颜色表面直接测量，获得其颜色三刺激值 X、Y、Z，再换算出其色品坐标，也可换算成均匀色空间的参数。

18.8.98   目视色度计 visual colorimeter

利用人的视觉去观察和对比被测颜色和比较颜色在两个视场 (或一个视场的两半) 中的颜色和亮度，通过调节使两个视场达到匹配来测出被测颜色的仪器。测试时，仪器的一个视场呈现待测颜色光，另一个呈现由已知三原色或更多原色相混合而产生的比较颜色光，将比较光的颜色和亮度调节到与待测光的相同，由于比较光的原色色度坐标是已知的，由比较光各原色光的读数可计算出待测颜色光的三刺激值和色度坐标。目视色度计的测色采用的是比较法，因而其不同于应用客观测量原理的光电色度计和色差计等的测量方法。

18.8.99   多角度测色仪 multi-angle instrument for measuring color

能够同时或依次从不同角度测量样品颜色特性的仪器。例如，多角度分光光度计可以同时或依次从几个不同角度测量样品的光谱反射比，然后计算出样品的色度量。所谓不同角度一般是指相对于入射光的镜面反射方向而言的。多角度测色仪多用于如汽车表面涂层、特殊抛光表面等具有高光泽度、高镜面反射率样品的色度计量，因为这些样品的颜色从不同方向观察会有显著的变化。

18.8.100   显像密度计 densitometer

通过测量物体表面反射光的红、绿、蓝成分与入射光的比例，来确定表面吸收光量的仪器，简称为密度计。显像密度计主要由光源和接收器组成，是用于测定照相材料感光性质的仪器，属于一种光度计，可以目视，也可以用光电接收器自动测量。其测量的对象是已曝光的底片的光密度。

18.8.101   白度计 whiteness meter

通过测量物体表面三基色所占的比例与标准白色比例对比获取物体表面白度的仪器。白度计将理想漫反射体白度定义为 100。白度计主要用于面粉、淀粉、米粉、食盐、纺织品、印染、化纤、塑料、瓷土、滑石粉、白水泥、涂料、油漆、陶瓷、搪瓷、纸张、纸浆等物品或产品白度的测试或测量。

18.8.102   辐射计 radiometer

〈光学仪器〉测量辐通量、辐亮度、辐照度等辐射量的仪器。辐射计通常是用于测量不包括可见光光谱范围的辐射量，例如测量紫外辐射、红外辐射的辐通量、辐亮度、辐照度等辐射量。按测量对象不同有不同的辐射计，例如有测辐射热计、直接日射强度计、辐射微热计、尼科耳 (Nicol) 辐射计、克鲁克斯 (Crookes) 辐射计等。测量范围包含了可见光在内的称为泛辐射计。

18.8.103　绝对辐射计 absolute radiometer

以入射光和电功率加热定标交替的方式来测量光辐射的一种腔型黑体热电探测的仪器。绝对辐射计的测量光辐射的方法是，根据绝对辐射计接收腔在光入射(或电加热)时腔升温响应的指数变化规律，研究出在辐射入射腔之初就动态预测其功率，用电加热补偿，使腔的温度在接收辐射和电定标阶段维持恒定的状态下，快速达到平衡进行测量的新方法。世界辐射中心(PMOD/WRC)用其研制的绝对辐射计进行一年半 10000 多次同世界标准(辐射计)组(WSG)一起同时观测太阳辐照度的比对实验，验证了其测试绝对辐射的精度达到了 0.08%。

18.8.104　总辐射通量积分仪 total radiant flux integrating meter

测量总积分或单色的辐射通量的仪器。总辐射通量积分仪主要由积分器和光电探测器组成，积分器可以是积分球、多面体积分器或圆筒形积分器等。

18.8.105　红外辐射仪 infrared radiometer

测量和记录被探测目标的红外辐射量，典型工作波长范围为 $8\mu m{\sim}14\mu m$ 波段的测量仪器，又称为红外辐射计。

18.8.106　变角辐射计 gonioradiometer

测量辐射源、灯具、介质或表面的辐射空间分布特性的辐射计。通常，将测量表面或介质的辐射空间分布特征的辐射计称为变角反射计或变角透射计。变角辐射计主要是用于测量紫外和红外的辐射量。

18.8.107　曝辐射量表 radiant exposure meter

测量阳光能源在一个地点辐射照度的仪器，又称为日照计(irradiance meter for sunlight)。曝辐射量表主要用于地域的太阳能能源(辐射热量数据)的考察和为太阳能利用产品的开发提供数据。

18.8.108　紫外曝辐射量表 ultraviolet radiant exposure meter

测量紫外辐射照度的仪器，又称为紫外辐射照度计(UV irradiance meter)。紫外曝辐射量表在原理上与光度计相同，最大的区别是其探测器是能响应紫外辐射的。

18.8.109　光度计 photometer

测定光通量或辐射通量、发光强度、光照度、光亮度等各种光度量的光学仪器的总称。人们习惯上常将测量光通量或辐射通量的仪器称为光度计。测量光通量最典型的仪器是带有光电探测器的积分球。由硒光电池或硅光电池为主构成的光度测量装置可算作简易的光度计或便携式光度计。为准确测量光度量，硒光电池或硅光电池等通常需要进行光源色温校正 (被测光源的色温不同于标校光源的色温时)、光谱响应修正 (以实现与人眼光谱光视效率匹配)、余弦修正 (测量光线斜入射时)。光度计的类型有照度计、亮度计等。

18.8.110　物理光度计 physical photometer

不需要依靠人眼的观察和判断，通过为测试仪器所设计的光度测量物理机理，自动测出被测目标的光度量的光度计，又称为自动光度计。

18.8.111　目视光度计 visual photometer

通过人眼观察，将被测量目标与标准光源在测试仪器的视场中进行比较，并调整相关距离，直到两者光度量相等，按公式计算获得被测目标光度量值的光度计。

18.8.112　等视亮度光度计 equality brightness photometer

同时观测比较光度头视场中的标准光源和被测光源两部分的亮度，且调节光度头距两光源的距离，使亮度相等，按公式计算得出光度量值的目视光度计。等亮度光度计典型的有测量发光强度的陆末-布洛洪 (Lummer-Brodhun) 目视光度计。

18.8.113　等对比度光度计 equality contrast photometer

同时观测比较光度头视场中的标准光源和被测光源两部分的亮度，且调节光度头距两光源的距离，使对比度相等，按公式计算得出光度量值的目视光度计。

18.8.114　闪烁光度计 flicker photometer

采用单一视场由待比较的两光源交替照明，或观测到交替照亮的两相邻视场，适当选择交替频率，使其高于色融合频率而低于视亮度融合频率，频率提高到使人眼感觉不出颜色变化时，看到的是一个亮度闪烁的视场，水平移动标准灯，使视场中亮度闪烁消失，等到平衡位置，按公式计算得出光度量值的目视光度计。闪烁光度计典型的有测量发光强度的艾夫斯-布雷迪 (Ives-Brady) 闪烁光度计。

18.8.115　变角光度计 goniophotometer

测量光源、照明器、介质或表面的光的空间分布特性的光度计，也称为分布光度计。变角光度计具有以被测对象为圆心的转臂 (探测器安装在转臂端头)，通过转臂的角度旋转，对目标在空间不同角度发射的光度量进行测量。变角光度计主要是用于测量可见光波段的光度量。

18.8.116　积分光度计 integrating photometer

用带有光电探测器的积分球装置，采用相对法 (比较法) 测量光源总光通量的光度计，也称为球形光度计 (sphere photometer)。积分光度计的测量需要对已知光通量的光源进行测量, 以其测量值与被测光源的测量值进行比较来计算得出被测光源的光通量。

18.8.117 亮度计 luminance meter

在一定测试距离, 用一定光孔的固定立体角接收, 测量光源或物体亮度的光度计。亮度计通常由成像物镜、孔径光阑、目视取景器、光电探测器、处理电路等组成。亮度测量的关键是要保证被测源发射的立体角及其源面积能准确定位和测量。

18.8.118 照度计 illuminometer

测量被照射表面在单位面积上的光通量数值的光度计, 也称为勒克斯计。物体的照度大小与物体表面的性质无关, 只与物体单位面积上接收的光通量多少有关。照度计主要由硒光电池 (或硅光电池)、滤光片和微安表组成。

18.8.119 标准照度计 standard illuminometer

用于保存和传递光照度单位量值、性能稳定、$V(\lambda)$ 失配因数小且符合相关规范要求的光照度计。标准照度计主要是用于校准其他日常使用的照度计。

18.8.120 显微光度计 microscope photometer

由显微镜与光谱分光器、光电探测器配合构成的测量微观样品或微量的可见光谱反射、吸收特性的光度仪器, 又称为显微镜光度计或显微分光光度计, 也称为测微光度计。如果选择合适的显微镜进行配置, 显微光度计就能够测量微观样品的吸收、透射、发射、偏振和荧光的光谱特性。配置相应的光源和光电接收器, 就可测量微观样品的红外、紫外等的光谱特性。

18.8.121 光泽度计 gloss meter

用于测量物体表面接近镜面程度的仪器。光泽度测量的角度通常采用 20°、45°、60° 或 85° 进行照明和检测, 检测的对象主要有油墨、油漆、烤漆、涂料、木制品、大理石、花岗岩、玻化抛光砖、陶瓷砖、塑料、纸张等表面的光泽度。

18.8.122 积分球 integrating sphere

内部为高漫反射的光度测量用的中空球体, 也称为乌布利希球 (Ulbricht sphere)。积分球的内表面通常涂有无波长选择性的均匀性漫反射白色涂料, 在球内任一方向上的照度均相等。

18.8.123 积分球光阱 integrating sphere optical trap

安装在积分球表面上用以吸收积分球面反射光的吸收空腔。积分球光阱典型的类型是内部表面涂有吸光材料的中空 "牛角" 形消光器。积分球光阱可用作积分球面的 "黑塞子"。

18.8.124　漫射体 diffuser

靠漫射现象来改变辐射通量或光通量的空间分布的器件，又称为漫射器。积分球就是一种典型的漫射体；还有就是对光透射板的表面设计特定的微形状 (如不规则的微透镜分布等)，通过光源照射射出需要的漫射光。漫射体射出的光要避免产生衍射效应和光斑波纹等问题。

18.8.125　杂光测试仪 stray light testing equipment

通过测量光源经被测光学系统成像在像面上造成的杂光光通量与达到像面的总光通量的比值算出杂光系数的光学测量仪器。杂光测试仪有点光源法和面光源法原理的测试仪器，面光源法的杂光测试仪通常采用积分球光源，以提供均匀面光源。杂光测量由于杂光信号很弱，而像的信号很强，因此要求光电探测器具有极宽的动态测量范围。

18.8.126　反射比测定仪 reflectometer

能够对被测试样进行入射光光通量与反射光光通量的测量，按规定公式计算获得反射比的光学测试仪器。反射比测定仪的光功率或能量接收器通常需安装在角度可旋转臂上，以方便测量反射光的光通量。

18.8.127　干涉仪 interferometer

利用光的干涉条纹与光程差的相关性原理，测定光程差或其相应参量的仪器。干涉仪是一个非常大的光学测量仪器类别。干涉仪按干涉的波面分，有平面波和球面波的干涉仪；按干涉的光路分，有单光路和双光路的干涉仪；按光干涉的光束分，有单光束和多光束的干涉仪；按光源的相干性分，有相干光源和非相干光源的干涉仪；按光源的尺寸分，有点光源和面光源的干涉仪；按等光程的方式分，有等厚和等倾的干涉仪；等等。

18.8.128　平面干涉仪 flat interferometer

利用光的干涉原理测量试样平面面形和面形误差的干涉仪，也称为平面波干涉仪。平面干涉仪的光源采用激光作光源的，称为激光平面干涉仪。平面干涉仪的标准反射镜面形为平面。

18.8.129　球面干涉仪 sphericity interferometer

利用光的干涉原理测量球面面形误差和曲率半径的干涉仪，也称为球面波干涉仪。球面干涉仪应用激光器做光源的称为激光球面干涉仪。球面干涉仪的标准反射镜面形为球面。

18.8.130 激光干涉仪 laser interference measuring system

以激光波长为长度基准，利用光波干涉原理作长度、角度、平直度等各种测量的干涉仪。激光干涉仪可通过变换各种测量附件实现不同的测量目的，通常用于大尺寸高精度测量以及精密机床、设备的校准和检定。

18.8.131 菲佐干涉仪 Fizeau interferometer

菲佐设计的，将光源发出的一束相干光用反射镜返回使反射光束与入射光束进行相交干涉，再通过半透半反镜和透镜系统提取干涉图形的单光路的干涉仪，光路原理见图 18-2 所示。菲佐干涉仪主要用于测量棱镜和透镜的面形、光学材料均匀性、系统的波像差等 (对于非平面或非无焦系统需要加附件使光束平行)。

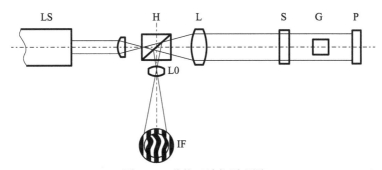

图 18-2　菲佐干涉仪原理图

图 18-2 中：LS 为干涉光源；H 为半透半反镜；L 为准直透镜；S 为透明平面反射镜；G 为被测样品；P 为参考反射镜；L0 为干涉图成像透镜；IF 为干涉图形。

18.8.132 泰曼-格林干涉仪 Twyman-Green interferometer

由泰曼和格林设计的，将光源发出的一束相干光用半透半反镜分为两束相互垂直的光路，分别用平面反射镜将它们原路返回，通过半透半反镜后进行相交干涉，再通过透镜系统提取干涉图形的双光路的干涉仪，又称为棱镜透镜干涉仪，光路原理见图 18-3 所示。泰曼-格林干涉仪主要用于测量棱镜和透镜的面形、光学材料均匀性、系统的波像差等 (对于非平面或非无焦系统需要加附件使光束平行)。

图 18-3 中：LS 为干涉光源；L1 为入射光准直透镜；S 为半透半反镜；P1 为参考光路反射镜；G 为被测样品；P2 为测试光路反射镜；L2 为出射光准直透镜；L0 为干涉图成像透镜；IF 为干涉图形。

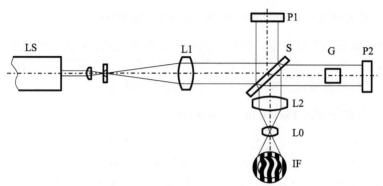

图 18-3　泰曼-格林干涉仪原理图

18.8.133　马赫-曾德尔干涉仪 Mach-Zehnder interferometer

由马赫和曾德尔设计的，将光源发出的一束相干光用半透半反镜分为两束相互垂直的光路，再分别用平面反射镜将它们的光路反射 90°，经半透半反镜将它们合为同一光路进行相交干涉，再通过透镜系统提取干涉图形的直角对称双光路的干涉仪，光路原理见图 18-4 所示。马赫-曾德尔干涉仪主要用于测量棱镜和透镜的面形、光学材料均匀性、系统的波像差等(对于非平面或非无焦系统需要加附件使光束平行)。

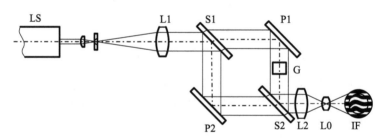

图 18-4　马赫-曾德尔干涉仪原理图

图 18-4 中：LS 为干涉光源；L1 为入射光准直透镜；S1 为第一个半透半反镜；P1 为测试光路反射镜；P2 为参考光路反射镜；G 为被测样品；S2 为第二个半透半反镜；L2 为出射光准直透镜；L0 为干涉图成像透镜；IF 为干涉图形。

18.8.134　迈克尔逊干涉仪 Michelson interferometer

由迈克尔逊设计的，将非准直扩展光源发出的一束非相干光或相干光用半透半反镜分为两束相互垂直的光路，分别用平面反射镜将它们原路返回，通过半透半反射镜后进行相交干涉，再通过透镜系统提取干涉图形的双光路的干涉仪，光路原理见图 18-5 所示。迈克尔逊干涉仪可以采用非相干光源，此时，其中一支反射光路中需加入光程和色散补偿平行平面玻璃 G2，以使两支光路具有等效性，实现非相干光的干涉。当迈克尔逊干涉仪使用非相干源时，能实现干涉的光程差很小，不宜用于光束透过光学零件的光学材料均匀性、系统的波像差的测量，只能用于棱镜和透镜的面形测量等 (对于非平面或非无焦系统需要加附件使光束平行)。

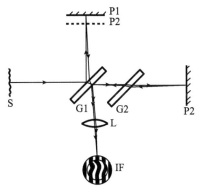

图 18-5　迈克尔逊干涉仪原理图

图 18-5 中：S 为非相干或相干光源；G1 为分光路的半透半反镜；G2 为补偿光程差镜；P1 为反射光路的反射镜；P2 为透射光路的反射镜；L 为干涉图成像透镜；IF 为干涉图形。

18.8.135　法布里-珀罗干涉仪 Fabry-Perot interferometer

由法布里和珀罗设计的，将非准直扩展光源发出的一束非相干光或相干光射入由两块相互平行的平板间进行多次反射而产生等倾干涉的多光束干涉仪，光路原理见图 18-6 所示。法布里-珀罗干涉仪可用于高精度测量波长和研究光谱线的超精细结构。

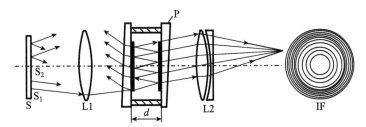

图 18-6　法布里-珀罗干涉仪原理图

图 18-6 中：S 为非相干或相干光源光源；L1 为准直透镜；P 为 P-F 标准具；L2 为成像透镜；IF 为干涉图形。

18.8.136   剪切干涉仪 shearing interferometer

利用错位后的波面与原波面产生干涉的干涉仪。剪切干涉仪可以在泰曼-格林、马赫-曾德尔、迈克尔逊等干涉仪的基础上，在一支光路中加入一个平行平板玻璃，通过转动平行平板玻璃使一支光路的波面横向位移来实现两束相干光波的错位干涉；也可以通过转动一支光路的反射镜使其波面横向位移来实现两束相干光波的错位干涉。剪切干涉仪除了横向剪切干涉仪外，还有径向剪切干涉仪、旋转剪切干涉仪和反转剪切干涉仪。剪切干涉的结果可用相应的公式计算，来获得原波面的波差。

18.8.137   点衍射干涉仪 point diffraction interferometer (PDI)

以膜片(光阑)面上小孔衍射所形成的波面作为参考波面的干涉仪。其原理是，激光束经透镜会聚于膜片面上的小孔处，穿过小孔出射的光束经透镜（附件）成准直光束照射被测件，再经被测件反射回来与小孔的衍射光（即参考光）干涉形成干涉图。因此，点衍射干涉不需要专门的参考光路。这种干涉仪的优点主要有：由于参考光波与被检光波共光路，所以受机械振动、空气扰动、温度变化影响小；系统简单，不容易产生杂散光；不需要标准镜头，降低了制造技术难度和成本。不足是移相技术引入难度大、小孔对准难度大等。在对点衍射干涉仪的移相进行改进新研制的点衍射干涉仪有液晶点衍射干涉仪、光栅点衍射干涉仪、偏振点衍射干涉仪、光纤点衍射干涉仪、镀膜点衍射干涉仪等。

18.8.138   显微物镜干涉仪 microscope objective interferometer

应用光的干涉原理制作的检验显微镜物镜波像差的干涉仪。显微物镜干涉仪分别可以应用菲佐、泰曼-格林、马赫-曾德尔等干涉仪的原理构成。需要注意的是，对于采用平面波干涉的仪器，应用于显微镜物镜波面的干涉，需要将平面反射镜改为球面反射镜，或者插入标准镜头将经显微物镜出射的球面波转换为平面波。

18.8.139   刀口仪 knife-edge tester

用阴影法来检验曲面面形不规则误差的、带有照明器的刀口装置。刀口仪的刀口刃面的平直度要求非常高，移动刀口切割光束的手轮机构的行进量也要求非常精细，这是一种高精度的机械装置。刀口仪的检验是一种光学零件横向像差的检验。

18.8.140   膜厚测定仪 film thickness measuring device

应用椭偏光分析法(或椭偏术)，测量偏振光束经试样薄膜上下表面反射后分解成偏振方向相互垂直的 p 光和 s 光两个分量的相位差，自动计算得出膜层厚度的光学仪器。应用椭偏术测量膜层厚度的仪器也称为椭偏仪，该仪器也可测量膜层的折射率。

18.8.141　膜层强度测定仪 film strength measuring device

采用规定硬度的摩擦头施于规定的作用力，对膜层的同一位置进行规定次数的往复运动检验膜层机械牢固强度的试验仪器。膜层强度测定仪有手动式的和自动式的仪器。

18.8.142　光栅能量测定仪 grating energy measuring device

测量光栅的衍射光强度分布的光学仪器。光栅能量测定仪由准直光源和光度计组成，也可以由准直光源、CCD 接收器、处理系统组成，后者能准确和方便地测量光栅的能量。

18.8.143　阿贝折射仪 Abbe refractometer

利用全反射现象测量介质折射率和平均色散的光学仪器。阿贝折射仪主要由已知折射率和角度的标准折射棱镜和测角望远镜组成，被测试样的一个抛光面与标准棱镜的大面接触，光线掠射两者的接触面，使全反射光从标准棱镜的一面折射出（出射光线将形成一半暗一半亮的分界线，以分界线作为出射光线），测量出射光线的角度，计算可得试样的折射率。

18.8.144　V 棱镜折射仪 V-prism refractometer

在已知被测试样几何角度的条件下，通过测量入射光通过 V 棱镜及被测试样后的角度偏折量，利用折射定律计算获得折射率和平均色散的光学仪器。

18.8.145　双折射检测仪 birefringencemeter

应用偏振光干涉原理检查和测试玻璃和晶体的双折射性能的光学仪器。双折射检测仪分别可以采用基于平面偏光法、1/4 波片法或双 1/4 波片法等原理构建的检测仪器。

18.8.146　偏振计 polarimeter

应用光学偏振原理测定光束偏振态的光学仪器，也称为偏光计、极化计。偏振态包括线偏振态、圆偏振态、椭圆偏振态。偏振计最初是用于从空中获得地面不同目标反射光偏振态的遥测数据。偏振测量可应用于云和大气气溶胶、地质勘探、找矿、土壤分析、环境监测、资源调查、农作物估产、灾害估计、农牧业发展、海洋开发利用和军事等领域。

18.8.147　光弹性仪 photoelasticimeter

使线偏振光或圆偏振光通过处于应力状态下的试件，观察或摄取所获得的应力干涉条纹来判断试件受力状态的光学仪器。

18.8.148 晶体光轴定向仪 crystal axis orientater

应用双折射和偏振原理确定晶体光轴方向的光学仪器。晶体光轴定向仪通常由光源 (最好是激光)、起偏器、会聚镜、旋转工件台 (有通光孔)、检偏器、成像物镜、投影屏等组成。测试原理是将被测晶体的基面 (晶体光轴大致垂直于基面) 放在旋转工作台面上，使经起偏器和会聚透镜的光锥从旋转平台的通光孔穿过被测晶体，经检偏器和成像透镜成干涉像于投影屏幕上，转动旋转平台，观察干涉黑十字像 (黑十字像中心为光轴方向) 是否在旋转，如果旋转，说明晶体光轴不垂直于被测件基面，根据黑正字像旋转的半径可求出光轴偏的角度，如果干涉像不转动，说明晶体光轴垂直于基面 (即没有光轴偏)。通用仪器的定轴精度在 ±6′ 左右，高的可达到 ±2′ 或以内。对中级 (单轴晶体)、低级 (双轴晶体) 晶体族的光率体方位确定均属于晶体光轴定向。该仪器也可以测量晶体的旋光率和旋向。

18.8.149 旋光仪 azimuth polarimeter; rotatory polarimeter

应用光学偏振原理测定旋光性物质的偏振方向旋转或偏转角度的光学仪器。旋光仪的原理是通过测量线偏振方向旋转的角度来确定旋光性物质的旋光性质。线偏振方向旋转角度越大的物质，其旋光性质越强。

18.8.150 糖量计 saccharometer

利用糖溶液或其他旋光性物质溶液的旋光性，测定其溶液浓度的光学仪器。糖量计实际上是在旋光仪的基础上，将线偏振方向旋转的角度与对应的旋光溶液浓度值定制化的仪器，使旋光溶液浓度值的测量能方便快捷地测得。溶液浓度和线偏振方向旋转角度的关系是，线偏振方向旋转的角度越大，溶液的浓度就越高。

18.8.151 光学零件表面疵病检查仪 optical surface defect inspection gauge

建立规定的照明和放大条件检测光学零件表面麻点、划痕、气泡破口等疵病的光学仪器。光学零件表面疵病检查仪是由标准照明光源、绒布观察背景和箱体构成的检查仪，直接用裸眼或用放大镜通过标准照明光源对被检光学零件表面的反射光来进行检查。

18.8.152 气泡检测仪 bubblemeter

建立规定的照明和放大条件检测玻璃内部气泡和杂质大小和数量的光学仪器。气泡检测仪有用人眼进行检测的仪器和配备了光电接收系统的半自动或自动检测仪器。

18.8.153 条纹检查仪 striae inspecting equipment

用投影或纹影光学原理的光学系统将光束照射试样后投射到屏幕上或光电探测器上，观察投射出的条纹图像，判断光学材料内部是否存在局部折射率突变性的不均匀缺陷的光学仪器。

18.8.154 球径仪 spherometer

通过测量球面的弧高经计算来测定被测对象曲率半径的光学仪器。球径仪主要包括在圆周座上三等分固定的三个钢球组成的试样承载座、位于承载座中心上下可移动的长度位置测量杆和光学读数装置等。试样半径的测量采用几何原理,先将标准平板放在试样承载座上用移动杆接触平面测量出位置数值,换上球面试样用移动杆接触球面测出此时的位置,用几何公式计算就可求出试样的半径。

18.8.155 透镜中心仪 lens-centring instrument

测量透镜外圆几何轴线与透镜光轴同轴度来确定透镜中心偏差的光学仪器。透镜中心测量仪器主要有两类:一类是透镜在加工过程进行中心测量的仪器,其测试原理主要采用反射法来测量透镜光轴与透镜外沿几何中心的同心度或同轴度;另一类是透镜加工完成并装配到机械镜筒中后的测量,其测试原理主要采用透射法来测量透镜光轴与镜筒几何中心的同心度或同轴度。

18.8.156 天顶仪 zenith instrument; zenith telescope

由两组平行光管分别间隔一定角度布置构成轴系平面正交性的、提供方位方向角度系列和俯仰方向角度系列无限远目标物的测量光学仪器设备。一组沿环形水平面 (光轴位于同一水平面内),从方位 0° 开始,对称间隔一定角度 (如 ± 15°、± 30°、± 45°、± 60°、± 90°) 至 180° 布设并固定;另一组沿半环形铅垂面 (光轴位于同一铅垂面内),从俯仰 0° 开始,间隔一定角度 (如 ± 15°、± 30°、± 45°、+ 60°、+ 85°(或 + 87°)、+ 90°) 至天顶布设并固定。0° 平行光管为水平、俯仰共用。

18.8.157 万能光具座 optical bench

测量光学零部件的光学参数和评定像质的光学仪器。万能光具座主要由精密导轨以及放置在其上的平行光管、前置镜、显微镜、分划板、电源、多自由度移动工件台等组成。在万能光具座上可测量光学零件和光学系统的几何像差、分辨率、焦距、放大倍率等。

18.8.158 焦距仪 focometer

通过平行光管发出已知分划尺寸的分划板物,用测微目镜对被测透镜所成分划板的像尺寸进行测量,再利用几何光学的放大率公式计算出透镜焦距的光学仪器。

18.8.159 视场仪 view field instrument

由广角物镜和具有角度标志的大分划板构成的测量光学系统视场的大视场平行光管仪器。视场仪主要用于测量望远系统的视场角,还可用于测量望远系统的像倾斜角和瞄准轴水平零位。视场仪分划板上视场刻尺的角度范围大于待测系统的视场角，因此通过待测系统只能看到视场刻尺的一部分，由这部分刻尺的刻度值 (以度和密位为单位) 得出待测系统的视场角。测量时，使视场仪分划板上的十字线与待测系统分划板瞄准标志重合，而后读取视场角。

18.8.160　光学传递函数测定仪 optical transfer function (OTF) instrument

通过测试不同空间频率目标图案经被测光学系统成像后的光学系统调制度和横向相移的相对变化来测定光学系统光学传递函数值的光学仪器。光学传递函数测定仪有不同目标形式和不同接收形式的仪器，例如，采用光栅扫描法、针孔法、刀口法、狭缝法等形式，本质上只要是能对被光学系统形成的线扩散函数实现傅里叶变换的仪器，就能测得光学传递函数。

18.8.161　倍率计 dynameter

测量光学仪器出瞳直径、出瞳距离和放大率的光学仪器。倍率计由外套筒、镜筒、低倍显微物镜 (1 倍放大率)、分划板 (间隔 0.1mm)、目镜等组成。外套筒有一个前定位端面，镜筒可在外套筒内移动，显微镜的物镜、分划板和目镜都安装在镜筒内，镜筒外面有刻度尺，可看出低倍显微镜物镜的物面移动位置。还有一种简易的倍率计，就是在倍率计中取消了物镜构成的，这种简易倍率计可测量出瞳直径，但不能测量出瞳距离。用倍率计测量望远系统放大率时，需要在望远物镜前套一个已知直径尺寸的标准光阑，然后测量标准光阑成在目镜出瞳附近的像的相应尺寸，用标准光阑的尺寸比其像的尺寸即为放大率。

18.8.162　视度计 dioptrometer; dioptric tester

测量光学仪器对无穷远目标观察的出射光束的会聚或发散程度的光学仪器，又称为屈光度计。视度计主要由靠板、外镜管、物镜筒、推移钉、分划板和目镜等组成，其相当于一个物镜移动距离有标识的小型望远镜。在视度计上移动物镜，主要是使被测量的会聚光束或发散光束能聚焦到分划板上，由推移钉的位置读出物镜的移动量，从而测量出被测光束的会聚度或发散度 (屈光度)。

18.8.163　数值孔径计 NA meter; apertometer

测定能进入显微物镜光线的最大光锥角的装置。数值孔径计整体形状为一个有一定厚度的半圆板，主要由金属框、12mm 厚的玻璃半圆柱体 (半圆柱平面上有角度和数值孔径的刻度尺)、指标线玻璃板、底座、刻有十字线的乳白玻璃、手柄、带有透光狭缝 (1mm 宽) 的圆形铝膜等组成，其中，带有透光狭缝的圆形铝膜在玻璃半圆柱体的圆心位置，玻璃半圆柱体装在底座上，金属框、指标线玻璃板、刻有十字线的乳白玻璃和手柄合成为一个整体。显微镜数值孔径的测量首先是用显微镜对准透光狭缝进行调焦看清 (相当于将小孔光阑置于物镜会聚点)，通过手柄转动指标线玻璃板使十字线分别对准显微镜视场亮斑的两边并读数，两数之差为显微镜的数值孔径值。

18.8.164　测距仪 telemeter; rangefinder

通过非接触的方法，快速测量远方目标至仪器之间距离的仪器。测距仪有光学测距仪、光电测距仪和电子测距仪等，光学测距仪主要是光学测距机，光电测距仪主要是激光测距仪 (应用最普遍)，电子测距仪主要是雷达测距仪。

18.8.165　光学测距仪 optical rangefinder

应用光学体视效应、几何尺寸比例关系、系统放大倍率等光学原理, 对目标到观察者间的距离进行测量的一类光学测距仪器。光学测距仪有体视测距仪 (机)、分划测距仪等仪器。光学测距仪由于是应用纯光学原理工作, 具有不会受电磁干扰影响的特点。

18.8.166　体视测距机 stereo-rangefinder

利用双眼立体视觉效应，比较目标在测标的体视深度来测量目标距离的光学仪器。体视测距机的基线越长，距离测量的精度越高。体视测距仪又分为游标式体视测距仪和定标式体视测距仪。

18.8.167　舰船测距仪 ship stadiometer

供舰船使用的外基线光学测距仪器。舰船测距仪的基线与炮兵手持光学测距仪相比更长一些，因此测距的精度比较高。

18.8.168　光电测距仪 photoelectric distance measuring meter；geodimeter

利用调制波作载波，测量载波行程的相位或行程的时间，通过计算获得目标距离的光电仪器。光电测距仪包括激光测距、红外测距等仪器。光电测距仪调制波光谱范围通常为紫外光、可见光、红外辐射等。光电测距仪的发射器由光源组成，发射和接收的光电器件的光轴应共轴安置或平行安置。

18.8.169　脉冲测距仪 impulse distance measuring meter

基于一个脉冲往返延迟时间进行传播路程计算来获得目标距离的光电测距仪器。典型的脉冲测距仪是脉冲激光测距仪。

18.8.170　红外测距仪 infrared telemeter

工作波段在红外区域的光电测距仪, 也称为红外线测距仪。红外测距仪通常是发射红外波段激光的激光距离仪。红外测距仪具有对人眼安全和雾霾穿透能力强的优点。

18.8.171　电子测距仪 electronic distance meter

利用无线电波作为载波，通过发射器发射载波，经目标反射回来，接收器接收目标返回信号，测出仪器与目标之间距离的仪器, 又称为电磁波测距仪 (electromagnetic distance meter; EMD instrument)。电子测距仪的发射器发射一确定速度的调制波, 到达目标后, 经目标反射使调制波反射回仪器, 由接收器接收并计算出距离。

18.8.172　微波测距仪 microwave distance meter

利用微波作载波的电子测距仪。微波测距仪的微波波长范围为 0.8cm~10cm。微波测距仪有两个相同的信号单元实现距离测量, 包括信号发射、接收和处理, 两套设备分别架设在待测距离的两端。

18.8.173　准线仪 alignment instrument

由与准线管同轴精度高的长焦距望远物镜、系列分划板 (相互间分开一定间隔的同轴十字分划板)、光源、样品台和读数光学系统组成的, 能提供从无限远到多个有限距离 (例如无限远、50m、10m、4m、2m、1.5m) 的同轴虚物十字目标, 用于测量或校准光学系统的光轴水准、同轴性的光学仪器, 又称为准线望远镜 (alignment telescope)。准线望远镜以视轴为基准直线, 准线仪望远物镜的物方有多块十字线分划板 (例如 6 块) 按垂直共轴安置在准线仪的光轴中, 通过调节调焦镜对不同距离上的目标进行观察和测量来检查光学仪器的同轴性。

18.8.174　体视视差仪 stereoscopic parallax apparatus

一种利用体视原理工作的单入瞳双目镜筒的望远型检测仪器视差的装置。检测时其入瞳与被测望远系统出瞳重合, 轴向调整其入瞳附近复合棱镜位置, 根据双筒分划面上像的位置, 精确判断被测望远系统是否存在视差。可定性检测不同出瞳直径的望远系统。

18.8.175　激光测振仪 laser vibrometer

用激光束照射振动物体, 测量激光返回波的多普勒波谱, 应用振动软件进行分析和计算, 获得振动物体工作状态是否正常的测量仪器。激光测振仪是一种非接触的振动设备的故障检测仪, 主要应用于对运动状态的转轴、电机、轴承等设备和装置的工作状态正常与否进行检测和监控等。

18.8.176　动作捕捉设备 motion capturing equipment

主要由激光追踪仪、精密直线导轨、精密变角台、三坐标测量机等组成, 用于对物体的空间运动状态进行测量的光学测量设备。动作捕捉设备的测量性能指标主要有视场角范围、测距范围、定位精度、位移精度、速度精度、延迟、畸变等，广泛应用于电影特效、动画制作、机器人控制、军事模拟、体育训练、体感游戏、人体工程学研究、VR/AR 等领域。

18.8.177　引力波干涉仪 gravitational wave interferometer

用于观察或证明大质量天体引起时空波动的长光路结构的干涉仪。迈克尔逊干涉仪、泰曼–格林干涉仪、法布里–珀罗干涉仪等的原理都可用于设计引力波干涉仪。引力波干涉仪通常需要很长光路提高探测灵敏度，光路长度长达数公里 (如 4km)，为了保证光路平直和避免环境干涉，通常光路建在地下隧道中，或建在大气以外的空间，通过观察静态时干涉条纹的变化来发现引力波导致的空间伸缩。

18.8.178　光学转台 optical rotating stage

一种作角度分度用的，装有角度基准 (如度盘、圆光栅) 和光学读数系统的可旋转工作台，又称为光学分度台。光学转台通常作为精密机床的附件。

18.8.179　光学平台 optical table

一个水平的、稳定的，可供各种光学组部件布置及固定的光学实验平台。光学平台通常要求高的垂直方向稳定性和水平方向稳定性，以保证光学装置的试验或实验过程的稳定性。精度比较高的稳定措施是气浮稳定方式，高精度的气浮光学平台隔振指标可达到：垂直方向的振幅波动小于 $12\mu m$；频率小于 $1Hz$。

18.8.180　光学导轨 optical guide rail

用于光学测量或试验放置光学部件，可使两个或多个部件之间轴向的相对位置对准，并在其相对移动时保持轴向一致或轴向对准关系的长距离引导底座装置。

18.8.181　平行光管 collimator

光源设置在物镜焦面上产生平行光束的光学仪器，又称为准直光管。通常，平行光管的焦面上设置有分划板，经光源照明后使其成像在无穷远处。平行光管有透射式和反射式的，对于工作在红外辐射、紫外辐射、X 射线等难以找到合适透射材料波段的平行光管，适合采用反射式的平行光管。

18.8.182　标定器 marker

安置于近距离，模拟远目标作标定点用的平行光管。标定器的功能是在室内的环境条件下，为光学仪器的调校提供一个远目标，方便光学仪器的调校工作。

18.9 医疗仪器

18.9.1 眼科光学仪器 ophthalmic optical instrument

用于对眼睛的视力、角膜、晶体、视网膜等机体组织进行健康状况检查和疾病治疗等的光学仪器。眼科光学仪器是一个大类，是用于眼科检查、治疗等光学仪器的总称。

18.9.2 非侵入性眼科仪器 non-invasive ophthalmic instrument

除通过人体孔道或身体表面全部或部分进入体内方式之外进行检查和治疗的眼科仪器。非接触性的眼科仪器就属于非侵入性眼科仪器的范畴，眼科的大部分检查仪器都是非接触性的，或者说这些仪器是非侵入性的。

18.9.3 验光头 optometry head

置于患者眼前测量双眼视功能和屈光不正，由球镜片、柱镜片和棱镜片及换片机构等组成的悬挂使用或在支架上使用的光学装置。验光头可以单独使用，也可以作为验光仪的组成部分。

18.9.4 验光仪 eye refractometer; optometry unit

主要由验光镜片和验光机体组成，用于测定人眼屈光不正(近视和远视)的、检查结果自动输出的光学仪器，也称为验光机。验光仪为视力矫正提供屈光度数和瞳孔间距离的参考，测定的内容包括球镜度、柱镜度、光轴和瞳距等参数，能给出人眼视力矫正所需的相关参数。验光仪的准确性会受患者的头和眼配合不好、动来动去，眼注视目标不够集中、放松调节不够等因素的影响，因此，电脑验光仪目前还不能完全代替验光师验光及镜片矫正检测。验光仪具有连续或数字式读数。

18.9.5 综合验光仪 synthetical optometry unit

集屈光不正检查、眼外肌检查等多种功能于一体的眼科光学仪器。综合验光仪将验光镜片都装入了其转轮系统中，比使用试镜架验光更高效和快捷。

18.9.6 检影镜 retinoscope

通过镜面反射光束客观评估眼睛屈光不正和观察视网膜反射交叉越过瞳孔时位移来检查眼疾的眼科仪器，也称为视网膜镜。检影镜主要由析光镜或中心通光反射镜的投射系统、观察系统和电源组成。检影镜分别有能产生焦距和方位可调的矩形横截面光束的带状光检影镜和能够产生一束横截面近似于圆形光束的点状光检影镜等类型。

18.9.7 同视机 synoptophore

用于检查和治疗人眼弱视、斜视的大型眼科光电仪器，也称为大弱视镜。同视机结构为两个可以围绕三个轴作各种方向旋转运动的镜筒，被设计为可对每只眼睛呈现交替转换的视标，所显示的视标能以不同的形式、不同的聚散位置单独移动。同视机可用于检查同时视、融像、立体视等双眼视觉功能，诊断主客观斜视角、异常视网膜对应、隐斜、后像、弱斜视等眼科疾病，也是诊治弱视和斜视的必备仪器。

18.9.8 眼科棱镜排 ophthalmic bar prism

由逐渐增加棱镜度的棱镜所组成的棱镜组。可用于测量隐斜与斜视 (眼肌偏斜) 或者患者眼睛聚散的能力。

18.9.9 视野计 perimeter

通过在一个确定的背景上检查对刺激的表现来评价眼睛视野内光灵敏度差别的仪器。视野计分别有试验刺激点位于背景上的永久位置的固定位置刺激视野计、利用投影系统在背景上产生试验刺激点的投影视野计、试验刺激点移动的动态视野计和试验刺激点固定的静态视野计等类型。

18.9.10 检眼镜 ophthalmoscope

用于检查眼外部和内部 (特别是屈光介质和眼底) 的光学仪器。检眼镜主要有直接检眼镜和间接检眼镜。

18.9.11 直接检眼镜 direct ophthalmoscope

由照明系统和观察系统组成，不通过中间像直接检测患者眼睛的检眼镜。直接检眼镜一般是在小瞳孔下观察，可直接检查眼底，不需要散大瞳孔，在暗室中进行检查。直接检眼镜与间接检眼镜相比，间接检眼镜的检查效果更好。

18.9.12 间接检眼镜 indirect ophthalmoscope

为检查眼睛特别是眼内介质和眼底而借由一个聚光镜 (手持式或整体式) 来产生一个可被目视观察的中间实像的光学仪器。间接检眼镜有单目间接检眼镜和双目间接检眼镜等类型。间接检眼镜检查时需要散瞳。

18.9.13 诊断用赫鲁比眼底透镜 diagnostic Hruby fundus lens

用于在裂隙灯照明并通过其放大的情况下对玻璃体和眼底进行检查的一种55 屈光度的透镜。这种透镜主要用于检查玻璃体、视网膜、脉络膜及视神经等眼球后部的状况。

18.9.14　马克斯韦尔黄斑计 Maxwell macular meter

配有红与蓝滤光镜光源，用于测试黄斑功能的眼科仪器。目前，检查黄斑普遍使用的先进仪器是 OCT(光学相干断层扫描或光学相干断层成像) 设备。

18.9.15　角膜地形图仪 corneal topographic apparatus

在非接触的情况下测量角膜表面形状的眼科仪器。配备可视照相系统和可视图像处理系统来分析一个发光目标照射到角膜表面后的反射图像的角膜地形图仪也被称为可视照相角膜地形图仪。角膜地形图仪有光学截面型角膜地形图仪、环角膜地形图仪、反射型角膜地形图仪、发光表面型角膜地形图仪等类型。

18.9.16　角膜曲率计 ophthalmometer

应用角膜对目标靶反射，通过透镜成像，测量目标靶像的尺寸，按特定公式计算获得人眼角膜及角膜接触镜中心区域主子午径向曲率半径的眼科仪器。角膜曲率计的使用是在角膜前一个规定的位置放一规定大小的物体 (靶环)，通过测量角膜反射该物体像的大小，计算得出角膜前表面的曲率半径。测量角膜的中心区域在 1mm~3mm 直径区域中各条子午线的弯曲度，从而可确定角膜有无散光和散光度及其轴向。

18.9.17　距离角膜曲率计 distance-dependent ophthalmometer

测量结果受仪器与被测角膜表面间距离影响的角膜曲率计。按照角膜曲率计的计算公式，一般的角膜曲率计或者没有采取特殊措施的角膜曲率计测量的角膜曲率半径都是与仪器到被测角膜表面间距离有关的，而且还与目标靶的放大率有关。要消除这种影响就要采取专门的技术措施，例如：用低相干的迈克尔逊干涉原理定位角膜顶点，解决准确测量需要确定的仪器到被测角膜表面间距离的问题；应用双远心光路解决放大率稳定的问题。

18.9.18　立体视觉测量装置 stereopsis measuring instrument

通过光照置于不同平面上的物体的方式来测量立体感的眼科仪器。立体视觉可通过测定零视差、交叉视差、非交叉视差等阈值来评定。

18.9.19　体视镜 stereoscope

一种将两个相似物体的图像相结合，产生充实和凸显的三维外观的眼科仪器。体视镜可用于测量斜视眼肌斜视的角度，评价双目视觉，用两只眼睛观察以及引导患者进行眼肌校正训练。

18.9.20　色盲检查镜 anomaloscope

通过配制和展示与患者确认颜色相匹配的混合光谱线的方式来测试彩色视觉异常的光学仪器。色盲检查镜的原理是：由于特定比例的标准的红色 (660nm ±

20nm) 与标准的绿色 (550nm ± 20nm) 混合可形成标准的黄色 (589nm ± 20nm)，但混合的比例不对时就不能得到标准黄色，通过让被测试者认定红色和绿色混合的"黄色"(有可能是标准黄色，也有可能不是黄色或不是标准黄色)，由此来确定被测试者是否属于色盲或色弱。如果被测试者确定的红色和绿色所混成的"黄色"的红绿比例关系超出黄色的比例范围，被测试者就被诊断为色盲或色弱。色盲检查镜的标准色提供，分别有用棱镜分光产生的和用 LED 光源产生的等多种类型。

18.9.21　色觉测试器 color vision tester

用于眼睛色觉评估的彩色线或彩色视觉板等彩色器具。色觉测试器包括印制在纸张上的彩色块、彩色线、多颜色混合的字符、图案等的卡片和图册等，以及显示色觉测试图案并根据被测者的选择能自动评估结果的装置，其能对人眼的色盲和色弱状况进行测试。

18.9.22　色盲检查仪 color blindness tester

由色盲测试图案 (或图谱) 库、触摸开关反应收集器、显示器、计算机和外部适配设备等组成的自动色盲检测仪器。色盲检查仪通过显示器展示色盲测试图案，被测者对表面标有图示标记的触摸开关收集器进行响应选择，在完成了一组测试图案的选择后，仪器通过计算机软件进行结果计算，自动给出测试结果。

18.9.23　瞳孔计 pupillometer

通过反射光来测量眼睛瞳孔宽度或直径的眼科仪器。简单的瞳孔计是手持式的，主要由手持壳体、成像镜头 (透镜) 和带有测量尺的成像屏组成。瞳孔计有只测量一只眼睛瞳孔直径的单眼瞳孔计和同时测量两只眼睛瞳孔直径的双眼瞳孔计；瞳孔直径的测量方式有直尺测量、瞳孔测量板测量和 CCD 图像软件测量等方式。对瞳孔直径的测量，通常包括在亮环境 (开着灯) 时的测量和在暗环境 (关着灯) 时的测量。由于瞳孔对红外光的反射与周围的虹膜不同，为了精确测量瞳孔在暗环境中的直径，有些瞳孔计自带照射瞳孔的红外光源和可见光源。

18.9.24　瞳孔图仪 pupillograph; scanning pupillograph

通过反射光来测量眼睛瞳孔直径大小，并能记录瞳孔反应状况的眼科仪器，也称为瞳孔扫描仪。瞳孔图仪主要由头支撑架、光学扫描系统和电子系统组成。瞳孔图仪由于有记录瞳孔反应的功能，被用于瞳孔反应疾病诊断的临床和研究等方面，例如精神疾病、眼科手术的恢复等。

18.9.25　眼科手术显微镜 ophthalmic operation microscope

由照明系统和观察系统组成，用于眼科手术观察和其他医疗用途的立体显微镜。眼科手术显微镜的观察系统包括物镜、变倍系统和目镜，照明系统包括裂隙灯、特种滤色片。

18.9.26   焦度计 focimeter

主要用于测量眼镜片 (包括角膜接触镜片) 的顶焦度和棱镜度，确定柱镜片的柱镜轴位方向，并可检查镜片是否正确安装在眼镜架中的眼科仪器。焦度计分别有焦点在轴上焦度计和平行光共轴焦度计等类型。

18.9.27   裂隙灯显微镜 slit-lamp microscope

窄缝旋转照明光源和显微镜组成的，用于检查眼睛健康状况的双目立体显微镜。裂隙灯显微镜的窄缝光源像一把 "光刀" 照射于眼睛形成一个光学切面，不仅能观察眼球表浅的病变，也能观察深部组织的病变。裂隙灯是一个宽度 (0mm~14mm)、长度 (1mm~14mm)、亮度和照射方向可调的光源。这个照射原理是利用了英国物理学家丁达尔的 "丁达尔现象"。

18.9.28   眼底照相机 fundus camera

用于眼睛视网膜放大成像及视网膜荧光素血管照相的医用光学仪器。眼底照相机主要由装有照明和观察光路系统的主机、照相机、三维可移底座、仪器工作台和电源等组成。

18.9.29   眼压计 tonometer

对眼球内部的压力进行测量的眼科仪器。眼压是指包括房水、玻璃体、晶状体和血液在内的眼球内容物对于眼球壁所产生的压力。眼压计的测量原理是通过角膜形状变化或直接测量角膜血流脉动压力变化，换算获得眼的内压力。眼压计可分为压陷式和压平式两类眼压计，压平式眼压计又可分为接触式压平眼压计和非接触式压平眼压计两类。压陷式眼压计的原理是用一定重量的眼压测杆使角膜压成凹陷，根据压陷深度与眼内压的关系，由压陷深度计算出眼压力。压平式眼压计的原理是利用测量平头 (接触式) 或具有可控空气脉冲 (非接触)，挤压眼角膜中心位置，使角膜变形，形成直径约 3.6mm 的圆形平面，此时空气脉冲的压力等于眼压，由此测得眼压数值。

18.9.30   视力表灯箱 visual chart light box

在规定的标准距离和视角，提供按视角原理制作的规定的视标形状及视标增率图表和规定的图表照明，用于测量人眼视力的装置。视力表主要有国际标准视力表、对数视力表、兰氏 (Landolt) 环视力表等。按功能分为近视力表、远视力表。视力表灯箱主要由外壳、视力表、照明光源等部件组成。国际标准视力表的视标为 E 字型，兰氏环视力表的视标为 C 字型。

18.9.31 角膜曲率仪 corneal curvature instrument

为接触镜配戴者软性角膜接触镜基弧的选择和角膜散光度检查等，测定角膜前表面曲率的眼科仪器。通常取测得的垂直和水平曲率半径的平均值，再根据不同镜片的规格，增加 5%~10% 的角膜曲率半径值作为软性角膜接触镜的基弧。选择过大基弧镜片会使镜片配戴过松、中心定位不好，造成眼睛异物感和发生视力模糊的情况；选择过小基弧镜片会使镜片配戴过紧、移动度过小，造成镜片下的泪液长时间不能排出，诱发角膜上皮毒性反应及角膜缺氧，进而阻断角膜缘血管网的供血，产生紧镜的眼病综合征。当患者的眼睛角膜曲率半径小于 7.0mm 或大于 8.5mm 时，不太适合配戴软性角膜接触镜。

18.9.32 角膜测厚仪 corneal thickness gauge

采用脉冲反射超声波测量原理对眼球角膜厚度进行测定的眼科仪器。角膜测厚仪主要用于角膜厚度、角膜散光、Fuch 氏角膜营养不良、角膜水肿等测量，为角膜镭射视力矫正手术 (LASIK 手术)、角膜移植手术、视力矫正手术等提供参考。角膜厚度为角膜前后表面间的距离，各部位不太相等，中央部位最薄，约为 0.5mm，周边部位约为 1mm。

18.9.33 眼运动监测仪 eye movement monitor

带有电极，用于测量及记录眼睛运动情况的眼科仪器。精神分裂症等疾病具有眼球运动的特定规律，是这些疾病的生物指标。眼运动监测仪可用于这些疾病的诊断或临床辅助诊断。

18.9.34 内窥镜 endoscope

由微型的照明和成像系统组成，经人体的天然孔道，或者是经手术做的小切口送入人体内，对人体组织的内部状况或病灶进行观察、照相、录像的医用光学仪器。内窥镜按改变方向能力分为硬质镜和弹性软镜两种，按成像形式分为光学内窥镜、光纤内窥镜、电子内窥镜、CCD 视频内窥镜、CMOS 视频内窥镜，按内窥镜光源种类分为高频荧光灯内窥镜、光纤卤素灯内窥镜、LED 内窥镜。内窥镜是医用光学仪器中的一个大类，按内窥镜用途或所到达的部位分为鼻窦镜、喉镜、检耳镜 (窥耳器)、支气管镜、食管镜、胃镜、结肠镜、腹腔镜、尿道膀胱镜、宫腔镜、阴道镜、直肠镜、关节镜、神经镜、电切镜等。按内窥镜的功能分为单功能内窥镜和多功能镜内窥镜，多功能镜除具有观察镜功能外，在同一镜身上还具有至少一个工作通道，并具有照明、冲洗、取样、吸引、手术等一项或一项以上的功能。从技术角度，内窥镜是集光学、人体工程学、精密机械、电子学、数学、软件等于一体的光学医用仪器，先进的内窥镜主要由照明光源、光学镜头、信息传输通道、机械装置、图像传感器、软件、计算机等组成。医生利用内窥镜可以看到 X 射线照相或成像不能显示或不能清楚显示的病灶，如人体组织内部的炎症、出血、溃疡、肿瘤、组织坏死等病灶，以便制定治疗方案。内窥镜按应用领域可分为医用内窥镜和工业用内窥镜，工业用内窥镜主要用于观察、照相、录像设备、管道、物件和设施等内部的状况。

18.9.35　医用显微镜 medical microscope

应用显微系统的高倍放大原理，能将肉眼无法分辨的细胞、病毒等微小物质放大成肉眼可辨物像的医用光学仪器。

18.9.36　外科手术显微镜 surgical microscope

对精细外科手术操作的组织进行显著放大，帮助外科医生进行精细观察来精准操作手术的显微系统光学仪器。外科手术显微镜有直视式的、屏幕显示式的以及直视和显示式的。外科手术显微镜适合耳鼻喉科、口腔科、神经外科、妇科、整形外科等科室的手术使用。

18.9.37　放射性核素扫描器 radionuclide scanner

通过扫描方式获得被测机体放射性图像的设备。其有被动扫描和主动扫描两种类型。将放射性核素及其药物注入体内后，用探头相对于物体运动，根据探测器在放射性核素辐射中相应的位置信号形成图像的设备。用某核素发射一定量的射线，用一个或多个线性扫描仪对某被检生物体或组织器官等中放射性核素进行测量、并获得显示图像的设备。用移动检测器得到图像的称为扫描成像，用固定摄像装置得到图像的称为闪烁照相。

18.9.38　正电子发射断层成像装置 positron emission tomograph(PET)

用符合探测法测量放射性核素发射正电子的湮没辐射的一种计算机断层成像设备。正电子发射断层成像装置的原理是，将生物生命代谢中必需的某种物质 (例如葡萄糖、蛋白质、核酸、脂肪酸等)，标记上短寿命的放射性核素 (例如 ^{18}F、^{11}C 等)，注入人体，通过该设备获取该物质在组织中的代谢聚集情况图像来诊断病灶。通常高代谢的恶性肿瘤组织中葡萄糖代谢旺盛，聚集较多，PET 图像可将这些状况反映出来，以实现对病变进行诊断和分析。PET 属于核医学领域比较先进的临床检查影像技术设备，主要应用于医学领域，尤其是在肿瘤、冠心病和脑部疾病的早期诊疗方面显示出了重要的价值。

18.10　军用仪器

18.10.1　光电火控系统 photoelectric fire control system

由光电瞄准镜、光电坐标仪、光电跟踪仪等光电设备 (可选配可见光目视、电视、热像、激光等探测单元) 与火控计算机、通信系统、跟踪伺服系统 (含稳定器)

和其他辅助设备等组成, 对目标实施搜索、捕获、跟踪、瞄准等, 能给出目标未来点坐标, 控制火力系统射击的综合系统。

18.10.2 单兵火控系统 individual soldier fire control system

由选配的可见光目视、电视、热像、微光、激光等探测单元与火控计算机等选择组成, 对目标实施搜索、观察、跟踪、测距、解算、瞄准等, 能给出目标未来点坐标, 指挥单兵武器射击的综合系统。单兵火控系统是一种小型化、轻量化和便携式的系统。

18.10.3 光电桅杆 photoelectric mast

安装在舰船、车辆平台上的, 具有升高、降低功能的杆状体光电仪器。光电桅杆由选配的可见光目视、电视、热像、激光等探测单元与通信、伺服等设备组成, 可对水面、地面、空中目标进行搜索、观察、预警、捕获、跟踪、瞄准、测距等。

18.10.4 装侦车光电桅杆 armored reconnaissance vehicle photoelectric mast

安装在装甲侦察车顶部, 对地面和空中目标进行搜索、观察、预警、捕获、跟踪、测距等, 并可升降的光电桅杆。

18.10.5 潜艇光电桅杆 submarine photoelectric mast

安装在潜艇舰桥上部, 对水面和空中目标进行搜索、观察、预警、捕获、跟踪、瞄准、测距等, 并可升降的光电桅杆。

18.10.6 水面舰艇光电桅杆 surface ship photoelectric mast

安装在水面舰艇上层甲板, 对水面和空中目标进行搜索、观察、预警、捕获、跟踪、瞄准、测距等的光电桅杆。

18.10.7 潜望镜 periscope

由平面镜或棱镜组作为转动元件改变入射光轴和目标景物的方向, 使入射光轴与出射光轴具有一定高低差 (潜望高) 的观察、瞄准目视光学仪器。潜望镜按使用场所不同, 可分为观察潜望镜 (炮队镜、战壕潜望镜)、潜艇潜望镜、车载潜望镜 (坦克潜望镜、装甲车辆潜望镜)。

18.10.8 潜艇潜望镜 submarine periscope

安装在潜艇舰桥上部, 使用时其端部可升出水面, 对水上和空中目标进行搜索、观察、照相、瞄准、测距等的目视光学仪器。潜艇潜望镜的密封性、伸缩能力和防盐水及防盐雾是这类产品设计的特殊要求。

18.10.9　水面舰艇潜望镜 surface ship periscope

安装在水面舰艇上，具有一定潜望高的目视光学仪器。水面舰艇潜望镜用于提高水面舰艇的视线高，以便能看到更大的水面范围。

18.10.10　潜望镜自动卫星导航仪 periscope automatic satellite navigator

潜艇潜望镜附属的由天线、定位导航接收机、定时器、微处理机和显示器等组成的卫星导航定位装置。

18.10.11　天文导航潜望镜 periscope for celestial navigation

用于测量天体俯仰和方位角以确定潜艇位置和航向的潜望镜。天文导航潜望镜的功能不同于潜艇潜望镜，其观察的方向是天空方向，其测量的对象主要是天体 (如恒星等)，而不是水面上的物体。

18.10.12　潜望镜六分仪 periscope sextant

附属于潜艇潜望镜的六分仪。潜望镜六分仪由于是潜望镜和六分仪的组合，其既有潜望的功能，也有测量天体与海平面夹角的功能，由此可换算出潜艇位置的经纬度，为潜艇提供导航定位的能力。

18.10.13　车载光电转塔 vehicle mounted photoelectric turret

装备于侦察车、自行高炮等装备顶部，由电视、热像、激光等探测单元与伺服转台组成的综合光电系统。车载光电转塔可昼夜对目标全方位实施搜索、观察、识别、捕获、跟踪、测距等，实时向武器系统提供目标空间信息。

18.10.14　光电经纬仪 photoelectric theodolite

由电视、热像、激光等探测单元与视频跟踪器、伺服转台、操控计算机等组成的高精度目标空间坐标测量光电仪器。其可全方位对目标昼夜实施搜索、捕获、跟踪、测距，实时记录并发送目标空间坐标。光电经纬仪主要用于对靶场或外部空间高速飞行目标的跟踪测量。

18.10.15　侦察经纬仪 reconnaissance theodolite

具有潜望功能，可对外界进行观察和侦察的测角仪器。侦察经纬仪通过潜望方式把侦察人员隐蔽在视准轴以下的位置来观察。

18.10.16　方向盘 azimuth mount

确定磁北极方向，测量方位角和高低角，赋予炮队镜、周视瞄准镜基本方向的光学测角仪器。

18.10.17 光电跟踪仪 photoelectric tracker

由电视、热像、激光等探测单元与视频跟踪器、伺服系统、操控计算机等组成，安装于水面舰艇、车辆、地面武器站的综合光电仪器。光电跟踪仪具有接收武器系统指令昼夜对目标实施搜索、捕获、测距、自动跟踪、实时向武器系统发送目标运动参数等功能。

18.10.18 红外激光雷达 infrared laser radar

用热成像等红外装置搜索、发现、捕获、跟踪目标，用激光测距仪测定目标距离的光学雷达。

18.10.19 导引头 missile seeker

位于寻的制导载体头部的探测组件。导引头可接收目标电磁、光学辐射(包括对目标主动、半主动照射后反射、目标自身辐射、目标对自然光反射)，有的可自主向目标发射电磁或光学辐射，测量载体相对目标的空间偏差。导引头有主动(雷达、激光)、半主动(激光)、被动(电视、热像、惯导、卫星导航)、多模等导引类型。

18.10.20 光电导引头 photoelectric seeker

选配激光、电视、红外热像等光电探测器，接收目标光学辐射(包括对目标主动、半主动照射后反射、目标自身辐射、目标对自然光反射)，测量载体相对目标空间偏差的导引头。光电导引头中的激光主动寻的导引头自身携带激光指示器，自主向目标照射激光并接收目标反射激光。

18.10.21 多模导引头 multimode seeker

选配两种及两种以上传感器或探测手段(电视、热像、激光、毫米波、惯性器件、卫星导航等)测量载体相对目标空间偏差的导引头。

18.10.22 电视/红外复合导引头 TV/IR compound seeker

由电视及红外热成像组成探测部件，被动接收目标光学辐射，在视频图像中测量载体相对目标空间偏差的光电导引头。电视/红外复合导引头具有白天和夜间全天候工作能力。

18.10.23 激光/电视复合导引头 laser/TV compound seeker

由激光、电视组成探测部件，主动、半主动或被动探测目标、识别目标，测量载体相对目标空间偏差的光电导引头。

18.10.24　光电吊舱 photoelectric pod

飞机外部悬挂的，由电视、热像仪、激光测距指示器及伺服稳定平台组成的光电仪器。光电吊舱可昼夜对目标进行搜索、观察、识别，捕获、跟踪、测距、照射等，实时向武器系统提供目标空间信息，并为导弹攻击目标提供激光引导。

18.10.25　炮长瞄准镜 gunner sight

供装甲车辆炮长使用 (一般为潜望式) 的光电仪器。炮长瞄准镜的瞄准线独立，并备选俯仰、方位双向稳定功能 (断电则随动于火力线)，备选目视、电视、夜视 (微光目视或热像视频) 观察、瞄准、跟踪等功能，备选激光测距/指示/制导功能，实时提供方位角、俯仰角、距离等目标诸元。炮长瞄准镜按瞄准线稳定方式分为下反稳定和上反稳定型。

18.10.26　车长周视瞄准镜 commander panoramic sight

供装甲车辆车长使用的潜望式光电仪器。车长周视瞄准镜的瞄准线独立，能周视和俯仰，能方位双向稳定，具备目视、夜视 (微光目视或热像视频) 搜索、观察、瞄准、跟踪及激光测距等功能，实时提供方位角、俯仰角、距离等目标诸元，具有超越炮长控制火炮射击的功能。

18.10.27　航空光学射击瞄准具 airborne optical gun sight

通过光学系统在飞行员前方无限远处呈现可用于测量目标距离的、大小和位置可变的活动光环以供飞行员观察、瞄准目标的装置。

18.10.28　提前量计算光学瞄准具 lead computing optical sight

用陀螺测量载机角速度并解算提前量，通过光学系统显示代表总修正角的光环位置点，供机载武器射击目标的装置。

18.10.29　快速射击瞄准具 snap-shoot sight

经过计算并通过准直光学系统显示发射弹丸踪迹的方法进行瞄准攻击的一种航空瞄准装置。

18.10.30　光学固定环瞄准具 optical fixed reticule sight

通常用准直光学系统将光环成像在无穷远，光环像相对载机固定的简易机载瞄准装置。

18.10.31　头盔瞄准具 helmet-mounted sight

安装在飞行员头盔上、瞄准并测量目标相对载机空间位置的装置。头盔瞄准具一般由头盔、显示器、头部位置测量器和计算机等组成。头盔瞄准具主要组成部分的功能为：头盔起承载平台的作用或主支架的作用；显示器用来观察跟踪目标及显示瞄准信息，位于飞行员眼前或头盔的护目镜上，其跟随飞行员的头部运动 (飞行员发现目标后，通过显示器内的标志盯住目标，可实现对目标的跟踪)；头部位置测量器用于测量飞行员头部转动的角度，以获得目标相对载机的角位置；计算机将目标位置信息转换为瞄准指令，来控制武器和跟踪装置来跟踪或对准目标。头盔瞄准具使用简便、瞄准迅速、目视搜索方便、跟踪范围大，但精度不高。

18.10.32　望远式瞄准镜 telescopic riflescope

一种白昼使用、瞄准线与不同距离弹道校正一致的枪械光学瞄准具。望远式瞄准镜的光学系统为开普勒望远系统 (包括倒像透镜和分划板)，分划面制有与不同距离弹道对应的瞄准和简易测距标志，射手经目镜观察使瞄准标志与目标重合，完成瞄准。其具有较高视放大率，适于远距离精确瞄准射击。望远式瞄准镜有的具有变倍功能。

18.10.33　枪用准直式瞄准镜 collimating optical sight for gun

一种由像面紧贴光阑孔的导光棒和瞄准镜体 (其中包含目镜的物方焦面在光阑孔上的目镜) 组成的双眼瞄准的白昼光学瞄准装置。射手一只眼注视导光棒光阑孔的无穷远小孔像，另一只眼瞄准目标，人视觉生理功能会将两眼分别所成的目标像和红色点像重合，以实现双目瞄准。这种瞄准装置具有双目工作视场大、便于感知周边态势等特点，适于中近距瞄准射击。

18.10.34　反射式瞄准镜 reflex riflescope

一种配有大口径凹曲面透明反射镜、照明光源和反射瞄准分划，瞄准线与枪膛轴线校正一致的白昼使用的枪械光学瞄准具。由凹面分光镜 (反射照明波段、透射其他可见波段) 和位于其焦面被照明的分划板建立了成虚像于物方无穷远的瞄准标志 (通常为红斑) 准直瞄准线。射手透过凹面镜看到目标的同时，还可看到被凹面镜反射为平行光的无限远分划像 (点、环或十字)，使分划瞄准标志与目标重合，即完成瞄准。反射式瞄准镜具有视场大、出射光束宽、操作简便、无放大作用等特点，适于中近距瞄准射击。

18.10.35　枪用光纤瞄准镜 fiber riflescope

一种由瞄准望远系统物镜、光纤传像束、瞄准分划板和目镜组成的间接瞄准的枪械光学瞄准具，见图 18-7 所示。枪用光纤瞄准镜可以使瞄准者与枪离开一段距离，在安全位置 (如可遮蔽身体的墙旁边、战壕下) 进行瞄准、射击。光纤的长度可达数米。

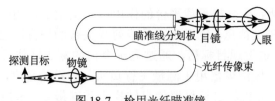

图 18-7　枪用光纤瞄准镜

18.10.36　全息瞄准镜 holographic riflescope

一种以全息透镜为主要光学元件，瞄准线与膛线校正一致、射距瞄准分划可调的白昼使用的枪械光学瞄准装置。全息瞄准镜由全息光学元件、离轴准直反射镜、半导体激光器、电源、补偿和光路折转元件组成。射手透过全息元件看到目标的同时，还可看到全息元件被准直激光照射后衍射再现透出的无限远分划像，使分划瞄准标志与目标重合，即完成瞄准。全息瞄准镜具有视场大、出射光束宽、操作简便、物像亮度高、无放大作用等特点，适于中近距瞄准射击。

18.10.37　陀螺稳定瞄准具 gyro-stabilized sight

用陀螺来稳定目标像在坐标系中的位置的瞄准具。陀螺稳定的对象本质是瞄准具，即对瞄准具干扰带来的角度变化进行还原稳定。

18.10.38　目标指示瞄准具 target-indicating sight

对水面和空中目标进行观察、搜索和跟踪，并能测量出目标的方位角和高低角，提供瞄准目标主要信息的光学仪器。

18.10.39　有源红外对抗系统 active infrared countermeasure system

将调制过的红外能量叠加到受掩护目标的红外特征上，以对抗红外制导导弹的光电对抗系统。

18.10.40　定向红外对抗系统 directional infrared countermeasure system

将红外能量集中在一个窄波束内指向来袭导弹寻的器，以对抗红外制导导弹的有源红外对抗系统。

18.10.41　菲涅耳光学助降装置 Fresnel lens optical landing device

一种主要由菲涅耳灯阵 (通常为五个灯箱) 组成的舰载机助降光学装置。菲涅耳光学助降装置用菲涅耳透镜对不同颜色光源进行光束发散整形，形成与海平面保持一定倾角的多层扇形光束，为飞机安全着舰提供下降坡度光束通道。

18.10.42　电视测角仪 TV goniometer

由电视摄像机、视频处理器、监视器等组成，实时探测目标 (含合作目标) 与瞄准线空间角偏差的光电仪器。

18.10.43 电视校靶镜 TV borescope

由电视摄像机、瞄准线信号发生器、监视器、导杆等组成，其瞄准线能代表身管武器膛线或弹道的校靶用光电仪器。

18.10.44 电视观瞄镜 TV observation sight

由电视摄像机、瞄准线信号发生器和监视器等组成，实时对目标进行观测、瞄准的光电仪器。

18.11 图像加工仪器

18.11.1 光刻机 photoetching machine; lithography machine

通过精密微缩照相镜头将需要复制的图案缩小成像对涂在基片上的感光胶(光刻胶)曝光，再经过化学或物理过程处理后保留所需图案的光学工艺设备。光刻机就是通过照相和显影等过程，将掩模板图形精确复印在涂有光致抗蚀剂胶层上的精密光机电设备。光刻机是制作光学零件分划板和集成电路等的重要精密设备。光刻机有微米级和纳米级线宽的光刻机，高精度光刻机的核心部分是光刻镜头或光刻光学成像系统。光刻机根据操作的简便性可分手动、半自动和全自动三种。光刻根据曝光方式不同，分为接近接触式光刻、光学投影式光刻和直接式光刻，见图 18-8 所示。

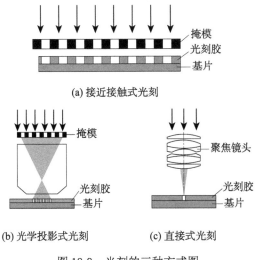

(a) 接近接触式光刻

(b) 光学投影式光刻   (c) 直接式光刻

图 18-8   光刻的三种方式图

18.11.2　散射仪 scatterometer

用偏振光入射在被测试样品表面，通过表面微细结构反射衍射产生干涉的图案计算出被测样品表面三维图形的光学仪器。散射仪可用于测量晶圆表面光刻胶图形的线宽、深度等几何尺寸的三维信息。散射仪具有测量速度快、无损伤等优点，但测量结果的精度与预制的测量和数据分析模型的准确性有关。

18.11.3　扫描光学系统 scanning optical system

具有特定作用的光束的传播方向或位置随时间变化而改变，以完成在平面上光束作业功能的光学系统。扫描光学系统有激光打印机、扫描仪等的光学系统。

18.11.4　立体判读仪 stereo interpretoscope

利用体视效应对摄影取得的立体像对进行立体观察、分析、判读和标绘的立视仪器。立体判读仪属于航测遥感仪器，为双目观察仪器，放大倍率范围为 3 倍~15 倍，通常附有讨论系统，供 2 人或多人同时观察和进行讨论。

18.11.5　电子印像机 electronic printer; electronic-controlled printer

采用电子装置自动补偿像点反差原理构建的晒印像片的设备。电子印像机一般是利用飞点扫描仪 (flying spot scanner) 代替连续光源，透过底片对感光材料曝光，并自动改善影像反差，再进行接触晒印的设备。

18.11.6　数码印像机 digital printer

由电子系统控制，对数字图像文件直接进行照片打印的打印机。数码印像机有数字图像文件的数码存储卡和读取设备，采用热升华技术打印图像照片 (转鼓上数以万计的半导体加热元件构成的打印头加热颜料成为气相，进而转印到相纸上生成图像)，可以根据需要，通过印像机的液晶显示屏进行格式设置和编辑。

18.11.7　纠正仪 rectifier

利用光学投影纠正的原理，将因像片倾斜和摄影时航高变化引起影像变形和比例尺不一致的航摄像片纠正为水平的或比例尺一致的像片的仪器。纠正仪主要由底片盘、物镜、承影板、光学条件控制器和操作系统等组成。纠正的原理是，将底片放在底片盘内，利用纠正仪对底片盘内的底片进行不同方位不同程度的倾斜或旋转等的各个动作，使底片上的 4 个控制点的投影影像与承影板上的底图的 4 个按坐标绘制的相应点重合，以此得到比例尺相当于水平相片的影像，再经过晒像、冲洗等过程获得纠正好的相片。纠正仪主要用于平坦地区航摄像片的纠正和制作平坦地区的影像地图。

18.11.8　立体镜 stereoscope

由两个相同的放大镜或反光镜组成，用双目通过放大镜或反光镜来观察像对，获得图像的立体感，以对航空像片进行观察、分析、判读的一种简易光学仪器。立体镜的功能就是使人的左眼和右眼分别各观看对应的左像片、右像片，帮助人眼分眼分像观察，以获得像对所对应景物立体感的装置。立体镜有桥式立体镜和反光立体镜两种类型。

18.11.9　桥式立体镜 bridge stereoscope

由两个相同的放大镜组成，用双目通过放大镜来观察像对，获得图像的立体感，以对航空像片进行观察、分析、判读的一种简易光学仪器。桥式立体镜是在镜架上装有两个正透镜，两个正透镜之间的距离约等于人眼的基线长，像对的左像片和右像片分别放置在左透镜和右透镜的焦面附近，人的左眼和右眼分别通过左透镜和右透镜对像对的两张像片进行观察，实现分像而获得立体效应。沿观察视轴方向前后移动镜架上的透镜对，调整两个透镜的物平面距像对的像面距离，可获得不同放大倍数的立体像。

18.11.10　反光立体镜 mirror stereoscope

由两个相同的反光镜组成，用双目通过反光镜来观察像对，获得图像的立体感，以对航空像片进行观察、分析、判读的一种简易光学仪器。反光立体镜是在镜架上装有两个反射镜，两个反射镜中心的间距约等于人眼的基线长，像对的左像片和右像片分别放置在左反射镜和右反射镜的成像物面位置 (像对面左右分开平行于视轴放置)，人的左眼和右眼分别通过左反射镜和右反射镜对像对进行观察，实现分像而获得立体效应。反光立体镜没有图像的放大功能；反射镜与像对平面的夹角约为 45°。

18.11.11　变倍立体判读仪 zoom stereo interpretoscope

放大率在一定范围内连续可变的立体判读仪。变倍立体判读仪可用于观察和判读不同比例尺的像片所构成的立体像对。

18.11.12　刺点仪 point transfer device

在构成立体像对的两张航摄像片上高精度转刺同名像点的仪器。刺点仪通常采用高硬材料制作的刺针进行刺点，也有采用加热刺针或激光束进行刺点。

18.11.13　像片转绘仪 sketchmaster

将航摄像片、卫星像片的图像转绘到地图上或进行地图修正的仪器。由于底图一般是垂直投影的，而航空像片是中心投影的，因而存在投影差和倾斜误差。将航空像片上地物转绘到底图上就需要把中心投影转换为垂直投影，像片转绘仪就有支持纠正中心投影造成的偏差的功能。像片转绘仪通常由基座支架、转绘棱镜、镜片盘、照明灯和一套不同屈光度凸透镜等组成。

18.11.14　数字图像扫描记录系统 digital image scanning and plotting system

通过对图像扫描，将图像转换成数字图像信号，也可将所贮存的数字图像信号转换成图像的一种图像信息处理系统。

18.11.15　像片镶嵌仪 mosaicker

用于将一张张像片依次镶嵌拼成一张整幅的像片略图或像片平面图的仪器。像片镶嵌是指将多张横向和/或纵向有相接关系或延续关系的像片拼成一张无缝、紧密连接的整幅图片的过程。传统的手工像片镶嵌方法是将两张同一航线 (或同一拍摄扫描线) 的像片 (具有边界重叠景物的) 的相同景物标志重叠放置，并用压铁压住，以此法把其他像片顺序排好，然后对每个像片的重叠区进行剪切，再用胶水将每张像片顺序粘在一张整幅的大纸上，形成无缝拼接的整幅图。现代的方法是用数字像片镶嵌仪，通过其软件对那些相关的数字像片进行数字化的自动拼接。

18.11.16　飞点扫描仪 flying spot scanner

利用激光束扫描被测物体的表面，通过获取扫描点的坐标信息来生成 3D 立体图像的光学仪器。其原理是，采用半导体激光器或固体激光器发射激光束，激光光束通过一组高速旋转的镜子进行扫描，形成一系列的光点阵列，通过接收激光反射回来的信号，可以计算出光点在被测物体表面之间的相对距离，并且获取其表面形态信息，由此将被测物体表面的形态信息记录下来。计算方法是利用构建的点云数据，通过三角剖分、网格化等技术将点云数据转换成 3D 模型。

参 考 文 献

[1] 麦伟麟等. 兵器工业科学技术辞典. 光学工程 [M]. 北京: 国防工业出版社, 1993.

[2] 李景镇等. 光学手册 [M]. 西安: 陕西科学技术出版社, 2010.

[3] 王之江等. 现代光学应用技术手册 [M]. 北京: 机械工业出版社, 2010.

[4] 麦伟麟. 光学传递函数及其数理基础 [M]. 北京: 国防工业出版社, 1979.

[5] 麦伟麟. 量子光学基础 [J]. 云光技术, 1996, (1)~2002, (2): 共 33 期.

[6] 〔德〕顾樵. 量子力学 I+II[M]. 北京: 科学出版社, 2014.

[7] Michael A. Nielsen, Isaac L. Chuang. Quantum Computation and Quantum Information (英文版)[M]. 北京: 清华大学出版社, 2018.

[8] 周炳琨等. 激光原理 [M].5 版. 北京: 国防工业出版社, 2004.

[9] 赵达尊, 张怀玉. 波动光学 [M]. 北京: 宇航出版社, 1988.

[10] 沙定国等. 光学测试技术 [M]. 2 版. 北京: 北京理工大学出版社, 2010.

[11] 白廷柱, 金伟其. 光电成像原理与技术 [M]. 北京: 北京理工大学出版社, 2006.

[12] 〔美〕Yun-Shik Lee. 太赫兹科学与技术原理 [M]. 崔万照等译. 北京: 国防工业出版社, Springer, 2012.

[13] 邹异松, 刘玉凤, 白廷柱. 光电成像原理 [M]. 北京: 北京理工大学出版社, 1997.

[14] 李林, 黄一帆. 应用光学 [M]. 5 版. 北京: 北京理工大学出版社, 2017.

[15] 〔美〕Pierre Meystre. Elements of Quantum Optics(英文版)[M]. 4 版. 北京: 世界图书出版公司北京公司, 2010.

[16] 〔美〕Anthony H. W. Choi. Handbook of Optical Microcavities (英文版)[M]. 美国: PanStanford Publishing Pte. Ltd,2015.

[17] 〔美〕Milton Lakin. Lens Design [M]. 4 版. 周海宪, 程云芳等译. 北京: 机械工业出版社, 2011.

[18] 汤顺青. 色度学 [M]. 北京: 北京理工大学出版社, 1990.

[19] 荆其诚, 焦书兰, 喻柏林等. 色度学 [M]. 北京: 科学出版社, 1979.

[20] 张伟刚. 光纤光学原理及应用 [M]. 2 版. 北京: 清华大学出版社, 2017.

[21] 李唐军等. 光纤通信原理 [M]. 北京: 清华大学出版社, 北京交通大学出版社, 2015.

[22] 韩太林, 韩晓冰, 臧景峰. 光通信技术 [M]. 北京: 机械工业出版社, 2011.

[23] 梁猛, 刘崇琪, 杨祎. 光纤通信 [M]. 北京: 人民邮电出版社, 2015.

[24] 沈建华, 陈健, 李履信. 光纤通信系统 [M]. 3 版. 北京: 机械工业出版社, 2014.

[25] 〔澳〕Martin A.Green. 太阳能电池: 工作原理、技术和系统应用 [M]. 狄大卫等译. 上海: 上海交通大学出版社, 2010.

[26] 赵太飞, 宋鹏. 无线紫外光通信技术与应用 [M]. 北京: 科学出版社, 2018.

[27] 任志君, 汤一新, 钱义先等. 光学零件制造工艺学 [M]. 上海: 上海科学技术出版社, 2019.

[28] 〔墨〕D. 马拉卡拉. 光学车间检测 (原书第 3 版)[M]. 杨力, 伍凡等译. 北京: 机械工业出版社,

2012.

[29] 郭隐彪, 杨平, 王振忠等. 先进光学元件微纳制造与精密检测技术 [M]. 北京: 国防工业出版社, 2014.

[30] 叶辉, 侯昌伦. 光学材料与元件制造 [M]. 杭州: 浙江大学出版社, 2014.

[31] 崔建英. 光学机械基础: 光学材料及其加工工艺 [M]. 2 版. 北京: 清华大学出版社, 2014.

[32] 喻晓和. 虚拟现实技术基础教程 [M]. 北京: 清华大学出版社, 2015.

[33] 朱美芳, 熊绍珍. 太阳电池基础与应用 (上册)[M].2 版. 北京: 科学出版社, 2014.

[34] GJB 743A—2019 军用光学仪器术语、符号 [S]. 北京: 中央军委装备发展部颁布, 2019.

[35] GB/T 15313—2008 激光术语 [S]. 北京: 中华人民共和国国家质量监督检验检疫总局, 中国国家标准化管理委员会发布, 2008.

[36] ISO 19740:2018 Optics and photonics — Optical materials and components — Test method for homogeneity of infrared optical materials [S]. Geneva: International Organization for Standardization, 2018.

[37] ISO 19741:2018 Optics and photonics — Optical materials and components — Test method for striae in infrared optical materials [S]. Geneva: International Organization for Standardization, 2018.

[38] ISO 19742:2018 Optics and photonics — Optical materials and components — Test method for bubbles and inclusions in infrared optical materials [S]. Geneva: International Organization for Standardization, 2018.

[39] ISO 11145:2016 Optics and photonics — Lasers and laser-related equipment — Vocabulary and symbols [S]. Geneva: International Organization for Standardization, 2016.

[40] ISO 13695:2004 Optics and photonics — Lasers and laser-related equipment—Test methods for the spectral characteristics of lasers [S]. Geneva: International Organization for Standardization, 2004.

[41] ISO 12123:2018 Optics and photonics — Specification of raw optical glass [S]. Geneva: International Organization for Standardization, 2018.

[42] ISO 10110-7:2017 Optics and photonics — Preparation of drawings for optical elements and systems—Part 7: Surface imperfection tolerances [S]. Geneva: International Organization for Standardization, 2017.

[43] ISO 10110-8:2019 Optics and photonics — Preparation of drawings for optical elements and systems—Part 8: Surface texture [S]. Geneva: International Organization for Standardization, 2019.

[44] GB 7660.1~7660.3—87 反射棱镜 [S]. 北京: 中华人民共和国国家标准局发布, 1987.

[45] GB 7661—87 光学零件气泡度 [S]. 北京: 中华人民共和国国家标准局发布, 1987.

[46] JJF 1032—2005 光学辐射计量名词术语及定义 [S]. 北京: 国家质量监督检验检疫总局发布, 2005.

[47] WJ 2091—1992 微光像增强器试验方法 [S]. 北京: 中国兵器工业总公司批准, 1992.

[48] WJ 2119—1993 透明导电膜规范 [S]. 北京: 中国兵器工业总公司批准, 1993.

[49] GJB 2485—95 光学膜层通用规范 [S]. 北京: 国防科学技术工业委员会批准, 1995.

[50] GJB 2340—95 军用热像仪通用规范 [S]. 北京: 国防科学技术工业委员会批准, 1995.

[51] GB/T 17117—2008 双目望远镜 [S]. 北京: 中华人民共和国国家质量监督检验检疫总局, 中国国家标准化管理委员会发布, 2008.

[52] GB/T 18312—2015 双目望远镜检验规则 [S]. 北京: 中华人民共和国国家质量监督检验检疫总局, 中国国家标准化管理委员会发布, 2015.

[53] GB/T 4315.1—2009 光学传递函数 第 1 部分: 术语、符号 [S]. 北京: 中华人民共和国国家质量监督检验检疫总局, 中国国家标准化管理委员会发布, 2009.

[54] GB/T 4315.2—2009 光学传递函数 第 2 部分: 测量导则 [S]. 北京: 中华人民共和国国家质量监督检验检疫总局, 中国国家标准化管理委员会发布, 2009.

[55] GB/T 15972.40~.49—2008 光纤试验方法规范 [S]. 北京: 中华人民共和国国家质量监督检验检疫总局, 中国国家标准化管理委员会发布, 2008.

[56] GB/T 16601—1996 光学表面激光损伤阈值测试方法第 1 部分: 1 对 1 测试 [S]. 北京: 国家市场监督局发布, 1996.

[57] GB/T 32831—2016 高能激光光束质量评价与测试方法 [S]. 北京: 中华人民共和国国家质量监督检验检疫总局, 中国国家标准化管理委员会发布, 2016.

[58] GB 3100—1993 国际单位制及其应用 [S]. 北京: 国家技术监督局发布, 1993.

[59] GB/T 1224—2016 几何光学术语、符号 [S]. 北京: 中华人民共和国国家质量监督检验检疫总局, 中国国家标准化管理委员会发布, 2016.

[60] GB/T 13962—2009 光学仪器术语 [S]. 北京: 中华人民共和国国家质量监督检验检疫总局, 中国国家标准化管理委员会发布, 2009.

[61] GB/T 5698—2001 颜色术语 [S]. 北京: 中华人民共和国国家质量监督检验检疫总局, 2001.

[62] GB/T 13323—2009 光学制图 [S]. 北京: 中华人民共和国国家质量监督检验检疫总局, 中国国家标准化管理委员会发布, 2009.

[63] GB/T 36299—2018 光学遥感辐射传输基本术语 [S]. 北京: 国家市场监督管理总局, 中国国家标准化管理委员会发布, 2018.

[64] GB/T 17444—2013 红外焦平面阵列参数测试方法 [S]. 北京: 中华人民共和国国家质量监督检验检疫总局, 中国国家标准化管理委员会发布, 2013.

[65] GB/T 13739—2011 激光光束宽度、发散角的测试方法以及横模的鉴别方法 [S]. 北京: 中华人民共和国国家质量监督检验检疫总局, 中国国家标准化管理委员会发布, 2011.

[66] GB/T 15651.3—2003 半导体分立器件和集成电路第 5-3 部分光电子器件测试方法 [S]. 北京: 中华人民共和国国家质量监督检验检疫总局发布, 2003.

[67] GJB 1487—1992 激光光学元件测试方法 [S]. 北京: 国防科学技术工业委员会批准, 1992.

[68] GJB 1206—1991 红外探测器总规范 [S]. 北京: 国防科学技术工业委员会批准, 1991.

[69] GJB 1788—1993 红外探测器试验方法 [S]. 北京: 国防科学技术工业委员会批准, 1993.

[70] GB/T 13584—2011 红外探测器参数测试方法 [S]. 北京: 中华人民共和国国家质量监督检验检疫总局, 中国国家标准化管理委员会发布, 2011.

[71] GJB 3476—1998 热像仪定型试验规程 [S]. 北京: 中国人民解放军总装备部批准, 1998.

[72] GJB 4106—2000 热像仪系统部队试验规程 [S]. 北京: 中国人民解放军总装备部批准, 2000.

[73] GJB 5441—2005 固体激光器测试方法 [S]. 北京: 中国人民解放军总装备部批准, 2005.

[74] GJB 894A—99 军用激光器辐射参数测试方法 [S]. 北京: 中国人民解放军总装备部批准,

1999.

[75] GB/T 7962.1—2010 无色光学玻璃测试方法 第 1 部分: 折射率和色散系数 [S]. 北京: 中华人民共和国国家质量监督检验检疫总局, 中国国家标准化管理委员会发布, 2010.

[76] GB/T 7962.9—2010 无色光学玻璃测试方法 第 9 部分: 光吸收系数 [S]. 北京: 中华人民共和国国家质量监督检验检疫总局, 中国国家标准化管理委员会发布, 2010.

[77] GB/T 903—2019 无色光学玻璃 [S]. 北京: 国家市场监督管理总局, 国家标准化管理委员会发布, 2019.

[78] GB/T 10149—1988 医用 X 射线设备术语和符号 [S]. 北京: 国家技术监督局发布, 1988.

[79] GB/T 17857—1999 医用放射学术语 (放射治疗、核医学和辐射剂量学设备)[S]. 北京: 国家质量技术监督局发布, 1999.

[80] GB/T 13—1999 医用放射学术语 (放射治疗、核医学和辐射剂量学设备)[S]. 北京: 国家质量技术监督局发布, 1999.

[81] YY/T 0066—2015 眼科仪器 名词术语 [S]. 北京: 国家食品药品监督管理总局发布, 2015.

[82] YY/T 0290.1—2008 眼科光学 人工晶状体 第 1 部分: 术语 [S]. 北京: 国家食品药品监督管理局发布, 2008.

[83] YY/T 0719.1—2009 眼科光学 接触镜护理产品 第 1 部分: 术语 [S]. 北京: 国家食品药品监督管理局发布, 2009.

[84] GB/T 38256—2019 多光路光轴平行性测试方法 [S]. 北京: 国家市场监督管理总局, 国家标准化管理委员会发布, 2019.

[85] GB/T 39492—2020 白光 LED 用荧光粉量子效率测试方法 [S]. 北京: 国家市场监督管理总局, 国家标准化管理委员会发布, 2020.

[86] GB/T 14733.12—2008 光纤通信术语 [S]. 北京: 中华人民共和国国家质量监督检验检疫总局, 中国国家标准化管理委员会发布, 2008.

[87] GB/T 26596—2011 光学和光学仪器大地测量仪器术语 [S]. 北京: 中华人民共和国国家质量监督检验检疫总局, 中国国家标准化管理委员会发布, 2011.

[88] GB/T 5698—2001 颜色术语 [S]. 北京: 中华人民共和国国家质量监督检验检疫总局发布, 2001.

[89] GB/T 26397—2011 眼科光学 术语 [S]. 北京: 中华人民共和国国家质量监督检验检疫总局, 中国国家标准化管理委员会发布, 2011.

[90] GB/T 32092—2015 紫外线消毒技术术语 [S]. 北京: 中华人民共和国国家质量监督检验检疫总局, 中国国家标准化管理委员会发布, 2015.

[91] GB/T 11293—1989 固体激光材料名词术语 [S]. 北京: 中华人民共和国机械电子工业部批准, 1988.

[92] GB/T 29795—2013 激光修复技术 术语和定义 [S]. 北京: 中华人民共和国国家质量监督检验检疫总局, 中国国家标准化管理委员会发布, 2013.

[93] GB/T 33376—2016 光学功能薄膜术语及其定义 [S]. 北京: 中华人民共和国国家质量监督检验检疫总局, 中国国家标准化管理委员会发布, 2016.

[94] GB/T 26332.1—2018 光学和光子学 光学薄膜 第 1 部分: 定义 [S]. 北京: 中华人民共和国国家质量监督检验检疫总局, 中国国家标准化管理委员会发布, 2018.

[95] GB/T 26332.2—2015 光学和光子学 光学薄膜 第 2 部分: 光学特性 [S]. 北京: 中华人民共和

和国国家质量监督检验检疫总局, 中国国家标准化管理委员会发布, 2015.

[96] GB/T 12604.2—2005 无损检测 术语 射线照相检测 [S]. 北京: 中华人民共和国国家质量监督检验检疫总局, 中国国家标准化管理委员会发布, 2005.

[97] GB/T 12604.9—2008 无损检测 术语 红外检测 [S]. 北京: 中华人民共和国国家质量监督检验检疫总局, 中国国家标准化管理委员会发布, 2008.

[98] GB/T 14950—2009 摄影测量与遥感术语 [S]. 北京: 中华人民共和国国家质量监督检验检疫总局, 中国国家标准化管理委员会发布, 2009.

[99] GB/T 27668.1—2011 显微术语 第 1 部分: 光学显微术 [S]. 北京: 中华人民共和国国家质量监督检验检疫总局, 中国国家标准化管理委员会发布, 2011.

[100] GB/T 39492—2020 白光 LED 用荧光粉量子效率测试方法 [S]. 北京: 国家市场管理总局, 国家标准化管理委员会发布, 2019.

[101] GB/T 38256—2019 多光路光轴平行性测试方法 [S]. 北京: 国家市场管理总局, 国家标准化管理委员会发布, 2019.

[102] JOGIS:02—2003 光学玻璃着色测试方法 [S]. 日本: 日本光学玻璃制造业者协会, 2003.

[103] 〔美〕蒋百川. 几何光学与视觉光学 [M]. 上海: 复旦大学出版社, 2016.

[104] 汪相. 晶体光学: 彩色版 [M]. 2 版. 南京: 南京大学出版社, 2014.

[105] 张小海, 邬冠华. 射线检测 [M]. 北京: 机械工业出版社, 2014.

[106] 张克从. 近代晶体学 [M]. 2 版. 北京: 科学出版社, 2011.

[107] 李林, 黄一帆, 王涌天. 现代光学设计方法 [M]. 3 版. 北京: 北京理工大学出版社, 2018.

[108] 李晓彤, 岑兆丰. 几何光学·像差·光学设计 [M]. 3 版. 杭州: 浙江大学出版社, 2014.

[109] 程希望, 阮双琛, 程榕等. 光学术语手册 [M]. 北京: 国防工业出版社, 2008.

[110] 迟泽英等. 应用光学与光学设计基础 [M]. 3 版. 北京: 高等教育出版社, 2017.

[111] 方如章, 刘玉凤. 光电器件 [M]. 北京: 国防工业出版社, 1988.

[112] 冯国英, 周寿桓. 波动光学 [M]. 北京: 科学出版社, 2013.

[113] 王海晏. 光电技术原理及应用 [M]. 北京: 国防工业出版社, 2008.

[114] 刘国栋, 赵辉, 浦昭邦. 光电测试技术 [M]. 3 版. 北京: 机械工业出版社, 2018.

[115] 范志刚, 张旺, 陈守谦等. 光电测试技术 [M]. 3 版. 北京: 电子工业出版社, 2015.

[116] 雷玉堂. 光电检测技术 [M]. 2 版. 北京: 中国计量出版社, 2009.

[117] 谭维翰. 量子光学导论 [M]. 2 版. 北京: 科学出版社, 2012.

[118] 〔美〕Joseph C.Palais. 光纤通信 (本科教学版)[M]. 5 版. 王江平, 刘杰, 闻传花等译. 北京: 电子工业出版社, 2015.

[119] 丁驰竹, 赵鑫, 郑丹. 光学零件 CAD 与加工工艺 [M]. 北京: 化学工业出版社, 2013.

[120] 北京工业学院光学仪器教研室. 光学仪器装配与校正 [M]. 北京: 国防工业出版社, 1980.

[121] 连铜淑. 反射棱镜与平面镜系统——光学仪器的调整与稳像 [M]. 北京: 国防工业出版社, 2014.

[122] 〔美〕H. Angus Macleod. 薄膜光学 [M]. 4 版. 徐德刚等译. 北京: 科学出版社, 2016.

[123] 赵彦钊, 殷海荣. 玻璃工艺学 [M]. 北京: 化学工业出版社, 2006.

[124] 周艳艳, 张希艳. 玻璃化学 [M]. 北京: 化学工业出版社, 2014.

[125] 吕乃光. 傅里叶光学 [M]. 3 版. 北京: 机械工业出版社, 2016.

[126]〔美〕Robert G.Hunsperger. 集成光学理论与技术 [M]. 6 版. 叶玉堂, 李剑锋, 贾东方等译. 北京: 电子工业出版社, 2016.

[127] 日本应用物理学会, 光学讨论会. 生理光学: 眼的光学与视觉 [M]. 北京: 科学出版社, 1980.

[128]〔美〕A. R. 杰哈. 红外技术应用——光电、光子器件及传感器 [M]. 张孝霖, 陈世达, 舒郁文等译. 北京: 化学工业出版社, 2004.

[129]〔美〕Eugene Hecht. Optics(英文版)[M]. 5 版. 北京: 电子工业出版社, 2017.

[130] 梁铨廷. 物理光学 [M]. 5 版. 北京: 电子工业出版社, 2018.

[131]〔美〕H. A. Haus. 电磁噪声和量子光学测量 [M]. 2 版. 北京: 科学出版社, 2011.

[132]〔日〕昼马辉夫, 铃木义二. 21 世纪的光子学 [M]. 杭州: 浙江大学出版社, 2000.

[133] 吴国祯. 分子振动光谱学原理 [M]. 北京: 清华大学出版社, 2018.

[134]〔美〕S. Svanberg. 原子和分子光谱学——基础及实际应用 (上、下册) [M]. 4 版. 北京: 科学出版社, 2011.

[135] 百度百科. https://baike. baidu. com/html[2016~2023].

[136] 郁道银, 谈恒英. 工程光学基础教程 [M]. 2 版. 北京: 机械工业出版社, 2017.

[137] 韩涛, 曹仕秀, 杨鑫. 光电材料与器件 [M]. 北京: 科学出版社, 2017.

[138] 方家熊等. 中国电子信息工程科技发展研究 (领域篇)——传感器技术 [M]. 北京: 科学出版社, 2018.

[139] 周传德, 秦树人, 尹爱军. 科学可视化理论及智能虚拟显示系统 [M]. 北京: 科学出版社, 2007.

[140] 周仁忠, 阎吉祥. 自适应光学理论 [M]. 北京: 北京理工大学出版社, 1996.

[141] 杨慧珍, 陈波, 耿超. 自适应光学随机并行优化控制技术及其应用 [M]. 北京: 科学出版社, 2015.

[142] 苏显渝, 吕乃光, 陈家璧. 信息光学原理 [M]. 北京: 电子工业出版社, 2010.

[143] 苏显渝. 信息光学 [M]. 2 版. 北京: 科学出版社, 2011.

[144] 李俊昌, 熊秉衡等. 信息光学教程 [M]. 2 版. 北京: 科学出版社, 2017.

[145] 辞海编辑部. 辞海理科分册 [M]. 上海: 上海人民出版社, 1977.

[146] 杨亮亮. 长出瞳距折衍混合目镜系统的设计 [J]. 红外技术, 2019, 41(9): 806-809.

[147]〔日〕若木守明 (Wakaki M) 等. 光学材料手册 [M]. 周海宪, 程云芳译. 北京: 化学工业出版社, 2010.

[148] 余怀之. 红外光学材料 [M]. 2 版. 北京: 国防工业出版社, 2015.

[149] 周玉. 材料分析方法 [M]. 3 版. 北京: 机械工业出版社, 2011.

[150] 中国信息与电子工程科技发展战略研究中心. 中国电子信息工程科技发展研究 2017[M]. 北京: 科学出版社, 2018.

中文索引

Y

英文索引

B

D

H

I

O

彩　　图

图 1-12　日全食现象图

图 1-13　日偏食现象图

图 1-14　日环食现象图

图 1-15　日冕现象图

图 1-16　日珥现象图

图 1-18　红月亮示意图

(a) 幻日现象图

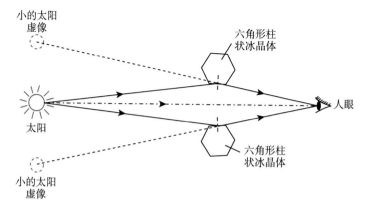

(b) 六角形柱状冰晶体的太阳光反射光路图

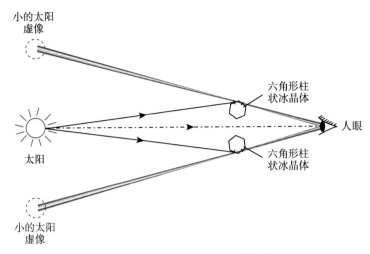

(c) 六角形柱状冰晶体的太阳光折射光路图

图 1-19 幻日的现象和光路图

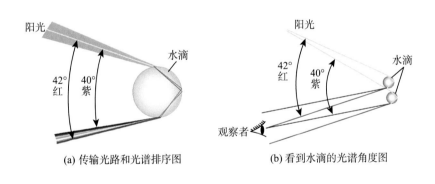

(a) 传输光路和光谱排序图   (b) 看到水滴的光谱角度图

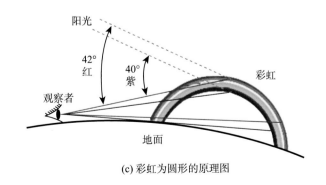

(c) 彩虹为圆形的原理图

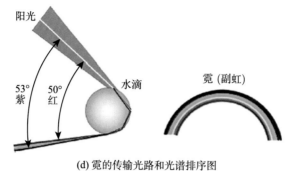

(d) 霓的传输光路和光谱排序图

图 1-20　彩虹的原理和光路图

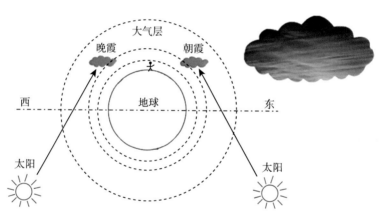

图 1-21　呈现彩霞的太阳光线的传输轨迹图

(a) 海市蜃楼的现象示例图

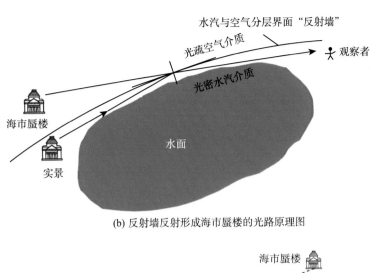

(b) 反射墙反射形成海市蜃楼的光路原理图

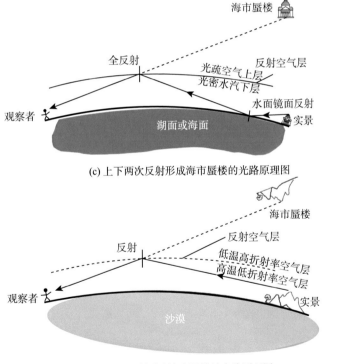

(c) 上下两次反射形成海市蜃楼的光路原理图

(d) 一次上反射形成海市蜃楼的光路原理图

图 1-22　海市蜃楼的现象和原理图

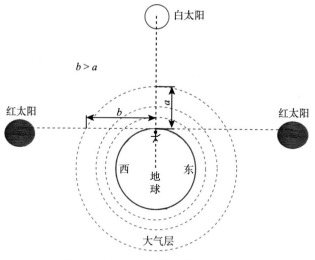

图 1-23　红太阳光的传输路径示意图

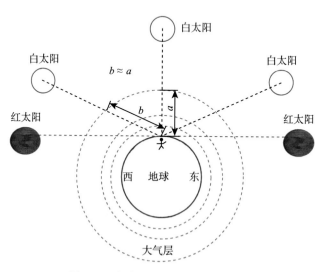

图 1-24　白太阳光的传输路径示意图

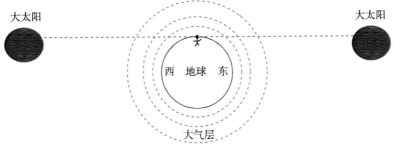

(a) 早晚观察到的大太阳

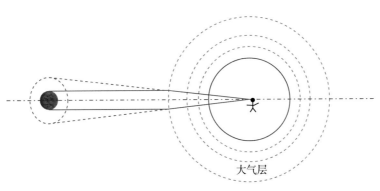

(b) 早晚观察大太阳的大气正透镜成像原理

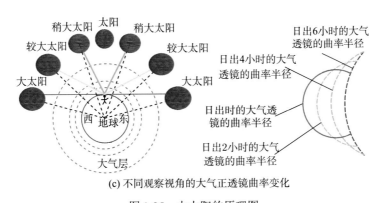

(c) 不同观察视角的大气正透镜曲率变化

图 1-25 大太阳的原理图

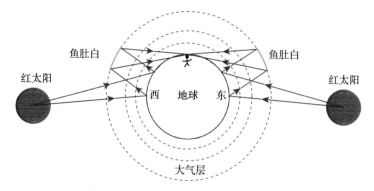

图 1-26 鱼肚白的光的传输路径示意图

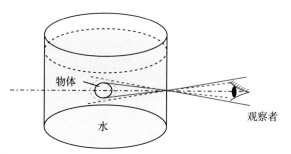

红线为物体光线实际传播的路径，蓝色虚线为光线实际路径的延长线

图 1-27 水中物体的光线折射路径示意图

图 1-28 极光景象

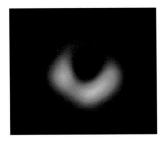

图 1-29　计算出的黑洞照片

图 2-16　色后像的圆图色

(a) 视野争斗的颜色图

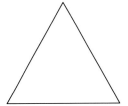 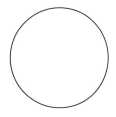

(b) 视野争斗的几何图

图 2-17　视野争斗的典型图

(a) 放置滤光镜的光栅

(b) 无色的光栅

图 2-18　麦克洛效应图

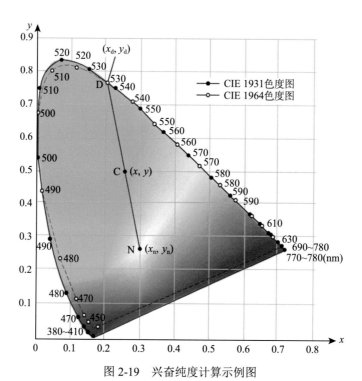

图 2-19　兴奋纯度计算示例图

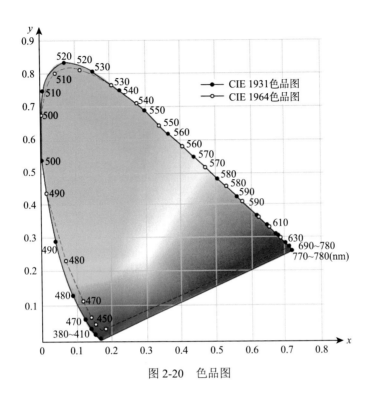

图 2-20　色品图

(a) 彩色牛顿环

(b) 单色牛顿环

图 4-20　牛顿环图

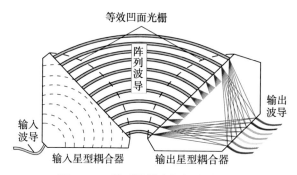

图 12-12　阵列波导光栅组成关系图

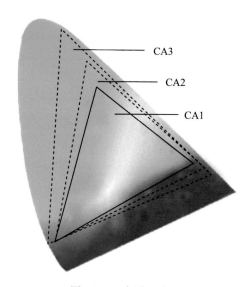

图 17-60　色域示意图